U0225262

方健　匯編校證

中國茶書全集校證

4

下編　清代茶書

中州古籍出版社

虎丘茶經注補

〔清〕陳鑑

〔提要〕

《虎丘茶經注補》，清代茶書。一卷，陳鑑撰。陳鑑，字子明。廣東人。舉人。崇禎初，任江夏教諭。日聚生徒，講論經義，不責脩脯。庚午（崇禎三年，一六三〇），應貴州闈聘，所得皆知名士。乙未（順治十二年，一六五五）移居蘇州虎丘。事見《湖廣通志》卷四三。又，《江南通志》卷一〇七小傳載亦一陳鑑，云：蒲（莆？）田人，解元，順治二年（一六四五），官松江府金山司巡檢，官至知縣。不知是否亦字子明者。其年代相合，但莆田屬福建，非廣東，而是書作者自署其地望爲南越，亦嶺南之代名詞。另一種可能是《江南通志》既已誤書其爲『蒲田人』，亦可能將其籍貫搞錯。總之，這是否即爲本書作者尚頗可稽疑，姑録以備考。今存資料中，明代、清初名陳鑑者有數十人之多，字子明者，僅一見於《湖廣通志》； 疑似爲此人之宦歷者，亦僅一見於《江南通志》。

本書約近四千字，仿《茶經》而分爲十目，其首摘録陸氏《茶經》各目之文，其下加注虎丘茶事，再則補陸氏《茶經》未言之事而類之。此書引《茶經》文已錯訛百出，即使是以己意改寫，亦與《茶經》原文相去甚遠，非引書之體也。注虎丘茶事又極牽强附會，所補更是莫名所以，全失倫緒。此書原専爲虎丘茶而作，卻對虎丘茶略無所知，强爲之解，使人讀之有茫然之感。虎丘茶，作爲頂級名茶，明初已聲名鵲起，聲價百倍。由於官府百計苛求，僧人、茶農不勝其苦，明末薙除略盡。正如宋人蘇轍論蜀茶所説，『地非生茶，實生禍也』。陳鑑此書作爲清代爲數不多的茶書之一，卻錯訛若此。鑒於其引《茶經》之文錯訛太多，不勝校改，故仍保留其原文，不出校。本《全集》已收《茶經》可對照。其注、補文，亦僅酌加校補。爲補救於萬一，今僅將清人陸肇域、任兆麟合纂之《虎阜志》卷六《物産》中虎丘茶一目移録於本書之末，作爲附録，以使海内外讀者對虎丘茶有一概略的瞭解。

《虎丘茶經注補》，今僅存《檀几叢書》本。是書，清王晫、張潮合編，有康熙三十四年（一六九五）新安張氏霞舉堂刊本。陳鑑《注補》，收入此叢書一集第五帙。其二集第五帙，則收入周高起茶書二種。今以是本作底本收入本書，並略作校勘。實事求是而論，這是部毫無學術價值的茶書，較之《四庫提要》編者嚴厲抨擊的《茗笈》又等而下之也。其引文之竄亂，亦至無以復加、令人喫驚的程度。其補、注之文，凡引前人茶書，亦多非原文，而肆意篡改，乃至面目全非，實非著述之體。校不勝校，嘆息而已。

虎丘茶經注補

陳子曰：『陸桑苧翁《茶經》漏虎丘，竊有疑焉。陸嘗隱虎丘者也，井焉泉焉，品水焉，茶何漏？』曰：『非漏也。虎丘茶自在《經》中，無人拈出耳。』予乙未遷居虎丘，因注之補之。其於《茶經》，無以别也，仍以注補别之。而《經》之十品備焉矣。桑苧翁而在，當啞然一笑。

一之源

《經》：茶樹如瓜蘆，注：瓜蘆，苦杕也。廣州有之。葉與虎丘茶無異，但瓜蘆苦耳。花如白薔薇。注：虎丘茶，花開比白薔薇而小。茶子如小彈。上者生爛石，中者生礫壤。注：虎丘茶園，在爛石礫壤之間。野者上，園者次。注：虎丘野而園。宜陽崖陰林。注：虎丘之西，正陽崖陰林。紫者上，緑者次；筍者上，芽者次；葉卷上，葉舒次。注：虎丘紫緑、筍芽、卷舒皆上。

補：鑑親采數嫩葉，與茶侶湯愚公小焙烹之，真作荳花香。昔之鬻虎丘茶者，盡天池也。

二之具

《經》：籯、籃、筥，以竹織之，茶人負以采茶。注：虎丘山下竹佳籯，小僧人即茶人。竈、釜、甑、注：虎丘焙茶同。杵、臼、碓、規、模、棬、承、臺、碪、碾，注：唐宋製茶屑用〔一〕，今葉茶不用。笓、箣、篣、筤，以小竹長三尺，軀二尺五寸，柄五寸，篾織方眼，四者大小不一，以別茶也。注：虎丘同。棚，一曰棧。以木構於焙上，編木兩層以焙。注：虎丘同。茶半乾，貯下層，全乾升上層。注：虎丘同。串一斤爲上串〔二〕，半斤爲中串，四兩爲小串。注：串，一作穿，謂穿而掛之，虎丘同〔三〕。育以木爲之，以竹編，中有槅，上有覆，下有牀，旁有門。中置一器，貯煨火，令熅熅然。江南梅雨時，燥之以炭火。注：虎丘同。

三之造

《經》： 凡采茶，在二、三、四月間。茶之筍者，生爛石土。長四五寸，若薇蕨始抽，凌露采之。茶之芽，發於叢薄之上，有三枝、四枝、五枝者。選中枝，穎拔佳。其日有雨不采，晴有雲氣不采。采之，蒸之，焙之，穿之，封之，茶其乾矣。注： 與虎丘采焙法同。但陸經有擣之、拍之，今不用。 茶有千〔類〕萬狀： 如胡人鞾者〔四〕，蹙縮者，犎牛臆者，廉襜者； 浮雲出山者，輪囷者； 輕飇拂水者，涵澹然。此皆茶之精腴。有如竹籜者，其形（簏）〔籭〕簁然，有如霜荷者，厥狀委萃然。此皆茶之瘠老〔者也〕。自胡鞾至於霜荷，八等。出膏者光，含膏者皺，宿製則黑，日成則黄，蒸壓則平正，縱之則坳垤。注： 虎丘之品，真如胡鞾，至拂水製之，精粗存乎其人。

補： 黄儒《〔品〕茶〔要〕録》〔五〕： 一戒采造過時，二戒白合盜葉，三戒入雜，四戒蒸不熟、及過熟〔六〕。

注： 穀雨後，謂之過時。茶芽有（雨）〔兩〕小葉抱白，是爲盜葉〔七〕； 雜以楊柳柿〔葉〕〔八〕，是爲入雜。

四之水

《經》： 泉水上，天雨次，井水下。注： 虎丘石泉，自唐而後，漸以填塞。不得爲上。而憨憨之井水，反有名〔九〕。

補： 劉伯芻《水記》〔一〇〕： 陸鴻漸爲李季卿品虎丘劍池石泉水，第三。張又新品劍池石泉水，第五。

《夷門廣牘》謂： 虎丘石泉，舊居第三，漸品第五。以石泉泓渟，皆雨澤之積滲，竇之潢也。況闔廬墓隧，當時石工多閟死，僧衆上栖，不能無穢濁滲入。雖名陸羽泉，非天然水，道家服食，禁屍氣也。

鑑欲濬劍池之水，鑿小渠，流入雀澗，則泉得流而活矣。李習之謂：劍池之水，不流爲恨事，然哉！

五之煮

《經》：山水乳泉，石泓漫流者，可以煮茶。注：陸羽來吴時，劍池未塞。想其涓涓之流，今不堪煮。湯之候，初曰蝦眼，次曰蟹眼，次曰魚眼。若松風鳴，漸至無聲。注：蝦、蟹、魚眼，言鍑内水沸之狀也。聲如松濤，漸緩，則火候到矣。過此則老。

補：《蘇廙傳》：湯者，茶之司命。若名茶而濫湯[一一]，則與凡莽無異。故煎有老嫩，注有緩急，無過、不及，是爲茶度[一二]。勿用膏薪（爆）〔庖〕炭。注：乾炭爲宜，乾松莢尤妙。

陸平泉《茶寮記》[一三]：〔煎〕茶用活火，候湯眼鱗鱗起，沫餑鼓泛，投茗器中。初入湯少許，（使）〔俟〕湯茗相投，即滿注，雲腳漸開，乳花浮面，則味全。蓋唐宋茶用團餅碾屑，味易出。今用葉茶，驟則味乏，過熟，則昏濁沉滯矣。

《經》：器用風爐、炭檛、鍑、火夾、紙袋、都籃、漉水囊、瓢、盌、滌巾。

補：錫瓶，宜興壺[一四]，粗泥細作爲上。甌盞，哥窯，厚重爲佳。瓶壺，用草小薦，防焦漆几。

六之飲

《經》：茶有九難：曰造，曰别，曰器，曰火，曰水，曰炙，曰末，曰煮，曰飲。陰采夜焙，非造也；嚼味嗅香，非別也；羶鼎腥甌，非器也；膏薪（爆）〔庖〕炭，非火也；飛（灘）〔湍〕壅潦，非水也；外熟內生，非炙也；碧粉縹塵，非末也；操艱攪遽，非煮也；夏興冬廢，非飲也。注：今不用末，當改曰：紙包甕貯，非藏也。

補：陸平泉《茶寮記》：品茶非漫浪，要須其人與茶品相得。故其法，獨傳於高流隱逸，有雲霞泉石磊塊胸次者。

陳眉公《秘笈》〔一五〕：涼台靜室，明窗淨几，僧寮道院，竹月松風，晏坐行吟，清談把卷，茶候也。翰卿墨客，緇流羽士，逸老散人，或軒冕而超軼世味者，茶侶也。

高深甫《八牋》〔一六〕：飲茶，一人獨啜爲上，二人次之，三人又次之，四五六人，是名施茶。

鑑謂：飲茶如飲酒，其醉也，非茶。

七之出

《經》：浙西產茶，以湖州顧渚上，常州陽羨次，潤州傲山又次，蘇州洞庭山下。注：不言蘇州虎丘，止言洞庭山，豈羽來時，虎丘未有名耶〔一七〕？

補：《姑蘇志》：虎丘寺西產茶。注：虎丘寺西，去劍池不遠，天生此茶，奇。且手掌之地，而名聞於四海，又奇。

唐張籍《茶嶺詩》〔一八〕，有『自看家人摘，尋常觸露行』之句。朱安雅以爲今二山門西偏，本名茶嶺，今稱茶園。張文昌居近虎丘，故看家人摘茶。又可見唐時無官封茶地。

八之事

《經》：《吴志・韋曜傳》：『曜飲酒不過二升，皓初禮曜，常密賜茶荈以代酒。』又，劉琨《與兄子南兗州刺史演書》：『吾體中（憒）〔憒〕悶，常仰吴茶，汝可置之。』

補：鑑按：《茶經・七之事》多不備，如王褒《僮約》：『武陽販茶』，許慎《説文》『茗，茶芽也』；張華《博物志》：『飲真茶者，少眠。』沈懷遠《南越志》：『茗，苦澀，謂之過羅〔一九〕。』四事，在唐以前，而羽失載。

羽同時常伯熊，臨淮人。御史大夫李季卿次臨淮，知伯熊善煮茶，召之。伯熊執器而前，季卿再舉盃。至江南，聞羽名，亦召之。羽衣野服而入，季卿不爲禮。羽因作《毁茶論》，爲季卿也。

國初，天台起雲禪師住虎丘，種茶。

徐天全自金齒（？）謫回，每春末夏初，入虎丘開茶社。

吴匏菴爲翰林時，假歸，與石田遊虎丘，采茶手煎，對啜，自言有茶癖。

文衡山素性不喜楊梅，客食楊梅時，乃以虎丘茶陪之。羅光璽作《虎丘茶記》，嘲山僧有『替身茶』。宋懋澄欲伐虎丘茶樹。鍾伯敬與徐元歎〔二〇〕，有虎丘茶訊，謂兩人交情，數千里以買茶爲名，一年通一信，遂成故事。伯敬築室竟陵，云將老焉，遠遊無期，呼元歎賈餘力一往。元歎有《荅茶訊》詩。醉翁曰：『茶樹一種入地，不可移，移即死。故男女以茶聘。朋友之交，亦然。』鍾徐茶訊，是之取耳。聞元歎有《奠茶文》，譚友夏

《冬夜拜伯敬墓詩》云〔一一〕：『姑蘇徐逸士，香雨祭茶時。』又有詩《寄元歎》云：『河上花繁多有淚，吴天茶老久無香。』正感二子之交情也。

九之撰

《經》：鮑令暉有《香茗賦》。

補：宋姑蘇女子沈清友，有《續鮑令暉香茗賦》。見楊南峯《手鏡》。鑑有《虎丘茶賦》。見賦部。

唐·韋應物《喜武丘園中茶生詩》〔一二〕：『潔性不可污，爲飲滌塵煩。此物信靈味，本自出（仙）〔山〕源。聊因理郡餘，率爾植（山）〔荒〕園。喜隨衆草長，得與幽人言。』

張籍《茶嶺詩》〔一三〕：『紫芽連白葉，初向嶺頭生。自看家人摘，尋常觸露行。』

陸龜蒙《煮茶詩》：『閒來松間坐，看煮松上雪。時於浪花生，併下藍英末。傾餘精英健，忽似氛埃滅。不合別觀書，但宜窺玉札。』

皮日休《和煮茶詩》：『香泉一合乳，煎作連珠沸。時看蟹眼濺，乍見魚鱗起。聲疑松帶雨，餑恐生煙翠。尚把瀝中山，必無千日醉。』鑑按：皮、陸茶詠各十首，俱詠顧渚，非詠虎丘也。但二公俱踪跡虎丘，摘其一以存虎丘茶事。

國初王璲《贈天台起雲禪師住虎丘種茶詩》：『上人住孤峯，清閒有歲月。袖帶赤城霞，眉端凝古雪。種茶了一生，經綸入萌蘖。斯知一念深，於義亦超絕。』

羅光璽《觀虎丘山僧采茶作詩寄沈朗倩》云：『晚塔未出煙，曉光猶讓露。僧雛啓竹扉，語響驚茶寤。雲摘手知肥，衲裹香能度。老僧是茶佛，須臾畢茶務。空水澹高情，欲飲仍相顧。山鳥及閑啼，松花壓庭樹。』

陳鑑《補陸羽采茶詩并序》：『陸羽有泉井，在虎丘。其旁産茶，地僅畝許，而品冠乎羅岕、松蘿之上。暇日遊觀憶羽，當日必有茶詩，今無傳焉，因爲補作云：「物奇必有偶，泉茗一齊生。蟹眼聞煎水，雀芽見鬥萌。石梁苔齒滑，竹院月魂清。後爾風流盡，松濤夜夜聲。」』

鍾惺《虎丘品茶詩》：『水爲茶之神，飲水意良足。但問品泉人，茶是水何物。飲罷意爽然，香色味焉往。不知初啜時，何從寄遐想？室香生爐中，爐寒香未已。當其離合間，可以得茶理。』

崔浩《封茶寄文祠部詩》〔二四〕：『細摘春旗和月焙，晨興封裹寄東曹。秋清亦可助(佳)〔詩〕興，白舫青簾(山)〔江〕月高。』

劉鳳《虎丘采茶曲》〔二五〕：『山寺茶名近更聞，采時珍重不盈斤。直輸華露傾仙掌，浮沫春磁破白雲。』

陳鑑《虎丘試茶口號》：『蟹眼正翻魚眼連，拾燒松子一條煙。攜將第一虎丘品，來試慧山第二泉。』

吴士權《虎丘試茶詩》：『虎丘雪纈細如針，荳莢雲腴價倍金。後蔡前丁渾未識，空從此苑霧中尋。響停唧唧砌蟲餘，□□吹雲繞竹廬。泉是第三茶第一，仙芽傳裹未曾書。』

朱隗《虎丘采茶竹枝詞》：『鐘鳴僧出亂塵埃，知是監司官長來。攜得梨園高置酒，閶門留着夜深回。官封茶地雨泉開，皂隸衙官攬似雷。近日正堂偏體貼，監茶不遣掾曹來。茶園掌地産希奇，好事求真貴不辭。辨色嗔香空賞鑑，那知一樣是天池。』

十之圖

《經》：以素絹或四幅〔二六〕，或六幅，分（題）〔布〕寫之，陳諸座隅。則茶之源、之具、之造、之（水）〔器〕、之煮、之飲、之（出）〔事〕、之（撰）〔略〕，俱在圖中。目擊而存〔於是〕。

補：李龍眠有《虎丘采茶圖》，見題跋。沈石田爲吴匏菴寫《虎丘對茶坐雨圖》，今在王仲和處。王仲山有《虎丘茗椀旗槍圖》敍。沈石天每寫虎丘圖〔二七〕，四面不同。春山秋樹，夏雲冬雪，種種奇絶。鑑兹補陸，不圖而圖。庶不没虎丘茶事。

附録

虎丘茶〔二八〕

〔清〕陸肇域　任兆麟

茶，文《志》：『僧房皆植，名聞天下。穀雨前摘細芽，焙而烹之，名爲雨前茶。其色如月下白，其味如荳花香。』《蘇州府志》：『虎丘金粟山房舊産茶，極佳。烹之，色白如玉，香味如蘭，而不耐久，宋人呼爲白雲茶。蘇軾書以爲精品也。』《松寮茗政》：『色味香韻，無可比擬。必親至茶所，手摘監製，乃得真産。第難久貯，稍過時，全失其初矣。』明萬曆年，寺僧苦大吏需索，薙除殆盡。文震孟作《薙茶説》。後寺僧疲於藝植，至今真産尤不易得。陳鑑有《虎丘茶經注〔補〕》。

（明）文震孟《薙茶説》：吴山之虎丘，名魗天下。其所産茗柯，亦爲天下最。色香與味在常品外，如陽羨、天池、北源、松蘿，俱堪作奴也。以故好事家爭先購之。然所産極少，竭山之所入，不滿數十斤。而自萬曆中，有大吏而汰者，檄取於有司，動以百斤計，有司之善諛者，若以此爲職守然。每當春時，茗花將放，二邑之尹即以印封封其園。度芽已抽，則二邑胥吏之黠者，逾垣入，先竊以獻令，令急先以獻大吏，博色笑。其後得者，輒銀鐺其僧，痛箠之，而胥吏輩復啖咋，僧盡衣鉢，資不足償，攢眉蹙額，或閉門而泣，如是者三十餘年矣。客有讀書其地者，往往爲僧咨嗟而莫爲之計。余笑謂客：『設有僧具勇猛力者，拔去根株，無留纖寸，具此手段，便許之成佛作祖。』直戲言耳。甲子歲，有巡方使者，督責尤苦。僧某竟如予言，薙除略盡，蓋已辦此身殉也。一日，郡伯禮亭寇公過余言曰：『當吾作守，而有此舉，差强人意。』余笑曰：『乃以見明公之德政耳。使非明公惠愛素著，即有成佛作祖之僧，其能決絶如是耶？』公亦笑曰：『敢煩史筆，作記數語，爲守土官解嘲，可乎？』他日述此語於邑侯同凡陳公，公復大笑曰：『有是哉！多欲則多事，多事則擾民。能使根株拔盡，無留纖寸者，精可成佛作祖，粗可撫民莅衆。世法略具此矣。』蓋寇、陳二公，一時守令之最賢者也，故能爲此語。余因記之，以備郡志中一則佳話。

皇甫汸《虎丘采茶曲》：『靈山深處長春芽，浥露穿雲曉徑斜，仙掌由來人未識，恐攀琪樹誤曇花。采未盈筐倦倚松，金莖半是白雲封。佛前數葉香先供，誰覓花間鹿女蹤？』劉鳳《虎丘采茶曲》：早采初傳《爾雅》箋，瀑泉聲細注青天。王珣祠下稱奇産，鬥品當爲御苑先。山寺茶名近更聞，采時珍重不盈斤。直輸華露傾仙掌，浮沫春磁破白雲。』徐謂《謝某伯子惠虎丘茗》：『虎丘春茗妙烘蒸，七碗何愁不上升？青箬舊封題穀雨，紫砂新罐買宜興。卻從梅月横三弄，細攪松風灺一燈。合向吴儂彤管説，好將書上玉壺冰。』文徵明《煎茶詩贈履約》：『嫩湯自候魚生眼，新茗還誇翠展旂。穀雨江南佳節近，惠泉山下小船歸。山人紗帽籠頭處，禪榻風花繞鬢飛。酒客不通塵夢醒，卧看春日下松扉。』居節《雨後過云公問茶事》：『雨洗千山出，氤氲緑滿空。開山飛燕子，吹面落花風。野色行人外，經聲流水中。因來問茶事，不覺過雲東。』顧汝玉《題虎丘山茶》：『仙蕣分來自虎丘，鳳團鵲舌總非儔。啜時卻笑天隨子，顧渚茶租歲歲收。』張鳳翼《寄黄淳父采茶虎丘》：『春風爭誇陽羡茶，花巖靈産清更佳。三泉寒烹紫蟹眼，數顆香折黄金芽。江夏黄郎負清癖，荷筐攜瓶手攀摘。真探不讓采瑶芝，候炙還同煉瓊液。憐予渴疾熾春明，伏枕空門縈百情。何當石上從吸月，振翮清風聞鳳笙？』李流芳《虎丘僧房夏夜試茶歌》：『深林纖纖月欲没，坐久明星爛於月。正無微籟生虚空，忽有幽香來馝馞。未須涓滴潤喉吻，已覺煩溽清肌骨。泉新火活妙指瀹，風味難言空約略。芳蘭出林露初泫，寒梅吐韻日猶薄。洞山標格稍雲峻，龍井旖旎徒嫌弱。淨名妙香自無盡，天女散花仍不著。世人耳食喧《茶經》，此山尤物遭天刑。鎖園鈴柝亂鳥雀，把火敲樸驚山靈。空煩采括到泥土，豈有烹嗺分淄澠？鄰房藏乞自封裹，色敵翠羽疑空青。庭閑夜寂客亦韻，潛解緑箬開芳馨。元與枯腸洗藜莧，肯爲世味充膻腥。』（國朝）任兆麟《金粟山房訪得白雲茶數本》：『寂寂山房晝不開，靈茶傳説勝天台。一聲殘磬出深竹，溪上白雲人獨來。』陸肇域《同心齋作》：『一徑幽尋别有天，老僧趺坐絶塵緣。緑煙影裡春多少，猶記今朝是社前。』

〔校證〕

〔一〕唐宋製茶屑用　方案：『茶屑』，疑應作『屑茶』，即散茶、末茶也。『屑茶』應是團茶、茶餅之誤。上云顯然不是製茶末所用之具。『用』，原謌作『同』，據上下文義改。

〔二〕串一斤爲上串　首『串』字，似爲衍字，疑應删。

〔三〕謂穿而掛之虎丘同　所謂穿而掛之的製茶法，宋代製茶已不用，僅唐製茶時曾爲之。且此釋是否符合《茶經》原意已大成問題。陸羽所述之『穿』，當爲焙燥茶餅之用，詳吴覺農《茶經述評》頁五九之圖。宋代已置焙上烘乾，不用穿。虎丘茶，始見於明，方志已爲附會，其唐時，虎丘茶更是無聞，焉得與《茶經》所云爲『同』？其妄不言而喻。下注多類此，不再一一辨析。

〔四〕茶有千類萬狀如胡人鞾者　『類』，原無，據《茶經》拙校〔四四〕補。『胡』，清人避忌之字，故作方圍闕字，今據《茶經》回改。下徑補不出校。

〔五〕黄儒品茶要録　書名，陳氏原作《茶録》，似用簡稱。爲免與多種《茶録》相混，今補二字，且也無作此簡稱者。

〔六〕四戒蒸不熟及過熟　方案：陳氏此據黄儒之書五目標題立説，四戒云云，實乃五戒。蒸不熟、過熟及焦釜，乃蒸茶工序中應避免的三種弊病。陳氏既將前二種互合爲一，又棄『焦釜』不取，兩失之矣。又對原書壓黄、漬膏、傷焙等製茶弊病視而未見，捨而不録，尤失之矣。可見其對宋代製茶一無所知。

〔七〕茶芽有小葉抱白是爲盜葉　方案：此大誤。《品茶要録·白合盜葉》原注文作：『有兩小葉抱而生者，白合也；新條葉之抱生而色白者，盜葉也。』陳氏不解其意而臆加删改之。其注補類似之例亦甚多，不一一出校。請檢照本《全集》所收之原書。

〔八〕雜以楊柳柿葉　『葉』，原誤删，據原書『入雜』補。又，黄儒原作：『鎊列入柿葉，常品入桴檻葉。』陳氏臆改之。

〔九〕而憨憨之井水反有名　方案：此又大謬不然之論。憨憨井，又稱憨憨泉，乃虎丘名泉。唐宋人所謂之『石井水』，即爲泉水。陳氏已誤解爲人工開鑿之井。又，陸羽《茶經》原作『山水上，江水次』，此竟妄改爲『泉水上，天雨次』。類似之臆改，每條皆有。

〔一〇〕劉伯芻水記　方案：此又大誤，《水記》乃《煎茶水記》之簡稱。作者爲張又新。其書首云：劉伯芻『稱較水之與茶宜者凡七等』，『虎丘寺石井水第三』。陳氏既將『劉伯芻』妄改爲『陸鴻漸』，又將其爲李季卿品天下二十水，與此劉氏品七水混爲一談，復又將虎丘寺中石井(泉)水誤作『虎丘劍池石泉水』。短短二十字中，失誤凡三，令人難以置信。

〔一一〕若名茶而濫湯　『湯』，原譌作『觴』，據本書所收之《荈茗録·十六湯品》改。下文均非原文，而以其己意改寫。

〔一二〕無過不及是爲茶度　此八字，同右引原書無，乃陳氏臆加。『茶度』一詞，尤爲其臆説，與《十六湯品》並不相符。其所謂〔補〕文之妄，亦皆類此。

〔一三〕陸平泉茶寮記　『平泉』，乃作者陸樹聲之號。本條是引文中最好的一則，亦頗有删改，但大致符合原書之意。仍改、補各一字。

〔一四〕錫瓶宜與壺　『錫瓶』下，疑有脱文。否則，與下文文義不相通，又不知其所自出。

〔一五〕陳眉公秘笈　此又郢書燕説，其文實出陸樹聲《茶寮記·煎茶七類》之『茶候』、『茶侶』二則，而不見於陳繼儒《茶話》。又，『竹月松風』，原書作『松風竹月』。

〔一六〕高深甫八牋　『深甫』，高濂字。『八牋』，其書《遵生八牋》的簡稱。但陳氏實乃誤引出處，下引之文始見於張源《茶録》，又見於陳繼儒《茶話》。引文也大相徑庭，全不相同。説見《續茶經》拙考〔四〇〇〕條。

〔一七〕虎丘未有名耶　『名』，如改爲『茶』，當得其實。唐時虎丘未産茶。

〔一八〕唐張籍茶嶺詩　詩見《張司業集》卷六《和韋開州盛山十二首》之三。唐開州盛山郡，治今重慶開縣。陳氏臆將其移作萬里之遥的虎丘山，附會之甚。且張籍雖爲蘇州人，但僅爲籍貫，徙居和州烏江（治今安徽和縣），亦爲産茶之地。

〔一九〕茗苦澀謂之過羅　方案：上引四事，皆非原文。如本條原作：『龍川縣有皐蘆草，葉似茗，味苦澀，土人以爲飲。今南海謂過羅，或曰拘羅。』（《證類本草》卷一二作『或曰物羅，皆夷語也』。）見《太平御覽》卷九九八引《南越志》。又，陸羽《茶經》失載之唐前茶事又何止此四事，至少有數十條之多。

〔二〇〕鍾伯敬與徐元歎　『鍾伯敬』，即鍾惺，伯敬其字；『徐元歎』，徐波字元歎。二人事見《續茶經》拙釋

〔五八八〕所考，不贅。

〔二一〕譚友夏冬夜拜伯敬墓詩云　『譚友夏』，即譚元春（一五八六—一六三七），字友夏，竟陵人。天啓七年（一六二七）鄉試解元。有詩名，與其同鄉前輩鍾惺，時稱『竟陵體』。反對力矯七子之弊的公安三袁之文風。其學不富，爲通人所譏。撰有《譚友夏合集》二十三卷、《譚子詩歸》十卷、《嶽歸堂集》十卷、《譚子過莊》三卷等。事見《大泌山房集》卷二三《譚友夏詩序》、《啓禎野乘》卷七、《明史》卷二八八《袁宏道傳·附傳》、《明詩綜》卷七一等。其著作見《四庫總目》卷一八〇、《明史》卷九九、《千頃目》卷一六等著録。

〔二二〕唐韋應物喜武丘園中茶生詩　方案：詩見《韋蘇州集》卷八，原題作《喜園中茶生》。諸書所引皆然。陳氏竟妄加『武丘』二字入詩題，欲以此坐實唐代虎丘有茶，謬之甚矣。又據改三字。

〔二三〕張籍茶嶺詩　陳氏在上文《七之出》中已收張詩後二句，此已重複引全詩，無非拼湊篇幅而已。但遺憾的是所引唐詩，皆與虎丘茶了不相關。曲解臆説，莫此爲甚。參見本書拙釋〔一一八〕。

〔二四〕崔浩封茶寄文祠部詩　作者、詩題均大誤。考此詩見明人杭淮《雙溪集》卷五《封茶寄載卿口嘲》。杭淮（一四六二—一五三八），字東卿，號復溪，又號雙溪。宜興人，弘治十二年（一四九九）進士，官至右副都御史。與弟濟俱有詩名，撰有《雙溪集》等。事見《山堂萃稿》卷九《杭公神道碑銘》、《張文定公靡悔軒集》卷六《杭公墓誌銘》、《顧文康公文草》卷六《杭公墓表》、《毘陵人品記》卷八等。其詩題中所及之載卿，乃其同年進士王軏之字。王軏，字載卿，號與浦，開平衛人，居江都。弘治十二年進士，官至兵部尚書。事見《明史》卷二〇一《本傳》。從二人出身、籍貫、宦歷考察均與蘇州、虎丘毫無瓜葛，不知陳氏何所據，其誤實在太離奇。又據四庫本《雙溪集》改詩中二字。

〔二五〕劉鳳虎丘采茶曲　劉鳳，字子威，號久齋。蘇州長洲人。嘉靖二十三年（一五四四）進士，授中書舍人。擢御史，巡按河南，被劾歸。家富藏書，勤學博聞。年逾八十而卒。撰有《續吴先賢傳贊》、《雜俎》、《禪悦三草》、《比玉集》、《澹思集》、《劉侍御集》等。事見《大鄣山人集》卷一〇《贈劉子威先生序》、《謝耳伯先生文集·初集》卷一《酬劉子威先生序》等。其《采茶曲》凡二首，此爲第二首，第一首見本書附録《虎丘茶》（刊《虎阜志》卷六）。

〔二六〕以素絹或四幅　本則引自《茶經·十之圖》，但篡改無以復加。校原書，臆改三字，互倒二字，增補四字，删二字，原書遂致面目全非。以上引《茶經》文多恣意篡改，《茶經》亡矣。今僅據原書，按校例拈出，以證陳氏之書陋且妄矣。

〔二七〕沈石田每寫虎丘圖　『沈石田』，原譌作『沈石天』，據上文改。

〔二八〕虎丘茶　此題乃筆者所擬。爲彌補陳鑑胡編亂説所導致的混亂，今從清乾嘉學者陸肇域、任兆麟所編纂的《虎阜志》卷六《物産》中析出與虎丘茶有關内容。而附録於後，以便讀者對虎丘茶有一比較明晰的瞭解。二者之優劣，涇渭判然，不言而喻。爲免繁瑣，不再一一出校，僅校改個别誤字。虎丘茶詩的作者，多爲明清名人，且多已在《續茶經》等書中注其生平事略，此亦不再重複出注。

茶史

〔清〕劉源長

〔提要〕

《茶史》，清代茶書。二卷，劉源長撰。劉源長，字介祉，淮安人。明季諸生。以篤行而爲鄉人所重。卒祀鄉賢及孝子祠。撰有《參同契注》、《楞嚴經注》、《二十一史略》、《古今要言釋》等。其事見《四庫總目》卷一一六、《江南通志》卷一五八、光緒《淮安府志》卷二九及本書序跋等。

是書卷首署『八十老人劉源長介祉著』，則爲其晚年所撰無疑。約成書於康熙初。據《茶史》序跋，則是書凡三刻：康熙初，源長初刻於家塾，康熙十七年（一六七八）長子謙吉再刊，卷首有李仙根、陸求可二序。並曾於四十四年聖祖玄燁南巡時進呈，從行諸臣競相購買。雍正六年（一七二八），源長曾孫乃大三刻於墨韻堂，請張廷玉撰序，冠於卷首，以重其書。又，謙吉再刻及乃大三刻本均附收余懷《茶史補》一卷。雍正六年墨韻堂本二書合刻本，海内藏有四本，分藏於復旦大學，天津、南京、福建省圖書館。《四庫全書存目叢書》收入此書，即據復旦大學藏本影印。日本杏雨書屋亦藏有此本，布目潮渢《中國茶書全集》上卷已據杏雨書屋藏本影印收入。十九世紀初，日本有據此本的和刻本行世。

《茶史》首爲《各著述家》，相當於今之引用或參考書目，引十九家，其作者及書名錯謬已甚，且如蔡宗顔《茶山節對》、沈立《茶法易覽》等，早已蕩然無存。其末注云：『陸龜蒙《品茶》』，實乃《品第書》之譌，又稱『顧野王、蘇東坡俱有《茶賦》』，實爲唐·顧況、宋·黄庭堅俱有《茶賦》。類似之鑿空臆説，比比皆是。次爲目録，卷一分九目，卷二分二十一目，凡三十目，也去取無藝，極爲草率隨意。究其全書，不注出處，引文錯誤之多、之離奇，令人嘆爲觀止。誠如《四庫總目提要》卷一一六之允評：是書『冗碎殊甚』，『蓋暮年頤養，姑以寄意而已，不足以〔言〕著書也』。質言之，此乃毫無學術價值之書，僅晚年自娱而已。與陸廷燦之《續茶經》實有天壤之别。如細加校證，當數倍於原書篇幅，且又難以措手。更重要的是：本書所録内容，絶大部分已見於本書所收各茶書。鑒於以上原因，今僅收本書序跋及卷首目録、所附《陸羽事蹟十一則》等，以四庫存目本爲底本，並略加校證，以見是書之梗概及譌妄一斑。爲免濫充篇幅之譏，其正文則全部不收。余懷《茶史補》，則按本書凡例另行收入。

序

世稱茶之名起於晉宋以後，而神農《食經》、周公《爾雅》已先及之。益自貢之尚方，下逮眠雲卧石之夫，胥得爲茗飲。至若鴻漸、伯熊之品味，玉川子、江湖散人之嗜好，紀於傳策者，今古數人而已。而山陽劉介祉先生，博洽羣書，因取《茶經》以後凡詩賦論記及於此者，累爲一帙，名曰《茶史》。嗣君大參年伯，每與先大夫論及是書，津津不去口。

康熙乙酉，聖祖南巡，大參公曾以是書進御。扈從諸臣，咸購得之，一時紙貴。三十年來，鐫本亦稍蝕。

予嘗披覽竟卷，見其搜採精核，覺有至味，浸淫心口間。又聞先生性至孝，弱冠侍親官粤西，及扶櫬歸，山途遇虎，衆駭散，先生伏櫬不去，虎曳尾過。涉洞庭，風作覆舟，先生抱櫬疾呼，風竟息。精行脩德，耄而好學，七爲卿大賓。没，崇祀鄉賢。余讀其書，未嘗不想見其爲人。

蘇文忠公有言：君子可以寓意於物，而不可以留意於物。秋於奕，伯倫於酒，嵇康於鍛，阮孚於蠟屐，以及杜征南之癖《左〔傳〕》〔一〕，蔡中郎之秘《論衡》，亦各適其意之所寄而已。先生矻矻孜孜，丹鉛不輟，豈於雀舌龍團、香泉碧乳獨有偏嗜，蓋其澡滌心性，和神養氣，一食飲不敢忘親。即是編可以窺尋其微意，以視瑯琊漏巵，蒼頭水厄，曾何足云！書不盈寸，得邀聖祖鑒賞，固臣子之榮耀，而孝思所積，感格天人，益信而有徵矣。

今年秋，先生之曾孫乃大重校是書，修整裝潢，請序於余，余特表其行以諗世之讀是書者。乃大年少多才，有志繩武，將合前人述作，先後盡付諸梓，且勉於文行，不失其世守。是則余之所望也已。

時雍正六年秋七月，桐城張廷玉拜撰〔二〕。

茶史叙

古文無『茶』字，《本草》作『荼』，蓋藥品，非日用之物。自晉唐間有嗜之者，因損文爲茶，而其用始顯，其種藝遂徧江漢以南。或過頌其德，或深訐其弊，皆非通論。一切物類，精麤不同，要皆利害參半，顧用者何如耳。然古之茶，以製兑堅細爲貴；今則以自然元味爲佳。是茶之用，又至今日而後爲盡致也。吾觀生民之務，莫切於飽煖，乃或終歲不得製衣，併日不得一食，安計不急之茶？至於奔名趨利，淫湎紛華者，雖有名品，不暇啜也。桓譚有云：天下神人，一曰仙，二曰隱。吾以爲具此二德，而後可以錫茶之福，策茶之勳。

介翁先生，淮右學古君子也。讀書好閒靜，年益高，著述益富。有茶嗜，因緝爲《茶史》。以其史也，必有因據，雖有私見異聞，不敢溷也。其實，茶之事日新，山岳、井泉氣有變易。

先生姑不盡言，以俟圓機之自會耳。若夫茶馬之司起於宋，行於今日，更關國計。然考宋一蜀隴之間，每歲息入過今日遠甚，豈晰利者之過歟，抑别有其故歟？今史不載，非遺也。先生閒靜人，希乎仙而全乎隱者也，故亦置而不言。

時康熙丁巳仲秋，蜀遂制通家侍生李仙根拜題[三]。

序

予嘗從事茗政，品題有各著述家。其著爲《茶經》，言茶之原、之法、之具，始唯吾家鴻漸，鴻漸之前，未有聞也。至於今，人人能知茶經，能言茶之原、之法、之具矣。考諸傳紀，鴻漸之生固奇。問諸水濱，既不可得，乃自得之於箎。稱『竟陵子』，又號『桑苧翁』。嘗行曠野，誦詩擊木，徘徊不得意，則慟哭而返。繇今思之，豈徒聽松風，候蟹眼，捧定州花瓷以終老者？夫固有宇宙莫容，流俗難伍之意，攄洩無從，姑借是以消磨壘塊。迨夫冥然會心，發爲著述，又能窮其旨趣，擷其芳香，是以後之人爭傳之爲《茶經》。然則今之人有所述作，豈皆自所不得志於時而爲是寄托哉？茶之爲飲，最宜精行脩德之人。白石清泉，神融心醉，有深味而奇賞焉。

前輩劉介祉先生，少壯砥行，晚多著述，一經傳世。長君六皆，早翺翔於天禄石渠間。家庭頤養，其瀟灑出塵之致，不必規模鴻漸而往往發鴻漸之所未有。嗜茶之暇，因《茶經》而廣之爲《茶史》。世嘗言古今人不相及，若先生者豈多讓耶！有鴻漸之爲人而《茶經》傳，有介祉先生之爲人而《茶史》著。鴻漸與先生，其先後同符也。披其卷，謬加訂次，輒兩腋風生，使予復見鴻漸之流風。因長君六皆刻其集，俾予分爲之序，而先生有功性命之書，不止此也。六皆著言，滿天下人士之被其容，論者如祥麟威鳳，其有得千家學之傳，匪朝伊夕也夫！

時康熙乙卯夏月，年家姻晚生陸求可咸一父頓首拜撰〔四〕。

茶史

各著述家

陸羽《茶經》

裴汶《茶述》

毛文錫《茶譜》

温太真嶠《上茶條列》〔五〕

蔡君謨《茶録》

蔡宗顏《茶山節對》

丁謂《北苑茶録》

蘇廙《仙芽傳》〔六〕

黄儒《品茶要録》

鮑昭姊令暉《(茶)香茗賦》〔七〕

沈存中《茶論》

張芝芸叟《唐茶品》〔八〕

《茶譜通考》〔九〕

宋徽宗《大觀茶論》二十篇　皆論碾餅烹點

陶穀《十六湯》〔一〇〕

江州刺史張又新《煎茶水記》

唐毋景《〔代〕茶飲·序》一作綦毋旻〔一一〕

沈朳《茶法》十卷〔一二〕

魏了翁《邛州先茶記》〔一三〕

按：陸龜蒙《品茶》，顧野王、蘇東坡但有《茶賦》〔一四〕

茶史編目

第一卷

第二卷

茶效

古今名家茶詠 凡列各類者不重載

雜録

誌地

陸羽事蹟十一則 外附盧仝

竟陵僧於水濱得嬰兒，育爲弟子。稍長，自筮得蹇之漸，繇曰：鴻漸於陸，其羽可用爲儀。乃姓陸氏，字鴻漸，名羽。及冠，有文章，茶術最精。

陸羽承天府沔陽人，老僧自水濱拾得，畜之。既長，自筮曰：鴻漸於陸，其羽可用爲儀。乃以定姓字。郡守李齊物，識羽於僧舍中，勸之力學，遂能詩。雅性高潔，不樂仕進，嗜茶，善品泉味。

陸羽，復州人。隱苕上稱桑苧翁，又號竟陵子。杜門著書，或行吟曠野，或痛哭而歸。有《茶經》傳世，凡三篇，言茶之原、之法、之具尤備，天下益知茶飲矣。

陸羽一名疾，字季疪。詔拜太常，不就。寓居茶山，號東岡子。嗜茶，環植數畝，《茶經》其所著也。刺史姚驥每微服造訪。

陸羽，字鴻漸。隱居苕溪，自稱桑苧翁。闔門著書，或獨行野中，誦詩擊木，徘徊不得意，則慟哭而歸。時謂之『今接輿』。

羽於江湖稱竟陵子，南越稱桑苧翁。

有積師者嗜茶，非漸兒煎侍，不饗口。羽出遊江湖，師絶茶味。代宗召入，供奉，命宫人善茶者餉師，一啜而罷。詔羽入，賜師齊，俾羽煎茗，一舉而盡，曰：有若漸兒所爲也。於是出羽見之。

常伯熊善茶，李季卿宣慰江南，至臨淮召伯熊。伯熊著黄帔衫，烏紗幘，手執茶器，口通茶名，區分指點，左右刮目，茶熟，李爲歠兩杯。既至江上，復召陸羽。羽衣野服，隨茶具而入，如伯熊故事。茶畢，季卿命取錢三十文，酬煎茶博士。鴻漸夙遊江介，通狎勝流，遂取茶錢、茶具，雀躍而出，旁若無人。

陸羽茶既爲癖，酒亦稱狂。

《陸羽傳》：羽負書火門山，從鄒夫子學，後因俗忌火字，改爲天門山。

陸羽貌侻陋，口吃而辯。聞人善，若在己；見有過者，規切至忤人。朋友燕處，意有所行輒去，〔人〕疑其多嗔。與人期，雨雪虎狼不避〔也〕。

附盧仝

仝，河南懷慶府濟源人，號玉川子。博學有志操，嘗作《月蝕詩》，譏元和逆黨，韓昌黎稱其工。濟源有盧仝別業，内有烹茶館。

跋

史内所載茶宜精行修德之人，非謂精行修德之人始茶，而精行修德之人領略有不同，寄興略别也。先君子過四十即無心仕進，至耄，惟日把一編，各家書史無不覽。倦則熟眠，一覺起，呼童子，問苦節君，濾水，視候烹點，啜兩三甌。習習清風又讀書，日如是者再。嘗曰：人一日不了過，吾過兩日也。（問）〔間〕倣行白香山社事，必攜茶具，諸老父議論風生，先君子則左持册，右執素甆，下一榻，且卧且聽之。又嘗謂：黄卷、黑甜、清泉是吾三癖。貯水甓滿屋，客有知味者，不憚躬親，煙隱隱從竹外來，輒誦『紗帽籠頭自煎喫』之句。是編也，亦言其大凡而已。山水卉木，時有變化，而臧否因之。即耳目有未逮，寧闕勿疑，此史之所由名也。嗟乎，天下之靈木瑞草，名泉大川，幸而爲篤學好古者所賞識而不幸以堙没不傳者，又何可勝道哉！不孝世務漸靡，憂從中來，每得先君子一杯茶，則神融氣平，如坐松風，竹月之下，亦可以見先君子之蠲煩滌慮，别有得於性情也。手抄《廿一史略》、《古今要言》，箋釋《華嚴》、《金剛》各經，每種約尺許；《茶史》特其片臠耳。讀父之書而手澤存焉，欷歔不能竟篇。偶取其斷篇殘紙，亦皆有關於風化性命之言。又以是知先正之學問，不苟如此。同年陸君咸一每過從，論茗政；遂寧夫子亦稍稍益以所見，因先謀殺青。其他書次第梓行，庶幾使觀覽者想見先君子之爲人焉。男謙吉識〔一五〕。

又跋

《茶史》上下二卷，先曾王父介祉先生手輯。先生弱冠時萬里省親懷集歸，行深山叢箐中，涉洞庭之險，遭虎豹風濤，感以誠孝，皆不爲害。故至今人偁爲孝子。先生生平篤嗜茗飲，水火烹瀹諸法，評品不遺餘力。更搜討古今茶案，凡一語一事，必掌録之，久乃成帙，遂輯爲史。朝夕校訂，愈老不輟。先王父刻之家塾，歲久殘蝕，藏者絶少。乃大近南遊黔粵，所過山川林麓，皆先生隻身親歷處，扣之鄉三老，猶有能道及往事者。因出行笈中《茶史》讀之，覺先生性情嗜好，儼嶽嶽於蒼梧嶺海間。歸理先澤，深懼泯滅，因急修補校刻，俾成完書，以無忘吾先人之美。曾孫乃大敬跋〔一六〕。

附録

《茶史》二卷 浙江汪啓淑家藏本

國朝劉源長撰。源長字介祉，淮安人。是編上卷記茶品，下卷記飲茶，共分子目三十，冗碎殊甚。卷端題名自稱曰八十翁，蓋暮年頤養，姑以寄意而已，不足以言著書也。

（四庫全書總目卷一一六）

〔校證〕

〔一〕以及杜征南之癖左傳　『左傳』，原省作『左』，據上下文意補。

〔二〕桐城張廷玉拜撰　張廷玉（一六七二—一七五五），字衡臣，號研齋、澄懷。桐城（今屬安徽）人。張英（一六三七—一七〇八）次子。康熙三十九年（一七〇〇）進士，選庶吉士，授檢討，入值南書房。歷宦侍講、内閣學士，刑部、禮部侍郎，禮、户、吏部尚書，先後任翰林院掌院學士、文淵閣大學士、文華殿、保和殿大學士。又與鄂爾泰同爲軍機大臣，堪稱位極人臣。卒謚文和。曾主持修纂《聖祖實録》、《世宗實録》及《明史》，撰有《澄懷園全集》，包括《載賡集》六卷、《文存》十五卷、《澄懷園語》四卷、《自訂年譜》六卷。事見汪由敦撰《張公廷玉墓誌銘》、《清史列傳》卷一四、《清史稿》卷二八八等。張廷玉序，爲應劉乃大之請，特爲雍正本《茶史》而撰。但其爲名臣，故冠之卷首。也許正是這種『名人效應』，才使這一中國茶書中的最劣之本流傳至今。

〔三〕蜀遂制通家侍生李仙根拜題　李仙根，字南津，號予盤、子靜，别署遊野浮生，室名雪鴻堂。四川遂寧人。順治十八年（一六六一），榜眼及第，授編修。康熙六年（一六六七），以内秘書院侍讀充正使，出使安南，不辱使命。歸，撰《安南使事記》一卷。十年，以侍講學士充經筵講官，兼日講起居注官。十三年，以内閣學士，往荆州督理平三藩之亂糧餉。十八年，在副都御史任。歷國子司業、光禄寺少卿；二十三年，隨駕預祭孔大典。累官户部侍郎。李氏贍文詞，工書法。與劉氏有通家之好。事見張玉書《張文貞公集》卷九《徐公神道碑》,《池北偶談》卷一、卷三,《詞林典故》卷七,《幸魯盛典》卷二四,《平定三逆方略》卷四,《四庫總目》卷五四,《四川通志》卷九下、卷三四等。

〔四〕年家姻晚生陸求可咸一父頓首拜撰　陸求可,字咸一,號月湄、密庵,别署陸巖菴,室名思古堂,山陽(治今江蘇淮安)人。少孤,順治十二年(一六五五)進士,知裕州。入爲刑部員外郎,遷福建提學僉事,轉參議。累官刑部郎中。撰有《陸密庵文集》二十卷、《餘録》二卷、《詩集》八卷、《詩餘》四卷。陸氏以詞名家,其《月湄詞》四卷,乃乾隆開四庫館前有詩餘專集者清人十五家之一,故被張默編選入《十五家詞》(是書凡三十七卷)。事見《江南通志》卷一四三、《福建通志》卷二七、《河南通志》卷九、《清通考》卷二三二、《四庫總目》卷一八二和一九九等。

〔五〕温太真嶠上茶條列　方案:此大誤。《藝文類聚》卷八二作:『温嶠表遣取供御之調條,列真上茶千片,茗三百大薄。』《白孔六帖》卷一五同,惟『三』譌作『二』。《證類本草》卷一三注引寇宗奭《本草衍義》云:『晉温嶠上表貢茶千斤,茗三百斤。』此乃我國歷史上貢茶之最早記載。參見《資治通鑑》卷二三四胡注及顧炎武《日知録》卷七。不知何以劉源長誤讀臆解若此,或將『上表』誤認爲『上茶條列』歟?又,參見《續茶經》卷下之三拙釋(四四三)。劉氏又誤讀誤解明·俞安期《唐類函》之説。今人竟也有不加考辨,鸚鵡學舌,妄加著録爲已佚茶書者,不亦陋乎!

〔六〕蘇廙仙芽傳　方案:其書乃子虚烏有,其作者名亦屬僞托,唐無其人。説詳本《全集》上編《荈茗録》提要之拙考。

〔七〕鮑昭姊令暉茶香茗賦　《茶經·七之事》『姊』作『妹』，且無『茶』字。短短九字，即抄錯一字，誤衍一字。

〔八〕張芝芸叟唐茶品　方案：『張芝』（？—約一九二），字伯英，敦煌淵泉人。東漢書法家，有『草聖』之譽。『芸叟』，北宋後期人張舜民之字，號浮休居士、矴齋。邠州（治今陝西彬縣）人。治平二年（一〇六五）進士。官至右諫議大夫、集賢殿修撰。約卒於北宋末。撰有《畫墁集》一百卷，今存僅《大典》輯佚本八卷。另有筆記《畫墁録》一卷，其中有一則云：『有唐茶品，以陽羨爲上供，建溪北苑未著也……』本則如擬篇名應作『唐宋茶品』或『研膏茶』。劉源長既把相隔近千年的漢、宋二古人名、字捏合爲一，復又隨意誤讀首句三字作篇名，其荒謬之甚，可發一噱。類似之誤，不勝枚舉。

〔九〕茶譜通考　方案：　茶書無此名，乃毛文錫《茶譜》和馬端臨《文獻通考》二書的合稱。拙考已見高元濬《茶乘》卷二和《續茶經》卷下之四〔校釋〕。此劉氏沿譌踵謬。

〔一〇〕陶穀十六湯　方案：《十六湯品》乃宋·佚名《清異録·荈茗》中一則，自陶宗儀《説郛》析出作爲茶書一種單行以來，沿譌踵謬者不一而足。本則亦即僞托爲唐·蘇廙《仙芽傳》中一則記事。劉氏既重出又舛誤。説詳《荈茗録》提要及本篇校釋之〔六〕。

〔一一〕唐母景茶飲序（一作綦母旻）　方案：　無論作母景及綦母旻者均大誤，作者應是毋煚，篇名中脱一『代』字。説詳《續茶經》卷下之三拙釋〔四七二〕。

〔一二〕沈⿱犬灬茶法十卷　方案：『⿱犬灬』，似應作『灻』，爲『赤』之古字。然《茶法易覽》的作者乃宋人沈立（一〇〇七—一〇七八）。作者、書名均誤。説詳本《全集》附録一。

〔一三〕魏了翁邛州先茶記　方案：書名『茶』上原脱一『先』字，據《鶴山集》卷四八補。本篇所及乃茶之起源問題。

〔一四〕按陸龜蒙品茶顧野王蘇東坡俱有茶賦　方案：本條僅出注文，與前體例不一，失之一也；陸氏有《品第書》，而非《品茶》，失之二也；顧野王、蘇東坡均無《茶賦》，撰有《茶賦》者乃唐·顧况、宋·黄庭堅，失之三也。引用書目即已亂點『鴛鴦譜』若此，此書還有任何價值可言嗎？下之目録，篇目之分亦極魯莽滅裂。是書實乃子孫盡孝而刊刻成書，即使有名人如張廷玉者作序『包裝』，亦難免識者『不足以言著書』之定評。其所附《陸羽事蹟十一則》錯訛之多、之離奇，令人嘆爲觀止。關於陸羽的傳記資料本書上編《茶經》書後已附録，請自行參照，實在是校不勝校，存此立照而已。

〔一五〕男謙吉識　劉謙吉，字六皆，號訒庵，別署訒菴、雪作老人、一簣園。淮安人。康熙三年（一六六四）進士。二十八年，在貴州思南知府任，主持修纂府志，並撰序。三十三年，遷山東提學副使。三十九年奉調督修治河工程，因年老而令休致。事見《江南通志》卷一二四，《山東通志》卷二五之二，《貴州通志》卷九、三九，傅澤洪《行水金鑑》卷六七等。

〔一六〕曾孫乃大敬跋　劉乃大，山陽人。雍正舉人。雍正十三年（一七三五）任四川郫縣知縣，時官修通志，委辦局務。乾隆十三年（一七四八），官忠州知州。事見《四川通志》卷首《修志姓氏》、《平定金川方略》卷八等。

茶史補

〔清〕余　懷

〔提要〕

《茶史補》，清代茶書。一卷，余懷撰。余懷（一六一六——一六九五），字澹心，號無懷，別號鬘翁、曼持老人等，別署廣霞、雲壑，齋名研山堂、味外軒、七松五柳之廬等。福建莆田人，僑寓江寧（治今江蘇南京）。未仕。早歲，曾和冒襄、陸圻等參加復社蘇州虎丘集會，曾與杜濬、白夢鼎唱酬，時號『余杜白』，諧稱『魚肚白』。晚隱吴門，往來靈巖、天平山間，工詩詞，善曲。撰有《板橋雜記》三卷、《硯林》、《婦人鞋襪考》、《三吴遊覽志》、《宫閨小名後録》、《秋雪詞》各一卷及《研山堂集》、《味外軒詩稿》、《味外軒文稿》等。事見《四庫總目》卷一三九、卷一四四、李桓《國朝耆獻類徵初編》卷四二八、《清史列傳》卷七〇、錢仲聯主編《清詩紀事·明遺民卷》小傳等。

據劉謙吉《茶史補序》，余懷嘗論其書云：『余嗜茶成癖，向著有《茶苑》一書，爲人竊稿，幾爲譚峭《化書》。』後見劉源長《茶史》一編，遂取《茶苑》，删其重複而成《茶史補》一卷。源長子劉謙吉乃與《茶史》合刻於康熙十七年（一六七八）。雍正六年（一七二八），源長曾孫劉乃大復又合刊，有墨韻堂本，即今傳之本。似未見有單行刻本。《茶史補》又收入道光本《昭代叢書》辛集別編。劉序稱康熙本《茶史補》已收六十三則，但檢雍正本僅六十則。其序稱『《茶史補》内有《采茶記》、《沙苑傳》及他著録』，玩其文意，似此類成篇引文未收。證諸『昭代』本，已收入《沙苑侯傳》及《茶贊》，如加上《采茶記》正爲六十三則，但劉序又明言：『先刻其摭古者』，則上舉三篇似又不在六十三則之内。或疑劉乃大之雍正本已删或佚去三則。另外，昭代本又有删節，已不足六十則之數。今據雍正合刻本爲底本，校以昭代本，並據昭代本補《沙苑侯傳》、《茶贊》二則，加以點校整理。其中，關於黄庭堅的五條按其内容合併爲一則，故點校本已改編爲五十八則，凡三千餘字。余懷《茶史補》所録茶事，雖亦多已見於本書中各茶書，但其文字遠較劉源長《茶史》爲勝，且又篇幅無多，故予全文收入。又，據上海名記者、藏書家黄裳先生撰文稱，他曾收藏過《茶史補》一書，『文革』初，被抄家劫走。惟亦不知是何版本，今是否尚有雍正本、昭代本以外的單行本存世否？

茶史補序

曼叟曰：余嗜茶成癖，向著有《茶苑》一書，爲人竊稿，幾爲譚峭《化書》。今見淮陰劉介祉先生《茶史》，風雅詳贍，迥出《茶語》、《茶顛》之上。余不揣檮昧，爰取《茶苑》雜紙，删史中所已載者，存史中所未備者，名曰《茶史補》亦庶幾褚少孫補《史記》，李肇補唐史之意云爾。不孝讀曼叟之言，而有感已。先輩苟有著於當世，必竭其心力所至。而人多率意讀之已耳，其有能告以闕失者，則細心以讀其書，而又博聞强識以爲助也。使曼叟與先大人少同里閈，壯同遊學，其爲《茶史》、《茶苑》合爲一書矣。曼叟詩賦古文詞最富，而《茶史補》内有采《茶記》、《沙苑侯傳》及他著録，皆大有闡發。予先刻其摭古者，凡六十有三則。

康熙戊午季夏望有六日，山陽劉謙吉訒菴敬題。

茶史補

莆陽余　懷澹心殳補　山陽劉謙吉六皆殳訂

《神農本草經》云〔一〕：　茶味苦，飲之，使人益思少卧，輕身明目。

王褒《僮約》云〔二〕：　牽犬販鵝，武陽買茶。

張華《博物志》云〔三〕：　飲真茶，令人少眠。

唐貞元中〔四〕，常袞爲建州刺史，始焙茶而研之，謂研膏茶。其後，稍爲餅樣其中，故謂之一串。陸宣公受張鎰餽茶一串，是也。

玉壘關外寶唐山有茶樹，産於懸崖，笥長三寸五寸，方有一葉兩葉〔五〕。

《荆州土地記》〔六〕：　武陵七縣通出茶，最好。

宋宣和間〔七〕，始取茶之精者爲銙茶。

焦坑〔八〕，産庾嶺下。味苦硬，久方回甘。東坡南還，至章貢顯聖寺詩云：『浮石已乾霜後水，焦坑新試雨前茶。』

宋僧梵英曰〔九〕：　茶新舊交則香復。

唐制：　兵察主院中茶，必擇蜀茶之佳者，貯於陶器，以防暑濕。御史躬親緘啓，謂之『茶缾廳』〔一〇〕。

明昇在重慶府，取涪江青蠊石爲茶磨，令宫人以武隆雪錦茶碾之，焙以大足縣香霏亭海棠花，香味倍常〔一一〕。

東坡云〔一二〕：時雨降，多置器廣庭中，所得甘滑，不可名。以瀹茶，美而有益。

玉女泉在丹陽，有人污之，則水黑；潔清，則水又變白，蓋靈泉也。

盧山三叠泉，從來未以瀹茗。紹興丁巳年〔一三〕，湯制幹仲龍主白鹿教席，始品題，以爲不讓谷簾。以泉水寄張宗瑞，侑之以詩，有云：『幾人競賞飛流勝，今日方知至味全。』

《抱朴子》云：水性絶冷，而有温谷之湯泉，火體宜炎而有蕭丘之寒燄。

吕申公貯茶有三種器具：一種用金，一種銀，一種名椶櫚。客至，呼椶櫚，家人知爲上客。

博陵崔氏，贈元（徽）〔微〕之文竹茶碾子一枚〔一四〕。

范蜀公與司馬温公同遊嵩山，各攜茶以行。温公以紙爲裹，蜀公用小木盒子盛之。温公驚曰：『景仁乃有茶具耶？』蜀公慚，因留盒與寺僧而去〔一五〕。

《世説》云：劉尹茗柯有妙理〔一六〕。

蘇舜欽答韓維書云：渚茶野釀，足以銷憂〔一七〕。

李竹懶曰〔一八〕：人家好子弟，爲庸師教壞；好書畫，爲俗子題壞；世間好茶，爲惡手焙壞。皆可惜也。

唐德宗納户部侍郎趙贊議，税天下茶、漆、竹、木，十取一，以爲常平本錢〔一九〕。

右拾遺李珏疏曰：茗飲，人之所資，重税則價必增，貧弱益困〔二〇〕。

武宗時〔二一〕，諸道置邸收茶稅，謂之『搨地錢』，私販大起。諸道鹽鐵使于悰，每斤增稅錢五，謂之『剩茶錢』。

宋榷茶有六務。

茶馬（御史）之制〔二二〕，始於宋神宗遣三司（幹）〔勾〕當公事。入蜀經畫買茶，與西人市馬。於是蜀茶盡榷，民始病焉。

李溥爲江淮發運使，奏曰：自來進御，惟建州餅茶，而浙茶未嘗修貢。本司以羨餘錢買到數千斤，乞進入内，自國門挽船而入，稱『進奉茶綱』〔二三〕。

宋許仲啓官（蘇）〔麻〕沙，得《北苑修貢録》，序以刊行〔二四〕。

建州龍焙面北〔二五〕，謂之北苑。有一泉極清淡，謂之御泉。用其〔池〕水造茶。

蔡襄爲福建漕，改造小龍團入貢。東坡怪之曰：『君謨士人，何亦爲此〔二六〕！』

杜子美詩云〔二七〕：『茶瓜留客遲』；又云：『春風啜茗時』；又云：『柴荆具茶茗，徑路通林丘。』

黄山谷有煎茶賦，茶詞最多，有云：『碾破春風，香凝午帳，銀餅雪滚，翻匙浪破〔二八〕。』

又云：『金渠體淨，隻輪碾破，玉塵光瑩，湯響松風，早減了二分酒病〔二九〕。』

又云：『樽俎風流，戰勝降春睡，開拓愁邊。纖纖捧，熬波濺乳，金縷鷓鴣斑。〔三〇〕』又云：『香引春風在手，似粵嶺閩溪，初采盈掬〔三一〕。』又有《謝公擇舅分賜茶》，詩中有云：『拚洗一春湯餅睡，亦知清夜有蛟雷〔三二〕。』又有《答黄冕仲索煎雙井茶》詩〔三三〕。雙井，在分寧縣，茶屬魯直家，亦以充貢。

白香山有《琴茶》詩〔三四〕。

白香山《草堂記》云：『又有飛泉，植茗就以烹燀〔三五〕。』

裴晉公詩曰〔三六〕：『飽食緩行初睡覺，一甌新茗侍兒煎。脱巾斜倚繩牀坐，風送水聲來耳邊。』

王元之詩云〔三七〕：『春殘葉密花枝少，睡起茶親酒盞疏。』

唐路德延《孩兒詩》云〔三八〕：『養茶懸竈壁，曬艾曝簷椽。』

宋僧贊寧詩云〔三九〕：『拂石云離箒，嘗茶月入鐺。』

東坡《建茶》詩云〔四〇〕：『粃糠團鳳友小龍，奴隸日注臣雙井。』

放翁《跋程正伯所藏山谷帖》云：『此卷不應攜在長安逆旅中，亦非貴人席帽金絡馬傳呼入省時所觀。程子他日幅巾筇杖，渡青衣江，相羊喚魚潭、瑞草橋清泉翠樾之間，與山中人共小巢龍鶴菜飯；掃石置風爐，煮蒙頂紫茁，出此卷共讀，乃稱爾〔四一〕。』

桓温督將有茶病，名『斛茗瘕』〔四二〕。

吴孫皓每饗宴，坐席無能否，率以七升爲限，韋曜〔素〕飲酒不過二升，初見禮異，密賜茶荈當酒〔四三〕。

劉琨《與兄子兗州刺史演書》曰：『前得安州乾茶二斤，薑一斤，桂一斤〔四四〕。吾體中煩悶，恒假真茶，汝可致之。』

晉元帝時〔四五〕，有老母每旦擎一器茗，往市鬻之，市人競買，自朝至暮，其茶不減。所得錢，即散路傍孤貧〔乞〕人。或怪之，繫之於獄。夜持茶器，自獄中飛去。

吴僧文了善烹茶〔四六〕，遊荆南。高季興延置紫雲菴，日試之，奏授『華亭水大師』，目之曰『乳妖』。

趙州從諗禪師，見人即唤『喫茶去』。故世稱『趙州茶』〔四七〕。

棋〔枰〕稱『木野狐』，茶〔籠〕名『草大蟲』〔四八〕。

趙明誠與妻李易安，每飯罷，坐歸來堂，烹茶。指堆積書史，言某事在某書某卷、第幾葉第幾行，以中否勝負，爲飲茶先後。中則舉杯大笑，或至茶覆懷中，不得飲而起〔四九〕。

劉貢父知長安〔五〇〕，與妓茶嬌者狎。及歸朝，歐陽文忠迓之。以宿酒未醒，起遲。公曰：『何故起遲？』貢父曰：『自長安來，親識留飲，病酒，故起遲。』公笑曰：『非獨酒能病人，茶亦能病人也。』

王荆公爲小學士時，嘗訪蔡君謨。君謨聞公至，喜甚。自取絶品茶，親滌〔注〕器〔烹點〕，以待公，〔冀〕公稱賞。〔公〕乃於夾袋中取清風散一撮，投茶甌中并啜之。君謨失色，公徐曰：『大好茶味。』君謨大笑，歎公真率〔五一〕。

鼎州北百里有甘泉寺，在道左，其泉清美，最宜瀹茗。寇萊公謫守雷州，經此酌泉烹茗，誌壁而去。未幾，丁謂竄朱崖，復經此，禮佛，留題以行〔五二〕。

蘇丞相頌嘗云：吾生平薦舉不知幾何人，惟孟安序朝奉，〔分寧人〕，歲以雙井茶一斤爲餉〔五三〕。

王梅溪《卧龍行紀》云：寺有茶縻，羅絡松上如積雪。東縈牡丹大叢，雨前已開。飲罷，縱步泉上，〔汲泉〕瀹茗賦詩而歸〔五四〕。

李石《續博物志》云〔五五〕：北人以鍼敲冰，南人以線解茶。

柳宗元《代武中丞謝賜新茶表》有云：『〔自遐方〕照臨而甲坼惟新，煦嫗而芬芳可襲。調六氣而成美，扶萬壽以效珍〔五六〕。』

劉禹錫《代武中丞謝賜新茶表》有云：『捧而觀妙，飲以滌煩。顧蘭露而慚芳，豈柘漿而齊味。既榮凡口，倍切丹心〔五七〕。』韓翃《謝茶表代田神玉作》中有云：『榮分紫筍，寵降朱宮。味足觸邪，助其正直；香堪愈病，沃以勤勞。飲德相歡，撫心是荷。』又云：『吴主禮賢，方聞置茗；晉臣愛客，纔有分茶〔五八〕。』

附録

沙苑侯傳〔五九〕

壺執，字雙清，晉陵義興人也。其先帝堯土德之後，後微弗顯，散處江湖之濱。遷至義興者爲巨族，然世無仕宦，故姓氏不傳。迨至南唐李後主造澄心堂，羅置四方玩好，以供左右。惟陸羽、盧仝之器粗不稱旨，鬱鬱不樂。騎省舍人徐鉉搢笏奏曰：『義興人壺執，中通外堅，發香知味。蒙山妙藥，顧渚名芽，非執不足以稱任。使臣謹昧死以聞。』後主大悦，爰具元纁束帛，安車蒲輪，加以商山之金，蜀澤之銀，命鉉充行人正使，入義興山中，聘執入朝。執乃率其昆弟子姓，方圓大小，舉族以行。陛見之日，整服修容，潤澤光美，雖有熱中(衷？)之誚，實多消渴之功。後主嘉之，授太子賓客，超拜侍中。日與遊處，每當曲宴詠歌之際，杯斝俱備，必與執偕。執亦謹身自愛，以媚天子，由是君臣之間，歡若魚水，恨相見之晚也。開寳五年，論功行賞，執以水銜勞績，封爲沙苑侯，食邑三百户，世世勿絶。一日，後主坐涼風亭，招執侍食，執因免冠頓首曰：『臣以泥沙陋質，緣徐鉉之薦，謬膺睿賞，爵爲通侯，苟幸無罪。但犬馬之年已及耄耋，誠恐一旦有所玷缺，辜負上恩，臣願乞骸骨歸田里，留子姓之願樸端正者，供上指麾，臣死且不朽。』後主曰：『吁！四時之序，成功者退，知足不辱，知止不殆。嘉侯之志，依侯所請，加特進、光禄大夫，予告，馳驛還鄉。』於是騎省鉉及弟鍇、中書侍郎歐陽遥契等，設供帳，祖道都門外。侯歸，結廬義興山中以居。吴越之間，高人韻士、山僧野老，莫不願交於侯，侯亦坦中空洞，不擇貴賤親疏，傾心結友，百餘歲以壽終。

外史氏曰：吾觀古人，如漢之飛將軍李廣，束髮百戰，卒不封侯。今壺執以一藝之工，輒邀萬户之賞，豈不與羊頭、羊胃同類共譏哉！然侯固帝堯之苗裔，封於陶之别派，而又功濟於水火，德敷於草木，其膺侯爵不虚也。侯之師有翁氏、時氏者，實雕琢而刮磨之，以玉侯於成，並宜俎豆不衰云。今侯之子孫感鉉之知，世受業於徐氏之父子，稱老徐、小徐者，咸以寡過，不失國士。壺氏之名重於江南者，徐氏之功居多。嗚呼，盛哉！

茶贊

滌煩蕩穢，清心助德，永建湯勛。峽川之月，曾阮之雨，蒙頂之雲。色勝雪白，味比露甘，香逸蘭薰。附膚剔髓，含泉吐石，抱朴霏文。吁嗟猗兮，柯有妙理，善則歸君。

跋

《茶史補》者，補劉介祉《茶史》所遺也。搜奇剔秘，無能不新，惜茲刻鏟削不全。即序中所載傳、記二篇，亦闕而未備。客歲，余購得《研山(草)堂文集》殘本，《沙苑侯傳》儼然在焉，因取以著録。而《采茶記》則竟作『廣陵散』矣。癸酉季秋，震澤楊復吉識。

〔校證〕

〔一〕神農本草經云　方案：《本草》乃僞托神農之撰。此據《北堂書鈔補》卷一四四引文撮述，亦非唐陳藏器《本草拾遺》中之文。説詳《續茶經》卷下之二拙釋〔四三八〕。又，參見《御覽》卷八六七引《本草》。

〔二〕王褒僮約云　方案：此據《太平御覽》卷五九八轉引。

〔三〕張華博物志云　見《博物志》卷四；又，《太平御覽》卷八六七引作『令少眠睡』。

〔四〕唐貞元中　本則見張舜民《畫墁録》。『焙茶』，原書作『蒸焙』。陸宣公『受茶一串』事，見《新唐書》卷一五七《陸贄傳》。

〔五〕方有一葉兩葉　本則見毛文錫《茶譜》，『三寸』，原譌作『三尺』，據改。

〔六〕荆州土地記　本則《廣羣芳譜》卷一八引作《荆州記》，又，『通』，原作『道』，據上引書及《續茶經》卷下之四引文改。

〔七〕宋宣和間　本則據葉夢得《石林燕語》卷八撮述。「銙茶」，原作「䩓茶」，據《續茶經》卷下之三改。

〔八〕焦坑　本則見《清波雜志》卷四。「乾」，原涉上譌作「甘」，據改。

〔九〕宋僧梵英曰　本則據《侯鯖録》卷四撮述。

〔一〇〕謂之茶餅廳　本則見《因話録》卷四，「兵察」，原作「吏察」，據改。

〔一一〕茶味倍常　本則亦見《續茶經》卷上之三及《廣羣芳譜》卷三六引《雪蕉館紀談》。

〔一二〕東坡云　本則見《東坡志林》卷一〇。「潑茶」下，原書有「煮藥」二字，此已删。

〔一三〕紹定癸巳年　方案：本則始見於張世南《遊宦紀聞》，原誤作「紹興丁巳年」，此爲紹興七年（一一三七），而紹定癸巳則六年（一二三三），兩者相差近百年。據改。又，湯制幹仲能，其生平略可考。湯中，字仲能，饒州安仁（治今江西余江錦江鎮）人。嘉定七年（一二一四）進士，淳祐二年（一二四二）與葉夢鼎同召試館職，除秘書省正字。宗朱子之學，以敢言極諫稱，與趙師秀等遊。以宣教郎官制置司帥幕，晚主白鹿洞書院教席。約卒於淳祐六年（一二四六）前。其事見杜範《清獻集》卷一二《簽書直前奏劄・第二札》、徐元傑《楳埜集》卷八《〔上〕白左揆論時事書》、趙師秀《清苑齋詩集・贈湯中》、林希逸《竹溪鬳齋十一稿》續集卷二三《後村劉公行狀》、《宋史》卷四一四《葉夢鼎傳》、《江西通志》卷五〇等。湯中以詩泉所寄之張宗瑞，生平亦略可考。張輯，字宗瑞，號東澤。鄱陽（治今江西波陽）人。連守履信子，曾從姜夔學詩，以布衣終老。以詞名家，風格跡近宋末周密、吴文英、張炎、王沂孫諸人。與嚴粲等遊。有詞集《欸乃集》二卷，一作《清江漁譜》，又作《東澤綺語債》。又有《白石小傳》

等。事見《齊東野語》卷一二《姜堯章自敍》、《江湖小集》卷一一嚴粲《華谷集》諸詩、《江湖後集》卷一七、《絶妙好詞》卷二小傳、《别號録》卷一等。

〔一四〕博陵崔氏贈元微之文竹茶碾子一枚　方案：本則大誤。元微之，原誤『微之』作『徽之』，形近而譌。其事則出《元氏長慶集》補遺卷六《鶯鶯傳》，又見《太平廣記》卷四八八。記敍了一個凄惋動人的愛情故事，所述即崔氏與張生的風流韻事。其即爲後世《西廂記》的張本。崔氏贈玉環及文竹茶碾之一枚，乃予傳中張生，而絶非作者元稹。儘管有學者認爲，元稹即爲張生自況，但畢竟乃文學作品而無從考實。而作爲冶遊常客的名士余懷尚不致缺乏常識到將《西廂記》的主人公張生誤指爲《鶯鶯傳》的作者元稹。故頗疑劉謙吉或劉乃大在編刻《茶史補》時因删校無緒而致誤。

〔一五〕因留盒與寺僧而去　本則見朱弁《曲洧舊聞》卷三等。宋代筆記小説多載斯事，以證司馬光之儉樸。

〔一六〕劉尹茗柯有妙理　疑轉引自《廣羣芳譜》卷二一引《世説》。『茗柯』，非茶。説詳拙文《茗柯非茶考》，刊《農業考古》二〇〇〇年第四期。

〔一七〕足以銷憂　本則見吕祖謙《宋文鑑》卷一一四。原題《答韓持國書》，韓維（一〇一七—一〇九八），字持國。其事見王稱《東都事略》卷五八、《宋史》卷三一五本傳。

〔一八〕李竹懶曰　『竹懶』，李日華（一五六五—一六三五）號，其字君實，又號九疑。嘉興（今屬浙江）人。萬曆二十年（一五九二）進士，累官太僕少卿，工詩文，擅書畫，精鑑賞。著作頗富。事見《明史》卷二八八、《列朝詩集小傳》丁集等。本則僅見於此，也許是極有限的余懷所補茶史資料之一。

〔一九〕以爲常平本錢　本則見《新唐書》卷五四《食貨志》。

〔二〇〕貧弱益困　本則亦見同右引書。

〔二一〕武宗時　方案：本則見同右引及《玉海》卷一八一。『榻地錢』，確爲武宗會昌年間崔拱所創，但『剩茶錢』則懿宗咸通中加征。此連書未確。應在『諸道』上補『懿宗時』三字，庶幾無誤。

〔二二〕茶馬御史之制　方案：『茶馬御史』乃明代始有之制，宋代僅有『茶馬之制』，宜删『御史』二字。又，『勾當』，原引作『幹當』，乃南宋避趙構嫌諱追改，今回改。又，『與西人市馬』，『西人』，原作『西夏』，大誤。並據《長編》卷二五二、《通考》卷一八、《宋史》卷一八四改。此皆不明宋代茶制之失。

〔二三〕稱進奉茶綱　本則見《夢溪筆談》卷二二，又見《墨客揮犀》卷五。

〔二四〕序以刊行　本則始見於周煇《清波雜志》卷四，『仲啓』，原譌倒作『啓仲』；『麻沙』，原誤作『蘇沙』，並據乙、改。

〔二五〕建州龍焙面北　本則見姚寬《西溪叢語》卷上，據補一字。但其説實誤。參見沈括《夢溪筆談·補筆談》卷上及吴曾《能改齋漫録》卷九《北苑茶》之考。

〔二六〕何亦爲此　方案：　本則見《高齋詩話》，原為小説家言，事之有無，未可考實，然自《錦繡萬花谷》前集卷三五、《全芳備祖集》後集卷二八、《漁隱叢話》前集卷四六、《事文類聚》續集卷一二等相繼轉引，遂不脛而走，但諸書皆作歐陽修，此云『東坡』，實誤。文字亦已多加删改。

〔二七〕杜子美詩云　杜詩，分見宋郭知達編《九家集注杜詩》卷一八《已上人茅齋》、《重過何氏五首》之三，同書卷五《寄贊上人》。《重過何氏》中『春風』，原作『薰風』，據集本及《全唐詩》卷二二四等改。

〔二八〕銀缾雪滚翻匙浪　詞見黄庭堅《山谷詞·踏莎行·茶詞》。

〔二九〕早減了二分酒病　見同右引《品令·茶詞》。『碾破』，《山谷詞》及宋人所引皆作『慢碾』，應據改。『減』，原作『解』，據改。

〔三〇〕金縷鷓鴣斑　見《山谷詞·滿庭芳·茶詞》。又收入《淮海詞》，但據吴曾《能改齋漫録》卷一七《樂府下·茶詞》考證云，此乃黄庭堅詞。

〔三一〕初采盈掬　見《山谷詞·看花迴·茶詞》。

〔三二〕亦知清夜有蛟雷　詩見《山谷集》卷九《謝公擇舅分賜茶三首》之三及任淵注《山谷内集詩注》卷三。『有蛟雷』，原譌作『起蛟龍』，據改。

〔三三〕又有答黄冕仲索煎雙井茶　方案：詩題原作《答黄冕仲索煎雙井並簡揚休》，見《山谷内集詩注》卷八。題注云：『冕仲名裳』，其説是。又，揚休姓王。黄裳（一〇四三—一一二六），字冕仲，號演山、紫玄翁。南劍州（治今福建南平）人。元豐五年（一〇八二）狀元及第。官至禮部尚書、端明殿學士，卒謚忠文。撰有《演山集》六十卷。事見《演山集》附録《黄公神道碑》、《書録解題》卷一八、《四庫總目》卷一五五等。惜余氏未録其詩名句有云：『家山鷹爪是小草，敢與好賜雲龍同。』

〔三四〕白香山有琴茶詩　詩見《白香山詩集》卷二八，又見《白氏長慶集》卷二五。白居易此詩膾炙人口的名句爲：『琴裏知聞唯渌水，茶中故舊是蒙山。』

〔三五〕白香山草堂記云　文見《白氏長慶集》卷四三。

〔三六〕裴晉公詩曰　裴度詩見《萬首唐人絶句》卷三二、《石倉歷代詩選》卷一一七、《全唐詩》卷三三五等。首句中『初』，右引均作『新』，唯葉夢得《避暑録話》卷上作『初』，疑即餘氏之所自出。

〔三七〕王元之詩云　方案：　王禹偁字元之，但此詩作主頗成問題。宋人已衆説紛紜，如有作王介甫（安石字）詩者，見《類説》卷五七、《萬花谷》前集卷二一、李壁《王荆公詩注》卷四八、《詩人玉屑》卷二等；有作安石弟王平甫（安國字）者，見《學林》卷八；　也有作王禹偁詩者，見《冷齋夜話》卷二、《苕溪漁隱叢話》前集卷三四、同書後集卷二五等。

〔三八〕唐路德延孩兒詩云　方案：　此大誤。乃宋張師錫《老兒詩》，見吴處厚《青箱雜記》卷五及趙與時《賓退録》卷六。　吴書有云：　『唐路德延有《孩兒詩》五十韻，盛傳於世。　近代洛中致政侍郎張公師錫追次其韻，和成《老兒詩》，亦五十韻，合録之。　趙書所云略同。　此余氏誤讀史料之失，應據改。　張師錫，開封襄邑人，去華子。　仁宗慶歷初曾官京西提刑，此前以虞部員外郎知同州，擢比部員外郎。事見《長編》卷一四二、《元憲集》卷二四制詞等。

〔三九〕宋僧贊寧詩云　方案：　此誤，乃宋初九僧之一惠崇詩，見《青箱雜記》卷九、《事實類苑》卷三六。　此惠崇《自撰句圖·嗣上人》中一聯詩。

〔四〇〕東坡建茶詩云　方案：　蘇詩原題作《和錢安道寄惠建茶》，見《施注蘇詩》卷八、《東坡全集》卷五、《宋文鑑》卷二一、《漁隱叢話》前集卷四五等。　『粃糠』，原譌倒作『糠粃』；　『日注』，原作『日鑄』，據上引諸書乙、改。

〔四一〕乃稱爾　陸游此文見《渭南文集》卷三一，篇題原脱一字『所』，據補。程正伯，似即程垓，字正伯，號虚舟。南宋眉山人。以詞名家，有《虚舟詞》傳世，尤袤稱其『文勝其詩詞』。事見王稱《虚舟詞序》（刊四庫本卷首）、《鶴山集》卷六一《跋程正伯家所藏山谷書杜少陵詩帖》。

〔四二〕桓温督將有茶病名斛茗瘕　方案：事見《太平御覽》卷八六七引《搜神續記》。原書作『桓宣武』，即桓温。

〔四三〕密賜茶荈當酒　本則始見於《三國志・吴書》卷二〇《韋曜傳》等。『素』，原脱；『茶荈』，原作『茶茗』，據以補、改。又『二升』，《三國志》及《太平御覽》卷八四四、八六七皆作『三升』，當是。唯《藝文類聚》卷八二等亦作『二升』。

〔四四〕前得安州乾茶二斤薑一斤桂一斤　方案：本則見《茶經》卷下、《太平御覽》卷八六七等。『二斤』，原譌作『二升』，據改。『桂一斤』下，原書有『黄芩一斤』，應補。此外，本則文字爲最接近拙校《茶經》卷下者，殊有識。

〔四五〕晉元帝時　本則見《御覽》卷八六七、《茶經》卷下《七之事》引《廣陵耆老傳》，文字頗有異同，據補一『乞』字。

〔四六〕吴僧文了善烹茶　本則見《清異録》卷下。

〔四七〕故世稱趙州茶　本則事見宋・釋普濟《五燈會元》卷四等。

〔四八〕棋枰稱木野狐茶籠名草大蟲　本則始見《萍洲可談》卷二。據補『枰』、『籠』二字，方合原書之意。

〔四九〕不得飲而起　本則事見李清照《金石録後序》，《金石録》及《漱玉詞》附録，又見《容齋隨筆》四筆卷五《趙德甫金石録》。文略有異同。

〔五〇〕劉貢父知長安　方案：本則見范公偁《過庭録》。此述劉攽（一〇二三—一〇八九）狎妓宿酒未醒之風流韻事。但小説家言之未足置信者，此爲典型一例。以常理言之，在古代的交通條件下，自長安（治今陝西西安）至東京開封，須十天半月方達。自長安狎妓，至東京宿酒猶未醒，這可能嗎？

〔五一〕歎公真率　事見《墨客揮犀》卷四。『喜甚』，原作『甚喜』，據乙。又據補四字，删一字，以符原書文意。

〔五二〕留題以行　事見魏泰《東軒筆録》卷二。『丁謂』，原作『丁晉公』，是。

〔五三〕歲以雙井茶一斤爲餉　本則事見《清波雜志》卷四引江鄰幾《嘉祐雜志》，『一斤』，原作『一罌』，據改。又，據《自警編》卷二、《名臣言行録》後集卷一一引《談訓》補『分寧人』三字。

〔五四〕瀹茗賦詩而歸　方案：王十朋佚文，見《蜀中廣記》卷二一引。篇題原書作《行記》。此作『遊記』；『茶』，原作『茶』，並據改。『汲泉』二字，原書無，據删，又此引有大段删節，已非原文之舊。

〔五五〕李石續博物志云　本則見李石是書卷二。

〔五六〕扶萬壽以效珍　表見《柳河東集·外集》卷下。

〔五七〕倍切丹心　表見《劉賓客文集》卷二，《文苑英華》卷五九四載劉禹錫代撰謝表凡二首，此爲表二。又

『柘漿』，原作『蔗漿』，據上引書改。

〔五八〕纔有分茶　本表原題作《爲田神玉謝茶表》，見《文苑英華》卷五九四。

〔五九〕沙苑侯傳　本篇及下文《茶贊》僅見於此。又，此二文，僅昭代本有。據楊復吉跋，傳輯自余懷《研山堂集》，疑乃余氏自撰。似《茶贊》一文亦輯自余氏《文集》。

岕茶彙鈔

〔清〕冒　襄

〔提要〕

《岕茶彙鈔》，清代茶書。一卷，冒襄撰。冒襄（一六一一——一六九四），字辟疆，自號巢民、樸巢、樸庵。如皋（今屬江蘇）人。襄早慧，十歲隨祖父宦遊蜀，即能詩，從董其昌學。崇禎十五年（一六四二），中副榜貢生。史可法薦爲監軍，又特授台州推官，皆不受。與方以智、陳貞慧、侯方域並稱『四公子』，持正論，矜名節，傾動天下。冒襄博雅嗜古，風流藴藉，痛斥閹黨阮大鋮等。阮遂興甲申黨獄，襄賴救幸免，陳貞慧被捕幾死。入清，以隱逸、博學鴻詞薦，均不就。家有水繪園，擅苑沼山水之勝，好客，大集賓朋，觴詠唱酬，又嗜遊覽，足跡遍大江南北，每有題詠。又曾鬻産兩賑飢荒，周濟鄉人，樂善好施，遂致家道中落。工書能畫，尤擅大字。晚年閉門家居，以圖書自娱。與明末清初王士禛、厲鶚、施閏章、彭孫遹、杜濬、吴偉業、方拱乾等名士交遊。陳貞慧子維崧，賴其教養成名。卒後私謚潛孝先生。

著作頗富，撰有《宣爐歌注》、《影梅庵憶語》、《悼亡題詠集》、《蘭言》、《香儷園偶存》、《寒碧孤吟》、《泛雪小草》、《集美人名詩》、《樸巢詩選》各一卷，《巢民詩集》六卷、《巢民文集》七卷、《文選》四卷等，編有與友朋酬答詩文《同人集》十二卷，均行世。惜其傳奇《樸巢記》、《山花錦》二種已佚。其事略見王士禛《池北偶談》卷一五《宣爐注》、《香祖筆記》卷五，吴偉業《梅村集》卷二六《冒辟疆五十壽序》，施閏章《學餘堂詩集》卷一七《歌贈冒辟疆》、同書卷四一《寄冒巢民》，厲鶚《樊榭山房集》卷七《題冒辟疆秋癸園》，《江南通志》卷一五九，《四庫總目》卷一九四，《清史列傳》卷七〇，《清史稿》五〇一本傳及冒廣生撰《冒巢民先生年譜》等。

冒襄以『四公子』之一享譽當時，其與董小宛的愛情故事也廣爲流傳。在《岕茶彙鈔》中很少的幾條獨家記載中，就有董姬與柳如是皆嗜岕片和黄熟香的逸事，其茶、香由半塘顧子兼和金平叔特製專供。這種『茶香雙妙，更入精微』的頂級名品的暢銷，也反映了清初名流對時尚的向往與追求及當時風習的奢侈。因是親歷，這種對明清易代之際絶代名姬軼事的記載就更具真實性。

《岕茶彙鈔》凡十九條，其中四條録自熊明遇《羅岕茶記》，餘則多抄自馮可賓《岕茶牋》及許次紓《茶疏》。但末三則約近四分之一篇幅則出自冒氏自己的親身體驗。不僅反映了他作爲一流品茶專家精細入微及對岕茶的特殊嗜好，而且文筆優雅，使人有隨其領略茶韻的感受，亦乃小品文中不可多得的佳作。冒氏名之曰《彙鈔》，並不諱言抄輯前人之作，且原原本本，不加删改，其誠實態度也遠勝明季之大名士文抄公，只是未注明出處而已。

是書有張潮輯《昭代叢書》本，康熙本刊入甲集五帙，又有道光影印本。此外，還有《如皋冒氏叢書》本和《香豔小品·冒氏小品》本行世。昭代本卷首有張潮撰序，末有其跋云『惜巢民已殁』，是《彙鈔》刊入昭代本行世之時，冒襄已歸道山矣。今以康熙昭代本爲底本，通校相關各書，並出校記。張潮撰序、跋一仍其舊，併録之。

岕茶彙鈔小引

茶之爲類不一，岕茶爲最。岕之爲類亦不一，廟後爲佳。其採擷之宜，烹啜之政，巢民已詳之矣。予復何言？然有所不可解者，不在今之茶，而在古之茶也。古人屑茶爲末，蒸而範之成餅，已失其本來之味矣。至其烹也，又復點之以鹽，亦何鄙俗乃爾耶！夫茶之妙在香，苟製而爲餅，其香定不復存。茶之妙在淡，點之以鹽，是且與淡相反。吾不知玉川之所歌，鴻漸之所嗜，其妙果安在也！

善茗飲者，每度率不過三四甌，徐徐啜之，始盡其妙。玉川子于俄頃之間，頓傾七椀，此其鯨吞虹吸之狀，與壯夫飲酒，夫復何殊？陸氏《茶經》所載，與今人異者，不一而足。使陸羽當時，茶已如今世之製，吾知其沉酣傾倒于此中者，當更加十百于前矣。

昔人謂飲茶爲『水厄』，元魏人至以爲恥，甚且謂不堪與酪作奴。苟得羅岕飲之，有不自悔其言之謬耶！吾鄉三天子都，有抹山茶〔一〕，茶生石間，非人力所能培植。味淡香清，足稱仙品，採之甚難，不可多得。惜巢民已殁，不能與之共賞也。心齋張潮譔〔二〕。

岕茶彙鈔

環長興境産茶者，曰羅嶰，曰白巖，曰烏瞻，曰青東，曰顧渚，曰篠浦，不可指數，獨羅嶰最勝。環嶰境十里而遥，爲嶰者亦不可指數。嶰而曰岕，兩山之介也。羅氏居之，在小秦王廟後，所以稱廟後羅岕也。洞山之岕，南面陽光，朝旭夕輝，雲滃霧浡，所以味迥别也〔三〕。

産茶處，山之夕陽勝於朝陽，廟後山西向，故稱佳。總不如洞山南向，受陽氣特專，足稱仙品〔四〕。

茶産平地，受土氣多，故其質濁。岕茗産於高山，渾是風露清虚之氣，故爲可尚〔五〕。

茶以初出雨前者佳，惟羅岕立夏開園。吴中所貴，梗觕葉厚，有蕭箬之氣。還是夏前六七日，如雀舌者佳，最不易得〔六〕。

江南之茶〔七〕，唐人首稱陽羡，宋人最重建州。于今貢茶，兩地獨多。陽羡僅有其名，建州亦非最上，惟有武夷雨前最勝。近日所尚者，爲長興之羅岕，疑即古之顧渚紫筍也。介於山中，謂之岕。羅隱隱此，故名羅。然岕故有數處，今惟洞山最佳。姚伯道云：「明月之峽，厥有佳茗，是名上乘。要之採之以時，製之盡法，無不佳者。其韻致清遠，滋味甘香，清肺除煩，足稱仙品。若在顧渚，亦有佳者。人但以水口茶名之，全與岕别矣。」

岕中之人，非夏前不摘。初試摘者，謂之開園。采自正夏，謂之春茶。其地稍寒，故須待時，此又不當以太遲病之。往日無有秋摘，近七八月重摘一番，謂之『早春』。其品甚佳，不嫌少薄也。

岕茶不炒，甑中蒸熟，然後烘焙，緣其摘遲，枝葉微老，炒不能軟，徒枯碎耳。亦有一種細炒岕，乃他山炒焙，以欺好奇。岕中惜茶，決不忍嫩采，以傷樹本。余意他山摘茶，亦當如岕。遲摘老蒸，似無不可，但未試嘗，不敢漫作。

岕茶雨前精神未足，夏後則梗葉太麤，然以細嫩爲妙。須當交夏，時時看風日晴和，月露初收，親自監采入籃。如烈日之下，又防籃内鬱蒸，須傘蓋至舍，速傾淨籃〔八〕。薄攤細揀，枯枝病葉，蛸絲青牛之類，一一剔去，方爲精潔也。

蒸茶〔九〕，須看葉之老嫩，定蒸之遲速，以皮梗碎而色帶赤爲度。若太熟，則失鮮。其鍋内湯，須頻換新水，蓋熟湯能奪茶味也。

茶雖均出於岕〔一〇〕，有如蘭花香而味甘。過霉歷秋，開罈烹之，其香愈烈，味若新沃，以湯色尚白者，真洞山也。〔若〕他嶰初時亦香，秋則索然，與真品相去霄壤。又有香而味澀，色淡黄而微香者，有色青而毫無香味，極細嫩而香濁味苦者，皆非道地。品茶者辨色聞香，更時察味，百不失〔一〕矣。

茶色貴白，白亦不難。泉清瓶潔，葉少水洗，旋烹旋啜，其色自白。然真味抑鬱，徒爲目食耳。若取青緑，〔則〕天池、松蘿及下岕。雖冬月，色亦如苔衣，何足稱妙。莫若真洞山，自穀雨後五日者，以湯薄澣，貯壺良久，其色如玉。冬猶嫩緑，味甘色淡，韻清氣醇，如虎丘茶作嬰兒肉香〔一一〕。而芝芬浮蕩，則虎丘所無也。

烹時，先以上品泉水滌烹器，務鮮務潔。次以熱水滌茶葉，水太滚，恐一滌味損。以竹筯夾茶，于滌器中反覆滌蕩，去塵土、黄葉、老梗盡〔一二〕，以手搦乾，置滌器内，蓋定。少刻開視，色青香烈，急取沸水潑之。夏先貯水入茶，冬先貯茶入水。

茶花〔一三〕，味濁無香，香凝葉内。

洞山，茶之下者，香清葉嫩，着水香消。

棋盤頂、紗帽頂、雄鵝頭、茗嶺，皆産茶地。諸地有老柯、嫩柯，惟老廟後無二梗。葉叢密，香不外散，稱爲上品也。

茶壺以小爲貴。每一客一壺，任獨斟飲，方得茶趣。何也？壺小，香不涣散，味不耽遲。況茶中香味，不先不後，恰有一時，太早未足，稍緩已過〔一四〕，箇中之妙，清心自飲〔一五〕，化而裁之，存乎其人。

憶四十七年前，有吴人柯姓者，熟于陽羨茶山。每桐初露白之際，爲余入岕，箬籠攜來十餘種，其最精妙，不過斤許數兩。味老香深，具芝蘭金石之性。十五年以爲恒。後宛姬從吴門歸余，則岕片必需半塘顧子兼，黄熟香必金平叔。茶香雙妙，更入精微。然顧、金茶香之供，每歲必先虞山柳夫人，吾邑隴西之蒨姬，與余共宛姬，而後他及。

金沙于象明攜岕茶來，絶妙。金沙之于，精鑑賞，甲於江南。而岕山之棋盤頂，久歸于家。每歲，其尊人必躬往採製。今夏攜來廟後、棋頂、漲沙、本山諸種，各有差等，然道地之極真極妙，二十年所無。又辨水候火，與手自洗，烹之細潔，使茶之色香性情，從文人之奇嗜異好，一一淋漓而出。誠如丹丘羽人，所謂飲茶生羽翼者，真衰年稱心樂事也。

又有吴門七十四老人朱汝圭，攜茶過訪。茶與象明頗同，多花香一種。汝圭之嗜茶自幼，如世人之結齋于胎。年十四入岕，迄今春夏不渝者，百二十番，奪食色以好之。有子孫爲名諸生，老不受其養，謂不嗜茶爲不似阿翁。每竦骨入山，卧遊虎虺，負籠入肆，嘯傲甌香。晨夕滌瓷洗葉，啜弄無休，指爪齒頰，與語言激揚讚頌之津津，恒有喜神妙氣，與茶相長養，真奇癖也。

跋

吾鄉既富茗柯，復饒泉水，以泉烹茶，其味尤勝。計可與羅岕敵者，唯松蘿耳。予曾以詩寄巢民云：『君爲羅岕傳神，我代松蘿叫屈。同此一樣清芬，忍令獨向隅曲。』迄今思之，殊深我以黄公酒壚之感也。心齋居士題。

〔校證〕

〔一〕吾鄉三天子都　『三天子都』，《續茶經》卷下之四引作『天都』。

〔二〕心齋張潮譔　張潮，字山來，號心齋、三在道人，别署香雪、焦山，室名鹿葱花館、詒清堂等。歙縣人，後徙居江都。康熙初歲貢生，入貲授翰林院孔目。好學能文，廣事交遊。撰有《聯莊》、《聯騷》、《玩月約》、《幽夢影》、《花鳥春秋》、《酒律》、《七療》各一卷，又有《書本草》、《飲中八仙令》、《貧卦》、《補花底拾遺》、《古文尤雅》、《四書會意解》、《聊復集》、《友聲集》、《尺牘偶存》、《心齋雜俎》、《奚囊寸錦》、《鹿葱花館詩鈔》、《心齋詩鈔》、《詠物詩》、《筀詩補辭》等，輯有《虞初新志》等。編有《昭代叢書》一百五十卷，凡甲、乙、丙三編，各五十卷，卷各一書。又與王晫同編《檀几叢書》五十卷，皆清初諸家雜著之滙編。其雖以家財頗富刻書，但猶未脱明季書商尋章摘句、改頭换面之積習。與孔尚任、冒襄、陳維崧等頗有交誼，故多刻入其書。事見《四庫總目》卷一三四、乾隆《歙縣志》卷一二、民國《歙縣志》卷七小傳等。

〔三〕所以味迴别也　本則見《岕茶牋・序岕名》。

〔四〕足稱仙品　本則見熊明遇《羅岕茶記》，參閲是書拙校〔三〕。

〔五〕故爲可尚　本則亦見同右引書，參閲拙校〔四〕—〔六〕。

〔六〕最不易得　本則亦見同右引書，有可補之文，見是書拙校〔九〕。

〔七〕江南之茶　本則及以下二則，分見許次紓《茶疏》産茶、採摘、岕中製法三目。文略有删潤。

〔八〕速傾淨篇　方案：本則見《岕茶牋·論採茶》。馮書底本「篇」，原涉上而譌作「籃」，收入本《全集》時，已據《欣賞編》、《廣百川學海》、《續説郛》本及《續茶經》卷上之三改，今此引作「篇」，又爲一證，特此補出校記。

〔九〕蒸茶　本則亦見同右引書「論蒸茶」。

〔一〇〕茶雖均出於岕　本則見《岕茶牋·辨真贋》，文略有删潤，據補二字。

〔一一〕如虎丘茶作嬰兒肉香　本則出《羅岕茶記》末條。「作」上四字，原書作「亦」，此義勝。

〔一二〕去塵土黄葉老梗盡　本則見《岕茶牋·論烹茶》，文略有删潤。「盡」，原書作「淨」。

〔一三〕茶花　本則及下二則，未見所自出，疑亦冒氏自撰也。然「茶花」，則觀賞花類而非茶，此或狀岕茶之花。或為「花茶」之譌倒。

〔一四〕太早未足稍緩已過　本則見《岕茶牋·或問茶壺畢竟宜大宜小》。冒氏略有删潤。「太早」、「已過」之上，原書各有一「則」字，《續茶經》卷中又改作二「或」字，似不當删。又「稍緩」，原書作「太遲」。

〔一五〕箇中之妙清心自飲　此八字，馮氏《岕茶牋》原無，而作「的見得恰好一瀉而盡」，似冒氏以意改寫之。

續茶經

〔清〕陸廷燦

〔提要〕

《續茶經》，清代茶書。陸廷燦撰，今存。陸廷燦，字秩昭，號南村、陶庵。上海嘉定人。歲貢生。康熙五十六年（一七一七），官福建崇安知縣，候補主事。撰有《南村隨筆》六卷、《藝菊志》八卷等。事見《福建通志》卷二七、《武夷山志》卷二《名賢上·官守》、《四庫總目提要》卷一一五、《清通考》卷二二七等。

《續茶經》近十萬字，搜採宏富，是現存茶書中篇幅最大的一種。廷燦在武夷茶區任崇安知縣期間，悉心考究茶事。任滿量移，因多病而家居，遂修訂舊稿，遍檢羣籍，『訂輯成編』。其對唐末至清初的茶事資料搜輯較備，『頗切實用而徵引繁富』（引文並見《四庫總目》卷一一五）。

《續茶經》所引之茶事資料，均據清初以前之書。有的今已佚失，賴此而傳世，其資料價值之可貴，不言而喻。即使今存之文，亦頗可賴以考訂今傳之茶書。本書之校證，取資於陸書者甚夥矣。

是書按陸羽《茶經》體例分爲上中下三卷，卷上析爲子卷三，卷中爲《茶之器》，卷下析爲子卷六，以合《茶經》原書分爲十目之舊。惟其卷下之六《十之圖》載歷代茶圖目録及宋、明茶具圖式三種。此陸氏已誤解，以爲《茶經》原有圖而『其圖無傳』，乃以『茶具、茶器圖補之』（《續茶經·凡例》）。卷末又附歷代茶法一卷，頗甚簡陋。今拙輯《補編》所收茶法類茶書足可補其缺憾。由於陸書有些條目轉引自他書，未核對原出之書，往往誤注或失注出處，給校勘帶來極大麻煩。至於引原書隨意增删，取捨失當之處，更是不可勝計。這是陸書兩大弊病。對於前者，盡力追本溯源，找出始見原書；對於後者，則用校勘法處置，只改補是非而不校異同。

《續茶經》始刊於雍正七年（一七二九），附儀鴻堂刻本（下簡稱王本）《茶經》後，清湖北天門人王淇堂名儀鴻堂，今國圖藏有此本。陸氏雍正十三年有壽椿堂家刻本，卷首有黄叔琳序及廷燦自撰《凡例》六條，説明是書編輯的緣起及其内容。作序者黄叔琳（一六七二—一七五六），乃清初著名學者、文人。字宏獻，號昆圃，學者稱北平先生。直隸宛平（治今北京大興）人。康熙三十年（一六九一）進士，授翰林院編修。雍正元年，以刑部侍郎典試江南，官至兩浙巡撫。一生篤學，博通經義，勤於著述。撰有《硯北易鈔》十二卷、《硯北雜録》、《叢録》各十卷、《詩統説》三十二卷、《周禮節訓》六卷、《宋元春秋解提要》、《史通訓詁補》各二十卷、《文心雕龍輯注》十卷等。詩文結集爲《養素堂詩文集》。生平事跡具見戈濤《黄昆圃先生傳》、陳兆侖《黄公叔琳墓誌銘》、顧鎮《黄昆圃先生年譜》及《清史稿》卷二九〇、《清史列傳》卷一四等。黄序稱：他在寓居吴門時，曾與陸氏父子『時相過從』，又爲『舊好』，故相知甚深，欣然爲廷燦所輯之書作序而相延譽、推介。

壽椿堂本（下簡稱壽本），海内外刊本今存者甚夥，如國圖，上圖，北京市文物局，南京圖書館，蘇州圖書館，中山、重慶、安徽省圖書館及日本内閣文庫等均有藏。是書已被收入四庫全書（下簡稱庫本）。據《中國古籍善本書總目·子部》著録，山東省圖書館藏有清抄本《茶書七種》，内有《續茶經》三卷及附録《茶法》一卷。遂托友人以『天價』購得是本複印件（下簡稱抄本），經與壽本、庫本及日藏内閣文庫（下簡稱閣本）影印本對校，就其校刊質量而言，壽本最佳，庫本次之，抄本最劣。但總體而言，文本間差異不太大，即對校、本校尚難以解決本書的補遺、勘正。所幸陸書所引之書，今絶大部分仍存世，故筆者尤致力於他校，但當年作他校時《四庫全書》等電子版尚未問世，全憑人腦手工，談何容易！是書是筆者初事校勘以來最難、最苦也最棘手的活。所幸歷時數年，得以訂正陸書許多舛誤，差堪自慰。本書與陸羽《茶經》是校勘難度最大的兩種茶書。

今以壽椿堂本爲底本，校以閣本、庫本、抄本，是爲版本間對校，惜未得國圖藏王本作對校，殊以爲憾。近年又用電子版《四庫全書》復作他校，仍所獲良多。他校之書亦有版本優劣之異，今一般選用中華書局、上海古籍出版社點校本及四庫全書影印本，凡用其他版本者，則分别注明。校記以校是非爲主，酌校異同。這是不同於《茶經》是非、異同、版本校並重的又一特點。凡已收入本書中的茶書引文，一律不再旁涉他本。校記中僅出書名、卷數，必要時注明該書拙校條數。書名及作者亦並見本《全集》各書提要，不再另作校釋。又因陸氏引書多爲節引，且又略加删潤，故引文一般不加引號，亦不改動原文，僅在校記中作説明。一般的衍誤譌倒，僅據原出之書文字，按校勘法（見凡例）處理，一般不出校記。引用書名，或用簡稱，其全名請參見附録二《主要引用與參考書目》，以免煩瑣。

坊間今流傳《續茶經》點校本、今譯本多種。如上海古籍出版社編《生活與博物叢書》下册（一九九三年版）、阮浩耕主編《中國古代茶葉全書》（浙江攝影出版社一九九九年版）、葉羽主編《茶書集成》（黑龍江人民出版社二〇〇一年版）、《茶經・續茶經》（中國工人出版社二〇〇三版）、《飲食物語》（華齡出版社二〇〇四年版）等。上列五種今本，其共同特點一是均爲簡體横排本，二是基本上未作校勘，故並不取校。尤令人費解的是：『工人版』與『華齡版』《續茶經》竟爲『一胞雙胎』，連觸目皆是的舛誤，也是一模一樣，毫無二致。

序

嘉定陸君扶照嘗爲崇安令，進秩當得部曹。需次里居，多病卻掃，不即赴選。其先人所治陶圃，有林泉花木之勝。君徜徉其中，對寒花，啜苦茗，意甚樂之。曩嘗手纂《菊志》，今復取鴻漸所著《茶經》補且續焉。將鋟以傳世，而徵序於予。

蓋君素嗜茶，令崇安時，武夷隸其縣境。仙山貢品，甲於寓内。君官廉，政暇，間及茶事。於採摘、蒸焙、試湯、候火之法，益得其精。是書之成，良有自已。予考茶之名，不見於經。昔人以荼薺之荼，當之。漢魏以下，茶茗浸興。高人勝流，資茗椀爲譚助。然或比之『水厄』，斥爲『酪奴』者亦不少矣。自君家桑苧翁始抉摘精微，著《茶經》，遠近傾慕。異時，天隨子亦深嗜之。好事者每爲遞泉致茗，清風高致，約略相方。而君又爲編綴缺遺，發揚芳蘊，使千年賸簡曠焉若新。微獨桑苧有靈，歎爲知己。試從新泉活火，紗帽試煎，時一一細品讀之。有不兩腋生風，撫掌稱快者哉！

曩予羈寓吴門，君父子以舊好時相過從。數邀予至其園居，清流曲經，老圃秋容，至今緬想。竊意君雖不慕華膴，而清才雅量當在山公水部間，正不必似陶彭澤一賦歸來，便裹足東籬。《茶經》、《菊譜》，亦偶有寄焉。未敢遽以吴松苕霅高隱輩流相儗並也。他時相見，話舊論文，請用君法試瀉一甌，涵澹廉襜，共領清味可耳。時雍正乙卯初夏，北平黄叔琳拜手撰。

《續茶經》凡例

一、《茶經》著自唐桑苧翁，迄今千有餘載。不獨製作各殊而烹飲迥異，即出産之處，亦多不同。余性嗜茶，承乏崇安，適係武夷産茶之地。值制府滿公鄭重進獻，究悉源流，每以茶事下詢。查閲諸書，於武夷之外，每多見聞，因思採集爲《續茶經》之舉。曩以簿書鞅掌，有志未遑。及蒙量移，奉文赴部，以多病家居，翻閲舊稿，不忍委棄。爰爲序次第，恐學術久荒，見聞疎漏，爲識者所鄙，謹質之高明，幸有以教之。幸甚！

一、《茶經》之後，有《茶記》及《茶譜》、《茶録》、《茶論》、《茶疏》、《茶解》等書，不可枚舉。而其書亦多湮没無傳，兹特採所見各書，依茶經之例，分之源、之具、之造、之器、之煮、之飲、之事、之出、之略，至其圖無傳，不敢臆補，以茶具、茶器圖足之。

一、《茶經》所載，皆初唐以前之書。今自唐、宋、元、明以至本朝，凡有緒論，皆行採録。有其書在前，而茶經未録者，亦行補入。

一、《茶經》原本止三卷，恐續者太繁，是以諸書所見，止摘要分録。

一、各書所引相同者，不取重複；偶有議論各殊者，姑兩存之，以俟論定。至歷代詩文，暨當代名公鉅卿著述甚多，因仿《茶經》之例，不敢備録。容俟另編，以爲外集。

一、原本《茶經》，另列卷首。

一、歷代茶法附後。

卷上

一之源

許慎《説文》：茗，荼芽也。

王褒《僮約》：前云『炰鼈烹茶』，後云『武陽買茶[一]』。注：前爲苦菜，後爲茗。張華《博物志》：飲真茶，令人少眠[二]。

《詩疏》椒樹似茱萸，蜀人作茶，吴人作茗，皆合煮其葉以爲香[三]。

《唐書·陸羽傳》：羽嗜茶，著《經》三篇，言茶之源、之具、之造、之器、之烹、之飲、之事、之出、之略、之圖尤備[四]，天下益知飲茶矣。

《唐六典》金英、緑片，皆茶名也。

《李太白集·贈族侄僧中孚玉泉仙人掌茶序》[五]：余聞荆州玉泉寺近青溪諸山[六]，山洞往往有乳窟，窟多玉泉交流[七]。中有白蝙蝠[八]，大如鴉。按《仙經》：蝙蝠一名仙鼠，千歲之後，體白如雪[九]。棲則倒懸，蓋飲乳水而長生也。其水邊，處處有茗草羅生，枝葉如碧玉。惟玉泉真公常採而飲之。年八十餘歲，顔色如桃花，而此茗清香滑熟，異於他茗[一〇]，所以能還童振枯，扶人壽也[一一]。余遊金陵見宗僧中孚，示余茶數十片，拳然重疊，其狀如掌[一二]，號爲『仙人掌茶』。蓋新出乎玉泉之山，曠古未覯，因持之見貽[一三]。兼贈詩，要余答之，遂有此作。俾後之高僧大隱，知『仙人掌茶』發於中孚禪子及青蓮居士李白也。

《皮日休集・茶中雜詠并序》〔一四〕：自周以降，及於國朝，茶事竟陵子陸季疵言之詳矣。然季疵以前，稱茗飲者必渾以烹之，與夫瀹蔬而啜者無異也。季疵之始爲《經》三卷，由是分其源，制其具，教其造，設其器，命其煮。俾飲之者，除痟而去癘，雖疾醫之不若也。其爲利也，於人豈小哉！余始得季疵書，以爲備矣。後又獲其《顧渚山記》二篇，其中多茶事，後又太原温從雲、武威段碣之各補茶事十數節，並存於方册。茶之事，由周而至於今〔一五〕，竟無纖遺矣。

《封氏聞見記》〔一六〕：茶，南人好飲之，北人初不多飲。開元中，泰山靈巖寺有降魔師，大興禪教。學禪務於不寐，又不夕食，皆許〔其〕飲茶〔一七〕。人自懷挾，到處煮飲，從此轉相倣傚，遂成風俗。起自鄒、齊、滄、棣，漸至京邑。城市多開店鋪，煎茶賣之，不問道俗，投錢取飲。其茶，自江淮而來，色額甚多。《唐韻〔正〕》〔一八〕：茶字，自中唐始變作茶。

裴汶《茶述》：茶起於東晉，盛於今朝。其性精清，其味浩潔。其用滌煩，其功致和。參百品而不混，越衆飲而獨高。烹之鼎水，和以虎形〔一九〕，人人服之〔二〇〕，永永不厭〔二一〕。得之則安，不得則病。彼芝術黄精，徒云上藥，致效在數十年後，且多禁忌，非此倫也。或曰：多飲令人體虚病風〔二二〕，余曰不然。夫物能祛邪，必能輔正，安有蠲逐叢病而靡裨太和哉〔二三〕！今宇内爲土貢實衆：而顧渚、蘄陽、蒙山爲上，其次則壽陽〔二四〕、義興、碧澗、㴩湖、衡山，最下有鄱陽、浮梁。今者，其精無以尚焉〔二五〕。得其粗者，則下里兆庶，甌盌紛糅〔二六〕。頃刻未得〔二七〕，則謂百病生矣〔二八〕。人嗜之若此者〔二九〕，西晉以前無聞焉〔三〇〕。至精之味或遺也。

因作《茶述》。

宋徽宗《大觀茶論》：茶之爲物，擅甌閩之秀氣，鍾山川之靈稟，祛襟滌滯，致清導和，則非庸人孺子可得而知矣。冲淡間潔，韻高致静，則非遑遽之時可得而好尚矣。

本朝之興，歲修建溪之貢，龍團鳳餅，名冠天下，而壑源之品亦自此而盛。延及於今，百廢俱舉〔三一〕，海内宴然，垂拱密勿，幸致無爲。縉紳之士，韋布之流，沐浴膏澤，薰陶德化，咸以雅尚相推從，事茗飲。故近歲以來，採擇之精，製作之工，品第之勝，烹點之妙，莫不咸造其極。嗚呼！至治之世，豈惟人得以盡其材，而草木之靈者亦得以盡其用矣。偶因暇日，研究精微，所得之妙，後人有不〔自〕知爲利害者〔三二〕，敍本末，〔列於〕二十篇〔三三〕，號曰茶論。

一曰地産，二曰天時，三曰採擇，四曰蒸壓，五曰製造，六曰鑑別，七曰白茶，八曰羅碾，九曰盞，十曰筅，十一曰瓶，十二曰杓，十三曰水，十四曰點，十五曰味，十六曰香，十七曰色，十八曰藏焙，十九曰品名，二十曰外焙〔三四〕。

名茶〔三五〕，各以所産之地：葉如耕之平園臺星巖〔三六〕，葉剛之高峯青鳳髓，葉思純之大嵐，葉嶼之屑山，葉五崇林之羅漢山水桑芽，葉堅之碎石窠、石臼窠，一作穴窠〔三七〕。葉瓊、葉輝之秀皮林，葉師復、師貺之虎巖，葉椿之無雙巖芽〔三八〕，葉懋之老窠園。〔諸葉〕各擅其美〔三九〕，未嘗混淆，不可概舉。焙人之茶，固有前優後劣，昔負今勝者，是以園地之不常也〔四〇〕。

丁謂《進新茶表》：右件物産異金沙，名非紫筍。江邊地暖，方呈彼茁之形；闕下春寒，已發其甘之味。有以少爲貴者，焉敢韞而藏諸。見謂新茶，實遵舊例〔四一〕。

蔡襄《進茶録表》〔四二〕：臣前因奏事，伏蒙陛下諭臣：先任福建〔轉〕運使日所進上品龍茶〔四三〕，最爲精好。臣退念草木之微，首辱陛下知鑑。若處之得地，則能盡其材。昔陸羽《茶經》，不第建安之品；丁謂《茶圖》，獨論採造之本。至烹煎之法〔四四〕，曾未有聞。臣輒條數事，簡而易明，勒成二篇，名曰茶録。伏惟清閒之宴，或賜觀採，臣不勝榮幸〔四五〕。

歐陽修《歸田録》：茶之品，莫貴於龍鳳，謂之團茶。凡八餅重一斤。慶曆中，蔡君謨始造小片龍茶以進〔四六〕，其品精絶，謂之小團，凡二十〔八〕餅重一斤〔四七〕。其價，值金二兩，然金可有而茶不可得。每因南郊致齋，中書、樞密院各賜一餅，四人分之。宮人往往縷金花於其上，蓋其貴重如此。

趙汝礪《北苑別録》〔四八〕：草木至夏益盛〔四九〕，故欲導生長之氣，以滲雨露之澤〔五〇〕。茶於每歲六月興工〔五一〕，虛其本，培其末〔五二〕，滋蔓之草，遏鬱之木，悉用除之。政所以導生長之氣，而滲雨露之澤也，此之謂『開畬』。唯桐木則留焉，桐木之性，與茶相宜。而又茶至冬則畏寒，桐木望秋而先落；茶至夏而畏日，桐木至春而漸茂。理亦然也。

王闢之《澠水燕談》〔五三〕：建茶盛於江南，近歲制作尤精。龍團最爲上品〔五四〕，一斤八餅。慶曆中，蔡君謨爲福建運使，始造小團，以充歲貢，一斤二十〔八〕餅〔五五〕，所謂上品龍茶者也。仁宗尤所珍惜，雖宰臣未嘗輒賜〔五六〕。惟郊禮致齋之夕，兩府各四人，共賜一餅〔五七〕。宮人剪金爲龍、鳳花，貼其上，八人分蓄之。以爲奇玩，不敢自試，有佳客，出爲傳玩。歐陽文忠公云：茶爲物之至精，而小團又其精者也。嘉祐中，小團初出時也。今小團易得，何至如此多貴〔五八〕。

周煇《清波雜志》〔五九〕：自熙寧後〔六〇〕，始貴『密雲龍』〔六一〕。每歲頭綱修貢，奉宗廟及供玉食外，賚及臣下無幾。戚里貴近，丐賜尤繁。宣仁太后令建州〔今後〕不許造『密雲龍』〔六二〕，受他人煎炒不得也。此語既傳播於縉紳間，由是『密雲龍』之名益著。淳熙間，親黨許仲啓官麻沙〔六三〕，得《北苑修貢録》，序以刊行。其間載：歲貢十有二綱，凡三等，四十有一名。第一綱曰『龍焙貢新』，止五十餘銙，貴重如此。獨無所謂『密雲龍』者，豈以『貢新』易其名耶，抑或別爲一種〔六四〕，又居『密雲龍』之上耶？

沈存中《夢溪筆談》〔六五〕：古人論茶，唯言陽羨、顧渚、天柱、蒙頂之類，都未言建溪。然唐人重串茶，粘黑者則已近乎建餅矣。建茶皆喬木，吴蜀〔淮南〕唯叢茇而已〔六六〕，品自居下。建茶勝處曰郝源、曾坑，其間又有坌根、山頂二品尤勝。李氏〔時〕號爲北苑，置使領之〔六七〕。

胡仔《苕溪漁隱叢話》〔六八〕：建安北苑〔茶〕〔六九〕，始於太宗〔朝〕太平興國二年〔七〇〕，遣使造之，取象於龍鳳，以別〔庶飲，由此〕入貢〔七一〕。至道間，仍添造石乳〔蠟面〕〔七二〕。其後，大、小龍〔茶〕又起於丁謂而成於蔡君謨〔七三〕。至宣、政間，鄭可簡以貢茶進用，久領漕〔計〕，〔創〕添續入〔七四〕，其數浸廣，今猶因之。細色茶五綱，凡四十三品，形製各異，共七千餘餅。其間，貢新、試新、龍團勝雪、白茶、御苑玉芽此五品，乃水揀，爲第一。餘乃生揀，次之。又有粗色茶七綱，凡五品，大小龍鳳并揀芽，悉入龍腦和膏，爲團餅茶，共四萬餘餅。蓋水揀茶，即社前者；生揀茶，即火前者；粗色茶，即雨前者。閩中地暖，雨前茶已老而味加重矣。又有石門、乳吉、香口三外焙，亦隸於北苑。皆採摘茶芽，送官焙添造。每歲縻金共二萬餘緡〔七五〕，日役千夫，凡兩月方能迄事。第所造之茶，不許過數。入貢之後，市無貨者，人所罕得。惟壑源諸處私焙茶，其絶品亦可敵官焙。自昔至今，亦皆入貢。其流販四方者，悉私焙茶耳。

北苑在富沙之北〔七六〕，隸建安縣，去城二十五里，乃龍焙造貢茶之處〔七七〕。亦名鳳凰山〔七八〕，自有一溪，南流至富沙城下，方與西來水合而東〔七九〕。

車清臣《腳氣集》〔八〇〕：《毛詩》云〔八一〕：『誰謂茶苦，其甘如薺。』〔注〕：茶，苦菜也。《周禮・掌茶》：以供喪事，取其苦也。〔蘇〕東坡詩云：『周詩記苦茶，茗飲出近世。』乃以今之茶爲茶。〔夫〕茶，今人以清頭目。自唐以來，上下好之，細民亦日數椀，豈是茶也！茶之粗者，〔是〕爲茗。

宋子安《東溪試茶録・序》〔八二〕：茶宜高山之陰，而喜日陽之早。自北苑鳳山南直苦竹園頭東南屬張坑頭，皆高遠先陽處，歲發常早，芽極肥乳，非民間所比。次出壑源嶺，高土沃地，〔茶〕味甲於諸焙〔八三〕。丁謂亦云：鳳山高不百丈，無危峯絶巘，而岡翠環抱〔八四〕，氣勢柔秀，宜乎嘉植靈卉之所發也。又以建安茶品甲天下，疑山川至靈之卉，天地始和之氣，盡此茶矣。又論石乳出壑嶺斷崖缺石之間，蓋草木之仙骨也。近蔡公亦云，惟北苑鳳凰山連屬諸焙所産者味佳，故四方以建茶爲首〔八五〕，皆曰北苑云。

黄儒《品茶要録・序》〔八六〕：説者嘗謂陸羽《茶經》不第建安之品〔八七〕，蓋前此茶事未甚興，靈芽真筍，往往委翳消腐而人不知惜。自國初以來，士大夫沐浴膏澤，詠歌昇平之日久矣。夫身世灑落〔八八〕，神觀冲淡，惟兹茗飲爲可喜。園林亦相與摘英誇異，制棬鬻薪，以趨時之好。故殊異之品，始得自出於榛莽之間，而其名遂冠天下。借使陸羽復起，閲其金餅，味其雲腴，當爽然自失矣。因念草木之材，一有負瓌偉絶特者，未嘗不遇時而後興，況於人乎！

蘇軾《書黄道輔〈品茶要録〉後》：黄君道輔，諱儒，建安人。博學能文，淡然精深，有道之士也。作《品茶要録》十篇，委曲微妙，皆陸鴻漸以來論茶者所未及。非至靜無求，虚中不留，烏能察物之情如此其詳哉！

《茶録》[八九]：茶，古不聞食〔之〕[九〇]。自晉宋已降[九一]，吴人採葉煮之[九二]，名爲茗粥[九三]。

葉清臣《煮茶泉品》[九四]：吴楚山谷間，氣清地靈，草木穎挺，多孕茶荈。大率右於武夷者，爲白乳；甲於吴興者，爲紫筍；産禹穴者，以天章顯；茂錢塘者，以徑山稀。至於續廬之巖[九五]，雲衢之麓[九六]，雅山著於宣歙[九七]，蒙頂傳於岷蜀，角立差勝，毛舉實繁。

周絳《補茶經》[九八]：芽茶只作早茶，馳奉萬乘嘗之可矣。如一旗一槍，可謂奇茶也。

胡致堂曰[九九]：茶者，生人之所日用也，其急甚於酒。

陳師道《後山談叢》[一〇〇]：茶，洪之雙井，越之日注，莫能相先後，而强爲之第者，皆勝心耳。

陳師道《茶經序》[一〇一]：夫茶之著書自羽始，其用於世亦自羽始，羽誠有功於茶者也。上自宮省，下逮邑里[一〇二]，外及戎夷蠻狄，賓祀燕享，預陳於前。山澤以成市，商賈以起家，又有功於人者也，可謂智矣！《經》曰：『茶之否臧，存之口訣[一〇三]。』則書之所載，猶其粗也。夫茶之爲藝下矣！至其精微，書有不盡，況天下之至理，而欲求之文字紙墨之間，其有得乎[一〇四]！昔者，先王因人而教，同欲而治，凡有益於人者，皆不廢也。

吴淑《茶賦注》[一〇五]：五花茶者，其片作五出花也。

姚氏《殘語》〔一〇六〕：紹興進茶，自高文虎始〔一〇七〕。

王楙《野客叢書》〔一〇八〕：世謂古之荼，即今之茶。不知荼有數種，非一端也。《詩》曰『誰謂荼苦，其甘如薺』者，乃苦菜之荼，如今苦苣之類。《周禮·掌荼》，《毛詩》『有女如荼』者，乃苕荼之荼也，正萑葦之屬。惟荼檟之荼，乃今之茶也。世莫知辨〔一〇九〕。《魏王花木志》〔一一〇〕：茶葉似梔〔子〕〔一一一〕，可煮爲飲。其老葉謂之荈，嫩葉謂之茗。

《瑞草總論》〔一一二〕：唐宋以來，有貢茶，有榷茶〔一一三〕。夫貢茶，猶知斯人有愛君之心。若夫榷茶，則利歸於官，擾及於民，其爲害，又不一端矣。

元熊禾《勿（齋）〔軒〕集·北苑茶焙記》〔一一四〕：貢，古也。茶貢不列《禹貢》、《周·職方》而昉於〔南〕唐，北苑又其最著者也。苑在建城東二十五里，唐末里民張暉始表而上之。宋初丁謂漕閩，貢額驟（益）〔溢〕，斤至數萬。慶（歷）〔曆〕承平日久，蔡公襄繼之，制益精巧，建茶遂爲天下最。公名在『四諫』官列，君子惜之。歐陽公修雖實不與，然猶誇侈歌詠之，蘇公軾則直指其過矣。君子創法可繼，焉得不重慎也！

《說郛·臆乘》〔一一五〕：茶之所產，六經載之詳矣〔一一六〕。獨異美之名未備。唐宋以來，見於詩文者尤夥〔一一七〕。頗多疑似，若蟾背、蝦（鬚）〔目〕、雀舌、蟹眼、瑟瑟塵、霏霏雪、皷浪湧泉、琉璃眼、碧玉池〔一一八〕，又皆茶事中天然偶字也。

《茶譜》：衡州之衡山，封州之西鄉，茶研膏爲之，皆片團如月。又彭州蒲村堋口，其園有仙芽、石花等號。

明人〔楊慎〕《月團茶歌序》〔一一九〕： 唐人製茶，碾末以酥滫爲團。宋世尤精，元時其法遂絶〔一二〇〕。予效而爲之，蓋得其似。始悟古人詠茶詩所謂『膏油首面』，所謂『佳茗似佳人』〔一二一〕，所謂『緑雲輕綰湘娥鬟』之句〔一二二〕。飲啜之餘，因作詩記之，并傳好事。

屠本畯《茗笈》評： 人論茶葉之香，未知茶花之香。余往歲過友大雷山中，正值花開，童子摘以爲供，幽香清越，絶自可人，惜非甌中物耳。乃予著《鉼史》，月表以插茗花爲齋中清玩，而高濂《盆史》亦載茗花，足〔以〕助〔吾〕玄賞云〔一二三〕。

《茗笈贊·十六章》： 一曰遡源，二曰得地，三曰乘時，四曰揆制，五曰藏茗，六曰品泉，七曰候火，八曰定湯，九曰點瀹，十曰辨器，十一曰申忌，十二曰防濫，十三曰戒淆，十四曰相宜，十五曰衡鑑，十六曰玄賞。

謝肇淛《五雜組》〔一二四〕： 今茶品之上者，松蘿也，虎丘也，羅岕也，龍井也，陽羨也，天池也。而吾閩武夷、清源、鼓山三種，可與角勝。六安、鴈蕩、蒙山三種，祛滯有功而色香不稱，當是藥籠中物，非文房佳品也。

《西吴枝乘》〔一二五〕： 湖人於茗，不數顧渚而數羅岕。然顧渚之佳者，其風味已遠出龍井下。岕稍清雋，然葉粗而作草氣。丁長（儒）〔孺〕嘗以半角見餉〔一二六〕，且教余烹煎之法。迨試之，殊類羊公鶴，此余有解有未解也。余嘗品茗，以武夷、虎丘第一，淡而遠也； 松蘿、龍井次之，香而艷也； 天池又次之，常而不厭也； 餘子瑣瑣，勿置齒喙。 謝肇淛

屠長卿《考槃餘事》〔一二七〕： 虎丘茶，最號精絶，爲天下冠。惜不多産，皆爲豪右所據，寂寞山家，無由獲購矣。天池，青翠芳馨，噉之賞心，嗅亦消渴，可稱仙品。諸山之茶，當爲退舍。陽羨，俗名羅岕，浙之長興者

佳，荆溪稍下。細者，其價兩倍天池，惜乎難得，須親自收採方妙。六安，品亦精，入藥最效。但不善炒不能發香而味苦，茶之本性實佳。龍井之山，不過十數畝，外此有茶，似皆不及。大抵天開龍泓美泉，山靈特生佳茗以副之耳。山中僅有一二家炒法甚精，近有山僧焙者亦妙。真者，天池不能及也。天目，爲天池龍井之次，亦佳品也。地志云：山中寒氣早，嚴山僧至九月即不敢出。冬來多雪，三月後方通行，其萌芽較他茶獨晚。

包衡《清賞録》〔一二八〕：昔人以陸羽飲茶比於后稷樹穀，及觀韓翃《謝賜茶啓》云：『吴主禮賢，方聞置茗；晉人愛客，纔有分茶。』則知開創之功，非關桑苧老翁也。若云在昔茶勳未普，則比時賜茶已一千五百串矣。

陳仁錫潛確居類書〔一二九〕：紫琳腴、雲腴皆茶名也〔一三〇〕。

茗花白色，冬開似梅，亦清香。按冒巢民《岕茶彙鈔》云：『茶花味濁，無香，香凝葉内。』二説不同，豈岕與他茶獨異歟？

《農政全書》〔一三一〕：六經中無茶，茶即茶也。《毛詩》云：『誰謂茶苦，其甘如薺。』以其苦而甘味也。

夫茶，靈草也。種之，則利博；飲之，則神清。上而王公貴人之所尚，下而小夫賤隸之所不可闕。誠民生食用之所資，國家課利之一助也。

羅廩《茶解》〔一三二〕：茶（固）〔園〕不宜雜以惡木，惟古梅、叢桂、辛夷、玉蘭、玫瑰、蒼松、翠竹與之間植，〔亦〕足以蔽覆霜雪，掩映秋陽。其下〔不〕可植芳蘭幽菊〔及諸〕清芬之品，最忌菜畦相逼，不免〔穢汙〕滲漉，滓厥清真。

茶地，南向爲佳，向陰者遂劣〔一三三〕。故一山之中，美惡相懸。李日華《六研齋筆記》〔一三四〕：茶事於唐末未甚興，不過幽人雅士手擷於（芳）〔荒〕園雜穢中，拔其精英，以薦靈爽，所以饒雲露自然之味。至宋設茗綱，充天家玉食，士大夫益復貴之，民間服習寖廣，以爲不可缺之物。於是，營植者擁蓋孳糞，等於蔬蔌，而茶亦隤其品味矣。人知鴻漸到處品泉，不知亦到處搜茶，皇甫冉送羽攝山採茶詩數言，僅存公案而已。

徐巖泉《六安州茶居士傳》〔一三五〕：居士茶姓，族氏衆多，枝葉繁衍遍天下。其在六安一枝最著，爲大宗。陽羨、羅岕、武夷、匡廬之類，皆小宗。〔若〕蒙山，又其別枝也。

樂思白《雪庵清史》〔一三六〕：夫輕身换骨，消渴滌煩，茶荈之功，至妙至神。昔在有唐，吾閩茗事未興，草木仙骨，尚閟其靈。五代之季，南唐採茶北苑而茗事興。迨宋至道初，有詔奉造而茶品日廣。及咸平、慶曆中，丁謂、蔡襄造茶進奉，而製作益精。至徽宗大觀、宣和間，而茶品極矣。斷崖缺石之上，木秀雲腴，往往於此露靈。倘微丁、蔡來自吾閩，則種種佳品不幾於委翳消腐哉！雖然，患無佳品耳。其品果佳，即微丁、蔡來自吾閩，而靈芽真筍豈終於委翳消腐乎！吾閩之能輕身换骨，消渴滌煩者，寧獨一茶乎？兹將發其靈矣！

馮時可《茶譜》〔一三七〕：茶全貴採造，蘇州茶飲遍天下，專以採造勝耳。徽郡向無茶，近出松蘿〔茶〕，最爲時尚。是茶，始比邱大方。大方居虎丘最久，得採造法。其後，於徽之松蘿結庵，採諸山茶，於庵焙製，遠邇爭市，價忽翔湧。人因稱松蘿〔茶〕，實非松蘿所出也。

胡文焕《茶集》〔一三八〕：茶至清至美物也，世不皆味之，而食煙火者又不足以語此。醫家論茶性寒，能傷人脾。獨予有諸疾，則必藉茶爲藥石，每深得其功效。噫，非緣之有自而何契之若是耶！

《羣芳譜》：蘄州蘄門團黄有一旗一槍之號，言一葉一芽也。歐陽公詩有『共約試新茶，槍旗幾時緑』之句〔一三九〕，王荆公送元厚之詩云：『新茗齋中試一旗』，世謂茶始生而嫩者爲一槍，寖大開者爲一旗。

魯彭刻《茶經序》〔一四〇〕：夫茶之爲經要矣。兹覆刻者，便覽爾。刻之竟陵者，表羽之爲竟陵人也。按羽生甚異，類令尹子文。人謂子文賢而仕，羽雖賢，卒以不仕。今觀《茶經》三篇，固具體用之學者。其曰『伊公羹，陸氏茶』，取而比之，實以自況，所謂易地皆然者，非歟？厥後茗飲之風行於中外，而回紇亦以馬易茶，由宋迄今，大爲邊助。則羽之功固在萬世，仕不仕，奚足論也！

沈石田《書岕茶別論後》〔一四一〕：昔人詠梅花云〔一四二〕：『香中別有韻，清極不知寒。』此惟岕茶足當之。若閩之清源、武夷，吴郡之天池、虎邱，武林之龍井，新安之松蘿，匡廬之雲霧，其名雖大噪，不能與岕相抗也。顧渚每歲貢茶三十二斤，則岕於國初已受知遇。施於今，漸遠漸傳，漸覺聲價轉重。既得聖人之清，又得聖人之時，苐蒸採烹洗，悉與古法不同。

李維楨茶經序〔一四三〕：羽所著《君臣契》三卷，源解三十卷，《江表四姓譜》十卷，《占夢》三卷，不盡傳而獨傳《茶經》，豈〔以〕他書人所時有，此爲觭長，易於取名耶。太史公曰：富貴而名磨滅，不可勝數，惟俶儻非常之人，稱焉！鴻漸窮阨終身，而遺書遺跡百世〔之〕下寶愛之，以爲山川邑里重。其風足以廉頑立懦，胡可少哉！

楊慎《丹鉛總録》〔一四四〕：茶，即古荼字也。《周詩》記荼苦，《春秋》書齊荼，《漢志》書荼陵，顔師古、陸德明雖已轉入茶音而未易字文也。至陸羽《茶經》、玉川《茶歌》、趙贊《茶禁》以後，遂以『茶』易『荼』。

董其昌《茶董題詞》〔一四五〕：荀子曰：其爲人也多暇，其出入也不遠矣。陶通明曰：不爲無益之事，何以悦有涯之生。余謂茗椀之事足當之。蓋幽人高士，蟬蜕勢利，以耗壯心而送日月。水源之輕重，辨若淄澠；火候（候？）之文武，調若丹鼎。非枕漱之侶不親，非文字之飲不比者也。當今此事惟許夏茂卿，拈出顧渚、陽羨，肉食者往焉，茂卿亦安能禁？壹似强笑不樂，强顔無歡，茶韻故自勝耳。予夙秉幽尚，入山十年，差可不愧茂卿語。今者驅車入閩，念鳳團龍餅，延津爲瀹，豈必土思如廉頗思用趙。惟是《絶交書》所謂心不耐煩而官事鞅掌者，竟有負茶竈耳。茂卿能以同味諒吾耶！

童承敘《題陸羽傳後》[一四六]：余嘗過竟陵，憩羽故寺，訪雁橋，觀茶井，慨然想見其爲人。夫羽少厭髡緇，篤嗜墳索，本非忘世者。卒乃寄號桑苧，遁跡苕霅，嘯歌獨行，繼以痛哭，其意必有所在。時廼比之接輿，豈知羽者哉！至其性甘茗荈，味辨淄澠，清風雅趣，膾炙今古。張顛之於酒也，昌黎以爲有所托而逃，羽亦以是夫？

《穀山筆麈》[一四七]：茶自漢以前不見於書，想所謂檟者即是矣。張萱《疑耀》[一四八]：古人冬則飲湯，夏則飲水，未有茶也。李文正《資暇録》謂茶始於唐，崔寧、（宋）黄伯思已辨其非。伯思嘗見北齊楊子華作邢子才、魏收《勘書圖》已有煎茶者。《南牕記談》謂飲茶始於梁天監中，事見《洛陽伽藍記》。及閱《吴志·韋曜傳》賜茶荈以當酒，則茶又非始於梁矣。余謂飲茶亦非始於吴也，《爾雅》曰：『檟，苦茶。』郭璞注：『可以爲羹飲，早採爲茶，晚採爲茗，一名荈。』則吴之前亦以茶作飲矣。第未（必）如後世之日用不離也。蓋自陸羽出，茶之法始講。自吕惠卿、蔡君謨輩出，茶之法始精，而茶之利國家且藉之矣。此古人所不及詳者也。

王象晉《〔羣芳譜〕·茶譜小序》[一四九]：茶，喜木也。一植不再移，故婚禮用茶，從一之義也。雖兆自

《食經》，飲自隋帝，而好者尚寡。至後興於唐，盛於宋，始爲世重矣。仁宗賢君也，頒賜兩府，（四）〔八〕人僅得（兩）〔二〕餅，一人分數錢耳。宰相家至不敢碾試，藏以爲寶，其貴重如此。近世蜀之蒙山，每歲僅以兩計；蘇之虎邱，至官府預爲封識，公爲採製，所得不過數斤。豈天地間尤物，生固不數數然耶。甌泛翠濤，碾飛緑屑，不藉雲腴，孰驅睡魔，作《茶譜》。

陳繼儒《茶董小序》〔一五〇〕：范希文云：『萬象森羅中，安知無茶星。』余以『茶星』名館，每與客茗戰。〔今〕旗槍標格，天然色香映發，若陸季疵復生，忍作《毀茶論》乎？夏子茂卿敍酒，其言甚豪。予曰：何如隱囊紗帽，翛然林澗之間，摘露芽，煮雲腴，一洗百年塵土胃耶！熱腸如沸，茶不勝酒；幽韻如雲，酒不勝茶。酒類俠，茶類隱，酒固道廣，茶亦德素。茂卿，茶之董狐也，因作《茶董》。東佘陳繼儒，書於素濤軒。

夏茂卿《茶董序》〔一五一〕：自晉唐而下，紛紛邾莒之會，各立勝場，品別淄澠，判若南董，遂以《茶董》名篇。《語》曰：窮春秋，演河圖，不如載茗一車。誠重之矣。如謂此君面目嚴冷，而且以爲『水厄』，且以爲乳妖，則請效綦毋先生，無作此事。冰蓮道人識。

《本草》：石蕊，一名雲茶。

卜萬祺《松寮茗政》〔一五二〕：虎邱茶，色味香韻，無可比儗。必親詣茶所，手摘監製，乃得真産。且難久貯，即百端珍護，稍過時，即全失其初矣。殆如彩雲易散，故不入供御耶！但山巖隙地，所産無幾。又爲官司禁據，寺僧慣雜贋種，非精鑑家卒莫能辨。明萬曆中，寺僧苦大吏需索，薙除殆盡。文文肅公震孟作《薙茶説》以譏之，至今真産尤不易得。袁了凡《羣書備考》〔一五三〕：茶之名，始見於王褒《僮約》。

許次紓《茶疏》〔一五四〕：唐人首稱陽羨，宋人最重建州。於今貢茶，兩地獨多。陽羨僅有其名，建州亦非上品，惟武夷雨前最勝。近日所尚者，爲長興之羅岕，疑即古顧渚紫筍。然岕故有數處，今惟峒山最佳。姚伯道云：明月之峽，厥有佳茗，韻致清遠，滋味甘香，足稱仙品。其在顧渚，亦有佳者。今但以水口茶名之，全與岕別矣。若歙之松蘿，吳之虎邱，杭之龍井，並可與岕頡頏。郭次甫極稱黃山，黃山亦在歙〔中〕，去松蘿遠甚。往時士人，皆重天池，然飲之略多，令人脹滿。浙之産曰鴈宕、大盤、金華、日鑄，皆與武夷相伯仲。錢塘諸山，産茶甚多，南山儘佳，北山稍劣。武夷之外，有泉州之清源，儻以好手製之，亦是武夷亞匹。惜多焦枯，令人意盡。楚之産曰寶慶，滇之産曰五華，皆表表有名，在鴈茶之上。其他名山所産，當不止此，或余未知，或名未著，故不及論。

李詡《戒庵漫筆》〔一五五〕：昔人論茶，以槍旗爲美，而不取雀舌、麥顆。蓋芽細，則易雜他樹之葉而難辨耳。槍旗者，猶今稱壺蜂翅是也。

《四〔書類〕〔時纂〕要》〔一五六〕：茶子，於寒露候收，曬乾，以溼沙土拌勻，盛筐籠内，穰草蓋之。不爾，即凍不生。至二月中取出，用糠與焦土種之於樹下，或背陰之地。開坎，圓三尺，深一尺，熟劚，著糞、和土，每坑下子六七、十顆，覆土厚一寸許。相離二尺，種一叢。性惡濕，又畏日，大概宜山中斜坡，峻坂走水處。若平地，須深開溝壟以洩水，三年後，方可收茶。

張大復《梅花筆談》〔一五七〕：趙長白作《茶史》，考訂頗詳，要以識其事而已矣。龍團鳳餅，紫茸鷩芽，決不可用於今之世。予嘗論今之世筆貴而愈失其傳，茶貴而愈出其味。天下事，未有不身試而出之者也。

文震亨《長物志》〔一五八〕： 古今論茶事者，無慮數十家。若鴻漸之《經》、君謨之《録》可爲盡善。然其時法用熟碾，爲丸，爲(挺)〔鋌〕，故所稱有龍鳳團、小龍團、密雲龍、瑞雲翔龍。至宣和間，始以茶色白者爲貴。漕臣鄭可(聞)〔簡〕始創爲銀絲水芽，以茶剔葉取心，清泉漬之，去龍腦諸香，惟新(胯)〔銙〕小龍蜿蜒其上，稱龍團勝雪，當時以爲不更之法。而吾朝所尚又不同，其烹試之法，亦與前人異。然簡便異常，天趣悉備，可謂盡茶之真味矣。至於洗茶、候湯、擇器，皆各有法，寧特侈言烏府、雲屯、〔苦節、建城〕等目而已哉！

《虎邱志》： 馮夢楨云〔一五九〕： 徐茂吴品茶〔一六〇〕，以虎邱爲第一。

周高起《洞山〔岕〕茶系》： 岕茶之尚於高流，雖近數十年中事，而厥産伊始，則自盧仝隱居洞山，種於陰嶺，遂有茗嶺之目。相傳古有漢王者，棲遲茗嶺之陽，課童藝茶，踵盧仝幽致。故陽山所産，香味倍勝茗嶺。所以老廟後一帶茶，猶唐宋根株也。貢山茶，今已絶種。

徐𤊹《茶考》〔一六一〕： 按《茶録》諸書，閩中所産茶以建安北苑爲第一，壑源諸處次之，武夷之名，未有聞也。然范文正公《鬥茶歌》云：『溪邊奇茗冠天下，武夷仙人從古栽。』蘇文忠公云：『武夷溪邊粟粒芽，前丁後蔡相籠加〔一六二〕。』則武夷之茶，在北宋已經著名，第未盛耳。但宋元製造團餅，似失正味；今則靈芽仙萼，香色尤清，爲閩中第一。至於北苑、壑源又泯然無稱。豈山川靈秀之氣，造物生殖之美，或有時變易而然乎！

勞大輿《甌江逸志》〔一六三〕： 按茶非甌産也，而甌亦産茶，故舊制以之充貢，及今不廢。張羅峯當國，凡甌中所貢方物，悉與題蠲，而茶獨留。將毋以先春之採，可薦馨香，且歲費物力無多，姑存之以備芹獻之義耶。

乃後世因按辦之際，不無恣取，上爲一，下爲十，而藝茶之圃，遂爲怨叢。惟願爲官於此地者，不濫取於數外，庶不致大爲民病耳。

《天中記》〔一六四〕：凡種茶，樹必下子。移植，則不復生。故俗聘婦，必以茶爲禮，義固有所取也。

《事物記原》〔一六五〕：榷茶起於唐建中、貞元之間，趙贊、張滂建議，稅其什一。

《枕譚》〔一六六〕：古傳注：茶樹初採爲茶，老爲茗，再老爲荈。今概稱茗，當是錯用事也。

熊明遇《岕山茶記》：產茶處，山之夕陽勝於朝陽。廟後山西向，（固）〔故〕稱佳。總不如洞山南向，受陽氣特專，足稱仙品云。

冒襄《岕茶彙鈔》：茶產平地，受土氣多，故其質濁。岕茗產於高山，渾是風露清虛之氣，故爲可尚。

吴拭《武夷雜記》云〔一六七〕：武夷茶，賞自蔡君謨，始謂其味過於北苑龍團，周右文極抑之。蓋緣山中不諳製焙法，一味計多，狥利之過也。予試採少許，製以松蘿法，汲虎嘯巖下語兒泉烹之，三德俱備，帶雲石而復有甘軟氣。乃分數百葉，寄右文，令茶吐氣，復酹一杯，報君謨於地下耳。

釋超全《武夷茶歌（注）〔序〕》〔一六八〕：建州一老人，始獻山茶，死後傳爲山神。喊山之茶，始於此。

《中原市語》：茶曰渲老。

陳詩教《灌園史》：予嘗聞之山僧言，茶子數顆落地，一莖而生，有似連理，故婚家用茶，蓋取一本之義。舊傳茶樹不可移，竟有移之而生者，乃知晁采寄茶，徒襲影響耳。唐·李義山以對花啜茶爲殺風景，予苦渴疾，何啻七椀，花神有知，當不我罪。

周暉《金陵瑣事》〔一六九〕：茶有肥瘦，雲泉道人云：凡茶肥者甘，甘則不香；茶瘦者苦，苦則香。此又《茶經》、《茶訣》、《茶品》、《茶譜》之所未發。

野航道人朱存理云〔一七〇〕：飲之用，必先茶。而茶不見於《禹貢》，蓋全民用而不爲利，後世榷茶立爲制，非古聖意也。陸鴻漸著《茶經》，蔡君謨著《茶（譜）〔録〕》，孟諫議寄盧玉川三百月團，後侈至龍鳳之飾，責當備於君謨。然清逸高遠，上通王公，下逮林野，亦雅道也。

《佩文齋廣羣芳譜》〔一七一〕：茗花，即食茶之花。色月白而黄心，清香隱然，瓶之高齋，可爲清供佳品。且蕊在枝條，無不開遍。

王新城《居易録》〔一七二〕：廣南人以薆爲茶，予頃著之《皇華紀聞》。閱《道鄉集》有《張糾送吴洞薆》絶句云〔一七三〕：『茶選修仁方破碾，薆分吴洞忽當筵。君謨遠矣知難作，試取一瓢江水煎。』蓋志完遷昭平時作也。

《分甘餘話》〔一七四〕：宋丁謂爲福建轉運使，始造龍鳳團茶上供，不過四十餅。天聖中，又造小團，其品過於大團。神宗時，命造密雲龍，其品又過於小團。元祐初，宣仁皇太后曰：指（運）〔揮〕建州今後更不許造密雲龍，亦不要團茶，揀好茶喫了，生得甚好意智。宣仁改熙寧之政，此其小者。顧其言，實可爲萬世法。士大夫家膏粱子弟，尤不可不知也。謹備録之。

百夷語：茶曰芽，以麄茶曰『芽以結』，細茶曰『芽以完』。緬甸夷語茶曰『臘扒』，喫茶曰『臘扒儀索』〔一七五〕。

徐葆光《中山傳信録》〔一七六〕：琉球呼茶曰『札』。

《武夷茶考》〔一七七〕： 按丁謂製龍團，蔡忠惠製小龍團，皆北苑事。其武夷修貢，自元時浙省平章高興始。而談者輒稱丁蔡，蘇文忠公詩云：『武夷溪邊粟粒芽，前丁後蔡相籠加。』則北苑貢時，武夷已爲二公賞識矣。至高興武夷貢後而北苑漸至無聞。昔人云： 茶之爲物，滌昏雪滯。於務學勤政未必無助，其與進荔枝、桃花者不同。然充類至義，則亦宦官、宮妾之愛君也。忠惠直道高名，與范、歐相亞； 而進茶一事，乃儕晉公。君子舉措，可不慎歟！

《隨見録》〔一七八〕： 按沈存中《筆談》云建茶皆喬木，吴蜀惟叢茇而已。以余所見，武夷茶樹俱係叢茇，初無喬木，豈存中未至建安歟，抑當時北苑與此日武夷不同歟？《茶經》云： 巴山峽川有兩人合抱者，又與吴蜀叢茇之説互異。姑識之以俟參考。

《萬姓統譜》載〔一七九〕： 漢時人有茶恬，出江都易王傳。按《漢書》茶恬〔一八〇〕，蘇林曰： 茶，食邪反。則茶本兩音，至唐而荼茶始分耳。

焦周《焦氏説楛》〔一八一〕： 茶曰玉茸。

二之具

《陸龜蒙集·和茶具十詠》〔一八二〕：

茶塢

茗地曲隈回，野行多繚繞。向陽就中密，背澗差還少。遥盤雲髻慢，亂簇香篝小。何處好幽期，滿巖春露曉。

茶人

天賦識靈草，自然鍾野姿。閒來北山下，似與東風期。雨後探芳去，雲間幽路危。唯應報春鳥，得共斯人知。顧渚山有報春鳥。〔一八三〕

茶筍

所孕和氣深，時抽玉笞短。輕煙漸結華，嫩蘂初成管。尋來青藹曙，欲去紅雲暖。秀色自難逢，傾筐不曾滿。

茶籯

金刀劈翠筠，織似波紋斜。製作自野老，攜持伴山娃。昨日鬥煙粒，今朝貯綠華。爭歌調笑曲，日暮方還家。

茶舍

旋取山上材，架爲山下屋。門因水勢斜，壁任巖隈曲。朝隨鳥俱散，暮與雲同宿。不憚採掇勞，秖憂官未足。

茶竈《經》云：茶竈無突

無突抱輕嵐，有煙映初旭。盈鍋玉泉沸，滿甑雲芽熟。奇香襲春桂，嫩色凌秋菊。煬者若吾徒，年年看不足。

茶焙

左右擣凝膏，朝昏布煙縷。方圓隨樣拍，次第依層取。山謠縱高下，火候還文武。見説焙前人，時時炙花脯。紫花，焙人以花爲脯。

茶鼎

新泉氣味良，古鐵形狀醜。那堪風雨夜，更值煙霞友〔一八四〕。曾過赬石下，又住清溪口〔一八五〕。赬石、清溪，皆江南出茶處。且共薦皋盧，皋盧，茶名。何勞傾斗酒。

茶甌

昔人謝塸埞，徒爲妍詞飾。《劉孝威集》有《謝塸埞啓》。豈如珪璧姿，人有煙嵐色。光參筠席上，韻雅金罍側。直使於闐君，從來未嘗識。

煮茶

閒來松間坐，看煮松上雪。時於浪花裏，併下藍英末。傾餘精爽健，忽似風埃滅。不合別觀書，但宜窺玉札。

《皮日休集·茶中雜詠·茶具》

茶籯

筤篣曉攜去，驀過山桑塢。開時送紫茗，負處沾清露。歇把傍雲泉，歸將挂煙樹。滿此是生涯，黃金何足數。

茶竈

南山茶事動，竈起巖根傍。水煮石髮氣，薪燃杉脂香。青瓊蒸後凝，緑髓炊來光。如何重辛苦，一一輸膏粱。

茶焙

鑿彼碧巖下，恰應深二尺。泥易帶雲根，燒難礙石脉。初能燥金餅，旋見乾瓊液。九里共杉林，皆焙名。相望在山側。

茶鼎

龍舒有良匠，鑄此佳樣成。立作菌蠢勢，煎爲潺湲聲。草堂暮雲陰，松窗殘月明。此時勺複茗，野語知逾清。

茶甌

邢客與越人，皆能造甆器。圓似月魂墮，輕如雲魄起。棗花勢旋眼，蘋沫香沾齒。松下時一看，支公亦如此。

《江西志》：餘干縣冠山有陸羽茶竈，羽嘗鑿石爲竈，取越溪水，煎茶於此。

陶穀《清異録》〔一八六〕：豹革爲囊，風神呼吸之具也。煮茶啜之，可以滌滯思，而起清風。每引此義，稱茶爲水豹囊。

《曲洧舊聞》〔一八七〕：范蜀公與司馬温公同遊嵩山，各攜茶以行。温公（取）〔以〕紙爲帖，蜀公用小〔黑〕木合子盛之。温公見而驚曰：景仁乃有茶〔具〕〔器〕也。蜀公聞其言，留合與寺僧而去。後來士大夫，茶具精麗，極世間之工巧而心猶未厭。晁以道嘗以此語客，客曰：『使温公見今日之茶具，又不知云如何也！』

熊蕃《宣和北苑貢茶録》〔一八八〕：茶具有銀模，銀圈、竹圈、銅圈等。

《梅堯臣宛陵集·茶竈詩》〔一八九〕：『山寺碧溪頭，幽人緑巖畔。夜火竹聲乾，春甌茗花亂。兹無雅趣兼，薪桂煩燃爨。』

又《茶磨詩》云：『楚匠斵山骨，折檀爲轉臍。乾坤人力内，日月蟻行迷。』

又有《謝晏太祝遺雙井茶五品茶具四枚》詩。

《武夷志·五曲》：朱文公書院前，溪中有茶竈。文公詩云〔一九〇〕：『仙翁遺石竈，宛在水中央。飲罷方舟去，茶煙裊細香。』

《羣芳譜》〔一九一〕：黄山谷云，相茶瓢與相笻竹同法。不欲肥而欲瘦，但須飽風霜耳。

樂純《雪菴清史》〔一九二〕：陸叟溺於茗事，嘗爲《茶論》并煎炙之法。造茶具二十四事，以都統籠貯之，時好事者家藏一副。於是，若韋鴻臚，木待制，金法曹，石轉運，胡員外，羅樞密，宗從事，漆雕祕閣，陶寶文，湯提點，竺副帥，司職方輩，皆入吾籯中矣。

許次紓《茶疏》〔一九三〕：凡士人登山臨水，必命壺觴，若茗椀、薰爐，置而不問，是徒豪舉耳。余特置遊裝，精茗、名香同行異室，茶罌、銚注、甌洗、盆巾諸具畢備，而附以香奩、小爐、香囊、匙箸。

未曾汲水，先備茶具，必潔、必燥。瀹時，壺蓋必仰置，磁盂勿覆。案上漆氣、食氣，皆能敗茶。

朱存理《茶具圖贊〔後〕序》[一九四]：飲之用必先茶，而制茶必有其具。錫其姓而係名，寵以爵，加以號，季宋之彌文。然清遠，上通王公，下逮林野，亦雅道也。願與十二先生周旋，嘗山泉極品以終身，此閒富貴也。天豈靳乎哉！

審安老人《茶具〔圖贊〕》十二先生姓名字號[一九五]：

韋鴻臚　文鼎　景暘　四窗閒叟

木待制　利濟　忘機　隔竹主人

金法曹　研古　元鍇　雍之舊民
　　　　鑠古　仲鑑　和琴先生

石轉運　鑿齒　遄行　香屋隱君

胡員外　唯一　宗許　貯月仙翁

羅樞密　若藥　傅師　思隱寮長

宗從事　子弗　不遺　掃雲溪友

漆雕祕閣　承之　易持　古臺老人

陶寶文　去越　自厚　兔園上客

湯提點　發新　一鳴　温谷遺老

竺副帥　善調　希默　雪齋居士

司職方 成式 如素 潔齋居士

高濂《遵生八牋》〔一九六〕：茶具十六事，收貯於器局内，供役於苦節君者，故立名管之。蓋欲歸統於一，以其素有貞心雅操，而自能守之也。

商象 古石鼎也，用以煎茶。

降紅 銅火筯也，用以簇火，不用聯索爲便。

遞火 銅火斗也，用以搬火。

團風 素竹扇也，用以發火。

分盈 挹水杓也，用以量水斤兩。即《茶經》水則也。

執權 準茶秤也，用以衡茶。每杓水二升，用茶一兩。

注春 磁瓦壺也，用以注茶。

啜香 磁瓦甌也，用以啜茗。

撩雲 竹茶匙也，用以取茶。

納敬 竹茶槖也，用以放盞。

漉塵 洗茶籃也，用以浒茶。

歸潔 竹筅箒也，用以滌壺。

受污 拭抹布也，用以潔甌。

靜沸 竹架，即《茶經》支鍑也。

運鋒 劖果刀也，用以切果。

甘鈍 木碪墪也。

王友石譜《竹爐并分封茶具六事》〔一九七〕：

苦節君 湘竹風爐也，用以煎茶。更有行省收藏之。

建城 以篛爲籠，封茶以貯度閣。

雲屯 磁瓦瓶，用以杓泉，以供煮水。

水曹 即磁缸瓦缶，用以貯泉，以供火鼎。

烏府 以竹爲籃，用以盛炭，爲煎茶之資。

器局 編竹爲方箱，用以總收以上諸茶具者。

品司 編竹爲圓穜提盒，用以收貯各品茶葉，以待烹品者也。

屠赤水《茶箋·茶具》〔一九八〕：

湘筠焙 焙茶箱也。

鳴泉 煮茶磁罐。

沉垢 古茶洗。

合香 藏日支茶葉，以貯司品者。

易持 用以納茶，即漆雕祕閣。

屠隆《考槃餘事》〔一九九〕：構一斗室，相傍書齋，内設茶具，教一童子，專主茶役。以供長日清談，寒宵兀坐。此幽人首務，不可少廢者。

《灌園史》〔二〇〇〕：盧廷璧嗜茶成癖，號茶庵。嘗蓄元僧詎可庭茶具十事，具衣冠拜之。

周亮工《閩小紀》〔二〇一〕：閩人以粗磁膽瓶貯茶。近鼓山支提新茗出，一時盡學。新安製爲方圓錫具，遂覺神采奕奕不同。

馮可賓《岕茶牋·論茶具》〔二〇二〕：茶壺以窯器爲上，錫次之。茶杯汝、官、哥、定，如未可多得，則適意者爲佳耳。

李日華《紫桃軒雜綴》〔二〇三〕：昌化茶，大葉如桃枝柳梗，乃極香。余過逆旅偶得，手摩其焙甑，三日龍麝氣不斷。

臞仙云〔二〇四〕：古之所有茶竈，但聞其名，未嘗見其物，想必無如此清氣也。予乃陶土粉以爲瓦器，不用泥土爲之，大能耐火，雖猛焰不裂。徑不過尺五，高不過二尺余，上下皆鏤銘、頌、箴戒之。又置湯壺於上，其座皆空，下有陽谷之穴，可以藏瓢甌之具，清氣倍常。

《重慶府志》：涪江青礳石，爲茶磨極佳。

《南安府志》：崇義縣出茶磨，以上猶縣石門山石爲之，尤佳。蒼礐縝密，鐫琢堪施。

聞龍《茶箋》〔二〇五〕：茶具滌畢，覆於竹架，俟其自乾爲佳。其拭巾只宜拭外，切忌拭内。蓋布帨雖潔，一經人手，極易作氣。縱器不乾，亦無大害。

三之造

《唐書》〔二〇六〕：太和七年正月，吴蜀貢新茶，皆於冬中作法爲之。上務恭儉，不欲逆物性，詔所在貢茶，宜於立春後造。《北堂書鈔續補・茶譜》云〔二〇七〕：龍安造騎火茶，最爲上品。騎火者，言不在火前，不在火後作也。清明改火，故曰火。

《大觀茶論》〔二〇八〕：茶工作於驚蟄，尤以得天時爲急。輕寒，英華漸長，條達而不迫，茶工從容致力，故其色味兩全。故焙人得茶天爲慶。

擷茶以黎明，見日則止。用爪斷牙，不以指揉。凡芽如雀舌、穀粒者爲鬥品，一槍一旗爲揀芽，一槍二旗爲次之，餘始爲下。茶之始芽萌，則有白合，不去害茶味；既擷，則有烏蔕，不去害茶色。

茶之美惡，尤係於蒸芽、壓黄之得失。蒸芽，欲及熟而香；壓黄，欲膏盡亟止。如此，則製造之功十〔已〕得八九矣。

滌芽惟潔，濯器惟淨，蒸壓惟其宜，研膏惟熟，焙火惟良。造茶，先度日晷之長短，均工力之衆寡，會採擇之多少，使一日造成。恐茶過宿，則害色味。

茶之範度不同，如人之有首面也。其首面之異同，難以槩論。要之，色瑩徹而不駁，質縝繹而不浮，舉之則凝結，碾之則鏗然，可驗其爲精品也。有得於言意之表者。

白茶自爲一種，與常茶不同。其條敷闡，其葉瑩薄，崖林之間，偶然生出。有者不過四五家，生者不過一二株，所造止於二三銙而已。須製造精微，運度得宜，則表裏昭澈，如玉之在璞，他無與倫也。

蔡襄《茶録》〔二〇九〕：茶味主於甘滑，惟北苑鳳凰山連屬諸焙所(造)〔産〕者味佳。隔溪諸山，雖及時加意製(造)〔作〕色味皆重，莫能及也。又有水泉不甘，能損茶味，前世之論水品者以此。

《東溪試茶録》〔二一〇〕：建溪茶比他郡最先，北苑、壑源者尤早。歲多暖，則先驚蟄十日即芽；歲多寒，則後驚蟄五日始發。先芽者氣味俱不佳，惟過驚蟄者〔最〕爲第一，民間常以驚蟄爲候。諸焙後北苑者半月，去遠，則益晚。凡斷芽，必以甲，不以指。以甲則速斷不柔，以指則多濕易損。擇之必精，濯之必潔，蒸之必香，火之必良，一失其度，俱爲茶病。

芽擇肥乳則甘香，而粥面著盞而不散。土瘠而芽短，則雲腳渙亂，去盞而易散。葉梗(長)〔半〕則受水鮮白；葉梗短，則色黄而泛。烏蔕、白合，茶之大病。不去烏蔕，則色黄黑而惡；不去白合，則味苦澀。蒸芽必熟，去膏必盡。蒸芽未熟，則草木氣存；去膏未盡，則色濁而味重。受煙則香奪，壓黄則味失，此皆茶之病也。

《北苑别録》〔二一一〕：御園四十六所，廣袤三十餘里。自官平而上爲内園，官坑而下爲外園。方春靈芽萌坼，先民焙十餘日，如九窠十二隴、龍游窠、小苦竹、張坑、西際，又爲禁園之先也。而石門、乳吉、香口三外焙，常後北苑五七日興工，每日採茶，蒸榨以其黄悉送北苑併造。

造茶，舊分四局。匠者起好勝之心，彼此相誇，不能無獘，遂并而爲二焉。故茶堂有東局、西局之名，茶銙有東作、西作之號。凡茶之初出研盆，盪之欲其勻，揉之欲其膩，然後入圈製銙，隨笪過黃。有方銙，有花銙，有大龍，有小龍，品色不同，其名亦異，故隨綱繫之于貢茶云。

採茶之法，須是侵晨不可見日。晨則夜露未晞，茶芽肥潤；見日則爲陽氣所薄，使芽之膏腴内耗，至受水而不鮮明。故每日常以五更撾鼓，集羣夫於鳳凰山。山有伐鼓亭〔二二〕，日役採夫二百二十二人。監採官人給一牌，入山至辰刻，則復鳴鑼以聚之，恐其踰時，貪多務得也。大抵採茶亦須習熟，募夫之際，必擇土著及諳曉之人，非特識茶發早晚所在，而於採摘亦知其指要耳。

茶有小芽，有中芽，有紫芽；有白合，有烏蔕，不可不辨。小芽者，其小如鷹爪。初造龍團勝雪、白茶，以其芽先次蒸熟，置之水盆中，剔取其精英，僅如針小，謂之水芽，是小芽中之最精者也。中芽，古謂之一槍〔二〕〔一〕旗是也。紫芽，葉之紫者〔是〕也。白合，乃小芽有兩葉抱而生者是也。烏蔕，茶之蔕頭是也。凡茶：以水芽爲上，小芽次之，中芽又次之，紫芽、白合、烏蔕，〔皆〕在所不取。使其擇焉而精，則茶之色味無不佳。萬一雜之以所不取，則首面不均，色濁而味重也。

驚蟄節萬物始萌，每歲常以前三日開焙，遇閏則後之，以其氣候少遲故也。

蒸芽，再四洗滌，取令潔淨，然後入甑。俟湯沸蒸之，然蒸有過熟之患，有不熟之患。過熟，則色黄而味淡；不熟，則色青易沉，而有草木之氣。故唯以得中爲當。

茶既蒸熟，謂之茶黄。須淋洗數過，欲其冷也。方入小榨，以去其水；又入大榨，以出其膏。水芽則以高榨壓之，以其芽嫩故也。先包以布帛，束以竹皮，然後入大榨壓之。至中夜，取出揉勻，復如前入榨，謂之翻榨。徹曉奮繫，必至於乾淨而後已。蓋建茶之味遠而力厚，非江茶之比。江茶畏（沉）〔流〕其膏，建茶唯恐其膏之不盡。膏不盡，則色味重濁矣。

茶之過黄，初入烈火焙之，次過沸湯爁之，凡如是者三。而後宿一火，至翌日遂過煙焙〔焉。然煙焙〕之火不欲烈，烈則面（泡）〔炮〕而色黑；又不欲煙，煙則香盡而味焦。但取其温温而已。凡火數之多寡，皆視其銙之厚薄。銙之厚者，有十火至於十五火；銙之薄者，六火至於八火〔二一三〕。火數既足，然後過湯上出色。出色之後，〔當〕置之密室，急以扇扇之，則色澤自然光瑩矣。

研茶之具，以柯爲杵，以瓦爲盆。分團酌水，亦皆有數。上而勝雪、白茶，以十六水；下而揀芽之水六；小龍鳳四，大龍鳳二；其餘皆一十二焉。自十二水而上，日研一團；自六水而下，日研三團至七團。每水研之，必至於水乾、茶熟而後已。水不乾，則茶不熟；茶不熟，則首面不勾，煎試易沉。故研夫尤貴於强有力者也。嘗謂天下之理，未有不相須而成者。有北苑之芽，而後有龍井之水。龍井之水清而且甘，晝夜酌之而不竭。凡茶，自北苑上者皆資焉。此亦猶錦之於蜀江，膠之於阿井也。詎不信然！

姚寬《西溪叢語》〔二一四〕：建州龍焙面北，謂之北苑。有一泉極清澹，謂之御泉。用其池水造茶，即壞茶味。惟龍團勝雪、白茶二種謂之水芽，先蒸後揀。每一芽，先去外兩小葉，謂之烏蔕；又次（取）〔去〕兩嫩葉，謂之白合；留小心芽，置於水中，呼爲水芽。聚之稍多，即研焙爲二品，即龍團勝雪、白茶也。茶之極精好者，無出於此。每銙，計工價近二十千。其他〔茶〕皆先揀而后蒸研，其味次第減也。茶有十綱：第一綱、第二綱太嫩，第三綱最妙；自六綱至十綱，小團至大團而止。

黃儒《品茶要録》〔二一五〕：　茶事起於驚蟄前，其採芽如鷹爪。初造曰試焙，又曰一火，其次曰二火，二火之茶，已次一火矣。故市茶芽者，惟伺出於三火前者爲最佳。尤喜薄寒氣候，陰不至凍。芽發時〔二一六〕，尤畏霜。有造於一火、二火者，皆遇霜而三火霜霽，則三火之茶勝矣。晴不至於暄，則穀芽含養約勒而滋長有漸，採工亦優爲矣。凡試時泛色鮮白，隱於薄霧者，得於佳時而然也。有造於積雨者，其色昏黃。或氣候暴暄，茶芽蒸發，採工汗手薰漬，揀摘不潔，則製造雖多，皆爲常品矣。試時色非鮮白，水腳微紅者，過時之病也。

茶芽初採〔二一七〕，不過盈筐而已，趨時爭新之勢然也。既採而蒸，既蒸而研。蒸而不熟，雖精芽而所損已多，試時味作桃仁氣者，不熟之病也。唯正熟者，味甘香。

蒸芽，以氣爲候〔二一八〕，視之不可以不（謹）〔慎〕也。試時色黃而粟紋大者，過熟之病也。然過熟愈於不熟，以甘香之味勝也。故君謨論色，則以青白勝黃白；而余論味，則以黃白勝青白。

茶蒸不可以逾久〔二一九〕，久則過熟；又久，則湯乾而焦釜之氣出。茶工有乏新湯以益之，是致蒸損茶黃。故試時色多昏黯，氣味焦惡者，焦釜之病也。建人謂之『熱鍋氣』。

夫茶〔二二〇〕，本以芽葉之物就之棬模。既出棬，上笪焙之。用火務令通（熱）〔徹〕，即以（茶）〔灰〕覆之。虛其中，以透火氣。然茶民不喜用實炭，號爲『冷火』。以茶餅新濕，急欲乾以見售，故用火常帶煙焰。煙焰既多，苟其稍失看候，必致薰損茶餅。試時其色皆紅，氣味帶焦者，傷焙之病也。

茶餅光黃〔二二一〕，而又如陰潤者，榨不乾也。榨欲盡去其膏，膏盡則有如乾竹葉之意。唯喜飾首面者故榨不欲乾，以利易售。試時色雖鮮白，其味帶苦者，漬膏之病也。

茶色清潔鮮明〔二二二〕，則香與味亦如之。故採佳品者常於半曉間衝蒙雲霧而出，或以磁罐汲新泉懸胸臆間，採得即投於中，蓋欲其鮮也。如或日氣烘爍，茶芽暴長，工力不給，其採芽已陳而不及蒸，蒸而不及研，研或出宿而後製，試時色不鮮明，薄如壞卵氣者，乃壓黃之病也。

茶之精絶者〔二二三〕：曰鬥，曰亞鬥，其次揀芽。茶芽，鬥品雖最上，園户或止一株，蓋天材間有特異，非能皆然也。且物之變勢無常，而人之耳目有盡，故造鬥品之家，有昔優而今劣，前負而後勝者。雖人工有至、有不至，亦造化推移不可得而擅也。其造：一火曰鬥，二火曰亞鬥，不過十數銙而已。揀芽則不然，徧園隴中擇其精英者耳。其或貪多務得，又滋色澤，往往以白合、盜葉間之，試時色雖鮮白，其味澀淡者，間白合、盜葉之病也。一、凡鷹爪之芽，有兩小葉抱而生者，白合也；新條葉之初生而白者，盜葉也。造揀芽者，只剔取鷹爪，而白合不用，況盜葉乎！

物固不可以容僞〔二二四〕，況飲食之物尤不可也。故茶有入他（草）〔葉〕者，建人號爲『入雜』。銙列入柿葉，常品入桴檻葉。二葉易致，又滋色澤，園民欺售直而爲之。試時無粟紋甘香，盞面浮散，隱如微毛，或星星如纖絮者，入雜之病也。善茶品者，側盞視之，所入之多寡，從可知矣。嚮上下品有之，近雖銙列亦或勾使。

《萬花谷》〔二二五〕： 龍焙泉在建安城東鳳凰山，一名御泉。北苑造貢茶，社前芽細如針，用此水研造，每片計工直錢四萬。分試，其色如乳，乃最精也。

《文獻通考》〔二二六〕： 宋人造茶有二類，曰片曰散。片者，即龍團。舊法：散者則不蒸而乾之，如今時之茶也。始知南渡之後茶，漸以不蒸爲貴矣。

《學林新編》〔二二七〕：茶之佳者，造在社前。其次火前，謂寒食前也。其下則雨前，謂穀雨前也。唐僧齊己詩曰：『高人愛惜藏巖裏，白甀封題寄火前。』其言火前，蓋未知社前之爲佳也。唐人於茶，雖有陸羽《茶經》而持論未精，至本朝蔡君謨《茶録》，則持論精矣。

《苕溪詩話》〔二二八〕：北苑，官焙也，漕司歲貢爲上。壑源，私焙也，土人亦以入貢爲次。二焙相去三四里間。若沙溪，外焙也，與二焙絶遠，爲下。故魯直詩：『莫遣沙溪來亂真』，是也。官焙造茶，常在驚蟄後〔一二日〕。

朱翌《猗覺寮〔雜〕記》〔二二九〕：唐造茶與今不同，今採茶者得芽即蒸熟焙乾，唐則旋摘旋炒。劉夢得《試茶歌》：『自傍芳叢摘鷹嘴，斯須炒成滿室香。』又云：『陽崖陰嶺各不同，未若竹下莓苔地。』竹間茶最佳。

《武夷志》：通仙井，在御茶園，水極甘洌。每當造茶之候，則井自溢，以供取用。

《金史》〔二三〇〕：泰和五年春，罷造茶之坊。

張源《茶録》〔二三一〕：茶之妙在乎始造之精，藏之得法，點之得宜〔二三二〕，優劣定於始鐺〔二三三〕，清濁係乎末火。火烈香清，鐺寒神倦，火烈生焦〔二三四〕，柴疎失翠。久延則過熟，速起卻還生。熟則犯黄，生則著黑。帶白點者無妨，絶焦點者最勝。

藏茶，切勿臨風近火。臨風易冷，近火先黄〔二三五〕。

許次紓《茶疏》〔二三六〕：其置頓之所，須在時時坐卧之處，逼近人氣，則常温而不寒。必須板房，不宜土室，板房温燥，土室潮蒸。又要透風，勿置幽隱之處，不唯易生溼潤，兼恐有失檢點。

謝肇淛《五雜組》〔二三七〕：古人造茶，多舂令細末而蒸之，唐詩『家僮隔竹敲茶臼』是也。至宋始用碾，若揉而焙之，則〔自〕本朝始也。但揉者恐不及細末之耐藏耳。

今造團之法皆不傳，而建茶之品亦遠出吴會諸品〔之〕下。其武夷、清源二種雖與上國爭衡，而所産不多，十九贋鼎，故遂令聲價靡復不振。

閩、方山、太姥、支提俱産佳茗〔二三八〕，而製造不如法，故名不出里閈。予嘗過松蘿，遇一製茶僧，詢其法，曰：『茶之香原不甚相遠，惟焙之者火候極難調耳。茶葉尖者太嫩而蔕多老，至火候匀時，尖者已焦而蔕尚未熟，二者雜之，茶安得佳？』製松蘿〔茶〕者，每葉皆剪去其尖蔕，但留中段，故茶皆一色而工力煩矣，宜其價之高也。閩人急於售利，每斤不過百錢，安得費工如許？若價高，即無市者矣，故近來建茶所以不振也。

羅廩《茶解》〔二三九〕：採茶製茶，最忌手汗體膻，口臭多涕不潔之人及月信婦人。更忌酒氣，蓋茶酒性不相入，故採茶製茶切忌沾醉。

茶性淫，易於染著，無論腥穢及有氣息之物，不宜近。即名香，亦不宜近。

許次紓《茶疏》〔二四〇〕：岕茶非夏前不摘，初試摘者謂之『開園』，採自正夏謂之『春茶』。其地稍寒，故須待〔時〕〔夏〕。此又不當以太遲病之。往時無秋日摘〔茶〕者，近乃有之。〔秋〕七八月重摘一番，謂之『早春』，其品甚佳，不嫌少薄。他山射利，多摘梅茶，以梅雨時採，故名。梅茶苦澀，且傷秋摘，佳産戒之。

茶初摘時〔二四一〕，香氣未透，必借火力以發其香。然茶性不耐勞，炒不宜久。多取入鐺，則手力不匀，久於鐺中，過熟而香散矣。炒茶之鐺，最忌新鐵。須預取一鐺，以備炒，毋得別作他用。一説唯常煮飯者佳，既無鐵鍟，亦無脂膩。炒茶之薪，僅可樹枝，勿用榦葉。榦則火力猛熾，葉則易焰易滅。鐺必磨洗瑩潔，旋摘旋炒，一鐺之内，僅可四兩。先用文火（炒）〔焙〕軟，次加武火催之。手加木指，急急炒轉，以半熟爲度，微俟香發，是其候也。

清明太早，立夏太遲，穀雨前後，其時適中。若再遲一二日，待其氣力完足，香烈尤倍，易於收藏。

藏茶於庋閣[二四二]，其方宜磚底數層，四圍磚砌，形若火爐，愈大愈善。勿近土牆，頓甕其上。隨時取竈下火灰，候冷簇於甕傍，半尺以外，仍隨時取火灰簇之，令裹灰常燥，以避風濕。卻忌火氣入甕，蓋能黄茶耳。日用所須，貯於小磁瓶中者，亦當箬包苧紮，勿令見風，且宜置於案頭，勿近有氣味之物。亦不可用紙包，蓋茶性畏紙。紙成於水中，受水氣多也。紙裹一夕，即隨紙作氣而茶味盡矣。雖再焙之，少頃即潤，鴈宕諸山之茶，首坐此病。紙帖貽遠，安得復佳！

茶之味清而性易移[二四三]，藏法喜温燥而惡冷溼，喜清涼而惡鬱蒸，宜清觸而忌香惹。藏用火焙，不可日曬。世人多用竹器貯茶，雖加箬葉擁護，然箬性峭勁，不甚伏帖，風溼易侵。至於地爐中頓放，萬萬不可。人有以竹器盛茶，置被籠中，用火即黄，除火即潤，忌之忌之。

聞龍《茶箋》[二四四]：　嘗考《經》言茶焙甚詳。愚謂今人不必全用此法。予構一焙室，高不踰尋，方不及丈，縱廣正等。四圍及頂，綿紙密糊，無小罅隙，置三四火缸於中。安新竹篩於缸内，預洗新麻布一片，以襯之。散所炒茶於篩上，闔户而焙，上面不可覆蓋。以茶葉尚潤，一覆則氣悶罨黄，須焙二三時，俟潤氣既盡，然後覆以竹箕，焙極乾，出缸待冷，入器收藏。後再焙，亦用此法，則香色與味猶不致大減。

諸名茶法多用炒〔二四五〕，惟羅岕宜於蒸焙。味真藴藉，世競珍之。即顧渚、陽羨密邇洞山，不復倣此。想此法偏宜於岕，未可概施諸他茗也。然《經》已云：蒸之，焙之，則所從來遠矣。

吴人絶重岕茶，往往雜以〔黄〕黑箬，大是闕事。余每藏茶，必令樵青入山採竹箭箬，拭淨烘乾，護罌四週，半用剪碎，拌入茶中。經年發覆，青翠如新。

吴興姚叔度言：茶若多焙一次，則香味隨減一次，予驗之良然。但於始焙時烘令極燥，多用炭箬如法封固，即梅雨連旬，燥仍是若。惟開罈頻取，所以生潤，不得不再焙耳。自四〔五〕月至八月，極宜致謹；九月以後，天氣漸肅，便可解嚴矣。雖然能不弛懈，尤妙。

採茶〔炒〕時，須用一人從旁扇之，以袪熱氣，否則茶之色香味俱減〔二四六〕，此予所親試。扇者色翠，不扇者色黄。炒起出鐺時，置大磁盆中，仍須急扇，令熱氣稍退，以手重揉之，再散入鐺，以文火炒乾之。蓋揉則其津上浮，點時香味易出。田子藝以生曬、不炒不揉者爲佳，其法亦未之試耳。

《羣芳譜》〔二四七〕：以花拌茶，頗有别致。凡梅花、木樨、茉莉、玫瑰、薔薇、蘭蕙、金橘、梔子、木香之屬，皆與茶宜，當於諸花香氣全時摘拌。三停茶，一停花，收於磁罐中。一層茶，一層花，相間填滿，以紙箬封固，入淨鍋中重湯煮之。取出待冷，再以紙封裹，於火上焙乾貯用。但上好細芽茶忌用，花香反奪其真味，惟平等茶宜之。

《雲林遺事》〔二四八〕：蓮花茶，就池沼中於早飯前日初出時擇取蓮花蕊略綻者，以手指撥開，入茶滿其中，用麻絲縛紮口定。經一宿，次早連花摘之，取茶紙包曬。如此三次，錫罐盛貯，紮口收藏。

邢士襄《茶説》〔二四九〕： 凌露無雲，採候之上；霽日融和，採候之次；積日重陰，不知其可。

田藝蘅《煮泉小品》〔二五〇〕： 芽茶，以火作者爲次，生曬者爲上，亦更近自然，且斷煙火氣耳。況作人手器不潔，火候失宜，皆能損其香色也。生曬茶瀹之甌中，則旗槍舒暢，青翠鮮明，香潔勝於火炒，尤爲可愛。

《洞山岕茶系》〔二五一〕： 岕茶採焙，定以立夏後三日，陰雨又需（後?）之。世人妄云： 雨前真岕，抑亦未知茶事矣。茶園既開，入山賣草枝者，日不下二三百石。山民收製以假混真，好事家躬往，予租採焙，戒視惟謹，多被潛易。真茶去人地相京（近?），高價分買家不能二三斤。近有採嫩葉，除尖蒂，抽細筋焙之，亦曰片茶。不去尖筋，炒而復焙，燥如葉狀，曰攤茶，並難多得。又有俟茶市將闌，採取剩葉焙之，名曰修山茶，香味足而色差老。若今四方所貨岕片，多是南岳片子，署爲『騙茶』可矣。茶賈衒人，率以長潮等茶，本岕亦不可得噫！安得起陸龜蒙於九京，與之賡茶人詩也。茶人皆有市心，令予徒仰真茶而已。故余煩悶時，每誦姚合乞茶詩一過。

《月令廣義》〔二五二〕： 炒茶每鍋不過半斤，先用乾炒，後微灑水，以布捲起揉做。

茶擇淨，微蒸，候變色攤開，扇去溼熱氣，揉做畢，用火焙乾，用箬葉包之。語曰： 善蒸不若善炒，善灑不若善焙，蓋茶以炒而焙者爲佳耳。

《農政全書》〔二五三〕： 採茶在四月，嫩則益人，粗則損人。茶之爲道，釋滯去垢，破睡除煩，功則著矣。其或採造藏貯之無法，碾焙煎試之失宜，則雖建芽浙茗，祗爲常品耳。此製作之法，宜亟講也。

馮夢禎《快雪堂漫録》： 炒茶鍋令極淨，茶要少，火要猛，以手拌炒，令軟淨取出，攤於匾中，略用手揉之。揉去焦梗，冷定復炒，極燥而止，不得便入瓶。置於淨處，不可近溼，一二日後，再入鍋炒令極燥，攤冷，然後收藏。

藏茶之罌，先用湯煮過烘燥。乃燒栗炭透紅，投罌中覆之令黑，去炭及灰，入茶五分，投入冷炭，再入茶將滿，又以宿箬葉實之，用厚紙封固罌口。更包燥淨無氣味磚石壓之，置於高燥透風處，不得傍牆壁及泥地方得。

屠長卿《考槃餘事》〔二五四〕：茶宜箬葉而畏香藥，喜溫燥而忌冷溼。故收藏之法：先於清明時收買箬葉，揀其最青者預焙極燥，以竹絲編之，每四片編爲一塊聽用。又買宜興新堅大罌可容茶十斤以上者，洗淨焙乾聽用。山中採焙〔茶〕回，復焙一番，去其茶子、老葉、梗屑及枯焦者，以大盆埋伏生炭，覆以竈中敲細赤火，既不生煙，又不易過，置茶焙下焙之。約以二斤作一焙，別用炭火入大爐內，將罌懸架其上烘至燥極而止。先以編箬襯於罌底，茶焙燥後，扇冷方入。茶之燥，以拈起即成末爲驗。隨焙隨入，既滿，又以箬葉覆於茶上，每茶一斤，約用箬二兩。罌口用尺八紙焙燥封固，約六七層，擫以方厚白木板一塊，亦取焙燥者，然後於向明淨室或高閣藏之。用時，以新燥宜興小瓶約可受四五兩者另貯。取用後，隨即包整。夏至後三日，再焙一次；秋分後三日，又焙一次；一陽後三日，又焙一次，連山中共焙五次。從此直至交新，色味如一。罌中用淺，更以燥箬葉滿貯之，雖久不浥。

又一法：以中罈盛茶約十斤一瓶，每年燒稻草灰入大桶內，將茶瓶座於桶中，以灰四面填桶，瓶上覆灰築實。用時，撥灰開瓶取茶些少，仍復封瓶覆灰，則再無蒸壞之患。次年另換新灰。

又一法：於空樓中懸架，將茶瓶口朝下放，則不蒸。緣蒸氣自天而下也。

採茶時，先自帶鍋入山，別租一室。擇茶工之尤良者，倍其雇值，戒其搓摩，勿使生硬，勿令過焦，細細炒燥扇冷，方貯罌中。

採茶不必太細，細則芽初萌而味欠足。不可太青，青則葉已老而味欠嫩。須在穀雨後，覓成梗帶葉、微緑色而團且厚者爲上，更須天色晴明採之方妙。若閩廣嶺南多瘴癘之氣，必待日出，山霽霧瘴嵐氣收淨，採之可也。

馮可賓《岕茶牋》〔二五五〕：茶雨前〔則〕精神未足，夏後則梗葉太粗，然以細嫩爲妙。須當交夏，時時看風日晴和，月露初收，親自監採入籃。如烈日之下，應防籃内鬱蒸，又須傘蓋至舍，速傾於淨籥内薄攤，細揀枯枝病葉，蛸絲青牛之類，一一剔去，方爲精潔也。

蒸茶，須看葉之老嫩，定蒸之遲速。以皮梗碎而色帶赤爲度，若太熟則失鮮。其鍋内湯須頻換新水，蓋熟湯能奪茶味也。

陳眉公《太平清話》〔二五六〕：吴人於十月中採小春茶，此時不獨逗漏花枝，而尤喜日光晴暖，從此蹉過霜凄鴈凍，不復可堪矣。

眉公云：採茶欲精，藏茶欲燥，烹茶欲潔。

吴拭云：山中採茶歌凄清哀婉，韻態悠長，一聲從雲際飄來，未嘗不潸然墮淚。吴歌未便能動人如此也。

熊明遇《岕山茶記》[二五七]：貯茶器中先以生炭火煅過，於烈日中暴之，令火滅，乃亂插茶中。封固罌口，覆以新磚，置於高爽近人處。霉天雨候，切忌發覆，須於晴燥日開取。其空缺處，即當以箬填滿，封閟如故，方爲可久。

《雲蕉館紀談》[二五八]：明玉珍子昇在重慶，取涪江青礳石爲茶磨，令宫人以武隆雪錦茶碾〔之〕，焙以大足縣香霏亭海棠花，味倍於常。海棠無香，獨此地有香，焙茶尤妙。

《詩話》[二五九]：顧渚湧金泉，每歲造茶時，太守先祭拜，然後水稍出。造貢茶畢，水漸減；至供堂茶畢，已減半矣；太守茶畢，遂涸。北苑龍焙泉亦然。

《紫桃軒雜綴》[二六〇]：天下有好茶，爲凡手焙壞；有好山水，爲俗子粧點壞；有好子弟，爲庸師教壞。真無可奈何耳！

匡廬絶頂産茶，在雲霧蒸蔚中，極有勝韻，而僧拙於焙瀹之，爲赤滷，豈復有茶哉？戊戌春，小住東林，同門人董獻可、曹不隨、萬南仲手自焙茶，有『淺碧從敎如凍柳，清芬不遣雜花飛』之句，既成，色香味殆絶。

顧渚，前朝名品，正以採摘初芽，加之法製。所謂罄一畆之入，僅充半環，取精之多，自然擅妙也。今碌碌諸葉，茶中無殊菜瀋，何勝括目。金華仙洞與閩中武夷，俱良材而厄於焙手。埭頭本草市，溪菴施濟之品。近有蘇焙者，以色稍青，遂混常價。

《岕茶彙鈔》[二六一]：岕茶不炒，甑中蒸熟，然後烘焙。緣其摘遲，枝葉微老，炒不能軟，徒枯碎耳。亦有一種細炒岕，乃他山炒焙，以欺好奇者。岕中人惜茶，决不忍嫩採，以傷樹本。余意他山摘茶，亦當如岕之遲摘、老蒸，似無不可，但未經嘗試，不敢漫作。

茶以初出雨前者佳，唯羅岕立夏開園，吴中所貴。梗粗葉厚者，有簫箬之氣，還是夏前六七日如雀舌者，最不易得。

《檀几叢書》〔二六二〕：南岳貢茶，天子所嘗，不敢置品。縣官修貢，期以清明日入山肅祭，乃始開園採造，視松羅、虎邱而色香豐美，自是天家清供，名曰片茶。初亦如岕茶製法，萬曆丙辰，僧稠蔭遊松蘿，乃仿製爲片。

馮時可《滇行紀略》〔二六三〕：滇南城外石馬井泉無異惠泉，感通寺茶不下天池、伏龍，特此中人不善焙製耳。徽州松蘿舊亦無聞，偶虎邱一僧往松蘿菴，如虎邱法焙製，遂見嗜於天下。恨此泉不逢陸鴻漸，此茶不逢虎丘僧也。

《湖州志》〔二六四〕：長興縣啄木嶺金沙泉，唐時每歲造茶之所也，在湖、常二郡界。泉處沙中，居常無水。將造茶，二郡太守畢至，具儀注拜勅祭泉，頃之發源，其夕清溢。供御者畢，水即微減；供堂者畢，水已半之；太守造畢，水即涸矣。太守或還旆稽期，則示風雷之變，或見鷙獸毒蛇，木魅（陽）〔暘〕睒之類焉。商旅多以顧渚水造之，無沾金沙者。今之紫筍，即用顧渚，造者亦甚佳矣。

高濂《〔遵生〕八牋》〔二六五〕：藏茶之法，以箬葉封裹入茶焙中，兩三日一次，用火當如人體之温温然，而溼潤自去。若火多，則茶焦不可食矣。

周亮工《閩小紀》〔二六六〕：武夷岃崱、紫帽、龍山皆産茶。僧拙於焙，既採，則先蒸而後焙，故色多紫赤，只堪供宮中瀚濯用耳。近有以松蘿法製之者，既試之，色香亦具足，經旬月則紫赤如故，蓋製茶者不過土著數僧耳。語三吴之法，展轉相效，舊態畢露，此須如昔人論琵琶法，使數年不近，盡忘其故調，而後以三吴之法行之，或有當也。

徐茂吴云〔二六七〕：實茶大甕，底置箬，甕口封閟倒放，則過夏不黄，以其氣不外泄也。子晉云：當倒放有蓋缸内，缸宜砂底，則不生水而常燥。加謹封貯，不宜見日，見日則生翳而味損矣。藏又不宜於熱處，新茶不宜驟用，貯過黄梅，其味始足。

張大復《梅花筆談》〔二六八〕：松蘿之香馥馥，廟後之味閒閒。顧渚撲人鼻孔，齒頰都異，久而不忘。然其妙在造，凡宇内道地地之産，性相近也，習相遠也。吾深夜被酒，發張震封所遺顧渚，連啜而醒。

宗室文昭《古瓻集》〔二六九〕：桐花頗有清味，因收花以熏茶，命之曰桐茶。有『長泉細火夜煎茶，覺有桐香入齒牙』之句。

王草堂《茶説》〔二七〇〕：武夷茶自穀雨採至立夏，謂之『頭春』；約隔二旬復採，謂之『二春』；又隔又採，謂之『三春』。頭春葉粗味濃，二春、三春葉漸細，味漸薄，且帶苦矣。夏末秋初，又採一次，名爲『秋露』，香更濃，味亦佳。但爲來年計，惜之不能多採耳。茶採後以竹筐匀鋪，架於風日中，名曰曬青。俟其青色漸收，然後再加炒焙。陽羨岕片祇蒸不炒，火焙以成。松蘿、龍井皆炒而不焙，故其色純。獨武夷炒焙兼施，烹出之時，半青半紅，青者乃炒色，紅者乃焙色也。茶採而攤，攤而摝，香氣發越即炒，過時、不及皆不可。既炒既焙，復揀去其中老葉枝蒂，使之一色。釋超全詩云：『如梅斯馥蘭斯馨，心閒手敏工夫細。』形容殆盡矣。

王草堂《節物出典·養生仁術》云：穀雨日採茶，炒藏合法，能治痰〔嗽〕及百病。

《隨見録》〔二七一〕：凡茶，見日則味奪，惟武夷茶喜日曬。

武夷造茶，其巖茶以僧家所製者最爲得法。至洲茶中採回時，逐片擇其背上有白毛者，另炒另焙，謂之白毫，又名『壽星眉』。摘初發之芽一旗未展者，謂之『蓮子心』。連枝二寸剪下烘焙者，謂之『鳳尾龍鬚』。要皆異其製造，以欺人射利，實無足取焉。

卷中

四之器

《御史臺記》〔二七二〕：唐制，御史有三院：一曰臺院，其僚爲侍御史；二曰殿院，其僚爲殿中侍御史；三曰察院，其僚爲監察御史。察院廳居南。會昌初，監察御史鄭路所葺禮察廳，謂之松廳，以其南有古松也。刑察廳謂之魘廳，以寢於此者多夢魘也。兵察廳主掌院中茶，其茶必市蜀之佳者，貯於陶器，以防暑濕。御史輒躬親緘啓，故謂之茶瓶廳。

《資暇集》〔二七三〕：茶托子，始建中蜀相崔寧之女。以茶杯無襯，病其熨指，取楪子承之。既啜而杯傾，乃以蠟環楪子之央，其杯遂定。即命工匠以漆代蠟環。進於蜀相，蜀相奇之，爲製名而話於賓親，人人爲便，用於代。是後，傳者更環其底，愈新其製，以至百狀焉。

貞元初，青、鄆油繒爲荷葉形，以襯茶椀，別爲一家之楪。今人多云托子始此，非也。蜀相即今昇平崔家，訊則知矣。

《大觀茶論·茶器》〔二七四〕：

羅碾，碾以銀爲上，熟鐵次之。槽欲深而峻，輪欲鋭而薄，羅欲細而面緊，碾必力而速。惟再羅，則入湯輕泛，粥面光凝，盡茶之色。

盞，須度茶之多少，用盞之大小。盞高茶少，則掩蔽茶色；茶多盞小，則受湯不盡。盞惟熱，則茶發立耐久。

筅，以觔竹老者爲之，身欲厚重，筅欲疎勁，本欲壯而末必眇，當如劍脊之狀。蓋身厚重，則操之有力而易於運用。筅疎勁如劍脊，則擊拂雖過而浮沫不生。

瓶宜金銀，大小之製，惟所裁給。注湯利害，獨瓶之口嘴而已。嘴之口，〔欲〕差大而宛直，則注湯力緊而不散；嘴之末，欲圓小而峻削，則用湯有節而不滴瀝。蓋湯力緊，則發速有節；不滴瀝，則茶面不破。

杓之大小，當以可受一盞茶爲量。有餘、不足，傾杓煩數，茶必冰矣。

蔡襄《茶録·茶器》〔二七五〕：　茶焙，編竹爲之，裹以蒻葉。蓋其上，以收火也；隔其中，以有容也。納火其下，去茶尺許，常溫溫然，所以養茶色香味也。

茶籠，茶不入焙者宜密封，裹以蒻，籠盛之，置高處，（切勿）〔不〕近濕氣。

砧椎，蓋以碎茶。砧，以木爲之。椎，（則）或金或鐵，取於便用。茶鈐，屈金鐵爲之，用以炙茶。

茶碾，以銀或鐵爲之。黄金性柔，銅及碖石皆能生鉎，音星。不入用。

茶羅，以絶細爲佳。羅底用蜀東川鵝溪絹之密者，投湯中揉洗，以冪之。

茶盞，茶色白，宜黑盞。建安所造者紺黑，紋如兔毫。其柸微厚，熁之，久熱難冷，最爲要用。出他處者，或薄或色紫，皆不及也。其青白盞，鬥試〔家〕自不用。

茶匙要重，擊拂有力，黄金爲上，人間以銀鐵爲之。竹者太輕，建茶不取。

茶瓶要小者，易於候湯，且點茶注湯有準。黄金爲上，若人間以銀鐵或瓷石爲之。若瓶大，啜存停久味過，則不佳矣。

孫穆《鷄林類事》〔二七六〕：高麗方言，茶匙曰茶戍。

《清波雜志》〔二七七〕：長沙匠者，造茶器極精緻。工直之厚，等所用白金之數。士大夫家多有之，置幾案間，但知以侈靡相夸，初不常用也。凡茶宜錫，竊意〔若〕以錫爲合，適用而不侈，貼以紙，則茶味易損。

張芸叟云：吕申公家有茶羅子，一金飾，〔一銀〕，一棕欄。方接客，索銀羅子，常客也；金羅子，禁近也；棕欄，則公輔必矣。家人常挨排於屏間，以候之。

《黄庭堅集·同公擇詠茶碾詩》〔二七八〕：『要及新香碾一杯，不應傳寶到雲來。碎身粉骨方餘味，莫厭聲喧萬壑雷。』

高濂遵生八牋〔二七九〕：《清異録》〔云〕富貴湯，當以銀銚煮〔之〕〔湯〕佳甚。銅銚煮水，錫壺注茶次之。

《蘇東坡集·揚州石塔試茶詩》〔二八〇〕：『坐客皆可人，鼎器手自潔。』

《秦少游集·茶臼詩》〔二八一〕：『幽人躭茗飲，刳木事擣撞。巧製合臼形，雅音伴柷椌。』

《文與可集·謝許判官惠茶器圖詩》〔二八二〕：『成圖畫茶器，滿幅寫茶詩。會説工全妙，深諳句特奇。』

謝宗可《詠物詩·茶筅》〔二八三〕：『此君一節瑩無瑕，夜聽松聲漱玉華。萬（里）〔縷〕引風歸蟹眼，半瓶飛雪起龍芽。香凝翠髮雲生腳，濕滿蒼髯浪卷花。到手纖毫皆盡力，多（因）〔應〕不負玉川家。』

《乾淳歲時記》〔二八四〕：禁中大慶會，用大鍍金甆，以五色果簇飣龍鳳，謂之『繡茶』。

《演繁露》〔二八五〕：《東坡後集二·從駕景靈宫詩》云：『病貪賜茗浮銅葉』，按今御前賜茶，皆不用建盞。用大湯甆，色正白，但其制樣，似銅葉湯甆耳。銅葉色，黄褐色也。

周密《癸辛雜識》〔二八六〕：宋時，長沙茶具精妙甲天下。每副用白金三百星或五百星，凡茶之具悉備，外則以大（縷）〔縷〕銀合貯之。趙南仲丞相帥潭〔日〕，以黄金千兩爲之，以進尚方。穆陵大喜，蓋内院之工所不能爲也。

楊基《眉庵集·詠木茶爐詩》〔二八七〕：『紺緑仙人煉玉膚，花神爲曝紫霞腴。九天清淚沾明月，一點芳心託鷓鴣。肌骨已爲香魄死，夢魂猶在露團枯。孀娥莫怨花零落，分付餘醺與酪奴。』

《茶録》〔二八八〕：茶銚，金乃水母，銀備剛柔，味不鹹澀，作銚最良。製必穿心，令火氣易透。

茶甌，以白磁爲上，藍者次之。

聞龍《茶牋》：茶鍑，山林隱逸水銚用銀尚不易得，何況鍑乎？若用之恒，〔卒〕歸於鐵也。

羅廪《茶解》〔二八九〕：茶爐，〔用以烹泉〕。或瓦或竹皆可，而大小須與湯銚稱。凡貯茶之器，始終貯茶，不得移爲他用。

李如一《水南翰記》〔二九〇〕：韻書無『甏』字，今人呼盛茶酒器曰甏。

《檀几叢書》〔二九一〕：品茶用（歐）〔甌〕，白甆爲良。所謂『素甆傳靜夜，芳氣滿閒軒』也。製宜弇口邃腸，色浮而香〔味〕不散。

《茶説》〔二九二〕：器具精潔，茶愈爲之生色。今時姑蘇之錫注，時大彬之沙壺，汴梁之錫銚，湘妃竹之茶竈，宣成窯之茶盞，高人詞客、賢士大夫莫不爲之珍重。即唐宋以來，茶具之精，未必有如斯之雅致。

《聞雁齋筆談》〔二九三〕：茶既就筐，其性必發於日而遇知己於水。然非煮之茶竈、茶爐，則亦不佳。故曰飲茶富貴之事也。

《雪庵清史》：泉冽性駛，非扃以金銀器，味必破器而走矣。有饋中（冷）〔泠〕泉於歐陽文忠者，公訝曰：『君故貧士，何爲致此奇貺？』徐視饋器，乃曰：『水味盡矣。』噫！如公言，飲茶乃富貴事耶。嘗考宋之大小龍團，始於丁謂，成於蔡襄。公聞而嘆曰：『君謨士人也，何至作此事！』東坡詩曰：『武夷溪邊粟粒芽，前丁後蔡相籠加。』吾君所乏，豈此物致養口體，何陋耶！觀此，則二公又爲茶敗壞多矣。故余於茶瓶而有感。

茶鼎，丹山碧水之鄉，月澗雲龕之品，滌煩消渴，功誠不在芝朮下。然不有似泛乳花，浮雲腳，則草堂暮雲陰，松窗殘雪明，何以勺之野語清。噫！鼎之有功於茶大矣哉。故日休有『立作菌蠢勢，煎爲潺湲聲』，禹錫有『驟雨松風入鼎來，白雲滿盌花徘徊』。居仁有『浮花原屬三昧手，竹齋自試魚眼湯』；仲淹有『鼎磨雲外首山銅，瓶攜江上中濡水』；景綸有『待得聲聞俱寂後，一甌春雪勝醍醐。』噫！鼎之有功於茶大矣哉。雖然，吾猶有取盧仝『柴門反關無俗客，紗帽籠頭自煎喫』；楊萬里『老夫平生愛煮茗，十年燒穿折腳鼎。』如二君者，差可不負此鼎耳。

馮時可《茶録》：芘莉，一名篣筤，茶籠也。犧，木杓也，瓢也。《宜興志》：茗壺，陶穴環於蜀山，原名獨山。東坡居陽羨時，以其似蜀中風景，改名蜀山。今山椒建東坡祠以祀之，陶煙飛染，祠宇盡黑。

冒巢民云〔二九四〕：茶壺以小爲貴，每一客一壺，任獨斟飲，方得茶趣。何也？壺小，則香不涣散，味不耽遲。況茶中香味，不先不後，恰有一時。太早或未足，稍緩或已過，箇中之妙，清心自飲，化而裁之，存乎其人。周高起《陽羨茗壺系》〔二九五〕：茶至明代，不復碾屑和香藥製團餅，已遠過古人。近百年中，壺黜銀錫及閩豫甆，而尚宜興陶，此又遠過前人處也。陶曷取諸？取〔諸〕其製，以本山土砂，能發真茶之色香味。不但杜工部云：『傾金注玉驚人眼』，高流務以免俗也。至名手所作，一壺重不數兩，價每一二十金，能使土與黄金爭價。世日趨華，抑足感矣。考其創始：自金沙寺僧，久而逸其名。又，提學頤山吴公讀書金沙寺中，有青衣供春者仿老僧法爲之。栗色闇闇，敦龐周正，指螺紋隱隱可按，允稱第一。世作龔春，誤也。萬曆間，有四大家：董翰、趙梁、玄錫、時朋。朋即大彬父也。大彬，號少山，不務妍媚，而樸雅堅栗，妙不可思，遂於陶人擅空羣之目矣。此外，則有李茂林、李仲芳、徐友泉，又大彬徒歐正春、邵文金、邵文銀、蔣伯荂四人，陳用卿、陳信卿、閔魯生、陳光甫。又婺源人陳仲美，重鎪叠刻，細極鬼工；沈君用、邵蓋、周後溪、邵二孫、陳俊卿、周季山、陳和之、陳挺生、承雲從、沈君盛、陳辰輩，各有所長。徐友泉所製之泥色有：海棠紅、朱砂紫、定窯白、冷金黄、淡墨、沉香、水碧、榴皮、葵黄、閃色、梨皮等名。大彬鐫款，用竹刀畫之，書法閒雅。

茶洗，色如扁壺，中加一盎鬲而細竅其底，便於過水漉沙。茶藏，以閉洗過之茶者。陳仲美、沈君用各有奇製。水杓、湯銚，亦有製之盡美者。要以椰瓢、錫缶爲用之恒。

茗壺，宜小不宜大，宜淺不宜深。壺蓋，宜盎不宜砥。湯力茗香，俾得團結氤氲，方爲佳也。

壺若有宿雜氣，須滿貯沸湯滌之。乘熱傾去，即没於冷水中，亦急出水瀉之，元氣復矣。

張源《茶録》〔二九六〕：茶盒以貯日用零茶，用錫爲之。從大壜中分出，若用盡時再取。

許次紓《茶疏》：茶壺，往時尚龔春，近日時大彬所製，極爲人所重。蓋是粗砂製成，正取砂無土氣耳。

臞仙云〔二九七〕：茶甌者，予嘗以瓦爲之，不用磁。以筍殼爲蓋，以檞葉攢覆於上，如箬笠狀，以蔽其塵。用竹架盛之，極清無比。茶匙以竹編成，細如笊籬樣，與塵世所用者大不凡矣，乃林下出塵之物也。煎茶用銅瓶，不免湯腥，用砂銚亦嫌土氣，惟純錫爲五金之母，製銚能益水德。

謝肇淛《五雜組》〔二九八〕：宋初閩茶，北苑爲最。當時上供者，非兩府禁近不得賜，而人家亦珍重愛惜。如王東城有茶囊，惟楊大年至，則取以具茶，他客莫敢望也。

《支廷訓集》有湯藴之傳〔二九九〕，乃茶壺也。

文震亨《長物志》〔三〇〇〕：壺以砂者爲上，既不奪香，又無熟湯氣。錫壺有趙良璧者，亦佳。吴中歸錫，嘉禾黄錫，價皆最高。《遵生八牋》〔三〇一〕：茶銚、茶瓶，磁砂爲上，銅錫次之。磁壺注茶，砂銚煮水爲上。茶盞，惟宣窯壇盞爲最，質厚白瑩，樣式古雅，有等宣窯印花白甌，式樣得中而瑩然如玉。次則嘉窯心内有『茶』字小盞爲美。欲試茶色黄白，豈容青花亂之。注酒亦然，惟純白色器皿爲最上乘，餘品皆不取。

試茶，以滌器爲第一要。茶瓶、茶盞、茶匙生鉎，致損茶味，必須先時洗潔則美。

曹昭《格古要論》〔三〇二〕：古人喫茶湯用擎，取其易乾，不留滯。

陳繼儒《試茶詩》〔三〇三〕有『竹爐幽討』，『松火怒飛』之句。竹茶爐，出惠山者最佳。

《淵鑑類函·茗盌》：韓詩：『茗盌纖纖捧。』

徐葆光《中山傳信録》〔三〇四〕：琉球茶甌色黄，描青緑花草，云出土噶喇。其質少粗無花，但作冰紋者，出大島。甌上造一小木蓋，朱黑漆之，下作空心托子，製作頗工。亦有茶托、茶帚，其茶具、火爐，與中國小異。

葛萬里《清異録》〔三〇五〕：時大彬茶壺，有名釣雪，似帶笠而釣者，然無牽合意。

《隨見録》〔三〇六〕：洋銅茶吊，來自海外。紅銅盪錫，薄而輕，精而雅，烹茶最宜。

卷下之上

五之煮

唐·陸羽《六羨歌》：不羨黄金罍，不羨白玉盃，不羨朝入省，不羨暮入臺。千羨萬羨西江水，曾向竟陵城下來。

唐·張又新《水記》：故刑部侍郎劉公諱伯芻，於又新丈人行也。爲學精博，有風鑑。稱較水之與茶宜者凡七等：揚子江南零水第一，無錫惠山寺石水第二，蘇州虎邱寺石水第三，丹陽縣觀音寺井水第四，大明寺井水第五，吴松江水第六，淮水最下第七。余嘗俱瓶於舟中，親挹而比之，誠如其説也。客有熟於兩浙者，言搜訪未盡，余嘗志之。及刺永嘉，過桐廬江，至嚴瀨，溪色至清，水味甚冷，煎以佳茶，不可名其鮮馥也。愈於揚子南零殊遠。及至永嘉，取仙巖瀑布用之，亦不下南零。以是知客之説信矣。

陸羽《論水》：次第凡二十種：廬山康王谷水簾水第一，無錫惠山寺石泉水第二，蘄州蘭溪石下水第三，峽州扇子山下蝦蟆口水第四，蘇州虎丘寺石泉水第五，廬山招賢寺下方橋潭水第六，揚子江南零水第七，洪州西山瀑布泉第八，唐州桐柏縣淮水源第九，廬州龍池山嶺水第十，丹陽縣觀音寺水第十一，揚州大明寺水第十二，漢江金州上游中零水第十三，水苦。歸州玉虛洞下香溪水第十四，商州武關西洛水第十五，吴淞江水第十六，天台山西南峯千丈瀑布水第十七，柳州圓泉水第十八，桐廬嚴陵灘水第十九，雪水第二十。用雪不可，太冷。

唐顧況《論茶》〔三〇七〕：煎以文火細煙，煮以小鼎長泉。

蘇廙《仙芽傳》〔三〇八〕：第九卷載《作湯十六法》，謂：湯者，茶之司命。若名茶而濫湯，則與凡味同調矣。煎以老嫩言凡三品，注以緩急言凡三品，以器標者共五品，以薪論者共五品。一、得一湯，二、嬰湯，三、百壽湯，四、中湯，五、斷脈湯，六、大壯湯，七、富貴湯，八、秀碧湯，九、壓一湯，十、纏口湯，十一、減價湯，十二、法律湯，十三、一面湯，十四、宵人湯，十五、賤湯，十六、魔湯。

丁用晦《芝田録》〔三〇九〕：唐李衛公德裕，喜惠山泉，取以烹茗。自常州到京置驛騎傳送，號曰『水遞』。

後有某僧曰：『請爲相公通水脉，蓋京師有一眼井，與惠山泉脉相通，汲以烹茗，味殊不異。』公問：『井在何坊曲？』曰：『昊天觀常住庫後是也。』因取惠山、昊天各一瓶，雜以他水八瓶，令僧辨晰。僧止取二瓶井泉，德裕大加奇嘆。

《事文類聚》〔三一〇〕：贊皇公李德裕居廊廟日，有親知奉使於京口。公曰：『還日，金山下揚子江南零水，與取一壺來。』其人敬諾。及使回，舉棹日因醉而忘之，汎舟至石城下方憶，乃汲一瓶於江中。歸京獻之。公飲後，歎訝非常曰：『江表水味有異於頃歲矣，此水頗似建業石頭城下水也。』其人即謝過，不敢隱。

《河南通志》〔三一一〕：盧仝茶泉，在濟源縣。仝有莊在濟源之通濟橋二里餘，茶泉存焉。其詩曰：『買得一片田，濟源花洞前。自號玉川子，有寺名玉泉。』汲此寺之泉煎茶，有玉川子飲茶歌，句多奇警。

《黄州志》：陸羽泉，在蕲水縣鳳棲山下，一名蘭溪泉，羽品爲天下第三泉也。嘗汲以烹茗，宋王元之有詩。

無盡法師《天台志》：陸羽品水，以此山瀑布泉爲天下第十七泉。余嘗試飲，比余豳溪、蒙泉殊劣，余疑鴻漸但得至瀑布泉耳。苟遍歷天台，當不取金山爲第一也。

海録〔三一二〕：陸羽品〔第〕水，以雪水第二十，（以）〔云〕煎茶滯而太冷也。

陸平泉《茶寮記》〔三一三〕：唐秘書省中水最佳，故名秘水。

《檀几叢書》〔三一四〕：唐天寶中，稠錫禪師名清晏，卓錫南嶽，磵上泉忽迸石窟間，字曰真珠泉師。飲之，清甘可口，曰：『得此瀹吾鄉桐廬茶，不亦稱乎！』

《大觀茶論》：水以輕清甘潔爲美，用湯以魚〔目〕蟹眼連繹迸躍爲度。

《咸淳臨安志》〔三二五〕：棲霞洞内有水洞，深不可測，水極甘冽。魏公嘗調以瀹茗。又，蓮花院有三井，露井最良。取以烹茗，清甘寒冽，品爲小林第一。

王氏《談録》〔三二六〕：公言茶品高而年多者，必稍陳。遇有茶處，春初取新芽輕炙，雜而烹之，氣味自復。在襄陽試作，甚佳。嘗語君謨，亦以爲然。

歐陽脩《浮槎水記》：浮槎與龍池山，皆在廬州界中，較其味，不及浮槎遠甚。而又新所記，以龍池爲第十，浮槎之水棄而不録。以此，知又新所失多矣。陸羽則不然其説，曰：『山水上，江次之，井爲下。山水，乳泉石池漫流者上。』其言雖簡，而於論水盡矣。

蔡襄《茶録》：茶或經年，則香色味皆陳。（煮時，先）於淨器中以沸湯漬之，刮去膏油原注：去聲。一兩重（即）〔乃〕止。（乃）以鈐箝之，（用）微火炙乾，然後碎碾。若當年新茶，則不用此説。

碾（時）〔茶〕，先以淨紙密裹搥碎，然後熟碾。其大要：旋碾則色白，（如）〔或〕經宿則色昏矣。

（碾畢即羅）〔羅茶〕，羅細則茶浮，粗則（沫）〔水〕浮。

候湯最難，未熟則沫浮，過熟則茶沉。前世謂之蟹眼者，過熟湯也。沉瓶中煮之不可辨，故曰候湯最難。

茶少湯多則雲腳散，湯少茶多則粥面聚。建人謂之『雲腳粥面』。鈔茶一錢匕，先注湯，調令極勻，又添注入，環迴擊拂。湯上盞可四分則止，眡其面色鮮白，著盞無水痕爲絶佳。建安鬥試，以水痕先退者爲負，耐久者爲勝。故（校）〔較〕勝負之説，曰相去一水兩水。

茶有真香，而入貢者微以龍腦和膏，欲助其香。建安民間試茶，皆不入香，恐奪其真（也）。若烹點之際，又雜以珍果香草，其奪益甚，正當不用。

陶穀《清異録》：饌茶而幻出物象於湯面者，茶匠通神之藝也。沙門福全生於金鄉，長於茶海，能注湯幻茶成一句詩，如並點四甌，共一首絶句，泛於湯表。小小物類，唾手辦爾。檀越日造門，求觀湯戲。全自詠詩曰：「生成盞裏水丹青，巧畫工夫學不成。卻笑當時陸鴻漸，煎茶贏得好名聲。」

茶至唐而始盛。近世有下湯運匕，别施妙訣，使湯紋水脈成物象者。禽獸、蟲魚、花草之屬，纖巧如畫，但須臾即就散滅，此茶之變也。時人謂之「茶百戲」。

又有「漏影春」法，用鏤紙貼盞，糝茶而去，紙僞爲花身。别以荔肉爲葉，松實、鴨腳之類珍物爲蕊，沸湯點攪。

《煮茶泉品》：予少得温氏所著《茶説》，嘗識其水泉之目有二十焉。會西走巴峽，經蝦蟇窟；北憩蕪城，汲蜀岡井；東遊故都，絶揚子江，留丹陽，酌觀音泉，過無錫，𣂏慧山水。粉槍末旗，蘇蘭薪桂，且鼎且缶，以飲以歡，莫不瀹氣滌慮，蠲病析酲，祛鄙恡之生心，招神明而還觀。信乎物類之得宜，臭味之所感，幽人之所尚，前賢之精鑑，不可及已。昔酈元善於《水經》而未嘗知茶，王肅癖於茗飲而言不及水。表是二美，吾無愧焉。

魏泰《東軒筆録》〔三一七〕：鼎州北百里有甘泉寺，在道左。其泉清美，最宜瀹茗。林麓迴抱，境亦幽勝。寇萊公謫守雷州，經此酌泉，誌壁而去。未幾，丁晉公竄朱崖，復經此，禮佛留題而行。天聖中，范諷以殿中丞安撫湖外，至此寺，覩二相留題，徘徊慨嘆，作詩以誌其旁，曰：『平仲酌泉方頓轡，謂之禮佛繼南行。層巒下瞰嵐煙路，轉使高僧薄寵榮。』

張邦基《墨莊漫録》〔三一八〕：元祐六年七夕日，東坡時知揚州。與發運使晁端彦、吴倅晁無咎，〔於〕大明寺汲塔院西廊井，與下院、蜀井二水較其高下，以塔院水爲勝。

華亭縣有寒穴泉，與無錫惠山泉味相同。並嘗之，不覺有異。邑人知之者少。王荆公嘗有詩云：『神泉冽冰霜，高穴與雲平。空山渟千秋，不出嗚咽聲。山風吹更寒，山月相與清。北客不到此，如何洗煩酲。』

羅大經《鶴林玉露》〔三一九〕：余同年友李南金云：『《茶經》以魚目湧泉連珠爲煮水之節。然近世瀹茶，鮮以鼎鑊，唯用瓶煮水，難以候視，則當以聲辨一沸、二沸、三沸之節。又陸氏之法，以未就茶鑊，故以第二沸爲合量而下。未若今以湯就茶甌瀹之，則當用背二涉三之際爲合量也。乃爲聲辨之詩曰：『砌蟲唧唧萬蟬催，忽有千車捆載來。聽得松風并澗水，忽呼縹色緑磁盃。』其論固已精矣。然瀹茶之法，湯欲嫩而不欲老。蓋湯嫩則茶味甘，老則過苦矣。若聲如松風澗水而遽瀹之，豈不過於老而苦哉！惟移瓶去火，少待其沸，止而瀹之，然後湯適中而茶味甘。此南金之所未講〔者〕也。因補一詩云：『松風檜雨到來初，急引銅瓶離竹爐。待得聲聞俱寂後，一甌春雪勝醍醐。』

趙彦衛《雲麓漫抄》〔三二〇〕：陸羽别天下水味，各立名品，有石刻行於世。列子云：孔子〔曰〕，淄澠之合，易牙能辨之。易牙，齊威公大夫。淄澠二水，易牙知其味，威公不信，數試皆驗。陸羽豈得其遺乎？

《黄山谷集》〔三二一〕：瀘州大雲寺西偏崖石上，有泉滴瀝，一州泉味皆不及也。

林逋《烹北苑茶有懷》〔三二二〕：『石碾輕飛瑟瑟塵，乳花烹出建溪春。人間絶品應難識，閑對《茶經》憶故人。』

《東坡集》〔三二三〕：予（頃）〔昔〕自汴入淮，泛江泝峽歸蜀。飲江淮水，蓋彌年既至，覺井水腥澀，百餘日，然後安之。以此知江水之甘於井也，審矣。（今）〔予〕來嶺外，自揚子始飲江水，及至南康江益清駛，水益甘，則又知南江賢於北江矣。近度嶺入清遠峽，水色如碧玉，味〔亦〕益勝。今遊羅浮，酌〔景〕泰禪師錫杖泉，則清遠峽水又在其下矣。嶺外惟惠州人喜門茶，此水不虛出也。

惠山寺東爲觀泉亭〔三二四〕，堂曰『漪瀾』。泉在亭中，二井石甃，相去咫尺，方圓異形。汲者多由圓井，蓋方動圓靜，靜清而動濁也。流過漪瀾，從石龍口中出，下赴大池者有土氣，不可汲。泉流冬夏不涸，張又新品爲『天下第二泉』。

《避暑録話》〔三二五〕：裴晉公詩云：『飽食緩行初睡覺，一甌新茗侍兒煎。脱巾斜倚繩牀坐，風送水聲來耳邊。』公爲此詩，必自以爲得意。然吾山居七年，享此多矣。

馮璧《東坡海南烹茶圖詩》〔三二六〕：『講筵分賜密雲龍，春夢分明覺亦空。地惡九鑽黎洞火，天游兩腋玉川風。』

《萬花谷》〔三二七〕：黄山谷有《井水帖》云：『取井傍十數小石置瓶中，令水不濁。故詠惠山泉詩云：「錫谷寒泉撱音妥石俱」，是也。石圓而長曰撱，所以澄水。』

茶家碾茶〔三二八〕，須碾着『眉上白』乃爲佳。曾茶山詩云：『碾處須看眉上白，分時爲見眼中青。』

《輿地紀勝》〔三二九〕：竹泉，在荆州府松滋縣南。宋至和初，苦竹寺僧浚井得筆，後黃庭堅謫黔過之，視筆曰：『此吾蝦蟇碚所墜。』因知此泉與之相通。其詩曰：『松滋縣西竹林寺，苦竹林中甘井泉。巴人謾説蝦蟇碚，試裹春〔茶〕〔芽〕來就煎。』

周〔輝〕〔煇〕《清波雜志》〔三三〇〕：余家惠山泉石，皆爲幾案間物。親舊東來，數〔問〕〔聞〕松竹平安信，且時致陸子泉，茗盌殊不落寞。然頃歲亦可致於汴都，但未免瓶盎氣，用細砂淋過，則如新汲時，號『拆洗惠山泉』。天台〔山〕竹瀝水，彼地人斷竹稍屈而取之盈甕，若雜以他水，則亟敗。蘇才翁與蔡君謨〔比〕〔鬥〕茶，蔡茶精，用惠山泉煮；蘇茶劣，用竹瀝水煎，便能取勝。此説見江鄰幾所著《嘉祐雜志》。果爾，今喜擊拂者曾無一語及之，何也？雙井因山谷乃重，蘇魏公嘗云：平生薦舉不知幾何人？唯孟安序朝奉，歲以雙井一瓮爲餉。蓋公不納苞苴，顧獨受此，其亦珍之耶！

〔《萬花谷》〕〔三三一〕：《東京記》〔曰〕，文德殿兩掖有東西上閤門。故杜詩云：『東上閤之東，有井泉絶佳。』山谷憶東坡烹茶詩云：『閤門井不落第二，竟陵谷簾空誤書。』

陳舜俞《廬山記》〔三三二〕：康王谷有水簾飛泉，破巖而下者二三十派，其高不可計，其廣七十餘尺。山谷詩云：『谷簾煮甘露』是也。

孫月峯《坡仙食飲録》〔三三三〕：唐人煎茶多用薑，故薛能詩云：『鹽損添常戒，薑宜著更誇。』據此，則又有用鹽者矣。近世有此二物者，輒大笑之。然茶之中等者用薑煎，信佳，鹽則不可。

馮可賓《岕茶牋》〔三三四〕：茶雖均出於岕，有如蘭花香而味甘，過霉歷秋，開罈烹之，其香愈烈，味若新沃，以湯色尚白者，真洞山也。〔若〕他嶰，初時亦香，〔至〕秋則索然矣。

《羣芳譜》〔三三五〕：世人性情嗜好各殊，而茶事則十人而九。竹爐火候，茗椀清緣，煮引風之碧雲，傾浮風之雪乳，非藉湯勳，何昭茶德？略而言之，其法有五：一曰擇水，二曰簡器，三曰忌混，四曰慎〔烹〕煮，五曰辨色。

《吴興掌故録》〔三三六〕：湖州金沙泉，至元中中書省遣官致祭，一夕水溢，溉田千畝，賜名瑞應泉。

《職方志》〔三三七〕：廣陵蜀岡上有井，曰蜀井，言水與西蜀相通。《茶品》：天下水有二十種，而蜀岡水爲第七。

《遵生八牋》〔三三八〕：凡點茶，先須熁盞令熱，則茶面聚乳；冷，則茶色不浮。『熁』，音脅，火通也。

陳眉公太平清話〔三三九〕：余嘗酌中泠，劣於惠山，殊不可解。後攷之，乃知陸羽原以廬山谷簾泉爲第一。《山疏》云：陸羽《茶經》言，瀑瀉湍激者勿食。今此水瀑瀉湍激無如矣，乃以爲第一，何也？又，雲液泉在谷簾側，山多雲母，泉其液也。洪纖如指，清冽甘寒，遠出谷簾之上，不得第一，又何也？又，碧琳池東西兩泉，皆極甘香，其味不減惠山，而東泉尤冽。

蔡君謨湯取嫩而不取老，蓋團餅茶言耳。今旗芽鎗甲，湯不足則茶神不透，茶色不明，故茗戰之捷尤在五沸。

徐渭《煎茶七類》〔三四〇〕：煮茶非漫浪，要須其人與茶品相得。故其法每傳於高流隱逸有煙霞泉石磊塊於胸次間者。

品泉以井水爲下，井取汲多者，汲多則水活。

候湯眼鱗鱗起，沫餑鼓泛，投茗器中。初入湯少許，俟湯茗相投，即滿注。雲腳漸開，乳花浮面，則味全。蓋古茶用團餅碾屑，味易出。葉茶驟則乏味，過熟則味昏底滯。

張源《茶録》〔三四一〕：山頂泉清而輕，山下泉清而重。石中泉清而甘，砂中泉清而洌，土中泉清而厚。流動者良於安靜，負陰者勝於向陽。山削者泉寡，山秀者有神。真源無味，真水無香，流於黄石爲佳，於出青石無用。

湯有三大辨〔三四二〕，〔十五小辨〕。一曰形辨，二曰聲辨，三曰捷辨。形爲内辨，聲爲外辨，捷爲氣辨。如蝦眼、蟹眼、魚目連珠，皆爲萌湯；直至湧沸，如騰波鼓浪，水氣全消，方是純熟。如初聲、轉聲、振聲、駭聲，皆爲萌湯；直至無聲，方是純熟。如氣浮一縷、二縷、三縷，及縷亂不分，氤氳繚繞，皆爲萌湯；直至氣直沖貫，方是純熟。

蔡君謨因古人製茶碾磨作餅，則見沸而茶神便發，此用嫩而不用老也。今時製茶，不假羅碾，全具元體，湯須純熟，元神始發也。

爐火通紅〔三四三〕，茶銚始上。扇起要輕疾，待湯有聲，稍稍重疾，斯文武火之候也。若過乎文則水性柔，柔則水爲茶降；過於武則火性烈，烈則茶爲水制。皆不足於中和，非茶家之要旨。

投茶有序，無失其宜。先茶後湯，曰下投；湯半下茶，復以湯滿，曰中投；先湯後茶，曰上投。夏宜上投，冬宜下投，春秋宜中投。

不宜用〔三四四〕：惡水、敝器、銅匙、銅銚，木桶、柴薪，煙煤、麩炭，⿰牜甬童、惡婢，不潔巾帨，及各色果實香藥。

謝肇淛《五雜組》〔三四五〕：唐薛能茶詩云：『鹽損添（嘗）〔常〕戒，薑宜著更誇。』煮茶如是，味安得佳！此或在竟陵翁未品題之先也。至東坡和寄茶詩云：『老妻稚子不知愛，一半已入薑鹽煎。』則業覺其非矣，而此習猶在也。今江右及楚人尚有以薑煎茶者，雖云古風，終覺未典。

閩人苦山泉難得，多用雨水。其味甘不及山泉而清過之。然自淮而北，則雨水苦黑，不堪煮茗矣。惟雪水冬月藏之，入夏用，乃絶佳。夫雪固雨所凝也，宜雪而不宜雨，何哉？或曰：北方瓦屋不淨，多用穢泥塗塞故耳。

古時之茶，曰煮，曰烹，曰煎，須湯如蟹眼，茶味方中。今之茶，惟用沸湯投之，稍著火即色黄而味澀，不中飲矣。迺知古今煮法，亦自不同也。

蘇才翁鬥茶用天台竹瀝水，乃竹露，非竹瀝也。若今醫家，用火逼竹取瀝，斷不宜茶矣。

顧元慶《茶譜》〔三四六〕：煎茶四要：一擇水，二洗茶，三候湯，四擇品。點茶三要：一滌器，二熁盞，三擇果。

熊明遇《岕山茶記》〔三四七〕：烹茶，水之功居六。無山泉，則用天水，秋雨爲上，梅雨次之。秋雨冽而白，梅雨醇而白。雪水，五穀之精也，色不能白。養水，須置石子於甕，不惟益水，而白石清泉，會心亦不在遠。

《雪庵清史》〔三四八〕：余性好清苦，獨與茶宜，幸近茶鄉，恣我飲啜。乃友人不辨三火三沸法，余每過飲，非失過老，則失太嫩，致令甘香之味，蕩然無存，蓋誤於李南金之説耳。如羅玉露之論，乃爲得火候也。友曰：吾性惟好讀書，玩佳山水，作佛事，或時醉花前，不愛『水厄』，故不精於火候。昔人有言：『釋滯消壅，一日之利暫佳；瘠氣耗精，終身之害斯大。獲益則歸功茶力，貽害則不謂茶災。』甘受俗名，緣此之故。噫，茶寃甚矣！不聞秃翁之言：釋滯消壅，清苦之益實多；瘠氣耗精，情慾之害最大。獲益則不謂茶力，自害則反謂茶殃。且無火候，不獨一茶，讀書而不得其趣，玩山水而不會其情，學佛而不破其宗，好色而不飲其韻，皆無火候者也。豈余愛茶，而故爲茶吐氣哉！亦欲以此清苦之味，與故人共之耳。

煮茗之法有六要：一曰别，二曰水，三曰火，四曰湯，五曰器，六曰飲。有觕茶，有散茶，有末茶，有餠茶；有研者，有熬者，有煬者，有舂者。余幸得産茶，方又兼得烹茶六要。每遇好朋，便手自煎烹，但願一甌常及真，不用撑腸拄腹文字五千卷也，故曰飲之時義遠矣哉！

田藝蘅《煮泉小品》〔三四九〕：茶，南方嘉木，日用之不可少者。品固有微惡，若不得其水且煮之，不得其宜，雖佳弗佳也。

但飲泉覺爽，啜茗忘喧，謂非膏(粱)〔粱〕紈袴可語。爰著煮泉小品，與枕石漱流者商焉。

陸羽嘗謂：烹茶於所産處無不佳，蓋水土之宜也，此論誠妙。況旋摘旋瀹，兩及其新耶。故《茶譜》亦云：蒙之中頂茶，若獲一兩，以本處水煎服，即能祛宿疾是也。今武林諸泉，惟龍泓入品，而茶亦惟龍泓山爲最。蓋兹山深厚、高大、佳麗，秀越(爲)兩山之主，故其泉清寒甘香，雅宜煮茶。有虞伯生詩：『但見瓢中清，翠影落羣岫。烹煎黄金芽，不取穀雨後。』姚公綬詩：『品嘗顧渚風斯下，零落《茶經》奈爾何？』則風味可知矣，又況爲葛仙翁煉丹之所哉！又，其上爲老龍泓，寒碧倍之，其地産茶，爲南北兩山絶品。鴻漸第錢塘、天竺、靈隱者爲下品，當未識此耳。而郡志亦只稱寶雲、香林、白雲諸茶，皆未若龍泓〔之〕清馥雋永也。余嘗一一試之，求其茶泉雙絶，兩浙罕伍云。

山厚者泉厚〔三五〇〕，山奇者泉奇，山清者泉清，山幽者泉幽，皆佳品也。不厚則薄，不奇則蠢，不清則濁，不幽則喧，必無用矣。

江，公也〔三五一〕，衆水共入其中也。水共則味雜，故〔鴻漸〕曰江水次之。其水取去人遠者，蓋去人遠，則湛深而無蕩漾之瀧耳。嚴（陵）〔子〕瀨〔三五二〕，一名七里灘，蓋沙石上曰瀨、曰灘也，總謂之（浙）〔漸〕江。但潮汐不及而且深澄，故入陸品耳。余嘗清秋泊釣臺下，取囊中武夷、金華二茶試之，固一水也。武夷則黄而燥冽，金華則碧而清香，乃知擇水當擇茶也。鴻漸以婺州爲次，而清臣以白乳爲武夷之右，今優劣頓反矣。意者所謂離其處水，功其半者耶？

去泉再遠者不能自汲〔三五三〕，須遣誠實山僮取之，以免石頭城下之僞。蘇子瞻愛玉女河水，付僧調水符以取之，亦惜其不得枕流焉耳。故曾茶山《謝送惠山泉詩》有『舊時水遞費經營』之句。

湯嫩則茶味不出〔三五四〕，過沸則水老而茶乏；惟得花而無衣，乃得點瀹之候耳。

有水有茶，不可以無火，非無火也，失所宜也。李約云：『茶須活火煎』，蓋謂炭火之有焰者。東坡詩云：『活水仍將活火烹』，是也。余則以爲山中不常得（火）〔炭〕，且死火耳，不若枯松枝爲妙。遇寒月，多拾松，實房蓄爲煮茶之具更雅。

人但知湯候而不知火候，火燃則水乾，是試火當先於試水也。《呂氏春秋·伊尹》説湯五味，九沸九變，火爲之紀。

許次紓《茶疏》〔三五五〕：　甘泉旋汲用之斯良，丙舍在城，夫豈易得。故宜多汲，貯以大甕〔中〕，但忌新器，爲其火氣未退，易於敗水，亦易生蟲。久用則善。最嫌他用，水性忌木，松杉爲甚。木桶貯水，其害滋甚，挈瓶爲佳耳。

沸速則鮮嫩風逸〔三五六〕，沸遲則老熟昏鈍。故水〔一〕入銚，便須急煮。候有松聲，即去蓋以〔消〕息其老鈍。蟹眼之後，水有微濤，是爲當時；大濤鼎沸，旋至無聲，是爲過時。過則湯老，決不堪用。

茶注、茶銚、茶甌〔三五七〕，最宜蕩滌。飲事甫畢，餘瀝殘葉，必盡去之。如或少存，奪香敗味。每日晨興，必以沸湯滌過，用極熟麻布向内拭乾，以竹編架覆而庋之燥處，烹時取用。三人以下〔三五八〕，止熱一爐；如五六人，便當兩鼎。爐用一童，湯方調適；若令兼作，恐有參差。

火，必以堅木炭爲上。然本性未盡，尚有餘煙，煙氣入湯，湯必無用。故先燒令紅，去其煙焰，兼取性力猛熾，水乃易沸。既紅之後，（方）〔乃〕授水器，（乃）〔仍〕急扇之，愈速愈妙，毋令手停，停過之湯，寧棄而再烹。

茶〔三五九〕，不宜近：　陰室、廚房，市喧，小兒啼，野性人，童奴相閧，酷熱齋舍。

羅廩《茶解》〔三六〇〕：　茶色白，味甘鮮，香氣撲鼻，乃爲精品。茶之精者，淡（亦）〔固〕白，濃亦白；初潑白，久貯亦白。味甘色白，其香自溢，三者得，則俱得也。近來好事者或慮其色重，一注之水，投茶數片，味固不足，香亦窅然，終不免『水厄』之誚。雖然尤貴擇水，香以蘭花爲上，蠶豆花次之。

煮茗〔三六一〕，須甘泉，次梅水。梅雨如膏，萬物賴以滋養，其味獨甘，梅後便不堪飲。大甕滿貯，投『伏龍肝』一塊以澄之，即竈心中乾土也，乘熱投之。

李南金謂〔三六二〕：當〔用〕背二涉三之際爲合量，此真賞鑑家言。而羅鶴林懼湯〔過〕老，欲於松風澗水後移瓶去火，少待沸止而瀹之，此語亦未中窾。殊不知，湯既老矣，雖去火，何救哉？

貯水甕〔三六三〕，須置於陰庭，覆以紗帛，使晝挹天光，夜承星露，則英華不散，靈氣常存。假令壓以木石，封以紙箬，曝於日中，則内閉其氣，外耗其精，水神敝矣，水味敗矣。

《考槃餘事》〔三六四〕：今之茶品，與《茶經》迥異；而烹製之法，亦與蔡、陸諸人全不同矣。始如魚目微微有聲爲一沸〔三六五〕，緣邊湧泉如連珠爲二沸，奔濤濺沫爲三沸，其法非活火不成。若薪火方交，水釜纔熾，急取旋傾，水氣未消，謂之懶。若人過百息，水踰十沸始取用之，湯已失性，謂之老。老與懶，皆非也。

《夷門廣牘》〔三六六〕：虎邱石泉，舊居第三，漸品第五，以石泉渟泓，皆雨澤之積，滲竇之潢也。況闔廬墓隧，當時石工多閟死，僧衆上棲，不能無穢濁滲入。雖名陸羽泉，非天然水，道家服食，禁屍氣也。

《六硯齋筆記》〔三六七〕：武陵西湖水，取貯〔五石〕大缸，澄澱六七日。有風雨則覆，晴則露之，使受日月星之氣。用以烹茶，甘淳有味，不遜慧麓。以其溪谷奔注，涵浸凝渟，非復一水，取精多而味自足耳。以是知凡有湖陂、大浸處，皆可貯以取澄，絶勝淺流。陰井昏滯腥薄，不堪點試也。

古人好奇飲，中作百花熟水，又作五色飲及氷蜜糖藥，種種之飲，余以爲皆不足尚。如值精茗，適乏細劚松枝，瀹湯漱嗽而已。

《竹嬾茶衡》〔三六八〕：處處茶皆有，然勝處未暇悉品。姑據近道日御者：虎邱氣芳而味薄，乍入盎，菁英浮動鼻端，拂拂如蘭，初析經喉吻，亦快然。然必惠麓水，甘醇足佐其寡薄。龍井味極腆厚，色如淡金，氣亦沉寂，而咀嚥之久，鮮腴潮舌，又必藉虎跑空寒熨齒之泉發之，然後飲者領雋永之滋，無昏滯之恨耳。

松雨齋《運泉約》〔三六九〕：吾輩竹雪，神期松風齒頰；暫隨飲啄，人間終擬逍遥。物外名山，未即塵海，何辭然而搜奇煉句。液瀝易枯，滌滯洗蒙，茗泉不廢月團三百。喜折魚緘，槐火一篝，驚翻蟹眼。陸季疵之著述，既奉典刑；張又新之編摩，能無鼓吹。昔衛公宦達中書，頗煩遞水；杜老潛居夔峽，險叫濕雲。今者環處惠麓，踰二百里而遥，問渡松陵不三四日而致。登新捐舊，轉手妙若轆轤；取便費廉，用力省於桔槔。凡吾清士，咸赴嘉盟。

運惠水，每罈償舟力費銀三分。水罈罈價及罈蓋自備不計。水至，走報各友，令人自擡。每月上旬斂銀，中旬運水，月運一次，以致清新。願者書號於左，以便登册，併開罈數，如數付銀。某月某日付。松雨齋主人謹訂。

《岕茶彙鈔》〔三七〇〕：烹時，先以上品泉水滌烹器，務鮮務潔。次以熱水滌茶葉，水若太滚，恐一滌味損，當以竹筯夾茶於滌器中反覆洗蕩，去塵土、黄葉、老梗既盡，乃以手搦乾，置滌器内蓋定。少刻開示，色青香冽，急取沸水潑之。夏先貯水〔而後〕入茶，冬先貯茶〔而後〕入水。

茶色貴白，然白亦不難。泉清瓶潔，葉少水洗，旋烹旋啜，其色自白。然真味抑鬱，徒爲目食耳。若取青緑，則天池、松蘿及岕之最下者，雖冬月色亦如苔衣，何足爲妙？若余所收真洞山茶自穀雨後五日者，以湯薄瀹，貯壺良久，其色如玉。至冬則嫩緑，味甘色淡，韻清氣醇，亦作嬰兒肉香而芝芬浮蕩，則虎邱所無也。

《洞山〔岕〕茶系》：岕茶德全，策勳惟歸洗控。沸湯潑葉，即起，洗鬲，斂其出液，候湯可下指，即下洗鬲，排蕩沙沫。復起，併指控乾，閉之茶藏候投。蓋他茶欲按時分投，惟岕既經洗控，神理綿綿，止須上投耳。

《天下名勝志》〔三七一〕：宜興縣湖㳇鎮有於潛泉，竇穴濶二尺許，狀如井。其源洑流潛通，味頗甘洌。唐修茶貢，此泉亦遞進。

洞庭縹緲峯西北有水月寺，寺東入小青塢，有泉瑩澈甘涼，冬夏不涸。宋李彌大名之曰『無礙泉』。

安吉州碧玉泉爲冠，清可鑑髮，香可瀹茗。

徐獻忠《水品》〔三七二〕：泉甘者，試稱之，必厚重，其所由來者遠大使然也。江中南零水，自岷江發源數千里始澄於兩石間，其性亦重厚，故甘也。

處士《茶經》不但擇水，其火用炭或勁薪，其炭曾經燔，爲腥氣所及及膏木敗器不用之。古人辨勞薪之味，殆有旨也。

山深厚者，（雄）〔若〕大者，氣盛麗者，必出佳泉〔水〕。

張大復《梅花筆談》：茶性必發於水。八分之茶，遇十分之水，茶亦十分矣；八分之水，試十分之茶，茶只八分耳。

《巖棲幽事》〔三七三〕：黃山谷賦：『洶洶乎，如澗松之發清吹；浩浩乎，如春空之行白雲。』可謂得煎茶三昧。

《劍掃》〔三七四〕：　煎茶乃韻事，須人品與茶相得。故其法往往傳於高流隱逸，有煙霞泉石磊塊胸次者。

《湧幢小品》〔三七五〕：　天下第四泉，在上饒縣北茶山寺。唐陸鴻漸寓其地，即山種茶，酌以烹之，品其等爲第四。邑人尚書楊麟讀書於此，因取以爲號。

余在京三年，取汲德勝門外水，烹茶最佳。

大内御用井，亦西山泉脉所灌，真天漢第一品。陸羽所不及載。

俗語：　芒種逢壬便立霉，霉後積水烹茶，甚香洌，可久藏。一交夏至，便迥别矣。試之良驗。

家居苦泉水難得，自以意取。尋常水煮滚，入大磁䍁，置庭中，避日色。俟夜天色皎潔，開䍁受露，凡三夕，其清澈，底積垢二三寸，亟取出，以罈盛之。烹茶，與惠泉無異。

聞龍《它泉記》〔三七六〕：　吾鄉四陲皆山泉，水在在有之，然皆淡而不甘。獨所謂它泉者，其源出自四明，自洞抵埭，不下三數百里。水色蔚藍，素砂白石，粼粼見底，清寒甘滑，甲於郡中。

《玉堂叢語》〔三七七〕：　黄諫常作京師泉品，郊原玉泉第一，京城文華殿東大庖井第一。後謫廣州，評泉以雞爬井爲第一，更名學士泉。

吴栻云：　武夷泉出南山者皆潔洌味短，北山泉味迥别，蓋兩山形似而脉不同也。予攜茶具，共訪得三十九處，其最下者，亦無硬洌氣質。

王新城《隴蜀餘聞》〔三七八〕：　百花潭有巨石，三水流其中。汲之煎茶，清洌異於他水。

《居易録》〔三七九〕：　濟源縣段少司空園，是玉川子煎茶處，中有二泉。或曰：　玉泉去盤谷不十里，門外一水曰漭水，出王屋山。按《通志》，玉泉在瀧水上，盧仝煎茶於此，今《水經注》不載。

《分甘餘話》〔三八〇〕：一水，水名也。酈元《水經注》：渭水又東會一水，發源吴山。《地理志》：吴山，古汧山也。山下石穴水溢，石空懸波側。《注》按：此即一水之源，在靈應峯下，所謂西鎮靈湫是也。余丙子祭告西鎮常品茶於此，味與西山玉泉極相似。

《古夫於亭雜録》〔三八一〕：唐劉伯芻品水，以中泠爲第一，惠山、虎邱次之。陸羽則以康王谷爲第一，而次以惠山。古今耳食者，遂以爲不易之論。其實二子所見，不過江南數百里内之水。遠如峽中蝦蟇碚，纔一見耳。不知大江以北如吾郡發地皆泉，其著名者七十有二，以之烹茶，皆不在惠泉之下。宋李文叔格非，郡人也。嘗作《濟南水記》，與《洛陽名園記》並傳，惜《水記》不存，無以正二子之陋耳。謝在杭品平生所見之水，首濟南趵突，次以益都孝婦泉，在顏神鎮。青州范公泉，而尚未見章邱之百脈泉。右皆吾郡之水，二子何嘗（多）〔夢〕見。予嘗題王秋史二十四泉草堂云：『翻憐陸鴻漸，跬步限江東。』正此意也。

陸次雲《湖壖雜記》〔三八二〕：龍井泉，從龍口中瀉出，水在池内，其氣恬然。若遊人注視久之，忽波瀾湧起，如欲雨之狀。

張鵬翮《奉使日記》〔三八三〕：葱嶺乾澗側有舊二井，從旁掘地七八尺，得水甘洌，可煮茗。字之曰：『塞外第一泉。』

《廣輿記》〔三八四〕：永平灤州有扶蘇泉，甚甘洌。秦太子扶蘇，嘗憩此。

江寧攝山千佛嶺下石壁，上刻隸書六字曰：『白乳泉，試茶亭。』

鍾山八功德水：一清，二冷，三香，四柔，五甘，六淨，七不饐，八蠲疴。

丹陽玉乳泉，唐劉伯芻論此水爲天下第四。

寧州雙井，在黄山谷所居之南，汲以造茶，絶勝他處。杭州孤山下有金沙泉，唐白居易嘗酌此泉。甘美可愛，視其地，沙光燦如金，因名。

安陸府沔陽有陸子泉，一名文學泉。唐陸羽嗜茶，得泉以試，故名。

《增訂廣輿記》〔三八五〕：玉泉山泉出石罅間，因鑿石爲螭頭，泉從口出，味極甘美。潴爲池，廣三丈，東跨小石橋，名曰玉泉垂虹。

《武夷山志》〔三八六〕：山南虎嘯巖語兒泉，濃若停膏，瀉杯中，鑑毛髮，味甘而博，啜之有軟順意。次則天柱三敲泉，而茶園喊泉又可伯仲矣。北山泉味迥别，小桃源一泉，高地尺許，汲不可竭，謂之高泉。純遠而逸致，韻雙發，愈啜〔愈入〕，愈想愈深，不可以味名也。次則接笋之仙掌露，其最下者，亦無硬冽氣質。

《中山傳信録》：琉球烹茶，以茶末雜細粉少許入碗，沸水半甌，用小竹帚攪數十次，起末滿甌面爲度，以敬客。且有以大螺殻烹茶者。

《隨見録》：安慶府宿松縣東門外，孚玉山下福昌寺旁井曰龍井。水味清甘，瀹茗甚佳，質與溪泉較重。

六之飲

盧仝《茶歌》：日高丈五睡正濃，軍將扣門驚周公。口傳諫議送書信，白絹斜封三道印。開緘宛見諫議面，手閲月團三百片。聞道新年入山裏，蟄蟲驚動春風起。天子未嘗陽羨茶，百草不敢先開花。仁風暗結珠蓓蕾，先春抽出黄金芽。摘鮮焙芳旋封裹，至精至好且不奢。至尊之餘合王公，何事便到山人家。柴門反關無俗客，紗帽籠頭自煎吃。碧雲引風吹不斷，白花浮光凝椀面。一椀喉吻潤，二椀破孤悶，三椀搜枯腸，惟有文字五千卷。四椀發輕汗，平生不平事，盡向毛孔散。五椀肌骨清，六椀通仙靈，七椀吃不得也，唯覺兩腋習習清風生。

唐馮贄《記事珠》〔三八七〕：建人謂鬥茶曰茗戰。

《北堂書鈔》〔三八八〕：杜育《荈賦》云：茶能調神和内，解倦除慵。

《續博物志》〔三八九〕：南人好飲茶，孫皓以茶與韋曜代酒。謝安詣陸納，設茶果而已。北人初不識此，唐開元中，泰山靈巖寺有降魔師，教學禪者以不寐法，令人多作茶飲，因以成俗。

《大觀茶論》〔三九〇〕：點茶不一，以分輕清重濁，相稀稠得中，可欲則止。《桐君録》云：『茗有餑，飲之宜人，雖多不爲貴也。』

夫茶以味爲上，香甘重滑，爲味之全。惟北苑壑源之品兼之，卓絶之品，真香靈味，自然不同。

茶有真香，非龍麝可擬，要須蒸及熟而壓之，及乾而研，研細而造，則和美具足。入盞，則馨香四達，秋爽灑然。點茶之色，以純白爲上真。青白爲次，灰白次之，黄白又次之。天時得於上，人力盡於下。茶必純白、青白者，蒸壓微生；灰白者，蒸壓過熟。壓膏不盡，則色青暗；焙火太烈，則色昏黑。

《蘇文忠集》〔三九一〕：予去黄十七年，復與彭城張聖途、丹陽陳輔之同來。院僧梵英葺治堂宇，比舊加嚴潔，茗飲芳洌。予問：『此新茶耶？』英曰：『茶性，新舊交則香味復。』予嘗見知琴者言：琴不百年，則桐之生意不盡。緩急清濁，常與雨暘寒暑相應。此理與茶相近，故並記之。

《王燾集・外臺秘要》有《代茶飲子詩》云〔三九二〕：『格韻高絶惟山居』，逸人乃當作之。予嘗依法治服，其利膈調中信如所云，而其氣味乃一帖煮散耳。與茶了無干涉。

《月兔茶詩》〔三九三〕：環非環，玦非玦，中有迷離玉兔兒，一似佳人裙上月。月圓還缺缺還圓，此月一缺圓何年？君不見，鬥茶公子不忍鬥小團，上有雙啣綬帶雙飛鸞。

坡公嘗遊杭州諸寺〔三九四〕，一日飲釅茶七椀，戲書云：『示病維摩原不病，在家靈運已忘家。何須魏帝一丸藥，且盡盧仝七椀茶。』

《侯鯖録》〔三九五〕：東坡論茶，除煩去膩，世固不可一日無茶。然闇中損人不少，故或有忌而不飲者，昔人云：自茗飲盛後，人多患氣〔不足〕、患黄，雖損益相半，而消陰助陽，益不償損也。吾有一法，當自珍之。每食已，輒以濃茶漱口頰，膩既去，而脾胃不知。凡肉之在齒間，得茶漱滌，乃盡消縮，不覺脱去，毋煩挑刺也，而齒性便（苦）〔若〕緣此漸堅密，蠹疾自已矣。然率用中〔下〕茶，其上者，亦不常有。間數日一啜，亦不爲害也。此大是有理，而人罕知者，故詳述之。

白玉蟾《茶歌》〔三九六〕：味如甘露勝醍醐，服之頓覺沉疴甦。身輕便欲登天衢，不知天上有茶無？

唐庚《鬥茶記》：政和三年三月壬戌，二三君子，相與鬥茶於寄傲齋。予爲取龍塘水烹之而第其品。吾聞茶不問團銙，要之貴新；水不問江井，要之貴活。千里致水，〔真〕僞固不可知，就令識真，已非活水。今我提瓶走龍塘，無數十步，此水宜茶，昔人以爲不減清遠峽。每歲新茶不過三月至矣，罪戾之餘，得與諸公從容談笑，於此汲泉煮茗，以取一時之適，此非吾君之力歟！

蔡襄《茶録》：　茶色貴白，而餅茶多以珍膏油去聲。其面，故有青黃紫黑之異。善别茶者，正如相工之視人氣色也。隱然察之於内，以肉理〔實〕潤者爲上。既已末之，黄白者受水昏重，青白者受水（詳）〔鮮〕明。故建安人鬥試，以青白勝黃白。

張淏《雲谷雜記》〔三九七〕：　飲茶不知起於何時，歐陽公《集古録跋》云：　茶之見前史，蓋自魏晉以來有之。予按《晏子春秋》，嬰相齊景公，時食脱粟之飯，炙三弋五卵，茗菜而已。又漢王褒《僮約》有（五）〔武〕陽一作武都買茶之語，則魏晉之前已有之矣。但當時雖知飲茶，未若後世之盛也。考郭璞注《爾雅》云：　樹似梔子，冬生葉，可煮作羹飲。然茶至冬，味苦〔澀〕，豈可復作羹飲耶？飲之，令人少睡。張華得之，以爲異聞，遂載之《博物志》。非但飲茶者鮮，識茶者亦鮮。至唐陸羽著《茶經》三篇，言茶甚備，天下益知飲茶。其後尚茶成風，回紇入朝，始驅馬市茶。德宗建中間，趙贊始興茶税。興元初，雖詔罷；貞元九年，張滂復奏請，歲得緡錢四十萬。今乃與鹽酒同佐國用，所入不知幾倍於唐矣。

《品茶要録》〔三九八〕：　余嘗論茶之精絶者，其白合未開，其細如麥，蓋得青陽之輕清者也。又，其山多帶砂石而號佳品者，皆在山南，蓋得朝陽之和者也。余嘗事閒，乘晷景之明淨，適亭軒之瀟灑，一一皆取品試。既而神水生於華池，愈甘而新，其有助乎！昔陸羽號爲知茶，然羽之所知者，皆今之所謂茶草。何哉？如鴻漸所論，蒸筍并葉，畏流其膏。蓋草茶味短而淡，故常恐去其膏，建茶力厚而甘，故惟欲去其膏。又論福、建爲未詳，往往得之，其味極佳。由是觀之，鴻漸其未至建安歟？

謝宗〔可〕論茶〔三九九〕：候蟾背之芳香，觀蝦目之沸湧。故細漚花泛，浮餑雲騰，昏俗塵勞，一啜而散。

《黃山谷集》〔四〇〇〕：品茶一人得神，二人得趣，三人得味，六七人是名施茶。

《沈存中夢溪筆談》〔四〇一〕：芽茶，古人謂之雀舌、麥顆，言其至嫩也。今茶之美者，其質素良而所植之土又美，則新芽一發，便長寸（餘）〔許〕。其細如鍼，惟芽長爲上品，以其質幹土力皆有餘故也。如雀舌、麥顆者，極下材耳。乃北人不識，誤爲品題。予山居有《茶論》，且作《嘗茶詩》云：『誰把嫩香名雀舌，定來北客未曾嘗。不知靈草天然異，一夜風吹一寸長。』

《遵生八牋》〔四〇二〕：茶有真香，有佳味，有正色。烹點之際，不宜以珍果、香草雜之。奪其香者，松子、柑橙、蓮心、木瓜、梅花、茉莉、薔薇、木樨之類是也。奪其色者，柿餅、膠棗、火桃、楊梅、橘餅之類是也。凡飲佳茶，去果方覺清絶，雜之則味無辨矣。若欲用之，所宜則惟核桃、榛子、瓜仁、杏仁、欖仁、栗子、雞頭、銀杏之類，或可用也。

徐渭《煎茶七類》〔四〇三〕：茶入口，先須灌漱，次復徐啜，俟甘津潮舌，乃得真味。若雜以花果，則香味俱奪矣。

飲茶，宜涼臺淨室，明牕曲幾，僧寮道院，松風竹月，晏坐行吟，清談把卷。

飲茶，宜翰卿墨客，緇衣羽士，逸老散人，或軒冕中之超軼世味者。

除煩雪滯，滌酲破睡，譚渴書倦，是時茗椀策勳，不減凌煙。

許次紓《茶疏》〔四〇四〕：握茶手中，俟湯入壺，隨手投茶，定其浮沉。然後瀉啜，則乳嫩清滑而馥鬱於鼻端，病可令起，疲可令爽。

一壺之茶，只堪再巡。初巡鮮美，再巡甘醇，三巡則意味俱盡矣。余嘗與客戲論：初巡爲婷婷嫋嫋十三餘，再巡爲碧玉破瓜年，三巡以來，緑葉成陰矣。所以茶注宜小，小則再巡已終。寧使餘芬剩馥，尚留葉中，猶堪飯後供啜嗽之用。

若巨器屢巡，滿中瀉飲，待停少温，或求濃苦，何異農匠作勞，但資口腹。何論品賞，何知風味乎！

人必各手一甌，毋勞傳送。再巡之後，清水滌之。

《煮泉小品》〔四〇五〕：唐人以對花啜茶爲『殺風景』。故王介甫詩云：『金谷千花莫漫煎』，其意在花非在茶也。余意以爲：金谷花前信不宜矣，若把一甌，對山花啜之，當更助風景，又何必羔兒酒也！

茶如佳人，此論（最）〔雖〕妙，但恐不宜山林間耳。昔東坡詩云：『從來佳茗似佳人』，曾茶山詩云：『移人尤物衆談誇』，是也。若欲稱之山林，當如毛女麻姑，自然仙（豐）〔風〕道骨，不凂煙霞。若夫桃臉柳腰，亟宜屏諸銷金帳中，毋令污我泉石。

茶之團者、片者，皆出於碾磑之末。既損真味，復加油垢，即非佳品，總不若今之芽茶也。蓋天然者自勝耳。曾茶山《日鑄茶》詩云：『寳銙自不乏，山芽安可無。』蘇子瞻《壑源試焙新茶詩》云：『要知玉雪心腸好，不是膏油首面新。』是也。且末茶瀹之，有屑滯而不爽，知味者當自辨之。

煮茶得宜而飲非其人，猶汲乳泉以灌蒿蕕，罪莫大焉。飲之者，一吸而盡，不暇辨味，俗莫甚焉。

人有以梅花、菊花、茉莉花薦茶者，雖風韻可賞，究損茶味，如〔有〕佳品茶亦無事此。今人薦茶，類下茶果，此尤近俗。縱是佳者，能損茶味，亦宜去之。且下果則必用匙，若金銀，大非山居之器，而銅又生鉎，皆不可用。若舊稱北人和以酥酪，蜀人入以白土，此皆蠻，固不足責。

羅廩《茶解》〔四〇六〕：茶通仙靈，然有妙理。山堂夜坐，汲泉煮茗。至水火相戰，如聽松濤，傾瀉入杯，雲光瀲灧。此時幽趣，故難與俗人言矣。

顧元慶《茶譜》〔四〇七〕：品茶八要：一品，二泉，三烹，四器，五試，六候，七侶，八勛。

張源《茶録》〔四〇八〕：飲茶以客少爲貴，〔客〕衆則喧，喧則雅趣乏矣。獨啜曰〔幽〕〔神〕，二客曰勝，三四曰趣，五六曰泛，七八曰施。

釃不宜早，飲不宜遲。釃早則茶神未發，飲遲則妙馥先消。

《雲林遺事》〔四〇九〕：倪元鎮素好飲茶。在惠山中，用核桃、松子肉和真粉成小塊如石狀，置於茶中飲之，名曰『清泉白石茶』。

聞龍《茶箋》〔四一〇〕：東坡云：蔡君謨嗜茶，老病不能飲，日烹而玩之，可發來者之一笑也。孰知千載之下有同病焉。余嘗有詩云：『年老耽彌甚，脾寒量不勝。』去烹而玩之者幾希矣。因憶老友周文甫，自少至老，茗椀薰爐，無時暫廢。飲茶日有定期，旦明、晏食、禺中、晡時、下春、黄昏，凡六舉，而客至烹點不與焉。壽八十五，無疾而卒。非宿植清福，烏能畢世安享？視好而不能飲者，所得不既多乎。嘗蓄一龔春壺，摩挲寶愛，不啻掌珠。用之既久，外類紫玉，内如碧雲，真奇物也。後以殉葬。

《快雪堂漫録》〔四一一〕：昨同徐茂吴至老龍井買茶。山民十數家，各出茶。茂吴以次點試，皆以爲贋，曰：『真者甘香而不冽，稍冽便爲諸山贋品。』得一二兩以爲真物，試之，果甘香若蘭。而山民及寺僧反以茂吴爲非，吾亦不能置辨。僞物亂真如此！茂吴品茶，以虎邱爲第一，常用銀一兩餘購其斤許。寺僧以茂吴精鑑，不敢相欺。他人所得雖厚價，亦贋物也。子晉云：本山茶葉微帶黑，不甚青翠。點之色白如玉，而作寒豆香，宋人呼爲『白雲茶』。稍緑，便爲天池物。天池茶中雜數莖虎邱，則香味迥别。虎邱，其茶中王種耶？岕茶精者，庶幾妃后，天池、龍井，便爲臣種，其餘則民種矣。

熊明遇《岕山茶記》〔四一二〕：茶之色重、味重、香重者，俱非上品。松羅香重，六安味苦，而香與松羅同。天池亦有草萊氣，龍井如之。至雲霧則色重而味濃矣。嘗啜虎丘茶，色白而香，似嬰兒肉，真稱精絶。

邢士襄《茶説》：夫茶中著料，碗中著果，譬如玉貌加脂，蛾眉染黛，翻失本色。

馮可賓《岕茶牋》〔四一三〕：茶宜：無事，佳客，幽坐，吟詠，揮翰，倘佯，睡起，宿醒，清供，精舍，會心，賞鑑，文僮。

茶忌：不如法，惡具，主客不韻，冠裳苛禮，葷肴雜陳，忙冗，壁間案頭多惡趣。

謝在杭《五雜組》〔四一四〕：昔人謂：『揚子江心水，蒙山頂上茶。』蒙山在蜀雅州，其中峯頂尤極險穢，虎狼蛇虺所居，採得其茶，可蠲百病。今山東人以蒙陰山下石衣爲茶當之，非矣。然蒙陰茶性亦冷，可治胃熱之病。

凡花之奇香者皆可點湯。《遵生八牋》云：芙蓉可爲湯。然今牡丹、薔薇、玫瑰、桂、菊之屬，採以爲湯，亦覺清遠不俗，但不若茗之易致耳。

北方柳芽初茁者，採之入湯，云其味勝茶。曲阜孔林楷木，其芽可以烹飲。閩中佛手、柑、橄欖爲湯，飲之清香，色味以旗槍之亞也。

又或以菉豆微炒，投沸湯中，傾之，其色正緑，香味亦不減新茗。偶宿荒村中，覓茗不得者，可以代之也。

《穀山筆麈》〔四一五〕：六朝時，北人猶不飲茶，至以酪與之較，惟江南人食之甘。至唐始興茶稅，宋元以來，茶目遂多。然皆蒸乾爲末，如今香餅之製，乃以入貢，非如今之食茶，止採而烹之也。西北飲茶，不知起於何時？本朝以茶易馬，西北以茶爲藥，療百病皆瘥，此亦前代所未有也。

《金陵瑣事》〔四一六〕：思屯乾道人，見萬鎡手軟膝酸，云：係五臟皆火，不必服藥，惟武夷茶能解之。茶以東南枝者佳，採得烹以潤泉則茶竪立，若以井水則横。

《六研齋筆記》〔四一七〕：茶以芳洌洗神，非讀書談道，不宜褻用。然非真正契道之士，茶之韻味亦未易評量。〔余〕嘗笑時流持論，貴嘶聲之曲，無色之茶。嘶近於啞，古之遶梁遏雲，竟成鈍置。茶若無色，芳洌必減。且芳與鼻觸，洌以舌受，色之有無，目之所審。根境不相攝，而取衷於彼，何其悖耶，何其謬耶！

虎邱以有芳無色，擅茗事之品。顧其馥鬱，不勝蘭芷，止與新剥荳花同調，鼻之消受，亦無幾何。至於入口，淡於勺水，清泠之淵，何地不有，乃煩有司章程，作僧流棰楚哉。

《紫桃軒雜綴》〔四一八〕：天目清而不醨，苦而不螫，正堪與緇流漱滌。筍蕨、石瀨，則太寒儉，野人之飲耳。松蘿極精者，方堪入供，亦濃辣有餘，甘芳不足。恰如多財賈人，縱復蘊藉，不免作蒜酪氣。分水貢芽，出本不多，大葉老根，潑之不動。入水煎成，番有奇味。薦此茗時，如得千年松柏根，作石鼎薰燎，乃足稱其老氣。雞蘇佛，橄欖仙，宋人詠茶語也。雞蘇，即薄荷，上口芳辣；橄欖久咀回甘，合此二者，庶得茶蘊。曰仙曰佛，當於空玄虛寂中，嘿嘿證入。不具是舌根者，終難與説也。

賞名花，不宜更度曲；烹精茗，不必更焚香。恐耳目口鼻互牽，不得全領其妙也。

精茶不宜潑飯，更不宜沃醉。以醉則燥渴，將滅裂吾上味耳。精茶豈止當爲俗客吝，倘是日汩汩塵俗，無好意緒，即烹就，寧俟冷，以灌蘭。斷不令俗腸污我茗君也。

羅山廟後岕精者，亦芬芳回甘。但嫌稍濃，乏雲露清空之韻。以兄虎邱則有餘，以父龍井則不足。

天地通俗之才，無遠韻，亦不致嘔穢寒月。諸茶晦黯無色，而彼獨翠緑媚人，可念也。

屠赤水云〔四一九〕：　茶於穀雨後晴明日採製者，能治痰嗽，療百疾。

《類林新詠》〔四二〇〕：　顧彦先曰：　有味，如臞飲而不醉；　無味，如茶飲而醒焉，醉人何用也。

《徐文長秘集·致品》〔四二一〕：　茶宜精舍，宜雲林，宜磁瓶，宜竹竈，宜幽人雅士，宜衲子仙朋，宜永晝清談，宜寒宵兀坐，宜松月下，宜花鳥間，宜清流白石，宜緑蘚蒼苔，宜素手汲泉，宜紅粧掃雪，宜船頭吹火，宜竹裏飄煙。

《芸窗清玩》〔四二二〕：　茅一相云：　余性不能飲酒，而獨躭味於茗。清泉白石，可以濯五臟之污，可以澄心氣之哲。服之不已，覺兩腋習習清風自生。吾讀《醉鄉記》，未嘗不神遊焉。而間與陸鴻漸、蔡君謨上下其議，則又爽然自釋矣。

《三才藻異》〔四二三〕：　雷鳴茶，産蒙山中頂。雷發收之，服三兩换骨，四兩爲地仙。

《聞雁齋筆談》〔四二四〕：　趙長白自言：　吾平生無他，幸但不曾飲井水耳。此老於茶，可謂能盡其性者，今亦老矣。甚窮，大都不能如曩時，猶摩挲萬卷中作《茶史》。故是天壤間多情人也。

袁宏道《瓶花史》〔四二五〕：　賞花，茗賞者上也，譚賞者次也，酒賞者下也。

《茶譜》〔四二六〕：　《博物志》云，飲真茶，令人少眠。此是實事，但茶佳乃效。且須末茶飲之，如葉烹者，不效也。

《太平清話》〔四二七〕：　琉球國亦曉烹茶。設古鼎於幾上，水將沸時，投茶末一匙，以湯沃之，少頃奉飲，味甚清香。

《藜牀瀋餘》〔四二八〕：　長安婦女有好事者，曾〔於〕侯家睹〔山〕〔一〕彩牋〔題〕曰：　一輪初滿，萬户皆清。若乃狎處衾帷，不惟辜負蟾光，竊恐嫦娥生妒。涓於十五、十六二宵，聯女伴同志者，一茗一爐，相從卜夜，名曰『伴嫦娥』。凡有冰心，竚垂玉允。朱門龍氏拜啓。陸濬原

沈周《跋茶録》〔四二九〕：　樵海先生真隱君子也。平日不知朱門爲何物，日偃仰於青山白雲堆中，以一瓢消磨平生。蓋實得品茶三昧，可以羽翼桑苧翁之所不及，即謂先生爲茶中董狐可也。

王晫《快説續記》〔四三〇〕：　春日看花，郊行一二里許，足力小疲，口亦少渴。忽逢解事僧邀至精舍，未通姓名，便進佳茗。踞竹牀連啜數甌，然后言别，不亦快哉。

衛泳《枕中秘》〔四三一〕：　讀罷吟餘，竹外茶煙輕颺；　花深酒後，鐺中聲響初浮。箇中風味誰知，盧居士可

與言者；心下快活自省，黄宜州豈欺我哉！

江之蘭《文房約》〔四三二〕：詩書涵聖脈，草木棲神明。一草一木，當其含香吐艷，倚檻臨窗，真足賞心悦目，助我幽思。亟宜烹蒙頂石花，悠然啜飲。

扶輿沆瀣，往來於奇峯怪石間，結成佳茗。故幽人逸士，紗帽籠頭，自煎自啜。車聲羊腸，無非火候。苟飲不盡，且漱棄之，世又呼陸羽爲茶博士之流也。

高士奇《天禄識餘》〔四三三〕：飲茶或云始於梁天監中，見《洛陽伽藍記》，非也。按《吴志·韋曜傳》：孫皓每讌饗，無不竟日。曜不能飲，密賜茶荈以當酒。如此言，則三國時已知飲茶矣。逮唐中世榷茶，遂與煮海相抗，迄今國計賴之。

《中山傳信録》：琉球茶甌頗大，斟茶止二三分，用菓一小塊，貯匙内。此學中國獻茶法也。

王復禮《茶説》〔四三四〕：花晨月夕，賢主嘉賓，縱談古今，品茶次第，天壤間更有何樂！奚俟膾鯉炰羔，金罍玉液，痛飲狂呼，始爲得意也？范文正公云：『露芽錯落一番榮，綴玉含珠散嘉樹。鬥茶味兮輕醍醐，鬥茶香兮薄蘭芷。』沈心齋云：『香含玉女峯頭露，潤帶珠簾洞口雲。』可稱巖茗知己。

陳鑑《虎邱茶經注補》〔四三五〕：鑑親採數嫩葉，與茶侣湯愚公小焙烹之，真作荳花香。昔之鬻虎邱茶者，盡天池也。

陳鼎《滇黔紀遊》〔四三六〕：貴州羅漢洞，深十餘里。中有泉一泓，其色如黝，甘香清冽。煮茗則色如渥丹，飲之唇齒皆赤，七日乃復。

《瑞草論》云〔四三七〕：茶之爲用，味寒。若熱渴，凝悶胸，目澀，四肢〔煩〕百節不舒，聊四五啜，與醍醐甘露抗衡也。

《本草拾遺》〔四三八〕：茗味苦，微寒，無毒。治五臟邪氣，益意思，令人少卧。能輕身，明目，去痰，消渴，利水道。

蜀雅州名山茶有露鋑芽、籛芽〔四三九〕，皆云火前者，言採造於禁火之前也。火後者次之。又有枳殻芽、枸杞芽、枇杷芽，皆治風疾。又有皂莢芽、槐芽、柳芽，乃上春摘其芽，和茶作之。故今南人輸官茶，往往雜以衆葉，惟茅蘆、竹箬之類，不可以入茶。自餘山中草木芽葉皆可和合，而椿柿葉尤奇。真茶性極冷，惟雅州蒙山出者温而主療疾。

李時珍《本草》〔四四〇〕：服葳靈仙、土茯苓者，忌飲茶。

《羣芳譜》〔四四一〕：療治方：氣虚頭痛，用上春茶末調成膏，置瓦盞内覆轉，以巴豆四十粒，作（一）〔二〕次燒煙燻之，曬乾乳細。每服一匙，别入好茶末，食後煎服立効。又赤白痢下，以好茶一斤炙搗爲末，濃煎一二盞服。久痢亦宜。又二便不通，好茶、生芝蔴各一撮，細嚼，滚水沖下，即通。屢試立効。如嚼不及，擂爛，滚水送下。

《隨見録》〔四四二〕：《蘇文忠集》載憲宗賜馬總治泄痢腹痛方：以生薑和皮切碎如粟米，用一大（錢）〔盞〕并草茶相等煎服。元祐二年，文潞公得此疾，百藥不效，服此方而愈。

卷下之中

七之事

《晉書》〔四四三〕：温嶠《表》：遣取供御之調條，列真上茶千片，茗三百大薄。

《洛陽伽藍記》〔四四四〕：王肅初入魏，不食羊肉及酪漿等物，常飯鯽魚羹，渴飲茗汁。京師士子道肅一飲一斗，號爲『漏巵』。後數年，高祖見其食羊肉、酪漿甚多，謂肅曰：『羊肉何如魚羹，茗飲何如酪漿？』肅對曰：『羊者是陸産之最，魚者乃水族之長。所好不同，並各稱珍。以味言之，甚是優劣。羊比齊魯大邦，魚比邾莒小國，唯茗不中與酪作奴。』高祖大笑。彭城王勰謂肅曰：『卿不重齊魯大邦，而愛邾莒小國，何也？』肅對曰：『鄉曲所美，不得不好。』彭城王復謂曰：『卿明日顧我，爲卿設邾莒之食，亦有酪奴。』因此呼茗飲爲酪奴。時給事中劉縞慕肅之風，專習茗飲。彭城王謂縞曰：『卿不慕王侯八珍，而好蒼頭水厄，海上有逐臭之夫，里内有學顰之婦，以卿言之，即是也。』蓋彭城王家有吴奴，故以此言戲之。後梁武帝子西豐侯蕭正德歸降，時元乂欲爲設茗，先問：『卿於水厄多少？』正德不曉乂意，答曰：『下官生於水鄉，而立身以來，未嘗遭陽侯之難。』乂與舉坐之客皆大笑。

《海録碎事》〔四四五〕：晉司徒長史王濛，字仲祖，好飲茶，客至輒飲之。士大夫甚以爲苦，每欲候濛，必云：今日有『水厄』。

《續搜神記》〔四四六〕：　桓宣武有一督將，因時行病後虛熱，更能飲複茗，一斛二斗乃飽。纔減升合，便以爲不足。非復一日，家貧。後有客造之，正遇其飲複茗。亦先聞世有此病，仍令更進五升，乃大吐。有一物出，如升大，有口形，質縮縐，狀似牛肚。客乃令置之於盆中，以一斛二斗複〔茗〕澆之，此物噏之都盡，而止覺小脹。又增五升，便悉混然從口中湧出，既吐此物，其病遂瘥。或問之：『此何病？』客答云：『此病名「斛二瘕」。』

《潛確類書》〔四四七〕：　進士權紓文云：隋文帝微時，夢神人易其腦骨，自爾腦痛不止。後遇一僧曰：『山中有茗草，煮而飲之當愈。』帝服之有效，由是人競採啜。因爲之讚，其略曰：『窮春秋，演河圖，不如載茗一車。』

《唐書》〔四四八〕：　太和七年，罷吴蜀冬貢茶。太和九年，王涯獻茶〔利〕，以涯爲榷茶使。茶之有〔榷〕稅，自涯始。十二月，諸道鹽鐵轉運榷茶使爲令孤楚，奏榷茶不便於民〔請停〕，從之。

陸龜蒙嗜茶〔四四九〕，置園顧渚山下，歲取租茶，自判品第。張又新爲《水説》七種，其二惠山泉，三虎邱井，六松江水，人助其好者，雖百里爲致之。日登舟，設篷席，齎束書、茶竈、筆牀、釣具，往來江湖間。俗人造門，罕覯其面，時謂江湖散人，或號天隨子、甫里先生。自比涪翁、漁父、江上丈人。後以高士徵，不至。

《國史補》〔四五〇〕：　故老云：五十年前多患熱黄，坊曲有專以烙黄爲業者。灞滻諸水中，常有晝坐至暮者，謂之『浸黄』。近代悉無而病腰腳者多，乃飲茶而至也。

韓晉公滉聞奉天之難，以夾練囊盛茶末，遣健步以進。常魯使西番〔四五一〕，烹茶帳中，番使問：『何爲者？』魯曰：『滌煩消渴，所謂茶也。』番使曰：『我亦有之。』命取出以示曰：『此壽州者，此顧渚者，此蘄門者。』

唐趙璘《因話録》〔四五二〕：陸羽有文學，多（奇）〔意〕思，（無）〔恥〕一物不盡其妙，茶術最著。始造煎茶法，至今鬻茶之家陶其像，置煬突間，祀爲茶神，云宜茶足利。鞏縣爲甆偶人，號『陸鴻漸』，買〔數〕十茶器，得一『鴻漸』。市人沽茗不利，輒灌注之。復州一老僧，是陸僧弟子，常誦其《六羡歌》，且有追感陸僧詩。

唐（吳晦）〔王定保〕《摭言》〔四五三〕：鄭光業策試，夜有同人突入吳語曰：『必先必先，可相容否？』光業爲輟半舖之地。其人曰：『仗取一杓水，更託煎一椀茶。』光業欣然爲取水煎茶。居二日，光業狀元及第。其人啓謝曰：『既煩取水，更便煎茶。當時不識貴人，凡夫肉眼；今日俄爲後進，窮相骨頭。』

唐李義山《雜纂》〔四五四〕：富貴相：擣藥碾茶聲。

唐馮贄《煙花記》〔四五五〕：建陽進茶油花子餅，大小形製各别，極可愛。宫嬪縷金於面，皆以淡粧，以此花餅施於鬢上，時號『北苑粧』。

唐《玉泉子》〔四五六〕：崔蠡知制誥，丁太夫人憂。居東都里第時，尚苦（節）〔儉〕嗇，四方寄遺茶藥而已，不納金帛，不異寒素。

《顔魯公帖》〔四五七〕：廿九日，南寺通師設茶會，咸來靜坐。離諸煩惱，亦非無益。足下此意，語虞十一，不可自外耳。顔真卿頓首頓首。

《開元遺事》〔四五八〕：逸人王休，居太白山下，日與僧道異人往還。每至冬時，取溪冰，敲其晶瑩者煮建茗，共賓客飲之。

李〔蘩〕《鄴侯家傳》〔四五九〕： 皇孫奉節王好詩，初煎茶加酥椒之類。遺泌求詩，泌戲賦云：『旋沫翻成碧玉池，添酥散出琉璃眼。』奉節王即德宗也。

《中朝故事》〔四六〇〕： 有人授舒州牧，贊皇公德裕謂之曰：『到彼郡日，天柱峯茶可惠〔三〕數角。』其人獻數十斤，李不受。明年罷郡，用意精，求〔獲〕數角，投之。李閲而始受之，曰：『此茶可以消酒食毒。』乃命烹一甌，沃於肉食，内以銀合閉之。詰旦〔開〕視，其肉已化爲水矣。衆服其廣識。

段公路《北户録》〔四六一〕： 前朝短書雜説，呼茗爲薄、爲夾，又梁科律〔有〕『薄〔若千〕〔若干〕夾』云云。

唐蘇鶚《杜陽雜編》〔四六二〕： 唐德宗每賜同昌公主饌，其茶有緑華、紫英之號。

《鳳翔退耕傳》〔四六三〕： 元和時，館閣湯飲待學士者，煎麒麟草。

温庭筠《採茶録》〔四六四〕： 李約，字存博，汧公子也。一生不近粉黛，雅度簡遠，有山林之致。性嗜茶，能自煎，嘗謂人曰：『當使湯無妄沸，庶可養茶。始則魚目散布，微微有聲；中則四際泉湧，纍纍若貫珠；終則騰波鼓浪，水氣全消，此謂老湯。三沸之法，非活火不能成也。』客至，不限甌數，竟日爇火，執持茶器，弗倦。曾奉使，行至峽州硤石縣東，愛其渠水清流，旬日忘發。

《南部新書》〔四六五〕： 杜〔豳〕〔邠〕公悰，位極人臣，富貴無比。嘗與同列言，平生不稱意有三：其一，爲澧州刺史；其二，貶司農卿；其三，自西〔州〕〔川〕移鎮廣陵，舟次瞿塘，爲駭浪所驚，左右呼喚不至，渴甚，自潑湯茶喫也。

大中三年，東都進一僧，年一百二十歲。宣皇問：『服何藥而致此？』僧對曰：『臣少也賤，〔素〕不知藥。性本好茶，至處惟茶是求。或出〔茶〕日，過百餘椀；如常日，亦不下四五十椀。』因賜茶五十斤，令居保壽寺。名飲茶所曰『茶寮』。

有胡生者，失其名，以釘鉸爲業，居霅溪而近白蘋洲。去厥居十餘步，有古墳。胡生〔若〕每瀹茗，必奠酹之。嘗夢一人謂之曰：『吾性柳，平生善爲詩而嗜茗。及死，瘗室在子今居之側。常銜子之惠，無以爲報，欲教子爲詩。』胡生辭以不能。柳強之，曰：『但率子言之，當有致矣。』既寤，試搆思，果若有冥助者。厥後遂工焉，時人謂之『胡釘鉸詩』。柳當是柳惲也。又一說：列子終於鄭，今墓在郊藪，謂賢者之跡而或禁其樵牧焉。里有胡生者，性落魄，家貧，少爲洗鏡鎪釘之業。遇有甘(泉)〔果〕、名茶、美醞，輒祭於列禦寇之祠壟，以求聰慧而(好)〔思〕學道。歷稔，忽夢一人，取刀劃其腹〔開〕，以一卷書置於心腑。及覺而吟詠之，意皆工美之詞，所得不由於師友也。既成卷軸，尚不棄於猥賤之業，真隱者之風。遠近號爲『胡釘鉸』云。

張又新《煎茶水記》：代宗朝，李季卿刺湖州。至維揚，逢陸處士鴻漸，李素熟陸名，有傾蓋之歡。因之赴郡，泊揚子驛，將食，李曰：『陸君善於茶，蓋天下聞名矣。況揚子南零水又殊絶，今者二妙千載一遇，何曠之乎！』命軍士慎信者，操舟挈瓶，深詣南零，陸利器以俟之。俄水至，陸以杓揚其水曰：『江則江矣，非南零者，似臨岸之水。』使曰：『某操舟深入，見者累百，敢虚紿乎？』陸不言；既而，傾諸盆至半，陸遽止之。又以杓揚之，曰：『自此南零者矣！』使蹶然大駭，伏罪曰：『某自南零齎至岸，舟蕩覆半，至懼其尠，挹岸水增之。處士之鑑神鑑也，其敢隱乎！』李與賓從數十人，皆大駭愕。

《新唐書》本傳〔四六六〕：　羽嗜茶，著《經》三篇。時鬻茶者至陶羽形，置煬突間，祀爲茶神。有常伯熊者，因羽論復廣著茶之功。御史大夫李季卿宣慰江南，次臨淮，知伯熊善煮茗，召之，伯熊執器前，季卿爲再舉杯。其後，尚茶成風。

《金鑾密記》〔四六七〕：　金鑾故例：翰林當直學士春晚人困，則日賜成象殿茶果。

《梅妃傳》〔四六八〕：　唐明皇與梅妃鬥茶，顧諸王戲曰：『此梅精也，吹白玉笛，作驚鴻舞，一座光輝。鬥茶，今又勝吾矣。』妃應聲曰：『草木之戲，悮勝陛下。設使調和四海，烹飪鼎鼐，萬乘自有憲法，賤妾何能較勝負也。』上大悦。

杜鴻漸《送茶與楊祭酒書》〔四六九〕：　顧渚山中紫筍茶兩片，一片上太夫人，一片充昆弟同歠。此物但恨帝未得嘗，實所嘆息。

《白孔六帖》〔四七〇〕：　壽州刺史張鎰，以餉錢百萬遺陸宣公贄。公不受，止受茶一串，曰：『敢不承公之賜。』

《海録碎事》〔四七一〕：　鄧利云：陸羽，茶既爲癖，酒亦稱狂。

《侯鯖録》〔四七二〕：　唐右補闕毋煚，博學有著述才，性不飲茶。嘗著《（伐）〔代〕茶飲序》，其略曰：『釋滯消壅，一日之利暫佳；瘠氣耗精，終身之累斯大。獲益則歸功茶力，貽患則不（咎）〔謂〕茶災，豈非（爲）福近易知，（爲）禍遠難見歟。』煚（在）〔直〕集賢，無何，以熱病暴終。

《苕溪漁隱叢話》〔四七三〕：　義興貢茶，非舊也。李栖筠典是邦，僧有獻佳茗，陸羽以爲冠於他境，可薦於上。栖筠從之，始進萬兩。

《合璧事類》：唐肅宗賜張志和奴婢各一人，志和配爲夫婦，號漁童、樵青。漁童捧釣收綸，蘆中鼓泄；樵青蘇蘭薪桂，竹裏煎茶。

《萬花谷》〔四七四〕：《顧渚山茶記》云：山有鳥，如鴝鵒而小，蒼黄色。每至正二月，作聲云：『春起也。』至三四月，作聲云：『春去也。』採茶人呼爲報春鳥。

董逌《陸羽點茶圖跋》〔四七五〕：竟陵大師積公嗜茶久，非漸兒煎奉不嚮口。羽出遊江湖四五載，師絶於茶味。代宗召師入内供奉，命宫人善茶者烹以餉師，一啜而罷。帝疑其詐，令人私訪得羽，召入。翌日，賜師齋，密令羽煎茗，遺之。師捧茶，喜動顔色，且賞且啜，一舉而盡。上使問之，師曰：『此茶有似漸兒所爲者。』帝由是歎師知茶，出羽見之。

《蠻甌志》〔四七六〕：白樂天方齋，劉禹錫正病酒，乃以菊苗虀、蘆菔鮓餽樂天，换取六斑茶，以醒酒。

《詩話》〔四七七〕：皮光業，字文通，最躭茗飲。中表請嘗新柑，筵具甚豐，簪紱叢集。纔至，未顧尊罍，而呼茶甚急。徑進一巨觥，題詩曰：『未見甘心氏，先迎苦口師。』衆噱云：『此師固清高，難以療饑也。』

《太平清話》〔四七八〕：盧仝自號『癖王』，陸龜蒙自號『怪魁』。

《潛確類書》〔四七九〕：唐錢起，字仲文，與趙莒爲茶會。又嘗過長孫宅，爲朗上人作茶會，俱有詩紀事。

《湘煙録》〔四八〇〕：閔康侯曰：羽著《茶經》，爲李季卿所慢，更著《毁茶論》。其名疾，字季疵者，言爲季所疵也，事詳傳中。

《吴興掌故録》〔四八一〕：　長興啄木嶺，唐時吴興、毘陵二太守造茶修貢，宴會於此，上有境會亭。故白居易有《夜聞賈常州崔湖州茶山境會歡宴詩》。

包衡《清賞録》：　唐文宗謂左右曰：『若不甲夜視事，乙夜觀書，何以爲君。』嘗召學士於内庭論講經史，較量文章，宫人以下，侍茶湯飲饌。

《名勝志》〔四八二〕：　唐陸羽宅，在上饒縣東五里。羽本竟陵人，初隱吴興苕溪，自號桑苧翁。後寓信城時，又號東岡子。刺史姚驥嘗詣其宅，鑿沼爲溟渤之狀，積石爲嵩華之形。後隱士沈洪喬葺而居之。

《饒州志》〔四八三〕：　陸羽茶竈，在餘干縣冠山右峯。羽嘗品越溪水爲天下第二，故思居禪寺，鑿石爲竈，汲泉煮茶。曰丹爐，晉張氲作。元大德時，總管常福生從方士搜爐下，得藥二粒，盛以金盒，及歸開視，失之。

《續博物志》〔四八四〕：　物有異體而相制者，翡翠〔銷〕〔屑〕金，人氣粉犀，北人以鍼敲冰，南人以綫解茶。

《太平山川記》〔四八五〕：　茶葉寮，五代時于履居之。

《類林》〔四八六〕：　五代時，魯公和凝字成績，在朝率内列遞日以茶相飲。味劣者有罰，號爲『湯社』。

《浪樓雜記》〔四八七〕：　天成四年，度支奏：朝臣乞假省覲者，欲量賜茶藥。文班自左右常侍至侍郎，宜各賜蜀茶三斤，蠟面茶二斤；武班官，各有差。

馬令《南唐書》〔四八八〕：　豐城毛炳好學，家貧不能自給。入廬山與諸生〔留〕〔曲〕講，獲鏹即市酒盡醉。時彭會好茶而炳好酒，時人爲之語曰：『彭生作賦茶三〔片〕〔曲〕，毛氏傳詩酒半升。』

《十國春秋·楚王馬殷世家》〔四八九〕：　開平二年六月，判官高鬱請聽民售茶北客，收其徵以贍軍，從之。

秋七月，王奏運茶河之南北，以易繒纊、戰馬，仍歲貢二十五萬斤茶，詔可。由是，屬内民〔皆〕得自摘山造茶，而收其算，歲入萬計。高〔募户〕另置邸閣居茗，號曰『八牀主人』。

《荆南列傳》：文了，吴僧也，雅善烹茗，擅絶一時。武信王時，來遊荆南，延住紫雲禪院。日試其藝，王大加欣賞，呼爲『湯神』。奏授『華亭水大師』，人皆目爲『乳妖』。

《談苑》〔四九〇〕：茶之精者：北苑，名白乳頭，江左有金蠟面。李氏別命取其乳作片，或號曰京鋌、的乳二十餘品，又有研膏茶，即龍品也。

釋文瑩《玉壺清話》〔四九一〕：黄夷簡〔閒〕雅有詩名，在錢忠懿王幙中陪樽俎二十年。開寶初，太祖賜俶《開吴鎮越崇文耀武功臣》制誥，俶遣夷簡入謝於朝。歸而稱疾於安溪別業，保身潛遁。著《山居》詩，有『宿雨一番蔬甲嫩，春山幾焙茗旗香』之句，雅喜治（宅）〔釋〕。咸平中歸朝，爲光禄寺少卿，後以壽終焉。

《五雜組》〔四九二〕：（建）〔昔〕人喜鬥茶，故稱茗戰。錢氏子弟取霅上瓜，各言其中子之的數，剖之，以觀勝負，謂之瓜戰。然茗猶堪戰，瓜則俗矣。

《潛確類書》〔四九三〕：僞閩甘露堂前有茶樹兩株，鬱茂婆娑，宫人呼爲『清人樹』。每春初，嬪嬙戲於其下，採摘新芽，於堂中設『傾筐會』。

《宋史》〔四九四〕：紹興四年，初命四川宣撫使支茶博馬。

舊賜大臣茶，有龍鳳飾，明德太后曰：『此豈人臣可得？』命有司別製，入香京鋌，以賜之。

《宋史·職官志》〔四九五〕：茶庫掌茶，〔受〕江浙荆湖建劍茶茗，以給翰林諸司〔及〕賞賚出鬻。

《宋史・錢俶傳》〔四九六〕：太平興國三年，宴俶長春殿，令劉鋹、李煜預坐。俶貢茶十萬斤，建茶萬斤及銀絹等物。

《甲申雜記》〔四九七〕：仁宗朝，春試進士集英殿。后妃御太清樓觀之，慈聖光獻出餅角〔子〕以賜進士，出七寶茶以賜考〔試〕官。

《玉海》〔四九八〕：宋仁宗天聖三年幸南御莊，觀刈麥。遂幸玉津園，燕羣臣。聞民舍機杼〔聲〕，賜織婦茶綵。

陶穀《清異録》〔四九九〕：有得建州茶膏，取(出)〔作〕『耐重兒』八枚，膠以金縷，獻於閩王曦。遇通文之禍，爲内侍所盜，轉遺貴人。苻昭遠不喜茶，嘗爲同列御史會茶，嘆曰：『此物面目嚴冷，了無和美之態，可謂「冷面草」也。』

孫樵《送茶與焦刑部書》云：晚甘侯十五人，遣侍齋閣。此徒皆(乘)〔請〕雷而摘，拜水而和，蓋建陽丹山碧水之鄉，月澗雲龕之品，慎勿賤用之。

湯悦有《森伯頌》，蓋名茶也。方飲而森然，嚴乎齒牙，既久而四肢森然，二義一名。非熟乎湯甌境界者，誰能目之。吴僧梵川，誓願燃頂供養雙林傅大士。自往蒙頂(山)結庵種茶，凡三年，味方全美。得絶佳者曰『聖楊花』、『吉祥蘂』，共不逾五斤，持歸供獻。

宣城何子華，邀客於剖金堂。酒半，出嘉陽嚴峻所畫陸羽像懸之。子華因言：『前(代)〔世〕惑駿逸者爲「馬癖」，泥貫索者爲「錢癖」，愛子者有「譽兒癖」，躭書者有「左傳癖」，若此叟溺於茗事，何以名其癖？』楊粹仲曰：『茶雖珍，未離〔乎〕草也，宜追目陸氏爲「甘草癖」。』一座稱佳。

《類苑》〔五〇〇〕：學士陶穀，〔買〕得黨太尉家姬，取雪水烹團茶以飲。謂姬曰：『黨家應不識此？』姬曰：『彼粗人，安得有此！但能於銷金帳中，淺斟低唱，飲羊（膏）〔羔〕兒酒耳。』陶深愧其言。

胡嶠《飛龍澗飲茶詩》云〔五〇一〕：『沾牙舊姓餘甘氏，破睡當封不夜侯。』陶穀愛其新奇，令猶子彝和之。彝應聲曰：『生涼好唤鷄蘇佛，回味宜稱橄欖仙。』彝時年十二，亦文詞之有基址者也。

《〔序〕延福宫曲宴記》〔五〇二〕：宣和二年十二月癸巳，召宰執、親王、學士曲宴於延福宫。命近侍取茶具，〔上〕親手注湯擊（沸）〔拂〕。少頃，白乳浮盞，面如踈星淡月。顧諸臣曰：『此自（烹）〔布〕茶。』飲畢，皆頓首謝。

《宋朝紀事》〔五〇三〕：洪邁選成唐詩萬首絶句，表進壽皇。宣諭閣學選擇甚精，備見博洽，賜茶一百銙，清馥香一十貼，薫香二十貼，金器一百兩。

《乾淳歲時記》〔五〇四〕：仲春上旬，福建漕司進第一綱茶，名『北苑試新』。方寸小銙，進御止百銙。護以黄羅軟盝，藉以青箬，裹以黄羅，夾複臣封朱印，外用朱漆小匣、鍍金鎖，又以細竹絲織笈貯之，凡數重。此乃雀舌水芽，所造一銙之值四十萬，僅可供數甌之啜爾。或以一二賜外邸，則以生線分解，轉遺好事，以爲奇玩。

《南渡典儀》〔五〇五〕：車駕幸學，講書官講訖，御藥傳旨，宣坐賜茶。凡駕出，儀衛有茶酒班殿侍兩行，各三十一人。

《司馬光日記》〔五〇六〕：初除學士，待詔李堯卿宣召，稱有勅，口宣畢，再拜。升階，與待詔坐，啜茶。蓋中朝舊典也。

歐陽脩《龍茶録後序》〔五〇七〕：〔臣〕皇祐中修起居注，奏事仁宗皇帝，屢承天問，以建安貢茶併所以試茶之狀，諭臣論茶之舛謬。臣追念先帝顧遇之恩，覽本流涕，輒加正定，書之於石，以永其傳。

《隨手雜録》〔五〇八〕：子瞻在杭時，一日中使至，密（謂）〔語〕子瞻曰：『某出京師，辭官家，官家曰：「辭了（娘娘）〔孃孃〕來。」某辭太后殿，復到官家處，引某至一櫃子旁，出此一角。密語曰：「賜與蘇軾，不得令人知。」』遂出所賜，乃茶一斤，封題皆御筆。子瞻具劄，附進稱謝。

潘中散適爲處州守，一日作醮。其茶百二十盞皆乳花，内一盞如墨，詰之，則酌酒人誤酌茶〔籤〕中。潘焚香再拜，謝過，即成乳花。僚吏皆驚嘆。

《石林燕語》〔五〇九〕：故事，建州歲貢大龍鳳團茶各二斤，以八餅爲斤。仁宗時，蔡君謨知建州，始別擇茶之精者爲小龍團十斤以獻，斤爲十餅。仁宗以非故事，命劾之，大臣爲請，因留而免劾。然自是遂爲歲額。熙寧中，賈（清）〔青〕爲福建（轉）運使，又取小團之精者爲密雲龍，以二十餅爲（二）斤而雙袋，謂之雙角團。茶大小團袋皆用緋，通以爲賜也。密雲龍獨用黄蓋，專以奉玉食。其後，又有（爲）瑞雲翔龍者。宣和後，團茶不復貴，皆以爲賜，亦不復如向日之精。後取其精者爲銙茶，歲賜者不同，不可勝紀矣。

《春渚記聞》〔五一〇〕：東坡先生一日與魯直、文潛諸人會，飯既，食骨饚兒血羹。客有須薄茶者，因就取所碾龍團，遍啜坐客。或曰：使龍茶能言，當須稱屈。

魏了翁《〔邛州〕先茶記》：〔五一一〕眉山李君鏗爲臨邛茶官，吏以故事，三日謁先茶〔告〕。君詰其故，則曰：『是韓氏而王，號相傳爲然，實未嘗請命於朝也。』君曰：『飲食皆有先，而況茶之爲利，不惟民生食用之所資，亦馬政邊防之攸賴。是之弗圖，非忘本乎！』於是撤舊祠而增廣焉。且請於郡，上神之功狀於朝，宣賜榮號，以侈神賜，而馳書於靖，命記成役。

《拊掌録》〔五一二〕：宋自崇寧後，復榷茶，法制日嚴。私販者固已抵罪，而商賈官券（清）〔請〕納有限，道路有程，纖悉不如令，則被（擊）〔繫〕斷〔罪〕，或没貨出告（昏）〔緡〕，愚者往往不免。其儕乃目茶籠爲『草大蟲』，言〔其〕傷人如虎也。

《苕溪漁隱叢話》〔五一三〕：歐公《和劉原父揚州時會堂絶句》云：『積雪猶封蒙頂樹，驚雷未發建溪春。中州地暖萌芽早，入貢宜先百物新。』注〔云〕：『時會堂，造貢茶所也。』余以陸羽《茶經》考之，不言揚州出茶，惟毛文錫《茶譜》云：『揚州禪智寺，隋之故宫。寺（傍）〔枕〕蜀岡，其茶甘香，味如蒙頂焉。』第不知入貢之因，起何時也。

《盧溪詩話》〔五一四〕：雙井老人，以青沙蠟紙裹細茶，寄人不過二兩。

《青瑣詩話》〔五一五〕：大丞相李公昉嘗言：唐時目外鎮爲粗官，有學士貽外鎮茶，有詩謝云：『粗官乞與真虚擲，賴有詩情合得嘗。』外鎮，即薛能也。

《玉堂雜記》〔五一六〕：淳熙丁酉十一月壬寅，必大輪當内直。上曰：『卿想不甚飲，比賜宴，時見卿面赤。賜〔戊戌〕小春茶二十銙，葉世英墨五團，以代賜酒。』

陳師道《後山談叢》〔五一七〕：張忠定公令崇陽，民以茶爲業。公曰：茶利厚，官將取之，不若早自異也。

命拔茶而植桑，民以爲苦。其後榷茶，他縣皆失業，而崇陽之桑皆已成，其爲絹而北者，歲百萬疋矣。又見《名臣言行録》。

文正李公既薨，夫人誕日，宋宣獻公時爲侍從，公與其僚二十餘人，詣第上壽，拜於簾下。宣獻前曰：『太夫人不飲，以茶爲壽。』探懷出之，注湯以獻，復拜而去。

張芸叟《畫墁録》〔五一八〕：有唐茶品，以陽羨爲上供，建溪北苑未著也。貞元中，常衮爲建州刺史，始蒸焙而研之，謂研膏茶其後。稍爲餅樣，而穴其中，故謂之一串。陸羽所烹，惟是草茗爾。迨本朝，建溪獨盛，採焙製作，前世所未有也。士大夫珍尚鑑别，亦過古先。丁晉公爲福建轉運使，始製爲鳳團，後爲龍團，貢不過四十餅，專擬上供。（即）〔雖〕近臣之家，徒聞之而未嘗見也。天聖中，又爲小團，其品迥嘉於大團。賜兩府，然止於一斤。惟上大齋宿，兩府八人共賜小團一餅，縷之以金，八人析歸，以侈非常之賜。親知瞻玩，賡唱以詩。故歐陽永叔有《龍茶小録》。或以大團賜者，輒刲方寸，以供佛、供仙，奉家廟，已而奉親并待客，享子弟之用。熙寧末，神宗有旨建州製『密雲龍』，其品又加於小團。自『密雲龍』出，則二團少粗，以不能兩好也。予元祐中詳定殿試，是年（分）〔秋〕爲制舉考第官，各蒙賜三餅。然親知誅責，殆將不勝。

熙寧中，蘇子容使（北）〔遼〕，姚麟爲副。曰：『盍載些小團茶乎?』子容曰：『此乃上供之物，疇敢與北人！』未幾，有貴公子使（北）〔遼〕，廣貯團茶以往。自爾北人非團茶不納也，非小團不貴也。彼以二團易蕃羅一疋，此以一羅酬四團，少不滿意，即形言語。近有貴貂（守）〔處〕邊，以大團爲常供，『密雲龍』爲好茶云。

《鶴林玉露》〔五一九〕：嶺南人以檳榔代茶。

彭乘《墨客揮犀》〔五二〇〕： 蔡君謨議茶者，莫敢對公發言。建茶所以名重天下，由公也。後公製小團，其品尤精於大團。一日，福唐蔡葉丞秘教召公啜小團，坐久，復有一客至，公啜而味之曰：『此非獨小團，必有大團雜之。』丞驚呼童詰之，對曰：『本碾造二人茶，繼有一客至，造不及，即以大團兼之。』丞神服公之明審。王荆公爲小學士時，嘗訪君謨。君謨聞公至，喜甚，自取絶品茶，親滌器烹點，以待公，冀公稱賞。公於夾袋中取消風散一撮，投茶甌中，併食之。君謨失色。公徐曰：『大好茶味。』君謨大笑，且歎公之真率也。

魯應龍《閑窗括異志》〔五二一〕： 當湖德藏寺有水陸齋壇，往歲，富民沈忠建。每設齋，施主虔誠，則茶現瑞花。故花儼然可睹，亦一異也。

周煇《清波雜志》〔五二二〕： 先人嘗從張晉彦覓茶，張答以二小詩云：『内家新賜『密雲龍』，只到調元六七公。賴有山家供小草，猶堪詩老薦春風。仇池詩裏識焦坑，風味官焙可抗衡，鑽餘權倖亦及我，十輩遣前公試烹。』時總得偶病，此詩俾其子代書，後誤刊〔在〕《於湖集》中。焦坑，産庾嶺下，味苦硬，久方回甘。如『浮石已乾霜後水，焦坑新試雨前茶，』東坡南（還）〔遷〕回至章貢顯聖寺詩也。後屢得之，初非精品，特彼人自以爲重。包裹鑽權倖，亦豈能望建溪之勝。

《東京夢華録》〔五二三〕： 舊曹門街北山子茶坊，内有仙洞（春）〔仙〕橋，士女往往夜遊吃茶於彼。

《五色線》〔五二四〕： 騎火茶，不在火前，不在火後故也；清明改火，故曰騎火茶。

《夢溪筆談》〔五二五〕： 王城東素所厚惟楊大年。公有一茶囊，唯大年至，則取茶囊具茶，他客莫與也。

《華夷花木考》〔五二六〕： 宋二帝北狩，到一寺中，有二石金剛並拱手而立。神像高大，首觸桁棟，別無供器，止有石盂、香爐而已。有一胡僧出入其中，僧揖坐，問：『何來？』帝以南來對。僧呼童子點茶以進，茶味甚香美。再欲索飲，胡僧與童子趨堂後而去，移時不出。入内求之，寂然空舍，惟竹林間有一小室，中有石刻胡僧像，並二童子侍立。視之，儼然如獻茶者。

馬永卿《懶真子録》〔五二七〕：王元道嘗言：陝西子仙姑傳云得道術，能不食，年約三十許，不知其實年也。陝西提刑陽翟李熙民逸老正直剛毅人也，聞人所傳甚異，乃往青平軍自驗之。既見，道貌高古，不覺心服。因曰：『欲獻茶一杯，可乎？』姑曰：『不食茶久矣，今勉強一啜。』既食，少頃垂兩手出，玉雪如也。須臾，所食之茶從十指甲出，凝於地，色猶不變。逸老令就地刮取，且使嘗之，香味如故，因大奇之。

《朱子文集·與志南上人書》〔五二八〕：『偶得安樂茶，分上廿瓶。』

《陸放翁集·同何元立蔡肩吾至丁東院汲泉煮茶》詩云〔五二九〕：『（雲）〔雪〕芽近自峩眉得，不減紅囊顧渚春。旋置風爐清樾下，他年奇事（屬）〔記〕三人。』

《周必大集·送陸務觀赴七閩提舉常平茶事》詩云〔五三〇〕：『暮年桑苧毀《茶經》，應爲征行不到閩。今有雲孫持使節，好因貢焙祀茶（人）〔神〕。』

《梅堯臣集·晏成續太祝遺雙井茶五品茶具四枚近詩六十篇因賦詩爲謝》〔五三一〕。

《黄山谷集》有《博士王揚休碾密雲龍同事十三人飲之戲作》〔五三二〕。

晁補之《和答曾敬之秘書見招能賦堂烹茶》詩〔五三三〕：『一盌分來百越春，玉溪小暑卻宜人。紅塵他日同回首，能賦堂中偶坐身。』

《蘇東坡集·送周朝議守漢(川)〔州〕詩》云〔五三四〕：『茶爲西南病，甿俗記二李。何人折其鋒，矯矯六君子。』注：『二李，杞與稷也。六君子，謂師道與姪正(儒)〔孺〕、張永徽、吴醇翁、吕元鈞、宋文輔也。』蓋是時蜀茶病民，二李乃始敝之人，而六君子能持正論者也。

僕在黄州〔五三五〕，參寥自吴中來訪，館之東坡。一日，夢見參寥所作詩，覺而記其兩句云：『寒食清明都過了，石泉槐火一時新。』後七年，僕出守錢塘，而參寥始卜居西湖智果寺院，院有泉出石縫間，甘冷宜茶。寒食之明日，僕與客汎湖，自孤山來謁，參寥汲泉鑽火，烹黄蘗茶。忽悟所夢詩兆於七年之前，衆客皆驚歎。知傳記所載，非虚語也。

東坡《物類相感志》〔五三六〕：芽茶得鹽，不苦而甜。又云：喫茶多腹脹，以醋解之。又云：陳茶(末)燒煙，蠅速去。

《楊誠齋集·謝傅尚書送茶》〔五三七〕：遠餉新(茗)〔茶〕，當自攜大瓢，走汲溪泉，束澗底之散薪，燃折腳之石鼎，烹玉塵，啜(香)〔雲〕乳，以享天上故人之(惠)〔意〕。愧無胸中之書傳，但一味攪破菜園耳。

鄭景龍《續宋百家詩》：本朝孫志舉，有《訪王主簿同泛菊茶》詩。

吕元中《豐樂泉記》〔五三八〕：歐陽公既得釀泉，一日會客，有以新茶獻者。公勑汲泉瀹之，汲者道僕覆水，僞汲他泉代。公知其非釀泉，詰之，乃得是泉於幽谷山下。因名豐樂泉。

《侯鯖録》〔五三九〕：黄魯直云：爛蒸同州羊，沃以杏酪食之，以匕不以筯。抹南京麪，作槐葉冷淘，糁以襄邑熟猪肉，炊共城香稻，用吴人鱠松江之鱸。既飽，以康(山)〔王〕谷簾泉烹曾坑鬥品。少焉，卧北窗下，使人誦東坡赤壁前後賦，亦足少快。又見《蘇長公外紀》。

《蘇舜欽傳》〔五四〇〕：有興，則泛小舟出盤閶二門，吟嘯覽古，渚茶野釀，足以消憂。

《過庭録》〔五四一〕：劉貢父知長安，妓有茶嬌者，以色慧稱。貢父惑之，事傳一時。貢父被召至闕，歐陽永叔去城四十五里迓之，貢父以病酒未起。永叔戲之曰：『非獨酒能病人，茶亦能病人多矣。』

《合璧事類》〔五四二〕：覺林寺僧志崇，製茶有三等：待客以驚雷莢，自奉以萱草帶，供佛以紫茸香。凡赴茶者，輒以油囊盛餘瀝〔歸〕。

江南有驛（官）〔吏〕〔五四三〕，以幹事自任。白（太守）〔刺史〕曰：『驛中已理，請一閱之。』刺史乃往。初至一室爲酒庫，諸醖皆熟，其外懸一畫神，問：『何也？』曰：『杜康。』刺史曰：『公有餘也。』又至一室爲茶庫，諸茗畢備，復懸畫神，問：『何也？』曰：『陸鴻漸。』刺史益喜。又至一室爲葅庫，諸俎咸具，亦有畫神，問：『何也？』曰：『蔡伯喈。』刺史大笑曰：『不必置此。』

江浙間，養蠶（者）〔皆〕以鹽藏其繭而繰絲，恐繭蛾之生也。每繰畢，即煎茶葉爲汁，搗米粉溲之，篩於茶汁中煮爲粥，謂之『洗甌粥』。聚族以啜之，謂益明年之蠶。

《經鉏堂雜志》〔五四四〕：松聲、澗聲、山禽聲、夜蟲聲、鶴聲、琴聲、棋落子聲、雨滴堦聲、雪灑窗聲、煎茶聲，皆聲之至清者。

《松漠紀聞》〔五四五〕：燕京茶肆設雙陸局，如南人茶肆中置棋具也。

《夢粱録》〔五四六〕：茶肆列花架，安頓奇松異檜等物於其上，裝飾店面，敲打響盞。又，冬月添賣七寶擂茶、鐵子葱茶。茶肆樓上，專安着妓女，名曰『花茶坊』。

《南宋市肆記》〔五四七〕：平康歌館，凡初登門有提壺獻茗者，雖杯茶亦犒數千，謂之『點花茶』。

諸處茶肆：有清樂茶坊，八仙茶坊，珠子茶坊，潘家茶坊，連三茶坊，連二茶坊等名。

謝府有酒名『勝茶』〔五四八〕。

宋《都城紀勝》〔五四九〕：大茶坊（皆）〔張〕掛名人書畫，人情茶坊本以茶湯爲正，水茶坊乃娼家聊設菓凳，以茶爲由，後生輩甘於費錢，謂之『乾茶錢』。又有提茶瓶及『齪茶』名色。

《臆乘》〔五五〇〕：楊衒之作《洛陽伽藍記》，曰食有『酪奴』，蓋指茶爲酪粥之奴也。

瑯環記〔五五一〕：昔有客遇茅君，時當大暑，茅君於手巾内解茶葉，人與一葉。客食之，五内清涼。茅君曰：『此蓬萊〔山〕穆陀樹葉，衆仙食之以當飲。』又有寶文之蘂，食之不饑。故謝幼貞詩云：『摘寶文之初蕊，拾穆陀之墜葉。』

楊南峯《手鏡》載〔五五二〕：宋時姑蘇女子沈清友，有續鮑令暉《香茗賦》。

孫月峯《坡仙食飲録》〔五五三〕：密雲龍茶極爲甘馨。宋廖正一字明略，晚登蘇門，子瞻大奇之。時黄、秦、鼂、張號『蘇門四學士』，子瞻待之厚。每至，必令侍妾朝雲取密雲龍，烹以飲之。一日，又命取密雲龍，家人謂是四學士，窺之，乃明略也。山谷詩有矞雲龍，亦茶名。

《嘉禾志》〔五五四〕：煮茶亭，在秀水縣西南湖中景德寺之東禪堂。宋學士蘇軾與文長老嘗三過湖上，汲水煮茶。後人因建亭，以識其勝，今遺址尚存。

《名勝志》〔五五五〕：茶仙亭，在滁州瑯琊山。宋時，寺僧爲刺史曾肇建。蓋取杜牧《池州茶山病不飲酒》詩：『誰知病太守，猶得作茶仙』之句。子開詩云：『山僧獨好事，爲我結茅茨。茶仙榜亭中，頗宗樊川詩。』蓋紹聖二年肇知是州也。

陳眉公《珍珠船》〔五五六〕：蔡君謨謂范文正曰：公《採茶歌》云：『黃金碾畔緑塵飛，碧玉甌中翠濤起。』今茶絶品，其色甚白，翠緑乃下者耳。欲改其『玉塵飛』、『素濤起』如何？希文曰：『善！』又，蔡君謨嗜茶，老病不能飲，但把玩而已。

《潛確類書》〔五五七〕：宋紹興中，少卿曹戩避地南昌豐城縣。其母素喜茗飲，山初無井，戩乃齋戒祝天，即院堂後斲地纔尺，而清泉溢湧，後人名爲『孝感泉』。

大理徐恪，建人也。見貽鄉信鋌子茶，茶面印文曰『玉蟬膏』，一種曰『清風使』。

蔡君謨善别茶，建安能仁院有茶生石縫間，蓋精品也。寺僧採造得八餅，號『石巖白』。以四品遺君謨，以四餅密遣人走京師遺王内翰禹玉。歲餘，君謨被召還闕，過訪禹玉。禹玉命子弟於茶筒中選精品，碾以待蔡，蔡捧甌未嘗，輒曰：『此極似能仁寺石巖白，公何以得之？』禹玉未信，索帖驗之，乃服。

《月令廣義》〔五五八〕：蜀之雅州名山縣蒙山有五峯，峯頂有茶園。中頂最高處曰上清峯，產甘露茶。昔有僧病冷且久，嘗遇老父詢其病，僧具告之。父曰：『何不飲茶？』僧曰：『本以茶冷，豈能止乎？』父曰：『是非常茶，仙家有所謂雷鳴者而亦聞乎？』僧曰：『未也。』父曰：『蒙之山頂有茶，當以春分前後，多搆人力，俟雷之發聲，并手採摘，以多爲貴，至三日乃止。若獲一兩，以本處水煎服，能祛宿疾；服二兩，終身無病；服三兩，可以換骨；服四兩，即爲地仙。但精潔治之，無不效者。僧因之中頂，築室以俟。及期，獲一兩餘，服未竟，而病瘥。惜不能久住博求。而精健至八十餘，氣力不衰，時到城市，觀其貌，若年三十餘者，眉髮紺緑。後入青城山，不知所終。今四頂茶園不廢，惟中頂草木繁茂，重雲積霧，蔽虧日月，鷙獸時出，人跡罕到矣。

《太平清話》〔五五九〕：張文規以吴興白苧、白蘋洲、明月峽中茶爲『三絶』。文規好學，有文藻，蘇子由、孔武仲、何正臣諸公，皆與之游。

夏茂卿《茶董》〔五六〇〕：劉曄字子儀，嘗與劉筠飲茶，問左右：『湯滚也未？』衆曰：『已滚。』筠云：『僉曰鯀哉！』曄應聲曰：『吾與點也。』黄魯直以小龍團半鋌題詩贈晁無咎〔五六一〕，有云：『曲几蒲團聽煮湯，煎成車聲繞羊腸。雞蘇胡麻留渴羌，不應亂我官焙香。』東坡見之曰：『黄九恁地，怎得不窮？』

陳詩教《灌園史》〔五六二〕：杭妓周韶有詩名，好蓄奇茗，嘗與蔡君謨鬥勝，題品風味，君謨屈焉。

江參〔五六三〕，字貫道，江南人。形貌清癯，嗜香茶，以爲生。

《博學彙書》〔五六四〕：司馬温公與子瞻論茶墨云：『茶與墨二者正相反，茶欲白，墨欲黑；茶欲重，墨欲輕；茶欲新，墨欲陳。』蘇曰：『上茶妙墨俱香，是其德同也；皆堅，是其操同也。』公嘆以爲然。

元耶律楚材詩〔五六五〕：在西域作茶會值雪，有『高人惠我嶺南茶，爛賞飛花雪没車』之句。

《雲林遺事》〔五六六〕：光福徐達左，搆養賢樓於鄧尉山中，一時名士多集於此，元鎮爲尤數焉。嘗使童子入山擔七寶泉，以前桶煎茶，以後桶濯足。人不解其意，或問之，曰：『前者無觸，故用煎茶。後者或爲泄氣所穢，故以爲濯足之用。』其潔癖如此。

陳繼儒《妮古録》〔五六七〕： 至正辛丑九月三日，與陳徵君同宿愚庵師房，焚香煮茗，圖石梁秋瀑，翛然有出塵之趣。黄鶴山人王蒙題畫。

周敘《遊嵩山記》〔五六八〕： 見會善寺中有元雪庵頭陀茶榜，石刻字徑三寸許，遒偉可觀。

鍾嗣成《録鬼簿》〔五六九〕： 王實甫有《蘇小郎月夜販茶船》傳奇。

《吴興掌故録》： 明太祖喜顧渚茶，定制，歲貢止三十二斤。於清明前二日，縣官親詣採茶，進南京奉先殿焚香而已。未嘗別有上供。

《七脩類藁》〔五七〇〕： 明洪武二十四年，詔天下産茶之地，歲有定額，以建寧爲上，聽茶户採進，勿預有司。茶名有四： 探春、先春、次春、紫筍，不得碾揉爲大小龍團。

楊維楨《煮茶夢記》〔五七一〕： 鐵崖道人卧石牀，移二更，月微明，及紙帳，梅影亦及半窗。鶴孤立不鳴，命小(芸)〔雲〕童汲白蓮泉，燃槁湘竹，授以凌霄芽爲飲供。〔道人〕乃遊心太虚，恍兮入夢。

陸樹聲《茶寮記》〔五七二〕： 園居敞小寮於嘯軒埤垣之西，中設茶竈，凡瓢汲、罌注、濯拂之具咸庀。擇一人稍通茗事主之，一人佐炊汲。客至，則茶煙隱隱起竹外。其禪客過從予者，〔每〕與余相對結跏趺坐，啜茗汁，舉無生話。時杪秋既望，適園無諍居士與五臺僧演鎮、終南僧明亮同試天池茶，於茶寮中漫記。

《墨娥小録》〔五七三〕： 千里茶： 細茶一兩五錢，孩兒茶一兩，柿霜一兩，粉草末六錢，薄荷葉三錢； 右爲細末調匀，煉蜜丸如白豆大，可以代茶，便於行遠。

湯臨川《題飲茶録》〔五七四〕：陶學士謂：『湯者，茶之司命。』此言最得三昧。馮祭酒精於茶政，手自料滌，然後飲客。客有笑者，余戲解之云：『此正如美人，又如古法書名畫，度可著俗漢手否！』

陸釴《病逸漫記》〔五七五〕：東宫出講，必使左右迎請講官。講畢，則語東宫官云：『先生吃茶。』

《玉堂叢語》〔五七六〕：愧齋陳公，性寬坦。在翰林時，夫人嘗試之。會客至，公呼茶，夫人曰：『未煮。』公曰：『也罷。』又呼曰：『乾茶！』夫人曰：『未買。』公曰：『也罷。』客爲捧腹，時號『陳也罷』。

沈周《客座新聞》〔五七七〕：吴僧大機，所居古屋三四間，潔淨不容唾。善瀹茗，有古井清冽爲稱。客至，出一甌爲供，飲之，有滌腸湔胃之爽。先公與交甚久，亦嗜茶，每入城，必至其所。

沈周《書岕茶别論後》：自古名山，留以待羈人遷客，而茶以資高士，蓋造物有深意。而周慶叔者，爲《岕茶别論》以行之天下。度銅山金穴中無此福，又恐仰屠門而大嚼者未必領此味。慶叔隱居長興，所至載茶具，邀余素鷗黄葉間，共相欣賞。恨鴻漸、君謨不見慶叔耳，爲之覆茶三嘆。

馮夢禎《快雪堂漫録》〔五七八〕：李於鱗爲吾浙按察副使，徐子與以岕茶之最精餉之。比看子與於昭慶寺，問及，則已賞皂役矣。蓋岕茶葉大梗多，於鱗北士，不遇宜也。紀之以發一笑。

閔元衢《玉壺冰》〔五七九〕：良宵燕坐，篝燈煮茗，萬籟俱寂，疏鐘時聞。當此情景，對簡編而忘疲，徹衾枕而不御，一樂也。

《甌江逸志》〔五八〇〕：永嘉歲進茶芽十斤，樂清茶芽五斤，瑞安、平陽歲進亦如之。

雁山五珍：龍湫茶，觀音竹，金星草，山藥，官香魚也。茶即明茶，紫色而香者，名玄茶。其味皆似天池而稍薄。

王世懋《二酉委譚》〔五八一〕：余性不耐冠帶，暑月尤甚。豫章天氣蚤熱，而今歲尤甚。春三月十七日，觴客於滕王閣。日出如火，流汗接踵，頭涔涔，幾不知所措。歸而煩悶，婦爲具湯沐，便科頭裸身赴之。時西山雲霧新茗初至，張右伯適以見遺。茶色白，大作荳子香，幾與虎邱埒。余時浴出，露坐明月下，亟命侍兒汲新水烹，嘗之，覺沆瀣入咽，兩腋風生。念此境味，都非宦路所有。琳泉蔡先生老而嗜茶，尤甚於余。時已就寢，不可邀之共啜。晨起復烹，遺之，然已作第二義矣。追憶夜來風味，書一通以贈先生。

《湧幢小品》〔五八二〕：王璡，昌邑人。洪武初，爲寧波知府。有給事來謁，具茶。給事爲客居間，公大呼：『撤去！』給事慚而退，因號『撤茶太守』。

《臨安志》〔五八三〕：棲霞洞内有水洞，深不可測，水極甘冽。魏公嘗調以瀹茗。

《西湖志餘》〔五八四〕：杭州先年有酒館而無茶坊。然富家宴會，猶有專供茶事之人，謂之『茶博士』。

《潘子真詩話》〔五八五〕：葉濤詩極不工，而喜賦詠。嘗有《試茶詩》云：『碾成天上龍兼鳳，煮出人間蟹與蝦。』好事者戲云：『此非試茶，乃碾玉匠人嘗南食也。』

董其昌《容臺集》〔五八六〕：蔡忠惠公進小團茶，至爲蘇文忠公所譏。謂與錢思公進黃姚花同失士氣。然宋時君臣之際，情意藹然，猶見於此。且君謨未嘗以貢茶干寵，第點綴太平世界一段清事而已。東坡書歐陽公滁州二《記》，知其不肯書《茶録》。余以蘇法書之爲公懺悔，不則蟄龍詩句，幾臨湯火，有何罪過！凡持論，不大遠人情可也。

金陵春卿署中，時有以松蘿茗相貽者，平平耳。歸來山館，得啜尤物，詢知爲閔汶水所蓄。汶水家在金陵，與余相及海上之鷗舞而不下，蓋知稀爲貴，鮮遊大人者。昔陸羽以精茗事，爲貴人所侮，作《毁茶論》。如汶水者，知其終不作此論矣。

李日華《六研齋筆記》〔五八七〕：攝山棲霞寺有茶坪，茶生榛莽中，非經人剪植者。唐陸羽入山採之，皇甫冉作詩送之。

《紫桃軒雜綴》：泰山無茶茗，山中人摘青桐芽點飲，號女兒茶。又有松苔，極饒奇韻。

《鍾伯敬集·茶訊》詩云〔五八八〕：『猶得年年一度行，嗣音幸借採茶名。』伯敬與徐波元歎交厚，吴楚風煙相隔數千里。以買茶爲名，一年通一訊，遂成佳話，謂之『茶訊』。

黄道周《茶供説》〔五八九〕：婁江逸人朱汝圭，精於茶事。將以茶隱，欲求爲之記，願歲歲採渚山青芽，爲余作供。余觀楞嚴壇中設供，取白牛乳、砂糖、純蜜之類，西方沙門婆羅門，以葡萄、甘蔗漿爲上供，未有以茶供者。鴻漸長於苾蒭者也，杼山禪伯也，而鴻漸《茶經》、杼山《茶歌》，俱不云供佛。西土以貫花燃香供佛，不以茶供，斯亦供養之缺典也。汝圭益精心治辦茶事，金芽素瓷，清淨供佛，他生受報，往生香國。以諸妙香而作佛事，豈但如丹丘羽人飲茶生羽翼而已哉。余不敢當汝圭之茶供，請以茶供佛。後之精於茶道者，以採茶供佛爲佛事，則自余之諗汝圭始。爰作《茶供説》以贈。

《五燈會元》〔五九〇〕：摩突羅國，有一青林枝葉茂盛地，名曰『優留茶』。

僧問如寶禪師曰〔五九一〕：『如何是和尚家風？』師曰：『飯後三椀茶。』僧問谷泉禪師曰：『未審客來如何祇待?』師曰:『雲門胡餅趙州茶。』

《淵鑑類函》〔五九二〕:鄭愚茶詩:『嫩芽香且靈,吾謂草中英。夜臼和煙搗,寒爐對雪烹。』因謂茶曰『草中英』。

素馨花曰『裨茗』〔五九三〕:陳白沙《素馨記》以其能少裨於茗耳。一名乃那悉茗花。

《佩文韻府》〔五九四〕:元好問詩注:唐人以茶爲小女美稱。

《黔南行紀》〔五九五〕:陸羽《茶經》記黄牛峽茶可飲,因令舟人求之。有媪賣新茶一籠,與草葉無異,山中無好事者故耳。初,余在峽州,問士大夫黄陵茶,皆云粗澀不可飲。試問小吏,云:『唯僧茶味善。』令求之,得十餅,價甚平也。攜至黄牛峽,置風爐清樾間,身自候湯,手斟得味,既以享黄牛神,且酌元明、堯夫,云:『不減江南茶味也。』乃知夷陵士大夫以貌取之耳。

《九華山録》〔五九六〕:至化城寺,謁金地藏塔。僧祖瑛獻土産茶,味可敵北苑。

馮時可《茶録》〔五九七〕:松郡佘山亦有茶,與天池無異,顧採造不如。近有比邱來,虎邱法製之,味與松蘿等。老衲亟逐之,曰:『毋爲此山開羶徑而置火坑。』

冒巢民《岕茶彙鈔》〔五九八〕:憶四十七年前,有吴人柯姓者,熟於陽羨茶山。每桐初露白之際,爲余入岕,篛籠攜來十餘種,其最精妙者不過斤許數兩耳。味老香深,具芝蘭金石之性,十五年以爲恒。後宛姬從吴門歸余,則岕片必需半塘顧子兼,黄熟香必金平叔。茶香雙妙,更入精微。然顧、金茶香之供,每歲必先虞山柳夫人,吾邑隴西之蒨姬,與余共宛姬,而後他及。

金沙于象明攜岕茶來，絶妙。金沙之於精鑑賞，甲於江南。而岕山之棋盤頂，久歸于家。每歲，其尊人必躬往採製。今夏攜來廟後、棋頂、漲沙、本山諸種，各有差等，然道地之極真極妙，二十年所無。又辨水候火，與手自洗，烹之細潔，使茶之色香性情從文人之奇嗜異好，一一淋灕而出。誠如丹丘羽人所謂飲茶生羽翼者，真衰年稱心樂事也。

吴門七十四老人朱汝圭，攜茶過訪，〔茶〕與象明頗同，多花香一種。汝圭之嗜茶自幼，如世人之結齋於胎。年十四入岕，迄今春夏不渝者，百二十番。奪食色以好之。有子孫爲名諸生，老不受其養。謂不嗜茶爲不似阿翁，每竦骨入山，卧遊虎虺，負籠入肆，嘯傲甌香。晨夕滌甆洗葉，啜弄無休。指爪齒頰，與語言激揚讚頌之津津，恒有喜神妙氣，與茶相長養，真奇癖也。

《嶺南雜記》〔五九九〕：潮州燈節，飾姣童爲採茶女。每隊十二人或八人，手挈花籃，迭進而歌，俯仰抑揚，極備妖妍。又以少長者二人爲隊首，擎綵燈，綴以扶桑、茉莉諸花，採女進退作止，皆視隊首。至各衙門或巨室唱歌，賚以銀錢、酒果。自十三夕起至十八夕而止。余録其歌數首，頗有《前溪》、《子夜》之遺。

周亮工《閩小記》〔六〇〇〕：歙人閔汶水，居桃葉渡上。予往品茶其家，見其水火皆自任，以小酒盞酌客，頗極烹飲態。正如德山擔青龍鈔，高自矜許而已，不足異也。秣陵好事者，嘗誚閩無茶，謂閩客得閩茶，咸製爲羅囊佩而嗅之，以代旃檀。實則閩不重汶水也。閩客游秣陵者宋比玉、洪仲章輩，類依附吴兒，强作解事，賤家雞而貴野鶩，宜爲其所誚歟。三山薛老，亦秦淮汶水也。薛嘗言汶水假他味作蘭香，究使茶之真味盡失。汶水而在，聞此亦當色沮。薛嘗住另眴，自爲剪焙，遂欲駕汶水上。余謂茶固難以香名，況以蘭定茶，乃咫尺見也。頗以薛老論爲善。

延、邵人呼製茶人爲『碧豎』。富沙陷後，碧豎盡在緑林中矣。

蔡忠惠《茶録》石刻，在甌寧邑庠壁間。予五年前搨數紙寄所知，今漫漶不如前矣。

閩酒數郡如一，茶亦類是。今年予得茶甚夥，學坡公義酒事，盡合爲一，然與未合無異也。

李仙根《安南雜記》〔六〇一〕：交趾稱其貴人曰『翁茶』。翁茶者，大官也。

《虎丘茶經注補》〔六〇二〕：徐天全自金齒謫回，每春末夏初，入虎邱開茶社。

羅光璽作《虎丘茶記》，嘲山僧有『替身茶』。

吴匏庵與沈石田遊虎邱，採茶手煎對啜，自言有茶癖。《漁洋詩話》〔六〇三〕：林確齋者，亡其名。江右人，居冠石。率子孫種茶，躬親畚鍤、負擔，夜則課讀《毛詩》、《離騷》。過冠石者，見三四少年，頭着一幅布，赤腳揮鋤，琅然歌出金石。竊嘆以爲古圖畫中人。

《尤西堂集》有《戲册茶爲不夜侯制》〔六〇四〕。

朱彝尊《日下舊聞》〔六〇五〕：上巳後三日，新茶從馬上至。至之日，宫價五十金，外價二三十金。不一二日，即二三金矣。見《北京歲華記》。

《曝書亭集》〔六〇六〕：錫山聽松庵僧〔人〕性海，製竹火爐，王舍人過而愛之，爲作山水横幅，并題以詩。歲久爐壞，盛太常因而更製，流傳都下，羣公多爲吟詠。顧梁汾典籍仿其遺式製爐，及來京師，成容若侍衛以舊圖贈之。丙寅之秋，梁汾攜爐及卷過余海波寺寓。適姜西溟、周青士、孫愷似三子亦至，坐青藤下，燒爐試武夷茶，相與聯句成四十韻，用書於册，以示好事之君子。

蔡方炳《增訂廣輿記》〔六〇七〕：湖廣長沙府攸縣古蹟，有茶王城，即漢茶陵城也。

葛萬里《清異録》〔六〇八〕：倪元鎮飲茶用果按者，名清泉白石。非佳客不供，有客請見，命進此茶。客渴，再及而盡，倪意大悔，放盞入内。

黄周星九煙〔六〇九〕，夢讀《採茶賦》，只記一句云：『施凌雲以翠步。』

《别號録》〔六一〇〕：宋曾幾吉甫，别號茶山。明許應元子春，别號茗山。

《隨見録》〔六一一〕：武夷五曲朱文公書院内，有茶一株，葉有臭蟲氣，及焙製出時，香逾他樹，名曰臭葉香茶。又有老樹數株，云係文公手值，名曰宋樹。

《西湖遊覽志〔餘〕》〔六一二〕：立夏之日，人家各烹新茗，配以諸色（南）〔細〕果，餽送親戚比隣，謂之『七家茶』。

南屏謙師妙於茶事，自云得心應手，非可以言傳學到者。

劉士亨有《謝璘上人惠桂花茶詩》云〔六一三〕：『金粟金芽出焙篝，鶴邊小試兎絲甌。葉含雷信三春雨，花帶天香八月秋。味美絶勝陽羨種，神清如在廣寒遊。玉川句好無才續，我欲逃禪問趙州。』

李世熊《寒支集》〔六一四〕：新城之山有異鳥，其音若簫，遂名曰簫曲山。山産佳茗，亦名簫曲茶，因作歌紀事。

《禪玄顯教編》〔六一五〕：徐道人居廬山天池寺，不食者九年矣。畜一墨羽鶴，嘗採山中新茗，令鶴銜松枝烹之，遇道流，輒相與飲幾椀。

張鵬翀《抑齋集》有《御賜鄭宅茶賦》〔六一六〕：青雲幸接於後塵，白日捧歸乎深殿。從容步緩，膏芬齊出螭頭；肅穆神凝，乳滴將開蠟面。用以濡毫，可毫文章之草；將之比德，勉爲精白之臣。

八之出

《國史補》〔六一七〕：風俗貴茶，其名品益衆。劍南有蒙頂石花，或小方，〔或〕散芽，號爲第一。湖州〔有〕顧渚之紫筍，東川有神泉、小團、(緑)昌明、獸目。峽州有小江園、碧澗(寮)、明月(寮)、〔芳蕊〕、茱萸寮，福州有栢巖、方山露芽，婺州有東白、舉巖，碧貌，建安有青鳳髓，夔州有香山，江陵有(楠)〔南〕木，湖南有衡山，睦州有鳩坑，洪州有西山之白露，壽州有霍山之黄芽，綿州之松嶺，雅州之露芽，南康之雲居，彭州之仙崖、石花，渠州之薄片，邛州之火井、思安，黔陽之都濡、高株，瀘川之納溪、梅嶺，義興之陽羨春，池陽鳳嶺，皆品第之最著者也。

《文獻通考》：片茶之出於建州者有：龍、鳳、石乳、的乳、白乳、頭金、蠟面、頭骨、次骨、末骨、粗骨、山鋌十二等，以充歲貢及邦國之用，洎本路食茶。餘州片茶有：進寶、雙勝、寶山、兩府出興國軍，仙芝、嫩蕊、福合、禄合、運合、(脂)〔指〕合出饒、池州，泥片出虔州，緑英、金片出袁州，玉津出臨江軍，靈川出福州，先春、早春、華英、來泉、勝金出歙州，獨行、靈草、緑芽、片金、金茗出潭州，大拓枕出江陵，大小巴陵、開勝、開捲、小捲、生黄、翎毛出岳州，雙上、緑牙、大小方出岳、辰、澧州，東首、淺山、薄側出光州，總(二)〔三〕十六名。其兩浙及宣、江、鼎州，止以上中下，或第一至第五爲號。其散茶，則有：太湖、龍溪、次號、末號出淮南，岳麓、草子、楊樹、雨前、雨後出荆湖，清口出歸州，茗子出江南，總十一名。

葉夢得《避暑録話》〔六一八〕：北苑茶正所産爲曾坑，謂之正焙；非曾坑爲沙溪，謂之外焙。二地相去不遠，而茶種懸絶。沙溪色白過於曾坑，但味短而微澀，識〔茶〕者一啜，如别涇渭也。余始疑地氣土宜，不應頓異如此。及來山中，每開闢徑路，刳治巖竇，有尋丈之間，土色各殊肥瘠，緊緩燥潤，亦從而不同。並植兩木於數步之間，封培灌溉略等，而生死、豐悴如二物者。然後知事不經見，不可必信也。草茶極品，惟雙井、顧渚，亦不過各有數畝。雙井在分寧縣，其地屬黄氏魯直家也。元祐間，魯直力推賞於京師，族人交致之，然歲僅得一二斤爾。顧渚在長興縣，所謂吉祥寺也，其半爲今劉侍郎希范家所有。兩地所産，歲亦止五六斤。近歲，寺僧求之者多，不暇精擇，不及劉氏遠甚。余歲求於劉氏，過半斤則不復佳。蓋茶味雖均，其精者在嫩芽。取其初萌如雀舌者，謂之槍；稍敷而爲葉者，謂之旗。旗非所貴，不得已取一槍一旗，猶可。過是則老矣，此所以爲難得也。

《歸田録》〔六一九〕：臘茶出於劍、建，草茶盛於兩浙。兩浙之品，日注爲第一。自景祐以後，洪州雙井白芽漸盛，近歲製作尤精。囊以紅紗，不過一二兩，以常茶十數斤養之，用辟暑濕之氣。其品遠出日注上，遂爲草茶第一。

《雲麓漫鈔》〔六二〇〕：茶出浙西湖州爲上，常州次之。湖州出長(興)〔城〕顧渚山中，常州出義興君山懸脚嶺北岸下等處。

則孟所寄乃陽羡茶也。

《蔡寬夫詩話》〔六二一〕：玉川子《謝孟諫議寄新茶詩》有『手閲月團三百片』，及『天子須嘗陽羡茶』之句，則孟所寄乃陽羡茶也。

《楊文公談苑》〔六二二〕：蠟茶出建州，陸羽《茶經》尚未知之，但言福、建等州未詳，往往得之，其味極佳。江左近日方有蠟面之號。丁謂《北苑茶録》云：剏造之始，莫有知者。質之三館檢討杜鎬，亦曰在江左日始記有研膏茶。歐陽公《歸田録》亦云出福建，而不言所起。按：唐氏諸家説中往往有蠟面茶之語，則是自唐有之也。

《事物紀原》〔六二三〕：江左李氏，别令取茶之乳作片，或號京鋌、的乳及骨子等，是則京鋌之品，自南唐始也。《〔北〕苑録》云：的乳以降，以下品雜鍊售之，唯京師去者，至真不雜，意由此得名。或曰：自開寶〔來〕〔末〕方有此茶。當時識者云：金陵僭國，唯曰都下，而以朝廷爲京師。今忽有此名，其將歸京師乎！

羅廩《茶解》〔六二四〕：按唐時産茶地，僅僅如季疵所稱。而今之虎邱、羅岕、天池、顧渚、松羅、龍井、鴈宕、武夷、靈川、大盤、日鑄、朱溪諸名茶，無一與焉。乃知靈草在在有之，但培植不嘉，或疎於採製耳。

《潛確類書·茶譜》〔六二五〕：袁州之界橋，其名甚著，不若湖州之研膏紫筍，烹之有緑腳垂下。又婺州有舉巖茶，片片方細，所出雖少，味極甘芳，煎之如碧玉之乳也。

《農政全書》〔六二六〕：玉壘關外寶唐山有茶樹，産懸崖。筍長三寸五寸，方有一葉兩葉。涪州有三般茶：賓化最上，其次白馬，最下涪陵。

《煮泉小品》〔六二七〕：茶自浙以北皆較勝。惟閩廣以南，不惟水不可輕飲，而茶亦當慎之。昔鴻漸未詳嶺南諸茶，但云：『往往得之，其味極佳。』余見其地多瘴癘之氣，染着水草，北人食之，多致成疾。故謂人當慎之也。

《茶譜通考》〔六二八〕：岳陽之含膏冷，劍南之緑昌明，蘄門之團黄，蜀川之雀舌，巴東之真香，夷陵之壓磚，龍安之騎火。

《江南通志》〔六二九〕：蘇州府吴縣西山産茶，穀雨前採焙極細者販於市，爭先騰價，以雨前爲貴也。

《吴郡虎邱志》〔六三〇〕：虎邱茶，僧房皆植，名聞天下。穀雨前摘細芽焙而烹之，其色如月下白，其味如荳花香。近因官司征以餽遠，山僧供茶一斤，費用銀數錢。是以苦於齎送，樹不修葺，甚至刈斫之，因以絶少。

《米襄陽志林》〔六三一〕：蘇州穹窿山下有海雲庵，庵中有二株樹，其二株皆連理，蓋二百餘年矣。

《姑蘇志》〔六三二〕：虎邱寺西産茶，朱安雅云：今二山門西偏，本名茶嶺。

陳眉公《太平清話》〔六三三〕：洞庭中西盡處有仙人茶，乃樹上之苔蘚也，四皓採以爲茶。

《圖經續記》〔六三四〕：洞庭小青山塢出茶，唐宋入貢，下有水月寺，因名水月茶。

《古今名山記》〔六三五〕：支硎山茶塢，多種茶。

《隨見録》：洞庭山有茶，微似岕而細，味甚甘香，俗呼爲『嚇殺人〔香〕』。産碧螺峯者尤佳，名碧螺春。

《松江府志》〔六三六〕：佘山在府城北，舊有佘姓者修道於此，故名。山産茶，與笥並美，有蘭花香味。故陳眉公云：余鄉佘山茶，與虎邱相伯仲。

《常州府志》〔六三七〕：武進縣章山麓有茶巢嶺，唐陸龜蒙嘗種茶於此。

《天下名勝志》〔六三八〕：南岳古名陽羨山，即君山北麓。孫皓既封國，後遂禪此山爲岳，故名。唐時産茶充貢，即所云南岳貢茶也。

常州宜興縣東南，别有茶山。唐時造茶入貢，又名唐貢山，在縣東南三十五里，均山鄉。

《武進縣志》〔六三九〕：茶山路，在廣化門外十里之内，大墩小墩，連綿簇擁，有山之形。唐代湖常二守會陽羨造茶修貢，由此往返，故名。

《檀几叢書》〔六四〇〕：茗山，在宜興縣西南五十里永豐鄉。皇甫曾有《送羽南山採茶詩》，可見唐時貢茶在茗山矣。

唐李栖筠守常州日，山僧獻陽羨茶。陸羽品爲芬芳冠世産，可供上方。遂置茶舍於洞靈觀，歲造萬兩入貢。後韋夏卿徙於無錫縣罨畫溪上，去湖汊一里所。許有穀詩云：『陸羽名荒舊茶舍，卻教陽羨置郵忙。』是也。

義興南岳寺，唐天寶中，有白蛇銜茶子墜寺前，寺僧種之庵側，由此滋蔓，茶味倍佳，號曰『蛇種』。土人重之，每歲爭先餉遺。官司需索，修貢不絶。迨今方春採茶，清明日，縣令躬享白蛇於卓錫泉亭，隆厥典也。後來檄取，山農苦之，故袁高有『陰嶺茶未吐，使者牒已頻』之句。郭三益詩：『官符星火催春焙，卻使山僧怨白蛇。』盧仝茶歌：『安知百萬億蒼生，命墜顛崖受苦辛。』可見貢茶之累民，亦自古然矣。

《洞山〔岕〕茶系》〔六四一〕：羅岕，去宜興而南踰八九十里，浙直分界，只一山岡，岡南即長興。山兩峯相阻，介就夷曠者，人呼爲岕。〔注〕云：『履其地，始知古人制字有意。今字書，「岕」字但注云山名耳。』有八十八處，前横大磵，水泉清駛，漱潤茶根，洩山土之肥澤，故洞山爲諸岕之最。自西氾溯漲渚而入，取道茗嶺，甚險惡。縣西南八十里。自東氾溯湖汉而入，取道瀍嶺，稍夷，才通車騎。所出之茶，厥有四品：

第一品，老廟後，廟祀山之土神者，瑞草叢鬱，殆比茶星肸蠁矣。地不下二三畝，苕溪姚象先與婿〔朱奇生〕分有之。茶皆古本，每歲產不過二十斤，色淡黃不綠，葉筋淡白而厚。製成，梗絕少。入湯，色柔白，如玉露，味甘芳，香藏味中。空濛深永，啜之愈出，致在有無之外。

第二品，新廟後棋盤頂、紗帽頂、手巾條，姚八房及吴江周氏地。產茶亦不能多，香幽色白，味冷雋，與老廟不甚別。啜之，差覺其薄耳。此皆洞頂岕也。總之，品岕至此清如孤竹，和如柳下，並入聖矣。今人以色濃香烈爲岕茶，真耳食而迷其似也。

第三品，廟後漲沙、大（袁）〔兗〕頭、姚洞、羅洞、王洞、范洞、白石。

第四品，下漲沙、梧桐洞、余洞、石場、丫頭岕、留青岕、黄龍、（巖）〔炭〕竈、龍池。〔注云：〕此皆平洞本岕也。

外山之長潮、青口、箵莊、顧渚、茅山岕，俱不入品。

《岕茶彙鈔》〔六四二〕：洞山茶之下者，香清葉嫩，着水香消。棋盤頂、紗帽頂、雄鵝頭、茗嶺，皆產茶地。諸地有老柯、嫩柯，惟老廟後無二梗。葉叢密，香不外散，稱爲上品也。

《鎮江府志》：潤州之茶，傲山爲佳。

《寰宇記》〔六四三〕：揚州江都縣蜀岡有茶園，茶甘旨如蒙頂。蒙頂在蜀，故以名岡。上有時會堂、春貢亭，皆造茶所，今廢。見毛文錫《茶譜》。

《宋史·食貨志》〔六四四〕：散茶出淮南，有龍溪、雨前、雨後之類。

《安慶府志》：六邑俱産茶，以桐之龍山、潛之閔山者爲最。蒔茶源，在潛山縣。香茗山，在太湖縣。大小茗山，在望江縣。

《隨見録》：宿松縣産茶，嘗之頗有佳種，但製不得法。倘别其地，辨其等，製以能手，品不在六安下。

《徽州志》：茶産於松蘿，而松蘿茶乃絶少。其名則有勝金、嫩桑、仙芝、來泉、先春、運合、華英之品，其不及號者，爲片茶八種。近歲茶名，細者有雀舌、蓮心、金芽；次者爲芽下白，爲走林，爲羅公；又其次者爲開園，爲軟枝，爲大方，製名號多端，皆松蘿種也。

吴從先《茗説》〔六四五〕：松蘿，予土産也。色如梨花，香如荳蘂，飲如嚼雪。種愈佳，則色愈白。即經宿無茶痕，固足美也。秋露白片，子更輕清，若空但香大惹人，難久貯，非富家不能藏耳。真者其妙若此，略溷他地一片，色遂作惡，不可觀矣。然松蘿地如掌，所産幾許，而求者四方雲至，安得不以他溷耶！

《黄山志》：蓮花庵旁，就石縫養茶，多輕香冷韻，襲人齗齶。《昭代叢書》：張潮云，吾鄉天都有抹山茶，茶生石間，非人力所能培植。味淡香清，足稱仙品。採之甚難，不可多得。

《隨見録》：松蘿茶，近稱紫霞山者爲佳。又有南源、北源名色，其松蘿真品，殊不易得。黄山絶品，有雲霧茶，别有風味，超出松蘿之外。

《通志》：寧國府屬宣、涇、寧、旌、太諸縣，各山俱産松蘿。

《名勝志》：寧國縣鴉山，在文脊山北，産茶充貢。《茶經》云：味與蘄州同。宋梅詢有『茶煮鴉山雪滿甌』之句，今不可復得矣。

《農政全書》〔六四六〕：宣城縣有丫山，形如小方餅，横鋪茗芽，産其上。其山東爲朝日所燭，號曰陽坡，其茶最勝。太守薦之，京洛人士題曰：『丫山陽坡横（文）〔紋〕茶』，一名瑞草魁。

《華夷花木考》〔六四七〕：（宛陵）〔池州〕茗地源茶，根株頗碩，生於陰谷。春夏之交，方發萌芽。莖條雖長，旗槍不展，乍紫乍緑。天聖初，郡守李虚己同太史梅詢嘗試之，品以爲建溪、顧渚不如也。

《隨見録》：宣城有緑雪芽，亦松蘿一類。又有翠屏等名色，其涇川涂茶，芽細，色白，味香，爲上供之物。

《通志》：池州府屬青陽、石埭、建德，俱産茶。貴池亦有之，九華山閔公墓茶，四方稱之。

《九華山志》〔六四八〕：金地茶，西域僧金地藏所植，今傳枝梗空筒者是。大抵煙霞雲霧之中，氣常温潤，與地上者不同，味自異也。

《通志》：廬州府屬六安、霍山並産名茶，其最著者白茅貢尖，即茶芽也。每歲茶出，知州具本恭進。六安州有小峴山，出茗名小峴春，爲六安極品。霍山有梅花片，乃黄梅時摘製，色香兩兼，而味稍薄。又有銀針、丁香、松蘿等名色。

《紫桃軒雜綴》：余生平慕六安茶，適一門生作彼中守，寄書託求數兩，竟不可得，殆絶意乎！

《陳眉公筆記》〔六四九〕：雲桑茶，出瑯琊山。茶類桑葉而小，山僧焙而藏之，其味甚清。

廣德州建平縣雅山出茶，色香味俱美。

《浙江通志》：杭州錢塘、富陽及餘杭徑山多產茶。

《天中記》〔六五〇〕：杭州寶雲山出者名寶雲茶，下天竺香林洞者名香林茶，上天竺白雲峯者名白雲茶。

田子藝云〔六五一〕：龍泓今稱龍井，因其深也。郡志稱有龍居之，非也。蓋武林之山皆發源天目，有龍飛鳳舞之讖，故西湖之山以龍名者多，非真有龍居之也。有龍，則泉不可食矣。泓上之閣，亟宜去之；浣花諸池，尤所當浚。

《湖壖雜記》〔六五二〕：龍井產茶則荳花香，與香林、寶雲、石人塢垂雲亭者絶異，採於穀雨前者尤佳。啜之淡然，似乎無味，飲過後覺有一種太和之氣，瀰淪於齒頰之間，此無味之味，乃至味也。爲益於人不淺，故能療疾。其貴如珍，不可多得。

《坡仙食飲録》〔六五三〕：寶嚴院垂雲亭亦產茶，僧怡然以垂雲茶見餉，坡報以大龍團。

陶穀《清異録》〔六五四〕：開寶中竇儀以新茶餉予，味極美。奩面標云龍陂山子茶，龍陂是顧渚山之別境。

《吴興掌故》〔六五五〕：顧渚左右有大小官山，皆爲茶園。明月峽在顧渚側，絶壁削立，大澗中流，亂石飛走，茶生其間，尤爲絶品。張文規詩所謂『明月峽中茶始生』是也。

顧渚山，相傳以爲吴王夫差於此顧望原隰，可爲城邑，故名。唐時其左右大小官山，皆爲茶園，造茶充貢，故其下有貢茶院。

《蔡寛夫詩話》〔六五六〕：湖州紫筍茶出顧渚，在常湖二郡之間，以其萌茁紫而似筍也。每歲入貢，以清明日到，先薦宗廟，後賜近臣。

馮可賓《岕茶牋》〔六五七〕：環長興境産茶者：曰羅嶰，曰白巖，曰烏瞻，曰青東，曰顧渚，曰篠浦，不可指數。獨羅嶰最勝，環嶰境十里而遥爲嶰者，亦不可指數。嶰而曰岕，兩山之介也。羅隱隱此，故名。在小秦王廟後，所以稱廟後羅岕也。洞山之岕，南面陽光，朝旭夕輝，雲滃霧浡，所以味迥别也。

《名勝志》〔六五八〕：茗山，在蕭山縣西三里。以山中出佳茗也。又，上虞縣後山茶，亦佳。

《方輿勝覽》〔六五九〕：會稽有日鑄嶺，嶺下有寺名資壽，其陽坡名油車，朝暮常有日，茶産其地，絶奇。歐陽文忠云：『兩浙草茶，日鑄第一。』

《紫桃軒雜綴》：普陀老僧貽余小白巖茶一裹，葉有白茸，瀹之無色。徐引覺冷透心腑。僧云：本巖歲止五六斤，專供大士，僧得啜者寡矣。

《普陀山志》：茶以白華巖頂者爲佳。

《天台記》〔六六〇〕：丹邱出大茗，服之生羽翼。

桑莊《茹芝續〔茶〕譜》〔六六一〕：天台茶有三品：紫凝、魏嶺、小溪是也。今諸處並無出産，而土人所需，多來自西坑、東陽、黄坑等處。石橋諸山，近亦種茶，味甚清甘，不讓他郡。蓋出自名山霧中，宜其多液而全厚也。但山中多寒，萌發較遲，兼之做法不佳，以此不得取勝。又，所産不多，僅足供山居而已。

《天台山志》〔六六二〕：葛仙翁茶圃，在華頂峯上。

《郡芳譜》：安吉州茶，亦名紫筍。

《通志》：茶山，在金華府蘭溪縣。

《廣輿記》：鳩坑茶，出嚴州府淳安縣；方山茶，出衢州府龍游縣。

勞大輿《甌江逸志》〔六六三〕：浙東多茶品，雁宕山稱第一。每歲穀雨前三日，採摘茶芽進貢。一槍兩旗而白毛者，名曰明茶；穀雨日採者，名雨茶。一種紫茶，其色紅紫，其味，尤佳，香氣尤清，又名玄茶。其味皆似天池而稍薄。難種薄收，土人厭人求索，園圃中少種，間有之，亦爲識者取去。按盧仝《茶經》云：温州無好茶，天台瀑布水、甌水味薄，唯雁宕山水爲佳，此茶山亦爲第一。曰去腥膩，除煩惱，卻昏散，消積食。但以錫瓶貯者，得清香味。不以錫瓶貯者，其色雖不堪觀，而滋味且佳，同陽羨山岕茶無二無別。採摘近夏，不宜早。炒做，宜熟不宜生。如法，可貯二三年。愈佳愈能消宿食，醒酒此爲最者。

《王草堂茶説》〔六六四〕：温州中奥及漈上茶，皆有名。性不寒不熱。

屠粹忠《三才藻異》〔六六五〕：舉巖，婺茶也。片片方細，煎如碧乳。

《江西通志》〔六六六〕：茶山，在廣信府城北，陸羽嘗居此。

洪州西山白露、鶴嶺〔茶〕〔六六七〕，號絶品。以紫清、香城（？）者爲最。及雙井茶芽，即歐陽公所云『石上生茶如鳳爪』者也。又，羅漢茶如荳苗，因靈觀尊者自西山持至，故名。

《南昌府志》：新建縣鵝岡西有鶴嶺，雲物鮮美，草木秀潤，産名茶，異於他山。

《通志》〔六六八〕：瑞州府出茶芽。廖暹《十詠》呼爲雀舌香焙云。其餘臨江、南安等府俱出茶，廬山亦産茶。

袁州府界橋出茶，今稱仰山稠平、木平者佳，稠平者爲尤妙。

贛州府寧都縣出林岕，乃一林姓者以長指甲炒之。採製得法，香味獨絶，因之得名。

《名勝志》[六六九]：茶山寺，在上饒縣城北三里。按《圖經》，即廣教寺。中有茶園數畝，陸羽泉一勺。羽性嗜茶，環居皆植之，烹以是泉，後人遂以廣教寺爲茶山寺云。宋有茶山居士曾吉甫名幾，以兄開忤秦檜，奉祠僑居此寺凡七年，杜門不問世故。

《丹霞洞天志》[六七〇]：建昌府麻姑山産茶，惟山中之茶爲上，家園植者次之。

《饒州府志》[六七一]：浮梁縣陽府山，冬無積雪，凡物早成，而茶尤殊異。金君卿詩云：『聞雷已薦雞鳴筍，未雨先嘗雀舌茶。』以其地暖故也。

《通志》[六七二]：南康府出匡茶，香味可愛，茶品之最上者。

九江縣、彭澤縣九都山出茶，其味略似六安。

《廣輿記》：德化茶出九江府，又崇義縣多産茶。

《吉安府志》：龍泉縣匡山有苦齋，章溢所居。四面峭壁，其下多白雲，上多北風，植物之味皆苦。野蜂巢其間，採花蘂作蜜，味亦苦。其茶苦於常茶。

《羣芳譜》[六七三]：太和山騫林茶，初泡極苦澀，至三四泡，清香特異，人以爲茶寶。

《福建通志》：福州、泉州、建寧、延平、興化、汀州、邵武諸府，俱産茶。

《合璧事類》[六七四]：建州出大片，方山之芽如紫筍，片大極硬，須湯浸之，方可碾。治頭痛，江東老人多服之。

周櫟園《閩小記》〔六七五〕： 鼓山半巖茶，色香風味當爲閩中第一，不讓虎邱、龍井也。雨前者，每兩僅十錢，其價甚廉。一云前朝每歲進貢，至楊文敏當國，始奏罷之。然近來官取，其擾甚於進貢矣。

栢巖，福州茶也。巖即栢梁臺。

《興化府志》： 仙游縣出鄭宅茶，真者無幾，大都以贗者雜之，雖香而味薄。

陳懋仁《泉南雜志》〔六七六〕： 清源山茶，青翠芳馨，超軼天池之上。南安縣英山茶，精者可亞虎丘，惜所産不若清源之多也。閩地氣暖，桃李冬花，故茶較吴中差早。

《延平府志》： 櫻毛茶，出南平縣半巖者佳。

《建寧府志》： 北苑在郡城東，先是建州貢茶首稱北苑龍團，而武夷石乳之名未著。至元時，設場於武夷，遂與北苑並稱。今則但知有武夷，不知有北苑矣。吴越間人頗不足閩茶，而甚艷北苑之名，不知北苑實在閩也。

宋趙汝礪《北苑别録》〔六七七〕： 建安之東三十里，有山曰鳳凰。山下直北苑，旁聯諸焙，厥土赤壤，厥茶惟上上。太平興國中，初爲御焙，歲模龍鳳，以羞貢篚，蓋表珍異。慶曆中，漕臺益重其事，品數日增，制度日精。厥今茶自北苑上者，獨冠天下，非人間所可得也。方其春蟲震蟄，羣夫雷動，一時之盛，誠爲大觀。故建人謂至建安而不詣北苑，與不至者同。僕因攝事，遂得研究其始末，姑摭其大概，修爲十餘類目，曰《北苑别録》云。

御園： 九窠十二隴，麥窠，壤園，龍游窠，小苦竹，苦竹裹，雞藪窠，苦竹，苦竹源，鼯鼠窠，教練隴，鳳凰山，大小焊，横坑，猿遊隴，張坑，帶園，焙東，中歷，東際，西際，官平，石碎窠，上下官坑，虎膝窠，樓隴，蕉窠，新園，天樓基，院坑，曾坑，黄際，馬鞍山，林園，和尚園，黄淡窠，吴彦山，羅漢山，水桑窠，銅場，師姑園，靈滋，苑馬園，高畬，大窠頭，小山。

右四十六所，廣袤三十餘里。自官平而上爲内園，官坑而下爲外園。方春靈芽萌坼，〔常〕先民焙十餘日。如九窠十二隴、龍游窠、小苦竹、張坑、西際，又爲禁園之先也。

《東溪試茶録》〔六七八〕：舊記建安郡官焙三十有八。丁氏《舊録》云：官私之焙千三百三十有六，而獨記官焙三十有二。東山之焙十有四：北苑龍焙一，乳橘内焙二，乳橘外焙三，重院四，壑嶺五，渭源六，范源七，蘇口八，東宫九，石坑十，建溪十一，香口十二，火梨十三，開山十四。南溪之焙十有二：下瞿一，濛洲東二，汾東三，南溪四，斯源五，小香六，際會七，謝坑八，沙龍九，南鄉十，中瞿十一，黄熟十二。西溪之焙四：慈善西一，慈善東二，慈惠三，船坑四。北山之焙二：慈善東一，豐樂二。外有曾坑、石坑、壑源、葉源、佛嶺、沙溪等處，惟壑源之茶甘香特勝。

茶之名有七：一曰白〔葉〕茶，民間大重，出於近歲。園焙時有之。地不以山川遠近，發不以社之先後。芽葉如紙，民間以爲茶瑞，取其第一者爲鬥茶。次曰柑葉茶，樹高丈餘，徑頭七八寸，葉厚而圓，狀（如）〔類〕柑橘之葉。其芽發，即肥乳，長二寸許，爲食茶之上品。三曰早茶，亦類柑葉，發常先春，民間採製爲試焙者。四曰細葉茶，葉比柑葉細薄，樹高者五六尺，芽短而不肥乳。今生沙溪山中，蓋土薄而不茂也。五曰稽茶，葉細而厚密，芽晚而青黄。六曰晚茶，蓋稽茶之類。發比諸茶較晚，生於社後。七曰叢茶，亦曰叢生茶，高不數尺，一歲之間，發者數四，貧民取以爲利。

《品茶要録》〔六七九〕：壑源、沙溪，其地相背而中隔一嶺，其去無數里之遥，然茶産頓殊。有能出力移栽植之，亦爲風土所化。竊嘗怪茶之爲草，一物耳，其勢必猶得地而後異，豈水絡地脈偏鍾粹於婺源，而御焙占此大岡巍隴，神物伏護，得其餘蔭耶？何其甘芳精至，而美擅天下也！觀夫春雷一鳴，筠籠纔起，售者已擔簦挈橐於其門，或先期而散留金錢，或茶纔入笪而爭酬所直，故婺源之茶常不足客所求。其有桀猾之園民，陰取沙溪茶葉，雜就家棬而製之。人耳其名，睨其規模之相若，不能原其實者蓋有之矣。凡婺源之茶售以十，則沙溪之茶售以五，其直大率倣此。然沙溪之園民亦勇於覔利，或雜以松黄，飾其首面，凡肉理怯薄，體輕而色黄，試時鮮白，不能久泛，香薄而味短者，沙溪之品也。凡肉理實厚，質體堅而色紫，試時泛盞凝久，香滑而味長者，婺源之品也。

《潛確類書》〔六八〇〕： 歷代貢茶，以建寧爲上。有龍團、鳳團、石乳、（滴）〔的〕乳、（緑昌明）、頭骨、次骨、末骨、（鹿）〔粗〕骨、山鋌等名，而密雲龍最高，皆碾屑作餅。至國朝，始用芽茶，曰探春、先春，曰次春，曰紫筍，而龍鳳團皆廢矣。

名勝志〔六八一〕： 北苑茶園屬甌寧縣。舊經云： 僞閩龍啓中，里人張暉以所居北苑地宜茶，悉獻之官，其名始著。

《三才藻異》〔六八二〕： 石巖白，建安能仁寺茶也。生石縫間。

建安府屬浦城縣江郎山出茶，即名江郎茶。

《武夷山志》〔六八三〕： 前朝不貴閩茶，即貢者亦只備宫中涴濯甌盞之需。貢使類以價貨京師所有者納之，間有採辦，皆劍津廖地產，非武夷也。黄冠每市山下茶，登山貿之，人莫能辨。

茶洞在接笋峯側，洞門甚隘，内境夷曠，四週皆穹崖壁立。土人種茶，視他處爲最盛。

崇安殷令招黄山僧以松蘿法製建茶真堪並駕，人甚珍之，時有武夷松蘿之目。

王梓《茶説》〔六八四〕：武夷山週迴百二十里，皆可種茶。茶性，他産多寒，此獨性温。其品有二：在山者爲巖茶，上品；在地者爲洲茶，次之。香清濁不同，且泡時巖茶湯白，洲茶湯紅，以此爲别。雨前者爲頭春，稍後爲二春，再後爲三春。又有秋中採者，爲秋露白，最香。須種植、採摘、烘焙得宜，則香味兩絶。然武夷本石山，峯巒載土者寥寥，故所産無幾。若洲茶，所在皆是。即隣邑，近多栽植，運至山中及星村墟市賈售，皆冒充武夷。更有安溪所産，尤爲不堪。或品嘗其味，不甚貴重者，皆以假亂真，誤之也。至於蓮子心、白毫，皆洲茶，或以木蘭花熏成欺人，不及巖茶遠矣。張大復《梅花筆談》：《經》云：嶺南生福州、建州。今武夷所産，其味極佳。蓋以諸峯拔立，正陸羽所云茶上者生爛石中者耳。

《草堂雜録》〔六八五〕：武夷山有三味茶，苦、酸、甜也。别是一種，飲之味果屢變，相傳能解酲消脹，然採製甚少，售者亦稀。《隨見録》：武夷茶在山上者爲巖茶，水邊者爲洲茶。巖茶爲上，洲茶次之。巖茶北山者爲上，南山者次之。南北兩山，又以所産之巖名爲名。其最佳者名曰『工夫茶』。工夫之上，又有小種，則以樹名爲名。每株不過數兩，不可多得。茶之名色有蓮子心、白毫、紫毫、龍鬚、鳳尾、花香、蘭香、清香、奥香、選芽、漳芽等類。

《廣輿記》：秦寧茶出邵武府。

福寧州大姥山出茶，名緑雪芽。

《湖廣通志》：　武昌茶出通山者上，崇陽、蒲圻者次之。

《廣輿記》：　崇陽縣龍泉山，周二百里，山有洞。　好事者持炬而入，行數十步許，坦平如室，可容千百衆。石渠流泉，清冽，鄉人號曰魯溪巖，産茶甚甘美。

《天下名勝志》：　湖廣江夏縣洪山，舊名東山。《茶譜》云：　鄂州東山出茶，黑色如韭，食之已頭痛。

《武昌郡志》：　茗山，在蒲圻縣北十五里，産茶。　又大冶縣亦有茗山。

《荆州土地記》〔六八六〕：　武陵七縣通出茶，最好。

《岳陽風土記》〔六八七〕：　㴩湖諸山舊出茶，謂之㴩湖茶。　李肇所謂岳州㴩湖之含膏是也，唐人極重之，見於篇什。　今人不甚種植，惟白鶴僧園有千餘本，土地頗類北苑，所出茶一歲不過一二十斤，土人謂之白鶴茶。味極甘香，非他處草茶可比，並茶園地色亦相類，但土人不甚植爾。

《通志》：　長沙茶陵州以地居茶山之陰，因名。　昔炎帝葬於茶山之野。　茶山，即雲陽山，其陵谷間多生茶茗故也。　長沙府出茶，名安化茶。　辰州茶出漵浦，（彬）〔郴〕州亦出茶。

《類林新詠》〔六八八〕：　長沙之石楠葉，摘芽爲茶，名欒茶，可治頭風。　湘人以四月四日摘楊桐草，搗其汁，拌米而蒸，猶餻糜之類。　必啜此茶，乃去風也。　尤宜暑月飲之。

《合璧事類》〔六八九〕：　潭邵之間有渠江，中出茶而多毒蛇、猛獸。　鄉人每年採擷不過十五六斤，其色如鐵，而芳香異常，烹之無腳。

湘潭茶〔六九〇〕，味略似普洱，土人名曰芙蓉茶。

《茶事拾遺》〔六九一〕：潭州有鐵色，夷陵有壓磚。

《通志》〔六九二〕：靖州出茶油，蘄水有茶山，産茶。

《河南通志》：羅山茶，出河南汝寧府信陽州。

《桐柏山志》〔六九三〕：瀑布山，一名紫凝山，産大葉茶。

《山東通志》〔六九四〕：兖州府費縣蒙山石巔有花如茶，土人取而製之，其味清香，迥異他茶，貢茶之異品也。

《輿志》〔六九五〕：蒙山一名東山，上有白雲巖，産茶，亦稱蒙頂。王草堂云：乃石上之苔爲之，非茶類也。

《廣東通志》：廣州、韶州、南雄、肇慶各府及羅定州俱産茶。西樵山在郡城西一百二十里，峯巒七十有二。唐末詩人曹松，移植顧渚茶於此，居人遂以茶爲生業。

韶州府曲江縣曹溪茶，歲可三四採，其味清甘。

潮州大埔縣、肇慶思平縣，俱有茶山。德慶州有茗山，欽州靈山縣亦有茶山。

吴陳琰《曠園雜志》〔六九六〕：端州白雲山，出雲獨奇。山故莳茶，在絶壁，歲不過得一石許，價可至百金。

《王草堂雜録》〔六九七〕：粤東珠江之南産茶，曰河南茶。潮陽有鳳山茶，樂昌有毛茶，長樂有石茗，瓊州有靈茶、烏藥茶云。

《嶺南雜記》〔六九八〕：廣南出苦薆茶，俗呼爲苦丁，非茶也。葉如掌大一片入壺，其味極苦，少則反有甘味。噙嚥，利咽喉之症，功並山豆根。

化州有琉璃茶，出琉璃庵，其產不多。香與峒岕相似，僧人奉茶，不及一兩。

羅浮有茶，產於山頂石上。剥之，如蒙頂之石茶，其香倍於廣岕，不可多得。

《南越志》〔六九九〕：龍川縣出皋盧，味苦澀，南海謂之過盧。

《陝西通志》：漢中府興安州等處出茶，如金州石泉、漢陰、平利、西鄉諸縣，各有茶園，他郡則無。

《四川通志》：四川產茶州縣凡二十九處，成都府之資陽、安縣、灌縣、石泉、崇慶等，重慶府之南川、黔江、酆都、武隆、彭水等，夔州府之建始、開縣等，及保寧府、遵義府、嘉定州、瀘州、雅州、烏蒙等處。

東川茶有神泉、獸目，邛州茶曰火井。

《華陽國志》〔七〇〇〕：涪陵無蠶桑，惟出茶、丹漆、蜜蠟。

《花木考》〔七〇一〕：蒙頂茶，受陽氣全，故芳香。唐李德裕入蜀，得蒙餅以沃於湯瓶之上，移時盡化，乃驗其真蒙頂。又有五花茶，其片作五出〔花〕。

毛文錫《茶譜》〔七〇二〕：蜀州〔出〕晉原、洞口、橫原、（珠）〔味〕江、青城，有橫芽、雀舌、鳥觜、麥顆，蓋取其嫩芽所造，以形似之也。又有片甲、蟬翼之異。片甲者，〔即是〕早春黃芽，其葉相抱如片甲也；蟬翼者，其葉嫩薄，如蟬翼也。皆散茶之最上者。

《東齋紀事》〔七〇三〕：蜀雅州蒙頂產最佳，其生最晚，每至春逮夏之交始出，常有雲霧覆其上，若有神物護持之。

《羣芳譜》〔七〇四〕：峽州茶有小江園、碧磵寮、明月〔寮〕、芳蘂寮、茱萸寮等。

陸平泉《茶寮記事》〔七〇五〕：　蜀雅州蒙頂上有火前茶最好，謂禁火以前採者。後者謂之火後茶。有露芽、穀芽之名。

《述異記》〔七〇六〕：　巴東有真香茗，其花白色，如薔薇，煎服令人不眠，能誦無忘。

《廣輿記》：　峩嵋山茶，其味初苦而終甘。又瀘州茶可療風疾，又有一種烏茶，出天全六番招討使司境内。

王新城《隴蜀餘聞》〔七〇七〕：　蒙山在名山縣西十五里，有五峯，最高者曰上清峯。其巔一石，大如數間屋，有茶七株，生石上，無縫罅，云是甘露大師手植。每茶時，葉生，智炬寺僧輒報有司往視，籍記其葉之多少，採製纔得數錢許。明時，貢京師僅一錢有奇。環石别有數十株，曰陪茶，則供藩府諸司之用而已。其旁有泉，恒用石覆之，味清妙，在惠泉之上。

《雲南記》〔七〇八〕：　名山縣出茶，有山曰蒙山，聯延數十里，在西南。按《拾遺志》、《尚書》所謂『蔡蒙旅平』者，蒙山也，在雅州。凡蜀茶盡出此。

《雲南通志》〔七〇九〕：　茶山，在元江府城西北普洱界。太華山，在雲南府西，産茶，色味似松蘿，名曰太華茶。

普洱茶出元江府普洱山，性温味香。兒茶出永昌府，俱作團。又感通茶出大理府點蒼山感通寺。

《續博物志》〔七一〇〕：　威遠州，即唐南詔銀生府之地。諸山出茶，收採無時，雜椒薑烹而飲之。

《廣輿記》：　雲南廣西府出茶。又灣甸州出茶，其境内孟通山所産，亦類陽羨茶，穀雨前採者香。

曲靖府茶子叢生，單葉，子可作油。

許鶴沙《滇行紀程》〔七一一〕：滇中陽山茶絶類松蘿。

《天中記》〔七一二〕：容州黄家洞出竹茶，其葉如嫩竹，土人採以作飲，甚甘美。廣西容縣，唐容州。

《貴州通志》：貴陽府産茶，出龍里東苗坡及陽寶山。土人製之無法，味不佳。近亦有採芽以造者，稍可供啜。

威寧府茶出平遠，産石間，以法製之，味亦佳。

《地圖綜要》〔七一三〕：貴州新添軍民衛産茶，平越軍民衛亦出茶。

《研北雜志》〔七一四〕：交趾（出）茶，如緑苔，味辛烈，名〔之〕曰『（登）〔菳〕』。北虜重譯，名茶曰『釵』。

卷下之下

九之略

茶事著述名目〔七一五〕：

《茶經》，三卷，唐太子文學陸羽撰。

《煎茶水記》，一卷，江州刺史張又新撰。

《採茶録》，三卷，温庭筠撰。

《茶述》，裴汶〔撰〕。

《茶譜》，一卷，僞蜀毛文錫〔撰〕。

《大觀茶論》，二十篇，宋徽宗撰。

《建安茶録》，三卷，丁謂撰。

《（試）茶録》，二卷，蔡襄撰。

《進茶録》〔七一六〕，一卷，前人。

《品茶要録》，一卷，建安黄儒撰。

《建安茶記》，一卷，吕惠卿撰。

《北苑拾遺〔録〕》，一卷，劉异撰。

《北苑煎茶法》〔七一七〕，前人。

《東溪試茶録》，〔一卷〕，宋子安集〔七一八〕。

《補茶經》，一卷，周絳撰。

又一卷，前人〔七一九〕。

《（北）〔茶〕苑總録》，十二卷，曾伉録。

《茶山節對》，一卷，攝衢州長史蔡宗顔撰。

《茶譜遺事》，一卷，前人。

《宣和北苑貢茶録》，〔一卷〕，建陽熊蕃撰。

《（宋）〔本〕朝茶法》，沈括。

《茶論》〔七二〇〕，前人。

《北苑别録》，一卷，趙汝礪撰。

《北苑别録》，無名氏〔七二一〕。

《造茶雜録》〔七二二〕，張文規。

《茶雜文》，一卷，〔佚名〕，集古今詩文及茶者。

《壑源茶録》，一卷，章炳文。

《北苑别録》，〔一卷〕，熊克。

《龍焙美成茶録》，范逵。

《茶法易覽》，十卷，沈立。

《煮茶泉品》，葉清臣。

《建茶論》〔七二三〕，羅大經。

《十友譜·茶譜》〔七二四〕，失名。

《品茶》〔七二五〕，一篇，陸魯望。

《續茶譜》，桑莊茹芝。

《茶録》，張源。
《煎茶七類》，徐渭。
《茶寮記》，陸樹聲。
《茶譜》，顧元慶。
《茶具圖》，一卷，前人。
《茗笈》，屠本畯。
《茶録》，馮時可。
《岕山茶記》，熊明遇。
《茶疏》，許次紓。
《八牋·茶譜》〔七二六〕，高濂。
《煮泉小品》，田藝蘅。
《茶牋》，屠隆。
《岕茶牋》，馮可賓。
《峒山〔岕〕茶系》，周高起伯高。
《水品》，徐獻忠。
《竹嬾茶衡》〔七二七〕，李日華。

《茶解》，羅廩。
《松寮茗政》，卜萬祺。
《茶譜》，錢友蘭翁。
《茶集》，一卷，胡文焕。
《茶記》〔七二八〕，吕仲吉。
《茶箋》，聞龍。
《岕茶别論》，周慶叔。
《茶董》，夏茂卿。
《茶説》，邢士襄。
《茶史》，趙長白。
《茶説》〔七二九〕，吴從先。
《武夷茶説》，袁仲儒。
《茶譜》〔七三〇〕，朱碩儒。見黄與堅集。
《岕茶彙鈔》，冒襄。
《茶考》，徐𤊹。
《羣芳譜·茶譜》，王象晉。

《佩文齋廣羣芳譜·茶譜》。

詩文名目〔七三一〕：

杜毓《荈賦》〔七三二〕。

顧况《茶賦》〔七三三〕。

吴淑《茶賦》。

李文簡《茗賦》〔七三四〕。

梅堯臣《南有佳茗賦》〔七三五〕。

黄庭堅《煎茶賦》〔七三六〕。

程宣子《茶銘》〔七三七〕。

曹暉《茶銘》〔七三八〕。

蘇廙《仙芽傳》。

湯悦《森伯傳》〔七三九〕。

蘇軾《葉嘉傳》。

支廷訓《湯蘊之傳》。

徐巖泉《六安州茶居士傳》。

吕温《三月三日茶宴序》。

熊禾《北苑茶焙記》〔七四〇〕。

趙孟熧《武夷山茶場記》〔七四一〕。

薩都剌《喊山臺記》〔七四二〕。

文德翼《廬山免給茶引記》〔七四三〕。

茅一相《茶譜序》〔七四四〕。

清虚子《茶論》〔七四五〕。

何恭《茶議》〔七四六〕。

汪可立《茶經後序》〔七四七〕。

吴旦《茶經跋》〔七四八〕。

童承敍《論茶經》〔七四九〕。

趙觀《煮泉小品序》〔七五〇〕。

詩文摘句：

《合璧事類》〔七五一〕：　龍溪《除起宗制》有云：『必能爲（我）〔吾〕講摘山之（制）〔利〕，得充厩之良。』

胡文恭行孫諮制有云〔七五二〕：『領算商車，典（領）〔臨〕茗（軸）〔局〕。』

唐武元衡有《謝賜新火及新茶表》〔七五三〕，劉禹錫、柳宗元有《代武中丞謝賜新茶表》。

韓翃《爲田神玉謝賜茶表》〔七五四〕，有『味足蠲邪，助其正直；香堪愈（疾）〔病〕，沃以勤勞』，『吴主禮賢，方聞置茗；晉臣愛客，纔有分茶』之句。

《宋史》〔七五五〕：李稷重秋葉黃花之禁。

宋《通商茶法詔》〔七五六〕，乃歐陽修筆。《代福建提舉茶事謝上表》，乃洪邁筆。

謝宗《謝茶啓》〔七五七〕：『比丹丘之仙芽，勝烏程之御荈。不止味同露液，白況霜華。豈可爲酪蒼頭，便應代酒從事。』

《茶榜》〔七五八〕：『雀舌初調，玉盌分時茶思健；龍團搥碎，金渠碾處睡魔降。』

劉言史與孟郊洛北野泉上煎茶〔七五九〕，有詩。

僧皎然尋陸羽不遇，有詩。〔七六〇〕

白居易有《睡後茶興憶楊同州》詩〔七六一〕。

皇甫曾有《送陸羽採茶》詩〔七六二〕。

劉禹錫《西山蘭若試茶歌》有云〔七六三〕：『欲知花乳清泠味，須是眠雲跂石人。』

鄭谷《峽中嘗茶詩》〔七六四〕：『入座半甌輕泛綠，開緘數片淺含黃。』

杜牧《茶山詩》〔七六五〕：『山實東（南）〔吳〕秀，茶稱瑞草魁。』

施肩吾詩〔七六六〕：『茶爲滌煩子，酒爲忘憂君。』

秦韜玉有《採茶》詩〔七六七〕。

顏真卿有《月夜啜茶聯句》詩〔七六八〕。

司空圖詩〔七六九〕：『碾盡明昌幾角茶。』

李羣玉詩〔七七〇〕：『客有衡（山）〔岳〕隱，遺余石廩茶。』

李郢《酬友人春暮寄枳花茶》詩〔七七一〕。

蔡襄有北苑、茶壟、採茶、造茶、試茶詩五首〔七七二〕。

《朱熹集》：香茶供養黄（柏）〔蘗〕長老悟公塔〔七七三〕，有詩。

文公《茶坂》詩〔七七四〕：『攜籯北嶺西，採葉供茗飲。一啜夜窗寒，跏趺謝衾枕。』

蘇軾有《和錢安道寄惠建茶》詩〔七七五〕。

《坡仙食飲録》有《問大冶長老乞桃花茶栽〔東坡〕》詩〔七七六〕。

《韓駒集·謝人送鳳團茶》詩〔七七七〕：『白髪前朝舊史官，風爐煮茗暮江寒。蒼龍不復從天下，拭淚看君小鳳團。』

蘇轍有《詠茶花》詩二首〔七七八〕，有云：『細嚼花鬚味亦長，新芽一粟葉間藏。』

孔平仲夢錫惠墨答以蜀茶〔七七九〕，有詩。

岳珂《茶花盛放滿山》詩〔七八〇〕，有『潔躬淡薄隱君子，苦口森嚴大丈夫』之句。

《趙抃集·次謝許少卿寄臥龍山茶》詩〔七八一〕，有『越芽遠寄入都時，酬唱（爭）〔珍〕誇互見詩』之句。

文彦博詩〔七八二〕：『舊譜最稱蒙頂味，露芽雲液勝醍醐。』

張文規詩〔七八三〕：『明月峽中茶始生。』明月峽與顧渚聯屬，茶生其間者，尤爲絶品。

孫覿有《飲修仁茶》詩〔七八四〕。

韋處厚《茶嶺》詩〔七八五〕：『顧渚吴（霜）〔商〕絶，蒙山蜀信稀。千叢因此始，含露紫（茸）〔英〕肥。』

《周必大集·胡邦衡生日以詩送北苑八銙日注二瓶》〔七八六〕：『賀客稱觴滿冠霞，懸知酒渴正思茶。尚書八餅分閩焙，主簿雙瓶揀越芽。』又有《次韻王少府送焦坑茶》詩。

陸放翁詩〔七八七〕：『寒泉自换菖蒲水，活火閒煎橄欖茶。』又，《村舍雜書》：『東山石上茶，鷹爪初脱韝。雪落紅絲磑，香動銀毫甌。爽如聞至言，餘味終日留。不知葉家白，亦復有此否？』

劉詵詩〔七八八〕：『鸚鵡茶香堪供客，茶䕷酒熟足娱親。』

王禹偁《茶園》詩〔七八九〕：『茂育知天意，甄收荷主恩。沃心同直諫，苦口類嘉言。』

《梅堯臣集·宋著作寄鳳茶》詩〔七九〇〕：『團爲蒼玉璧，隱起雙飛鳳。獨應近日頒，豈得常寮共。』又，《李仲求寄建溪洪井茶七品》云：『忽有西山使，始遺七品茶。末品無水暈，六品無沉楂；五品散雲脚，四品浮粟花；三品若瓊乳，二品罕所加；絶品不可議，甘香焉等差。』又，《答宣城梅主簿遺鴉山茶》詩云：『昔觀唐人詩，茶詠鴉山嘉。鴉銜茶子生，遂同山名鴉。』又，有《七寶茶》詩云：『七物甘香雜蕊茶，浮花泛緑亂於霞。啜之始覺君恩重，休作尋常一等誇。』又，《吴正仲餉新茶》、《沙門頴公遺碧霄峯茗》，俱有吟詠。

戴復古《謝史石窗送酒并茶》詩云〔七九一〕：『（遺）〔遣〕來二物應時須，客子行厨用有餘。午困政需茶料理，春愁全仗酒消除。』

費氏《宫詞》〔七九二〕：『近被宫中知了事，每來隨駕使煎茶。』

楊廷秀有《謝木舍人送講筵茶》詩〔七九三〕。

葉適有《寄謝（王）〔黄〕文叔送真日鑄茶》詩云〔七九四〕：『誰知真苦澁，黯淡發奇光。』

杜本武《夷茶詩》〔七九五〕：『春從天上來，嘘咈通寰海。納納此中藏，萬斛珠蓓蕾。』

劉秉忠《嘗雲芝茶》詩云〔七九六〕：『鐵色皺皮帶老霜，含英咀美入詩腸。』

高啓有《茶軒詩》〔七九七〕。

楊慎有《月團茶歌》，又有《和章水部沙坪茶歌》〔七九八〕，沙坪茶出玉壘關外寶唐山。

董其昌《贈煎茶僧》詩〔七九九〕：『怪石與枯槎，相將度歲華。鳳團雖貯好，只吃趙州茶。』

婁堅有《花朝醉後爲女郎題品泉圖》詩〔八〇〇〕。

程嘉燧有《虎丘僧房夏夜試茶歌》〔八〇一〕。

《南宋雜事詩》云〔八〇二〕：『六一泉烹雙井茶。』

朱隗《虎丘竹枝詞》〔八〇三〕：『官封茶地雨前開，皂隸衙官攪似雷。近日正堂偏體貼，監茶不遣掾曹來。』

綿津山人《漫堂詠物》有《大食索耳茶盃》詩云〔八〇四〕：『粤香泛永夜，詩思來悠然。』注：武夷有粤香茶。

薛熙《依歸集》有《朱新庵今茶譜序》〔八〇五〕。

十之圖

歷代圖畫名目〔八〇六〕：

唐張萱有《烹茶仕女圖》〔八〇七〕，見《宣和畫譜》。

唐周昉寓意丹青〔八〇八〕，馳譽當代。宣和御府所藏有《烹茶圖》一。

五代陸滉《烹茶圖》一〔八〇九〕，宋中興館閣儲藏。

宋周文矩有《火龍烹茶圖》四，《煎茶圖》一〔八一〇〕。

宋李龍眠有《虎阜採茶圖》〔八一一〕，見題跋。

宋劉松年絹畫《盧仝煮茶圖》一卷〔八一二〕，有元人跋十餘家，范司理龍石藏。

王齊翰有《陸羽煎茶圖》〔八一三〕，見王世懋《澹園畫品》。

董逌《陸羽點茶圖》有跋〔八一四〕。

元錢舜舉畫《陶學士雪夜煮茶圖》〔八一五〕，在焦山道士郭第處。見詹景鳳《東岡玄覽》。

史石窗〔八一六〕，名文卿，有《煮茶圖》，袁桷作《煮茶圖詩序》。

馮璧有《東坡海南煮茶圖》并詩〔八一七〕。

《嚴氏書畫記》有《杜檉居茶經圖》〔八一八〕。

汪珂玉《珊瑚網》載《盧仝烹茶圖》〔八一九〕。

明文徵明有《烹茶圖》〔八二〇〕。

沈石田有《醉茗圖》〔八二一〕，題云：『酒邊風月與誰同，陽羨春雷醉耳聾。七椀便堪酬酩酊，任渠高枕夢周公。』

沈石田有《爲吴匏庵寫虎丘對茶坐雨圖》〔八二二〕。

《淵鑑齋書畫譜》〔八二三〕：陸包山治有烹茶圖。

元趙松雪有《宮女啜茗圖》〔八二四〕，見《漁洋詩話·劉孔和》詩。

茶具十二圖〔八二五〕：

韋鴻臚，木待制，金法曹，石轉運，胡員外，羅樞密，宗從事，漆雕秘閣，陶寶文，湯提點，竺副帥，司職方。

贊曰：祝融司夏，萬物焦爍，火炎昆岡，玉石俱焚。爾無與焉。乃若不使山谷之英墮於塗炭，子與有力矣！上卿之號，頗著微稱。

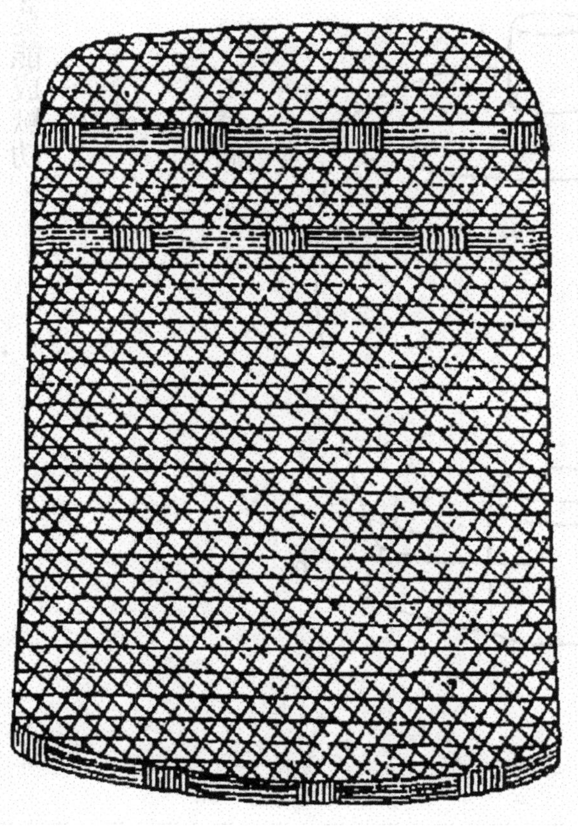

韋鴻臚

上應列宿，萬民以濟。稟性剛直，摧折強梗。使隨方逐圓之徒，不能保其身。善則善矣，然非佐以法曹，資之樞密，亦莫能成厥功。

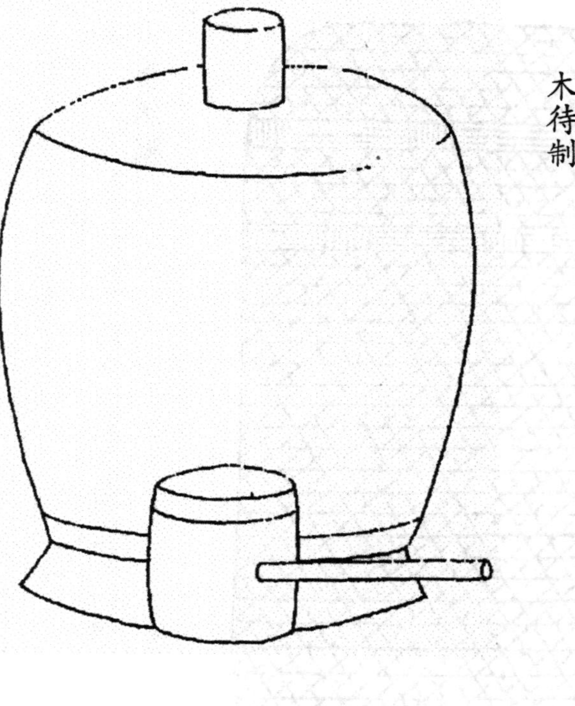

木待制

金法曹

柔亦不茹，剛亦不吐，圓機運用，一皆有法。使强梗者不得殊軌亂轍，豈不韙與！

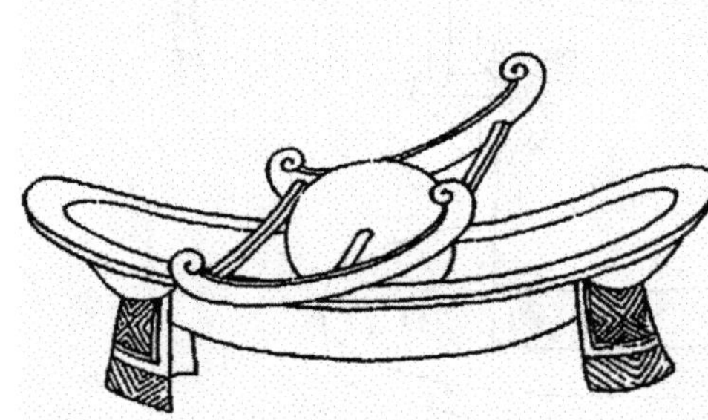

金法曹

石轉運

抱堅質，懷直心，嚌嚅英華，周行不怠。斡摘山之利，操漕權之重，循環自常。不舍正而適他，雖没齒無怨言。

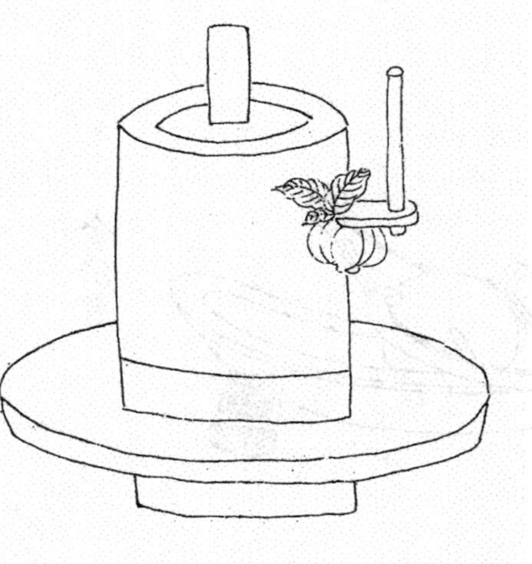

石轉運

胡員外

周旋中規而不逾其間，動靜有常而性苦其卓。鬱結之患，悉能破之。雖中無所有，而外能研究。其精微，不足以望圓機之士。

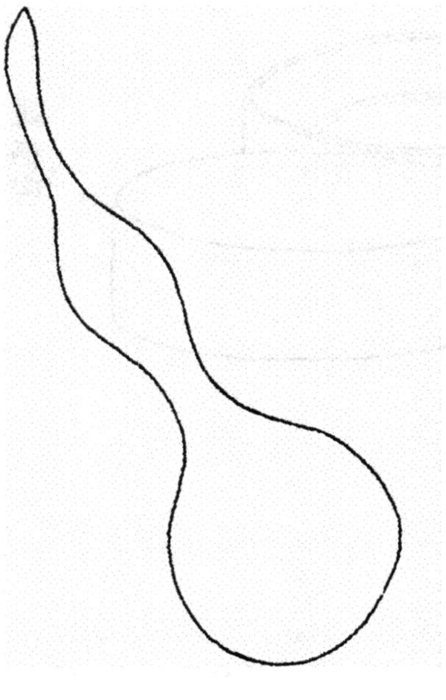

羅樞密

機事不密則害成。今高者抑之，下者揚之，使精粗不致於混殽，人其難諸。柰何矜細行而事諠譁，惜之。

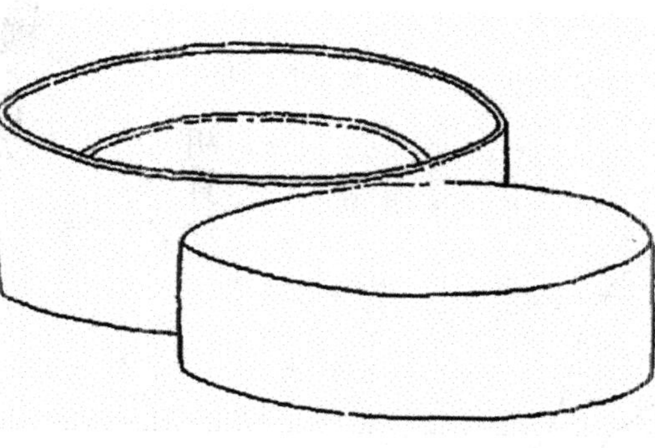

羅樞密

宗從事

孔門高弟，當灑掃應對。事之末者，亦所不棄。又況能萃其既散，拾其已遺，運寸毫而使邊塵不飛，功亦善哉！

漆雕秘閣

危而不持，顛而不扶，則吾斯之未能信。以其弭執熱之患，無坳堂之覆，故宜輔以寶文而親近君子。

漆雕秘閣

陶寶文

出河濱而無苦窳，經緯之象，剛柔之理，炳其弸中〔八二六〕。虚己待物，不飾外貌，位高秘閣，宜無愧焉。

陶寶文

湯提點

養浩然之氣，發沸騰之聲，以執中之能輔成湯之德。斟酌賓主間，功邁仲叔圉。然未免外爍之憂，復有内熱之患。奈何！

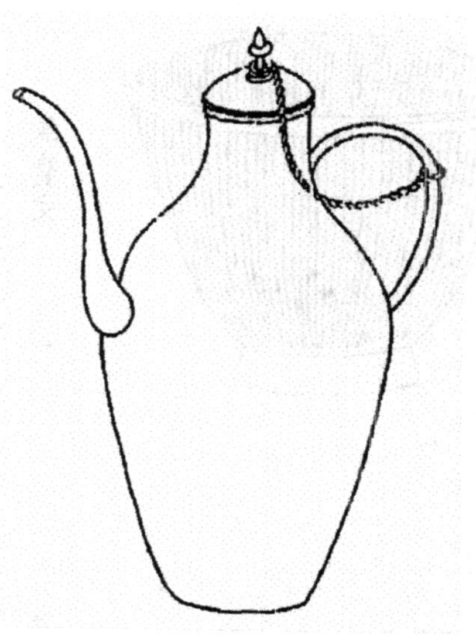

湯提點

竺副帥

首陽餓夫，毅諫於兵沸之時；方今鼎揚湯，能探其沸者幾希。子之清節，獨以身試。非臨難不顧者疇，見爾！

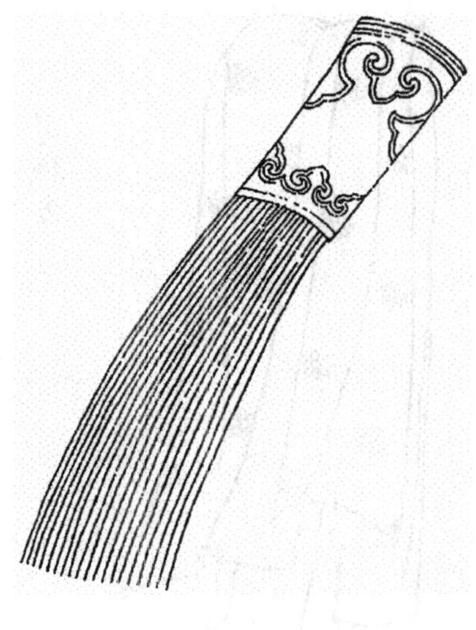

竺副帥

司職方

互鄉童子，聖人猶〔且〕與其進。況端方質素，經緯有理。終身涅而不緇者，此孔子〔之〕所以與潔也。

司職方

竹爐并分封茶具六事〔八二七〕：

苦節君，苦節君行省，建城，雲屯，烏府，水曹，器局，品司。

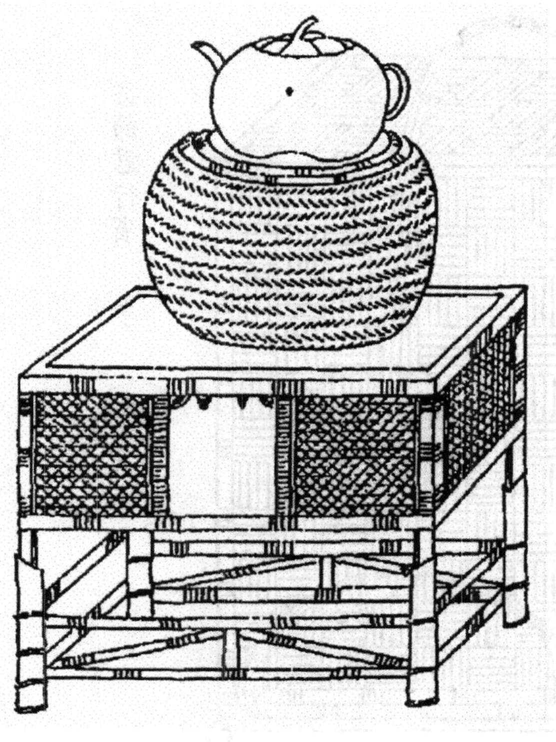
苦節君

銘曰：肖形天地，匪冶匪陶。心存活火，聲帶湘濤。一滴甘露，滌我詩腸。清風兩腋，洞然八荒。

茶具六事分封，悉貯於此。侍從苦節君於泉石山齋亭館間執事者，故以行省名之。陸鴻漸所謂都籃者，此其是與〔八二八〕。

苦節君行省

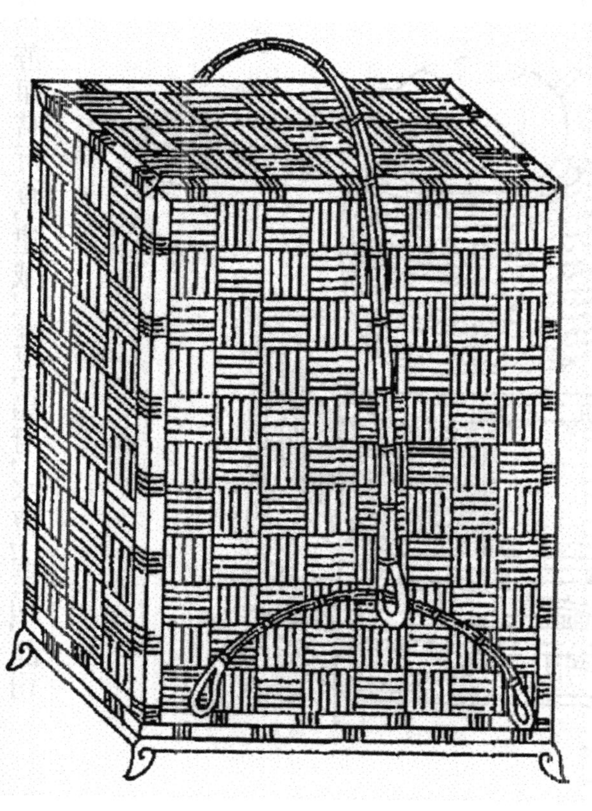

茶宜密裹，故以箬籠盛之，今稱建城。按《茶録》云：建安民間，以茶爲尚。故據地以城封之。

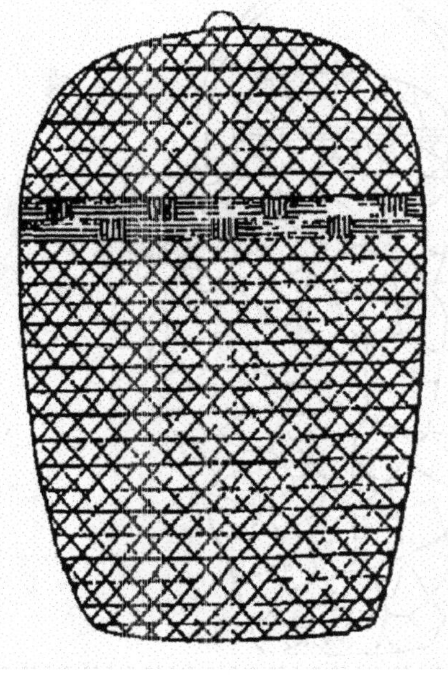

建城

雲屯

泉汲於雲根，取其潔也。今名雲屯，蓋雲即泉也。貯得其所，雖與列職諸君同事而獨屯於斯，豈不清高絶俗而自貴哉！

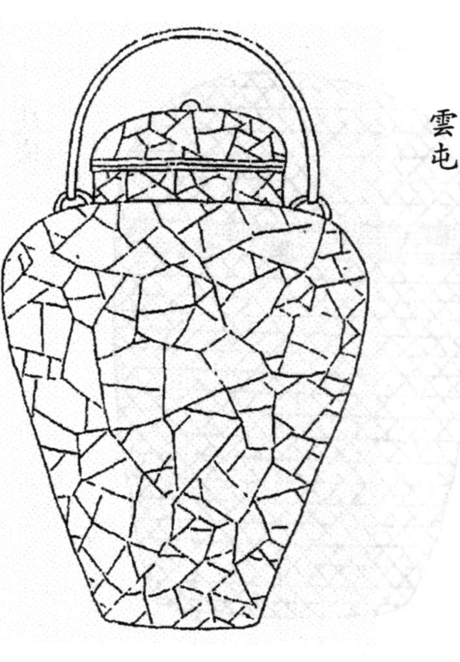

雲屯

烏府

炭之爲物，貌玄性剛。遇火則威靈，氣燄赫然可畏。苦節君得此，甚利於用也。況其別號烏銀，故特表章其所藏之具曰烏府。不亦宜哉！

烏府

水曹

茶之真味，蘊諸旗鎗之中。必浣之以水，而後發也。凡器物用事之餘，未免殘瀝微垢，皆賴水沃盥。因名其器曰水曹。

水曹

器局

一應茶具，收貯於器局。供役苦節君者，故立名管之。

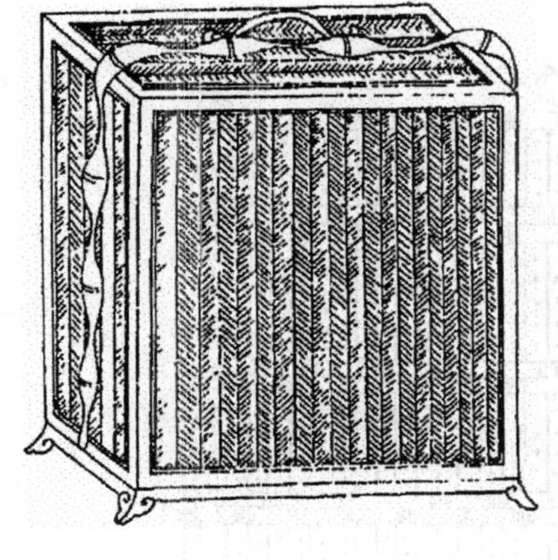

品司

茶欲啜時，入以筍、欖、瓜仁、芹蒿之屬，則清而且佳。因命湘君設司檢束。

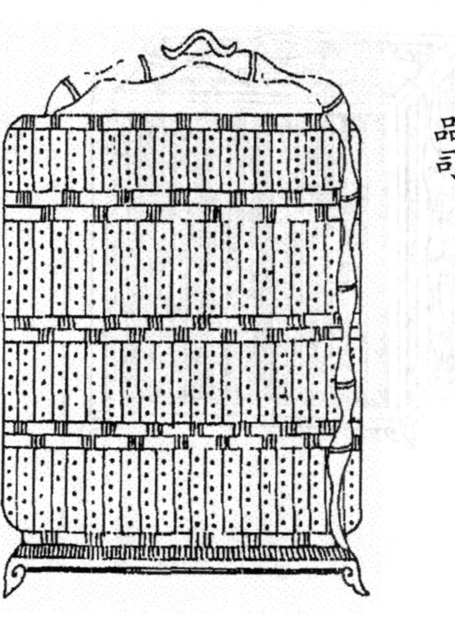

羅先登《續文房圖贊》〔八二九〕：

玉川先生

毓秀蒙頂，蜚英玉川。搜攪胸中，書傳五千。儒素家風，清淡滋味，君子之交，其淡如水。

玉川先生

續茶經附録

茶法

《唐書》〔八三〇〕：德宗納户部侍郎趙贊議，税天下茶、漆、竹、木，十取一，以爲常平本錢。及出奉天，乃悼悔，下詔亟罷之。及朱泚平，佞臣希意，興利者益進。貞元八年，以水災減税。明年，諸道鹽鐵使張滂奏，出茶州縣若山及商人要路，以三等定估，十税其一。自是歲得錢四十萬緡，穆宗即位，鹽鐵使王播圖寵以自幸，乃增天下茶税，率百錢增五十；天下茶，加斤至二十兩，播又奏加取焉。右拾遺李珏上疏謂：榷率本濟軍興，而税茶自貞元以來有之。方天下無事，忽厚斂以傷國體，一不可。茗爲人飲，鹽粟同資，若重税之，售必高，其弊先及貧下，二不可。山澤之産無定數，程斤論税，以售多爲利，若價騰〔踊〕則市者(寡)〔稀〕，其税幾何？三不可。其後王涯判二使，置榷茶使，徙民茶樹於官場，焚其舊積者，天下大怨。令狐楚代爲鹽鐵使，兼榷茶使，復令納榷加價而已。李石爲相，以茶税皆歸鹽鐵，復貞元之制。武宗即位，崔珙又增江淮茶税。是時，茶商所過州縣有重税，或奪掠舟車，露積雨中，諸道置邸以收税，謂之『(踏)〔蹋〕地錢』。大中初，〔鹽鐵〕轉運使裴休著條約，私鬻如法論罪，天下税茶增倍貞元。江淮茶爲大模，一斤至五十兩，諸道鹽鐵使於悰每斤增税錢五，謂之剩茶錢。自是斤兩復舊。

元和十四年〔八三一〕，歸光州茶園於百姓，從刺史房克讓之請也。

裴休領諸道鹽鐵轉運使〔八三二〕，立稅茶十二法，人以爲便。藩鎮劉仁恭禁南方茶，自擷山爲茶，號山曰『大恩』，以邀利。

何易于爲益昌令〔八三三〕，鹽鐵官榷取茶利，詔下，所司毋敢隱。易於視詔曰：益昌人不征茶且不可活，矧厚賦毒之乎！命吏閣詔，吏曰：『天子詔，何敢拒？吏坐死，公得免竄耶？』易於曰：『吾敢愛一身，移暴於民乎！亦不使罪及爾曹。』即自焚之，觀察使素賢之，不劾也。

陸贄爲宰相〔八三四〕，以賦役煩重，上疏云：『天災流行四方，代有稅茶錢積户部者，宜計諸道户口均之。』

《五代史》〔八三五〕：楊行密，字化源。議出鹽茗，俾民輸帛。幕府高勗曰：『（創）〔瘡〕破之餘，不可以加斂，且帑貲何患不足？若悉我所有，以易四鄰所無，不積〔日〕財（而自）有餘矣。』行密納之。

《宋史》〔八三六〕：榷茶之制，擇要會之地：曰江陵府，曰真州，曰海州，曰漢陽軍，曰無爲軍，曰蘄〔州〕之蘄口，爲榷貨務六。初，京城、建安、襄、復州，皆（有）〔置〕務。後建安、襄、復（之）〔州〕務廢，京城務雖存，但會給交鈔往還而不積茶貨。在淮南，則蘄、黄、廬、舒、光、壽六州，官自爲場，置吏總〔之〕，謂之山場者十三。六州採茶之民皆隸焉，謂之園户。歲課作茶輸租，餘則官悉市之。總爲歲課八百六十五萬餘斤。其出鬻者，皆就本場。在江南，則宣、歙、江、池、饒、信、洪、撫、筠、袁十州，廣德、興國、臨江、建昌、南康五軍，兩浙，則杭、蘇、明、越、婺、處、温、台、湖、常、衢、睦十二州；荆湖則江陵府，潭、澧、鼎、鄂、岳、歸、峽七州，荆門軍；福建則建、劍二州，歲如山場輸租折稅。總爲歲課：江南（百）〔千〕二十七萬餘斤，兩浙百二十七萬九千餘斤，荆湖二百四十七萬餘斤，福建三十九萬三千餘斤，悉送六榷貨務鬻之。

茶有二類：曰片茶，曰散茶。片茶蒸造，實棬模中串之，唯建、劍則既蒸而研。編竹爲格，置焙室中，最爲精潔，他處不能造。有龍、鳳、石乳、白乳之類十二等，以充歲貢及邦國之用。其出虔、袁、饒、池、光、歙、潭、岳、辰、澧州，江陵府，興國、臨江軍，有仙芝、玉津、先春、緑芽之類（二）〔三〕十六等；兩浙及宣、江、鼎州，又以上中下或第一至第五爲號。散茶出淮南、歸州、江南、荆湖，有龍溪、雨前、雨後之類十一等，江浙又有上中下或第一等至第五爲號者。

民之欲茶者，售於官。給其食用者，謂之食茶，出境（者）則給券。商賈貿易，入錢若金帛京師榷貨務，以射六務十三塲〔茶〕，願就東南入錢若金帛者聽。凡民茶〔折税外〕匿不送官及私販鬻者〔八三七〕，没入之，計其直論罪。園户輒毁敗茶樹者，計所出茶論如法。民造温桑爲茶〔八三八〕，比犯真茶計直，十分論二分之罪。主吏私以官茶貿易，及一貫五百者死。自後定法務從輕減。太平興國二年，主吏盗官茶販鬻錢三貫以上，黥面送闕下。淳化三年，論直十貫以上黥面配本州牢城。巡防卒私販茶，依舊條加一等論。凡結徒持（仗）〔杖〕販易私茶，遇官司擒捕，抵拒者皆死。太平興國四年，詔：鬻僞茶一斤杖一百，二十斤以上棄市。厥後更改不一，載全（宋？）史。

陳恕爲三司使〔八三九〕，將立茶法，召茶商數十人，俾條陳利害，〔公閲之〕，第爲三等。語副使宋太初曰：『吾視上等之説，取利太深，此可行於商賈，〔而〕不可行於朝廷。下等之説，固滅裂無取。惟中等之説，公私皆濟，吾裁損之，可以經久。』行之數年，〔貨財流通〕，公用足而民富實。

太祖開寶七年〔八四〇〕，有司以湖南新茶〔斤重〕異於常歲，請高其價以鬻之。太祖曰：『（道）〔茶〕則善，毋乃重困吾民乎！』即詔第復舊制，勿增價值。

熙寧三年〔八四一〕，熙河運使以歲計不足，乞以官茶博糴。每茶三斤，易粟一斛，其利甚溥。朝廷謂茶馬司本以博馬，不可以博糴。於茶馬司歲額外，增買川茶兩倍，朝廷別出錢二（百）萬給之，令提刑司封樁。又令茶馬官程之邵兼轉運使，由是數歲，邊用粗足。

神宗熙寧七年〔八四二〕，（幹）〔勾〕當公事李杞入蜀經畫買茶，〔於〕秦鳳熙河博馬。王韶言：『西人頗以善馬至邊交易，所嗜惟茶。』

自熙豐以來〔八四三〕，舊博馬皆以粗茶，乾道之末，始以細茶遺之。成都〔府〕、利州路十（二）〔一〕州產茶二千一百二萬斤，茶馬司所收，大較若此。

茶利〔八四四〕：嘉祐間禁榷時取一年（最）中數，計一百九萬四千九十三貫八百八十五。治平間通商後計取〔一年最中〕數，一百一十七萬五千一百四貫九百一十九錢。

瓊山邱氏曰〔八四五〕：後世以茶易馬，〔事〕始見於此。蓋自唐世回紇入貢，先已以馬易茶，則西北之〔人〕嗜茶，有自來矣。

蘇轍《論蜀茶〔五害〕狀》〔八四六〕：園户例收晚茶，謂之秋老黄茶。不限早晚，隨時即賣。

沈括《夢溪筆談》〔八四七〕：乾德二年，始詔在京、建州、漢陽、蘄口各置榷貨務。五年，始禁私賣茶，從不應爲情理重〔者定斷〕。太平興國二年，删定禁法條貫，始立等科罪。淳化二年，令商賈就園户買茶，公於官場貼射，始行貼射法。淳化四年，初行交引，罷貼射法。西北入粟給交引，自通利軍始。是歲，罷諸處榷貨務，尋復依舊。至咸平元年，茶利錢以一百三十九萬二千一百一十九貫爲額。至嘉祐三年，凡六十一年，用此額，官本雜費皆在内。中間時有增虧，歲入不常。咸平五年，三司使王嗣宗始立三分法。以十分茶價，四分給香藥，三分犀象，三分茶引。六年，又改支六分香藥、犀象，四分茶引。景德二年，許人入中錢帛、金銀，謂之三説。至祥符九年，茶引益輕，用知秦州曹瑋議，就永興〔軍〕、鳳翔以官錢收買客引，以救引價。前此，累增加饒錢。至天禧二年，鎮戎軍納大麥一斗，本價通加饒共支錢一貫二百五十四。乾興元年，改三分法，支茶引三分，東南見錢二分半，香藥四分半。天聖元年，復行貼射法。行之三年，茶利盡歸大商，官場但得黄晚惡茶。乃詔孫奭重議，罷貼射法。明年，推治元議省吏（計）〔勾〕覆官（旬）〔勾〕獻（官）〔等〕，皆決配沙門島。元詳定〔官〕樞密副使張鄧公、參知政事吕許公、魯肅簡，各罰俸一月。御史中丞劉筠、入内内侍省副都知周文質、西上閤門使薛昭廓（方案：原誤作『招廓』）、三部副使各罰銅二十斤。前三司使李諮，落樞密直學士，依舊知洪州。皇祐三年，算茶依舊只用見錢。至嘉祐四年二月五日，降勅罷茶禁。

洪邁《容齊隨筆》〔八四八〕：蜀茶税額總三十萬。熙寧七年，遣三司幹當公事李杞經畫買茶，以蒲宗閔同領其事。剏設官場，〔歲〕增〔息〕爲四十萬。後李杞以疾去，都官郎中劉佐（繼之）〔體量〕，蜀茶盡榷，民始病矣。知彭州吕陶言：天下茶法既通，蜀中獨行禁榷，杞、佐、宗閔作爲弊法，以困西南生聚。佐（雖）〔坐〕罷去，以國子博士李稷代之。陶亦得罪。侍御史周尹，復極論榷茶爲害，罷爲（河）〔湖〕北提點刑獄。利路漕臣張宗諤，張升卿，復建議廢茶場司，依舊通商，皆爲稷劾坐貶。茶場司行劄子督綿州彰明知縣宋大章，繳奏，以爲非所當用，又爲稷詆，坐衝替。一歲之間，通課利及息耗至七十六萬緡有奇。

熊蕃《宣和北苑貢茶録》〔八四九〕：陸羽《茶經》、裴汶《茶述》，皆不第建品。説者但謂二子未嘗至閩，而不知物之發也，固自有時。蓋昔者山川尚閟，靈芽未露，至於唐末，然後北苑出爲之最。〔是〕時，僞蜀詞臣毛文錫作《茶譜》，亦第言建有紫筍，而蠟面乃産於福。五代之季，建屬南唐。歲率諸縣民採茶北苑，初造研膏，繼造蠟面，既又製其佳者，號曰京鋌。本朝開寶末，下南唐。太平興國二年，特置龍鳳模，遣使即北苑造團茶，以別庶飲。龍鳳茶蓋始於此。又一種茶，叢生石崖，枝葉尤茂。至道初，有詔造之，別號石乳。又一種號的乳，又一種號白乳。此四種出，而臘面（斯）〔降爲〕下矣。真宗咸平中，丁謂爲福建漕，監御茶，進龍鳳團，始載之於《茶録》。仁宗慶曆中，蔡襄（爲）〔將〕漕，（改創）〔創造〕小龍團以進，甚見珍惜。旨令歲貢，而龍鳳遂爲次矣。神宗元豐間，有旨造密雲龍，其品又加於小龍團之上。哲宗紹聖中，又改爲瑞雲翔龍。至（徽宗）大觀初，〔今上〕親製《茶論》二十篇。（以白茶自爲一種〔八五〇〕，與（他）〔常〕茶不同。其條敷闡，其葉瑩薄，崖林之間，偶然生出，非人力可致。正焙之有者不過四五家，家不過四五株，所造止於二三銙而已。淺焙亦有之，但品格不及。）於是，白茶遂爲第一。既又製三色細芽，及試新銙、貢新銙。自三色細芽出，而瑞雲翔龍又下矣。凡茶芽數品，最上曰小芽，如雀舌、鷹爪，以其勁直纖（挺）〔鋭〕，故號芽茶。次曰揀芽，乃一芽帶一葉者，號一鎗一旗。次曰中芽，乃一芽帶兩葉〔者〕，號一鎗兩旗。其帶三葉、四葉者，〔皆〕漸老矣。芽茶，早春極少。景德中，建守周絳爲《補茶經》言：『芽茶只作早茶，馳奉萬乘嘗之可矣。如一鎗一旗可謂奇茶也。故一鎗一旗號揀芽，最爲挺特光正。』舒王《送人〔官〕閩中》詩云：『新茗齋中試一旗』，謂揀芽也。或者謂：茶芽未展爲鎗，已展爲旗，指舒王此詩爲誤，蓋不知有所謂揀芽也。夫揀芽猶貴重如此，而況芽茶以供天子之新嘗者乎，夫芽茶絶矣。至於水芽，則曠古未之聞也。宣和庚子歲，漕臣鄭可簡始創爲銀（絲）〔綫〕水芽。蓋將已揀熟芽，再爲剔去，祇取其心一縷，用珍器貯清泉漬之，光明瑩潔如銀（絲）〔綫〕然。（以）〔其〕制方寸新銙，有小龍蜿蜒其上，號龍團勝雪。又廢白、的、石〔三〕乳，鼎造花銙二十餘色。初，貢茶皆入龍腦，至是，慮奪真味，始不用焉。蓋茶之妙，至勝雪極矣，故合爲首冠。然猶在白茶之次者，以白茶上之所好也。異時，郡人黄儒撰《品茶要録》，極稱當時靈芽之富，謂使陸羽數子見之，必爽然自失。蕃亦謂使黄君而閲今日之品，則前〔乎〕此者，未足詫焉。然龍焙初興，貢數殊少，累增至於元符，以斤計者一萬八千，視初已加數倍而猶未盛，今則爲四萬七千一百斤有奇矣。此數見范逵所著《龍焙美成茶録》。逵，茶官也。〔自〕白茶、勝雪以次，厥名實繁，今列於左，使好事者得以觀焉。

貢新銙，大觀二年造。試新銙，政和二年造。白茶，（宣）〔政〕和二年造。龍團勝雪，宣和二年〔造〕。御苑玉芽，大觀二年〔造〕。萬壽龍芽，大觀二年。上林第一，宣和二年。乙夜清供，承平雅玩，龍鳳英華，玉除清賞，啓沃承恩，〔並宣和二年造〕。雪英，雲葉，蜀葵，〔並宣和三年造〕。金錢，宣和三年。玉華，宣和三年。寸金，宣和三年。無比壽芽，大觀四年。萬春銀葉，宣和二年。宜年寶玉，〔宣和二年〕。玉清慶雲，〔宣和二年〕。無疆壽龍，〔宣和二年〕。玉葉長春，宣和四年。瑞雲翔龍，紹聖二年。長壽玉圭，政和二年。興國岩銙，香口焙銙，上品揀芽，紹聖二年。新收揀芽，太平嘉瑞，政和二年。龍苑報春，宣和四年。南山應瑞，興國岩揀芽，興國岩小龍，興國岩小鳳。以上號細色。揀芽，小龍，小鳳，大龍，大鳳，以上號粗色。

又有瓊林毓（料）〔粹〕，浴雪呈祥，壑源（供重）〔拱秀〕，〔貢〕篚推先，價倍南金，暘谷先春，壽岩卻勝，延平石乳，清白可鑑，風韻甚高，凡十色，皆宣和二年所製，越五歲省去。

右茶，歲分十餘綱。惟白茶與勝雪，自驚蟄前興役，浹日乃成，飛騎疾馳，不出仲春，已至京師，號爲『頭綱』。玉芽以下，即先後以次發，逮貢足時，夏過半矣。歐陽公詩云：『建安三千五百里，京師三月嘗新茶。』蓋異時如此。以今較昔，又爲最早。因念草木之微，有瓌奇卓異〔之名〕，亦必逢時而後出，而況爲士者哉！昔昌黎〔先生〕感二鳥之蒙採擢而自悼其不如，今蕃於是茶也。焉敢效昌黎之感〔賦〕，姑務自警而堅其守，以待時而已。

熊克跋（八五二）：　先人作《茶録》，當貢品極（勝）〔盛〕之時，凡有四十餘色。紹興戊寅歲，克攝事北苑。閱近所貢，皆仍舊，其先後之序亦同，惟躋龍團勝雪於白茶之上，及無興國岩小龍、小鳳，蓋建炎南渡有旨罷貢三之一，而省去之也。先人但著其名號，克今更寫其形製，庶覽之無遺恨焉。先是（任）〔壬〕子春，漕司再（攝）〔葺〕茶政。越十三載，乃復舊額，且用政和故事，補種茶二萬株。政和（周曹）〔間曾〕種三萬株。此年，益虔貢職，遂有創增之目。仍改京（挺）〔鋌〕爲大龍團，由是大龍多於大鳳之數，凡此皆近事，或者猶未之知也。三月初吉，男克北苑寓舍書。

貢新銙（八五二），竹圈，銀模，方一寸二分。試新銙，同上。龍團勝雪，同下。白茶，銀圈，銀模，徑一寸五分。御苑玉芽，銀圈，銀模，徑一寸五分。萬壽龍芽，同上。上林第一，〔竹圈〕方一寸二分。乙夜清供，同上。承平雅玩，龍鳳英華，玉除清賞，啓沃承恩，俱同上。雪英，橫長一寸五分。雲葉，同上。蜀葵，徑一寸五分。金錢，銀模，同上。玉華，銀模，横長一寸五分。寸金，竹圈，方一寸二分。無比壽芽，銀模，竹圈，同上。萬春銀葉，銀模，銀圈，兩尖徑二寸二分。宜年寶玉，銀圈，銀模，直長三寸。玉清慶雲，〔銀模，銀圈〕，方一寸八分。無疆壽龍，銀模，竹圈，直長一寸。玉葉長春，竹圈，直長三寸六分。瑞雲翔龍，銀模，銀圈，徑二寸五分。長壽玉圭，銀模，直長三寸。興國岩銙，竹圈，方一寸二分。香口焙銙，同上。上品揀芽，銀模，銀圈，新收揀芽，銀模，銀圈，俱同上。太平嘉瑞，銀圈，徑一寸五分。龍苑報春，徑一寸七分。南山應瑞，銀模，銀圈，方一寸八分。興國岩揀芽，銀模，徑三寸。小龍，小鳳，大龍，大鳳。俱同上。北苑貢茶最盛〔八五三〕，然前輩所録，止於慶曆以上。自元豐後，〔密雲龍〕、瑞〔雲〕龍相繼挺出，制精於舊而未有好事者記焉，但〔見〕於詩人句中。及大觀以來，增創新銙，亦猶用揀芽。蓋水芽至宣和始名，顧龍團勝雪與白茶角立，歲〔元〕〔充〕首貢。自御苑玉芽以下，厥名實繁。先子觀見時事，悉能記之，成編具存。今閩中漕臺所刊《茶録》未備，此書庶幾補其闕云。淳熙九年冬十二月四日，朝散郎、行祕書郎、國史編修官、學士院權直熊克謹記。

《北苑別録·外焙》〔八五四〕：

石門，乳吉，香口，右三焙常後北苑五七日興工，每日採茶，蒸榨以〔其〕〔過〕黄，悉送北苑併造。

北苑貢茶綱次〔八五五〕：

細色第一綱

龍焙貢新：水芽，十二水，十宿火。正貢三十銙，創添〔二〕〔三〕十銙。

細色第二綱

龍焙試新：水芽，十二水，十宿火。正貢一百銙，創添五十銙。

細色第三綱

龍團勝雪：水芽，十六水，十二宿火。正貢三十銙，續添〔二〕〔三〕十銙，創添二十銙。

白茶：水芽，十六水，七宿火。正貢三十銙，續添五十銙，創添八十銙。

御苑玉芽：小芽，十二水，八宿火。正貢一百片。

萬壽龍芽：小芽，十二水，八宿火。正貢一百片。

上林第一：小芽，十二水，十宿火。正貢一百銙。

乙夜清供：小芽，十二水，十宿火。正貢一百銙。

承平雅玩：小芽，十二水，十宿火。正貢一百銙。

龍鳳英華：小芽，十二水，十宿火。正貢一百銙。

玉除清賞：小芽，十二水，十宿火。正貢一百銙。

啓沃承恩：小芽，十二水，十宿火。正貢一百銙。

雪英：小芽，十二水，七宿火。正貢一百銙。

雲葉：小芽，十二水，七宿火。正貢一百片。

蜀葵：小芽，十二水，七宿火。正貢一百片。

金錢：小芽，十二水，七宿火。正貢一百片。

寸金〔八五六〕：小芽，十二水，七宿火。正貢一百銙。

細色第四綱

龍團勝雪：〔已〕見前。正貢一百五十銙。

無比壽芽：小芽，十二水，十五宿火。正貢五十銙，創添五十銙。

萬春銀葉：小芽，十二水，十宿火。正貢四十片，創添六十片。

宜年寶玉：小(穿)〔芽〕，十二水，十宿火。正貢四十片，創添六十片。

玉清慶雲：小芽，十二水，十五宿火。正貢四十片，創添六十片。

無疆壽龍：小芽，十二水，十五宿火。正貢四十片，創添六十片。

玉葉長春：小芽，十二水，七宿火。正貢一百片。

瑞雲翔龍：小芽，十二水，九宿火。正貢一百片。

長壽玉圭：小芽，十二水，九宿火。正貢二百片。

興國岩銙：中芽，十二水，十宿火。正貢一百七十銙。

香口焙銙：中芽，十二水，十宿火。正貢五十銙。

上品揀芽：小芽，十二水，十宿火。正貢一百片。

新收揀芽：中芽，十二水，十宿火。正貢六百片。

細色第五綱

太平嘉瑞：小芽，十二水，九宿火。正貢三百片。

龍苑報春：小芽，十二水，九宿火。正貢六十片，創添六十片。

南山應瑞：小芽，十二水，十五宿火。正貢六十銙，創添六十銙。

興國岩揀芽：中芽，十二水，十宿火。正貢五百十片。

興國岩小龍：中芽，十二水，十五宿火。正貢七百五片。

興國岩小鳳：中芽，十二水，十五宿火。正貢五十片。

先春(雨)〔兩〕色

太平嘉瑞：同前。正貢二百片。

長壽玉圭：同前。正貢一百片。

續入額四色

御苑玉芽：同前。正貢一百片。

萬壽龍芽：同前。正貢一百片。

無比壽芽：同前。正貢一百片。

瑞雲翔龍：同前。正貢一百片。

麤色第一綱

正貢：不入腦子上品揀芽小龍一千二百片，六水，十宿火。入腦子小龍七百片，四水，十五宿火。

增添：不入腦子上品揀芽小龍一千二百片，入腦子小龍七百片。

建寧府附發：小龍茶八百四十片。

麤色第二綱

正貢：不入腦子上品揀芽小龍六百四十片，入腦子小龍六百七十二片。入腦子小鳳：一千三百四十片，四水，十五宿火。入腦子大龍：七百二十片，二水，十五宿火。入腦子大鳳：七百二十片，二水，十五宿火。

增添：不入腦子上品揀芽小龍一千二百片，入腦子小龍七百片。

建寧府附發：小鳳茶一千三百片。

麤色第三綱

正貢：不入腦子上品揀芽小龍六百四十片，入腦子小龍六百四十片，入腦子小鳳六百七十二片，入腦子大龍一千八百片，入腦子大鳳一千八百片。

增添：不入腦子上品揀芽小龍一千二百片，入腦子小龍七百片。

建寧府附發：大龍茶四百片，大鳳茶四百片。

麤色第四綱

正貢：不入腦子上品揀芽小龍六百片，入腦子小龍三百三十六片，入腦子小鳳三百三十六片，入腦子大龍一千二百四十片，入腦子大鳳一千二百四十片。

建寧府附發：　大龍茶四百片，大鳳茶四百片。

麤色第五綱

正貢：　入腦子大龍一千三百六十八片，入腦子大鳳一千三百六十八片；　京鋌改造大龍一千六百片。

建寧府附發：　大龍茶八百片，大鳳茶八百片。

麤色第六綱

正貢：　入腦子大龍一千三百六十片，入腦子大鳳一千三百六十片；　京鋌改造大龍一千六百片。

建寧府附發：　大龍茶八百片，大鳳茶八百片；　又京鋌改造大龍一千二百片。

麤色第七綱

正貢：　入腦子大龍一千二百四十片，入腦子大鳳一千二百四十片；　京鋌改造大龍二千三百二十片。

建寧府附發：　大龍茶二百四十片，大鳳茶二百四十片；　又京鋌改造大龍四百八十片。

細色五綱

貢新爲最上，後開焙十日入貢。　龍團〔勝雪〕爲最精，而建人有直四萬錢之語。　夫茶之入貢，圈以箬葉，内以黄斗，盛以花箱，護以重篚，〔扃以銀鑰〕，花箱内外，又有黄羅羃之，可謂什襲之珍矣。

麤色七綱：　揀芽以四十餅爲角，小龍鳳以二十餅爲角，大龍鳳以八餅爲角。　圈以箬葉，束以紅縷，包以紅紙，緘以蒨綾，惟揀芽俱以黄焉。

《金史》〔八五七〕：　茶自宋人歲供之外，皆貿易於宋界之榷場。　世宗大定十六年，以多私販，乃〔更〕定香茶罪賞格。章宗承安三年，命設官製之。以尚書省令史往河南視官造者，不嘗其味，但採民言，謂爲温桑，實非茶也。還即白上，以爲不幹，杖七十罷之。四年三月，於淄、密、寧、海、蔡州各置一坊造〔新〕茶。照南方例，每斤爲袋，直六百文。後令每袋減〔價〕三百文。五年春，罷造茶之坊。六年，河南茶樹槁者，命補植之。十一月，尚書省奏禁茶。遂命七品以上官其家方許食茶，仍不得賣及饋獻。七年，更定食茶制。八年，言事者以止可以鹽易茶，省臣以爲所易不廣，兼以雜物博易。宣宗元光二年，省臣以茶非飲食之急，今河南、陝西凡五十餘郡，郡日食茶率二十袋，〔袋〕直銀二兩，是一歲之中妄費民（間）〔銀〕三十餘萬也。奈何以吾有用之貨，而資敵乎！乃制：親王、公主及現任五品以上官，素蓄存者存之，禁不得（買）〔賣〕、餽，餘人並禁之。犯者徒五年，告者賞寶泉一萬貫。

《元史》（八五八）：本朝茶課，由約而博，大率因宋之舊而爲之制焉。至元六年，始以興元交鈔同知、運使白賡言，初榷成都茶（課）。十三年，江南平，左丞吕文煥首以主茶税爲言，〔江西茶〕以宋會五十貫準中統鈔一貫。次年，定長引短引〔之法〕，是歲征一千二百餘錠。（泰定）十七年，置榷茶都轉運使司於江州路，總江淮、荆湖、福廣之税，而遂除長引，專用短引。二十一年，免食茶税，以益正税。二十三年，以李起南言，增引税爲五貫。二十六年，丞相桑哥增爲一十貫。延祐五年，用江西茶運副法忽魯丁言，減引添（錢）〔課〕，每引再增〔税〕爲一十二兩五錢。次年，課額遂增爲二十八萬九千二百一十一錠矣。天曆（己巳）〔二年〕，罷榷司而歸諸州縣，其歲徵之數，蓋與延祐同。至順之後，無籍可考。他如范殿帥茶、西番大葉茶、建寧銙茶亦無從知其始末，故皆不著。

《明會典》：陝西置茶馬司四，河州、洮州、西寧、甘州。各（司）〔府〕並赴徽州茶引所批驗，每歲差御史一員巡茶馬。明洪武間，差行人一員，齎榜文於行茶所在懸示，以肅禁。永樂十三年，差御史三員，巡督茶馬。正統十四年，停止茶馬金牌，遣行人四員巡察。景泰二年，令川陝布政司各委官巡視，罷差行人。四年，復差行人。成化三年，奏準每年定差御史一員，陝西巡茶。十一年，令取回御史，仍差行人。十四年，奏準定差御史一員，專理茶馬，每歲一代，遂爲定例。弘治十六年，取回御史，凡一應茶法，悉聽督理馬政都御史兼理。十七年，令陝西每年於按察司揀憲臣一員駐洮，巡禁私茶，一年滿日，擇一員交代。正德二年，仍差巡茶御史一員，兼理馬政。

光禄寺衙門，每歲福建等處解納茶葉一萬五千斤，先春等茶芽三千八百七十八斤，收充茶飯等用。

《博物典彙》云：本朝捐茶利予民，而不利其入。凡前代所設榷務、貼射交引、茶由諸種名色，今皆無之。惟於四川置茶馬司四所，於關津要害置數批驗茶引所而已。及每年遣行人，於行茶地方張挂榜文，俾民知禁。又於西番入貢爲之禁限，每人許其順帶有定數。所以然者，非爲私奉，蓋欲資外國之馬，以爲邊境之備焉耳。

洪武五年，户部言：四川産巴茶，凡四百四十七處，茶户三百一十五。宜依定制，每茶十株，官取其一，歲計得茶一萬九千二百八十斤。令有司（收）貯，候西番易馬，從之。至三十一年，置成都、重慶、保寧三府及播州宣慰司茶倉四所。命四川布政司移文天全六番招討司，將歲收茶課仍收〔貯〕碉門茶課司，餘地方就送新倉收貯，聽商人交易及與西番易馬。茶課歲額五萬餘斤，每百加耗六斤。商茶歲中率八（十）〔萬〕斤，令商運賣，官取其半易馬。納馬番族，洮州三十，河州四十三，又新附歸德所生番十一，西寧十三。茶馬司收貯，官立金牌信符爲驗。洪武二十八年，駙馬歐陽倫以私販茶撲殺，明初茶禁之嚴如此。

《武夷山志》〔八五九〕：茶起自元初至元十六年，浙江行省平章高興過武夷，製石乳數斤入獻。十九年，乃令縣官蒞之，歲貢茶二十斤，採摘户凡八十。大德五年，興之子久住爲邵武路總管，就近至武夷督造貢茶。明年，剏焙局，稱爲御茶園。有仁風門，第一春殿，清神堂諸景，又有通仙井，覆以龍亭，皆極丹雘之盛。設場官二員領其事。後歲額浸廣，增户至二百五十，茶三百六十斤，製龍團五千餅。泰定五年，崇安令張端本重加修葺，於園之左右，各建一坊，扁曰『茶場』。至順三年，建寧總管暗都剌於通仙井畔築臺，高五尺，方一丈六尺，名曰『喊山臺』。其上爲『喊泉亭』，因稱井爲『呼來泉』。舊志云：祭後羣喊而水漸盈，造茶畢而遂涸，故名。迨至正末，額凡九百九十斤。明初仍之，著爲令。每歲驚蟄日，崇安令具牲醴詣茶場致祭，造茶入貢。洪武二十四年，詔天下産茶之地，歲有定額，以建寧爲上。聽茶户採進，勿預有司。茶名有四：探春、先春、次春、紫筍，不得碾揉爲大小龍團。然而祀典貢額猶如故也。嘉靖三十六年，建寧太守錢嶫因本山茶枯，令以歲編茶夫銀二百兩及水腳銀二十兩，齎府造辦〔解京〕。自此，遂罷茶場而崇民得以休息。御園尋廢，惟井尚存，井水清甘，較他泉迥異。仙人張邋遢過此，飲之，曰：『不徒茶美，亦此水之力也。』

我朝茶法：陝西給番易馬，舊設茶馬御史，後歸巡撫，兼理各省發引。通商止於陝境，交界處盤查。凡産茶地方，止有茶利而無茶累。深山窮谷之民，無不沾濡雨露。耕田鑿井，共樂昇平。此又有茶以來，希遇之盛也。雍正十二年七月既望，陸廷燦識。

〔校證〕

〔一〕後云武陽買茶　『武陽』，原譌倒作『陽武』，校本亦皆倒。據《初學記》卷一九、宋·章樵注《古文苑》卷一七、《古今事文類聚·後集》卷一七（下簡稱《類聚》）等引王褒《僮約》乙正。惟《太平御覽》卷五九八引作『武都』，《雲谷雜記》卷二作『武陽』，注云『一作武都』。而清·顧炎武《日知録》卷七《茶》也譌倒作『陽武』。武陽，治今四川彭山縣東，秦始以武陽邑置縣，漢時屬犍爲郡。從王褒《僮約》『武陽買茶』可知，西漢時，該地已是茶葉集貿中心。則今四川彭州一帶，是我國茶之原産地和茶文化的發源地之一。至宋，仍爲我國茶市中心之一。迄今仍産茶，已有二千餘年歷史。王褒《僮約》，是我國傳世史料中記載茶最早的。二『茶』字，均應作『荼』。陽武，則爲戰國邑名，在今河南原陽縣東南，秦置縣。不産茶。

〔二〕令人少眠　晉·張華《博物志》和諸書所引皆同，惟《御覽》卷八六七引作『令〔人〕少眠睡』，疑『眠』下原有『睡』字。

〔三〕皆合煮其葉以爲香　《御覽》卷九五八引作『皆取其葉以爲香』。

〔四〕言茶之源之具之造之器之煑之飲之事之出之略之圖尤備　《新唐書》卷一九六《陸羽傳》作『言茶之原、之法、之具尤備』，其餘十四字乃陸廷燦所補，非引書之體。參見本書卷首凡例。又，『源』，《傳》作『原』。

〔五〕李太白集贈族侄僧中孚玉泉仙人掌茶序　四庫本《李太白文集》卷一六篇名作《答族侄僧中孚贈玉泉仙

人掌茶并序》，是，應據改、補三字。又，所引序文字亦頗有出入。今據上引《文集》及《李太白集注》卷一九、《李太白集分類補注》卷一九出校。下分稱《文集》、《集注》、《補注》。又，《文集》凡三十卷，《四庫提要》稱乃宋敏求、曾鞏相繼校定之本。《補注》爲宋・楊齊賢集註，元・蕭士贇補注；《集注》，乃清人王琦編撰。

〔六〕余聞荆州玉泉寺近青溪諸山　『青』，他校三書皆作『清』。

〔七〕窟多玉泉交流　『窟』下，《文集》有『中』字。

〔八〕中有白蝙蝠　『中』上，《集注》、《補注》本有『其』字；『白』上，《文集》、《補注》本有『見』字。

〔九〕體白如雪　『雪』下，《文集》有注：『一作銀』。而《補注》楊齊賢引《抱朴子》曰：『千歲蝙蝠色如雪。』則作『雪』是。

〔一〇〕異於他茗　『茗』，《集注》、《補注》本作『者』。

〔一一〕扶人壽也　『扶』，《文集》、《補注》作『壯』，《集注》作『扶』。

〔一二〕其狀如掌　『掌』，《文集》、《補注》本作『手』。

〔一三〕因持之見貽　『貽』，他校三書皆作『遺』。

〔一四〕皮日休集茶中雜詠并序　『并』，原作『詩』，據《松陵集》卷四、《全唐詩》卷六一一改。

〔一五〕由周而至於今　『而』，同右引二書無。

〔一六〕封氏聞見記　是書，唐・封演撰。是條見卷六《飲茶》。乃小説家言。

〔一七〕皆許其飲茶　「其」，原脱，據《聞見記》卷六補。

〔一八〕唐韻正　「正」，原脱，據《日知録》卷七《茶》引《唐韻正》補。

〔一九〕和以虎形　方案：本書上編已據宋・謝維新《備要・外集》卷四二收入《茶述》，以《續茶經》引文作主校本。今仍據以出校，僅稱《茶述》。句下，《茶述》有「過此皆不得」五字，疑陸氏删節。

〔二〇〕人人服之　「人人」，《茶述》作「千人」。

〔二一〕永永不厭　句下，《茶述》有「與粗食爭衡」五字。

〔二二〕多飲令人體虚病風　「體」，清抄本作「氣」。

〔二三〕安有蠲逐叢病而靡裨太和哉　「叢」，原作「聚」，形近而譌，據《茶述》改。「裨」，《茶述》作「保」。

〔二四〕其次則壽陽　「壽陽」，似當爲「壽州、陽羨」之脱誤，説詳《茶述》拙校〔六〕，勿贅。

〔二五〕今者其精無以尚焉　前四字，《茶述》作「今其精者」。

〔二六〕甌盌紛糅　「甌」，《茶述》作「瓶」。

〔二七〕頃刻未得　《茶述》作「苟未得」。

〔二八〕則謂百病生矣　「百」，原作「甫」，據《茶述》改。

〔二九〕人嗜之若此者　「若」，《茶述》作「如」。

〔三〇〕西晉以前無聞焉　「西晉」，《茶述》作「兩晉」，雖兩通之，但必有一誤。

〔三一〕百廢俱舉　方案：《大觀茶論》已收入本書上編，今據本書校證本《茶論》出校。「俱」，原作「具」，據

《茶論》改。

〔三二〕後人有不自知爲利害者　「自」，原脱，據《茶論》補。

〔三三〕敍本末列於二十篇　「列於」二字，原無，據右引補。

〔三四〕一曰地産……二十曰外焙　方案：此八十一字，乃《茶論》篇目，《説郛》兩本《序》中皆無，疑陸氏據正文中篇名補列。但仍無法排除陸氏所見本《茶論・序》中有此八十一字篇目之名的可能。又，此或摘引其序文。又，「六曰鑑别」之「别」，《茶論》作「辨」。

〔三五〕名茶　本條節引自《茶論・品名》，是説葉氏茶園所産的白茶，多茶以地名。宋徽宗認爲：白茶乃頂級名茶中的極品，這不僅是他個人的愛好，也是時代風尚的體現。不過皇帝的倡導，當然會有推波助瀾的作用，所謂「上有所好，下必甚焉」。其中有些茶名、地名，可與宋代其他茶書相印證，記葉氏名茶，以此書爲最詳。

〔三六〕葉如耕之平園台星岩　「葉如耕」，《茶論》之《説郛》涵本作「如葉耕」。

〔三七〕一作穴窠　「穴」，原譌作「六」，據《説郛》宛本《茶論》改。

〔三八〕葉椿之無雙岩芽　「雙」，原形譌作「又」，據《茶論》改。

〔三九〕諸葉各擅其美　「諸葉」原脱或删，據《茶論》補。

〔四〇〕是以園地之不常也　「以」，《茶論》作「亦」。

〔四一〕實遵舊例　「實」，《廣羣芳譜》卷一九引作「蓋」。又，丁謂此《表》，僅見於此二書所引。

〔四二〕蔡襄進茶録表　方案：此文非《表》，乃《序》，蔡襄自述言之甚明，文末稱『謹敍』，是其證。

〔四三〕先任福建轉運使日所進上品龍茶　『轉』，原脱或删，據《茶録·序》補。

〔四四〕至烹煎之法　《茶録》原作：『至於烹試之法』。

〔四五〕臣不勝榮幸　《茶録》原作：『臣不勝惶懼榮幸之至。』疑陸氏已有删節。

〔四六〕蔡君謨始造小片龍茶以進　『君謨』下，《歸田録》卷二和《文忠集》卷一二七《歸田録》均有『爲福建路轉運使』七字。

〔四七〕凡二十八餅重一斤　『八』，《歸田録》及《續茶經》諸本皆脱，據蔡襄《蔡忠惠集》卷二《北苑十詠·造茶》詩注『上品龍茶每斤二十八片』補。

〔四八〕趙汝礪北苑別録　方案：是條節録於《北苑別録·開畬》。記載了茶園中耕除草、培壅茶根及茶、桐間種，兩相得宜的栽培技術，這在茶的栽培史上是開創性的，其重要意義，堪與五代·韓鄂《四時纂要》卷二《種茶》所載種茶法相媲美。我國茶的栽培技術在千年前就已相當成熟，也充分證明了中國是茶的原産地。

〔四九〕草木至夏益盛　『夏』，原譌作『夜』，據《別録》改。

〔五〇〕以滲雨露之澤　『滲』，原譌作『糝』，據《別録》及下文作『滲』改。

〔五一〕茶於每歲六月興工　『茶於』二字，《別録》原無，疑陸氏據上下文意補。

〔五二〕虚其本培其末　『末』，《別録》作『土』，疑是。參閲是書拙注〔一〇七〕。

〔五三〕王闢之澠水燕談　方案：是書版本甚多，見卷首吕友仁點校説明。是條見《燕談》點校本卷八，又見《宋朝事實類苑》卷六二引。實際上乃抄自歐陽修《歸田録》，今酌據點校本出校。

〔五四〕龍團最爲上品　『龍團』，《燕談》作『龍鳳團茶』。

〔五五〕一斤二十八餅　『八』，原無，據蔡襄詩注補。説詳本書注〔四七〕。

〔五六〕雖宰臣未嘗輒賜　『宰臣』，原作『宰相』，據《燕談》改。宰臣，指『分蓄』二餅的兩府八人；而宰相，則不包括參知政事及樞密使副。兩府，指中書和樞密院，故作宰臣是，此指宰、執的合稱。

〔五七〕兩府各四人共賜一餅　方案：其下又云：『八人分蓄之』，實誤。歐陽修《歸田録》説得很清楚：乃『中書、樞密院各賜一餅，四人分之。』爲四人分一餅。故《類苑》卷六二『共』改作『并』，義長。

〔五八〕嘉祐中……如此多貴　此二十字，《燕談》作小字注文，玩其文義，當是。

〔五九〕周煇清波雜志　『周煇』，原作『周輝』，據劉永翔校注本改。此條見是書卷四《密雲龍》。

〔六〇〕自熙寧後　方案：《雜志》原書已如此，『熙寧』乃『元豐』之誤。今考『密雲龍』創製於元豐五年（一〇八五），由時任福建轉運使的賈青造進。宋代可信史料中言之甚詳，但筆記小説多誤元豐爲熙寧，以譌傳譌而已。説詳本《全集》上編《宣和北苑貢茶録》拙釋〔二七〕至〔二九〕。

〔六一〕始貴密雲龍　『貴』，原作『貢』，據《雜志》卷四改。

〔六二〕宣仁太后令建州今後不許造密雲龍　『今後』，原脱或删，據同右引補。又，『許』，《雜志》作『得』。

〔六三〕親黨許仲啓官麻沙　『麻沙』，原譌作『蘇沙』，據同右引改。麻沙，鎮名，南宋屬福建建寧府建陽縣，在今福建建陽西北。因其地盛産竹、木，爲造紙和雕版的優質材料，雕版印刷業極爲發達，享譽海外。『麻沙本』有『半天下』之稱，但因其數量極多，難免質量不佳，錯譌也極多。麻沙鎮與鎮南的崇化坊又並稱爲『圖書之府』。是宋代四大刻書印刷中心之一，南宋時達到鼎盛。又，許開，字仲啓，丹徒（治今江蘇鎮江）人。乾道八年（一一七二）進士。淳熙中，曾充教職。慶元四年（一一九八），爲諸王宫大小學教授兼實録院檢討官。次年，除司農寺丞。開禧元年（一二〇五），權知臨江軍（治今江西清江縣臨江鎮）；嘉定元年（一二〇八），除江東路提刑（分見《宋會要輯稿》食貨六八之一〇三，職官七四之二九）。終官中奉大夫。撰有《志隱類稿》二十卷（《宋史》卷二〇五《藝文志》）等，已佚。事具《南宋館閣録·續録》卷九、萬曆《丹徒縣志》卷三等。其時在麻沙任何官，俟更考。

〔六四〕豈以貢新易其名耶抑或别爲一種　方案：周煇所疑非是。龍焙貢新，又稱貢新或貢新銙，其名已始見於熊蕃《宣和北苑貢茶録》，原注云：政和三年（一一一三）造，銙式，在歲額之外。趙汝礪《北苑别録》細色第一綱貢品即爲此物。四庫本引《建安志》云：此乃貢以薦宗廟之物，而『非享上之物也』。又細色第二綱又引《建安志》稱：貢新、試新皆起於『鄭可簡爲漕日增』。則此爲政和三年閩漕鄭可簡所增創。時，鄭爲福建轉運判官或副使。詳《北苑宣和貢茶録》拙釋〔四三〕。

〔六五〕沈存中夢溪筆談　方案：沈括，字存中。是條見《筆談》卷二五。

〔六六〕吴蜀淮南唯叢茇而已　『淮南』，原脱或删，據《筆談》及《廣羣芳譜》卷一八補。『茇』，指草根，一説謂指草上之白花。『叢茇』，指叢生。沈括所言甚是，吴蜀、淮南之茶確爲灌木型叢生茶，與喬木型茶有明顯區别。關於『建茶力厚而甘』，不同於吴蜀之茶的特性，黄儒《品茶要録・後論》言之甚確，可參閲。以他的標準衡量，吴越之茶均乃草茶。

〔六七〕李氏時號爲北苑　『時』，原脱，據《筆談》補。

〔六八〕胡仔苕溪漁隱叢話　方案：胡仔（一一一〇—一一七〇）字元任，號苕溪漁隱。徽州績溪人。胡舜陟（一〇八三—一一四三）次子。以父蔭補官，紹興六年（一一三六），侍父赴官嶺右，被辟爲廣西帥司書寫機宜文字，差本路提刑司幹辦公事。後丁憂、賦閑二十載，卜居湖州苕溪，因以自號。紹興三十二年（一一六二），起爲福建轉運司幹辦公事，預北苑茶事乃其職掌之一。故在其《叢話》中頗及北苑茶事佚聞，因是親歷，有較高的史料價值。後徙知常州晉陵縣（治今江蘇常州），未赴。胡仔《叢話》一百卷，前集六十卷，後集四十卷。其前集，據自序，成於紹興十八年（一一四八），紹熙五年（一一九〇）陳奉議始刊於萬卷堂。後集則成於乾道三年（一一六七），亦據自序。今有宋、元、明刊本（包括殘本）多種行世。《續茶經》是條見《叢話・後集》卷一一，《詩話總龜・後集》卷二九亦據胡書抄入（乃書賈所爲，阮閲成書在先）。今據上述兩書人民文學出版社點校本出校。又參校《永樂大典》卷八〇四引《總龜・詠茶》。此兩書，乃宋代兩種最重要的集大成式詩話。

〔六九〕建安北苑茶　『茶』，原脱或删，據《叢話》、《總龜》（下合稱兩書）補。

〔七〇〕始於太宗朝太平興國二年　『朝』，原脱或删（以下作『無』），據同右引兩書補。又，『二年』，原作『三年』，據兩書及《宣和北苑貢茶録》改。

〔七一〕以別庶飲由此入貢　『入貢』上四字，原無，疑陸氏删，據同右引兩書補。『以別入貢』，雖亦通，但與《詩話》原文之意已相去甚遠。

〔七二〕仍添造石乳　『石乳』下，原有『蠟面』，兩書無，乃陸氏誤補，應删。

〔七三〕其後大小龍茶又起於丁謂而成於蔡君謨　『茶』，原無，據兩書補。

〔七四〕久領漕計創添續入　『計』、『創』二字，原無，據同右引兩書補。

〔七五〕每歲縻金共二萬餘緡　『縻』，原譌作『縻』，據兩書改。

〔七六〕北苑在富沙之北　方案：本條節引自《叢話》前集卷四六。

〔七七〕乃龍焙造貢茶之處　《叢話》原作：『北苑乃龍焙，每歲造貢茶之處。』此陸氏已删改。

〔七八〕亦名鳳凰山　同右引原書作：『北苑茶山，乃名鳳凰山也。』陸氏已以己意改寫。

〔七九〕方與西來水合而東　原書作：『方與西來武夷溪水合流，東去劍浦。』删節後，文意欠完備，當從原書。

〔八〇〕車清臣腳氣集　方案：車若水（一二一〇—一二七五），字清臣，號玉峯山民，黄巖人。少師陳耆卿（一一八〇—一二三六），後師陳文蔚（一一五四—一二四七）、王柏（一一九七—一二七四），又從杜範（一一八二—一二四五）游。少擅古文，晚年對朱熹《四書集注》推崇備致。著有《大學沿革論》、《宇宙略記》、《玉峯冗稿》十卷等（《經義考》卷一五六、《千頃堂書目》卷二九），均已散佚。《腳氣集》二卷，乃其絶筆之作，也爲其唯一存世的著作。據其侄惟一跋，書成於咸淳甲戌（十年，一二七四）冬，因病脚氣而作書自娱，故得名。次年春，卒。事具《四庫全書總目》卷一九、《脚氣集》及其跋。是條録自卷上。今有四庫本、清抄本傳世。據四庫本略作校勘。

〔八一〕毛詩云　原書作『《詩》』，無上、下各一字；又，下文加方括號之『注』、『蘇』、『夫』、『是』四字，原書均無。疑此六字，皆陸氏據文意補。其中『蘇』、『夫』可不必補，或陸氏所見爲宋、明本歟？

〔八二〕宋子安東溪試茶録序　方案：是書已全文收入本《全集》上編，作者及書名，見是書提要。本條節引自是書自序，今據以出校。

〔八三〕茶味甲於諸焙　『茶』，原無，據《試茶録》補。

〔八四〕而岡翠環抱　『岡翠』，原書作『岡阜』。

〔八五〕故四方以建茶爲首　『首』，原作『目』，據原書拙校〔七〕改。

〔八六〕黄儒品茶要録序　方案：是書亦已收入本《全集》上編，參閲是書提要，有關於作者及此書説明。『序』，原書作『總論』。

〔八七〕説者嘗謂陸羽茶經不第建安之品　『嘗謂』，原書作『常怪』。

〔八八〕夫身世灑落　『身世』，原書作『體勢』。

〔八九〕茶録　方案：此節引自唐·楊曄《膳夫經手録·茶録》，疑轉引自宋·葉庭珪《海録碎事》。據《續茶經》引書體例，應補作者之名。《茶録》，本《全集》上編已收入。

〔九〇〕茶古不聞食之　『之』，原無，據《茶録》補。

〔九一〕自晉宋以降　『自』，原書作『近』。

〔九二〕吴人採葉煮之　原書作『吴人採其葉煮』。

〔九三〕名爲茗粥　『名』，原書作『是』。

〔九四〕葉清臣煮茶泉品　方案：已收入本《全集》上編附録，據以出校。餘詳是篇提要。

〔九五〕至於續廬之巖　『續廬』，《泉品》作『桐廬』。

〔九六〕雲衢之麓　『衢』，原文作『衡』。

〔九七〕雅山著於宣歙　『雅山』，原文作『鴉山』，是，應據改。『宣歙』，原文作『吴歙』。

〔九八〕周絳補茶經　方案：《全集》上編已有輯佚本，是條輯自熊蕃《宣和北苑貢茶録》引。文全同。

〔九九〕胡致堂曰　方案：胡致堂，指胡寅（一〇九八—一一五六），字明仲，學者稱致堂先生。是條轉引自《文獻通考》卷一八《征榷考·榷茶》。本《全集》已收入補編，文全同。按《續茶經》體例，似前應補『馬端臨《通考》引』數字。

〔一〇〇〕陳師道後山談叢　方案：陳師道，見《茶經》拙釋〔三五三〕條。《談叢》，原譌倒作《叢談》，據原書乙。《談叢》有多種版本行世，其版本沿革，參見李偉國點校的《後山談叢》前言（上海古籍出版社一九八九年版。）是條又被收入《後山集》卷一九《蘭茶二種》，已有删節。文全同。

〔一〇一〕陳師道茶經序　方案：本《全集》上編《茶經》附録一已輯入其序，據以出校。

〔一〇二〕下逮邑里　『逮』，原序作『迨』。二字在作『到、及』解時同義，但『迨』有『達到』之義，義長。師道以古文著稱，師事曾鞏，字斟句酌，堪稱無愧。

〔一〇三〕存之口訣　『之』，陸羽《茶經》原作『乎』。

〔一〇四〕其有得乎　『有』，陳序原作『可』，義勝。

〔一〇五〕吴淑茶賦注　方案：吴淑，參見《全集》上編附録《事類賦注·茶賦》提要。

〔一〇六〕姚氏殘語　方案：陸氏乃據《説郛》卷三一下（四庫本）引作姚氏《殘語》，題注有云姚寬，此説大誤。陸氏乃沿譌踵謬。今考姚寬撰有《西溪叢語》二卷（四庫本分三卷），而非《殘語》。此其一。遍檢《叢語》全書，不見是條記事，也不可能有此條記事，説詳下注。此其二。姚寬（一一〇五—一一六二），字令威，號西溪。嵊縣（治今浙江嵊州）人，姚舜明子。以蔭入仕，官至權尚書員外郎、樞密院編修官。精天文、術數，工詩詞。撰有《西溪居士集》五卷，《西溪樂府》一卷，已佚。今存世者僅《叢語》二卷及少量佚詩詞、文，已被收入今人編總集。事具《寶慶會稽續志》卷五、《書録解題》卷二〇、二一等。

〔一〇七〕紹興進茶自高文虎始　方案：今考此條記事，始見於元·陸友仁《研北雜志》卷下，原文爲『紹興進茶，自宋降將范文虎始。』陶宗儀據以録入《説郛》時删『降將』二字，又誤題書名作姚氏《殘語》，《廣羣芳譜》卷一八誤蹈襲之。也許陸廷燦抄入其書時發現范文虎乃宋元之際人，與姚寬時代不合，遂改爲高文虎，乃誤中有誤。高文虎，字炳如，明州（治今浙江寧波）人。紹興三十年（一一六〇）進士，寧宗時，官至翰林學士、兵部侍郎，約卒於慶元六年（一二〇〇）。事具《宋史》卷三九四本傳，以文學知名。而姚寬卒於紹興三十二年（一一六二），時高剛進士及第，於高爲前輩，即使真有其事的話，也不可能在書中記有高文虎之事。因此，此必范文虎事，陸友仁所記乃元貢茶始於范文虎。范文虎，南宋降將。咸淳六年（一二七〇），以殿帥率兵援襄樊，兵敗，爲賈似道所庇祐。後知安慶，不戰而降元，率左路軍攻陷臨安（治今浙江杭州），深得元世祖信任，被任命爲兩浙大都督。其爲獻媚元朝統治者，將紹興産名茶進貢元大都，實乃習飲乳酪的元朝新貴飲茶之始。從某種意義上而言，他開創了茶飲習俗北傳的新時代。故詳考如上。因此，此條應改作：『陸友仁《研北雜志》（卷下）：紹興進茶，自范文虎始。』又，此紹興，指紹興府，地名；陸氏似已誤解為南宋初年號。

〔一〇八〕王楙野客叢書　方案：王楙（一一五一—一二一三），字勉夫，家本福州福清，其先已徙居平江府長洲（治今江蘇蘇州）。少孤力學，絶意仕進，究心學術。其文深得范成大贊賞。所撰惟《野客叢書》三十卷傳世，另有《巢睫稿筆》五十卷等已佚。事具《吴都文粹續集》卷四〇郭紹彭撰《宋王先生壙銘》、《吴中人物志》卷九。《叢書》乃宋人學術筆記中的佳作。郭紹彭《壙銘》云：『《叢書》門分類聚，鈎隱抉微。考證經史百氏，下至騷人墨客佚事，細大不捐。士大夫爭先謄寫。』其友陳造則跋云：『其議論之純正，稽考之精確，鈎摭之博洽，信可以不休。』尤足惜者，原書有李性傳和范成大序、跋各一首已失傳。《四庫全書總目》亦評價甚高，稱其『考辨精核』，與《夢溪筆談》、《容齋隨筆》相提並論而可『無愧色也』。本條節引自《叢書》卷二一《蘭茶二種》，確實體現了考證精賅這一特點。

〔一〇九〕世莫知辨　原書作：『世但知蘭、茶而莫辨，故辨之。』陸氏删存如上，已改寫。

〔一一〇〕魏王花木志　方案：此轉引自宋初類書《太平御覽》卷八六七。

〔一一一〕茶葉似梔子　『子』，原脱，據《御覽》補。

〔一一二〕瑞草總論　方案：此條引自宋·謝維新《古今合璧事類備要·外集》卷四二《香茶門·茶·瑞草總論》。應改爲：『謝維新《備要》』，《瑞草總論》僅爲其書《香茶門·茶類》的前言，既非篇名，更非書名，殊乖陸書體例。

〔一一三〕唐宋以來有貢茶有榷茶　謝書原作：『其他如貢茶，如榷茶。』陸氏已改寫，並補上四字。謝氏宋人，不可能稱『唐宋以來』，亦非引書之體。

〔一一四〕元熊禾勿軒集北苑茶焙記　方案：是條出熊禾《勿軒集》卷三。『軒』，原誤作『齋』，據原書改。《北苑茶焙記》乃篇名。

〔一一五〕説郛臆乘　方案：此條節引自楊伯嵒《臆乘》，刊《説郛》卷一一上。楊伯嵒（？—一二五四），字彦瞻，號泳齋。楊沂中諸孫，居臨安。歷官太社令（《蒙齋集》卷九）。端平二年（一二三五），通判衢州（弘治《衢州府志》卷八）。淳祐四年（一二四四），在衢守任（《齊東野語》卷一六《省狀元同郡》）；七年，除浙東提刑；八年，爲檢詳樞密院諸房文字（《寶慶會稽續志》卷二）。撰有《九經補韻》一卷，輯有類書《六帖補》二十卷，今存。又有《泳齋近思録衍注》十四卷，有宋刻本。事見

《全宋詞・小傳》、《宋元學案補遺》卷七九等。此條文字原書就有錯譌，轉引節删時又出現新的問題，今逐句校釋。

〔一一六〕茶之所産六經載之詳矣　方案：《臆乘》之説誤之甚矣。六經中所載之『荼』，均非今之茶。據筆者所考戰國以前無茶，今之茶，其在史料中始見於王褒《僮約》。説詳拙文《芻議茶的起源》、《戰國以前無茶説》（分刊《中國農史》一九九一年第三期、一九九八年第二期）。

〔一一七〕唐宋以來見於詩文者尤夥　方案：此乃陸氏改寫之文，上四字原無。楊伯嵒，宋人，不可能作此語。原書上句『獨異美之名未備』之下，有大段述及茶之美稱，名茶的品名及其産地等文字被删。原書在『見於詩文者』之下作：『外此無多，頗疑似者不書』。陸氏之删節致文意已相歧異，且已與下文脱節不相關。

〔一一八〕若蟾背蝦目雀舌蟹眼瑟瑟塵霏霏雪鼓浪涌泉琉璃眼碧玉池　方案：此皆唐宋以來（主要是宋）烹點茶過程中産生的『異美之名』：即磨茶、煮水、點茶過程中各種狀態的形容詞，屢見於唐宋人詩文中，今略作詮釋。『蝦目』，《説郛・臆乘》已誤作『蝦鬚』，陸氏誤沿之，據下考改。『蟾背、蝦目』，似始見於南宋初成書的三部類書：《紺珠集》卷一〇云：謝宗論茶又曰，『候蟾背之芳香，觀蝦目之沸涌』；《類説》卷一三《蟾背蝦目》同上。『謝宗』下疑有脱字或有誤，當爲北宋人名或字，今已無可考。《海録碎事》卷六同條引此十二字，又稱出《茶賦》，疑因下有『雀舌』而誤引出處爲吴淑《茶賦》。又，蟾背，似指唐宋名泉蝦蟆碚，在夷陵縣（治今湖北宜昌）南。陸羽《水品》、張又新《煎茶水記》均品爲天下第四泉。因其泉所出之石形似蛤蟆而得名，唐宋時人道經此必『酌水以瀹茗』（《方輿勝覽》卷二九）。黄庭堅《山谷集》卷二〇《黔南道中行紀》對此泉有極爲生動、真切、傳神的記敍。陸游《劍南詩稿》卷二、《蝦蟆碚》詩則云：『巴東峽里最初峽，天下泉中第四泉。』確切描繪了其地理位置。其泉烹茶芳香甘洌。『蝦目』，則形容煮水初沸時的情狀。又作蝦眼，説詳本書卷下之一引明·張源《茶録》。『雀舌』，指茶芽之細者。似始見於毛文錫《茶譜》：蜀州『雀舌、鳥嘴、麥顆，蓋取其嫩芽所造，以其芽似之也。』『蟹眼』，亦指湯初沸時情狀。蔡襄《茶録》有云：『前世謂之蟹眼者，過熟湯也』。此後，頗有不同見解者，如蘇軾《東坡全集》卷三《試院煎茶》詩云：『蟹眼已過魚眼生』，是其證。『瑟瑟塵』，原誤作『瑟瑟瀝』，指粉狀末茶，唐茶時煎烹茶，須先將團餅茶磨碾成茶末，故云。已見於唐詩，如白居易《白氏長慶集》卷二〇《山泉煎茶有懷》：『看煎瑟瑟塵』，唐·崔珏《美人嘗茶行》也云：『玉郎爲碾瑟瑟塵。』（《文苑英華》卷三三七）宋人詩尤用此語頗多。『霏霏雪』，原誤作『霏霏靄』，四庫本陸書又誤作『霏霏靄靄』，據下考改。因宋人尚白茶，此形容磨茶時落入磨槽中的白色粉末狀茶末，猶如霏霏細雪。以黄庭堅《山谷集》卷三《雙井茶送子瞻》：『我家江南摘云腴，落磑霏霏雪不如』一聯詩最爲膾炙人口，實典出《詩經》『雨雪霏霏』。『鼓浪湧泉』，見《茶經》二沸、三沸之湯，謂：『緣邊如湧泉連珠爲二沸，騰波鼓浪爲三沸』。『琉璃眼、碧玉泉』，則形容添酥煮酥油茶時的情景。似始見於《李鄴侯家傳》所載李泌的一聯詩，見《續茶經》卷下之三引。

〔一一九〕明人月團茶歌序　方案：『明人』，底本、閣本原誤作『高啓』，今考此乃楊慎之作，見其《升菴集》卷一四。『明人』，從清抄本，又補『楊慎』二字。所録乃詩序。

〔一二〇〕元時其法遂絶　『元時』，原詩序作『前自元代以來』。

〔一二一〕始悟古人詠茶詩所謂膏油首面所謂佳茗似佳人　『古人』，原序作『唐人』，陸氏改『唐』作『古』，是。『佳茗似佳人』、『膏油首面』二句，乃蘇軾詩，非唐人之作。見《東坡全集》卷一八《次韻曹輔寄壑源試焙新芽》。

〔一二二〕所謂緑雲輕綰湘娥鬟之句　方案：此唐・李咸用《謝僧寄茶》詩中之句，見《全唐詩》卷六四四。

〔一二三〕足以助吾玄賞云　『以』、『玄』二字原無，據《茗笈》卷下補。又，下有注文三十三字，陸氏已删，見《茗笈》。

〔一二四〕謝肇淛五雜組　方案：《五雜組》，原作《五雜俎》。據印曉峯先生之説，書名之『組』字，典出《爾雅》，而後世多譌作『俎』。李本寧序中言之甚明。其説是。説詳點校本《五雜組・出版説明》（上海書店出版社二〇〇一年版）。謝肇淛（一五六七—一六二四）之生平事歷，亦以印考爲確，見同上是書《出版説明》，勿贅。又，是條見《五雜組》卷一一《物部三・茶》。

〔一二五〕西吴枝乘　是書二卷，謝肇淛撰。見徐𤊹撰《謝公行狀》（明天啓刻本《小草齋文集》附録）。是書似已佚，僅殘存十餘條。

〔一二六〕丁長孺嘗以半角見餉　丁長孺，今考丁元薦，字長孺，號慎所。湖州長興人。萬曆十四年（一五八六）進士，二十一年，授中書舍人，上萬言書，極陳時弊，專斥首輔王錫爵，其座主也。罷歸，丁内艱。三十八年（一六一〇），起爲廣東按察司經歷，旋召爲禮部主客司主事，次年三月之官。旋因上疏論時事被削籍，道學清流，一網盡矣。天啓四年（一六二四），起爲刑部檢校，旋擢尚寶少卿。復罷歸。入仕四十年，前後服官不滿一載。卒年六十六歲。其初學於鄉前賢許孚遠，繼從顧憲成游，入東林黨籍，與劉宗周齊名，時以節行稱。撰有《西山日記》二卷、《尊拙堂文集》十二卷、《萬曆辛亥京察記事》十卷等，刻有李心傳《道命録》十卷（萬曆刊本，今存）。其生平事略見劉宗周《劉蕺山集》卷一四《丁長孺先生墓表》、《啓禎野乘》卷三、陳鼎《東林列傳》卷二二、俞汝楫《禮部志稿》卷四三、《明史》卷二三六。其著作見《千頃堂書目》卷六、《四庫全書總目》卷一四三、一七九、《天禄琳瑯書目》卷六等著録。

〔一二七〕屠長卿考槃餘事　『屠長卿』，屠隆，字長卿，又字緯真。其事略見本書《茶説》（一作《茶箋》）提要。《考槃餘事》四卷，據《四庫全書總目》卷一三〇稱：『是書雜論文房清玩之事』。喻政編《茶書全集》乙種本時，曾將此書卷三《茶箋》（包括茶具、擇水等）析爲二十八條，改題作《茶説》，作爲一種茶書收入《全集》，《廣百川學海》本亦作一種茶書收入，不過仍題作《茶箋》，且有四條内容爲喻乙本所無。説詳《茶説》提要。陸廷燦則據《考槃餘事》録文，是條，《茶説》録出時，已析爲虎丘、天池、陽羨、六安、龍井、天目等六條。

〔一二八〕包衡清賞録　『包衡』，字彦平，號蒿園，嘉興人。撰有《春帆什》、《遥青閣集》、《嵩遊集》、《茗遊集》

等，見《千頃堂書目》卷一二著録。《清賞録》十二卷，據《四庫全書總目》卷一三二云：是書明張翼、包衡同撰。翼字二星，餘杭人。『二人皆久困場屋，棄去制義，因共購閱古書，採摭雋語僻事而成帙。一刻之秀州，一刻之武林，翼遊盤谷，又重刻焉。然多習見之詞，特剽剟成書，無稗考據。』是書《明史》卷九八、《千頃堂書目》卷一二均著録爲包衡撰，乃據武林本，故未及合編者張翼。

〔一二九〕陳仁錫潛確居類書　陳仁錫（一五七九—一六三四），字明卿，號芝台。蘇州長洲人。天啓二年（一六二二），進士第三。授編修，典敕誥，以忤魏忠賢而落職、削籍。崇禎初，起復原官，稍遷中允，再補日講。崇禎三年（一六三〇），署國子監司業。旋又乞身歸。七年三月復召，累官南京國子監祭酒。卒贈詹事府詹事，謚文莊。仁錫與同鄉同科狀元文震孟（一五七四—一六三六）友善並齊名。講求經濟，性好學，喜著書。著有《無夢園集》四十卷（又有補、遺、小品集凡二十八卷）等。據《四庫全書總目》、《千頃堂書目》、《明史》等著録，陳氏編撰四部書凡數十種，一千五百餘卷，也許是明代編寫書最多的學者之一。其事見《東林列傳》卷二二、《啓禎野乘》卷四、《明史》卷二八八等。《潛確居類書》，清人多引作《潛確類書》，實書名誤奪『居』字。今考仁錫室名潛確居，必有『居』字無疑。是書《明史》卷九八作一二五卷，《千頃堂書目》作一二〇卷，或刊本之異，或有一誤，但書名均作《潛確居類書》則無疑。今似此書已無完本流傳，僅見明末、清代書中多有引録。是書大抵抄輯前人成書編類，也許陳氏編書太多太濫，故譌誤極多，誠如《四庫提要》所論斥。説詳下注。

〔一三〇〕紫琳腴雲腴皆茶名也　方案：陳仁錫此説實大誤，但陸廷燦抄入《續茶經》後，其謬説乃廣爲流傳。乃至今之《漢語大詞典》第九册第八一九頁亦誤釋爲『茶名』，今特正之。今考『紫琳腴』乃道家語，猶言瓊漿玉液。典出《太平御覽》卷六六一引晉·李遵《茅君傳》：『〔茅〕盈，字叔申，咸陽人也。……策爲太元真人，東岳上卿司命神君，仗紫毛之節……紫琳之腴，玉漿金醴，赤城山治玉洞紫府。』梁·陶弘景《真誥·運象三》『羽童捧瓊漿，玉斝餞琳腴。』正指爲道家飲料，是其證，所謂此飲只應天上有也。紫琳腴，實在與茶毫無共同之處，更不是什麽『茶名』。論者往往引黄庭堅《山谷集·子瞻以子夏丘明見戲聊復戲答》詩中一聯『喜公新賜紫琳腴，上清虚皇對久如』以證，實亦大謬不然。任淵《山谷内集詩注》卷六此聯詩下正引《真誥》詩曰：『漱此紫瓊腴』；又曰『玉華餞琳腴』。皆爲道家飲料無疑。此詩山谷作於元祐元年（一〇八六）十二月，時蘇軾任兩制官，黄庭堅召試除館職，正爲元祐黨人官場得意之際。此詩又爲步東坡《次韻黄魯直赤目》詩原韻而戲作。道學造詣極深又嗜用僻典的山谷，乃一語雙關，因乃師賜紫而極稱其官運亨通，平步青雲。又陸游《劍南詩稿·寺樓夜月醉中戲作》云『水精盞映碧琳腴』，乃喻指酒爲瓊漿玉液者。又因其色極似端硯，也有喻指爲端石者。如范成大《石湖詩集》卷一六《嘲峽石并序》：『端溪紫琳腴』。而指茶則絶無所見。餘詳拙文《〈漢大〉涉茶條目證誤釋例》，刊《古典文獻與文化論叢》（第二輯），杭州大學出版社一九九九年版。又，『雲腴』，亦非茶名，僅乃古人詩文中對茶的喻指雅稱而已。其例甚夥，如：唐皮日休《奉和魯望四明山九題·青欞子》：『味似雲腴美，形如玉腦圓。』黄庭堅《山谷集·雙井茶送子瞻》：『我家江南摘雲腴。』劉摯《忠肅集·石生煎茶》：『雲腴浮乳英。』黄儒《品茶要録·序》：『借使陸羽復起，閲其金餅，味其雲腴，當爽然自失矣。』不勝枚舉。

〔一三一〕農政全書　方案：是書明·徐光啓撰，按《續茶經》引書之例應補作者名。徐光啓（一五六二—一六三三），字子先，號玄扈。上海人。萬曆三十二年（一六〇四）進士。崇禎初，以禮部尚書入閣參機務。光啓『負經濟才，有志用世』；『編修兵機、屯田、鹽筴、水利諸書』，皆切世用。（《四庫提要》引《明史·本傳》之説）曾從意大利人利瑪竇學習西方近代科學技術，尤精於曆法，譯著之書甚夥。尤以與利瑪竇合譯之《幾何原本》（歐幾里得撰）六卷最爲有名。是繼沈括以來古代最出色的自然科學家之一，也是向西方學習最有成就者之一。信天主教。卒贈太保，謚文定。撰有《毛詩六帖快意》、《徐文定公集》等。事見《文集》卷首《年譜》、《行實》及黄節撰《徐光啓傳》等。《農政全書》乃光啓之代表作，凡六十卷。陸氏引此書二條，均見元·王禎《王氏農書》卷一〇，其中第一條不見於《農政全書》，第二條則見於卷三九，乃轉引王氏《農書》，文全同。故陸氏乃誤引出處。其第一條所云『六經中無茶字，蓋「茶」即茶也』，更是大誤。六經無茶，堪爲定論。説詳本《全集》上編《茶經》校記〔一四三〕所引拙文。

〔一三二〕羅廩茶解　作者及解題，均見是書提要。校核喻乙本，據改一字，删二字，補六字。

〔一三三〕茶地南向爲佳向陰者遂劣　此見《茶解·藝》，但陸氏已有删改。原作『茶地，斜坡爲佳，聚水向陰之處，茶品遂劣。』

〔一三四〕李日華六研齋筆記　本條見是書二筆卷一，據改一字。『茶事』之上有删節，故末句『皇甫』下有八字溢文，乃潤色之也。

〔一三五〕徐巖泉六安州茶居士傳　『徐巖泉』，徐爌，字明宇，號巖泉。太倉人。明嘉靖三十二年（一五五三）進士。曾官巡鹽御史、提學御史、僉都御史等。撰有《定性書釋》二卷等（《千頃堂書目》卷一一著録）。事略見《弇山堂别集》卷八三，《明史》卷八〇、卷三〇八，《江南通志》卷一二二等。《茶居士傳》乃倣傚蘇軾《葉嘉傳》而撰之游戲文字。《續茶經》卷下之五作爲茶文又存其目。其全文始見於明·胡文煥《新刻茶集》。『茶姓』，原作『姓茶』，據乙；又據補一『若』字。

〔一三六〕樂思白雪庵清史　『思白』，樂純字，一字白未，號天湖子，沙縣人。《雪庵清史》五卷，《千頃堂書目》卷一二著録。《四庫總目》卷一二八云：『是書皆小品雜言，分清景、清供、清課、清醒、清福爲五門，每門又各立子目。大抵明季山人潦倒恣肆之言。拾屠隆、陳繼儒餘慧，自以爲雅人深致者也。』

〔一三七〕馮時可茶譜　是書一名《茶録》，並其作者見本《全集》提要。據補二字。

〔一三八〕胡文煥茶集　是書及其作者，亦見本《全集》提要。本條，陸氏摘引自胡文煥《新刻茶集》自序。僅『世不皆味之』句中『不皆』，原作『皆不』，據乙。

〔一三九〕歐陽公詩有共約試新茶槍旗幾時録之句　方案：此聯詩句，見《文忠集》卷一《蝦蟆碚》。『新茶』，歐公原詩作『春芽』，《記纂淵海》卷九〇、《全芳備祖》後集卷二八已臆改作『新茶』，詩味全失。《羣芳譜》、《廣羣芳譜》及陸氏《續茶經》皆誤沿之。應回改。陸氏又譌倒『槍旗』作『旗槍』，今乙正。

〔一四〇〕魯彭刻茶經序　方案：此序全文見本書《茶經》附録，作者見《茶經》校記〔三五八〕。此乃摘引。

〔一四一〕沈石田書岕茶别論後　『沈石田』，沈周（一四二七—一五〇九），字啓南，號石田，别號白石、竹莊等，長洲人。博覽羣書，尤工於畫。爲吴門畫派代表人物，與唐寅、文徵明、仇英並稱明四家。絶意仕宦。撰有《石田詩選》十卷、《石田集》九卷（詩八卷、文一卷）、《江田春詞》、《石田雜記》各一卷。以上分據《四庫總目》卷一七〇、一七五、一九一、一四三。其生平事歷見《甫田集》卷二五《行狀》、《王文恪公集》卷二九《墓志銘》、《吴中人物志》卷一三、張時徹撰《沈孝廉周傳》（刊《國朝獻徵録》卷一一五）、《明史》卷二九八、《名山藏》卷九六等。

〔一四二〕昔人詠梅花云　方案：此乃唐人崔道融詠梅名句。始見於楊萬里《誠齋集》卷八〇《洮梅和梅詩序》（又見《誠齋詩話》），後經宋代類書、詩話援引，遂廣爲流傳。其全詩則始見於明·楊慎《升菴集》卷五五《崔道融梅詩》，又見《全唐詩》卷七一四。

〔一四三〕李維楨茶經序　『李維楨』，見本書上編《茶經》拙校〔三六五〕。本條乃摘引《序》中之文。

〔一四四〕楊慎丹鉛總録　此見是書卷二七，又見《丹鉛餘録》卷一四及《升菴集》卷六四，凡同一人之書已三見，但卻又抄自宋·魏了翁之説，見《鶴山集》卷四八《邛州先茶記》，又見《玉海》卷一八一。

〔一四五〕董其昌茶董題詞　董氏《題詞》，見《茶董》卷首，文幾全同。惟『辨若淄澠』，原作『淄澠』。

〔一四六〕童承敍題陸羽傳後　方案：童承敍，見本《全集》上編《茶經》拙校〔三六七〕。其《題陸羽傳後》，亦作《茶經跋》，見同上拙校本附録（八），文全同。

〔一四七〕穀山筆麈　『穀山』，于慎行（一五四五—一六〇七），字可遠，更字無垢，號穀山、穀城居士。東阿人，于玭子。隆慶二年（一五六八）進士，萬曆初，歷修撰、充日講官。忤首相張居正，以疾歸。居正卒後，起故官，累遷禮部尚書。累疏請建東宫，乞休罷歸，家居十餘年。萬曆中，詔加太子太保、兼東閣大學士，入參機務。以疾歸，卒謚文定。于慎行學有原委，明神宗時，與馮琦齊名，文學冠蓋詞館。撰有《讀史漫録》十四卷、《穀城山館詩集》二十卷、《文集》四十二卷等，分見《四庫總目》卷九〇、一七二、一七九著録。其生平事略見《蒼霞續草》卷一〇《文定于公墓誌銘》，《來禽館集》卷一六《先師于文定公碑》，《明史》卷二一七《本傳》等。《筆麈》，原誤作《筆塵》，形近而譌，據本書卷下之二及《四庫全書總目》卷一二五改。《四庫提要》云：『《筆麈》十八卷，是書乃其退居穀城山中時所著。凡分三十五類，所紀多明代典故，亦頗及雜説。』

〔一四八〕張萱疑耀　方案：此原舊題作者爲『李贄』，今據余嘉錫《四庫提要辨證》卷一五考定爲張萱所撰而改。《千頃堂書目》卷一二著録是書作張萱撰，是其證。嶺南遺書本《疑耀》有張萱自撰《新序》，言之甚明。張萱，字孟奇，號九岳，别號西園。廣東博羅人。萬曆中舉人，官内閣中書，預修《重編内閣書目》八卷。官户部主事，郎官，榷滸墅關，擢貴州平越守，未赴。年八十四卒。張萱好學博識，經史百家，無不淹貫。擅畫工書，四體均佳。有《彙雅》二十卷，《續編》二十八卷，《疑耀》七卷、《西園存稿》（一作全集）等。事見《明詩綜》卷五八、《廣東通志》卷四六小傳，《曝書亭集》卷四四等。本條見《疑耀》卷六。『宋』字乃筆者據上下文意補，『必』字據張萱原書補。

〔一四九〕王象晉茶譜小序　王象晉，字藎臣，一字康宇，號子晉。山東新城人。萬曆三十二年（一六〇四）進士。授中書舍人，四十一年（一六一三）陞禮部主事，謫江西按察知事，稍遷行人司副使，擢禮部員外郎，官至浙江右布政使。七十引年致仕，九十餘卒，鄉人私謚康節先生。撰有《二如亭羣芳譜》三十卷（《千頃堂書目》著録爲二十八卷），另有《清寤齋欣賞編》一卷、《簡便驗方》二卷等。分見《四庫總目》卷一三二、《千頃堂書目》卷一四。另有《翦桐載筆》、《秦張詩餘合璧》等。其生平事蹟見《湛園未定稿》卷六《新城王方伯傳》、《山東通志》卷二八之三、《明詩綜》卷六四小傳、《禮部志稿》卷四二、四四等。王象晉《羣芳譜》，康熙時汪灝等增補爲《廣羣芳譜》，收入《四庫全書》。本條乃《羣芳譜·茶譜小序》，似應補書名『羣芳譜』三字。

〔一五〇〕陳繼儒茶董小序　陳繼儒，詳本《全集》中編《茶話》提要。《茶董·小序》，乃節引自夏樹芳《茶董》卷首。據補一『今』字。

〔一五一〕夏茂卿茶董序　茂卿，夏樹芳字。事蹟詳本書《茶董》提要。序節引自《茶董》卷首自序。

〔一五二〕卜萬祺松寮茗政　卜萬祺，浙江秀水人，萬曆四十六年（一六一八）舉人，經魁。官至韶州知府，崇禎九年（一六三六）後任。事見《浙江通志》卷一四〇、《廣東通志》卷二七。《松寮茗政》僅見於此及本書卷下之五存目。

〔一五三〕袁了凡羣書備考　袁了凡，今考袁黄（一五三四—一六〇七）原名表，字坤儀，一字了凡，號學海。

浙江嘉善（一作江蘇吴江）人。萬曆十四年（一五八六）進士。仕寶抵縣令，有善政，撰《農書》。日本侵略朝鮮，嘗佐經略宋應昌軍從征，多所謀劃。後因兵敗免歸。黄博學尚奇，凡河洛、象緯、律吕、岐黄、勾股、堪輿、星卜之學，無不旁涉深究，尤注重經世濟民之學，凡農業、水利、賦役、屯田、兵政、馬政多悉心關注。曾上十事疏，皆當世急務。主張三教合一之説。撰有《曆法新書》、《皇都水利》、《評注八代文字》等。生平事歷見：《弇州續稿》卷一九〇《書牘·錢楊諸大老》、《快雪堂集》卷六《壽了凡先生七十序》、《愚菴小集》卷一五《贈尚寶少卿袁公傳》、《檇李詩繫》卷一九、清·魏裔介《兼濟堂文集》卷七《袁了凡先生農書序》等。又有《羣書備考》二十卷，見《千頃堂書目》卷一五、《明史》卷九八著録。是書似已佚，今可從他書所引中略見其梗概。其云：『茶之名，始見於王褒《僮約》』，實乃明人中極爲罕見的茶史至論。

〔一五四〕許次紓茶疏　許次紓，詳本書所收《茶疏》提要。『紓』，原誤作『杼』，據改。此《茶疏》引文，據許氏《茶疏·茶産》，略有删潤。凡不影響原意的異文不改，僅補一字。

〔一五五〕李詡戒庵漫筆　李詡，字厚德，自號戒庵老人。少爲諸生，坎坷不第，年八十餘卒。撰有《世德堂吟稿》、《名山大川記》等，已佚。《戒庵漫筆》八卷，《四庫總目》卷一二八《子部·存目》著録，稱是書乃記其『聞見雜説』，『流於小説家言』。間有可取。是書亦見《明史》卷九八、《千頃堂書目》卷一二著録。所引者，與《格致鏡原》卷二一引文全同。

〔一五六〕四時纂要　方案：今考種茶條，實出五代韓鄂《四時纂要》。是書元初官修《農桑輯要》卷六、王禎

《農書》卷一〇、《農政全書》卷三九均誤引書名作《四時類要》，而陸氏又誤作《四書類要》，是誤中又譌，諸書並不知其作者。引文亦頗有異同。今將關於本書作者及其原文分別作介紹，以見其本原。韓鄂，其生平事蹟不詳，有可能是唐朝韓休之兄弟—偲或倩的玄孫，也有可能是韓滉的曾孫。約爲唐末、五代時人。據《新唐書》卷五九及宋代書目著録，是書五卷，但《宋史》卷二〇五卻著録爲十卷，疑誤。據《宋史》卷二六三《竇儼傳》，他嘗採書中『田蠶園囿之事集爲一卷』。另一個宋初是書流傳的記載見於《長編》卷九五，稱天禧四年（一〇二〇）利州路漕使李防請雕印是書及《齊民要術》，『付諸道勸農，從之』（又見《宋會要輯稿》食貨一之一九）。《宋史》卷四〇四《張運傳》亦載：南宋初時知桂陽監張運曾刻此書『散之民間』，可見兩宋是書流傳之廣。但本書海内已散佚。一九六〇年，在日本發現明萬曆十八年（一五九〇）朝鮮刻本《纂要》，一九六一年由日本山本書店影印出版。繆啓愉校釋本即據此本整理，於一九八一年由農業出版社出版，是國内流傳的惟一版本。朝鮮本有作者自序，大致云：遍閲農書及月令類羣書，或『傷於簡缺』，或『弊在迂闊』，故纂輯成編（見《玉海》卷一二）。又有至道二年（九九六）九月十五日題記，刻工爲施元吉。本條内容，見上述繆校本是書卷二《種茶》（第六六條，第六九至七〇頁）。文字與此已判然不同，頗疑陸氏已以己意改寫之。其與王氏《農書》等所引文也皆不同。

〔一五七〕張大復梅花筆談　張大復（一五五四—一六三〇），字元長，號心其，又自號病居士。昆山人。少英邁早慧，父維翰授以經史百家之學，通漢唐以來經史詞章之學，文名鵲起。父殁，哀毁過甚，雙目失明。撰有《崑山人物傳》十卷、《名宦傳》一卷，《梅花草堂集》，《梅花草堂筆談》十四卷，《聞雁齋筆談》六卷（又名《梅花草堂筆談・二談》）等，分見《四庫總目》卷六一、一二八，《千頃堂書目》卷一〇、一二、二七，《明史》卷九八著録。其事跡見錢謙益《牧齋初學集》卷五四《張元長墓誌銘》、《江南通志》卷一六五、《明詩綜》卷七二小傳等。《梅花筆談》，當爲《梅花草堂筆談》之簡稱，其《二談》，書名又稱《聞雁齋筆談》，廼大復之堂名、齋名。又，據《江南通志・文苑傳》，此乃大復喪明以後追憶而作。《續茶經》此外還録其三條，分見卷上之三，卷下之一、之四。

〔一五八〕文震亨長物志　文震亨，字啓美。長洲人。文徵明曾孫，大學士文震孟（一五七四—一六三六）弟。諸生，崇禎中官武英殿中書舍人，以善琴供奉，明亡絶食殉節而死。以書畫擅名於世，又善鑑藏。撰有《岱宗游草》、《拾遺》各一卷，又有《新集》十卷，見《千頃堂書目》卷二八。其事略見《四庫全書總目》卷一二三、《江南通志》卷一五三小傳等。《長物志》，十二卷，文氏代表作，分十二類，述及明代衣食住行、生活起居等内容。本條見是書卷一二《品茶》，據補四字。又，原書誤三字，據拙考改。

〔一五九〕馮夢禎云　馮夢禎（一五四六—一六〇五），字開之，秀水人。萬曆五年（一五七七），會試第一。選庶吉士，授編修。忤張居正，病歸。後復起，累官南京國子監祭酒，中蜚語，罷免。與沈懋學、屠隆以文章、氣節相尚。有《歷代貢舉志》、《快雪堂漫録》各一卷，《快雪堂集》六十四卷，《西湖竹枝詞》一卷，分見《四庫總目》卷八三、一四四、一七九，《千頃堂書目》（下簡稱《千頃目》）卷八、卷二五及《明史》卷九九著録。其生平事略見《大泌山房集》卷一一《馮司成集序》、同書卷六六《馮祭酒家傳》，《明詩綜》卷五八小傳，《牧齋初學集》卷五一《馮公墓誌銘》等。《續茶經》卷上之三、卷下之三分別引其《漫録》中炒茶、藏茶、岕茶三條。

〔一六〇〕徐茂吴品茶　今考徐桂字茂吴，長洲(治今江蘇蘇州)人，後居餘杭。萬曆五年(一五七七)進士，授袁州推官。罷官家居，與同榜進士馮夢禎、屠隆相友善，與王世貞等交遊唱酬，往來吴越間。以詩名於時，尤工詠物、艷體之作。撰有《大滌山人詩集》十三卷。事見厲鶚《東城雜記》卷下，《江南通志》卷一六五，《明詩綜》卷五八小傳，《千頃目》卷二五等。

〔一六一〕徐𤊹茶考　《茶考》，僅見本書卷下之五著録，引文則僅見於此。徐𤊹有《茗笈》三十卷，已佚，或其篇名歟？餘詳本《全集》中編《蔡端明别紀》提要。

〔一六二〕前丁後蔡相籠加　方案：此見蘇軾名作《荔支嘆》，「籠加」，原誤作「寵嘉」，據《東坡全集》卷二三改，又今傳蘇軾諸本、選本均作「籠加」，是。此聯詩乃責丁謂、蔡襄將北苑茶官制爲貢茶上進，下句作「爭新買寵各出意」可證。下凡誤作「寵嘉」者，徑改不再出校。

〔一六三〕勞大輿甌江逸志　勞大輿，字宜齋。石門人。順治八年(一六五一)舉人，官温州永嘉縣教諭。有《萬世太平書》十卷、《聞鐘集》(共分五集，各有自序)等。事見《四庫總目》卷七七、一二五、一三三等。「大輿」，原誤作「大與」，據改。《甌江逸志》，一卷。據同上《總目》卷七七載：「是編前記温州舊事，後記其山川、物産。大意欲補郡乘之闕，故名曰《逸志》。然捃拾未富，且皆不著所出，未爲精核。」陸氏本書卷下之三引此各縣上供茶及卷下之四又引《逸志》雁蕩山茶各一條。

〔一六四〕天中記　方案：是條見明·陳耀文《天中記》卷四四《種茶》，然此説實出許次紓《茶疏》。但其説大誤，宋人已云茶可移植。

〔一六五〕事物紀原　本條見宋人高承是書卷一《榷茶》。「貞元」，避宋諱作「正元」，據改。又，「建議」，原書作「建白」。

〔一六六〕枕譚《枕譚》，一卷，陳繼儒撰。見《千頃堂書目》卷一二著録。又《廣羣芳譜》卷一八亦引是條，文全同。

〔一六七〕吴栻武夷雜記云　方案：「吴栻」，當爲吴拭之誤，《廣羣芳譜》卷一八、《格致鏡原》卷二一均作「吴拭」，是。又，此兩書其下均有《武夷雜記》，是，應據補。吴拭，字去塵，别號逋道人。明末徽州休寧人。有潔癖，性豪縱，工詩，擅書畫，精琴理，善製墨及漆器。性好客，遍遊各地，曾客居金陵，晚棲吴市，旋避兵虞山，困厄死。有《遺稿》、《訂正秋鴻諸譜》等。事見孫承澤《硯山齋雜記》卷四，《江南通志》卷一六九、《明詩綜》卷七四小傳，《佩文齋書畫譜》卷五八等。又，本書卷三録引其「採茶歌」一條，當亦出《武夷雜記》。

〔一六八〕釋超全武夷茶歌序　清釋超全《武夷茶歌并序》，見《福建通志》卷七六。方案：此所引，乃《茶歌·序》中之文，原作「注」，據改。且已節略改寫之。又，《續茶經》卷上之四又録此詩二句。

〔一六九〕周暉金陵瑣事　是書八卷，見《明史》卷九七著録，《千頃目》卷六則云：《金陵瑣事》四卷、《續瑣事》、《再續》各二卷，合之亦八卷。故《江南通志》卷一六五稱《金陵瑣事正續集》。是書不見《四庫總目》著録，似已佚。今頗見《佩文齋書畫譜》卷二二、《通雅》卷四二、《六藝之一録》等諸書引其書，則清初仍存。今考是書周暉撰，暉字吉甫，明江寧上元人，隱士。又有《金陵舊事》六卷、《金陵瑣事剩録》八卷、《留都録》五卷、《山中白雲》一卷等。事見王士禎《香祖筆記》卷七，《明詩綜》卷六三，《江南通志》卷一六五、一九一，《明史》卷九七、《千頃目》卷六、一二等。依本書體例，據補作者『周暉』。

〔一七〇〕野航道人朱存理云　方案：朱存理，見本書上編《茶具圖贊》校記〔九〕。此即爲宋人是書所作跋語，陸氏録入時已有删節，全文見上述《茶具圖贊》附録。又見朱存理《野航文稿·跋〈欣賞編〉戊集〈茶具圖贊〉》（四庫本）。又，『侈至』，《文稿》作『至侈爲』，餘全同。按陸氏體例似應改作：『朱存理《野航文稿》』。

〔一七一〕佩文齋廣羣芳譜　本條，見是書卷二一，文全同。前此，已見於明人高濂《遵生八牋》卷一六。當引始出之書。

〔一七二〕王新城居易録　方案：『王新城』，即王士禎，字貽上，號阮亭，别號漁洋山人、蠶尾老人等。山東新城人。是以地望代之名也。本條見《居易録》卷一二。

〔一七三〕閔道鄉集有張糾送吴洞蓌絶句云　方案：此詩見宋·鄒浩《道鄉集》卷一三。詩題中『送』，原作『惠』，王士禎已改，應回改。又，本條末句云『志完』，乃鄒浩之字。鄒浩（一〇六〇—一一一一），字志完，號道鄉。晉陵（治今江蘇常州）人。元豐五年（一〇八二）進士。初宦揚州教授，官至吏部侍郎、寶文閣待制。曾以中書舍人預修國史，出知江寧府、杭州、越州等。蔡京擅政，除名勒停，昭州居住。崇寧五年（一一〇六），放歸常州。大觀四年（一一一〇），復官直龍圖閣。南宋初，贈謚曰忠。有《道鄉集》四十卷。事具陳瓘撰《鄒公墓志》（集本卷末附録）。

〔一七四〕分甘餘話　本條見王士禎是書卷一。又，其説宋人已多有論之，實乃本於宋・張舜民《畫墁録》而删潤之。

〔一七五〕喫茶曰臘扒儀索　『儀』，清抄本作『素』。又，本條僅見於此。

〔一七六〕徐葆光中山傳信録　徐葆光，字澄齋，吴江人。康熙五十一年（一七一二）進士第三，官翰林院編修。五十七年，清册封琉球國王，葆信爲副使。歸時，即奏上《中山傳信録》六卷，是書『繒圖列説，記述頗詳。』（《四庫總目》卷七八）徐氏事略見張廷玉等《詞林典故》卷八、《江南通志》卷一二四。又，《續茶經》録有是書多條，如卷中録是書琉球茶具一條，頗具史料價值。

〔一七七〕武夷茶考　本條僅見於此。但其説已見之於宋人羅大經《鶴林玉露》卷一三。僅高興武夷茶貢爲新增内容。

〔一七八〕隨見録　僅見陸氏是書引録，各卷引文凡七條之多。據《山西通志》卷一三六、一七五載，清初人屈擢升撰有《隨見録》，不知是否即爲此書。

〔一七九〕萬姓統譜載　方案：本條見明・凌迪知《萬姓統譜》卷一三《茶・茶恬》，下注云：『江都王謁者，上書告王謀反。』『茶』，陸氏誤作『荼』，據改。又，陸氏所云，大失原書之旨。

〔一八〇〕按漢書茶恬　方案：此見《漢書》卷一三《江都易王非傳》。大意爲：非卒，子建嗣，建爲太子時淫亂，建異母弟定國爲淮陽侯。其母幸其立之（即取建而代之嗣爲王），遂『具知建事，行錢使男子茶恬上書』。（原注：蘇林曰：『茶，音食邪反。』宋祁曰：『浙本注文無反字，云茶音瑯邪；淳化本部邪反，皆未安。』）則陸氏所謂『茶本兩音』云云，實乃未允。

〔一八一〕焦周焦氏説楛　焦周，字茂孝。上元（治今江蘇南京）人。竑子。萬曆二十八年（一六〇〇）舉人。其書名，《千頃目》卷一二著録及諸書引多作《焦氏説楛》，是。《四庫總目》卷一二八稱《説楛》七卷，乃其簡稱。《提要》云：『其書，皆剌取諸書中新穎之語及聞見所及可資談噱者，雜載成編，不分門類。』概括了是書之内容。其書名則得之於《荀子》。《荀子》卷一《勸學》云：『説楛者，勿聽也；有爭氣者，勿與辯也。』焦周事略見《江南通志》卷一二九、一九二等。

〔一八二〕陸龜蒙集和茶具十詠　方案：此先收録陸詩十首，又收皮詩五首，去取標準不一致，其失一也；茶具詩僅各五首，陸詩却又收入非詠茶具詩五首，與本卷二之具（茶具）不相符，失之二也；皮陸唱酬詩，皮在前，陸在後，皮題作《茶中雜詠》且有長序，陸廷燦顛倒次序，失之三也。今據《松陵集》卷四、《甫里集》卷六及《皮子文藪・詩》出校。

〔一八三〕顧渚山有報春鳥　六字注文原脱，據《甫里集》、《松陵集》補。

〔一八四〕邪堪風雪夜　『風雪』，《續茶經》諸本皆引作『風雨』，據同右引及《全唐詩》卷六二〇、《廣羣芳譜》卷一九、《佩文齋詠物詩選》卷二一五引陸詩改。

〔一八五〕又住清溪口　『清溪』，《甫里集》卷六作『青溪』，句下注文同，清抄本《續茶經》注文亦作『青溪』，餘本及同右引諸書皆引作『清溪』，姑從之。

〔一八六〕陶穀清異録　方案：《清異録》非陶穀撰，詳本《全集》上編《荈茗録》提要。此條見是書卷上《水豹囊》。末句中『茶』，原誤作『之』（諸本均誤），據改。

〔一八七〕曲洧舊聞　本條見朱弁是書卷三，據改二字，補一字。又見《清波雜志》卷四等。文中『晁以道』，即晁説之（一〇五九—一一二九），因景仰司馬光之爲人，又自號景迂生。蜀公，乃范鎮。

〔一八八〕熊蕃宣和北苑貢茶録　方案：熊蕃，爲是書作者，按陸氏體例據補。書名原誤作《北苑貢茶别録》，《北苑别録》，乃趙汝礪撰。陸氏似有將兩書誤合爲一之嫌。《貢茶録》有圖，《别録》無圖，書名應爲前者。又，『銀模』下，諸本皆脱『銅模』兩字，應據補。

〔一八九〕梅堯臣宛陵集茶竈　梅詩見《宛陵集》卷一，引文全同。《茶磨》詩見梅集卷四三，原作《茶磨二首》，此引乃第一首前四句。又，《謝晏太祝》詩則見梅集卷三六，原詩題作《晏成績太祝遺雙井茶五品茶具四枚近詩六十篇因以爲謝》。陸氏已以己意改題。

〔一九〇〕文公詩云　朱熹詩，見《晦菴集》卷九《茶竈》。引文全同。

〔一九一〕羣芳譜　陸氏引自是書卷二一。始出於黄庭堅《山谷集》别集卷一九《與敦禮秘校帖》五首之二。又見《山谷集·簡尺》卷下。『風霜』，《山谷集》原作『霜露』，似陸氏臆改。

〔一九二〕樂純雪菴清史　詳本書校記〔一三六〕。

〔一九三〕許次紓茶疏　『紓』，原譌作『杼』，據拙校本《茶疏》提要改。下徑改，不再出校。此條據《茶疏·出遊》刪潤而成。下條則據同書《烹點》潤色而成。

〔一九四〕朱存理茶具圖贊後序　『後』，原無，據拙校本《茶具圖贊》附録朱跋補。餘詳本書校記〔一七〇〕。

〔一九五〕審安老人茶具圖贊十二先生姓名字號　『圖贊』、『字號』四字原無，據拙校本《茶具圖贊》補。又，『羅樞密』條下，『傅師』，原作『傳師』，據同上改。

〔一九六〕高濂遵生八牋　方案：此見是書卷一一。茶具十六事之名同，但次序有異，注文則頗有增損。『執權』條注文，高濂書原作『二升』，此作『二斤』，據改。『撩雲』條注文，高、陸兩書均作『取果』，似誤，《茶譜》原書僅注『竹茶匙也』，無『用以取果』四字，據上文，應作『取茶』，今據上下文意改。又高濂此乃實據《茶譜》，詳有關各條校注。又始出於王紱《竹爐并分封茶具六事》，詳下注。

〔一九七〕王友石譜竹爐并分封茶具六事　王友石，王紱（一三六二—一四一六）號。其書名又作《竹爐新詠故事》。詳本《全集》中編所收《竹爐新詠故事》提要。又，品司在六事之外。『品司』條注文『圓橦』，底本、閣本作『圓撞』，清抄本作『圓穜』，均誤，據《遵生八牋》卷一一改。

〔一九八〕屠赤水茶箋茶具　屠赤水，屠隆（一五四二—一六〇五）號，隆字長卿，一字緯真。事見本《全集》中編《茶箋》提要。本條所列五種明代茶具，乃在上兩條所列二十四事之外者。其中『合香』條中注文『茶葉』，《考槃餘事·茶箋》作『茶瓶』。

〔一九九〕屠隆考槃餘事　屠隆及《考槃餘事》並詳《茶箋》提要。本條又見文震亨《長物志》卷一二《茶寮》。

〔二〇〇〕灌園史　是書陳詩教撰，四卷。已見明人茶書校記，勿贅。本書卷上之一、卷下之三各收其一條，凡三條。

〔二〇一〕周亮工閩小記　周亮工（一六一二—一六七二），字元亮，一字緘齋，號櫟園。祥符（治今河南開封）人。明崇禎十三年（一六四〇）進士，官維縣令，遷浙江道監察御史。入清後，官至户部右侍郎，屢遭論劾。康熙元年（一六六二），起爲青州海道、江安儲糧道。仕途坎坷，屢躓屢起。以文學知名，擅古文，宗唐宋八大家。工書畫、篆刻，嗜收藏，精鑑定。撰有《賴古堂全集》二十四卷，《諸史同異》四卷、《書影》十卷、《書畫記》六卷、《字觸》六卷、《印人傳》三卷、《讀畫録》四卷等。事見姜宸英撰《周公墓誌銘》、林佶《周公亮工傳》、魯曾煜《周櫟園先生傳》、佚名撰《周亮工年譜》等，附録於點校本《賴古堂集》（上海古籍出版社一九七九年版）。《閩小記》四卷，『雜記閩中物産民風，頗及遺聞瑣事。敘述雅雋，時時參以論斷』（《四庫全書簡明目録·補遺》著録）。又，本條四庫本《續茶經》卷上之二稱出王象晉《羣芳譜》，但檢核是書未見，疑誤引出處。底本、閣本、清抄本皆作出《閩小記》，今從。

〔二〇二〕馮可賓岕茶牋論茶具　作者及書名，均見本《全集》中編是書提要。校《岕茶牋·論茶具》，文全同。

〔二〇三〕李日華紫桃軒雜綴　李日華，見本書中編《運泉約》提要。《紫桃軒雜綴》三卷，《又綴》三卷，《四庫總目》卷一二八云：『書中惟論書畫用其所長，餘多剽取古人説部而隱所自來，殊無足取。不及其《六研齋筆記》遠矣。』故四庫摒之於存目。

〔二〇四〕臞仙云　臞仙，明·朱權（一三七八—一四四八）之號。其事見本書中編《臞仙茶譜》提要。本條與《茶譜·茶竈》條大相徑庭，意同而文殊異，似當非出《茶譜》，或陸氏以己意改寫。

〔二〇五〕聞龍茶箋　詳本集成中編《茶箋》提要。

〔二〇六〕唐書　本條據《舊唐書》卷一七下《文宗紀下》删潤。『詔所在貢茶』，原書作『詔所供新茶』。此引文全同《太平御覽》卷八六七，疑即據《御覽》轉録；如是，應標出處爲《御覽》。

〔二〇七〕北堂書鈔續補茶譜　方案：後四字，原作茶譜續補。今檢本條實出毛文錫《茶譜》，拙輯本《茶譜》第十一條已據《事類賦注》卷一七輯入。據乙。引文略有潤色。

〔二〇八〕大觀茶論　詳本《全集》上編是書提要。此凡摘引六條，分見是書《天時》、《採擇》、《蒸壓》、《製造》、《鑑辨》、《白茶》等六目。據改、補各一字。又，凡異文，請參見《大觀茶論》相關校記。本書引文乃《茶論》他校本之一。

〔二〇九〕蔡襄茶録　是書及作者，見本書《茶録》提要，引文據改二字。

〔二一〇〕東溪試茶録　本條録於是書《採茶》，據補一『最』字。下條録於《茶病》，據改一字。又，作者及書名見拙撰是書提要。

〔二一一〕北苑別録　趙汝礪是書見本《全集》上編所收《別録》提要。陸氏所引第一條乃據是書《御園》末及《外焙》之首數句拼合而成，據改一字。第二條引自是書《造茶》，『故』字錯簡，今乙正，説詳《北苑別録》拙校〔四八〕。

〔二一二〕山有伐鼓亭　『伐』，原書作『打』，又，下注原在本節末，陸氏移至此。又，《説郛》宛本作『二二二人』，似刊誤，以『二百二十五人』爲是，《説郛》涵本同諸本，均作『二二五人』，是其證。説詳《別録》拙校〔二五〕。是條録自《採茶》。其第四條録自是書之《揀茶》，據補二字，改一字。其第五條則引自是書《開焙》，『後之』，原書作『反之』，兩通之。第六條見是書《蒸茶》，『蒸芽』，原書作『茶芽』。又，據删『色青』下『而』字。末句陸氏已有删潤，仍其舊。第七條見《榨茶》，文字陸氏有潤色，據改一字。

〔二一三〕六火至於八火　方案：原書作『八火至於六火』，兩者均誤，應改作『七火至於十火』。參見《別録》拙校〔五二〕。又，本條《過黄》誤脱四字，據拙校〔五一〕補，又『炮』，譌作『泡』，據改。下條即第九條見是書《研茶》，陸氏略有删潤。《續茶經》卷上之三凡引是書十條（首條乃捏合原書《御園》、《外焙》而成確為《別録》精華，殊有識。但所據乃《説郛》宛本，文字遠不如四庫本。參見拙校本《別録》〔一七〕至〔五三〕各條校記。

〔二一四〕姚寬西溪叢語　姚寬（一一〇五—一一六二），字令威，號西溪。嵊縣（治今浙江嵊州）人。舜明子。以父蔭補官，初仕幕官，監進奏院六部門。兄宏，忤秦檜死。寬亦仕途蹇偃。檜死，後官至權户部員外郎，樞密院編修官。紹興三十二年（一一六二），召對時卒於殿廷。寬博學強記，工詩詞，於天文、術數推算尤精。著書凡二百卷，多佚。《直齋書録解題》著録其有《西溪居士集》五卷、《西溪樂府》一卷（分見是書卷二〇、二一），已佚。陳起編《江湖後集》卷九存其詩一卷，今人張秀民有輯本

《西溪集》（油印本），見其《中國印刷史》。近人周詠先有輯本《西溪樂府》。其事見葉適《水心集》卷二九《題姚令威西溪集》、《寶慶會稽續志》卷五。《西溪叢語》三卷（四庫本，通行本二卷），乃『考證典籍之異同』的著作。《四庫提要》稱其『學有根抵』，乃書『大致瑜多而瑕少』，尚稱允評。陸氏所引建州龍焙面北，遂謂之北苑之説，宋人吴曾《能改齋漫録》卷九《北苑茶》已力論其非。其云製龍團勝雪稱『又次取兩嫩芽』云云，又大誤。白合同烏蒂，均盗葉，必揀去之。從上下行文語意，『取』當爲『去』之譌，今據改。又，『二十千』，原書作『三十千』。陸氏未引之内容則頗多錯譌。

〔二一五〕黄儒品茶要録　其書及作者，見本《全集》上編是書提要。

〔二一六〕芽發時　原書作『芽茶』。又，自此起，至『則三火之茶勝矣』凡二十九字，原書作小字注文。此引作正文，疑誤。又本條録自原書《採造過時》，請參見原書拙校〔一二〕至〔二二〕，此有脱文、異文及譌誤。均仍其舊不改。

〔二一七〕茶芽初採　本條節引自原書四《蒸不熟》，文頗有異同，不再重複出校或校改，請參閲原書拙校〔三二〕至〔三六〕。

〔二一八〕蒸芽以氣爲候　本條引自原書五《過熟》，文頗有異同。如『蒸芽』，原書作『茶芽方蒸』之類。『不慎』，原作『不謹』，乃避宋孝宗趙昚嫌諱改，今回改。此正原書爲南宋刻本之證。餘詳原書拙校〔三七〕、〔三八〕。

〔二一九〕茶蒸不可以逾久　本條據原書六《焦釜》引録，文亦頗有異同。詳原書拙校〔三九〕至〔四四〕。又，末句七字，原作小字注文，此引作大字正文，似誤。又，『謂之』，原作『號爲』，義長，應據改。

〔二二〇〕夫茶　本條據原書九《傷焙》引録，亦頗有異同，據原書改二字，補四字外，餘詳拙校〔五八〕至〔六二〕。

〔二二一〕茶餅光黄　本條據原書八《漬膏》録文，亦有異同，參閲原書拙校〔五五〕至〔五七〕。

〔二二二〕茶色清潔鮮明　本條據原書七《壓黄》録文，頗有異同，説詳原書拙校〔四五〕至〔五三〕。原書首二句：『茶已蒸者爲黄』云云十六字，陸氏已删。

〔二二三〕茶之精絶者　本條據原書二《白合盜葉》録文，頗有異同，詳原書拙校〔二三〕至〔二九〕。又，本條末：『造揀芽者』起凡十八字，原書作正文，是。應據改。

〔二二四〕物固不可以容僞　本條據原書三《入雜》録文，文略同。唯『他草』，原書作『他葉』，據下文『柿葉』、『二葉』云云，作『葉』是，據改。

〔二二五〕萬花谷　方案：本條始見於胡仔《漁隱叢話》前集卷四六，乃其親身經歷，目驗而嘗茶。其後，宋、明類書相繼録入。如《記纂淵海》卷九〇、《萬花谷》前集卷三五、《天中記》卷四四等。文字頗有異同，從文字而言，陸氏所引與《天中記》略同，疑即轉引於此書。『北苑』前之『龍焙泉』云云十五字，又爲上述諸書所無，當爲陸氏以己意撮述而增之，非引書之體。又，『錢四萬』，原作『四萬錢』，疑譌倒，當乙。

〔二二六〕文獻通考　方案：核《通考》卷一八，與本文相同者僅『茶有二類，曰片曰散』八字。餘則全出陸氏已見，且又全失《通考》之旨。如《通考》云：片茶，福建路建州、南劍州已有十二種，龍團僅其中之一，餘州又有『三十六名』，實片茶僅此書之載已四十八品。而陸氏竟云：『片者，即龍團』，實乃大謬不然。其所謂『散者，則不蒸而乾』；又説南宋茶『漸以不蒸爲貴』，皆毫無根據之主觀臆説，更與《通考》之文風馬牛不相及也。

〔二三七〕學林新編　本條出王觀國《學林》卷八，陸氏引文已大幅刪削，僅存梗概，且以己意改寫，與原書相校，已面目全非。嚴格而言，已非引文。又『唐人於茶』以上之文字全同《廣羣芳譜》卷一八，疑即從是書轉録，而改用其所注明出處之書也。

〔二三八〕苕溪詩話　方案：胡仔此書名曰《苕溪漁隱叢話》，雖爲詩話，却非其書名。本條見是書前集卷四六。略有刪潤。末句中『常』，原作『嘗』，據改，又據補『一二日』三字，乃刪節失當而未允。

〔二三九〕朱翌猗覺寮雜記　朱翌（一〇九七—一一六七），字新仲，號灊山居士、省事老人，室名猗覺寮。舒州懷寧（治今安徽灊山）人。政和八年（一一一八），同上舍出身。爲溧水縣主簿。南宋初，爲秘書少監、敕令所刪定官，擢秘書省正字、試起居舍人，預修徽宗實録。紹興十一年（一一四一），遷中書舍人，以言事忤秦檜，責授將作少監、韶州安置。二十五年，檜死，後充秘閣修撰。二十七年，知嚴州；次年，改知宣州；三十年，移蘇州。其父載上嘗從蘇、黄遊，翌家學淵源，詩文俱佳，其集四十四卷，詩三卷（《宋史·藝文志七》著録），已佚。四庫本僅三卷，據《大典》輯佚。事蹟見《繫年要録》卷一四二、一八四，《吴郡志》卷一一、《淳熙嚴州圖經》卷一，周必大《文忠集》卷五二《朱新仲舍人文集序》、陸游《渭南文集》卷二八《跋朱新仲舍人自作墓誌》，《寶慶四明志》卷八等。《猗覺寮雜記》，宋本題作《朱新仲雜記》，見尤袤《遂初堂書目》著録。其書上卷爲詩話，下卷乃『雜論文章，兼及史事』，見《四庫提要》。本條據《雜記》卷上録文。其引劉夢得詩句『各殊氣』，原作『各不同』，詩味全失。據《雜記》及《劉賓客文集》卷二五《西山蘭若試茶歌》改。二聯詩，原皆出於此。

〔二三〇〕金史　本條見《金史》卷四九《食貨四》。『坊』原譌作『防』，據《金史》及《續茶經》附録《茶法》引文改。

〔二三一〕張源茶録　作者及其書，見本《全集》中編是書提要。因當時未取《續茶經》作校，今補出校記若干條。陸氏所據之本與今傳喻政《茶書全集》本應非同一版本系統。

〔二三二〕點之得宜　『點』，《茶録》作『泡』。

〔二三三〕優劣定於始鐺　『鐺』，《茶録》作『鍋』。下『鐺寒神倦』句中之『鐺』，原書亦作『鍋』。

〔二三四〕火烈生焦　『烈』，原書作『猛』。本條引自《茶録·辨茶》。

〔二三五〕近火先黄　方案：自『藏茶』至此凡十六字，乃張源《茶録·藏茶》中文。而其下自『其置頓之所』起至本條末之『有失檢點』的大段文字，乃出許次紓《茶疏·置頓》。之所以誤合爲一，不外乎兩種原因，一是陸廷燦輯成此書時，已誤併爲一；二是在刊刻過程中，脱《茶疏》書名而誤合爲一。另一種無法完全排除的可能則是此原爲《茶録》之文，但這種可能近乎没有。因爲《茶録》、《茶疏》均爲明代極罕見的獨創性茶書，兩書並無重合的内容，兩位作者皆據自己的獨特體驗撰寫，《茶疏》抄襲《茶録》的可能應被排除。今仍據兩書分析爲兩條，以存其真。

〔二三六〕許次紓茶疏　此乃筆者據原書從上條析出另列之條，參見上注。其中數字與《茶疏》不同：如『必須』，《茶疏》作『必在』；『温燥』，原書作『則燥』；『潮蒸』，原書作『則蒸』；『不唯易生濕潤』，原書作『尤易蒸濕』。似陸氏已有删潤。餘則全同。

〔二三七〕謝肇淛五雜組　本條及下條見是書卷一一。本條云：『至宋始用碾』，非是。唐已廣泛用茶碾製茶。宋人亦有用茶臼造茶者。又，其云『揉而焙之』即炒茶法始於明，亦未允。宋代製散茶，已用炒法。又，兩條各補一字。下條中『贗鼎』，原書作『鑱鼎』。

〔二三八〕閩方山太姥支提俱産佳茗　本條亦出《五雜組》卷一一。『閩』下，陸氏增一『之』字，誤。此非福建之省稱，實乃閩山，與下之『方山』等四名皆山名。據原書删。又，本條陸氏有文字潤色，如將原書『松蘿茶製者』，改爲『製松蘿者』，今僅補一『茶』字。因類此無妨文意，不再一一回改并出校，以免繁瑣。

〔二三九〕羅廩茶解　本條據《茶解·禁》録文，陸氏已有潤色。如原書『羝氣』，陸氏改作『體膻』，此乃避清初『文字獄』之禍而改。『茶酒性不相入』，原書在『最忌酒氣』之上，陸氏改爲倒裝句，將『最忌』，改作『尤忌』，爲與上文連接，殆原書分作兩條，而此併爲一條，無妨文意，皆仍其舊。下條『茶性淫』，亦出於此。陸氏亦有删潤。如原書『不得與之近』，陸氏改作『不宜近』；末句原作『亦不宜相雜』，陸氏改『相雜』作『近』，則與上文重複。如此之類，不再一一出校。

〔二四〇〕許次紓茶疏　本條及第三條録自《茶疏·採摘》，陸氏有删潤。據改一字，補二字。

〔二四一〕茶初摘時　原書作『生茶初摘』。本條據原書《炒茶》録文，頗有删節改寫。『炒軟』，原書作『焙軟』，義勝，據改。『急急炒轉』之『炒』，底本及原書均作『鈔』，或借字，今據清抄本改。

〔二四二〕藏茶於庋閣　方案：本條分别摘取許書《置頓》、《日用置頓》、《包裹》三目中文，捏合而成，删節幅度較大，請比對原文。『日用所須』以上之文，見《置頓》；『亦不可用紙包』，及其以下文，見《包裹》。

〔二四三〕茶之味清而性易移　方案：此乃陸氏以己意概括之語。其下則以《茶疏·置頓》篇首、尾各數句組合成條，且又不乏删潤改寫之處，但大致符合原書之意。

〔二四四〕聞龍茶箋　本條録自《茶箋》第二條。下句『嘗考經言』云云，乃概括聞氏書引《茶經》之語。『愚謂』起，則全引《茶箋》之文，略有潤色而已。

〔二四五〕諸名茶法多用炒　本條及以下三條，亦分見《茶箋》各條，引文略有潤色。僅據補三字。

〔二四六〕否則茶之色香味俱減　『茶』，原書作『黄』，疑《茶箋》形譌，或『黄』上脱一『茶』字，今於《茶箋》補一『茶』字，並補出校記於此。

〔二四七〕羣芳譜　本條據王象晉《羣芳譜》卷二一，略有删改。

〔二四八〕雲林遺事　本條見元·倪瓚《清閟閣全集》卷一一《雲林遺事·飲食》，略有潤色。

〔二四九〕邢士襄茶説　僅見於陸氏本書，本條外，又見卷下之二引其『茶中着料』一條，卷下之五著録於存目。其人及《茶説》，俟更考。

〔二五〇〕田藝蘅煮泉小品　此見《煮泉小品·宜茶》，「香潔勝於火炒」六字，原書無，或陸氏另有所據，或其以己意增之歟？

〔二五一〕洞山岕茶系　本條見周高起《洞山岕茶系》，文略有删潤。「陰雨又需後之」，「後」，原書及陸氏引文皆無，疑脱，似應據上下文意補。「真茶去人地相近」，「近」，原作「京」，周氏原書亦然，疑爲「近」之音譌。又，原書引陸龜蒙和姚合詩已删。

〔二五二〕月令廣義　是書馮應京等輯撰，二十四卷，圖説一卷。馮應京（一五五五—一六〇六），字可大，號慕岡。盱眙人。萬曆二十年（一五九二）進士，爲户部主事，督薊鎮軍儲，改兵部員外郎。二十八年，擢湖廣按察司僉事，忤税監陳奉被逮詔獄。三十二年星變獲釋。天啓初追贈太常少卿，謚恭節。撰有《六家詩名物疏》五十四卷，《經世實用編》二十八卷。見《四庫總目》卷一六、八三及《千頃目》卷九著録。其生平事跡詳《仰節堂集》卷五《馮公墓誌銘》，同書卷一《馮先生語録序》、《馮先生年譜序》，《嬾真草堂文集》卷一三《月令廣義序》，《大泌山房集》卷一三《拘幽書草序》，《明史》卷二三七《本傳》、《明儒學案》卷二四等。《月令廣義》，馮應京、戴任輯，二十五卷（《千頃目》卷九著録爲二十四卷，當爲無圖説之本）。明清之際流傳較廣。康熙五十四年（一七一五）命李光地等改編，重定爲《月令輯要》二十四卷，《圖説》一卷。《四庫全書》，將《月令廣義》著録於存目，見《四庫總目》卷六七，《輯要》遂行。陸氏所引二條均不見於《輯要》。

〔二五三〕農政全書　四庫本作《月令廣義》，今檢本條『採茶』至『損人』凡十三字，不見於徐光啓《農政全書》，疑或出《廣義》。又本條末『此製作之法，宜亟講也』凡九字，亦不見於徐氏《全書》。唯『茶之爲道』（原書作『法』）至『只爲常品』數句，見《農政全書》卷三九。此非引書之體也。

〔二五四〕屠長卿考槃餘事　自本條起凡五條均見屠隆《考槃餘事》卷三《茶箋》，分見於藏茶、採茶、焙茶等目，引文略有潤色，僅據補一字。

〔二五五〕馮可賓岕茶牋　本條及下條出馮氏《岕茶牋》論採茶、論蒸茶二目，文略同。據補一『則』字。

〔二五六〕陳眉公太平清話　此及下條，陸氏均録自陳繼儒小品文《太平清話》。喻政取《清話》中十一條及《巖棲幽事》七則，又捏合成一種茶書，名之曰《茶話》，此二條又見於《茶話》。其第二條所云精、燥、潔三字茶道，實乃抄襲張源《茶録》之説而未注出處。

〔二五七〕熊明遇岕山茶記　書名，原作《羅岕茶記》，本條摘引自熊氏《茶記》第四條，引文陸氏已有删潤。

〔二五八〕雲蕉館紀談　陸氏所引書名中誤二字，『雲』，譌作『雪』，『紀』又作『記』。據《廣羣芳譜》卷三六改，又據補引文中一『之』字，似脱。考《紀談》明人孔邇撰，曲阜人，『雲蕉館乃其室名。見《江西通志》卷一六一，《元明事類抄》卷九、卷二六。作者孔邇名應補。

〔二五九〕詩話　方案：本條出《蔡寬夫詩話》，見《記纂淵海》卷九〇、《萬花谷》前集卷三五轉引，文略同。

〔二六〇〕紫桃軒雜綴　本條及下二條，均出李日華是書。

〔二六一〕岕茶彙鈔　此二條，見冒襄是書。説詳本《全集》下編所收之《岕茶彙鈔》提要。

〔二六二〕檀几叢書　方案：此據檀几叢書本周高起《洞山岕茶系·貢茶》録文，應改題爲所出周氏書名。

〔二六三〕馮時可滇行紀略　馮時可，見本書《茶録》提要。《滇行紀略》，馮時可曾有分巡大理之宦歷，當在此行中所記。書名中『紀』，原譌作『記』。據《廣羣芳譜》卷一八、《元明事類鈔》卷一、卷三一引文改。疑陸氏此即據汪灝等《廣羣芳譜》轉録。

〔二六四〕湖州志　方案：本條實出毛文錫《茶譜》，宋·談鑰《嘉泰吴興志》以來，多種明清湖州方志均引是條，當引始出之書《茶譜》，説詳拙輯本《茶譜》提要及相關各條校記。

〔二六五〕高濂八牋　書名中『遵生』二字不應删或省略，據補。

〔二六六〕周亮工閩小紀　周亮工，見本書拙校〔二〇一〕。本條出《閩小紀·閩茶》。《閩小紀》，四卷，乃其官福建布政使時所撰。『多述其地物産民風，亦兼及遺聞瑣事與詩話之類。敍述頗爲雅雋，時時參以議論，亦有名儁之風，多可以爲談助。』説詳《四庫總目》附録《四庫書抽燬書提要》。清代實行文化專制主義，常因人而廢書，此爲典型一例。亮工因得罪而革職，遂將原以收入四庫的《閩小記》『抽燬』，《提要》中却又對其書評價極高，形成了絶妙的諷刺。更令人吃驚的是：四庫本《續茶經》卷上之三竟將本條原出之《閩小紀》而『抽换』成了陳繼儒之《太平清話》，今坊間諸本亦多沿襲其誤。卷上之二茶具一條，竟亦『抽换』成王象晉《羣芳譜》。可見在清文化專制的高壓政策下，館臣是如何的如履薄冰，如臨深淵。

〔二六七〕徐茂吴云　參見本書拙校〔一六〇〕。

〔二六八〕張大復梅花筆談　見本書拙校〔一五七〕。

〔二六九〕宗室文昭古瓻集　文昭，清宗室文昭，字子晉，自號薌嬰居士。著作除《古瓻集》外，尚有《古瓻續集》二卷、《龍鍾集》一卷、《飛騰集》二卷、《知田集》一卷、《雍正集》二卷。自上述《續集》起之八卷，又合編爲《薌嬰居士集》八卷，事見《八旗通志》卷一二〇。所引一聯詩，即出其《古瓻集》。

〔二七〇〕王草堂茶説　王草堂，即王復禮，字需人，號草堂、四勿等。清初仁和（一説錢塘，治今浙江杭州）人。通經博古，通佛禪之學，擅詩。與毛奇齡等交游，毛對其學譽之過甚。王乃清初處士中一大名士。撰有《茶説》外，尚有《聖賢儒史》、《王草堂詩》等，惜其著作多佚。事見《西河集》卷一九《答柴陛升論子貢子弟書》，同書卷二〇《與閻潛丘論〈尚書疏證〉書》，卷二一《復王草堂四賢書》，卷三三《王草堂詩序》等。陸氏《續茶經》各卷引其《茶説》多條。或稱復禮，或稱草堂。

〔二七一〕隨見録　本條及下條，疑出屈擢升撰是書，參見本書拙校〔一七八〕條。

〔二七二〕御史臺記　今考唐人韓琬、韋述均有《御史臺記》，分别爲十二卷和十卷，杜易簡有《御史臺雜記》五卷，韓琬又有《集賢注記》三卷，李構有《御史臺故事》三卷，見《新唐書》卷五八、《玉海》卷五七著録。上述唐人撰關於御史臺之書，唐末多已無存，宋代書目可證。趙璘《因話録》卷五是條末注云：『諸家《御史臺記》，多載當時御史事跡，戲笑之言，故事甚略。堂中有儀注，近漸遺闕，雖有版榜，亦但録一時要節，自此轉恐磨滅矣。因與親友話及此，遂粗疏之。』核陸氏本條，實乃節録自《因話録》卷五《御史臺》，確切而言，應改標此書名。唐《御史臺記》，宋人已不見，更何況清人！然此條比明人所引，則文從字順，高明多矣。

〔二七三〕資暇集　是書，唐李匡乂（方案：末字一作文）撰。匡乂字濟翁，李勉從孫。《資暇集》二卷，本條見是書卷下。『用於代』，陸氏引作用於當代（清抄本『當』又作『後』），實誤。此『代』乃指『代替』，而非『當代』或『後代』明矣。宋人黄伯思《東觀餘論》卷下已駁茶托始於唐之説，極是。其説云：『《資暇録》謂茶托始於唐崔寧，今北齊畫圖已有之，則知未必始自唐世。』需要補充的是：今出土之茶托，最早的已在東漢時期。故《資暇録》之説亦小説家言耳。又，下條『貞元初』云云，實乃《資暇録》此條之注文，不應析爲兩條，亦當依原書作注文。

〔二七四〕大觀茶論茶器　《大觀茶論》，見本《全集》上編提要，因《茶論》點校時已用陸氏此書作爲他校本，有異文處已出校，故這里不再一一重複，請參閲《茶論》各條相關校記。

〔二七五〕蔡襄茶録茶器　今僅據拙校本《茶録》刪、改各二字，補一字。

〔二七六〕孫穆鷄林類事　孫穆，北宋武進人。紹聖（一〇九四—一〇九八）進士，崇寧初，使高麗。政和中，知建州。事見《江南通志》卷一一九、《福建通志》卷二五等。《雞林類事》三卷，乃其使回所撰，敍其『土風、朝制、方言，附口宣、刻石等文。』見《玉海》卷一六、《宋史》卷二〇四著録。

〔二七七〕清波雜志　方案：本條見周煇是書卷四。陸氏有較大刪節（或因陸書卷上《二之具》已引朱弁《曲洧》卷三而刪）。所刪即爲司馬光與范鎮同游嵩山，光以紙包茶，范則以盒盛茶，光責其爲侈的故事。參見本書拙校〔一八七〕。因刪此一段文字，下之『凡茶宜錫』云云，與上文有脱節之嫌。下條

『張芸叟云』，亦見《清波雜志》卷四。此條與上條原爲同一條，此不當析爲兩條。其末則有云：『益知温公儉德，世無其比。』張芸叟，乃張舜民字，號浮休居士，又號矴齋。邠州（治今陝西彬縣）人。治平二年（一〇六五）進士。徽宗初，官至右諫議大夫，後入元祐黨籍，貶楚州團練副使、商州安置。平反後，復官集賢殿修撰，不久卒。撰有《畫墁集》一百卷、《奏議》十卷、《畫墁録》一卷。集已佚，今存四庫本據《大典》輯佚本僅存八卷。事具《東都事略》卷九四、《郡齋讀書志》卷一九、《瀛奎律髓》卷二七、《宋史》卷三四七《本傳》等。

〔二七八〕黄庭堅集同公擇詠茶碾詩　方案：詩見《山谷集》外集卷七及《山谷外集詩注》卷一五，題作《奉同六舅尚書詠茶碾煎烹三首》之一，是。陸氏擬題非是。又，『碎身粉骨』，《詩注》本同，而《山谷集》作『碎骨粉身』。

〔二七九〕高濂遵生八牋　方案：本條誤引出處，原作『陶穀《清異録》』，但核《清異録》無此語。『銅銚煮水，錫壺注茶』，實乃明代茗飲習俗。經檢核，乃出高濂《遵生八牋》卷一一《煎茶四要·四擇品》，本條上述茶銚、茶壺何種材質製者爲佳。下特别指出，如需煮《清異録》所説的『富貴湯』，當以銀銚爲上，銅銚、錫壺次之。其意甚明，不知何以陸氏誤讀若是。亟應補出書名作高濂《遵生八牋》，删首二字『陶穀』，《清異録》下補『云』字，庶幾無誤。又，據改一字。

〔二八〇〕蘇東坡集揚州石塔試茶詩　方案：此聯詩，實出《東坡全集》卷二〇《到官病倦未嘗會客毛正仲惠茶乃以〈端午小集·石塔戲作〉一詩爲謝》，又見《東坡詩集注》卷九、《施注蘇詩》卷三二等。時蘇軾知揚州，毛正仲，漸字，衢州江山人。

〔二八一〕秦少游集茶臼詩　此四句詩，節引自秦觀《淮海集》後集卷一《石臼》。乃詠茶具名作。

〔二八二〕文與可集謝許判官惠茶器圖茶詩　此兩聯詩，見文同《丹淵集》卷八，詩題中原作『惠茶圖茶詩』，今據補下『茶』字。

〔二八三〕謝宗可詠物詩茶筅　謝宗可，元人，自稱金陵人，《千頃堂書目》卷二九則云其臨川人。生平不詳。有《詠物詩》百首一卷行世。其《茶筅》詩亦膾炙人口。

〔二八四〕乾淳歲時記　本條見周密《乾淳歲時記》。

〔二八五〕演繁露　此見宋·程大昌《演繁露》卷一一《銅葉盞》。

〔二八六〕周密癸辛雜識　《癸辛雜識》，『識』原譌作『志』，據原書改。本條見是書前集《長沙茶具》。據以改、補各一字。又，文中所提到的『趙南仲丞相』，指趙葵(一一八六—一二六六)，字南仲，號信庵，又號庸齋。衡山人。趙方子，以軍功、父蔭入仕。遍歷中外，出將入相。其知潭州(治今湖南長沙兼湖南安撫使在淳祐二年(一二四二)，其拜右相兼樞密使則在九年(一二四九)。卒謚忠靖。撰有《信庵詩》，爲詩二百餘首，已佚。事具《宋史》卷四一七《本傳》等。穆陵，宋理宗趙昀(一二〇五—一二六四)廟號，在位四十年(一二二五—一二六四)。

〔二八七〕楊基眉庵集詠木茶爐詩　楊基，字孟載，號眉庵。其先嘉州人，祖官吴中，遂爲吴縣人。少敏，能背誦六經；及長，諸書十餘萬言，曰《論鑑》。嘗爲張士誠記室。洪武初，起爲滎陽知縣，歷官至山西按察使，尋以事奪官輸作，卒於工所。曾於楊維禎座上賦《鐵笛歌》，語驚四座。與高啓、張羽、徐賁齊名，號『明初四傑』，兼工書畫。有《眉菴集》行世，今傳四庫本爲十二卷。本詩見是書卷八，文全同。其事跡見《名山藏》卷九五、《國朝獻徵録》卷九七、《吴中人物志》卷七、《明史》卷二八五、《四庫全書總目》卷一六九等。

〔二八八〕茶録　方案：原陸氏《茶録》上有『張源』二字，實誤。此《茶録》實乃程用賓撰，凡四卷。本條茶銚及下條茶甌，出其《茶録》末集（即卷三）明代茶具。據《本草乘雅半偈》卷七所引：『茶銚』條，『銀』作『錫』；『澀』作『濇』；『火氣』作『火』。又，其引出處僅云《茶録》，是，今從之。

〔二八九〕羅廪茶解　『或瓦』上，據原書《器·爐》補『用以烹泉』四字。『而大小須與湯銚稱』句中，『而』字，原無；『須』，原作『要』；『銚』作『壺』。又，『凡貯茶之器』云云十五字，原書無。這有兩種可能：其一，《茶解》原確有此十五字，喻政《茶書全集》本誤脱；其二，陸氏誤引他書。證之《本草乘雅半偈》卷七有此十五字并單獨成條，且注云出『《茶解》』，則是前者之可能爲大。

〔二九〇〕李如一水南翰記　李如一，原名鶚翀。以字行，改字貫之。明末江陰人。處士，應昇從父。篤學好古，撰有《存餘稿》八卷，《禮記緝正》等。事見《千頃目》卷二六、《江南通志》卷三九、卷一六三，《真跡日録》卷四等。《水南翰記》，據《佩文齋書畫譜》卷首引用書目及卷五六，均著録有李如一《水南翰記》。但明代至少有另一種同名之書：乃張衮所撰，一卷，見《千頃目》卷一二著録。又《元明事類抄》卷三五引明李恕《水南翰記》，疑即李如一之譌，古書竪寫，可能譌作『如心』。但其説『今人

（明人）呼茶酒器曰『䥙』，則未允。宋人已用『大湯䥙』作茶器。見程大昌《演繁露》卷一一《銅葉盞》，又見周密《乾淳歲時記》。參閱本書校記〔二八四〕、〔二八五〕。

〔二九一〕檀几叢書　本條見檀几叢書本（二集卷四六）周高起《陽羨茗壺系》。又，本條所引一聯詩，見《顔魯公集》卷一五《五言月夜啜茶聯句》，又見《全唐詩》卷七八八、《佩文齋詠物詩選》卷二四四，均云作主爲陸士修，但皎然《杼山集》卷一〇同詩卻作『袁高』。今考此乃六人唱和，無袁高。首尾兩聯均陸士修作。餘五人人各一聯。

〔二九二〕茶説　本條始見於黄龍德《茶説·七之具》。後王象晉録入其《羣芳譜》，《廣羣芳譜》卷二一因襲之。陸氏又據《廣羣芳譜》抄入，一字不差。『爲之生色』下，原書有『用以金銀』云云凡十八字，諸書引録時已删。

〔二九三〕聞雁齋筆談　亦張大復撰。疑亦轉引自《廣羣芳譜》卷二一。『然非』原作『然必』，據同上引書及《元明事類抄》卷三一引文改。

〔二九四〕冒巢民云　本條見冒襄《岕茶彙鈔》，襄字巢民。

〔二九五〕周高起陽羨茗壺系　方案：本條及下三條，陸氏既有大幅删節，復加改動潤色，已非原本之舊。請檢核本《全集》中編所收是書及各條校記。

〔二九六〕張源茶録　方案：本條原作出許次紓《茶疏》，誤。實出張源《茶録·分茶盒》，文字與原書有較大差異，頗有增删，而與盧之頤《本草乘雅半偈》卷七所引全同，當即從盧書轉録。然盧書注稱出《茶録》，是其證，據改。而許次紓《茶疏》則爲下條『茶壺』之所出，文字亦頗有出入，經校，也與盧氏《半偈》全同，盧書注云出《茶疏》，實出《茶疏·甌注》。《續茶經》因轉録而未核原書，本條既誤注出處，下條則承上又失注出處，兩失之矣。今據以改、補并乙正。《續茶經》失注、誤注出處，往往有之，多産生於轉録他書而非直引原書之際，此爲典型之例。

〔二九七〕臞仙云　方案：臞仙，乃明初寧獻王朱權之字。本條不見其《臞仙茶譜》，疑當出於朱權的其他著作。朱權著作極富，有數十種上百卷之多。今已多佚，但在清初無疑存者尚多。故已無可考見其所從出之書。參見本書拙校〔二〇四〕。

〔二九八〕謝肇淛五雜組　方案：本條見於是書卷一一《物部三·茶》。然史源始出於沈括《夢溪筆談》卷九。其原文謂：『古人謂貴人多知人，以其閲人物多也。張鄧公爲殿中丞，一見王東城（胡道靜先生校證云：弘治等五本均作『城東』），厚遇之，語必移時。王公素所厚唯楊大年。公有一茶囊，唯大年至，則取茶囊具茶，他客莫與也。』謝氏所述，即本於此。然其所云『如王東城有茶囊』之『王東城』，實乃誤讀沈括《筆談》之失。《筆談》所述其意甚明，即張士遜（九六四—一〇四九），他以鄧國公致仕，故稱其張鄧公，在官殿中丞時見王曾於開封城東（或東城）府邸，已為王曾所賞識。謝氏已不知此王公爲誰，遂誤解其號爲東城者。當時與楊億交厚的兩府大臣非王曾（九七八—一〇三八）莫屬。王曾，字孝先。青州益都人。咸平五年（一〇〇二），狀元及第。大中祥符九年（一〇一六），參知政事。他反對王欽若、丁謂等媚惑真宗，東封西祀，是當時奉之若病狂中頭腦清醒的唯一政治家。天聖二年（一〇二四）拜相。封沂公，卒謚文正。有《兩制雜著》五十卷、《大任後集》七卷、《筆録》一卷、《王文正公集》五十卷等，除《筆録》外，均佚。事跡見富弼撰《行狀》，刊《琬琰集》中集卷五；宋祁撰《墓誌銘》，刊《景文集》卷五八，及《宋史》卷三〇一本傳等。王曾以知人善任著稱，曾薦拔范仲淹等大批名臣。故此『王東城』應改爲『王公』或『王沂公』、『王文正』，庶幾無誤。因先師胡道靜先生《夢溪筆談校證》（卷九）未及出注，故特詳考之。陸廷燦則無非沿譌踵謬而已。宋初無字號曰『王東城』者，此必誤。

〔二九九〕支廷訓集有湯蘊之傳　支廷訓，僅見於此及本書卷下之五著録。姚之駰《元明事類抄》卷三〇《器用門·壺》有載：『明·支廷訓《湯蘊之傳》：「湯蘊之，陽羨産也。狀貌雖不甚偉，間修雅飾，一準於時，且火候足，入水不濡，歷金山玉泉碧澗，成爲識賞。」』也是關於茶具的擬人化文字遊戲。

〔三〇〇〕文震亨長物志　本條摘引自是書卷一二《茶壺》。

〔三〇一〕遵生八牋　本條見高濂是書卷一一《煎茶四要·四擇品》，略有删節。下條則據是書同卷《試茶三要·一滌器》録文，連標目一併録入而略有潤色。

〔三〇二〕曹昭格古要論　曹昭，字明仲，自號寶古。松江人。《格古要論》三卷，其書成於洪武二十年（一三八七），凡分十三門，每門又各分條，凡五六條至三四十條不等。其『於古今名玩器具真贋優劣之辨，皆能剖析微至，又諳悉典故，一切源流本末，無不指掌瞭然。故其書頗爲賞鑑家所重。』見《四庫總目》卷一二三及是書卷首自序。又，天順年間王均有增輯本，爲十四卷，見《明史》卷九八著録。

本條摘引自是書卷下《古無器皿》。『不留滯』，原書作『不留津』。

〔三〇三〕陳繼儒試茶詩　方案：陳氏四言古詩《試茶》已見王象晉《羣芳譜》，本條當轉引自《廣羣芳譜》卷一九。今補録其全詩：『綺陰攢蓋，靈草試奇。竹爐幽討，松火怒飛。水交以淡，茗戰而肥。緑香滿路，永日忘歸。』

〔三〇四〕徐葆光中山傳信録　是書及其作者見本書拙校〔一七六〕。

〔三〇五〕葛萬里清異録　葛萬里，號夢航。清初昆山人。撰有《别號録》九卷，見《四庫總目》卷一三六著録。本條見是書外，陸氏《續茶經》卷下之三又録其倪瓚飲茶一條。

〔三〇六〕隨見録　此書疑爲清初山西人屈擢升撰，參見本書拙校〔一七八〕。又，『茶吊』，《四庫全書考證》卷五二稱：乃『茶銚』之譌。然其亦未見《隨見録》原書，未著出校依據。

〔三〇七〕唐顧况論茶　方案：此條始見於宋代類書《紺珠集》卷一〇，又見於《類説》卷一三等。諸書均無『煮以』二字，疑陸氏潤色所增。又，高似孫《緯略》卷一一：『《論茶》』作『《茶論》』，義勝。惜顧况此文已佚，無以抉疑。

〔三〇八〕蘇廙仙芽傳　方案：其作者及書名均爲僞托而子虚烏有。説詳本《全集》上編之《荈茗録》提要拙考。

〔三〇九〕丁用晦芝田録　丁用晦，唐人。生平不詳，待考。《芝田録》一卷，《崇文總目》卷四著録。《郡齋讀書志》卷三下有云：『其書記隋唐雜事，未詳何人〔撰〕，總六百條。』則似兩宋之際其書尚存，但晁公武已不知其作者。南宋初，朱勝非《紺珠集》卷一〇引其書已稱丁用晦撰。約稍後，曾慥《類説》卷一一引其書有三一二條之多。本條所引置『水遞』事，已見於葉庭珪《海録碎事》卷三下。《山堂肆考》卷二二已引《芝田録》云僧曰京師水井通惠山泉寺，似爲陸氏所本，但所引文字頗有不同，疑陸氏另有所據。

〔三一〇〕事文類聚　本條見《古今事文類聚》續集卷一二《辨煎茶水》。陸氏略有潤色。

〔三一一〕河南通志　方案：今四庫本爲雍正《河南通志》，其卷七云，玉泉在濟源縣，又名盧仝井，乃仝烹茶處。其書卷五一又云：盧仝別墅，在濟源縣西北二十里石村北之玉川，盧仝烹茶館亦在此。與本條文字大相徑庭，疑陸氏所據爲明嘉靖或順治《河南通志》，或陸氏已據此二部方志加以改寫。《明一統志》卷二八『盧仝莊』條與四庫本《河南通志》卷五一所云相似。諸書均未見有『盧仝茶泉』之載。

〔三一二〕海録　本條見《海録碎事》卷六《茶門・雪水滯》。據以改、補各一字。

〔三一三〕陸平泉茶寮記　方案：明・陸樹聲號平泉，見《茶寮記》提要。但陸氏《茶寮記》中實無此條。本條見宋・朱勝非《紺珠集》卷一〇《秘水》，文全同。

〔三一四〕檀几叢書　方案：本條見《檀几叢書》二集卷四七所收之周高起《洞山岕茶系》。但無『清甘可口』、『不亦稱乎』八字，疑陸氏據《廣羣芳譜》卷一八所引《義興舊志》而補此八字。

〔三一五〕咸淳臨安志　方案：本條由是書卷二九《棲霞洞》及卷三七《蓮花井》兩條組合而成。『又』前，爲卷二九正文後幾句，已有大幅删節。魏公，指賈似道（一二一三—一二七五）。『又』下，則爲是書卷三七注引范令光《蓮花井記》中文之摘録。其相關内容如下：『予客小林……納涼蓮花院，院有三井。叩僧孰勝，指露井不（最？）良。余亟取烹茗，清甘寒冽……品此泉爲小林第一。』陸氏之删節頗成問題。疑其兩段文字均轉引自清·趙昱《南宋雜事詩》卷五之注。尤其『又』前之文，一字不差。尤爲顯證。

〔三一六〕王氏談録　此書乃王欽臣録其父王洙之論，凡九十九則。見《四庫總目》卷一二〇。本條又見《廣羣芳譜》卷一八及《説郛》卷二一四上《醫茶》條。文皆全同。王洙（九九七—一〇五七），字原叔。宋城（治今河南商丘）人。天聖二年（一〇二四）進士，官至翰林侍讀兼侍講學士。洙學問淹貫，著述頗富。嘗預修《崇文總目》、《國朝會要》、《祖宗故事》、《鄉兵制度》、《集韻》等，預館閣校書，預校《史記》、《漢書》等。編定杜甫《杜工部詩集》二十卷，成爲其後各本之祖本，有《冒元集》十卷，已佚，今所存者僅此《談録》一卷，有《百川學海》、《全宋筆記》等本。事見歐陽修撰《墓誌銘》，刊《歐陽修全集》卷三一〇。其次子王欽臣，字仲至。以父蔭而入仕，文彦博薦召試學士院，賜進士出身。欽臣官至侍從，出入中外，兼又歷元豐改制，今詳考其宦歷如下：　熙寧八年（一〇七五），太子中允、權發遣開封府推官王欽臣爲羣牧判官（《長編》卷二六七）。元豐五年（一〇八二），爲駕部郎中；　六年，出爲陝西運副（《長編》卷三三二）。元祐元年（一〇八六），以工部郎中爲太僕少卿、直龍圖閣（《長編》卷三八七）；　三年，爲秘書少監（《長編》卷四一五）；　六年，以直秘閣爲工部侍郎兼權秘書監(《長編》卷四六六、《宋會要輯稿》崇儒五之二七);八年,試吏部侍郎;九年元月,權發遣開封府(《開封府題名記》)。紹聖元年(一〇九四)六月,知和州(《長編拾補》卷一〇);四年二月,知饒州王欽臣落集賢殿修撰,管勾江州太平觀。元符三年(一一〇〇),知兗州王欽臣復集撰館職,知潁昌府(《宋會要輯稿》選舉三三之二一)。徽宗立,知成德軍(治今河北正定),卒。年六十七。有《王仲至詩》十卷、《廣諷味集》五卷。分見呂頤浩《忠穆集》卷七《跋王仲至詩》、《直齋書録解題》卷二〇。事見《宋史》卷二九四《王洙傳·附傳》。

〔三一七〕魏泰東軒筆録　本條見是書卷二。文全同。

〔三一八〕張邦基墨莊漫録　本條見是書卷三。據上下文意補一『於』字。下條見是書卷九。引王安石詩,見李壁注《王荊公詩注》卷一九《次韻唐彦猷〈華亭十詠·寒穴〉》,『神泉』,原作『神震』,《臨川文集》卷一三已誤作『神農』,此又譌作『震』。據《詩注》及《至元嘉禾志》卷二九引詩改,注文可證作『泉』是。又,『與雲平』,又譌、倒作『雪與平』,據同上引三書改。

〔三一九〕羅大經鶴林玉露　本條見是書卷三《丙編·茶瓶湯候》。『唯用瓶煮水』,『唯』,原書及底本皆無,據清抄本補,義勝。『茶鍑』,原書作『鑊』;『今以湯』,原書作『以今湯』。又,『檜』,原作『桂』;『一甌』,原作『一瓶』;據羅大經原書改。

〔三二〇〕趙彦衛雲麓漫抄　本條見是書卷一〇。『列子云』,『云』,原書無;『孔子曰』,『曰』,原無,據趙氏原書補。

〔三二一〕山谷集　本條見《山谷集》卷一八《瀘州大雲寺滴乳泉記》。文全同。「也」下，原書「今名曰滴乳泉」六字不應删，因文意未完足。

〔三二二〕林逋烹北苑茶有懷　此見《林和靖集》卷四《監郡吴殿丞惠以筆墨建茶各吟一絶以謝之·茶》。「人間絶品應難識」句，原詩「人」作「世」，「應」作「人」。義長。陸氏引全同《全芳備祖》後集卷二八及《廣羣芳譜》卷二〇，疑據此而轉引。而《佩文齋詠物詩選》則同原詩，是。

〔三二三〕東坡集　此見《東坡全集》卷一〇〇《錫杖泉》。據原書改、補各二字。此陸氏引文與《廣羣芳譜》卷二一録文全同，疑即據是書轉引。

〔三二四〕惠山寺東爲觀泉亭　方案：本條録自《廣羣芳譜》卷二一，原據王象晉《羣芳譜·附見論水》。王氏未著明出處，今姑仍其舊。遺憾的是：陸氏有很多條轉引自《廣羣芳譜》卻又諱莫如深。此又一證，即《廣羣芳譜》失注出處者，陸氏亦只能仍之。如是，會使人誤解爲此條仍出《東坡集》，因爲陸書體例凡同前條所出者，均省注出處。其實大可不必，完全可以注明出汪灝《廣譜》。

〔三二五〕避暑録話　方案：本條見葉夢得是書卷上。裴晉公，指唐裴度，因其封晉國公而然。詩又見洪邁編《萬首唐人絶句》卷三二，題作《涼風亭睡覺》。「初」，洪書作「新」。《石倉歷代詩選》卷一一七及《全唐詩》卷三三五均同洪書所録。又，周密《齊東野語》卷一八則云此首七絶的作主乃宋·丁謂。

〔三二六〕馮璧東坡海南烹茶圖詩　方案：馮璧，字叔獻，别字天粹。金承安二年（一一九七）進士。歷州縣官而召入翰林，再爲曹郎。興定（一二一七—一二二二）末，以同知集慶軍節度使事致仕，年七十九終於家。事見元好問《中州集》卷六，詩亦見是書同卷。『洞火』，原譌倒作『火洞』，據乙。

〔三二七〕萬花谷　方案：此據《萬花谷》前集卷三五改寫。黄庭堅詩句，見《山谷集》卷二《謝黄從善司業寄惠山泉》首句。

〔三二八〕茶家碾茶　方案：本條似據宋·曾幾《茶山集》卷六《李相公餉建溪新茗奉寄》此聯詩及注文改寫。原作：『碾處曾看眉上白（原注：茶家云，碾茶須令碾者眉白乃已），分時爲見眼中青。』陸氏以注文改寫在前，從文字看，似又據元·方回《瀛奎律髓》卷一〇，録此詩及詩中注而改寫。

〔三二九〕輿地紀勝　方案：檢核宋·王象之是書卷六四至六五《江陵府》不見有此條。雍正《湖廣通志》卷九有是條，文略同，且云出《輿地紀勝》。據《通志》卷首《四庫提要》云：雍正《湖廣通志》本自『康熙甲子（二十三年，一六八四）舊志』，則陸氏乃據康熙志録文也。此乃誤引出處。且『宋至和初』云云可爲顯證，首先，王象之宋人，絶無可能稱本朝爲宋；其次，至和（一〇五四—一〇五六）初，黄庭堅（一〇四五—一一〇五）尚爲十歲之孩童，又怎麽可能在三峽蝦蟆碚墜筆？其妄顯而易見。黄詩則見《山谷集》卷七《鄒松滋寄苦竹泉橙麴蓮子湯三首》之一《苦竹泉》，據改一字。

〔三三〇〕周煇清波雜志　本條見是書卷四。據改三字，補一字。

〔三三一〕萬花谷　方案：出處三字原無，經檢核，本條出《錦繡萬花谷》前集卷三五《閤門井水》。陸氏原作《東京記》曰，實此乃《萬花谷》之引文。引杜詩僅見於此。黄庭堅一聯詩，見《山谷集》卷三《省中烹茶懷子瞻用前韻》首二句。

〔三三二〕陳舜俞廬山記　本條摘引自《廬山記》卷三。『其高不可計』，原在『其廣七十餘尺』下，據原書乙正。黄庭堅詩，則出《山谷集》卷四《和答外舅孫莘老》。陳舜俞（一〇二六—一〇七六），字令舉，湖州烏程人。慶曆六年（一〇四六）進士，嘉祐四年（一〇五九），制科及格。授著作佐郎、忠正軍節度判官。熙寧三年（一〇七〇），因反對青苗法，而從知山陰縣貶爲監南康軍酒税。有《都官集》三十卷，又有《治説》十卷。《集》已散佚，四庫館臣從《大典》中輯得十四卷，不足其半。事見《長編》卷一九〇、《宋史》卷三三一《張問傳·附傳》。

〔三三三〕孫月峯坡仙食飲録　『孫月峯』，孫鑛（一五四二—一六一三），字文融，號月峯。餘姚人，陞幼子。萬曆二年（一五七四），會試第一。爲文選郎中，澄清銓法，聲名鵲起。累進兵部侍郎，加右都御史。代顧養謙經略朝鮮，還遷南京兵部尚書。後因被劾乞歸。撰有《孫月峯評經》十六卷，編《今文選》十二卷，又有《書畫跋跋》正、續各三卷，《孫月峯全集》等，見《四庫全書總目》卷三四、七四、一一三、一九三著録。與張元忭合撰《紹興府志》五十卷。事見《穀城山館文集》卷四《送撫臺月峯孫公入爲少司寇敍》、《明詩綜》卷五七等。還著有《月峯居業》四卷、《居業次編》五卷，亦見《千頃目》卷二五。《坡公食飲録》二卷，則見《千頃堂書目》卷九。是書已佚。僅見《續茶經》引此書凡四條，另三條分見卷下之三、四、五，各一條。但書名均作《坡仙食飲録》，未審孰是？

〔三三四〕馮可賓岕茶牋　本條出馮氏《岕茶牋·論真贋》。據補二字，陸氏略有潤色。

〔三三五〕羣芳譜　本條轉引自《廣羣芳譜》卷二一。據以改、補各一字。

〔三三六〕吴興掌故録　方案：書名，疑爲徐獻忠《吴興掌故集》之譌，是書十七卷，又簡稱《吴興掌故》，見《四庫總目》卷七四及《千頃目》卷七著録。檢核是書，未見本條。疑出元·陶宗儀《輟耕録》卷二六《瑞應泉》，陸氏引文有删節。

〔三三七〕職方志　方案：本條出康熙時編纂的類書《淵鑑類函》卷三四引《揚州職方志》。文全同。書名應改作《類函》。『茶品』，應爲『水品』之譌。

〔三三八〕遵生八牋　本條見是書卷一一《試茶三要·二熁盞》。

〔三三九〕陳眉公太平清話　本條引陳繼儒此説，指出了陸羽《茶經》之説與其《水品》中自相矛盾。然其説宋人歐陽修早已有之，不過拾人牙慧而已。下條亦見其《茶話》。實亦乃本張源《茶録·湯有老嫩》之説而已。

〔三四〇〕徐渭煎茶七類　詳本《全集》中編所收《煎茶七類》提要。此陸氏摘引其中三條。

〔三四一〕張源茶録　方案：本條見《茶録·品泉》。陸氏引録時不僅已顛倒其次序，又改動其詞句。如『泉清而厚』，原書作『泉淡而白』，意思完全不同。又，『良於』，原作『愈於』；『瀉於』，原書作『瀉出』；皆後者義長。

〔三四二〕湯有三大辨　本條見《茶録·湯辨》。其一，據補『十五小辨』四字。其二，『捷辨』，原書作『氣辨』；『捷爲氣辨』，原書作『氣爲捷辨』。其三，『駭聲』，原書作『驟聲』。其四，『三縷』，原書作『三四縷』。疑陸氏所據乃非《茶書全集》本而另有他本所録之。又，本條『蔡君謨』起，見《茶録·

湯有老嫩》，此又誤合兩條爲一。此爲摘引，又有刪改。如『見沸而茶神便發』，原書作『見湯而茶神便浮』。

〔三四三〕爐火通紅　本條見《茶録·火候》。『茶銚』，原書誤作『茶瓢』，應據改。又文字略有異同。下條則見是書《投茶》，文字及次序亦略有異同。引書而不原原本本引原文，必略加刪改，明清文人之通病也。

〔三四四〕不宜用　方案：本條失注出處，乃出許次紓《茶疏·不宜用》，應據補。『惡水』，底本、閣本、四庫本均涉下而譌作『惡木』，據清抄本及原書改。又，『煙煤』二字，爲原書所無。

〔三四五〕謝肇淛五雜組　本條出是書卷一一。薛能詩，始見於《東坡志林》卷一〇，又見於鄭樵《通志》卷七六、《詩話總龜》卷一八及《全唐詩》卷五六〇。題作《蜀州鄭使君寄鳥嘴茶因以贈答八韻》。蘇軾詩見《東坡全集》卷七《和蔣夔寄茶》。據改一字。下二條亦出是書此卷，且有刪潤。

〔三四六〕顧元慶茶譜　説詳本《全集》中編所收《茶譜》提要。

〔三四七〕熊明遇岕山茶記　方案：熊氏此文，實名《羅岕茶記》。

〔三四八〕雪庵清史　樂純是書，詳本書拙校〔一三六〕。

〔三四九〕田藝蘅煮泉小品　方案：本條前半，乃出其書之五《宜茶》。『但』起之後半，則爲是書卷首趙觀撰序中之語。不知何以誤合爲一？今按内容析爲兩條。下條『陸羽嘗謂』，原書作『鴻漸有云』，亦出《煮泉小品·宜茶》。略有潤色，據補二字。

〔三五〇〕山厚者泉厚　本條出同上《小品・源泉》。末句「必無用矣」，原書作「必無佳泉」。

〔三五一〕江公也　本條據同上田氏《小品・江水》，據原書補「鴻漸」二字，此陸羽之論。又，「湛深」，原書作「澄清」，是，應據改。

〔三五二〕嚴子瀨　方案：本條亦出同上引書《小品・宜茶》。「子」，陸氏引作「陵」，今據原書改。

〔三五三〕去泉再遠者不能自汲　本條亦見田氏《小品・緒談》。「自汲」，陸氏誤作「日汲」，據原書改。

〔三五四〕湯嫩則茶味不出　本條及下二條均見《小品・宜茶》。其第二條有删節，「火」乃「炭」之誤，據原書改。第三條中「火燃」之「燃」，原書與陸氏均作「然」，乃借字，今改。令人費解的是：陸氏引《煮泉小品》凡十條，卻又不依原書順序，顛倒其次序，混入趙觀序中語，不知其意何在？

〔三五五〕許次紓茶疏　本條見《茶疏・貯水》。據補一「中」字。

〔三五六〕沸速則鮮嫩風逸　方案：本條亦見《茶疏》。惟此七字及下句七字凡十四字，乃出《茶疏・煮水器》，餘則見同書《湯候》，乃以兩目之文捏合而成。據補二字；又，「過則湯老」，陸氏原引作「過時老湯」，據原書及清抄本改、乙，以符原意。

〔三五七〕茶注茶銚茶甌　方案：本條已據許氏《茶疏・盪滌》而改寫，文字判然相異。嚴格而言，已非許氏原本之文，非引書之體。

〔三五八〕三人以下　是條摘引自《茶疏・論客》。「下」，原誤作「上」，據許氏原書改。下條則出《茶疏・火候》，據原書改二字。

〔三五九〕茶　本條出自《茶疏·不宜近》。『茶』字，原無，『不宜近』，原爲篇目。

〔三六〇〕羅廪茶解　本條據《茶解·品》之一、二條捏合而成，且已以己意作改寫，已非原書之舊。僅據改一字。請參閲《茶解》原文。

〔三六一〕煮茗　本條據《茶解·水》二、三兩條删改後組合而成。如原書此二字作『瀹茗』；又如『便不堪飲』，原書作『便劣』；『竈心中』，陸氏引作『竈中心』，據乙；『乘熱投之』四字，原書無等。

〔三六二〕李南金謂　是條摘引自《茶解·烹》。據補二字。又，『此語亦未中竅』句，原書在本條之末。

〔三六三〕貯水甕　本條失注出處。承上，則應爲《茶解》中之内容，但《茶解》實無。經檢核，與張源《茶録·貯水》條略同，當出此書。但亦頗具異同。如『晝挹天光，夜承星露』，《茶録》作『使承星露』；『英華不散，靈氣常存』，張源《茶録》作『英靈不散，神氣常存』；『日中』，原書作『日下』；『内閉其氣，外耗其精』，原書作『外耗其神，内閉其氣』；『水味敗矣』，原書無此四字。如果不是陸廷燦以己意改寫，疑清初尚存另一版本系統的《茶録》，爲陸氏所本。

〔三六四〕考槃餘事　本條見屠隆《考槃餘事·茶箋》，《茶書全集》本改題作《茶説》。『迥異』，原書作『稍異』；『諸人全不同』，原書作『諸前人不同』。

〔三六五〕始如魚目微微有聲爲一沸　方案：此條據《茶箋·候湯》删潤而成。

〔三六六〕夷門廣牘　方案：本條似轉引自清·陳鑑《虎丘茶經注補·四之水》引《夷門廣牘》。是書及其作者，詳本《全集》下編所收此書提要。

〔三六七〕六硯齋筆記　本條見李日華是書卷一。據原書補『五石』二字。下條亦見李氏此書同卷。『之飲』，陸氏引作『皆殊』，據改。

〔三六八〕竹嬾茶衡　竹嬾，明·李日華，字君實，號竹嬾。其人事跡見本《全集》上編附《運泉約》提要。《茶衡》，僅見於此及本書卷下之五著録存目。

〔三六九〕松雨齋運泉約　方案：此見李日華《運泉約》，小品文之雅致者。李日華齋名松雨，故又自號爲松雨齋主人。校『茶道』本《運泉約》，略有不同。其一，『咸赴嘉盟』下，『茶道本』有『竹嬾居人題』五字；而陸氏則改爲在文末署『松雨齋主人謹訂』。其二，陸氏《續茶經》云：『水罈罐價及罐蓋自備不計』，此乃概括簡略之語；『茶道本』《運泉約》則原作：『罈，粗者每個價三分，稍粗者二分；罈蓋或三厘，或四厘，自備不計。』餘則全同。

〔三七〇〕岕茶彙鈔　本條見冒襄撰是書，但其實抄自馮可賓《岕茶牋·論烹茶》。陸氏多處已援引馮書，不知何以不引始出之書而用轉手資料？據補四字。

〔三七一〕天下名勝志　方案：此即曹學佺撰《輿地名勝志》，凡一九三卷，見《四庫總目》卷七二；《明史》卷九七、《千頃目》卷六則著録爲《一統名勝志》一九八卷。或其原名《天下一統名勝志》，而陸氏用其簡稱歟。陸氏書卷下之一及之四引此書多條。曹學佺（一五七四—一六四六），字能始，號石倉，又號雁澤、西峯。福建侯官人。萬曆二十三年（一五九五）進士。初仕户部主事，調南京大理寺丞。萬曆中，擢四川布政司右參政，三十九年（一六一一）遷四川按察使，因事遇劾罷歸。天啓二年（一六二二),起爲廣西參議,因著野史記梃擊寃獄,被魏忠賢黨劉廷元奏劾而削籍。崇禎初,起副使,辭不受。南明唐王朱聿鍵時官至禮部尚書。清順治三年(一六四六),朱被俘死於福州,曹學佺投繯自盡,卒謚忠節。學佺博學洽聞,著述極富。撰有《易經通論》十二卷、《周易可説》七卷、《書傳會衷》十卷、《春秋闡義》十二卷、《蜀中廣記》一〇八卷、《西峯字説》三十三卷、《石倉歷代詩選》五〇六卷(方案:《明史》卷九九著録爲《石倉十二代詩選》八八八卷,則四庫本乃節本)、《鳳山鄭氏詩選》二卷,以上見《四庫總目》卷八、一四、三〇、七〇、一二八、一八九、一九三著録; 又有《詩經質疑》六卷、《春秋義略》三卷、《蜀中人物記》六卷、《蜀漢地理志補》二卷、《蜀中方物記》十二卷、《蜀中詩話》十卷、《石倉詩文集》一百卷,以上見於《明史》卷九六、九七、九八、九九著録; 還有《禮記明訓》二十七卷、《春秋傳删》十卷、《廣西名勝志》十卷、《五經可説》(卷亡)等,以上見於《千頃目》卷二、三、七、八、十。堪稱明代最淵博的學者之一。與徐𤊹、謝肇淛等交遊相厚。事見《明史》卷二八八《文苑四》、《大泌山房集》卷一〇《入蜀三編序》及《福建通志》卷四三等。下二條亦出是書。

〔三七二〕徐獻忠水品 此三條,分見《水品》之《四甘》、《六品》、《一源》三目。《四甘》條:『必厚重』,原書作『必重厚』; 《一源》條,據改、補各一字。

〔三七三〕巖棲幽事 方案: 此乃陳繼儒之小品文,本條亦見喻政《茶書全集》本所收之《茶話》,説詳《茶話》提要(收入本《全集》中編)。

〔三七四〕劍掃　僅見於陸氏是書此條。疑或有譌。本條實出《煎茶七類》，僅『乃韻事』作『非漫浪』，餘全同。

〔三七五〕湧幢小品　方案：《湧幢小品》三十二卷，明朱國楨撰。『是書雜記見聞，亦間有考證，其是非不甚失真，在明季説部中猶爲質實』；然其『貪多務得』，『轉有沙中金屑之憾』。見《四庫總目》卷一二八著録。本條及下四條均出是書，《續茶經》卷下之三收其『撤茶太守』一條。朱國楨，楨，一作禎。字文寧，烏程人。萬曆十七年（一五八九）進士。天啓初，官拜禮部尚書，兼文淵閣大學士。權宦魏忠賢擅國，國楨佐葉向高，多所調護。後爲首輔，累加太子太保。爲魏黨李蕃所劾，遂引疾去，卒謚文肅。另撰有《大政記》三十六卷等。事見《四庫總目》卷四八、《明史》卷二四〇、《深柳堂文集》卷一《朱文肅公傳》。

〔三七六〕聞龍它泉記　本條亦見《茶箋》，陸氏乃摘引，《茶箋》所録似全文。據以校改一字，『四陲』，陸氏誤引作『四郵』。

〔三七七〕玉堂叢語　方案：是書八卷，明·焦竑撰。是書『仿《世説》之體，採摭明初以來翰林諸臣遺言往行，分條臚載，凡五十有四類。』詳《四庫總目》卷一四三及《明史》卷九八、《千頃目》卷五著録。又，本書卷下之三，陸氏又引其六條。

〔三七八〕王新城隴蜀餘聞　方案：王士禎（一六三四—一七一一），新城（治今山東桓台）人，以其地望指代也。《隴蜀餘聞》一卷，王士禎撰。『是編皆記隴蜀碎事』，『亦間有考證』，『所記多非親見之事，且多非所經之地，故曰餘聞。』見《四庫總目》卷一四三著録。

〔三七九〕居易録　本條見《居易録》卷二六，文全同。《居易録》三十四卷，王士禎撰。其書『多論詩之語』，其記所見諸古書考據源流，論斷得失，亦最爲詳悉。其他辨證之處，可取者亦多。『惟三卷以後忽記時事，九卷以後兼及差遣遷除』等内容，又『自書之而自譽之』，則其書瑕瑜互見也。以上《四庫提要》（《總目》卷一二二）對是書之騭評也。

〔三八〇〕分甘餘話　本條見是書卷一。《分甘餘話》四卷，王士禎撰。《四庫提要》云：是書『成於康熙己丑（一七〇九）罷刑部尚書家居之時』。乃『隨筆記録瑣事爲多，蓋其年逾七十，借以消閑遣日，無復考證之功，故不能如《池北偶談》、《居易録》之詳核。』見《四庫總目》卷一二二。

〔三八一〕古夫于亭雜録　本條見王士禎是書卷三。本條駁陸羽《水品》論水之所見未廣，僅濟南即有七十二名泉，所云甚是。《古夫于亭雜録》六卷，王士禎退休里居，繼《香祖筆記》後踵成此書。自序稱：『無凡例、無次第，故曰雜；以所居魚子山有古夫于亭，因以爲名。』此書雖爲隨筆，但『引據精核，品題諸詩亦皆愜當』，堪稱『至公之論』。書中亦往往有沿譌踵謬，疏於考證之處，亦瑕瑜互見之作。説詳《四庫總目》卷一二二。

〔三八二〕陸次雲湖壖雜記　陸次雲，字雲士，號北墅。錢塘（治今浙江杭州）人。康熙初，拔貢生，官江陰知縣。編選清初詩，名之曰《詩平》，與湯右曾相唱酬，有《澄江集》一卷。撰有《玉山詞》（一作《北墅詞》）一卷，《八紘繹史》四卷，《北紘荒史》一卷，《紀餘》四卷，《峒溪纖志》三卷，《志餘》一卷，《事文標異》一卷，《北墅緒言》五卷，《尚論持平》、《析疑待正》各二卷等。事見《清史列傳》卷七〇《文苑傳》、張維屏《國朝詩人徵略》卷一四、《四庫總目》卷七八、一二九、一八二、二〇〇等。《湖壖雜記》，一卷。是書乃『續田藝蘅《西湖志餘》而作，』『近於小説者十之七八』。見《四庫總目提要》卷七七。

〔三八三〕張鵬翮奉使日記　張鵬翮（一六四九—一七二五），字運青，號寬宇。祖籍四川遂寧，湖北麻城人。康熙九年（一六七〇）進士，官至户部尚書，加太子太傅，授武英殿大學士。張鵬翮入仕五十餘年，出入中外，居官清廉，名重當時。卒謚文端。曾奉使俄羅斯，撰有《奉使行程録》、《奉使日記》各一卷。本條即録自其書關於塞外名泉的記載。此外，還有《江防述略》、《治下河論》、《治下河水論》各一卷，及《忠武志》、《敦行録》、《信陽子卓録》、《聖謨全書》等，有《張文端集》七卷，並主持修纂康熙《兗州府志》。

〔三八四〕廣輿記　《廣輿記》二十四卷，明陸應暘撰。陸應暘（一五四二—？），字伯生，號篔溪。華亭人。宦歷不詳。從其萬曆三十四年（一六〇六）修《象山縣志》十六卷判斷，以曾爲官於此。據其流傳至今的書法作品自署，戊午（萬曆四十六年，一六一八）『年七十又七』尚在人世，則可據以定其生年。還撰有《篔溪草堂集》、《篔溪家訓》一卷、《樵史》二卷等。事見《明史》卷九七、《千頃目》卷六、一一、一二、二六、《石渠寶笈》卷五、卷二一等。《廣輿記》大抵據《明一統志》而乏考證。以下六條，均出是書。

〔三八五〕增訂廣輿記　是書，清·蔡方炳撰，二十四卷。本《廣輿記》而增訂之。蔡方炳，事見本《全集》下編《歷代茶榷志》提要。

〔三八六〕武夷山志　本條見《武夷山志》卷二一，據補『愈入』二字。

〔三八七〕唐馮贄記事珠　方案：本條實出《雲仙雜記》卷一〇，但無論《記事珠》或《雲仙雜記》均爲僞托唐人馮贄，實乃宋人之作無疑。因爲宋代始稱鬥茶曰茗戰，唐時，建茶其名未著。又，《雲仙雜記》，又名《雲仙散録》，其爲僞書無疑，余嘉錫先生《四庫提要辨證》卷一七論之詳矣，勿贅。又，《記事珠》，典出《開元天寶遺事》卷一，作爲書名，則又僞中僞也。本條，南宋初類書《紺珠集》卷一〇及《類説》卷一三已載之，皆不知所出，竟稱出自蔡襄《茶録》，但《茶録》實無此説。

〔三八八〕北堂書鈔　本條見唐·虞世南是書卷一四四。

〔三八九〕續博物志　本條見宋·李石是書卷五，陸氏引録時略有删潤。

〔三九〇〕大觀茶論　本條見宋徽宗趙佶《大觀茶論·點》。參閲本《全集》上編是書相關各條校記。下三條，分見是書《味》、《香》、《色》三目，亦參閲拙校。

〔三九一〕蘇文忠集　方案：此誤引出處。本條實見宋·趙令畤《侯鯖録》卷四。其首句曰：『東坡云』，故《廣羣芳譜》卷一八引録時已作《東坡集》（實乃王象晉《羣芳譜》已改），而陸氏轉引自此書時，又改作《蘇文忠集》。本條已不見於今傳各種蘇集。又，『去杭』，《廣羣芳譜》引作『去此』，而陸氏竟改作『去黄』，大誤。此乃誤讀上條『參寥來訪』之失。今據趙令時原書改。又，陸氏文字略有潤色，但轉引自《廣羣芳譜》則無疑。

〔三九二〕王燾集外臺秘要有代茶飲子詩云　方案：本條實出《東坡志林》卷一二，從其内容看顯而易見。王燾，唐郿縣（治今陝西眉縣）人。王珪孫。曾爲徐州司馬，其自序云：他曾「七登南宫，兩拜東掖」，在臺閣二十餘載，實亦飽學之士，且得見珍本秘籍，又數從高醫游，遂窮其術。《外臺秘要》四十卷，乃其爲鄴郡（治今河南安陽）刺史時所撰，據自序，乃天寶十一載（七五二）也。是書凡一一〇四門，皆先論後方，古來專門授受之秘法多在其中，惟針灸不載。王燾及其書見《新唐書》卷九八《王珪傳·附傳》、《郡齋讀書志》卷三下、《直齋書録解題》卷一三、《四庫全書總目》卷一〇三等。「詩」，原書作「一首」，也有引作「方」者，是，此乃陸氏臆改，今回改。又，「一帖」，原書作「一服」。

〔三九三〕月兔茶詩　所引詩見《東坡全集》卷四，又見《施注蘇詩》卷六、《東坡詩集注》卷三〇。

〔三九四〕坡公嘗遊杭州諸寺　方案：此引蘇詩見《施注蘇詩》卷七，又見《東坡詩集注》卷八、《蘇詩補注》卷一〇。詩題作《遊諸佛舍一日飲釅茶七盞戲書勤師壁》，似陸氏本條之首「坡公」云云即據詩題改寫。

〔三九五〕侯鯖録　方案：本條見趙令時是書卷四。陸氏已有增改。如「故或有忌而不飲者」八字，原書無；又如「消陰助陽」，原作「消陽助陰」，原書是。「當自珍之」，原書作「常自修之」；「乃盡消縮」四字，亦原書所無，以己意增字添句，尤非引書之體。又據原書補三字。

〔三九六〕白玉蟾茶歌　白玉蟾，即葛長庚。葛長庚（一一九四—？），字如晦。福建閩清人。父亡、母改嫁，棄家游海上，號海瓊子。至雷州，繼白氏爲後，因改名白玉蟾，字白叟、以閱、衆甫，號海南翁、瓊琯、蠙菴、瓊山道人、武夷散人、神霄散吏等。師事陳楠，曾長期在羅浮山、武夷山等地修道。南宋嘉定（一二〇八—一二二四）年間，詔命赴闕，命館太乙宮，賜號紫清明道真人。卒年九十餘。全真教尊其爲南五祖之一。善書畫，工詩詞。撰有《海瓊集》、《武夷集》、《上清集》等，今有道藏等本傳世，其徒彭耜又合刊、補佚爲《海瓊玉蟾先生文集》四十卷。《四庫全書總目》曾著録其《瓊琯集》，後被裁撤，有學者以爲乃因乾隆排斥道教之故。葛長庚之詩、詞、文集及雜著，刊本尚多，難以盡述。其事跡見彭耜《海瓊玉蟾先生事實》，刊其《文集》卷首。其《茶歌》，則見明朱權正統間重編《海瓊玉蟾先生文集》卷二。是書爲詩集，正編六卷，續編二卷。

〔三九七〕張淏雲谷雜記　方案：此據是書卷二，略有删節，據以補、改各一字。又，『德宗建中間』起，至本條之末數句，爲原書所無。乃陸氏又據宛委山堂本《説郛》卷二八上增入。

〔三九八〕品茶要録　本條見黄儒《品茶要録·後論》，陸氏引文，既有節略，亦復頗有異同。疑《續茶經》據宛委山堂本《説郛》是書引録，説詳本《全集》上編是書提要及拙校〔七六〕至〔九一〕各條，勿贅。

〔三九九〕謝宗可論茶　本條已見於宋代類書《紺珠集》卷一〇《漚花》及《類説》卷一三《蟾背蝦目》，文全同。『可』，原脱，據補。

〔四〇〇〕黄山谷集　方案：本條誤引出處。黄庭堅乃至宋人皆無此説。此説始自明張源《茶録·飲茶》，文略異，曰：『獨啜曰神，二客曰勝，三四曰趣，五六曰泛，七八曰施。』陳繼儒《茶話》引申改寫爲同本條。陸氏實引《茶話》之説，僅原書『七八人』，陸氏引作『六七人』而已。作『七八』是。

〔四〇一〕沈存中夢溪筆談　本條見沈括是書卷二四。據改一字。

〔四〇二〕遵生八牋　本條據高濂是書卷一一《試茶三要·三擇果》摘引，僅删『奪其味者』云云等十八字。又，『橘餅』，原書作『橙橘』。餘全同。

〔四〇三〕徐渭煎茶七類　方案：此見《煎茶七類·四嘗茶》，文字有潤色改動。下三條則分見同書《五茶候》、《六茶侣》、《七茶勛》三目。

〔四〇四〕許次紓茶疏　本條據《茶疏·烹點》删潤，『浮沉』，許氏原作『浮薄』。其下三條，次序與原書有别，一、三兩條，引自《茶疏·飲啜》，略有删節，此出同一目，似可不析爲兩條。原第二條，節引自《茶疏·盪滌》之末數句。今將二、三兩條互乙，以既合原書之意，并仍保留《續茶經》原析分之條目。

〔四〇五〕煮泉小品　方案：本條及以下五條，凡六條皆見田藝蘅《煮泉小品·宜茶》。據改二字，補一字，互乙二字。又，第五、六條原合爲一，今依原書析爲兩條。

〔四〇六〕羅廪茶解　本條亦見《本草乘雅半偈》卷七《衡鑑》，注亦云出《茶解》，但喻乙本《茶解》未見此條，亦不見於明代茶書。疑《茶書全集》本《茶解》此條已脱或據别本《茶解》，俟更考。下條則見《茶解·品》，文字亦頗有異同。如『汲泉』，原書作『手烹』；『如聽』，原作『儼聽』，義長；『入杯』，原作『入甌』；『此時』，原作『一段』，皆失原書之神韻。

〔四〇七〕顧元慶茶譜　是書及其作者，見本《全集》中編《茶譜》提要。本條不見顧氏《茶譜》。

〔四〇八〕張源茶録　本條見《茶録·飲茶》，下條見《茶録·泡法》。

〔四〇九〕雲林遺事　本條見倪瓚《清閟閣全集》卷一一《雲林遺事·高逸》。『飲之』二字，原書無。

〔四一〇〕聞龍茶箋　本條見是書。文全同。

〔四一一〕快雪堂漫録　是書馮夢禎撰。《漫録》『記見聞異事，語怪者十之三，因果者十之六』，『雜家言者十之一』。見《四庫總目》卷一四四。本條外，《續茶經》卷上之三記馮氏炒茶、藏茶切身體驗各一條，卷下之三又引《快雪堂漫録》記李于麟棄岕茶一條。《廣羣芳譜》卷二一引是書徐茂吴藏茶法一條。則徐桂不失爲當時精於茗事的一流茶道專家。徐桂，字茂吴。事見本書拙校〔一六〇〕。

〔四一二〕熊明遇岕山茶記　方案：其書名應作《羅岕茶記》，本條見熊氏《茶記》第五條。『真稱精絶』，熊氏原作『真精絶』。

〔四一三〕馮可賓岕茶牋　本條及下條，分見《岕茶牋·茶宜》和同書《茶忌》二條。文全同。原合爲一條，今據原書析爲二條。

〔四一四〕謝在杭五雜組　方案：此見謝肇淛書卷一一，在杭，謝肇淛字。『虎狼蛇虺』，原書作『蛇虺虎狼』；『採得』，原書作『得採』。不當隨意互乙。下三條亦見《五雜組》卷一一。第二、三條柳芽、菉豆代茶原合爲一條，今據原書分析爲兩條，以清眉目。

〔四一五〕轂山筆麈　本條見于慎行《轂山筆麈》，書名『筆麈』，原譌作『筆塵』，據《四庫總目》卷一二五改。是書十八卷，『乃其退居轂城山中時所著，凡分三十五類，所記多明代典故，亦頗及雜説』。據同上

《四庫提要》著録。惟其認爲以茶易馬始於明代，則大誤矣。宋代茶馬貿易其規模之大、制度之完善，實非明代所及。明代茶馬之制不過沿宋代餘緒而已。説詳本《全集》導言。

〔四一六〕金陵瑣事　《金陵瑣事》正續各八卷，周暉撰，暉字吉甫，號鳴巖山人。室名尚白齋、幽草軒。上元（治今江蘇江寧）人。諸生，隱士，性好著書。撰有《剩録》（即《瑣事》續集）八卷，《留都録》五卷，《山中白雲》一卷等。事見方以智《通雅》卷四二，王士禎《香祖筆記》卷七、卷八，《江南通志》卷一六五、一九一；其著作見《明史》卷九七、《千頃目》卷六著録。

〔四一七〕六研齋筆記　本條及下條，皆見李日華是書卷一。據補、改各一字。下條之『清泠』，原作『清冷』，據四庫本陸書及《筆記》原書改。

〔四一八〕紫桃軒雜綴　本條及以下四條凡五條，均出李日華是書。據《四庫總目》卷一二八著録，《紫桃軒雜綴》及《又綴》各三卷。

〔四一九〕屠赤水云　本條見屠隆《茶箋·採茶》，實乃出《考槃餘事》卷三，喻政抽出單行，又改題作《茶説》。

〔四二〇〕類林新詠　方案：是書僅見於陸氏此條及卷下之四另一條所引。今考唐·于政立有《類林》十卷，分五十目記古人事跡。另有裴子野《類林》三卷，並見《玉海》卷五五。焦竑有《類林》十卷（據其自序，四庫本八卷），世稱《焦氏類林》。明初佚名有《類林雜説》十五卷，見《明史》卷九八、《千頃目》卷一五引楊士奇《文籍志》，又見《東里集》續集卷一八《類林雜説》，不知《新詠》是否即《雜説》之同書異名，因書闕有間，姑録以備考，並俟博洽。

〔四二一〕徐文長秘集致品　本條僅見於此。《四庫總目》卷一七八著録，徐渭有《徐文長集》三十卷，乃其所撰《文長集》、《闕篇》、《櫻桃館集》三種之合刻本，亦或題作《徐文長三集》者，疑《秘集》或即其一。

〔四二二〕芸窗清玩　本條亦僅見於此。明人姚驥，字伯良，號芸窗，以字行。鄞縣（治今浙江寧波）人。不知是否即姚氏所撰之書，俟考。據《千頃目》卷一七著録，其人有《芸窗稿》。《萬姓統譜》卷二九稱：其人洪武中由上舍生授郴州桂陽丞，後遷山西按察司僉事，年三十八卒於官。又有《小學諷詠補遺》等。但本條有『茅一相』云云，茅嘉、萬間人，又時代不合。姚遠早於茅。或明人另有《芸窗清玩》歟？俟更考。

〔四二三〕三才藻異　是書，清·屠粹忠撰，三十三卷。屠粹忠，號芝巖。定海人。順治十五年（一六五八）進士，官至兵部尚書。是書『取故實可備題詠者分類標題，其目盈萬。』自序稱歷二十四年而成，亦『類書之支流而《蒙求》之變體也。』見《四庫總目》卷一三九著録。《續茶經》卷下之四另收録其書二條。本條出《茶譜》。

〔四二四〕聞雁齋筆談　是書張大復撰，六卷。陸氏誤引作《筆記》，今據改。餘詳本書校記。

〔四二五〕袁宏道瓶花史　袁宏道（一五六八—一六一〇），字中郎，一字無學，號石公。湖北公安人，宗道弟。萬曆二十年（一五九二）進士，知吴縣，改京府學官，國子博士，擢禮部郎，終官吏部稽勳郎中。與兄宗道、弟中道合稱『三袁』，是『公安派』代表作家之一。撰有《觴政》、《瓶花齋雜録》各一卷，《袁中郎集》四十卷，以上見《四庫總目》卷一一六、一二八、一七九著録；又有《宗鏡攝録》十二卷，見

《明史》卷九八，同書卷九九著録《袁宏道詩文集》五十卷（與四庫本四十卷不同，《千頃目》卷二五則著録其集十種，凡四十六卷，又不同）；還有《公安志》、《桃源縣志》，各若干卷。《楞嚴模象記》二卷，《德山暑談》、《金屑編》、《廣莊》各一卷，以上見《千頃目》卷七、卷一六著録。其生平事蹟見袁中道《珂雪齋前集》卷一七《中郎先生行狀》，清・袁照撰《袁石公遺事録》卷七（同治刊本），《明史》卷二八八《文苑四》，《明詩綜》卷六二等。其書，均著録爲《瓶史》一卷。疑陸氏因其齋名『瓶花』而衍一『花』字。

〔四二六〕茶譜　方案：本條誤注出處，實乃出徐光啓《農政全書》卷三九，且爲作者之論，文全同。

〔四二七〕太平清話　本條見陳繼儒《太平清話》，又見其《茶話》（喻乙本）。

〔四二八〕藜牀瀋餘　方案：是書陸濬原撰，卷數不詳。濬原，字嗣哲。澄原弟，明末嘉興平湖人。撰有《藜牀瀋餘》等。事見《千頃目》卷二七、《檇李詩繫》卷一九、《明詩綜》卷七一等。本條亦見清・姚之駰《元明事類鈔》卷三《伴嫦娥》條，據以補三字。

〔四二九〕沈周跋茶録　方案：此跋僅見於此。沈周有《耕石齋石田集》九卷，爲詩文合集，其中文一卷。今有《四庫總目》卷一七五著録於存目，未及檢核不知收此跋否。疑此僅爲節録而非全文。

〔四三〇〕王晫快説續記　王晫（一六三六—？），初名棐，字丹麓，號木庵，自號松溪子。清初仁和（治今浙江杭州）人。好學博覽，喜賓客，多與名士交游。撰有《遂生集》十二卷、《丹麓雜著》十種十卷，《今世説》八卷，與張潮同編《檀几叢書》，録明清之際諸家雜説五十種，大半採自文集中，凡五十卷。又有

《墻東草堂詞》，輯有《蘭言集》二十四卷。事見《國朝耆獻類徵》卷四七五、《清史列傳》卷七〇、《四庫總目》卷一三三、一三四、一四三，《檇李詩繫》卷二八等。《快説續記》一卷，乃其《丹麓雜著》之一種（卷八）。其内容爲：『因金人瑞《西廂記評》所説快事而演之。』説詳《四庫總目》卷一三四。

〔四三一〕衛泳枕中秘　衛泳，字永叔，號冰雪樓主，又自號吴下懶仙。蘇州人。博學擅詩文，與其弟時號爲『雙珠』。王晫《今世説》乃喻之爲『二丁』、『二陸』。《枕中秘》，卷佚。『是編仿馬總《意林》之體，採掇明人雜説，凡二十五種』；《四庫提要》以爲『皆隆萬以來纖巧輕佻之詞』。其書及作者，見《四庫總目》卷一三二著録。

〔四三二〕江之蘭文房約　江之蘭，字含微。清初歙縣人。撰有《醫津筏》一卷。見《四庫總目》卷一〇五。《文房約》，僅見於此。本條及下條，均見是文。

〔四三三〕高士奇天禄識餘　高士奇（一六四三—一七〇二），字澹人，號竹窗，又號江村。錢塘（治今浙江杭州）人，居平湖。以諸生薦，直内廷，授中書舍人，改翰林院侍講，官至詹事府詹事兼内閣學士。通經學，擅詩文，精鑑賞。撰有《春秋地名考略》十四卷、《左傳姓名考》四卷、《左傳紀事本末》五十四卷，《松亭行記》二卷、《塞北小抄》一卷，《金鼇退食筆記》二卷、《江村銷夏録》三卷、《北墅抱翁録》一卷，著有《清吟堂全集》七十三卷；　輯有《編珠》、《補遺》、《續編珠》各二卷，《續三體唐詩》、《唐詩掞藻》各八卷等。事見鄭方坤《國朝名家詩鈔小傳》、《清詩紀事·初編》卷八及《四庫總目》卷二九、三一、四九、五八、六四、七〇、一一三、一一六、一三五、一九四等。其《天禄識餘》二卷，乃『雜採宋、明人説部，綴緝成編，輾轉稗販，了無新解，舛誤之處尤多』(《四庫總目提要》卷一二六)。毛奇齡《西河集》卷三九《天禄識餘序》對是書頗有微詞，而杭世駿《道古堂文集》今存是書之跋，其攻駁尤『不遺餘力』。故四庫著録於存目。

〔四三四〕王復禮茶説　王復禮，字需人，號草堂。錢塘(治今浙江杭州)人。撰有《家禮辨定》十卷、《季漢五志》十二卷、《武夷九曲志》十六卷、《三子定論》五卷等。事見《四庫總目》卷二五、卷五〇、卷七六、卷九七著録。《茶説》當爲其所著茶書，本條外，陸氏書卷上之三録其『武夷茶』、卷下之四録其『温州茶』各一條，均稱王草堂《茶説》。又，本條所及之沈心齋，乃沈涵(一六五一—一七一八)，字度汪，號心齋。康熙十五年(一六七六)進士，選翰林院庶吉士，授編修。五十一年(一七一二)，官至内閣學士兼禮部侍郎。五十五年，預罰修密雲臣工，倉皇北上，遽以致殞。沈涵雖學詩甚晚，但格律老成，凡成六千餘首，失其稿本。身後子柱臣竭力搜集，僅得《賜研齋詩存》四卷。本條所録，乃其一聯佚詩。其事略見沈炳震撰《沈公涵行狀》。

〔四三五〕陳鑑虎邱茶經注補　方案：是書及其作者，見本《全集》下編所收此書之提要。

〔四三六〕陳鼎滇黔紀遊　陳鼎，字定九，清初江陰人。有《東林列傳》二十四卷、《留溪外傳》十八卷、《竹譜》一卷等。事見《四庫總目》卷五八、六三、一一六等。《滇黔紀遊》二卷，乃其客遊滇、黔時所撰，上卷記黔，下卷記滇。於山川佳勝敘述頗爲有致，而不免偶出鄙語。』見《四庫提要》卷七八著録。則本條出其書之卷上。

〔四三七〕瑞草論云　方案：　本條乃出宋·謝維新《古今合璧事類備要·外集》卷四二《香茶門·茶·瑞草總論》。陸氏引出處時已不詳其所出，故誤奪一『總』字。實應補作者、書名，而不當只出其書門中篇之小序。謝維新此條又引自《茶經》卷上《一之源》。『凝悶』下，原作『腦』字，其下已脱一『疼』字，而《續茶經》不僅脱『疼』字，『腦』又轉譌作『胸』字。其脱二字，誤一字，與康熙時編類書所謂《御定淵鑑類函》卷三九〇《食物三·茶一》完全相同，則其必録自《類函》卷三九〇無疑。這從《本草乘雅半偈》卷七所引無誤（作『腦痛』）益可證明。陸氏之書乃本《茶經》而作，殆不知檢核始出之書，多用轉手、二手之資料，乃至不可卒讀，殊不可解。今亟加補、正。

〔四三八〕本草拾遺　唐開元中京兆府（治今陝西西安）三原尉陳藏器撰，十卷。因《神農本草經》遺漏尚多，故別爲《序例》一卷、《拾遺》六卷、《解紛》三卷，凡十卷。本條疑轉引自《北堂書鈔·補》卷一四四，文全同，較之原書，略有删節。

〔四三九〕蜀雅州名山茶有露鋑芽籛芽　方案：　本條承上，亦當出《本草拾遺》，實乃非是。其『火後者次之』以上文，乃出毛文錫《茶譜》，但末五字無之，首六字則原作『蒙頂茶』。『又有枳穀芽』起，至條末，則見宋·唐慎微《政和證類本草》卷一三注引《雅州圖經》之語。『南人輸官茶』云云乃其明證，此必宋人之語，不可能出唐·陳藏器《本草拾遺》。《本草綱目》卷三二亦注引此條，文頗有譌舛，且未著出處。

〔四四〇〕李時珍本草　本條見《本草綱目》卷二《服藥食忌》，其原文爲：『葳靈仙、土茯苓（注：忌麪湯、茶）。』陸氏引時已有修改，且正文注文不分。

〔四四一〕羣芳譜　方案：本條此方實始見於朱橚《普濟方》卷四四。當改用始出之書。據改一字。下之治赤白痢方，見是書卷二一一；又下之治『二便不通』方，則僅見於此。

〔四四二〕隨見録　方案：本條陸氏轉引自屈擢升《隨見録》，云出蘇集，實乃沿譌踵謬。此實出《蘇沈良方》卷六，據録自《永樂大典》的沈括自序，《良方》十卷乃沈括之撰，四庫本據《大典》輯本乃八卷，今仍有通行本十卷行世。據李裕民教授的考訂，宋徽宗時尚未混入蘇軾之方，《政和本草》卷一二引其書未及《蘇沈良方》可證。南宋初《晁志》始載《蘇沈良方》十五卷，則以蘇軾兄弟論醫藥雜説附入《良方》已在南宋高宗時。《良方》所收之《服茯苓賦》，見《欒城集》卷一七，乃蘇轍之作。請參閲李裕民《四庫提要訂誤》卷三頁一九四，中華書局二〇〇五年增訂本。本條亟應換用沈括《蘇沈良方》作出處。又，『大箋』，陸氏誤引作『大錢』，據改。末句原書作『予傳此方』，而陸氏又改作『服此方』。又，『文潞公』，乃文彦博（一〇〇六—一〇九七），而四庫本《良方》卷六卻作『歐陽文忠公』，大誤，歐陽修（一〇〇七—一〇七二），卒於熙寧五年（一〇七二），元祐二年（一〇八七）時墓木已拱，《良方》宋本必作『文潞公』無疑。沈括此書成於元祐四年後，是其證。

〔四四三〕晉書　方案：本條陸氏轉引自《淵鑑類函》卷三九〇引明人俞安期《唐類函》。據《格致鏡原》卷二一引此條作出『温嶠表』，極是。非出《晉書》明甚，本條誤引出處，應改爲『温嶠云』。

〔四四四〕洛陽伽藍記　方案：本條見是書卷三，以周祖謨校本核之，陸氏已有删潤，然不害文意，不再一一出校。見《茶乘》拙校。

〔四四五〕海録碎事　方案：本條實始出於《世説新語》，似始見於《太平御覽》卷八六七。宋、明類書早於陸氏者有近二十條之多，無一與陸氏引文相同。「字仲祖」三字，乃諸本所無。筆者所見，以陸氏此條最詳，而又以《海録碎事》卷六爲最簡：「晉王濛好飲賓客茶，每欲往候，則云今日有水厄。」注云出《世説》」。其非出是書甚明，乃誤引出處，應作「《御覽》卷八六七引《世説》」。

〔四四六〕續搜神記　此書一名《搜神後記》，見其書卷三。僅據補一「茗」字，另原書「斛二瘕」、「二」下有注：一作「茗」。

〔四四七〕潛確類書　本條見明・董斯張《廣博物志》卷四一，陸氏或據《類書》轉引。然董書原在條末「載茗一車」後注云：「進士權紓文」，是指其末之「窮春秋，演河圖，不如載茗一車」云云而言。宋・高似孫《緯略》卷七《茗一車》謂，上引乃權紓《茗贊》之文，此乃言「漢儒圖緯之書讀之令人憒憒」，絲毫無益，不如「載茗一車」。陸氏引文，卻將注文移至條首作正文，稱「進士權紓文云」，似乎隋文帝病腦痛，服茗草而愈的神異故事也出權紓之文，此大誤。當然，這種誤解有可能《潛確類書》已然。但引原文不可隨意更動次序，更不能任意改動，否則，極易鬧笑話。

〔四四八〕唐書　方案：本條所記三事，均見《舊唐書》卷一七下。陸氏已經歸納改寫，仍頗有未允之處。其一，「罷吴蜀冬貢茶」事，原書云：「吴蜀貢新茶皆於冬中作法爲之」，「詔所供新茶宜於立春後造。」如加概括，至少在「罷」上增一「詔」字，在「茶」下加「改春貢」三字。庶幾稍合原書之文意。但

《新唐書》卷八已删潤同陸氏所引之文，故頗疑此引自《新唐書·文宗紀》。後二事則出《舊唐書》卷一七下《文宗下》。陸氏略有删潤，今據原書各擬補二字。

〔四四九〕陸龜蒙嗜茶　本條見《新唐書》卷一九六《陸龜蒙傳》。陸氏引文頗有删改，請參閲原書。

〔四五〇〕國史補　本條出李肇《國史補》卷中。陸氏引文頗有删改，請參閲原書。下條，節引自同上書卷上，文全同。

〔四五一〕常魯使西番　本條原出《國史補》卷下，但從文本角度考察，陸氏所從已爲宋、明類書，如《類説》卷二六、《格致鏡原》卷二一、《天中記》卷四四等。有因删改而導致的舛誤，如『常魯』，類書多譌作『黨魯』；宋、明已流行簡體字：『黨』簡作『党』，遂致形譌。又如原書作『贊普』，類書改作『番使（人）』；『消渴』，原書作『療渴』。原書有『此舒州者』、『此昌明者，此滈湖者』，凡一十二字，宋明類書皆删。此涉及唐代名茶通過貢賜方式流入西南少數民族的重要史實，亦關涉唐代貢茶、名品，實不應删之。

〔四五二〕唐趙璘因話録　方案：本條，陸氏實乃據《天中記》卷四四轉録，『復州一老僧』之上，基本相同；其下，則又有删略，如將陸羽詩句全删之類。今檢始出之書，本條乃由《國史補》卷中及《因話録》卷三所載之兩條内容拼合而成。僅『始造煎茶法』至『云宜茶足利』凡二十七字，乃《因話録》文，餘均李肇《國史補》文。故從《天中記》注云出趙璘書，實未允。今據李書改二字，補一字，餘則仍舊。可參閲李、趙兩書原文。

〔四五三〕唐吴晦摭言　方案：此大誤。其一，『吴晦』乃『何晦』之譌。何晦，五代南唐鄉貢進士。其序自稱撰於癸酉（開寶六年，九七三）『下第於金陵鳳臺旅舍』之際。時宋雖已立國十三年，但江南猶未平。撰有《廣摭言》十五卷，此據《直齋書録解題》卷一一。惟清·吴任臣《十國春秋》卷二八注稱《唐摭言》十五卷。疑乃字之形譌。作《廣摭言》者，或乃仍王定保《摭言》之作也。是書雖見於明代書目著録，但清開四庫館時已佚。王定保（八七〇—九四一?）撰有《摭言》亦十五卷，是書今存，以四庫本爲足本。王定保，洪州南昌人。唐光化三年（九〇〇）進士，吴融（?—九〇三）婿。爲容管節度巡官。後梁開平間依湖南馬氏，不爲所用，遂入廣州劉隱幕府。南漢大有初，官寧遠軍節度使；大有十三年（九四〇），爲中書郎、平章事，卒年約七十二。王定保雖主要事歷已入五代，但其書中仍以唐人自況，其書原名爲《摭言》無疑，宋代書目著録及類書引用均稱《摭言》，尤爲顯證。後人增一『唐』字，實闌入，然其書編入四庫全書後即改稱《唐摭言》，猶如李肇《國史補》改作《唐國史補》一樣，實未允。其書『述有唐一代貢舉之制特詳，多史志所未及』（《四庫總目》卷一四〇）。兼載唐時風氣及遺聞軼事，具有較高史料價值。王定保事跡，見劉毓崧《通義堂集》卷一二《唐摭言跋》（三首）、錢大昕《十駕齋養新録》卷一二《王定保》，今人余嘉錫《四庫提要辨證》卷一七所考，參考《十國春秋》卷六二小傳。陸氏所録是條，見《摭言》卷一二，已略有删潤。然其既誤作者王定保爲何晦，又轉譌作『吴晦』，兩失之矣。亟應訂正爲五代·王定保《摭言》。

〔四五四〕唐李義山雜纂　方案：本條見《説郛》卷七六，又見《古今説海》一三三，其云出李義山（商隱字）

者，實乃僞托也。

〔四五五〕唐馮贄煙花記　方案：本條見《説郛》卷六六下，云出馮贄《南部煙花記》，當亦僞托。與《雲仙雜記》（一名《散録》）如出一轍。是條當始見於《清異録》卷下《北苑粧》，乃宋人之記南唐事。『鬢上』，《清異録》作『額上』。

〔四五六〕唐玉泉子　本條見唐佚名《玉泉子》，又見《太平廣記》卷一八二，注稱出《芝田録》。陸氏引文略有删節。李裕民《四庫提要訂誤》卷三云：今傳四庫本《玉泉子》源自《稗海》本，實乃僞本。其書凡八十二條，其中三十一條明人録自《太平廣記》，餘五十一條採自唐人十六種筆記小説，亦多轉引自《太平廣記》。其中第四十八條正爲陸氏轉録的『崔蠡』事，應出《芝田録》。《玉泉子》，唐、宋時確有其書，且至少有四種版本：其一，《玉泉子見聞真録》，五卷，亦簡稱《玉泉子見聞録》；其二，《玉泉筆端》，三卷；其三，《玉泉子》，卷數不詳，或爲其一之節本；其四，《玉泉子》一卷，乃陳振孫據上述其三比其二多出的五十二條録爲一卷（見《解題》卷一一）。上述四本，今併失傳。因此真本《玉泉子》，今已子虚烏有。僅《廣記》所録三十一條，標注出《玉泉子》者尚屬可信，但出上述其一至其三的三種本子之哪一種已難確考。此皆李裕民先有發覆之論，詳其《訂誤》頁三一〇—三一四（中華書局本，二〇〇五）。

〔四五七〕顔魯公帖　方案：顔真卿帖，僅見於此，不見於《顔魯公集》。

〔四五八〕開元遺事　本條見五代王仁裕《開元天寶遺事》卷一《敲冰煮茗》。文全同。

〔四五九〕李繁鄴侯家傳　方案：《鄴侯家傳》十卷，原名《相國鄴侯家傳》十卷，此乃簡稱，又别稱作《鄴侯外傳》等。今存僅一卷。見於曾慥《類説》卷二，凡二十五條，見《紺珠集》卷二者二十二條，互有異同。從文字相近考察，陸氏本條當引自《海録碎事》卷六《瑠璃眼》或《天中記》卷四四，均注出《鄴侯家傳》，文字略有潤色。是書李繁撰。李繁（？—八二九），一作李蘩，京兆人。父泌。有文名而無行。貞元十五年（七九九），爲左拾遺，寶曆二年（八二六）除大理少卿、加弘文館學士。次年，出爲亳州刺史。大和三年（八二九），因舒元輿誣構而下獄。在獄中恐其父李泌功業泯滅，撰《鄴侯家傳》。於十一月論死。《新唐書·藝文志》著録，其還有《北荒君長録》三卷、《玄聖蘧廬》一卷、《説纂》四卷等，俱佚。事附見《兩唐書》卷一三〇、卷一三九《李泌傳》。北宋曾手校其書的蘇頌《蘇魏公文集》卷七二《題鄴侯家傳後》稱，是書乃『李繁撰述其父泌之事跡，起天寶被召，中間遷謫，迄貞元中終於相位。其所論著甚悉，然與唐史小異。』據上述補作者名『繁』字。

〔四六〇〕中朝故事　本條見《中朝故事》卷上，又見《太平廣記》卷四一二引是書。從文字看，似從《廣記》轉録。略有潤色，據上引兩書補三字。《中朝故事》二卷，南唐尉遲偓撰，偓履歷不詳，自署官朝議郎、守給事中，預修國史。則南唐李氏史官。其書記唐末宣、懿、昭、哀四朝故事，上卷多載朝廷制度及君臣事跡，下卷則雜録神異怪幻之事。所記多可補史書之闕，然間有傳聞失實，不可盡信者。其書及作者詳《晁志》卷二上、陳氏《解題》卷七、《四庫提要》卷一四〇等。

〔四六一〕段公路北户録　方案：本條見《北户録》卷二，略有删潤。但問題在於：『前朝』至『爲夾』凡十二字，原書爲正文，又删『呼食爲頭，以魚爲蚪』云云八字，此兩句下均有注文援例説明。如『以魚爲蚪』下注云：『梁《科律》：生魚若干蚪。』而《續茶經》此所引『呼茗爲薄爲夾』句下卻注『梁《科律》：（有）薄茗千夾』，與上引被删《北户録》注文完全不同。檢《北户録》卷二此句下注文爲：『温〔嶠〕貢茗二百大薄，又梁《科律》：『薄若干夾』云云。此『薄若干夾』與上引『生魚若干蚪』，同出梁《科律》，句式全同。顯然陸氏引作『薄茗千夾』之『茗千』，實爲『若干』之形近而譌。此『有』字又爲陸氏所臆增，又改注文爲正文，一舉（句）而三失矣。今亟加改正，並删『有』字。無獨有偶，《説郛》卷六三上、《歷代詩話》卷四八引《北户録》此注，均誤作『薄茗千夾』。《古今説海》卷一三則引作『薄茗干夾』，僅形誤『若』作『茗』而已。又三書均作注文，無『有』字，並可證陸氏之失。據改。段公路，段文昌（七七三—八三五）之孫。臨淄鄒平人，一説東牟（治今山東蓬萊）人，徙居河南（治今河南洛陽）。曾長期在嶺南，乾符初至夏口（今武漢武昌城北），後官萬年縣尉。撰《北户録》三卷，記述嶺南風物頗詳備，多親聞目驗之故，徵引漢魏以來古籍亦多，今多已無存。唐人崔龜圖作注，引書尤多。其書今有四庫本、十萬卷樓叢書本等。併其作者見《新唐書》卷五八《藝文志》（又著録書名爲《北户雜録》）、《四庫總目》卷七〇等。

〔四六二〕唐蘇鶚杜陽雜編　本條事見是書卷下，原作：『上每賜御饌』，『其茶則緑華、紫英之號』。陸氏所引已作大幅改寫。蘇鶚唐人，不可能有『唐德宗』之稱，『同昌公主』亦增入。這種增損早在陸氏之前就已有之。如《格致鏡原》卷二一、《山堂肆考》卷一九三、《廣羣芳譜》卷一八，陸氏必轉録自上引三書之一。蘇鶚，字德祥，京兆武功人。光啓二年（八八六）進士。自幼好學，嗜聞前朝故實。撰有《蘇氏演義》（一名《演義》）十卷，原書已佚，今有從《大典》中輯出的四庫本等二卷行世。崔豹《古今注》及馬縞《中華古今注》多「剿襲」其書，説詳《四庫總目》卷一一八。《杜陽雜編》三卷，成書於乾符三年（八七六），尚在其進士及第之前十年。是書上起代宗廣德元年，下盡懿宗十四年（七六三—八七三）凡十朝百餘年間之事，多爲邊地及外域之奇技異物，不少得之傳聞。其人事略及其書見《晁志》卷三下、陳氏《解題》卷一〇、一一及《四庫總目》卷一四二。

〔四六三〕鳳翔退耕傳　本條今始見於《雲仙雜記》卷五，又見於《記纂淵海》卷九四，元、明類書、叢書多轉引之。疑陸氏亦據以轉引。《退耕傳》，明·徐應秋《王芝堂談薈》卷二九作《退耕録》。

〔四六四〕温庭筠採茶録　方案：是書及其作者，詳本《全集》上編所收拙輯本提要。本條陸氏引文與拙輯所據之《事文類聚》續集卷一二及宛本《説郛》卷九三均不同，不僅詳略異同，且文字亦不盡相同，疑其别有所據。考其源則皆出趙璘《因話録》卷二，又均有大幅删節改寫。今姑存其舊，餘詳拙輯《採茶録》校記〔一〇〕至〔一三〕。

〔四六五〕南部新書　本條見錢易《南部新書》卷辛。據改二字。下二條分見同書卷辛、卷壬。文字略有潤色；第二條據補二字，第三條補、改各二字。據梁太濟《南部新書溯源箋證》本（中西書局，二〇一三年版）。

〔四六六〕新唐書本傳　方案：本條摘引自《新唐書》卷一九六《陸羽傳》篇末。「煮茗」，原書作「煮茶」，餘全同。而陸氏竟誤引出處作《茶經》，今據改。

〔四六七〕金鑾密記　方案：是書五卷，唐·韓偓撰。韓偓（八四二—九一四？），字致堯，小字冬郎，自號玉山樵人。京兆萬年（治今陝西西安）人。龍紀元年（八八九），進士及第。昭宗時，官至兵部侍郎、翰林學士。天祐三年（九〇六），入閩依王審知。後寓居南安卒。《新唐書·藝文志》著録其有《韓偓詩》、《香奩集》各一卷，《晁志》、《解題》則著録其書名，卷數皆有異，或南宋時尚有不同版本韓書傳世。今傳世者僅《玉山樵人集》（内附《香奩集》），餘均佚。事見《新唐書》卷一八三《本傳》、《晁志》卷一八、《唐詩紀事》卷六五、《唐才子傳校箋》卷九等。《金鑾密記》，《崇文總目》卷三著録已僅一卷，《通志》卷六五亦作一卷，且注云：『記昭宗幸華州，梁太祖以兵圍華事。』則似其餘四卷已佚（宋代書目也有著録作三卷者，則佚二卷）。陸氏引此條，今見於《雲仙雜記》卷六、《萬花谷》後集卷三五、《玉海》卷九〇等，又見於《羣芳譜》卷一八，疑陸氏當轉引自上列四書之一。

〔四六八〕梅妃傳　《梅妃傳》，見宛本《説郛》卷一一一下，署曰唐·曹鄴撰。陸氏引文乃摘録。《千頃目》卷一五著録：《古今匯説》（司馬奉編，六十卷）卷一三亦收《梅妃傳》，署作者爲朱遵度。宋代則見尤袤《遂初堂書目》，未著作者。

〔四六九〕杜鴻漸送茶與楊祭酒書　本條始見於《南部新書》卷五，又見《唐詩紀事》卷三五，《天中記》卷四四、《格致鏡原》卷二一、《六研齋筆記》二筆卷二。陸氏所引，『此物』至『嘆息』凡十二字，原書在『兩片』下，上引五書録文並無二致。不知《續茶經》何以又譌倒，亟應乙正。

〔四七〇〕白孔六帖　本條見《白孔六帖》卷四〇，乃出孔傳。實本自《新唐書》卷一五七《陸贄傳》。此事宋、明類書引者凡數十，無一與陸氏引文同，似陸氏據孔傳《六帖》刪改而成。

〔四七一〕海録碎事　本條見《海録碎事》卷六。似陸氏轉引自《天中記》卷四四，同作『鄧利』可證。但四庫本《海録碎事》卻作『鄧剎』。但無論是鄧利或鄧剎，中唐至南宋其人均無考。

〔四七二〕侯鯖録　本條見《侯鯖録》卷四，但始出於唐・劉肅撰《大唐新語》卷一一。《太平御覽》卷八六七、《廣記》卷一四三，均遠早於趙令時（一〇六一—一一三四）《侯鯖録》。又，從文本考察，陸氏似又轉引自《廣羣芳譜》卷一八而諱莫如深。其證有二：『毋煚』，均譌作『綦毋旻』；『《代茶飲序》』同譌『代』作『伐』，如出一轍。僅『煚直集賢』下十字，因《廣譜》已刪而據《天中記》卷四四補。毋煚，因避宋諱，宋本又改作『母景』、『母旻』等，『毋』又形譌作『母』，皆非是。除徑改其姓名作毋煚外，又據善本酌改三字，刪二『爲』字。又，毋煚，唐洛陽人，一作吴人。開元中，以鄠縣尉爲集賢院學士。九年（七二一）預校内庫四部典籍，編定《羣書四部録》二百卷，後又節略爲《古今書録》四十卷，收書五萬一千餘卷，惜已佚。又預修《唐六典》，編《開元外經録》十卷。其乃飽學之士。事見《舊唐書》卷一〇二《韋述傳》、《元和姓纂》卷二、《職官分紀》卷一五引《集賢注記》等。又，《全唐文》卷三七三收其《代茶飲序》，篇名中卻又闌入一下之『略』字，作《序略》。非是。

〔四七三〕苕溪漁隱叢話　本條見胡仔《叢話》後集卷一一引《唐義興縣重修茶舍記》，引文係摘録。實乃始見於宋・趙明誠《金石録》卷二九所收之《茶舍記》。

〔四七四〕萬花谷　是條見《錦繡萬花谷・前集》卷三五引《顧渚山茶記・報春鳥》。本條爲宋、明十餘種類書及方志等所引。實爲陸羽撰《茶記》中一則，本《全集》上編已有拙輯本，請參閱是書提要及拙校〔四三〕至〔五〇〕。

〔四七五〕董逌陸羽煎茶圖跋　本條見宋・董逌《廣川畫跋》卷二《書陸羽點茶圖後》引《紀異録》，文略有删潤。

〔四七六〕蠻甌志　是條見《雲仙雜記》卷二引《蠻甌志》。陸氏引文略有潤色。

〔四七七〕詩話　方案：陸氏此條似引自清・鄭方坤《五代詩話》卷五《皮光業》，但其事乃始出《清異録》卷下《苦口師》。引文略有潤色。

〔四七八〕太平清話　方案：本條僅見於此。考其出典：『癖王』，見《全唐詩》卷三八七盧仝《自詠三首》之三：『物外無知己，人間一癖王。』據下『耽樂酒爲鄉』句，似此『癖』指酒而非茶。『怪魁』，見陸龜蒙《笠澤叢書》卷四《怪松圖贊》：『自爲怪魁，是以贊之。』但《甫里集》卷一八作『目爲怪魁』，是。《叢書》當譌『目』爲『自』。陳繼儒《太平清話》乃據誤本而附會之，失之甚矣。細繹其序文，則目『怪松』爲『怪魁』明矣。

〔四七九〕潛確類書　方案：本條前此已見明・高元濬《茶乘》卷二《志林》，參見是書拙校〔二五〕。將唐・錢起二首詩題捏合成一則茶事軼聞，始見於《茶事拾遺》。

〔四八〇〕湘煙録　方案：是書十六卷。明・閔元京、凌義渠合編。元京，字子京。烏程（治今浙江湖州）

人。義渠之舅，生平未詳。凌義渠（一五九三—一六四四），字駿甫，號茗柯。烏程人。天啓五年（一六二五）進士，崇禎時，官給事中，擢山東布政使，入爲大理卿。明亡，自縊死。謚忠清，清改謚忠介。有《凌忠介公集》六卷，其中文二卷，詩四卷。其詩以清新婉約見稱。事見《四庫總目》卷一三二、卷一七二，《啓禎野乘》卷一一、《啓禎兩朝遺詩·傳》卷三、《明史》卷二六五等。本則文中所及之「閔康侯」，乃閔元衢字，號咫園居士、歐餘生等。烏程人，疑爲元京之兄弟行也。

〔四八一〕吴興掌故録　方案：本條疑出明·徐獻忠撰《吴興掌故集》。是書十七卷，《四庫總目》卷七四著録於存目。餘詳本書拙校〔三三六〕。

〔四八二〕名勝志　方案：本條疑出明·曹學佺《輿地名勝志》。是書一九三卷，《四庫總目》卷七二著録於存目。

〔四八三〕饒州志　方案：檢寒齋藏《天一閣藏明代方志選刊續編》本第四四册正德《饒州府志》（影印本）卷三《古蹟》有「陸羽茶竈」條。「曰丹爐」之上文，略同。正德府志有注云《（明）一統志》止此。疑此條出明中後期或清初《饒州府志》。因陸氏引「曰丹爐」以下三十六字爲正德志所無。

〔四八四〕續博物志　方案：本條見宋·李石是書卷二。但「翡翠銷（原作屑）金，人氣粉犀」之説，實乃已始見於歐陽修《歸田録》卷下，李石加以引申發揮而已。據改一字。

〔四八五〕太平山川記　方案：本條不詳其所出。明·章潢《圖書編》卷六四《太平山川》云：「太平，古東甌地。」又云「『茶葉寮』在鶴鳴山、五龍山之東。『于履』，《浙江通志》卷一九三引《台州府志》載：

『黄巖人，與寧海鄭睿俱以文名。睿仕吴越爲都官員外郎。履不仕，隱居茶寮山，自號藥林。』

〔四八六〕類林　方案：本條始見於《清異録》卷下，僅《淵鑑類函》卷三九〇引自《類林》，疑陸氏即轉引於是書。和凝（八九八—九五五），字成績，鄆州須昌（治今山東東平）人。後梁貞明二年（九一六），登進士第。歷仕五代各朝。後晉天福五年（九四〇），官拜中書侍郎、平章事，八年，出帝即位，加右僕射。開運二年（九四五），罷相，進左僕射。後漢高祖時，爲太子太保，封魯國公。後周顯德二年（九五五），終官太子太傅，卒贈侍中。和凝位極人臣，兼又汲引後進，頗有時譽。善文好曲，尤長短歌艷曲，時有『曲子相公』之稱。《宋史·藝文志》著録，其有《遊藝集》五十卷、《演論集》三十卷、《紅藥編》五卷，皆佚。今僅存極少量詩詞、文。事見孫光憲《北夢瑣言》卷六，新、舊《五代史》卷五五及卷一二七《本傳》。

〔四八七〕浪樓雜記　方案：是書不詳。已見《廣羣芳譜》卷一八，據《雜記》引録是條，則似陸氏當轉引自《廣羣芳譜》。

〔四八八〕馬令南唐書　本條據《南唐書》卷一五删潤而成。據改二字。又，從文本看，極與鄭方坤《五代詩話》卷三《毛炳》引《天禄識餘》相似。陸氏引文僅多『家貧』二字，『三斤』同譌『三片』，疑或陸氏據鄭書轉録。此事又見吴任臣《十國春秋》卷二九。

〔四八九〕十國春秋楚王馬殷世家　本條據吴任臣《十國春秋》卷六七删改而成，據原書補三字。下條吴僧文了事，見同書卷一〇三，其事實乃始出於《清異録》卷下《乳妖》。

〔四九〇〕談苑　方案：陸廷燦本條轉引自《淵鑑類函》卷三九〇引《談苑》。但《類函》已去取無藝，删略失當，遂至大誤而無法卒讀。所謂『御定』云云，實乃留下篡改古書的笑柄。今考是條實出宋・楊億《楊文公談苑・建茶》。是書已佚。佚文仍保留在江少虞《皇宋事實類苑》卷六二等書中，是書宋本今存。今將陸氏所引相關内容之原文録於下，以正本清源。請兩相對照，即正誤判然可别。《談苑》云：『江左近日方有蠟面之號。李氏别令取其乳作片，或號曰京鋌、的乳及骨子等。（每歲不過五六萬斤，迄今歲出三十餘萬斤。）〔建茶〕凡十品：曰龍、鳳茶、京鋌、的乳、石乳、白乳、頭金、蠟面、頭骨、次骨……江左乃有研膏茶供御，即龍茶之品也。』上引《談苑》誤字已改。圓括號中乃《續茶經》省略之文。隨意顛倒本節文字次序，如將『江左有研膏茶』的前三字，上移或錯簡至『頭』下『金』上，將《談苑》原著『白乳、頭金、蠟面』三種茶，分隔成『白乳頭、金蠟面』二種，誤甚之一；任意增加文字，如『茶之精者北苑名』七字原無，可能因錯簡讀不通而補字，誤甚之二；宋初建茶凡十品，臆改作『二十餘品』（方案：似據《文獻通考》卷一八，但乃『三十』之譌，《通考》原指餘州片茶而並非建茶），誤甚之三；隨意删字，如將末句『供御』、『茶之』四字删去，導致無法卒讀，誤甚之四也。亟應據《談苑》訂正。這種臆改誤點古籍的惡癖，可上溯至明人，又貽誤今人。如《漢語大詞典》第八册第一百八十一頁即立『白乳頭』條，且引明・楊慎《藝林伐山》卷一五文以證云：『北苑焙茶之精者名曰白乳頭、金蠟面。』其誤讀、誤點曲解史料可謂如出一轍。此乃十分典型的例證，故詳論之。

〔四九一〕釋文瑩玉壺清話　本條見是書卷一，引文頗有删略，據以改、補各一字。
〔四九二〕五雜組　方案：本條見謝肇淛《五雜組》卷一一。『組』譌爲『俎』，又據改一字。
〔四九三〕潛確類書　本條乃出《清異録》卷下，此引文已有增、改。
〔四九四〕宋史　本條見《宋史》卷一六七《職官志七》。
〔四九五〕宋史職官志　本條見《宋史》卷一六五，據補二字。
〔四九六〕宋史錢俶傳　是條摘引自《宋史》卷四八〇《本傳》。『銀絹等物』，省明細數，乃略寫。
〔四九七〕甲申雜記　本條始見於宋·王鞏《甲申雜記》，陸氏似轉引自《廣羣芳譜》卷一八或《格致鏡原》卷二一。據補二字。
〔四九八〕玉海　本條見《玉海》卷四九八。據補一字。
〔四九九〕清異録　本條及以下三條，均見《清異録》卷下。是書非陶穀撰，説詳本《全集》上編《荈茗録》提要。據改三字，補一字，删二字。又，末條『甘草癖』陸氏引文有大幅删改，姑仍其舊。
〔五〇〇〕類苑　方案：本條始見於《詩話總龜》卷三九引《玉局遺文》。從文本考察，陸氏似引自《古今事文類聚》前集卷四，略有潤色。而誤引書名作《類苑》（《皇宋事實類苑》的簡稱）。
〔五〇一〕胡嶠飛龍澗飲茶詩云　本條見《清異録》卷下，乃引《不夜侯》、《鷄蘇佛》兩條捏合而成。陸氏引文有删潤，疑轉引自《廣羣芳譜》卷一八。胡嶠，五代·後晉時官同州郃陽縣令，後晉亡後，爲遼宣武軍節度使蕭翰掌書記。天福末，隨蕭翰入契丹。蕭被殺後，居契丹七年，於後周廣順三年（九五三），逃歸中國。據其契丹見聞，撰成《陷虜記》，是書雖佚，但詳記契丹制度，風習民俗，部分内容仍保留在《新五代史·四夷附録》中。本條與上條應互乙，似原書錯簡。

〔五〇二〕序延福宫曲宴記　本條見宋·王明清《揮麈録·餘話》卷一引蔡京《序延福宫曲宴記》。據補二字，改一字。陸氏引文乃摘録，轉引自《廣羣芳譜》卷一八。

〔五〇三〕宋朝紀事　方案：本條見洪邁編《萬首唐人絶句》卷首附録《重華宫宣賜白劄子》。重華宫，乃孝宗退位爲太上皇時所居宫名。『閣學』，指洪邁，乃其時洪邁所帶館閣學士名的簡稱。據洪邁《謝狀》之自署，因上進《唐詩萬首絶句》而得太上皇壽皇聖帝趙昚賜茶銀，乃紹熙四年（一一九三）之事，時洪邁以焕章閣學士、宣奉大夫提舉隆興府玉隆萬壽宫。

〔五〇四〕乾淳歲時記　本條見周密《武林舊事》卷二《進茶》。陸氏轉引自《廣羣芳譜》卷一八。

〔五〇五〕南渡典儀　方案：是書未詳待考。但本條内容，則見周密《武林舊事》卷八《車駕幸學》及同書卷一《四孟駕出》兩條摘引併合而成。

〔五〇六〕司馬光日記　本條見宋·周必大《文忠集》卷一七四《玉堂雜記》卷上引司馬光《日記》。文有删略。

〔五〇七〕歐陽脩龍茶録後序　方案：此作者及書名皆誤。本條乃出蔡襄《茶録·後序》，又被收入《端明集》卷三五。『諭臣茶論之舛謬』七字，蔡襄跋原無，不知何以會羼入，亟應删除。又據補一字。

〔五〇八〕隨手雜録　本條摘録自宋·王鞏《隨手雜録》，據改三字。王鞏，字定國，自號清虚先生。大名莘縣人，素子。鞏熙寧年間官大理評事，爲秘書省正字。元祐中，曾通判揚州，知海、密州；六年，除知宿州。元符元年（一〇九八），因上書議朝政得罪，除名勒停，送全州編管。崇寧元年（一一〇二），又入元祐黨籍。撰《論語注》十卷，詩文結集爲《王定國文集》，有黄庭堅序。又撰有筆記《聞見近録》、《甲申雜記》、《隨手雜録》各一卷，見陳氏《解題》卷一七著録，今存。其事見宋・王稱《東都事略》卷四〇、《宋史》卷三二〇《本傳》。《隨手雜録》，主要記載宋朝典章制度及其治革，朝廷遺事佚聞。因其與蘇、黄相善，多記蘇軾及其弟子逸事及與王鞏之交遊，因爲親身所歷，頗具史料價值。下條亦見是書，據補一字。又，此二條皆轉録自《廣羣芳譜》卷一八。

〔五〇九〕石林燕語　本條出是書卷八。據以改、删各一字，補二字。汪應辰《石林燕語辨》及宇文紹奕《考異》皆曰：『君謨爲福建轉運使，非知建州也。』其説是。但汪辨云：小龍團『凡五十餅重一斤』，宇文《考異》曰：『凡二十餅重一斤』，意在指出原書『斤爲十餅』之誤，但皆非是。小龍團，又稱上品龍茶，凡二十八餅重一斤。見蔡襄《端明集》卷二《北苑十詠・造茶》詩自注：『上品龍茶每斤二十八片。』片即餅，宋人常用語。

〔五一〇〕春渚記聞　本條見宋・何薳是書卷六《龍團稱屈賦》。下云東坡就其事即席戲作律賦一首，惜茶文化史上這一名作今已佚。陸氏已删，此乃記賦成之本事。何薳（一〇七七——一一四五），字子遠，一字子楚，自號韓青老農。浦城人，何去非子。未仕。去非嘗受知於蘇軾，何薳又從學於陳師道，故對蘇軾及其交遊事跡頗熟及留意。《春渚記聞》凡十卷，其中前五卷爲雜記，後五卷則爲東坡事實、詩詞事略、琴事雜説附墨説、記硯、記丹藥等内容，各爲一卷。其中記蘇軾的遺聞逸事之第六卷具有較高史料價值，也開蘇軾佚事分類匯編之先河。

〔五一一〕魏了翁先茶記　本條出《鶴山集》卷四八《邛州先茶記》。

〔五一二〕拊掌録　方案：是條陸氏乃誤引出處。本條乃出宋・朱彧《萍洲可談》卷二，應據改。又，據《可談》原書改三字，補二字。陸氏乃據《天中記》卷四四録文，此書稱出『雜録』。實又見《説郛》卷三四下引元人元懷撰《拊掌録》，然所載僅末句，又誤『崇寧』作『熙寧』。陸氏乃引文據《天中記》、出處據《説郛》，兩失之矣。

〔五一三〕苕溪漁隱叢話　本條出胡仔是書後集卷一一。又，此詩見歐陽修《文忠集》卷一三《和原父揚州五題・時會堂二首》之一。據胡仔原書補、改各一字。

〔五一四〕盧溪詩話　盧溪，宋人王庭珪（一〇八〇—一一七二）號。庭珪，字民瞻。吉州安福人。政和八年（一一一八），上舍及第。初宦茶陵縣丞。宣和末，棄官家居，教授生徒。紹興十二年（一一四二），胡銓上疏，請斬秦檜，貶新州。庭珪以詩送行，坐流辰州。二十五年，檜死，許任便居住。孝宗隆興元年（一一六三），召對便殿，除國子監主簿，乾道七年（一一七一），直敷文閣。撰有《盧溪集》五十卷、《語録》五卷、《易解》二十卷、《六經講義》十卷、《論語講義》五卷、《校字》一卷、《雜志》五卷、《方外書》十卷、《滄海遺珠》二卷、《鳳停山叢録》一卷等，惜多已佚。今僅存《盧溪文集》五十卷，有四庫本及明嘉靖等本行世。又有《盧溪詞》一卷，見陳氏《解題》卷二一著録，已佚，今有趙萬里輯本。詩話，未見宋代書目著録，或原附文集而行，郭紹虞《宋詩話考》、《宋詩話輯佚》皆未及。事跡見《文集》附録周必大撰《行狀》、胡銓撰《墓誌銘》。本條陸氏引自《廣羣芳譜》卷一八。

〔五一五〕青瑣詩話　方案：本條出劉斧《青瑣高議》前集卷五《名公詩話》。其下，又引符彦卿知汴州詩，末句云：『粗官到底是男兒』，諸書曾引此句作篇目。《説郛》卷八一摘引時已改題爲《青瑣詩話》。陸氏又從《廣羣芳譜》卷一八轉引，注文亦陸氏所增，諸書所無。薛能佚詩句，其本事見《唐詩紀事》卷五一《王彦威》，有云：『長安舊俗：以不歷臺省出領廉車節鎮者率呼爲粗官，大概重内而輕外。』

〔五一六〕玉堂雜記　本條出周必大《玉堂雜記》卷中，又見《文忠集》卷一七五。『丁酉』，乃淳熙四年（一一七七）。『十一月壬寅』，爲十一月七日（公曆十一月二十八日）。『小春茶』之上原有『戊戌』二字，指淳熙五年（一一七八）。二字不應删，據原書補。因爲這揭示了我國茶文化史上的重要史實，『小春茶』，即秋採茶自宋已有，而且作爲次年的貢茶，在當年的十一月初已上供至京師。這證明秋茶亦能充貢，足見茶書上之記載：小春茶品質不下於春茶，乃信而有據之説。宋代已有『小春茶』，又見袁説友《東塘集》卷六《和程閣學送小春茶韻四首》、韓元吉《南澗甲乙稿》卷五《用前韻以小春茶餉子象》等。本條陸氏乃摘引。

〔五一七〕陳師道後山談叢　方案：《談叢》，原譌倒作『叢談』，據原書乙。本條出是書卷三，又見師道《後山集》卷二〇；張詠《乖崖集》附録引，《宋名臣言行録》前集卷三及趙善璙《自警篇》卷七等。宋代史料中載其事者甚夥。下條出《談叢》卷二,《後山集》卷一九。

〔五一八〕張芸叟畫墁録　本條出張舜民是書。張舜民,字芸叟,號浮休居士,又號矴齋。邠州(治今陝西彬縣)人。治平二年(一〇六五)進士,官寧州襄樂(治今甘肅寧縣東北湘樂)縣令。神宗、哲宗時出入中外,宦海沉浮。徽宗即位,擢右諫議大夫,後入元祐黨籍,貶楚州團練副使,商州安置。解禁,後官集賢殿修撰,不久卒。撰有《畫墁集》一百卷、《奏議》十卷。其集於明代散佚,今本《畫墁集》八卷,乃四庫館臣輯自《大典》。又有筆記《畫墁録》及《畫墁詞》各一卷行世。下條與本條原作一條,陸氏已析爲二條。又乃據宛本《説郛》卷一八上轉録。據張舜民原書校改五字,二字互乙。原書稱『密雲龍』創製於『熙寧末』,實誤。此極品貢茶乃賈青創製於元豐五年(一〇八二)。説詳本《全集》上編《宣和北苑貢茶録》拙釋〔二九〕。應改爲『元豐中』。

〔五一九〕鶴林玉露　本條出羅大經是書卷一。其云:以檳榔代茶意在禦瘴。

〔五二〇〕彭乘墨客揮犀　本條出是書卷八。陸氏引文略有潤色,如『詰之』二字,原無。余嘉錫先生《四庫提要辨證》已指出:是書作者非『彭乘』,其説是。下條則見《墨客揮犀》卷四,文全同。

〔五二一〕魯應龍閑窗括異志　魯應龍,字子謙。嘉興海鹽人。宋末布衣。撰有《括異志》一卷,有《廣百川學海》等本,四庫著録於存目。《提要》稱:是書『皆言神怪之事而多借以明因果。前半帙皆所聞見,後半帙則雜採古事以足之。大半與唐、五代小説相出入。』事見《四庫總目》卷一四四、《續通考》卷一八〇、《檇李詩繫》卷三等。

〔五二二〕周煇清波雜志　本條出是書卷四。『周煇』，原作『周輝』，據原書改。又據以改、補各一字。『先人』，指煇父周邦；『張晉彦』，乃張祁字，號搃得居士，即張孝祥之父。其答詩二首，因孝祥代書，故誤刊於《于湖集》中。蘇軾詩，見《東坡全集》卷二五《留題顯聖寺》等。各種蘇集均作『閑試』，周煇已誤作『新試』，陸氏沿之。

〔五二三〕東京夢華録　本條出孟元老是書卷二。

〔五二四〕五色線　本條見宛本《説郛》卷二三上引《五色線》。是書二卷，佚名輯，見南宋《中興館閣書目》。有毛晉《津逮秘書》本，《四庫總目》卷一四四著録於存目。又，本條已見《續茶經》卷上之三，引文大同小異。

〔五二五〕夢溪筆談　本條摘引自沈括是書卷九。『王東城』，原作『王城東』，據改。又，本條已見《續茶經》卷中，又轉引自《五雜組》。無論『王城東』或『王東城』，皆誤讀史料之失，陸氏沿譌踵謬。説詳本書拙校〔二九八〕。

〔五二六〕華夷花木考　明·慎懋官撰《華夷花木鳥獸珍玩考》，簡稱《花木考》。慎懋官，字汝學，號岑樓。湖州歸安人。是書凡十卷，其中花木考六卷，鳥獸、珍玩考各一卷，續考二卷。但《千頃目》卷一五著録爲十二卷。《提要》云：　是書『或剽取舊説，或參以己語，或標、或不標出典，真僞雜糅，餖飣無緒。』頗有微詞。並見《四庫總目》卷一三〇著録於存目。本條僅見於陸氏所引。《續茶經》卷下之四另引其書宛陵茶一條。

〔五二七〕馬永卿懶真子録　本條見是書卷五。『王元道』，敦古字。

〔五二八〕朱子文集與志南上人書　本條出朱熹《晦菴集·别集》卷三〇。

〔五二九〕陸放翁集同何元立蔡肩吾至丁東院汲泉煮茶詩云　本條見陸游《劍南詩稿》卷四，據改二字。據二字同譌判斷，陸氏似轉録自《廣羣芳譜》卷二〇。

〔五三〇〕周必大集送陸務觀赴七閩提舉常平茶事詩云　詩見周必大《文忠集》卷七。同題詩凡四首，此爲之二。詩題下有注：『戊戌八月十九日。』戊戌，爲淳熙五年（一一七八），乃作詩之日期。據改末字。『提舉常平茶事』，宋代路級監司行政長官之一，諸路均作『提舉常平茶鹽公事』，唯福建路特重茶事，故鹽事不預。本條陸氏亦轉引自《廣羣芳譜》卷二〇，末字同譌『神』作『人』可證。

〔五三一〕梅堯臣集晏成續太祝遺雙井茶五品茶具四枚近詩六十篇因賦詩爲謝　此詩見梅堯臣《宛陵集》卷三六。詩題中『賦詩』原書作『以』，應據改。又，王令《廣陵集》卷三有《贈别晏成續懋父太祝》詩，首句云：『懋甫相門兒』，則當其爲晏殊後裔。唯其名『成續』、『成績』，兩字形近，必有一誤。字則『懋甫（父）』無疑。

〔五三二〕黄山谷集有博士王揚休碾密雲龍同事十三人飲之戲作　詩見黄庭堅《山谷集》卷四。《山谷集》外集卷二又有《和答梅子明王揚休點密云龍》。據黄䇲《山谷年譜》卷二二，此二詩均作於元祐二年（一〇八七）秋試之際。

〔五三三〕晁補之集和答曾敬之秘書見招能賦堂烹茶詩　詩見晁補之《雞肋集》卷二〇。原題二首，此爲之二。《廣羣芳譜》卷二〇兩首全録，陸氏僅轉録其第二首而已。曾敬之及能賦堂，其詩之本事，見《雞肋集》卷三三《跋廖明略能賦堂記後》、《參寥子詩集》卷七《次韻法真禪師送曾敬之宣德昆仲》、《南澗甲乙稿》卷一六《絶塵軒記》。

〔五三四〕蘇東坡集送周朝議守漢州詩云　詩見蘇軾《東坡全集》卷一七，又見《施注蘇詩》卷二七等。其本事請見洪邁《容齋隨筆·三筆》卷一四《蜀茶法》。據改二字。

〔五三五〕僕在黄州　方案：本條記事，始見於南宋初阮閲《詩話總龜》卷三三，注云出《東坡詩話》。《詩話》今已無傳，或即《手澤》之類。宋代有可能收入《東坡大全集》等書。夢憶參寥一聯詩之逸事見《東坡全集》卷一〇一《志林》，又見單行本《東坡志林》卷一《記夢參寥茶詩》。但除兩句詩外，餘均與此不同。《東坡詩話》，雖南宋初《晁志》及《通志·藝文略》已著録，但從集中雜取其論詩文字編成則無疑。今傳僅《説郛》本一卷，〔日〕近藤元粹附益《志林》中論詩文字爲補遺，作二卷，刊入其《螢雪軒叢書》中。均無是條。説詳郭紹虞《宋詩話考》中卷之下。從文本考察，陸氏轉引自《廣羣芳譜》卷一八無疑，一字不差。而阮閲文本與此則有十餘處不同，如『自吴中』，阮書作『自武陵』之類。本條語氣確出自蘇軾自言，故《廣羣芳譜》編者望文生義，稱其出處爲《東坡集》。可以斷言，即使宋代某種蘇軾《集》（其版本之多，遠出乎我們所知）確有此條記事，清初的蘇軾《集》中也見不到這條記事。阮閲有可能録自單行的《東坡詩話》或附《大全集》以行的《詩話》，當然也有可能阮閲已增删改寫。而《廣羣芳譜》所録之本則更經明清人竄亂了，顯然，《詩話總龜》所録的文本更符合宋人的語意，因而也好得多，請參閱。

〔五三六〕東坡物類相感志　本則三條皆出宛本《説郛》卷二二下。但稱《物類相感志》爲蘇軾撰，則乃僞托。宋代諸家公私書目著録是書雖有一卷、五卷、十卷之分，但其作者則毫無二致，均稱宋初名僧贊寧撰。今存《説郛》卷一〇六上收贊寧《筍譜》，其已明言「愚著《物類相感志》」。則是書乃贊寧所撰。應改「東坡」作「贊寧」，或删「東坡」二字，庶幾無誤。又，文補一字。

〔五三七〕楊誠齋集謝傅尚書送茶　方案：本則出楊萬里《誠齋集》卷一〇七《答傅尚書書》之二。陸氏殆轉引自《廣羣芳譜》卷一九。據原書改三字。又，篇題原無「送茶」二字。

〔五三八〕吕元中豐樂泉記　方案：篇名《豐樂泉記》，乃《紫微泉記》之譌，因歐陽修《文忠集》卷三九有《豐樂亭記》而誤。記文始見於孫覿（一〇八一—一一六九）《内簡尺牘》卷一〇《與沈承務書》，其門人李祖堯注引，原作吕元中《紫微泉記》。慶曆五年（一〇四五），歐陽修以右正言、知制誥貶知滁州，明年於城南豐山下疏泉鑿石，辟地以爲亭。亭名豐樂，泉則因歐陽修時官知制誥，古名紫微舍人，故以此而名泉。時任通判滁州吕元中撰《紫微泉記》。孫覿以紫微泉官釀之酒二斗贈承務郎沈德茂，李祖堯注引吕元中記以明其所出，其言泉、亭之名，正可與歐《記》相印證。吕元中《紫微泉記》又被收入南宋末祝穆《方輿勝覽》卷四七，《明一統志》卷一八、《清一統志》卷九〇皆摘引吕記作《紫微泉記》，堪稱流傳有緒。但《淵鑑類函》卷三一已譌作《豐樂泉記》，將泉、亭之名混爲一談，又對文字大幅删削改寫。陸氏則全抄自《類函》，實乃沿譌踵謬。今特考其本事如上，可見所謂「御定』(康熙)之類的書是如何竄亂古代文獻之一斑。

〔五三九〕侯鯖録 本則出趙令畤《侯鯖録》卷八。據改一字。又見宋·朱弁《曲洧舊聞》卷五,但已譌作蘇軾之説,卻又仍保留『誦東坡赤壁前後賦』云云,全然不省已自相矛盾。故陸氏末注『又見《蘇長公外紀》』云云,乃有蛇足之嫌。

〔五四〇〕蘇舜欽傳 本則始見於《蘇學士集》卷一〇《答韓持國書》。陸氏轉引自《宋史》卷四四二《本傳》,略有删潤。『二門』,蘇集原無,《宋史》增補,陸氏沿之;『覽古』下,原集及《宋史》皆有『於江山之間』五字,陸氏已删。

〔五四一〕過庭録 本則出范公偁《過庭録》。作者乃范純仁之曾孫,其書多述祖德,間亦記朝野逸事,頗聞之乃父口述,故以此名書。本則陸氏引文已有删節,『病酒』,原倒作『酒病』,據原書乙。

〔五四二〕合璧事類 本則似始見於《蠻甌志》,見《雲仙雜記》卷六。又見毛文錫《茶譜》拙輯本第四四條,參見拙校〔七七〕。又,宋代類書多有引録,文頗有異同。陸氏自稱引自謝維新《古今合璧事類備要》外集卷四二,但引文與諸書皆不同,殆已有删改。今僅據補一字。

〔五四三〕江南有驛吏 本則始出唐·李肇《國史補》卷下。大致據上引謝氏《備要》同卷録文。但謝書已改『驛吏』作『驛官』,改『典郡者』作『太守』,已以宋代官制名稱誤改,今僅回改三字。又,陸氏對謝書引文略有潤色。下則亦出上引《合璧備要》外集卷四二,引文略同。據改一字。又,『溲』,謝、陸兩書皆譌作『搜』,據《格致鏡原》卷二二改。

〔五四四〕經鉏堂雜志　是書八卷，宋·倪思撰。倪思（一一四七—一二二〇），字正甫（父），號齊齋。歸安（治今浙江湖州）人。乾道二年（一一六六），進士及第；淳熙五年（一一七八），中博學宏詞科。十六年，擢中書舍人。紹熙二年（一一九一），除禮部侍郎。宦海沉浮，出入中外。嘉定元年（一二〇八），官至禮部尚書。十三年致仕，卒謚文節。撰有《齊齋甲稿》二十卷、《乙稿》十五卷、《兼山小集》三十卷、《四六集》十卷、《詞科舊稿》五卷、《翰林前稿》二十卷、《南征南轅詩》、《近體樂府》各二卷等，凡二十餘種，均已佚。今存者僅《斑馬異同》三十五卷、《館伴語録》一卷及本書。其事跡見魏了翁《鶴山集》卷八五《倪公墓誌銘》、《南宋館閣續録》卷八、九、《宋史》卷三九八《本傳》。本書見陳氏《解題》卷一一、《四庫總目》卷一二四著録。

〔五四五〕松漠紀聞　本則見洪皓是書卷二。陸氏引文有删節。洪皓（一〇八八—一一五五），字光弼。鄱陽（治今江西波陽）人。政和五年（一一一五）進士。建炎三年（一一二九），假禮部尚書使金，爲通問使，被拘押凡十五年。紹興十三年（一一四三），與張邵、朱弁同歸趙宋。除徽猷閣待制、權直學士院，出知饒州。遭秦檜黨徒誣構，責授濠州團練副使、英州安置。檜卒，復朝奉郎，徙袁州，行至南雄州卒。謚忠宣。洪皓使北有詩千首，詠以明志，又有《春秋紀詠》三十卷，皆佚。其《鄱陽集》十卷，亦多佚，四庫館臣輯自《大典》，編爲四卷。《松漠紀聞》，宋時有婺州、紹興、建康府等刻本，今存明本及四庫等本。事具《宋史》卷三七三《本傳》及清人洪汝奎所編《年譜》。

〔五四六〕夢粱録　本則出宋·吴自牧是書卷一六《茶肆》。陸氏引文乃摘録。書名中，『粱』原譌作『梁』，據改。

〔五四七〕南宋市肆記　本條陸氏據宛本《説郛》卷六〇下引《市肆記》删潤而成。實出周密《武林舊事》卷六《歌館》。原書及《市肆記》皆作「平康諸坊」，陸氏不解其意，改作「歌館」，實誤，又删「諸坊」下之「上下抱劍營」云云一段文字，遂與周密所述大相徑庭。周密所説乃「花茶坊」之「點花茶」，陸氏改寫則成「歌館」爲「點花茶」之所。如果説《説郛》編者已竄亂古籍，故弄玄虛，署作者名曰「泗水潛夫」的話，陸氏則在此基礎上又臆加删改，盡失原意。下條亦見周密《武林舊事》卷六，次序原在上條之前。宛本《説郛》卷六〇下未改其順序。

〔五四八〕謝府有酒名勝茶　本條據《武林舊事》卷六《諸色名酒》改寫。原作：「濟美堂、勝茶」（注云：「並謝府」）。《説郛》卷六〇下引《南宋市肆記》同。

〔五四九〕宋都城紀勝　本則陸氏據宋·耐得翁《都城紀勝·茶坊》删節改寫而成。據改一字。

〔五五〇〕臆乘　本則見《説郛》卷一一上引楊伯嵒《臆乘》。文全同。

〔五五一〕瑯環記　本則見《説郛》卷八〇引《謝氏詩源》，又見《六研齋筆記》三筆卷二、《廣博物志》卷四一、《廣羣芳譜》卷一八等。諸書所注出處皆作《詩源》。未審陸氏何據？《瑯環記》，元人伊世珍撰，曾引《謝氏詩源》二句，見清·仇兆鰲《杜詩詳注·補注》卷上。

〔五五二〕楊南峯手鏡　「楊南峯」即楊循吉（一四五八——一五四六），字君謙，號南峯。吴縣人。成化二十年（一四八四）進士，授禮部主事。弘治初，致仕歸，年才三十一。結廬支硎山下讀書，有《松籌堂集》

及雜著十餘種，又有《楊南峯先生全集》。事見《弇州四部稿》續稿卷一四七、一六五，錢府《合刻楊南峯先生全集序》、刊《明文海》卷二五二，楊循吉《自撰生壙碑》、刊《國朝獻徵録》卷三五，《四友齋叢説》卷一五、一六，《姑蘇名賢小紀》卷上，《明史》卷二八六《徐禎卿傳·附傳》等。《手鏡》，全名爲《奚囊手鏡》二十卷，見《明史》卷九八《藝文志》著録。《四庫總目》卷一三一著録於存目，爲十三卷。其《提要》稱：『循吉好蓄異書，聞有秘本，必購求繕寫。是編薈粹諸類書，頗稱博贍而門目未分，茫無體例。劉鳳、王世貞曾分得其稿，後遂散佚。』此十三卷，當爲劉或王分得其半部歟？本條僅見於此書。沈清友，宋代姑蘇才女，見陳世崇《隨隱漫録》卷五、《姑蘇志》卷五七。

〔五五三〕孫月峯坡仙食飲録　見本書拙校〔三三三〕條，勿贅。『廖正一』之『廖』，原譌作『寥』，據改。廖正一，字明略，號竹林居士。安州（治今湖北安陸）人。元豐二年（一〇七九）進士。元祐初，召試館職，除秘書省正字；六年，爲館閣校理。出爲杭州通判，紹聖二年（一〇九五），知常州。入元祐黨籍，貶監玉山縣税。元符二年（一〇九九）仍在世，不久卒。撰有《竹林集》三卷（《宋史·藝文志》九作八卷）等。事略見《東都事略》卷一一六《本傳》、《能改齋漫録》卷一六《晁無咎嘲田氏詞》、《宋會要輯稿》職官一八之一二、《咸淳毗陵志》卷八、《郡齋讀書志》卷一九（袁本）、《江西通志》卷四〇等。本條亦可見蘇軾對其器重之一斑。

〔五五四〕嘉禾志　本條見元·徐碩《至元嘉禾志》。其本事亦見宋·張堯同《嘉禾百詠·真如院》附考，唐至德寺乃裴休捨宅捐建，宋改真如院。有東坡煮茶亭諸景，司馬光有記。秀水縣另有景德寺，頗疑

《嘉禾志》此云『景德寺』乃『至德寺』之譌。

〔五五五〕名勝志 是書及其作者見本書拙釋〔三七一〕。茶仙亭，已見《方輿勝覽》卷〇七。據《明一統志》卷一八，乃宋·釋永起紹聖二年（一〇九五）爲知滁州曾肇所建，隱士崔子方爲撰《茶仙亭記》，刻石醉翁亭側。杜牧詩《春日茶山病不飲酒因呈賓客》，見《全唐詩》卷五二二，此乃茶仙亭得名之由。曾肇詩，見《曲阜集》卷三《滁州瑯琊山茶仙亭》，『茶仙榜亭中』句，『亭中』，陸氏誤作『草聖』，今據改。宋·釋道潛《參寥子詩集》卷九有《瑯琊山茶仙亭呈曾子開侍郎》詩。曾肇（一〇四七—一一〇七），字子開。建昌軍南豐人，鞏弟。治平四年（一〇六七）進士，初仕台州黄巖主簿。元祐元年（一〇八六），擢起居舍人，遷中書舍人，預修《神宗實録》。徽宗即位，再召爲中書舍人，擢翰林學士兼侍讀，知制誥。因其兄曾布爲相，避親嫌，改龍圖閣學士、提舉中太乙宫，出知陳州、應天府、揚州、定州等。崇寧初，入黨籍，落職，貶知和州，徙岳州。再謫濮州團練副使、汀州安置。南宋初，追復學士館職，紹興二年（一一三二），追謚文昭。肇詩文俱佳，撰著頗多，惜已多佚。今存者僅《曲阜集》四卷。其事略見楊時撰《曾文昭公行述》（《曲阜集》附録）、《宋史》卷三一九《本傳》等。曾肇官滁州刺史，約在紹聖二年前後。又，崔子方（？—一一二八）字彦直，一字伯直，號西疇居士。涪陵人。隱居真州六合縣，杜門著書三十餘年，卒。通春秋之學，撰有《春秋經解》十二卷、《春秋本例》二十卷、《春秋例要》一卷等。其事跡見《繫年要録》卷一六、陳氏《解題》卷三、《玉海》卷四〇、《大典》卷二七四一引《儀真志》等。

〔五五六〕陳眉公珍珠船　陳繼儒《珍珠船》，四卷。『是書雜採小説家言，湊集成編而不著所出。既病冗蕪，亦有譌舛。』見《四庫總目提要》卷一三二，亦見《千頃目》卷一二著録。本則前云范仲淹《鬥茶歌》改字，全抄自曾慥《類説》卷四六，『鬥』，均譌作『採』。其詩見《范文正公文集》卷二《和章岷從事鬥茶歌》。後云蔡襄老病不能飲茶，則又録自《東坡志林》卷一〇，又見《仇池筆記》卷上等。

〔五五七〕潛確類書　方案：書名當爲《潛確居類書》，並其作者陳仁錫見本書拙釋〔一一二九〕條。又，本則『孝感泉』，又見《明一統志》卷四九，似較《類書》爲早。下條則始見於《清異録》卷下《玉蟬膏》。又下條則始見於《墨客揮犀》卷四。

〔五五八〕月令廣義　本書及其編者詳見本書拙釋〔二五二〕。又，本則記事始見於本《全集》上編拙輯《茶譜》第三十九條，文字考訂則見是書拙校〔四一〕至〔六四〕。

〔五五九〕太平清話　方案：本則上半云張文規所稱『吴興三絶』，已見《嘉泰吴興志》卷一八及明·徐獻忠《吴興掌故集》。其後半即自『文規好學』起至條末，亦見夏樹芳《茶董》卷上和陳繼儒《太平清話》，雖不能確定夏、陳兩氏誰擁有『著作權』，卻讓唐湖州刺史張文規與宋人蘇轍（字子由）、孔武仲、何正臣交游，兩位明代大名士缺乏史學常識的程度實在令人吃驚。餘詳本《全集》中編《茶董》拙釋〔三二〕。又，《太平清話》，見《四庫總目》卷一四三。

〔五六〇〕夏茂卿茶董　方案：本則陸氏轉引自夏樹芳《茶董》卷下。『茂卿』，夏樹芳字。其事已始見於《青箱雜記》卷一。『劉曄』，應作劉燁，其字耀卿，『子儀』，乃劉筠之字。説詳《茶董》拙釋〔六一〕。

〔五六一〕黄魯直以小龍團半鋌題詩贈晁無咎有云　方案：本條失注出處。如承上則應出《茶董》，但夏書無此條。本則實出於《王直方詩話》，《詩話》已佚，今始見於《詩話總龜》前集卷九，又見《漁隱叢話》前集卷四七、《詩人玉屑》卷一八等。《事文類聚》後集卷二《稱黄九》云出《志林》，但今傳本《東坡志林》不見是條，疑誤。黄庭堅詩見《山谷集》卷三《以小團龍及半鋌贈無咎并詩用前韻爲戲》。陸氏則從《廣羣芳譜》卷一八轉録無疑，文幾全同，當補注出處。

〔五六二〕陳詩教灌園史　陳詩教，字四可，一字與公，明號釀菴。秀水人。明末文學之士，撰有《非業稿》、《花裏活》三卷等。事見《檇李詩繫》卷一九，《四庫總目》卷一一六。《灌園史》四卷，見《千頃目》卷九、一二著録。當爲園藝類書。本則已見明·田汝成《西湖遊覽志餘》卷一六、朱廷焕《增補武林舊事》卷八、《山堂肆考》卷一一一等。

〔五六三〕江參　本條似失注出處，始見於宋人鄧椿《畫繼》卷三。江參，衢州人，居湖州。南宋初畫家。山水學董源、巨然。工水墨山水及墨牛。葉夢得（一〇七七—一一四八）頗爲延譽，高宗趙構召見前夕，得病暴卒。有《千里江山圖》卷絹本傳世。事見元·夏文彦《圖繪寶鑑》卷四、明·張丑《清河書畫舫》卷一一等。陸氏引文僅删『江南人』下『長於山水』四字。

〔五六四〕博學彙書　是書未詳，待考。本則記事始見於《東坡志林》卷一〇，又見於《侯鯖録》卷四、曾慥《高齋漫録》等。從文本考察，陸氏似與曾氏《漫録》及《廣羣芳譜》卷二一略同而有删節。如『上茶』，《志林》、《侯鯖録》作『奇茶』；『嘆以爲然』，同上兩書作『笑以爲是』之類。

〔五六五〕元耶律楚材詩　本則所引一聯詩句見《湛然居士集》卷五《西域從王君玉乞茶因其韻七首》之三。陸氏所引『在西城作茶會值雪』云，殆改題。原爲詩中注文，曰：『是日作茶，會值雪。』又，『雪没車』，集本原作『滿車』。

〔五六六〕雲林遺事　是書一卷，顧元慶（一四八七——一五六五）撰，元慶字大有，號大石山人，長洲（治今江蘇蘇州）人。都穆門人。堂名夷白，家藏書萬卷。編有文房小説四十二種，明朝四十家小説等。撰有《山房清事》、《夷白齋詩話》等十餘種。事見王穉登《青雀集》卷下《顧大有先生墓表》等。《雲林遺事》分高逸、詩畫、潔癖、游寓、飲食五門。有崇禎間毛晉刻本及四庫存目本等。見《四庫總目》卷六〇著録。又附録於倪氏《清閟閣全集》卷一一《外紀上》。其上半所及之徐達左，字良夫（輔），號耕漁子、松雲生。吴縣人。隱居光福鄧尉山中。置家塾，教族人子弟。又建耕漁軒，一時名流多與交遊。唱酬題詠，輯爲《金蘭集》三卷、《附録》一卷。洪武初，郡人施仁守建寧，薦爲府學訓導，居六年，卒於學官。著有《四字書》十卷、《詩文集》六卷等。事見徐珵（即有貞初名）撰《耕漁子傳》（刊《金蘭集》卷首），《姑蘇志》卷五四，《四庫總目》卷一九一等。本則見《雲林遺事·潔癖》。倪瓚（一三〇一——一三七四），字元鎮，號雲林。無錫人。有潔癖，本則即其證。工詩，擅山水。家富裕，喜交遊，四方名士羣集，至正初，忽散家財於親知，扁舟往來太湖間，黄冠野服，終老編户間。有《清閟閣全集》、《倪雲林詩集》等傳世。事見其《全集》卷一一附録王賓撰《旅葬誌銘》、周南老撰《墓誌銘》、張端撰《墓表》等。

〔五六七〕陳繼儒妮古録　是書四卷，多評論字畫、古玩之作，「然議論殊爲淺陋」。《四庫總目》卷一三〇著録於存目。本則又見明·郁逢慶《書畫題跋記》卷六、周嘉胄《香乘》卷一一、汪砢玉《珊瑚網》卷三五《名畫題跋·石渠秋瀑圖》等，其題注云：「已刻〔入〕《太平清話》。」可見王蒙此畫流傳甚廣之一斑。王蒙跋原作：「寫其逸態云」，陳氏改作「題畫」，非是，當回改。

〔五六八〕周叙遊嵩山記　周叙（一三九二—一四五二），字公（功）叙，號石溪。江西吉水人。永樂十六年（一四一八）進士，選庶吉士。歷官編修、侍讀，遷侍講學士。以宋、遼、金三史體例未備，欲加重修，詔許自撰，未成而卒。撰有《石溪集》八卷、《石溪類集》十一卷（此據《千頃目》卷一八著録，《四庫總目》作《文集》八卷，《明史》卷九九作十八卷）；編有《石溪周氏唐詩類編》十卷等。事見《明史》卷一五二《本傳》等。其《記》文又見清·葉封《嵩陽石刻集記》卷下及李光暎《金石文考略》卷一五等。元·雪菴頭陀，俗姓李，名溥光，字玄暉，號雪庵。贈法號玄悟大師。山西大同人。能詩，工書畫，善草書，尤工大字。元禁匾，多出其手筆。傳世書畫作品甚多。萬安寺《茶榜》即其代表作品。其全文見上述《石刻集記》卷上，陸氏僅摘録數句。《茶榜》石刻有王世貞跋。雪菴事見《書史會要》等。

〔五六九〕鍾嗣成録鬼簿　鍾嗣成，字繼先，號丑齋。杭州人，祖籍汴梁（治今河南開封）。創作詩文、雜劇、散曲，有文集，俱失傳。鍾氏善音律，通隱語，今僅《全元散曲》輯存其小令五十九首。曾與元曲作家廣泛交游，成《録鬼簿》爲曲家立傳以寄慨，保留了許多傳奇雜劇曲目。事見《居易録》卷二四、宋凱撰《録鬼簿》後序、今人孫楷第《元曲家考略》等。《録鬼簿》二卷，記載宋元戲曲、散曲作家作品目録及其生平事跡。凡作家一五二人，作品名目四百餘種，是研究宋金元戲曲、文學的寶貴資料。是書初稿完成於至順元年（一三三〇），有作者自序。版本頗多，今存主要有：清・曹寅《楝亭藏書十二種》本、《誦芬室叢刊二編・讀曲叢刊》本、王國維校注本、馬廉新校注本、陳乃乾輯印《重訂曲苑》本、古典文學出版社一九五九年校輯本、廣陵古籍刻印社一九九〇年影印暖紅室刊尤貞起本等。

〔五七〇〕七脩類稿　《類稿》，原譌作《書稿》。是書明・郎瑛撰。本則據《廣羣芳譜》卷一八、《淵鑑類函》卷三九〇録文，其已譌作《匯稿》可證。《元明事類鈔》卷三一正作出《七修類稿》可證，又《格致鏡原》卷二一引本則云出《聖政記》。

〔五七一〕楊維楨煮茶夢記　方案：本則見《東維子集》卷三〇《鬻茶夢》。楊氏乃據《廣羣芳譜》卷一九轉録，陸摘引此文。今據以補二字，改一字。

〔五七二〕陸樹聲茶寮記　本則出《茶寮記》，但已删終南僧明亮贈天池茶、教以烹點法一段，此乃本文之精華，概不應删。

〔五七三〕墨娥小録　是書四卷，明・吴繼撰，繼字汝善，號小泉，嘉興秀水人。撰有《文蔚編》四卷等。事見《浙江通志》卷二四七引萬曆《秀水縣志》等。《小録》見《明史》卷九八、《千頃目》卷一五著録。本則僅見於此。

〔五七四〕湯臨川題飲茶録　湯臨川，即湯顯祖（一五五〇—一六一七），字義仍，號若士、海若、清遠道人。臨川（治今江西撫州）人。萬曆十一年（一五八三）進士，官禮部主事。因上疏論事貶廣東徐聞典史，稍遷遂昌知縣。被劾歸。研精詞曲，著紫釵、還魂、南柯、邯鄲四記，世稱「臨川四夢」。又有《紫簫記》，其中《牡丹亭》（即《還魂記》爲我國戲曲史上的傑作。詩宗白香山、蘇眉山，文宗王臨川、曾南豐。詩文集有《玉茗堂集》、《紅泉逸草》等，近人編爲《湯顯祖集》。事跡見《明史列傳》卷八四、《明史》卷二三〇、今人徐朔方編《湯顯祖年譜》等。《題飲茶録》，僅見於陸氏所引。

〔五七五〕陸釴病逸漫記　陸釴，今考明代有兩同名者。其一，陸釴（一四三九—一四八九），字鼎儀，號靜逸、凝庵。崑山人。初冒姓吴，後改姓陸。少工詩，與太倉張泰、陸容齊名，時號婁東三鳳。天順八年（一四六四），進士第二。授編修，預修《英宗實録》，進修撰，歷官諭德。孝宗在東宮，爲講官；孝宗即位，進太常少卿兼侍讀。得疾乞歸養，旋卒。性嗜學，有《春秋鈔略》（卷亡），《春雨堂稿》三十卷等。事跡見《懷麓堂文稿》卷二二《同年祭陸鼎儀文》、同上《文稿·後稿》卷三《春雨堂稿序》，《姑蘇志》卷七二、《別號録》卷八、《明詩綜》卷二六、《崑山人物志》卷三、《明史》卷二八六《文苑二·張泰附傳》等。其二，陸釴（一四九四—？），字舉之，號少石子。鄞（治今浙江寧波）人，銓弟。正德十六年（一五二一）進士，榜眼及第。預修《武宗實録》，進修撰，出爲湖廣按察司僉事，嘉靖中，擢山東按察副使兼提督學事，撰有《山東通志》四十卷、《少石子集》一三卷等。生平事略見：張時徹撰《陸釴傳》，刊《國朝獻徵録》卷九五；《明史》卷九九、《千頃目》卷二二、《弇山堂別集》卷一六

《大臣姓名同》、《明詩綜》卷四二、《甬上耆舊詩》卷一一小傳等。《病逸漫記》，《千頃目》著録爲二卷，《四庫總目》卷一四三無卷數，但均認爲乃鄞縣人陸釴撰，實誤；今考定爲崑山人陸釴，字鼎儀者撰。因其曾充東宫講官，所述乃親身經歷，殆無可疑。兩人生平事歷有某種相似之處，如均進士第二及第，初仕皆授編修，皆預修《實録》而擢修撰等。故諸家書目均誤繫此書爲鄞縣陸釴撰。是書記載明代典實，可補史料之闕。又，《賢識録》一卷，《四庫總目》卷一四三著録，亦以爲鄞縣陸釴撰，似亦前者崑山陸釴撰。而《千頃目》卷二著録《春秋輯略》也誤作鄞人陸舉之撰，實乃崑山陸鼎儀撰。夾纏不清，由來已久，今特詳考如上，並證《四庫提要》卷一四三之譌。

〔五七六〕玉堂叢語　是書八卷，焦竑撰，見本書拙釋〔三七七〕。又，《元明事類抄》卷一七引沈周《客座新聞》所載略同。

〔五七七〕沈周客座新聞　沈周（一四二七—一五〇九），字啓南，號石田，晚號白石翁。長洲（治今江蘇蘇州）人。一生不應科舉，寄情江南山水。工行草，擅山水，兼工花鳥，偶作人物。得家法於乃父恒吉，師法杜瓊。早期多小景，後期拓爲大幅。書法宗黄庭堅，傳世書畫作品甚夥。爲『吴門畫派』首領，文徵明、唐寅曾從其學。與文、唐、祝（枝山）並稱『吴門四大家』。詩學白居易、蘇軾、陸游。撰有《石田雜記》一卷、《石田詩選》十卷，瞿式耜又合編爲《耕石齋石田集》九卷（其中文一卷、詩八卷）。見《明史》卷九九、《四庫總目》卷一四三、一七〇、一七五著録。沈周事跡見《甫田集》卷二五《沈先生行狀》、《王文恪公集》卷二九《石田先生墓誌銘》、張時徹撰《沈周傳》（刊《國朝獻徵録》卷一一五）、《祝氏集略》卷二四《刻沈石田詩序》、《吴中人物志》卷一三、《姑蘇名賢小紀》卷上、《名山藏》卷九五、王穉登《吴郡丹青志》卷上、《明史》卷二九八等。《客座新聞》二十二卷，見《明史》卷九八、《千頃目》卷一二著録。乃筆記體小説。王世貞評爲是書『好怪而多誕』，見《弇州四部稿》卷七一《明野史稿小序》；而陸采《冶城客論》則譏其『多信門客妄言』，見《四庫總目》卷一四四。但本則記乃父與吴僧大機結爲茶友知己，則爲親聞。下條《書岕茶别論後》，疑出《石田雜記》。

〔五七八〕馮夢禎快雪堂漫録　《漫録》見本書拙釋〔四一一〕。本則所及之李于鱗，乃李攀龍（一五一四—一五七〇）字，號滄溟。歷城（治今山東濟南）人。少孤家貧，稍長嗜詩。嘉靖二十三年（一五四四）進士，歷任刑部主事、員外郎、郎中、順德知府、陝西提學副使等。三十七年，以病乞歸。隆慶元年（一五六七）復出，爲浙江按察副使，改參政，詔拜河南按察使。四年，以母喪守墓，哀毁病卒。李氏善詩文，倡文學復古運動，爲『五子』之一，又與王世貞同爲『後七子』領袖。撰有《滄溟集》三十二卷、《春秋孔義》十二卷、《白雪樓詩集》十卷、《滄溟逸稿》二卷（《明史》卷九九、《千頃目》卷二四著録），《古今詩删》三十四卷（《四庫總目》一八九著録等）。事跡見《弇州山人四部稿》卷八三《李于鱗先生傳》、《施愚山先生學餘文集》卷一八《墓碑》、殷士儋撰《李公墓誌銘》（《滄溟集》附録）、《寶日堂初集》卷一二《李于鱗先生詩集序》、《名山藏》卷八一、《明史》卷二八七等。又，徐子與，即徐中行（一五一七—一五七八）字，號龍灣，又號天目山人。長興人。嘉靖二十九年，（一五五〇）進士，授刑部主事，守汀州，累官江西布政使。爲『後七子』之一。有《天目山堂集》二十一卷、《青蘿館詩》六卷，見《明史》卷九九、《四庫總目》卷一七八著録。其事略見《太函集》卷六三《徐汀州政績碑》、《滄溟集》卷一六《送汝南太守徐子與序》、《弇州山人續稿》卷一三四《天目徐公墓碑》、《王奉常集》卷一四《徐方伯子與傳》、《名山藏》卷八一、《明史》卷二八七等。

〔五七九〕閔元衢玉壺冰　方案：「衢」，原譌作「衡」，據下考改。《玉壺冰》，其書名應作《增定玉壺冰》，此或乃用其簡稱。閔元衢，字康侯，自號歐餘生。烏程人。因似羅隱（八三三—九一〇）而終身未第，慕其名作《羅江東外紀》三卷，又有《歐餘漫録》十二卷，與董斯張等合編《吴興藝文補》四十八卷。事見《四庫總目》卷六〇、一二八、一九三，《千頃目》卷一〇、卷一二等。《玉壺冰》，乃都穆（一四五九—一五二五）採自古以來高逸之事成編。其後，寧波張孺愿稍補之，題曰《廣玉壺冰》；閔元衢以爲未盡，復增廣此編，分爲紀言、紀事二卷，另有《補玉壺冰》一卷。以上見《四庫總目》卷一三二。又，玉壺冰，典出鮑照《白頭吟》詩：「清如玉壺冰。」

〔五八〇〕甌江逸志　是書及其作者勞大輿見本書拙釋〔一六三〕。下條「雁山五珍」，亦出是書。

〔五八一〕王世懋二酉委譚　王世懋（一五三六—一五八八），字敬美，號麟洲、少美、損齋、墻東生等。太倉人，世貞弟。嘉靖三十八年（一五五九）進士。歷官南禮部主事、江西參議、陝西提學副使、福建布政司左參政，累官太常寺少卿。好學善詩文，著述頗富。僅《四庫總目》著録的就有《王奉常集》六十九卷（文五十四卷、詩賦十五卷）、《卻金傳》、《三郡圖説》、《閩部疏》、《名山遊記》、《經子臆解》、《澹思子》、《讀史訂疑》、《窺天外乘》、《遠壬文》、《藝圃擷餘》、《學圃雜疏》（《明史》卷九八稱三卷)各一卷,《望崖録》、《關洛紀遊稿》各二卷;《明史》卷九六著録《易解》一卷等。其事略見《弇州山人續稿》卷一四〇《亡弟敬美行狀》、《王文肅公文草》卷一〇《王公墓誌銘》、《太函集》卷六七《王次公墓碑》、《松石齋集》卷一三《太常王敬美傳》、《明史》卷二三七《王世貞傳·附傳》等。其《二酉委談》一卷,見《四庫總目》卷一四四著録,其《提要》云:『乃隨筆雜記,多説神怪之事,亦間作放達語。』殆平時所作雜帖,其後人録之爲帙歟?

〔五八二〕湧幢小品　是書三十二卷,朱國楨撰。朱國楨及《小品》,見本書〔二七五〕拙釋。

〔五八三〕臨安志　方案:本條重出,已見本書卷下之一《茶之煮》,應删。

〔五八四〕西湖志餘　本則見明·田汝成《西湖遊覽志餘》卷二〇《熙朝樂事》。陸氏所引書名乃其簡稱。

〔五八五〕潘子真詩話　潘淳,字子真,自號谷口小隱。新建人。潘興嗣(一〇二一—?)孫。工詩,嘗師事黄庭堅。因曾鞏之請,補建昌縣尉。緣陳瓘奏劾蔡京,言者論其黨附陳瓘,坐免官,歸。撰有《潘子真詩集》、《詩話》等。《詩集》已佚,郭紹虞《宋詩話輯佚》卷上存其《詩話》三十七則。事見《宋元學案補遺》卷一九、光緒《江西通志》卷一三四、郭紹虞《宋詩話考》卷中之上等。本則又見《漁隱叢話前集卷四六引蔡絛《西清詩話》。疑陸氏乃轉録自《廣羣芳譜》卷一八。

〔五八六〕董其昌容臺集　董其昌(一五五五—一六三七),字元宰,號思白、思翁、香光等。松江華亭(治今上海松江)人。萬曆十七年(一五八九)進士。選庶吉士,授編修,爲皇長子講官。坐忤權臣,出爲湖廣副使,提督學政。三十四年,爲勢家仇怨,告歸。光宗立,召爲太常少卿,天啓二年(一六二二),

擢本寺卿，兼侍讀學士，預修《神宗實録》。五年，進南京禮部尚書，權宧用事，告歸。崇禎四年（一六三一），召掌詹事府事。七年，加太子太保致仕，卒謚文敏。其昌爲書畫、篆刻名家，享有時譽，時比之米芾、趙孟頫。傳世作品頗多。撰有《客臺集》十四卷、《别集》六卷、《學科考略》一卷、《畫禪室隨筆》四卷、《南京翰林志》十二卷、《畫旨》、《畫眼》等，見《明史》卷九七、九八、九九，《千頃目》卷九、一二、《四庫總目》卷八三、一二二等著録。編有《萬曆事實纂要》三百卷（《明史》卷九七），刻有《戲鴻堂法帖》十六卷（《千頃目》卷三）。其事跡見《山居存稿》卷一《贈董玄宰太史還朝序》、《啓禎野乘》卷七、陸隴其《三魚堂文集》卷四《董文敏公像贊》、《明史稿》卷二六九、《明史》卷二八八《文苑四》等。《容臺集》，四庫本著録爲文集九卷、詩集四卷、别集四卷，疑另有一卷附録。《提要》稱其：『詩文多率爾而成』，『詞章之學不及孟頫多矣』（《四庫總目》卷一七九），未免責之太苛。即以氣節而論，其昌不事權宧，過孟頫遠矣。下條亦出董氏是書，言其在南京時與茶學專家閔汶水交遊事。

〔五八七〕李日華六研齋筆記　本則見是書二筆卷一。文全同。

〔五八八〕鍾伯敬集茶訊詩云　鍾惺（一五七四—一六二五），字伯敬，號退谷。湖廣竟陵（治今湖北天門）人。萬曆三十八年（一六一〇）進士，授行人。歷工部主事、南京禮部主事、祭司郎中等，累官福建提學僉事。天啓三年（一六二三）丁父憂歸，卒於家。善詩文，與同里友生譚元春創『竟陵派』，標榜『深幽孤峭』，以漢魏詩風爲宗。撰有《詩經圖史合考》二十卷、《毛詩解》（卷佚）、《史懷》二十卷（《總目》卷九〇作十七卷)、《楞嚴如説》十卷、《隱秀堂集》八卷、《鍾伯敬先生合集》等；編有《合刻五家言》、《詩歸》五十一卷(《千頃目》卷三一作四十七卷)、《明詩歸》十一卷、《名媛詩歸》三十六卷、《周文歸》二十卷、《宋文歸》二十卷等。見《四庫總目》卷一七、九〇、一九三，《明史》卷九八、九九，《千頃目》卷五、一六、三一等著録。其事跡見《譚友夏合集》卷一一、《别號録》卷九、《大泌山房集》卷二一《玄對齋集序》、《啓禎野乘》卷七、《明史》卷二八八等。徐波(一五九〇—一六六三)，字元嘆，號頑庵。吴縣(治今江蘇蘇州)人。明清之際詩人。少孤向學，爲諸生，入太學。至楚，與鍾、譚交遊。其詩清淡絶俗。撰有《落木庵集》、《謚簫堂集》等。其生平事跡見自撰《頑庵生壙志》、沈德潛撰《徐先生波傳》(均見《文集》附録)，《清史稿》卷四八四、《國朝耆獻類徵》卷四七〇等。

〔五八九〕黄道周茶供説　方案：本則底本及閣本作『錢謙益』，清抄本作『黄道周』，而四庫本竟滅其名作『嘗見《茶供説》云』。似因錢氏在明身居高位，又屈節事清，而被四庫館臣摒棄其人其文。故四庫本不著作者名氏而清抄本竟改爲明末理學家，氣節之士『黄道周』(一五八五—一六四六)。

〔五九〇〕五燈會元　本則見是書卷一。『優留茶』，僅爲地名對譯音，與茶無涉。《五燈會元》，二十卷。宋釋普濟撰。普濟，字大川，靈隱寺僧。其取釋道原《景德傳燈録》、駙馬都尉李遵勗《天聖廣燈録》、釋惟白《建中靖國續燈録》、釋道明《聯燈會要》、釋正受《嘉泰普燈録》，凡五種，撮其要旨，匯爲一書。

〔五九一〕僧問如寶禪師曰　方案：本則上半，陸氏摘引自《五燈會元》卷九；其『僧問谷泉禪師曰』起，又摘録自同書卷一二。由二條捏合而成。

〔五九二〕淵鑑類函　本則茶詩見是書卷三九〇。但其作者，今已三見其説。其一，鄭谷，宋・釋重顯（九八〇—一〇五二）《祖英集》卷下《送新茶》二首之二有『鄭都官謂草中英』句，鄭都官，指鄭谷（八五一？—？），字守愚。袁州宜春人，鄭史子。因乾寧四年（八九七）拜都官郎中，而世稱爲『鄭都官』。其二，鄭遨，始見於《苕溪漁隱叢話》前集卷四六引胡仔（一一一〇—一一七〇）父《三山老人語録》云：『五代時鄭遨茶詩』。鄭遨（八六六—九三九），字雲叟，因避唐昭宗祖諱而以字行。滑州白馬（治今河南滑縣）人。其三，鄭愚：始見於宋孝宗時人所編類書《萬花谷》前集卷三五，但其注出《三山老人語録》，似已譌『鄭遨』作『鄭愚』。後《記纂淵海》卷九〇、《全芳備祖》後集卷二八均沿其成説作『鄭愚』。乃至《全唐詩》於卷五九七『鄭愚』、卷八五五『鄭遨』兩收其詩。依筆者管見，宋・釋重顯最早提到此詩，且明言爲『鄭都官』即鄭谷作，因此，不能排除鄭谷爲作主；又鄭谷字守愚，極有可能被後世（南宋以後人）誤作鄭愚。當然，胡仔據乃父《語録》最早載此詩八句，亦不能排除其作主爲鄭遨。陸氏所據《類函》最晚，作鄭愚並不可信。特詳考如上。

〔五九三〕素馨花曰裨茗　本則見同上書《類函》卷四〇六《花部二・素馨》。又，陳白沙，乃陳獻章（一四二八—一五〇〇），字公甫，號石齋，人稱白沙先生。廣東新會人。未仕，創白沙學派，以靜爲主，由博返約。工書善墨梅，曾束茅代筆，時有『茅筆字』之譽。撰有《白沙集》等。

〔五九四〕佩文韻府　方案：本條出《佩文韻府》卷二一之二，原見《遺山集》卷一三《德華小女五歲能誦予詩數首以此詩爲贈》詩末之注。

〔五九五〕黔南行紀　本則出黄庭堅《山谷集》卷二〇《黔南道中行記》。陸氏似轉録自《廣羣芳譜》卷一八。

〔五九六〕九華山録　方案：本則陸氏轉引自《廣羣芳譜》卷一八無疑。《説郛》卷六四下注云出周必大《九華山録》。本條實出周必大《文忠集》卷一六八《泛舟遊山録》二，乃摘録。

〔五九七〕馮時可茶録　《茶録》及其作者，詳本《全集》中編是書提要。本則文全同，乃節録。

〔五九八〕冒巢民岕茶彙鈔　本條及下二則，凡三條皆見冒襄是書。《岕茶彙鈔》及其作者，見本《全集》下編是書提要。

〔五九九〕嶺南雜記　是書二卷，清·吴震方撰。陸氏引文出此書卷上。是編記其客遊廣東時見聞。上卷多記山川、風土、習俗，兼及時事，下卷則記物産。見《四庫總目》卷七七著録。吴震方，字右紹，號清壇。石門人。康熙十五年（一六七六）進士，爲庶吉士，歷官給事中等，累遷監察御史。有《讀書正音》四卷、《晚樹樓詩稿》四卷，編有《朱子論定文鈔》二十卷、《説鈴》等。事見《浙江通志》卷一七九引《嘉興府志》、《四庫總目》卷四三、七七、一八三、一九四等。

〔六〇〇〕周亮工閩小記　四庫本《續茶經》本則稱出明·郎瑛《七修類稿》，檢《類稿》未見。疑因乾隆命抽燬貳臣周亮工已收入四庫全書之著作，而四庫館臣臆改。下三條均出閩小記。

〔六〇一〕李仙根安南雜記　本書原名《安南使事記》，一卷，一作《紀要》。《雜記》乃陸氏臆改，非是。本則亦見《廣西通志》卷九六。李仙根，字南津，遂寧人。順治十八年（一六六一）進士第三，授編修，官至户部左侍郎。康熙七年（一六六八），李仙根以内秘書院侍讀爲正使，出使安南凡四十餘日。還，編成此書，隨筆記安南及途中見聞。其事略見《四川通志》卷九下、《清一統志》卷三〇八、《四庫總目》卷五四等。

〔六〇二〕虎丘茶經注補　是書一卷，陳鑑撰。説詳本《全集》下編此書提要。本條及下二條均出是書。第三條『茶癖』有删節。吴匏庵，即吴寬（一四三五—一五〇四），字原博，號匏庵。長洲人。成化八年（一四七二）狀元，授修撰，爲東宫講官。孝宗即位，遷左庶子，預修《憲宗實録》。累官掌詹事府，入東閣，專掌制誥，進禮部尚書。卒贈太子太保，謚文定。寬行履高潔，自守以正。擅詩文，兼工書法。撰有《匏庵集》、《家藏集》等。沈石田，即沈周。吴寬嗜茶有其行書掛幅《茶歌》可證：『湯翁愛茶如愛酒，不數三升并五斗。先春堂開無長物，只將茶竈連茶柏。堂前無事常煮茶，終日茶杯不離口。當筵侍立惟茶童，入門來謁唯茶友。愛茶有詩學盧仝，烹茶有賦擬黄九。《茶經續編》不借人，《茶譜補遺》將脱手。平生種茶不辦租，山下茶園知幾畝。世人肯向茶鄉遊，此中亦有無何有。』見《書畫題跋記》卷一一。將其嗜茶情結抒寫得淋灕盡緻。吴寬事跡見《王文恪公集》卷二二《神道碑》，《閑賜堂集》卷一六《堯峯景賢祠記》，《虚實堂集》卷七《跋吴文定手札》，《殿閣詞林記》卷五，《姑蘇名賢小紀》卷上、《明史列傳》卷五四、《明史》卷一八四等。

〔六〇三〕漁洋詩話　是書三卷，凡二百六十餘條，王士禎撰。其書名爲詩話，實兼説部之體。因其主神韻説，故所標舉者多詠山水風景之作。是書乃其康熙四十四年（一七〇五）歸田後所作。説詳《四庫總目》卷一九六。本則見是書卷下，文全同。又，考漁洋所謂『亡其名』者，乃林（？）時益，號確齋。

本明宗室，南昌人。父統鑛，崇禎十年（一六三七）進士，爲江夏令，卒於官。清初，時益攜家卜居寧都西十里冠石，租田傭耕，率其子楫孫，門人吴正名、任安世、任瑞等帶經負鋤，且耕且讀。茶季，結廬種茶、製茶，香擬陽羡，時號爲『林岕』。工書，喜爲詩，有《冠石詩集》五卷，又好禪。如是者三十年，卒。見者目爲老農、老僧。事見《江西通志》卷一三、卷七〇引《贛州府志》。同書卷一五五又録其《冠石》詩云：『初以力耕久爲客，時因避亂還成村。』『山口竹林響清晝，遠村歸盡鉏茶人。』殆實録也。上考可爲《漁洋詩話》補注其人其事。

〔六〇四〕尤西堂集有戲册茶爲不夜侯制　尤西堂，即尤侗（一六一八—一七〇四），字展成，一字同人，號悔菴、民齋、西堂聖人等。順治拔貢，初仕永平縣推官，旋罷。康熙十八年（一六七九），舉博學鴻詞科，授翰林院檢討，預修《明史》。工詩詞，時有『真才子』、『老名士』之譽。撰有《鶴堂集》六卷、《西堂全集》及《餘集》一三五卷、《明藝文志》五卷、《宫閨小名録》四卷、《樂府》四卷等。事見其自撰《年譜圖詠》，潘耒《尤侍講艮齋傳》，鄭方坤《尤侍講侗小傳》及《清詩紀事初編》卷三、《四庫總目》卷八七、一三九等。此制乃其戲作。

〔六〇五〕朱彝尊日下舊聞　朱彝尊（一六二九—一七〇九），字錫鬯，號竹垞，晚號小長蘆釣魚師，又號金鳳亭長。秀水（治今浙江嘉興）人。早歲曾秘密參加抗清復明活動，事敗出走，遊幕各地。舉康熙十八年（一六七九）博學鴻詞科，二十年充日講官，知起居注，典鄉試。二十二年，入值南書房。二十三年，以違例攜僕入内廷抄書被劾貶謫；二十九年復原官，於三十一年再罷，遂歸。以學術、著書而終。朱氏博學多聞，其學術貢獻遍及經學、史學、目録學、文學等各方面，時號『通才』。《清史稿》本傳謂『時王士禛工詩、汪婉工文、毛奇齡工考據，獨彝尊兼有衆長。』不失爲允評。撰有《經義考》三百卷、《日下舊聞》四十二卷、《曝書亭集》八十一卷、《外稿》八卷、《騰笑集》八卷； 編有《明詩綜》一〇〇卷、《詞綜》三十六卷等。朱氏是清代最淵博的學者兼文學家之一。其《日下舊聞》，原爲四十二卷，乾隆時被『欽定』增補爲《日下舊聞考》一六〇卷（此據《四庫簡明目録》卷七，《四庫總目》卷六八誤作一二〇卷）。是書援古證今，爲考據名作。兼又文核事備，敍述簡明，頗爲學者所重。本則所引見《日下舊聞考》卷一四七《風俗二》。

〔六〇六〕曝書亭集　是書朱彝尊撰，凡八十一卷。其中詩二十二卷，皆編年。起順治二年（一六四五），迄康熙四十八年（一七〇九）； 文五十卷，詞七卷，附小令一卷。此外還有《曝書亭集外稿》八卷。本則陸氏所引，略有删潤。見是書卷一三《竹爐聯句》詩序，述其竹爐本事簡明扼要。參見本《全集》中編王紱《竹爐新詠故事》。

〔六〇七〕蔡方炳增訂廣輿記　蔡方炳，見本《全集》下編《曆代茶榷志》提要。是書二十四卷，見《四庫總目》卷七二著録。

〔六〇八〕葛萬里清異録　見本書拙釋〔三〇五〕。

〔六〇九〕黄周星九煙　黄周星，字九煙。上元（治今江蘇南京）人。育於湘潭周氏。崇禎十三年（一六四〇）進士，除户部主事。疏請復姓，晚居湖州，有《芻狗齋集》等，詩匯編爲《夏爲堂詩略刻》十一卷； 又有《百家姓新箋》。晚改名曰黄人，字略似，又號圃菴、笑蒼道人。布衣素冠，寒暑不易。年七十，忽自撰墓誌，告别妻、子，大醉而自沉於水。事見《明詩綜》卷七八小傳及所引《詩話》、《香祖筆記》卷四、《千頃目》二七、《四庫總目》卷一三八等。本則亦出葛氏《清異録》。

〔六一〇〕别號録　本條分見葛萬里《别號録》卷一、卷五。惟原書已譌曾幾名作『曾機』，陸氏沿誤，又譌其字作『吾甫』，幾字吉甫，並據下考改。曾幾（一〇八四——一一六六），字吉甫，號茶山居士。其祖籍贛州，後徙洛陽。入太學，賜上舍出身。擢國子正，爲校書郎，出爲應天府少尹。靖康初，提舉淮東茶鹽，以疾奉祠。南宋初，起爲廣西運判，徙湖北提舉茶鹽、江西、浙西路提點刑獄等。紹興八年（一一三八），因其兄曾開力論和議爲非，得罪權相秦檜，兄弟俱罷。賦閑居上饒凡七年。二十五年，檜死，起爲浙東路提刑，明年，改知台州。逾年，召對，除秘書少監，擢禮部侍郎。隆興二年（一一六四）致仕，卒謚文清。曾幾乃『三孔』外甥，學詩於韓駒，又與吕本中、徐俯等交遊，乃兩宋間著名詩人，其詩宗杜甫、山谷。陸游師事之，稱其『治經學道』、『雅正純粹』（《渭南文集·墓誌》）。曾氏工詩，畢生主張抗金，於南宋詩壇影響甚廣。其詠物詩尤膾炙人口。曾幾嗜茶，其『茶詩無一篇不清峭，有奇骨』（《瀛奎律髓匯評》卷一八）。撰有《易釋象》五卷、《文集》三十卷。其詩後編定爲《曾文清集》十五卷，亦佚。今傳本《茶山集》八卷，凡收詩五百五十餘首，乃四庫館臣輯自《大典》，其佚詩仍有補輯餘地。事見陸游《渭南文集》卷三二《曾文清公墓誌銘》、《宋史》卷三八二本傳等。許應元（一五〇六——一五六五），字子春，號茗山。錢塘人。嘉靖十一年（一五三二）進士。以剛介忤執政，不得館職。出知泰安州，廉潔自守。擢工部員外郎，官至廣西布政司，卒於官。工詩文，有《許水部稿》等。事見侯一元撰《許公墓誌銘》，刊《國朝獻徵録》卷一〇、《明善齋集》卷五《送許茗山之廣西方伯序》、《茅鹿門先生文集》卷二六《祭許茗山文》等。

〔六一一〕隨見録　是書疑清·屈擢升撰。

〔六一二〕西湖遊覽志餘　本則見明·田汝成《西湖遊覽志餘》卷二〇《熙朝樂事》，據改、補各一字。下條見是書卷二四《委巷叢談》，但已始見於《東坡全集》卷二六《送南屏謙師》詩序，又見《施注蘇詩》卷四〇。『得心應手』，原作『得之於心，應之於手』。此得茶道個中三昧之奥秘。

〔六一三〕劉士亨有謝璘上人惠桂花茶詩　云本則亦見同上書《志餘》卷二四。劉泰，字士亨，號菊莊。錢塘人。明景泰、天順間隱士，工詩詞，有《菊莊》、《晚香》諸集。事見《西湖遊覽志餘》卷一三《才情雅致》。

〔六一四〕李世熊寒支集　李世熊，字元仲。明汀州寧化人。諸生。師從黄道周。修《寧化縣志》，爲時所重。有《寒支集》、《寒支二集》。事略見《福建通志》卷五一、卷六八，《閩中理學淵源考》卷八八等。

〔六一五〕禪玄顯教編　是編僅見於此。『徐道士』，即天池所祀『四仙』之一，餘則天眼尊者、周顛仙、赤脚僧。見《弇州四部稿》卷七三、《江西通志》卷一〇五。

〔六一六〕張鵬翀抑齋集有御賜鄭宅茶賦　張鵬翀（一六八八—一七四五），字天扉（一作飛），一字抑齋，號南華山人。嘉定（今屬上海）人。雍正五年（一七二七）進士，爲翰林院庶吉士，授編修。乾隆初，擢侍講，遷詹事府右庶子，充日講起居注官，旋由少詹事遷詹事。張氏才思敏捷，詩文俱佳，且又工書善畫，深得乾隆寵幸。撰有《南華山房集》三十卷。《抑齋集》，僅見於此。又，雍正六年七月有御賜雲貴總督鄂爾泰『鄭宅茶十瓶、小種茶六瓶』的記載，見《世宗憲皇帝硃批諭旨》卷一二五之七，此爲清初『鄭宅茶』充貢之證。又，據《續茶經》卷下之四《八之出》引《興化府志》，此茶産福建仙游縣。此賦或張氏應試前所作。

〔六一七〕國史補　方案：本則自『風俗』起至『獸目』，大致爲李肇《國史補》卷下原文。但已據補、乙各二字，删一字。其下，則與現存諸書均不同，疑陸氏已參據諸書以己意任意增删、改寫。請參閲本《全集》中編所收程百二《品茶要録補・山川異産》及是書拙校〔五〕至〔八〕。

〔六一八〕葉夢得避暑録話　本則見是書卷下，僅據補一『茶』字。陸氏似轉録自《廣羣芳譜》卷一八。『劉希范』，即劉珏（一〇七八—一一三二），字希范。湖州長興人。崇寧五年（一一〇六）進士。宣和四年（一一二二），擢監察御書，除中書舍人。坐爲李綱游説，官祠。建炎元年（一一二七），復召爲中書舍人，遷給事中、吏部侍郎、同修國史。曾以權同知三省、樞密院事從隆祐太后奉宗廟神主往江西，退保虔州。爲張延壽論劾，落職，提舉宫觀。紹興二年（一一三二），以朝散大夫分司西京。八年，追復龍圖閣學士。劉珏，立朝有節，爲兩宋之際名臣。撰有《吴興集》二十卷、《集議》五卷、《兩漢蒙求》十卷，皆佚。事見《宋史》卷三七八《本傳》。

〔六一九〕歸田録　本則出歐陽修是書卷上，又見《文忠集》卷一二六。

〔六二〇〕雲麓漫鈔　方案：本則出趙彦衛是書卷四。陸氏乃節引。趙氏原爲引《茶經・八之出》中文。陸氏在『常州』上臆補『江南』兩字，此爲清初之地名，唐宋，常州均屬浙西。《茶經》及《漫鈔》均無此兩字，亟據删。又『長城』下，趙氏原注『今長興』；『義興』下，趙注『今宜興』，極是，此指出唐、宋地名之不同。陸氏既删此兩注，卻又改『長城』作『長興』，下卻仍作『義興』未改。乃至同條史料中出現唐、宋不同之地名。今回改，以仍原書之舊。

〔六二一〕蔡寬夫詩話　方案：本則陸氏誤引出處，實乃出同上書《雲麓漫鈔》卷四，其所謂『孟所寄乃陽羨茶也』云云，乃趙彦衛之論。趙書『玉川子』之上有『見《蔡寬夫詩話》』句，乃指上文『湖州紫筍』至『爲盛集』一段話。其語又見《苕溪漁隱叢話》前集卷四六，是爲力證。郭紹虞《宋詩話輯佚》卷下亦據《叢話》輯入。此必陸氏誤讀史料之失。應删出處五字，或改題《雲麓漫鈔》。

〔六二二〕楊文公談苑　方案：本條陸氏失注出處，實見於高承《事物紀原》卷九。本條述蠟面茶之起源，首引楊億《談苑》之説，至『蠟面之號』止；次引丁謂《北苑茶録》之説，至『始記有研膏茶』至；再引歐陽修《歸田録》之説。『按』下則爲作者高承之論。高承元豐中人，上引三書皆比其早。楊億（九七四—一〇二〇）、丁謂（九六六—一〇三七）約同爲真宗時人，歐陽修（一〇〇七—一〇七二）仁宗時人，其《歸田録》乃晚年所撰。其時楊億已卒五十年，墓木已拱。如按陸氏所標出處，極易誤解爲本條全出《楊文公談苑》，應在其上補『高承《事物紀原》』六字。

〔六二三〕事物紀原　本條見高承《事物紀原》卷九《京鋌》，記述京鋌茶之起源，引楊億、丁謂兩家之説。《北苑録》，似脱一『茶』字，應即《北苑茶録》，陸氏引文，又併脱『北』字，成『苑録』，據補。陸氏又譌『開寶末』作『開寶來』，據改、補各一字。

〔六二四〕羅廩茶解　方案：本則見《茶解・原》，陸氏引文，略有删改。如『唐時』，原書作『唐宋』；『季疵』，原書作『稱』；『靈川』，原作『靈山』；『朱溪』，原書無；『培植不嘉』，原書作『人不知培植』；『採製』，原書作『制度』等。

〔六二五〕潛確類書茶譜　方案：本則實出毛文錫《茶譜》，始見於宋・吴淑《事類賦注》卷一七引文。參閲本《全集》上編拙輯本《茶譜》第一八、二四兩條及是書拙校〔二八〕。『片片』，《茶譜》諸本多作『斤片』。又，『碧玉如乳』，原書作『碧乳』。陸氏據《類書》補二字，非是。

〔六二六〕農政全書　本則亦出《茶譜》，始見於《事類賦注》卷一七。參閲拙輯本第三、二九兩條及是書拙校〔六〕、〔三三〕。陸氏轉録自《農政全書》卷三九注引。『賓化最上』，徐書及陸氏均作『最上賓化』，今乙。又，其下《茶譜》及徐書均有『製於早春』四字，陸氏已删，應據補。

〔六二七〕煮泉小品　本則出田藝蘅《煮泉小品・宜茶》，文全同。

〔六二八〕茶譜通考　方案：《茶譜》，《通考》本爲兩書，至清人已誤以爲一書者，此已見本《全集》中編已收之《品茶要録補》拙釋所考。陸氏本條凡述茶七種，其中『含膏』、『昌明』，『騎火』、『真香』各兩種見《廣羣芳譜》卷一八，『團黄』、『雀舌』見《淵鑑類函》卷三九〇，均引所謂的『茶譜通考』（方案：實無此書）。『夷陵之壓磚』則始見於黃庭堅《山谷集》卷一《煎茶賦》，陸氏不知據何書將這七種茶捏合爲一條。其中『冷』、『緑』兩字乃臆加，『蜀州』又譌作『蜀川』，據改。

〔六二九〕江南通志　方案：檢四庫本雍正《江南通志》卷八六未見本則。疑或陸氏據康熙《江南通志》。但本條已見於明·錢穀《吴都文粹續集》卷二七皮陸唱和詩《煮茶》后之錢氏按語。

〔六三〇〕吴郡虎邱志　本則檢寒齋藏《虎丘山志》未見，疑陸氏據其他版本《虎丘志》或他書轉引。

〔六三一〕米襄陽志林　是書明·范明泰撰，十三卷。見《明史》卷九七、《千頃目》卷一三著録。是書一名《米襄陽外紀》。范明泰，字長康，號鴻超，般子。嘉興人。嗜書好古，尤喜石。有詩文集《石户編》。其事略見《檇李詩繫》卷一八小傳，又見《米襄陽志林》卷首王穉登、陳繼儒二序。是書乃輯米芾軼事及其詩賦成編。又，米芾（一〇五一—一一〇七），一作米黻，字元章。號無礙居士、又號海岳外史、鹿門居士、家居道士等，世稱米襄陽、米南宫。祖籍太原，後徙襄陽，晚年移居潤州（治今江蘇鎮江）。以恩補校書郎，授含光縣尉。入淮南幕，知雍丘縣、漣水軍、無爲軍，擢太常博士。爲書畫學博士，召對便殿，遷禮部員外郎，出知淮陽軍（治今江蘇睢寧）。米芾能詩文，善書畫，精鑒藏，與其子友仁並稱『大小米』。撰有《山林集》一百卷，已佚。岳珂輯有《寶晉英光集》八卷，其孫米憲復輯佚詩文爲《拾遺》八卷。事跡見蔡肇撰《故南宫舍人米公墓誌》，刊《寶晉山林集拾遺》附録，《宋史》卷四四四《本傳》等。另，明·祝允明編有《米顛小史》八卷，清·翁方綱撰有《米海岳年譜》一卷。

〔六三二〕姑蘇志　是書六十卷，明·王鏊等修纂。弘治中，明·吴寬與張習、都穆等續修府志未成編而存遺稿。廣東人林世遠守蘇州，屬之王鏊。乃與郡人杜啓、祝允明、蔡羽、文璧等共相討論，發凡舉例，悉本吴氏遺稿，『芟繁訂譌，多所更益』，凡八閲月而成書。是編分三十一門，『繁簡得中，考核精當』，不失爲繼范盧二志後之善志。見《四庫總目》卷六八著録。本則檢核《姑蘇志》未見，疑陸氏誤注出處。

〔六三三〕陳眉公太平清話　方案：本則又見陳繼儒《茶話》。文全同。

〔六三四〕圖經續記　是書全名《吴郡圖經續記》，三卷，宋人朱長文撰。但陸氏引文與本書所載炯然相異，疑其乃誤引出處。其書卷下云『洞庭山出美茶，舊入爲貢。《茶經》云：「長洲縣産洞庭山者，與金州、蘄州味同。」近年山僧尤善製茗，謂之水月茶，以院爲名也，頗爲吴人所貴。』録以備考。

〔六三五〕古今名山記　方案：本則或見《古今遊名山記》，是書十七卷，明人何鏜類編。是書採史志、文集所撰遊覽之文以類編輯，首爲《總録》三篇，曰《勝記》、《名言》、《類考》，次記兩京各省山川及古今遊人序記。是書，後坊賈又增補爲《名山記》四十八卷，圖及附録各一卷，刻於崇禎間，並見《四庫總目》卷七八著録於存目。疑陸氏或引自此二編。又，蘇州天平山支脈古名茶塢山，後改金山；另横山亦有地名茶塢。

〔六三六〕松江府志　是書明代凡三修：一見於魏驥纂，卷亡，《文淵閣書目》著録爲二册；二爲顧清編，凡三十二卷；三爲陳繼儒修，九十四卷。見《四庫總目》卷七三、《明史》卷九七、《千頃目》卷六著録。但從陸氏本條内容考察，似非出於明志，而爲清志，康熙或雍正時所修府志。

〔六三七〕常州府志　方案：自宋史能之《咸淳毘陵志》以來，明至清初《常州府志》（包括以《毘陵志》、《續志》爲名者)不下十種,今已不知陸氏採自何種《常州府志》。

〔六三八〕天下名勝志　本則出曹學佺《天下一統名勝志》,又簡稱《一統名勝志》或《名勝志》。

〔六三九〕武進縣志　方案:本則亦見《明一統志》卷一〇,文差不同。『茶山路』之名已始見於兩宋之際常州人孫覿(一〇八一—一一六九)《鴻慶居士集》卷二一《荆溪行記》。

〔六四〇〕檀几叢書　本則及下二條,均見是書二集卷四七所收明·周高起《洞山岕茶系·前言》,陸氏對引文頗有删改。

〔六四一〕洞山岕茶系　本則及以下四條,均出周高起《洞山岕茶系》。陸氏略有删潤。如將兩處注文改作正文,僅分别補『注』及『注云』,不再回改。又據原書補四字,改二字,互乙二字。

〔六四二〕岕茶彙鈔　方案:陸氏將冒襄是書原兩條合成爲一則,文全同。

〔六四三〕寰宇記　方案:本則陸氏據宋·樂史《太平寰宇記》卷一二三改寫。原書作:『蜀岡,《圖經》云:今枕禪智寺,即隋之故宫。岡有茶園,其茶甘香,味如蒙頂。』顯與本則引文大相徑庭。請參見本《全集》上編拙輯本《茶譜》第三十條及拙校〔三四〕。

〔六四四〕宋史食貨志　方案:本則見《宋史》卷一八三《食貨下五》。但陸氏引文因其删節失當而頗成問題。考是條史源乃出馬端臨《文獻通考》卷一八《征榷五》,其原文爲:『散茶有:太湖、龍溪、次號、末號,出淮南;岳麓、草子、楊樹、雨前、雨後,出荆湖;清口,出歸州;茗子,出江南;總十一名。』此説得很清楚,散茶共十一品種,其四產於淮南路,其六產於荆湖路(包括歸州,按行文之例，《通考》不應單列），其一（茗子）産於江南路，即這十一種茶，産於宋南方三路之地。《宋志》刪節尚無大礙，陸氏之刪，則頗成問題。其一，不應刪末之『十一名』（《宋志》作『等』誤）三字；其二，散茶出淮南，大誤。實際上散茶産於兩宋東南各路，《通考》所舉，僅爲産量較多或質量較好的主要品種。僅《宋志》所言亦及東南十路之半（指分析東西、南北路而言）。兩浙路、廣南路、福建路及川蜀地區均産散茶。《宋會要輯稿》食貨二九詳載其産地及品目。其三，就陸氏誤刪《宋志》而論，明明産於荆湖路的『雨前、雨後』，卻譌作淮南路所産了。詳本《全集》補編所收之《宋史・食貨志・茶》及《通考・征榷考・茶考》兩書及拙校。

〔六四五〕吴從先茗説　吴從先，字寧野，號小窗。歙縣人。撰有《小窗自記》、《清紀》、《别記》各四卷，《艷記》十四卷，編明布衣詩成《布衣權》，又與何偉然同編《廣快記》五十卷。吴氏，明萬曆時人。事見《四庫總目》卷一三四、《千頃目》卷一二、《續通考》卷一八〇等。

〔六四六〕農政全書　本則陸氏引自徐光啓《農政全書》卷三九，又與《廣羣芳譜》卷一八引文全同。但實出毛文錫《茶譜》，宋代類書引文與此頗有異同。詳見本《全集》上編拙輯《茶譜》第二一條及拙校〔二五〕。『産其上』，原作『裝面』或『其上』，應上讀，是。又，『一名瑞草魁』，原作引杜牧一聯詩，此刪改，已大失原書之旨。餘不一一出校。

〔六四七〕華夷花木考　是書及其作者，見本書拙釋〔五二六〕條。李虚己，字公受。建安人。宋太平興國二年（九七七）進士，除沈丘尉。知城固縣，改大理評事。累遷殿中丞，提舉淮南茶場。知遂州，再遷屯田員外郎。通判洪州，除湖南路提刑，移淮南運副。擢兵部郎中、龍圖閣待制、判大理寺。遷右諫議大夫、充右正言。出知河中府，召權御史中丞。進給事中，知洪州。天聖初，知池州，分司南京，卒。撰有《雅正集》十卷等。事見《長編》卷九三、一〇二，《宋史》卷三〇〇本傳等。梅詢（九六四—一〇四一），字昌言，宣城人。端拱二年（九八九）進士，除利豐監判官。遷將作監丞，知仁和縣。擢著作佐郎、御史台推勘官。咸平三年（一〇〇〇），召試，除直集賢院。出入中外，累官給事中、翰林侍讀學士、羣牧使、知審官院。出知許州，卒謚文肅。有《許昌集》二十卷，已佚。事見《文忠集》卷二七《梅公墓誌銘》、宋·陳天麟編《許昌梅公年譜》（一卷）、《宋史》卷三〇一本傳等。李、梅品茶事在天聖元、二年（一〇二三—一〇二四），時李虛己知池州，梅解廣德知軍過池。『池州茗地源』，《花木考》原作『宛陵茗池源』，地點、茶名均誤。『池』乃『地』之譌。茗地源，相傳乃唐時金地藏住池州九華山化城寺所種植之茶。詳具宋元之際詩人陳巖（？—一二九九）《九華詩集》中《化城茶》、《晏坐巖》、《茗地源》詩及題注。今據改。又『太史梅詢』亦非是，因作『學士』。上引小傳宦歷可證。

〔六四八〕九華山志　是書顧元鏡撰，八卷。顧元鏡，歸安人。萬曆四十七年（一六一九）進士。曾官池州知府。是書編成於崇禎二年（一六二九）。陸氏本則乃轉引自《天中記》卷四四。又見上引《九華詩集·金地茶》，其題注云：『出九華山。相傳金地藏自西域攜至者。』詩云：『瘦莖尖葉帶餘馨，細嚼能令困自醒。一段山間奇絕事，會須添入品《茶經》。』

〔六四九〕陳眉公筆記　方案：　陸氏本則轉引自《格致鏡原》卷二一。實乃出陳繼儒《巖棲幽事》，又見其《茶話》。

〔六五〇〕天中記　本則轉引自《天中記》卷四四。亦見《西湖遊覽志餘》卷二四。

〔六五一〕田子藝云　本則見田藝蘅《煮泉小品·宜茶》。『以龍名者多』，原書作『多以龍名』。

〔六五二〕湖壖雜記　是書陸次雲撰。作者及雜記見本書拙釋〔三八二〕。

〔六五三〕坡仙食飲録　本則見孫鑛是書，並其作者詳本書拙釋〔三三三〕。

〔六五四〕清異録　本則見《清異録》卷下。『餉余』，原書作『飲余』。

〔六五五〕吴興掌故　是書參見本書拙釋〔三三六〕。疑即徐獻忠所撰書。

〔六五六〕蔡寬夫詩話　蔡居厚撰。卷數不詳，是書已佚。蔡居厚，字寬夫。臨川（治今江西撫州）人。承禧子，王莘婿。紹聖元年（一〇九四），進士及第。大觀初，拜右正言，擢起居郎，遷右諫議大夫。進户部侍郎，出知秦州，因事而罷。蔡京再相，起知滄、陳、齊三州。加徽猷閣待制，知應天、河南府，徙汝州。久之，知東平府，又知青州，因病未赴卒。撰有《詩話》、《詩史》二卷、《文集》十二卷，均已佚。《詩話》、《詩史》有郭紹虞輯佚本，刊《宋詩話輯佚》卷下，分别輯八十七則和一二五則，仍頗有可補輯的餘地。

〔六五七〕馮可賓岕茶牋　本則見《岕茶牋·序岕名》。『羅隱隱此』，原書作『羅氏居之』。

〔六五八〕名勝志　方案：　本則亦見《浙江通志》卷一〇四，文差不同。

〔六五九〕方輿勝覽　方案：『勝覽』，原作『覽勝』，似譌倒，據乙。本則出祝穆是書卷六《日鑄茶》。但文字大不同，疑陸氏轉引自他書或别一種《覽勝》書。本條實出施宿等《嘉泰會稽志》卷一七《日鑄茶》。文字略同。或陸氏據《天中記》卷四四誤注出處作《方輿勝覽》。

〔六六〇〕天台記　本則見《太平御覽》卷八六七引《天台記》。

〔六六一〕桑莊茹芝續茶譜　方案：桑莊及其《續茶譜》，詳見本《全集》上編拙輯本提要，輯文及校釋之條，勿贅。又，『今諸處』以下文字，皆陸氏之説。

〔六六二〕天台山志　據《四庫總目》卷七六著録，是書元・佚名撰，一卷。又，據《明史》卷九七及《千頃目》卷八著録，明・徐表然撰《天台山志》二十九卷。但今諸書轉引《天台山志》未見是條。又，葛仙翁茶園，見《嘉定赤城志》卷一九，但未云『在華頂峯上』。

〔六六三〕勞大輿甌江逸志　是書及其作者，見本書拙釋〔一六三〕。『輿』原譌作『與』，據改。又，其引盧仝《茶經》云：『温州無好茶』云云，必爲誤引出處。

〔六六四〕王草堂茶説　是書及其作者見本書拙釋〔二七〇〕及〔四三四〕條。陸氏《續茶經》雖已引其多條，但其書已佚，僅爲片羽吉光。

〔六六五〕屠粹忠三才藻異　屠粹忠，字純甫，號芝巖。鄞縣（治今浙江寧波）人。順治十五年（一六五八）進士，十八年，知河南封丘縣。官至兵部尚書。《三才藻異》，乃『取故實可備題詠者，分類標題，其目盈萬』。『蓋類書之支流而《蒙求》之變體也。』據其自序，歷二十四年而書始成。見《四庫總目》卷一三九著録。其事略見《浙江通志》卷一四二、一四三，《河南通志》卷九等。

〔六六六〕江西通志　本條見是書卷一一。陸氏已有改寫，如原書作『唐陸鴻漸』，陸氏改作『陸羽』之類。

〔六六七〕洪州西山白露鶴嶺茶　本則見《江西通志》卷二七《土産·南昌府》。文有删改。其中歐陽修詩句原書無，疑陸氏所增。又，『香城』，原書同，疑爲『香純』之音譌，似應據改。

〔六六八〕通志　本則前半見雍正《江西通志》卷二七，但文字頗不同。原書作『陸羽茶，穀雨前取，廖暹《十詠》呼爲雀香焙。』其後半則陸氏以己意言之，然疏略已甚。檢雍正本《通志》是卷，江西十三府，每府均産茶，但陸氏其前後各條僅列八府産茶，尚缺吉安、撫州、建昌、廣信、南康等五府，九江也僅云廬山産茶，缺之近半。下二條，亦見是書。又，廖暹，字曰佳，號丹泉。高安人。嘉靖七年（一五二八）舉人。嘉靖中，曾官福建詔安、浙江武康知縣。其事略見《江西通志》卷五四、《浙江通志》卷三五、《福建通志》卷二四等。

〔六六九〕名勝志　是書及其作者並見本書拙釋〔三七一〕。

〔六七〇〕丹霞洞天志　是書十七卷，清初羅森、蕭韻撰。羅森，字約齋。大興（治今北京）人。順治四年（一六四七）進士。官至陝西督糧道。蕭韻，字明彝。南城人。康熙中舉人。明萬曆中，建昌知府鄔齊云屬郡人左宗郢爲《麻姑山志》。因歲久板毁，康熙中湖東道羅森命蕭韻重加編撰，定名爲《麻姑山丹霞洞天志》，凡十七卷。此用其簡稱，亦簡作《麻姑山志》。見《四庫總目》卷七六、七七著録，《千頃目》卷八則著録爲十六卷。

〔六七一〕饒州府志　是書，《文淵閣書目》卷四已著録有二册和五册兩部，乃明初之本。其後，又有正德六年（一五一一）劉録所撰及陳大綬萬曆四十三年（一六一五）所纂之本。陳本凡四十五卷。見《四庫總目》卷七四著録。金君卿詩，見其《金氏文集》卷上《遊陽府寺》。金君卿，字正叔，饒州浮粱（治今江西景德鎮）人。嘗從學於范仲淹。慶曆二年（一〇四二）進士及第。皇祐二年（一〇五〇），官秘書丞；五年，爲太常博士、著作佐郎。熙寧四年（一〇七一），爲江西運判，五年官江西提刑，權提舉常平。入爲度支郎中，出爲廣東漕使。撰有《易説》、《易箋》，編有《三司簿籍》，均已佚。元祐中，其弟子江明仲編其詩文爲《金氏文集》十五卷，亦佚。今傳本二卷，乃四庫館臣輯自《大典》。金君卿曾與韓琦、文彦博及同年王安石等名臣交遊。其事跡具見曾鞏爲其父金温叟所撰《金君墓誌銘》（刊《元豐類稿》卷四四），《容齋隨筆》卷三《鄱陽學》、《夷堅志·丁》卷七《金郎中》，胡宿《文恭集》卷一二《金君卿除著作佐郎制詞》，《羣書考索後集》卷六三，《江西通志》卷四九等。

〔六七二〕通志　方案：本條出《江西通志》卷二七《土産·南康府·匡茶》。

〔六七三〕羣芳譜　本則陸氏録自《廣羣芳譜》卷一八。

〔六七四〕合璧事類　本則出謝維新《古今合璧事類備要》外集卷四二。『如紫筍』，原書作『及紫筍』。

〔六七五〕周櫟園閩小記　方案：周櫟園，即周亮工。《續茶經》四庫本本則書名竟臆改爲《天下名山記》。可見乾隆文化專制蠻横之極一斑。下條，當亦見是書。

〔六七六〕陳懋仁泉南雜志　是書二卷，陳懋仁撰。懋仁，字無功，號藕居士。嘉興人。曾官泉州府經歷等。

好學不倦，著作甚夥。撰有《年號韻編》一卷、《析酲漫録》六卷、《庶物異名疏》三十卷、《藕居士詩話》二卷、《壽者傳》三卷、《兩牘》一卷、《越遊草》、《粤事抄》、《李杜事林》、《塵棲草》、《石經草堂集》（以上卷亡）等。其事略見《檇李詩繫》卷一七、《四庫總目》卷七七、八三、一二六、一三八、一九七、《明史》卷九七、《千頃目》卷四、七、一〇、一五、二八、三二等。《泉南雜志》，乃其官泉州府時，據其所聞及資料載述當地山川故跡及郡縣事實、物産風俗等，頗爲詳備。見《四庫總目》卷七七著録。

〔六七七〕宋趙汝礪北苑别録　『趙汝礪』，原作『無名氏』，殆失考。説詳本《全集》上編《北苑别録》提要，今據改。陸氏所引本則爲『前言』，第二條爲『御園』。文本校勘見是書相關拙校。『馬鞍山』，原作『馬安山』；『師姑園』，原作『師如園』；『萠拆』，原作『萠拆』，均據改。又據補一『常』字。異文已在原書出校，請參閲。如『阮坑』，此作『院坑』之類。

〔六七八〕東溪試茶録　方案：是書宋子安撰，應補作者名。本則摘引自是書『總敍焙名』，下條則録自『茶名』，亦節引。校記見《試茶録》拙校。如『謂源』，此作『渭源』；『亦曰叢生茶』，原書作『亦曰蘗茶，叢生。』似『曰』下脱『蘗』，『茶』與『叢生』當乙。或陸氏不明『蘗茶』之意而改寫歟？又，據原書改、補各一字。

〔六七九〕品茶要録　本則引自黄儒是書『辨壑源沙溪』。『之遥』，原書作『之遠』；『人耳其名』，『耳』下疑脱『聞』字，似陸氏以己意改寫之，原書作『人徒趣（趨）其名』，是；『質體堅』，『質』，原書無，似衍，與上文『體輕』句成對文。

〔六八〇〕潛確類書　陳仁錫是書，其書名應作《潛確居類書》，併其作者説詳本書拙釋〔一二九〕。本則中，『緑昌明』三字誤衍，此爲蜀茶。又，『的乳』，音譌作『滴乳』；『粗骨』，譌作『鹿骨』；『山鋋』，誤作『山挺』；據《楊文公談苑》改。

〔六八一〕名勝志　即曹學佺《天下輿地名勝志》。『龍啓』，乃五代閩王鏻年號，爲公元九三三—九三四年，凡二年。

〔六八二〕三才藻異　是書清屠粹忠撰，詳本書拙釋〔六六五〕條。

〔六八三〕武夷山志　方案：自北宋劉夔始撰山志以來，代有人撰，至清董天工乾隆本山志止，至少有十三種之多。其中，以《武夷山志》名者有楊亘、丘雲霄的二種六卷本、汪佃撰二卷本、勞堪撰四卷本；卓有見《武夷小志》二卷，袁中道《武夷圖説》及吴栻《武夷雜志》各一卷。另有《文淵閣書目》卷四著録的明初佚名一册本，皆已佚。今存者凡五種：其一，明初裘仲孺《武夷山志》十九卷；其二，徐表然《武夷山志略》四卷；其三，清初王復禮《武夷九曲志》一六卷；其四王梓《武夷山志》；其五，董天工《武夷山志》二十四卷。陸氏似引自董志外的山志之一。以上據《千頃目》卷八、《續通考》卷一七一、《四庫總目》卷七六。

〔六八四〕王梓茶説　王梓，字琴伯。郃陽人。歲貢生，康熙四十二年（一七〇三），福建崇安縣令。撰有《三立編》十二卷、《武夷山志》（今存）等。事見《四庫總目》卷九八、《千頃目》卷八、《福建通志》卷二七。《茶説》，僅見於陸氏此引。

〔六八五〕草堂雜録　似即同本書卷下之四所録三條同出一書之《王草堂雜録》，即王復禮撰《雜録》中内容。

〔六八六〕荆州土地記　本條轉引自《北堂書鈔》卷一四四。是書北魏·賈思勰《齊民要術》已引録，乃南朝前之古籍。

〔六八七〕岳陽風土記　是書宋·范致明撰，一卷。范致明，字晦叔。建安人。元符三年（一一〇〇）進士第二，曾應制舉。累官中奉大夫、徽猷閣待制。因事以宣德郎謫監岳州商税。撰有《巴陵古今記》一卷，已佚。是書則『於郡縣沿革、山川改易、古跡存亡考證特詳』（《四庫總目》卷七〇）。其事跡見范祖禹《范太史集》卷五五《手記》、洪邁《容齋四筆》卷一五《蔡京輕用官職》、《通考》卷二〇五、《福建通志》卷三三等。『一二十兩』，原作『一二十斤』，據原書及《説郛》卷六二下、《天中記》卷四四、《格致鏡原》卷二一、《廣羣芳譜》卷一八引文改。

〔六八八〕類林新詠　今考是書三十六卷，凡百餘篇。清·姚之駰撰。姚之駰，字魯斯，號仲容。錢塘（治今浙江杭州）人。康熙六十年（一七二一）進士，改庶吉士，授翰林院編修，官至陝西道監察御史。博學好古，尤長史學。工詩詞，還撰有《鏤空集詞》四卷，輯有《東觀漢記》八卷、《後漢書補逸》二十一卷、《元明事類鈔》四十卷。事跡見汪由敦《松泉集》卷九《姚侍御新體詩序》，《清史列傳》卷七〇、《全清詞鈔》卷九等。本則似爲其詩注。實乃出毛文錫《茶譜》，見拙輯本是書第二六條及校記〔三〇〕。

〔六八九〕合璧事類　本則見謝維新《古今合璧事類備要》外集卷四二。此乃實出毛文錫《茶譜》，參見拙輯本第二七條及校注〔三一〕。『潭邵』，謝氏原書已譌作『潭郡』，陸氏誤踵之，據拙輯本引《太平寰宇記》卷一一四改。『中出茶』，原書作『中有茶』。

〔六九〇〕湘潭茶　本則失注出處。疑出明清方志。

〔六九一〕茶事拾遺　本則轉引自《廣羣芳譜》卷一八。

〔六九二〕通志　方案：疑出《湖廣通志》或《湖北通志》。『蘄水』，清抄本作『蘄州』。

〔六九三〕桐柏山志　方案：陸氏本條轉引自《廣羣芳譜》卷一八引《桐柏山志》，但本則似誤引出處。桐柏山，在河南。檢《浙江通志》卷一六引嘉靖《通志》云：『瀑布山，一名紫凝山』，『有大茗』。疑應改書名作《浙江通志》。

〔六九四〕山東通志　方案：本則不見於四庫本《山東通志》，見《清一統志》卷一四一。文略有異同。

〔六九五〕輿志　方案：『輿志』，疑爲《輿地志》之譌奪。然此無別本他書可校。姑存疑。

〔六九六〕吴陳琰曠園雜志　吴陳琰，字寶崖，號芋畦。錢塘人。監生，康熙中任山東茌平知縣。曾預編纂《分類字錦》、《歷代詩餘》等。撰有《春秋三傳同異考》一卷、《通玄觀志》二卷等；與沈玉亮合編《鳳池集》（無卷數）。曾與清初名流朱彝尊、毛奇齡、宋犖、湯右曾、查慎行等交遊唱酬。其《曠園雜志》二卷，『是書皆記見聞雜事，而涉神怪者十之七八。』見《四庫總目》卷一四四著録。其著作見同書卷三一、七七、一九四等。事跡略具《曝書亭集》卷六八，《西河集》卷一八一、一八二，《西陂類稿》卷一九，《懷清堂集》卷一一、一二，《敬業堂詩集》卷三八等。

〔六九七〕王草堂雜録 是書清・王復禮撰，又撰有《王草堂茶説》等，參見本書校釋〔六八五〕。

〔六九八〕嶺南雜記 是書吴震方撰，二卷，並其作者見本書拙釋〔五九九〕。本條及下二條化州茶、羅浮茶亦出是書卷下。

〔六九九〕南越志 《南越志》，沈懷遠撰，已佚。沈懷遠，南朝・劉宋文學家。吴興武康（治今浙江德清西）人。曾任始興王征北長流參軍，武康令。有集，早佚。事略見《宋書》卷八二、《南書》卷三四等。本則節引自《政和證類本草》卷一二。

〔七〇〇〕華陽國志 本則節引自晉・常璩《華陽國志》卷一《巴志・涪陵郡》。

〔七〇一〕花木考 是書全名《華夷花木考》，參閱本書拙釋〔五二六〕。末句『作五出花』，『花』字原脱，據下引毛書補。又，毛文錫《茶譜》作『六出花』，見拙輯本第二條。

〔七〇二〕毛文錫茶譜 方案： 本則見拙輯本《茶譜》第六條，參閱校記〔九〕、〔一〇〕兩條。據補三字，改一字。又『以形似之也』，『似』，原書作『芽』；『片甲、蟬翼之異』，原書（宋代文獻轉引）無此六字。特補出校記。

〔七〇三〕東齋紀事 本條摘引自宋・范鎮是書卷四。文頗有删潤。如『每至春逮夏之交始出』，原書作『常在春夏之交』之類。勿一一列舉。

〔七〇四〕羣芳譜 本則見《廣羣芳譜》卷一九。『明月簝、芳蘂簝』，陸氏誤引作『明月房』，據改補。

〔七〇五〕陸平泉茶寮記事　方案：本則見於宋・朱勝非《紺珠集》卷一〇《火前茶》。原書曰出蔡襄《茶録》，實止第一條『雲腳粥面』出蔡録，餘九條均非是。陸氏就更是誤引出處，但《古今圖書集成》本所載陸樹聲《茶寮記》已有此十六條，則至遲在清初就已羼入《茶寮記》，陸氏引作《茶寮記事》，或乃陸樹聲另抄上述十六條以別成一文歟。『平泉』，乃樹聲之號，又，末句『有露芽、穀芽之名』七字，爲《紺珠集》所無，或朱氏已删。

〔七〇六〕述異記　本則出梁・任昉《述異記》卷上。文全同。

〔七〇七〕王新城隴蜀餘聞　王新城，即王士禎。併其人及其書見本書拙釋〔三七八〕。

〔七〇八〕雲南記　據《滇略》卷八載，是書五卷，唐・袁滋撰，又見《四庫總目》卷一五。本則轉引自《太平御覽》卷八六七。唯脱一『縣』字，據補。

〔七〇九〕雲南通志　方案：本則上半『茶山』，不見於四庫本（乾隆元年成）《雲南通志》卷三；下半條太華茶見是書卷二七。疑或據康熙《雲南通志》著録。

〔七一〇〕續博物志　方案：本則後半見宋・李石是書卷七。但陸氏已據己意改寫，而『威遠州』云云之前半條，又爲李石書所無。原書僅云：『茶出銀生〔府〕諸山。採無時，雜椒薑，烹而飲之』。

〔七一一〕許鶴沙滇行紀程　許纘曾（一六二七—一七〇〇），字孝修，一字孝達，號鶴沙，别號悟西。華亭（治今上海松江）人。順治六年（一六四九）進士。康熙初，官河南按察使。許氏爲徐光啓曾外孫，自幼受洗，信奉天主教，教名巴西略。時值河南興天主教，後楊光先等因修曆法而劾湯若望等，許氏受牽累而被革職。湯案得白，復起爲雲南按察使。到滇履任未及一年，即辭官歸養。著有《寶綸堂集》五卷，《滇行紀程》及《續抄》各一卷，《東還紀程》及《續抄》各一卷。還有《育嬰編外》、《三奇記院》等。其事跡見《四庫全書總目》卷六四、《華亭縣志·小傳》、張維屏《國朝詩人徵略·二編》卷一等。本書乃其赴任雲南途中時所記，而《東還紀程》則爲其自雲南歸途中所作。『皆述所見山川古跡、物産士風，大抵志乘所有者也。』見同上《四庫提要》卷六四。

〔七一二〕天中記　本則見《天中記》卷四四，陸氏引文有潤色。其文始見於《太平寰宇記》卷一六七，但其誤引出處作《茶經》，實出毛文錫《茶譜》，又見元·李衎《竹譜》卷九。詳拙輯本《茶譜》第三六條及拙釋〔三九〕。

〔七一三〕地圖綜要　本書明人吴學儼、朱紹本、朱國達、朱國幹合撰，無卷數。見《千頃目》卷六、《續通考》卷一六五、《續通志》卷一七〇著録。

〔七一四〕研北雜志　本則見是書卷下，據以改、補各一字。又，『北虜』云云末八字，原書無。或四庫本編者所删歟？是書二卷，元·陸友撰。友字友仁，一字宅之。自號研北生。平江人。父爲布賈，勵志力學，工詩善書，博極羣物，精於鑒賞，於書畫、古器物真贋立辨。虞集、柯九思力薦於朝，未及用而歸吴。撰有《硯史》、《印史》、《杞菊軒稿》等，今存者僅《墨史》三卷及《研北雜志》二卷。《雜志》乃自大都歸吴後之作，有元統二年（一三三四）自序。此乃『追憶所欲言者，命其子録藏。所録皆佚文瑣事』，頗涉鑑賞。見《四庫總目》卷一二二著録。友事跡具見元·顧瑛《草堂雅集》卷一〇，《元詩選》三集、《姑蘇志》卷五六小傳，《四庫總目》卷一一五、《千頃目》卷九及《續通考》卷一七七等。

〔七一五〕茶事著述名目　方案：以下所列茶著、茶文，凡本《全集》已收者，請參閲該書卷首提要；凡本書以上所及者，請參閲該條《校釋》。如書名、篇名、卷數或作者有脱、誤者，據本《全集》各書提要及《校釋》補、改，亦按校勘法則處理。均不再重出校記，以免繁瑣之嫌。如以上未及者，則補出校證。

〔七一六〕進茶録　方案：今考蔡襄無此書，疑即指蔡襄《茶録》序、跋。

〔七一七〕北苑煎茶法　方案：是書僅見鄭樵《通志》卷六六《藝文略四》著録，然其不著撰人。陸氏稱作者爲『前人』，承上乃劉异，未審其何所據。當以佚名爲允。

〔七一八〕宋子安集　方案：《東溪試茶録》，宋・宋子安撰。陸氏下有『一作朱子安』五字，實有蛇足之嫌。但沿《晁志》卷一二、《通考》卷二一八之譌，説詳是書提要。據删。

〔七一九〕又一卷前人　方案：承上乃指周絳《補茶經》又一卷。此爲《晁志》卷一二（袁本）及《通考》卷二一八著録其書不同版本又一卷，不當重出於書目，陸氏未解其意而照抄，應删。

〔七二〇〕茶論　方案：此沈括撰。見《夢溪筆談》卷二四《雜志一》：『予山居有《茶論》』可知。但《茶論》是書或文未可知，因其内容已佚。陸氏乃首列於著述者，又《續茶經》卷下之二已摘引《筆談》本條。肯定其爲農學或茶學專著的乃先師胡道靜先生。見其《沈括在農業科學上的成就和貢獻》，刊《學術月刊》（一九六六年二月號），又收入《農書・農史論集》（農業出版社一九八五年版）。

〔七二一〕北苑别録無名氏　方案：《北苑别録》一卷，陳氏《解題》已云趙汝礪撰，是。《通考》卷二一八亦明言之。明清時，因其書多附刻於宋・熊蕃《宣和北苑貢茶録》，又因其子熊克始取二書合刻於建陽，遂誤以爲此書熊克撰。或細繹其書，覺非是，乃徑改爲無名氏。四庫本輯自《大典》，正名爲趙汝礪撰，極是。但一書三作者名並存之夾纏不清由來已久。如陸氏《續茶經》卷上之一引作『趙汝礪』，卷下之四引作『無名氏』，卷下之五本篇則作者又作熊克，凡三氏分列三條。非是，應删後二條而僅保存趙汝礪一條。

〔七二二〕造茶雜録　僅見於陸氏此書著録，未審其何所據。或即指張文規之詩序或注歟？但非著述。

〔七二三〕建茶論　方案：《建茶論》，疑即羅大經《鶴林玉露》甲編卷三《建茶》，實乃僅一百五十餘字的一則短論。似不應作爲『茶事著述』之一列目。如以這種標準入選，則古代文獻中何止成千上萬，此又未免掛一漏萬。

〔七二四〕十友譜茶譜　方案：陸氏本條有二誤，其一，《十友譜》與《茶譜》各自爲書，各爲一卷，並非《十友譜》中有《茶譜》一種。其二，其編者爲明・顧元慶，並非佚名。二書見《千頃目》卷九著録，各自成條，不過《茶譜》作二卷，似以圖、文各一卷歟。顧氏將此兩書均已輯入其《顧氏四十家小説本》，各爲一卷，是其證。陸氏，其下又重出顧元慶《茶譜》。

〔七二五〕品茶　方案：『品茶』，似爲《品第書》之譌。陸龜蒙《甫里先生傳》有云：『自爲《品第書》一篇，繼《茶經》、《茶訣》之後。』見《笠澤叢書》卷一、《甫里集》卷一六、《文苑英華》卷七九六。陸魯望，則其字也。

〔七二六〕八牋茶譜　方案：此或陸氏改題之篇目，原爲高濂《遵生八牋》卷一〇《飲饌服食牋》上卷《茶泉類》。又分爲《論茶品》、《採茶》、《藏茶》、《煎茶四要》、《試茶三要》、《茶效》、《茶具十六器》、《論泉水》等目，下又頗有再分子目者。高氏書今有多種版本存世。

〔七二七〕竹嬾茶衡　僅見於陸氏本書著録，本書卷下之一録存其文一則，似爲品茶衡鑑之文。

〔七二八〕茶記　方案：此爲《建安茶記》之簡稱，一名《建安茶録》。餘詳本《全集》上編所收之拙輯本。

〔七二九〕茶説　方案：《續茶經》卷下之四引作吴從先《茗説》。餘詳本書附録一《茗説》條。

〔七三〇〕茶譜　方案：朱碩儒，生平事歷未詳，清初人。其《茶譜》，僅見於此。黄與堅，字庭表。太倉人。順治十六年（一六五九）進士，未就選，舉康熙十八年（一六七九）博學鴻儒科，授編修。預修《明史》、《清一統志》。有《易學闡》、《忍庵文集》等。事見《江南通志》卷一二四、一六六，《詞林典故》卷八，《四庫總目》卷一九四等。

〔七三一〕詩文名目　是否出校證，原則上同『茶事著述名目』，見本書校釋〔七一五〕。

〔七三二〕杜毓荈賦　杜毓，一作杜育（？—三一一），字方叔。襄城人。永興中，攝汝南太守。永嘉中，進右將軍，後爲國子祭酒，卒於洛陽。原有集，已早佚，今僅有存賦二篇，詩三首，分見清·嚴可均《全晉文》及逯欽立《全晉詩》。事略見《晉書》卷四〇等。其《荈賦》，全文已佚。今佚存部分，見《北堂書鈔》卷一四四、《藝文類聚》卷八二、《茶經》卷下、《事類賦注》卷一七等。

〔七三三〕顧況茶賦　顧況（約七二七—約八一六），字逋翁，自號華陽山人。蘇州人。至德二載（七五七），登進士第。歷杭州新亭監鹽官。大曆五年（七七〇）遊湖州，與皎然等聯句唱酬。六年至九年，爲温州永嘉監鹽官。後往江西，與柳渾、李泌等遊。建中元年（七八〇）韓滉辟爲判官，後隨韓入相，官大理司直。三年，柳、李相繼爲相，薦顧况爲秘書郎；四年，遷著作佐郎。五年，因賦詩譏誚朝貴而貶饒州。九年棄官居茅山，受道籙。貞元後期，時出遊温、揚、湖、宣等州。約卒於元和中。撰有《顧况集》二十卷（陳氏《解題》作五卷），已佚。今存世僅《華陽集》三卷。事跡見皇甫湜撰《顧况集序》（附集卷首），《舊唐書》卷一三〇《李泌傳·附傳》，《唐詩紀事》卷二八，《唐才子傳校箋》等。其《茶賦》，見《文苑英華》卷八三。

〔七三四〕李文簡茗賦　方案：文簡，李燾（一一一五—一一八四）謚。燾字仁甫，一字子真，號巽岩。眉州丹稜人。紹興八年（一一三八）進士，爲華陽縣簿，再調雅州推官，知雙流縣。擢知榮州，除潼川府路轉運判官。乾道三年（一一六七），除兵部員外郎兼禮部郎中。後歷官中外，淳熙四年（一一七七），拜禮部侍郎。七年，因《續資治通鑑長編》書成，進敷文閣直學士、提舉佑神觀、兼侍講，同修國史。撰有文集五十卷（《宋史·藝文志七》作一二〇卷）。李燾是宋代繼司馬光後最有成就的史學家，其詩文亦頗爲時人所重，惜多已佚。事跡見周必大《文忠集》卷六六《李文簡公神道碑》，徐規師《李燾年表》（刊《仰素集》）。李燾《茗賦》已佚。

〔七三五〕梅堯臣南有佳茗賦　梅賦今存《宛陵集》卷六〇。

〔七三六〕黄庭堅煎茶賦　山谷此元符二年（一〇九九）作於戎州（治今四川宜賓）。見《山谷集》卷一，又有書法真跡，凡五十八行楷書，見《寶真齋法書贊》卷一五。山谷《賦》歷來膾炙人口。又，宋·俞德鄰《佩韋齋集》卷一八有《荽茗賦》，頗具特色，陸氏卻失收。

〔七三七〕程宣子茶銘　方案：明·楊慎（一四八八—一五五九）《升菴集》卷五三《茶夾書燈二銘》引作《茶夾銘》。疑『夾』應作『莢』，但《淵鑑類函》卷三九〇卻作《茶銘》，似陸氏轉引自《類函》。而《佩文韻府》卷六之二作《茶夾銘》，卷十四之二卻又作《茶銘》。程宣子，明中期以前人。餘待考。

〔七三八〕曹暉茶銘　方案：曹暉《茶銘》，陸氏此引外，僅見於葛長庚（一一九四—？）《茶歌》中所及云：『曹暉作《茶銘》』，見《宋元詩會》卷五七，則曹暉爲南宋中晚期以前之人。餘未詳。

〔七三九〕湯悦森伯傳　見《清異録》卷下。湯悦，本名殷崇義，後避宋諱改名，字德川。池州青陽人。南唐仕至樞密使、右僕射，門下侍郎平章事。入宋，嘗預修《太平御覽》等，又奉命與徐鉉合撰《江南録》。事見馬令《南唐書》卷五、卷二三，《十國春秋》卷二八等。但所謂的《森伯傳》並非湯悦之作，而是作爲游戲文字而僞撰作者及篇名，如同莫須有的蘇廙《仙芽傳》一樣。説詳本《全集》上編卷末《荈茗録》提要。

〔七四〇〕熊禾北苑茶焙記　本文見熊禾《勿軒集》卷三。

〔七四一〕趙孟熧武夷山茶場記　方案：本條僅見於此。

〔七四二〕薩都剌喊山臺記　方案：本文不見於薩天錫《雁門集》及董天工《武夷山志》。

〔七四三〕文德翼廬山免給茶引記　文德翼，字用昭，號燈巖。德化（治今江西九江）人，崇禎七年（一六三四）

進士，官嘉興府推官，擢禮部主事。有《宋史存》二卷、《傭吹録》四十一卷、《讀莊小言》一卷、《雅似堂文集》十卷、詩三卷，又有《燈巖詩集》等。事見《四庫總目》卷六五、一三八、一四七、一八〇，《御選明詩·姓名爵里七》等。《免給茶引記》僅見於此。

〔七四四〕茅一相茶譜序　方案：陸氏所云乃顧元慶《茶譜後序》。見本《全集》中編《茶譜》附録。又，茅一相又撰《茶具圖贊序》，併其人見《茶具圖贊》校證〔六〕、〔七〕。

〔七四五〕清虛子茶論　張雨（一五八〇—一六四三），號清虛子。慶陽人。見《陝西通志》卷六五。不知是否即此人，所撰《茶論》僅見於此。

〔七四六〕何恭茶議　今檢得兩明人名何恭。其一，富陽人，永樂三年（一四〇五）舉人，永樂年間官貴州右參政，終官廣東參政。見《浙江通志》卷一三四，《貴州通志》卷一七。其二，郴州人，宣德四年（一四二九）舉人，景泰四年（一四五三）官於韶州，見《湖廣通志》卷三四，《廣東通志》卷二七。《茶議》僅見於陸氏此著録，不知是否兩人中之一或另有何恭其人。

〔七四七〕汪可立茶經後序　方案：《後序》見本《全集》上編所收拙校本《茶經》附録一，汪可立，詳《茶經》拙校〔三六六〕。

〔七四八〕吴旦茶經跋　方案：吴旦跋刊嘉靖竟陵本《茶經》卷末，見日本學者布目潮渢編《中國茶書全集》下卷頁四一，〔日〕汲古書院一九八七年版。此跋不足百字，因字體無可正確識讀而失收，惜哉。吴旦，字而待，號蘭皋。南海人。嘉靖十六年（一五三七）舉人，謁選爲知州。有詩集《蘭皋集》，已佚。

清初陳文藻將吴旦詩四卷編入其《南園後五子詩集》(凡二十八卷),幸以流傳。其事見《明詩綜》卷五三,《千頃目》卷二三,《四庫總目》卷一九四。又,據《江南通志》卷一二八載,明有另一吴旦,休寧人,嘉靖七年(一五二八)舉人。據其跋尾自署新安人,當爲後者。但未審兩者是否有可能爲同一人。地望之不同,其一有可能爲祖籍; 中舉年之不同,有可能爲史料之誤。但也不能排除爲不同之兩人的可能,故並列之。如確爲約略同時之二人,應屬後者。

〔七四九〕童承敘論茶經　方案: 原題作《與夢野論茶經書》,原附録於明嘉靖竟陵刊本《茶經》卷末。今録其文如下:『十二日,承敘再拜言: 比歸,兩枉道從,既多簡略,日苦塵務,又缺趨侯,愧罪如何。敘潦倒蹇拙,自分與林澤相宜,頃修舊廬,買新畬,日事農圃,已遣人持病疏入告矣。天下且多事,惟望公等蚤出,共濟時艱耳。不盡不盡! 《茶經》刻良佳,尊序尤典覈。敘所校本大都相同,惟唐皮公日休、宋陳公師道俱有序,兹令兒子抄奉,若再刻之於前,亦足重此書也。天下之善政不必已出敘可以無梓矣。暇日,令人持紙來印百餘部,如何? 匆匆不多具。』上引乃童承敘與魯彭書,『夢野』,或即魯彭之號。從上引書信内容可知,卷首增入皮日休《茶中雜詠序》及陳師道《茶經序》,其始作俑者乃童承敘。但皮序乃與陸龜蒙唱酬詩十首之序,與《茶經》風馬牛不相及。故本《全集》拙校本《茶經》摒而不録。其增入陳師道序則頗爲有識,盡管師道校宋本《茶經》早已蕩然無存,但將其冠於《茶經》序跋之首,乃名至實歸。陳氏序本《茶經》當爲南宋最早刻本。

〔七五〇〕趙觀煮泉小品序　趙觀,見本《全集》中編所收《煮泉小品》提要。序見《小品》卷首。

〔七五一〕合璧事類　本條見《古今合璧事類備要》後集卷六八。又見同書後集卷六九、《翰苑新書》前集卷四九、《記纂淵海》卷三四，『制』，均作『利』，是；又，『我』，皆作『吾』，亦是，據改。今考龍溪乃汪藻（一〇七九—一一五四）之號。這首制詞出《浮溪集》卷八《陳起宗直徽猷閣、都大提舉川陝路茶馬制》。原文正作『吾』、『利』。是其證。

〔七五二〕胡文恭行孫諮制有云　文恭，胡宿（九九六—一〇六七）之謚，制詞見其《文恭集》卷一二《孫諮可著作佐郎制》。『典臨茗局』，陸氏譌作『典領茗軸』，據改。

〔七五三〕唐武元衡有謝賜新火及新茶表　方案：武、劉、柳凡四表，均見《文苑英華》卷五九四。其中劉禹錫撰《謝表》二首，武、柳各一首。劉、柳《謝表》題中原無『賜』字，乃陸氏所增。又《英華》同卷還收有常袞《謝進橙子賜茶表》一首，陸氏失載。

〔七五四〕韓翃爲田神玉謝賜茶表　方案：韓翃代撰《謝表》亦見同右引《文苑英華》卷五九四，據改一字。又，原書題中無『賜』字。

〔七五五〕宋史　方案：本條陸氏摘引自《宋史》卷一八四《食貨志下六》，既文意未完，又隨意將『秋葉』、『黄花』兩詞互乙，兩失之也。今核所引原文作：李稷『重園户採造黄花秋葉之禁，犯者没官。』

〔七五六〕宋通商茶法詔　方案：此詔制詞見歐陽修《文忠集》卷八六，草於嘉祐四年（一〇五九）二月四日。洪邁代撰《謝表》，則見元·富大用編《古今事文類聚》外集卷九。題注云：『復兼常平』。

〔七五七〕謝宗謝茶啓　方案：此陸氏誤引出處，未審其何所據。本則實見《説郛》卷一一上引宋·楊伯嵒

《臆乘》援引『謝氏謝茶』云云，何來『謝宗《謝茶啓》？』又，《天中記》卷四四引文同。『謝宗』下，脱一『可』字。

〔七五八〕茶榜 本則見明・楊慎《升菴集》卷六五《佛書四六》引《茶榜》，文全同。

〔七五九〕劉言史與孟郊洛北野泉上煎茶 方案：劉言史此詩見《唐百家詩選》卷一四，又見《事文類聚》續集卷一二、《全唐詩》四六八等。

〔七六〇〕僧皎然尋陸羽不遇有詩 唐釋皎然《尋陸羽不遇》詩見宋・周弼編《三體唐詩》卷六。但原題作《尋陸鴻漸不遇》，見皎然《杼山集》卷一，又見五代・韋縠編《才調集》卷九、宋・李龏編《唐僧弘秀集》卷一、《唐詩紀事》卷七三等。

〔七六一〕白居易有睡後茶興憶楊同州詩 白居易此詩見《白氏長慶集》卷三〇、《白香山詩集》卷二四等。

〔七六二〕皇甫曾有送陸羽採茶詩 方案：皇甫曾此詩詩題原作《送陸鴻漸山人採茶回》，見《文苑英華》卷二三一。又見《二皇甫集》卷八、《全唐詩》卷二一〇等。又，皇甫冉有《送陸鴻漸棲霞寺採茶》詩，見《二皇甫集》卷三、《全唐詩》卷二四九。

〔七六三〕劉禹錫西山蘭若試茶歌 方案：陸氏所引詩題中，『西山』，原譌作『石園』；又，詩句中『清泠』，原譌作『清冷』；並據《劉賓客文集》卷二五、《全唐詩録》卷三八、《全唐詩》卷三五六、《廣羣芳譜》卷二〇等所收此詩改。祝穆《古今事文類聚》續集卷一二正引作《石園蘭若試茶歌》，詩中正作『清冷』，則陸氏爲沿譌踵謬而已。

〔七六四〕鄭谷峽中嘗茶詩　詩見鄭谷《雲臺編》卷下，又見《文苑英華》卷三二七等。

〔七六五〕杜牧茶山詩　方案：　杜牧此詩，原題作《題茶山》（注云『在宜興』），見《全唐詩》卷五二二等，故《廣羣芳譜》卷二〇改題作《題宜興茶山》。又，此聯詩句歷來膾炙人口，宋代類書多所援引。如《類説》卷一三、《記纂淵海》卷九〇、《全芳備祖》後集卷二八、《事文類聚》續集卷一二，多作『山實東吴秀』，而『東吴』，陸氏譌作『東南』，唯《天中記》卷四四亦作『東南』，疑陸氏轉引於是書，故同誤。今據上引書改。

〔七六六〕施肩吾詩　是聯施詩，見《海録碎事》卷六、《全唐詩》卷四九四等。

〔七六七〕秦韜玉有採茶詩　方案：　秦詩原題爲《採茶歌》（題注云：　一作《紫筍茶歌》），見《文苑英華》卷三三七。又見《全唐詩》卷六七〇等。

〔七六八〕顔真卿有月夜啜茶聯句詩　方案：　詩見《顔魯公集》卷一五，又見《杼山集》卷一〇、《全唐詩》卷七八八等。顯然，此乃陸士修、張薦、李萼、崔萬、顔真卿、清晝六人聯句詩。『顔真卿』下似應補『等六人』三字，詩題『月夜』上，原有『五言』二字。又，此聯句詩陸士修作首尾各二句，餘五人，依次人各二句。

〔七六九〕司空圖詩　方案：　司空圖此詩，題作《力疾山下吴村看杏花十九首》之十一，見宋·洪邁編《萬首唐人絶句》卷五七，又見《全唐詩》卷六三四。

〔七七〇〕李羣玉詩　方案：　李詩原題作《龍山人惠石廩方及團茶》，見《李羣玉詩集》卷上，又見《全唐詩》

卷五六八。『衡岳』，陸氏引作『衡山』，據改。

〔七七一〕李郢酬友人春暮寄枳花茶詩　李詩見宋·王安石選編《唐百家詩選》卷一八，又見《全唐詩》卷八八四、《廣羣芳譜》卷二〇。

〔七七二〕蔡襄有北苑茶壟採茶造茶試茶詩五首　方案：蔡襄詩原題爲《北苑十詠》，凡十首。陸氏所録五首詩題，乃其第二至六首。餘五首，題作《出東門向北苑路》、《御井》、《龍塘》、《鳳池》、《修貢亭》。見《端明集》卷二。

〔七七三〕朱熹集香茶供養黄蘗長老悟公塔　方案：朱詩原題爲《香茶供養黄蘗長老悟公故人之塔并以小詩見意二首》，見《晦菴集》卷九。『黄蘗』，陸氏譌作『黄柏』，據改。

〔七七四〕文公茶坂詩　《茶坂》，乃朱熹《雲谷二十六詠》組詩之二十二首，見《晦庵集》卷六。『採擷』，陸氏譌作『採葉』。

〔七七五〕蘇軾有和錢安道寄惠建茶詩　方案：東坡這首名作見《東坡全集》卷五，又見《施注蘇詩》卷八、《宋文鑑》卷二一等。安道，錢顗字。顗，無錫人。慶曆六年（一〇四六）進士。初爲寧海軍節度推官。知贛、烏程二縣。治平四年（一〇六七），以金部員外郎爲殿中侍御史裏行。熙寧元年（一〇六八），有《上神宗要務十事》等疏，論時政頗切實，攻王安石不遺餘力。二年，貶監衢州稅。後徙監秀州（治今浙江嘉興）稅。卒年五十三。世有『鐵肝御史』之稱。與趙抃、蘇軾等交遊唱酬。撰有《錢安道奏議》等，見尤袤《遂初堂書目》。事見《宋史》卷三二一本傳、《長編》卷二五八、《東都事略》卷

七八、《無錫縣志》卷三下等。

〔七七六〕坡仙食飲録有問大冶長老乞桃花茶栽東坡詩　方案：蘇軾是詩題爲《問大冶長老乞桃花茶栽東坡》，『東坡』兩字原脱，據補。此詩見《東坡全集》卷一三，又見《施注蘇詩》卷一九，不應轉引自《坡仙食飲録》，陸氏兩失之矣。

〔七七七〕韓駒集謝人送鳳團茶詩　方案：韓駒詩原題作《謝人送鳳團及建茶》二首。本則所引爲第一首，見《陵陽集》卷四，又見吴开《優古堂詩話》引，原有自注『史官，月賜龍團』六字。

〔七七八〕蘇轍有詠茶花詩二首　方案：轍詩原題爲《茶花二首》，無『詠』字。詩見《欒城集》卷一〇。本則所引見第二首。

〔七七九〕孔平仲夢錫惠墨答以蜀茶　孔平仲此詩，見《清江三孔集》卷二一。

〔七八〇〕岳珂茶花盛放滿山詩　岳珂詩見其《玉楮集》卷四。

〔七八一〕趙抃集次謝許少卿寄卧龍山茶詩　趙詩見《清獻集》卷四，又見《廣羣芳譜》卷二〇、《佩文齋詠物詩選》卷二四四、《宋詩鈔》卷七、《宋元詩會》卷一九。陸氏原引作『爭誇』，諸書俱作『珍誇』，據改。

〔七八二〕文彦博詩　文詩原題作《蒙頂茶》，見《潞公文集》卷四。

〔七八三〕張文規詩　文規詩，原題作《吴興三絶》，見《全唐詩》卷三六六。又，《續茶經》卷下之四已自《吴興掌故録》轉引此句，不應重出。

〔七八四〕孫覿有飲修仁茶詩　孫詩見《鴻慶居士集》卷三。修仁茶，産於桂州（南宋初改靜江府，治今廣西桂林）修仁縣（治今廣西荔浦西南修仁），宋代名茶。北宋時已聲譽鵲起。見黄庭堅《山谷集》別集卷一四《與崇寧平老書》，稱其在貶謫中，惟『忤修仁茶煎飲耳』。修仁茶啜苦咽甘，有療疾驅瘴之效。乃貶謫炎荒之地士大夫良藥也。范成大《桂海虞衡志》云：『修仁茶：修仁，靜江府縣名。製片二寸許，上有「供神仙」三字者上也，大片，粗淡。』乃述其産地，性狀。鄒浩《道鄉集》卷一〇有《修仁茶》詩三首述其性狀功效甚確且詳，今録其前二首『味如橄欖久方回，初苦終甘要得知。不但炎荒能已疾，攜歸北地亦相宜。』『嶺南州縣接湖南，處處烹煎極口談，北苑春芽雖絶品，不能消鬲禦煙嵐。』又，南宋初名相李綱《梁溪集》卷二三《飲修仁茶》也贊曰：『北苑龍團久不嘗，修仁茗飲亦甘芳。』此外，修仁茶還是南宋廣西茶馬貿易中的主要品種之一。

〔七八五〕韋處厚茶嶺詩　韋詩見《唐詩紀事》卷三一，又見《全唐詩》卷四七九。據改二字。

〔七八六〕周必大集胡邦衡生日以詩送北苑八銙日注二瓶　周必大詩見其《文忠集》卷四。文全同，題下原有注云：『己丑六月三日。』己丑，乾道五年（一一六九）。邦衡，胡銓（一一〇二—一一八〇）字，其號澹庵，廬陵（治今江西吉安）人。建炎二年（一一二八）進士，授撫州軍事判官。紹興五年（一一三五），應詞科，除樞密院編修官。八年，反對和議，請斬秦檜等三人，貶監廣州鹽倉，十二年，除名編管新州；十八年，貶居吉陽軍。二十六年，因上年秦檜卒而量移衡州（治今湖南衡陽）。三十一年，許自便。孝宗即位，起知饒州，召對，除吏部郎中、秘書少監，兼侍講及國史院編修官。又因反對隆興和議而提舉宮觀。乾道初，起知漳州，徙知泉州，留爲工部侍郎。淳熙七年（一一八〇），以資政殿學士致仕，卒謚忠簡。其詩文，由其子胡澥編爲《澹庵文集》一百卷，已佚，今存者僅三十二卷。其事跡見楊萬里《誠齋集》卷一一八《胡公行狀》、《宋史》卷三七四《本傳》等。又，《次韻王少府送焦坑茶》見《文忠集》卷三。原題注：王少府名洋，詩作於甲申，即隆興二年（一一六四）。王洋（一〇八七—一一五三），字元渤，晚號南池。原籍東牟（治今山東蓬萊），後徙居山陽（治今江蘇淮安）。宣和六年（一一二四）進士，官至起居舍人，罷爲直徽猷閣。亦論事切實，反對和議之士。撰有《東牟集》三十卷，已佚。四庫本輯自《大典》，爲十四卷，不足其半。事具《文忠集》卷二〇《東牟集序》、《宋史翼》卷二七等。

〔七八七〕陸放翁詩　陸游詩『寒泉』二句原題爲《夏初湖村雜題》八首之三，見《劍南詩稿》卷五一。『東山石上茶』，原題《村舍雜書》十二首之七，見《劍南詩稿》卷三九。

〔七八八〕劉詵詩　元・劉詵此詩原題作《和友人病起自壽二首》之一，見其《桂隱詩集》卷四。

〔七八九〕王禹偁茶園詩　王詩原題作《茶園十二韻》，見《小畜集》卷一一。

〔七九〇〕梅堯臣集宋著作寄鳳茶詩　梅詩見《宛陵集》卷七。本則第二首梅詩原題作《李仲求寄建溪洪井茶七品云愈少愈佳未知嘗何如耳因條而答之》，見《宛陵集》卷三七。陸氏詩題簡化，無可厚非；但其『李仲求』謁倒作『李求仲』，據乙。『楂』，陸氏引作『查』，據原書改。本則第三首原題作《答宣城張主簿遺鴉山茶次其韻》，見《宛陵集》卷三五。其第四首《七寶茶》，見《宛陵集》卷二〇。又，《吴正仲遺新茶》，見《宛陵集》卷四一。「遺」，陸氏引作「餉」。又，《穎公遺碧霄峯茗》，見《宛陵集》卷三六。

〔七九一〕戴復古謝史石窗送酒并茶詩　戴詩見《石屏詩集》卷五。「遣」，陸氏形譌作「遺」，據改。

〔七九二〕費氏宫詞　方案：此見花蘂夫人費氏《宫詞》百首之九三。《宫詞百首》，見毛晉《三家宫詞》卷中、周復俊《全蜀藝文志》卷七、曹學佺《蜀中廣記》卷四、《全唐詩》卷七九八等。「煎茶」，一作「烹茶」。花蘂夫人，五代後蜀孟昶慧妃徐氏，一説費姓。青城（治今四川灌縣）人。其父徐國璋。慧妃别號「花蘂夫人」，幼能作文賦詩。宋滅後蜀，擄入趙宋宫中。相傳太祖命作詩，乃口占一絶云：「君王城上竪降旗，妾在深宫那得知。十四萬人齊解甲，寧無一個是男兒。」宋・蔡絛《鐵圍山叢談》稱《宫詞》乃其所作，但據今人浦江清所考，以爲乃前蜀小徐妃（亦號花蘂夫人）所作。費氏生平，見《郡齋讀書志》卷一八，吴任臣《十國春秋》卷五〇本傳。

〔七九三〕楊廷秀有謝木舍人送講筵茶詩　方案：楊萬里詩原題作《謝木韞之舍人分送講筵賜茶》，見《誠齋集》卷一七。楊萬里，字廷秀。木舍人，乃木待問（一一四〇—？），字藴之。永嘉（治今浙江温州）人。隆興元年（一一六三），狀元及第，授簽書平江軍節度判官。乾道八年（一一七二），官秘書省校書郎兼國史院編修官、實録院檢討官。淳熙六年（一一七九），擢起居舍人；八年，遷中書舍人。光宗時，歷知湖、婺州、寧國府。嘉泰二年（一二〇二），曾以禮部侍郎知貢舉。累官禮部尚書。詩文多已佚。事具《南宋館閣録》卷七、八，《續録》卷八，《淳熙三山志》卷二二，《宋會要輯稿》選舉一之二六、《攻媿集》卷一〇九《宋君墓志銘》等。

〔七九四〕葉適有寄謝黃文叔送真日鑄茶詩云　葉適詩原題作《寄黃文叔謝送真日鑄》，見《水心集》卷六。『黃文叔』，陸氏譌作『王文叔』，據改。詩中『奇光』，原詩作『幽光』。文叔，黃裳（一一四六—一一九四）字，號兼山。普成（治今四川劍閣西南）人。乾道五年（一一六九）進士，初仕巴州通江尉，改興元府録事參軍，召爲國子博士。光宗即位，除太學博士，爲秘書郎，擢嘉王府翊善。紹熙二年（一一九一），遷起居舍人；三年試中書舍人，除給事中、顯謨閣待制。寧宗即位，擢禮部尚書兼侍讀。不久卒，謚忠文。撰有《兼山集》等，已佚。事具樓鑰《攻媿集》卷九九《黃公墓誌銘》，《宋史》卷三九三《本傳》。

〔七九五〕杜本武夷茶詩　杜本（一二七六—一三五〇），字伯原，清江人。父謙嘗在文天祥幕中。本隱居武夷山，博學通古，工篆隸。撰有《四經表義》、《十原》、《六書通編》十卷、《清江碧嶂集》一卷，編有宋遺民詩《谷音》二卷。學者稱之爲清碧先生。事見《元史》卷一九九《隱逸傳》，《千頃目》卷三、二九、三二等。陸氏所録《武夷茶詩》僅見於此。

〔七九六〕劉秉忠嘗雲芝茶詩云　方案：劉詩見《藏春集》卷一，又見《元詩選》初集卷一二等。

〔七九七〕高啓有茶軒詩　方案：本條原作『高啓有《月團茶歌》，又有《茶軒》詩。』今考《月團茶歌》，楊慎撰，見其《升菴集》卷一四。本書卷上之一已録其詩序。拙校〔一九九〕已從四庫本改『高啓』作『明人』，其下又補『楊慎』二字。今將『《月團茶歌》，又有』六字乙至下條『楊慎有』之下，庶幾無誤。

又，高啓《茶軒》詩，見其《大全集》卷四，又見《廣羣芳譜》卷一九、《石倉歷代詩選》卷二九二。

〔七九八〕楊慎有月團茶歌又有和章水部沙坪茶歌　方案：『月團茶歌，又有』六字原無，從上條乙此。參閲上條校記。《沙坪茶歌》，見《升菴集》卷三九。詩原有跋，釋沙坪茶之由來，陸氏已大加删改，將原跋八十六字删成『沙坪茶』云云十一字，全失楊氏原跋之旨，殊無倫緒。

〔七九九〕董其昌贈煎茶僧詩　董詩僅見於《續茶經》本條。

〔八〇〇〕婁堅有花朝醉後爲女郎題品泉圖詩　婁堅，字子柔，號柔嘉、歇庵。嘉定人。貢生，早從歸有光遊。不仕而歸，工詩文，善書法。時與唐時升、程嘉燧號『練川三老』，又與唐、程及李流芳號『嘉定四先生』。婁文與程詩時有『吴中二絶』之譽。撰有《學古緒言》二十五卷、《吴歈小草》十卷等。事具《明史》卷二八八《文苑·唐時升傳》附傳、《四庫總目》一七二、《千頃目》卷二六、《江南通志》卷一六六、《居易録》卷一四、《明詩綜》卷七〇等。其題圖詩僅見於此。

〔八〇一〕程嘉燧有虎丘僧房夏夜試茶歌　程嘉燧（一五六五—一六四三），字孟陽，號松圓、偈庵。休寧人。布衣，僑居嘉定。工詩，尤善七律、七絶，擅書畫，精音律。崇禎中，至常熟讀書於耦耕堂，閲十年始歸老於休寧。謝三賓知嘉定縣事，嘗以唐時升、婁堅、李流芳與程詩合刻之，曰《嘉定四先生集》。餘詳上注。撰有《破山興福寺志》四卷，《松圓浪淘集》十八卷，《偈菴集》二卷，《耦耕堂詩文集》五卷。事見《明史》卷二八八《唐時升傳》附傳、《江南通志》卷一六七、《千頃目》卷八、卷二六、《四庫總目》卷七七、《漁洋詩話》卷中等。其《試茶歌》，僅見於此著録，或出於其集。

〔八〇二〕南宋雜事詩云　方案：《南宋雜事詩》，清初沈嘉轍、吴焯、陳芝光、符曾、趙昱、厲鶚、趙信等七人合撰。其前四人爲錢塘人，後三人乃仁和人，皆今浙江杭州人。其中惟符曾以薦舉官至户部郎中。因杭州曾『爲南宋故都，故捃摭軼聞，每人各爲詩百首，而以所引典故注於每首之下，意主紀事而不在修詞。』是書『援據浩博，所引書幾及千種，一字一句悉有根柢』，頗有資於考證。本書由厲鶚刊刻成帙，故通常署厲鶚等撰。見《四庫總目》卷一九〇著録。厲鶚（一六九二—一七五二），字太鴻，一字雄飛，號樊榭。錢塘人。康熙五十九年（一七二〇）舉人，乾隆元年（一七三六），薦舉博學鴻詞科。嘗館於揚州馬曰琯小玲瓏山館者數年，所見宋人集最富。輯《宋詩紀事》一〇〇卷，於保存宋代文獻居功至偉。著有《南宋院畫録》八卷、《東城雜記》二卷、《遼史拾遺》二十四卷、《秋林琴雅》四卷、《樊榭山房集》二十卷、《樊榭山房詞》三卷、《集外詞》一卷等。事具《清史稿》卷四八五、《清史列傳》卷七一、《國朝耆獻類徵》卷四三四、張維屏《國朝詩人徵略》卷二二等。本則所引詩見《南宋雜事詩》卷七趙信詩。

〔八〇三〕朱隗虎丘竹枝詞　朱隗，字雲子。長洲（治今江蘇蘇州）人。治博士業，通五經。天啓中，爲吴中復社翹楚。撰有《咫聞齋集》等。事具《江南通志》卷一六五、《香祖筆記》卷五、《千頃目》卷二八等。竹枝詞唯見於此。

〔八〇四〕綿津山人漫堂詠物有大食索耳茶盃詩云　方案：綿津山人，宋犖（一六三四—一七一三）之號，犖字牧仲，號漫堂，又號西陂。康熙三年（一六六四），授黄州通判。官至吏部尚書，加太子少師致仕。

犖詩宗宋，尤崇蘇軾。撰有《西陂類稿》五十卷等。其事見其《類稿》卷四七手訂《漫堂年譜》等。陸氏所引宋詩，是其《西陂類稿》卷九《漫堂詠物·大食索耳茶盃》。

〔八〇五〕薛熙依歸集有朱新庵今茶譜序　薛熙，字孝穆，號半園主人。常熟人，清初布衣。學於陳瑚（一六一三—一六七五）、汪琬（一六二四—一六九一），業古文。湯斌曾延之幕中，預修《江南通志》。撰有《練閲火器陣記》一卷、《依歸集》、《秦楚之際遊記》等，編有《明文存》一百卷，頗享時譽。事見王豫撰《江蘇詩徵》卷一五六，《四庫總目》卷一〇〇、一九四，《江南通志》卷首。《茶譜序》僅見於此。

〔八〇六〕曆代圖畫名目　方案：陸廷燦《續茶經》全按陸羽《茶經》篇目，亦分三卷十目，不同者卷中有子目而已。但《茶經·十之圖》並非真有茶圖，而是指將前述九篇分寫在絹帛上，掛起來，作爲學習茶道之用。其中二之具、四之器，是否有茶具圖和茶器圖，今已難考其詳。可以確知《茶經》附有茶器具圖的刊本始於明代，説詳《茶經》提要。此陸廷燦以歷代與茶有關的圖畫之目作爲《十之圖》的内容，實有失陸羽《茶經》之旨。也許，如他能把明代流行的茶器具圖刻入本篇就更合適些。遺憾的是，即使是茶圖名目的著録或羅列也難免掛漏之譏。今對下列茶圖及其作者，只作簡要的注釋。

〔八〇七〕唐張萱有烹茶仕女圖　張萱，京兆（治今陝西西安）人。開元十一年（七二三），與楊昇、楊寧同任史館畫直。擅畫人物，尤善貴族婦女、嬰兒等。著録於《宣和畫譜》的畫跡有四十七件，《烹茶圖》見是書卷五著録，已佚。我國最早的茶畫之一。今傳《搗練圖》、《虢國夫人遊春圖》已是宋徽宗趙佶的摹本。

〔八〇八〕唐周昉寓意丹青　周昉，字景玄，又字仲朗。京兆人。出身顯貴，先後官越、宣州長史。工仕女，初學張萱。所作仕女體態豐腴，兼工肖像。《宣和畫譜》卷六著録其畫跡七十二件。其中有《烹茶圖》和《烹茶仕女圖》各一。今相傳其作傳世者有《揮扇仕女圖》、《簪花仕女圖》。另有一幅《調琴啜茗圖》，今藏美國納爾遜美術館，相傳亦其所繪。

〔八〇九〕五代陸滉烹茶圖一　陸滉，一作陸晃，字庭曙，嘉禾（治今浙江嘉興）人。五代南唐畫家，擅風俗畫，多寫村野人物。其畫人物故事，形態畢肖，嗜酒。其畫跡《勘書圖》等五十二件，著録於《宣和畫譜》卷三。『《烹茶圖》二』，則見《南宋館閣續録》卷三《儲藏》著録。又，《宣和畫譜》卷三亦著録其有《烹茶圖》、《火龍烹茶圖》各一，可補陸氏之闕。

〔八一〇〕宋周文矩有火龍烹茶圖四煎茶圖一　方案：儘管《宣和畫譜》卷七等已稱其爲宋人，而且他也完全可能入宋，但其主要繪事活動在南唐，因此，仍應稱其爲五代南唐畫家。『宋』字應改五代或南唐。周文矩，句容人。李昪昇元（九三七—九四二）中已在宫廷中作畫，後主時，以繪事爲翰林待詔。工人物、車服、樓觀等，尤擅仕女。風格趨近周昉而更纖細。其代表作《南莊圖》曾在開寶中作爲貢品上供於宋。畫跡有七十六著録於《宣和畫譜》卷七，其中就有陸氏所及的《火龍烹茶圖》四、《煎茶圖》一。

〔八一一〕宋李龍眠有虎阜採茶圖　李龍眠，即李公麟（一〇四九—一一〇六），字伯時，號龍眠居士。舒州（治今安徽潛山）人，一説廬州舒城人。熙寧三年（一〇七〇）進士，歷南康、長垣縣尉，爲泗州録事參軍。陸佃薦其爲中書門下後省刪定官。元祐二年（一〇八七），曾爲開封府發解試考校官。元符三年（一一〇〇），因病致仕。公麟好古博學，爲文清婉，工詩，多識奇事。擅繪事，尤精人物及山水畫。時有山水似李思訓，佛像似吴道子之譽。與蘇軾兄弟交遊，畫有其寫真。《龍眠山莊圖》，乃其代表作，爲世所寶。著有《石器圖》一卷等，已佚。尤善畫馬，其傳世《五馬圖》及《摹韋偃放牧圖》，歷來被譽爲神品。《宣和畫譜》卷七著録其畫跡凡一百零七。其生平事略見《東都事略》卷一一六、《畫繼》卷三等。李公麟生平，又詳拙文《同文館唱和詩考釋》；文刊王水照主編《新宋學》第三輯，上海人民出版社，二〇一四。其《虎阜采茶圖》僅見於此，如陸氏所言爲確，則至遲北宋中後期蘇州虎丘茶已聲譽鵲起，而不必至明代始名噪天下，此宋畫應填補了宋代茶文化史上的空白，惜其已佚。

〔八一二〕宋劉松年絹畫盧仝煮茶圖一卷　劉松年，錢塘人。師從張敦禮，工人物、山水、界畫。孝宗淳熙（一一七四—一一八九）中爲畫院學生，光宗紹熙（一一九〇—一一九四）中爲畫院待詔，寧宗時曾上進其所畫《蠶織圖》二十四幅。與李唐、馬遠、夏圭合稱「南宋四家」，傳世作品有《四景山水》圖卷等。本則已見厲鶚《南宋院畫録》卷四及《佩文齋書畫譜》卷九九著録。明汪砢玉《珊瑚網》卷三〇則題作《盧仝烹茶圖》，僅有元人題跋六則，及汪跋凡七則。又，明·丁雲鵬亦有《盧仝煮茶圖》。

〔八一三〕王齊翰有陸羽煎茶圖　王齊翰，金陵（治今江蘇南京）人，南唐後主李煜時爲翰林待詔。工人物、花鳥，尤擅佛道，以工筆細膩見長。南唐亡後次年，富商劉元嗣以銀四百兩購得王齊翰羅漢畫十六幅，質於京都（治今河南開封）相國寺僧，留取贖時因過期而被拒，興訟。時趙光義爲開封府尹，見之，大爲贊賞，遂厚賜元嗣而留畫。越十六日，光義即帝位，遂名其畫曰『應運羅漢』。傳世作品有《勘書圖》卷，後有蘇軾、蘇轍及王晉卿題跋，現藏南京大學。《宣和畫譜》卷四著録其畫跡凡一一九幅，其中就有『《陸羽煎茶圖》』一，北宋末此畫藏於内府，又見明・汪砢玉《珊瑚網》卷四七、唐志契《繪事微言》卷上著録。

〔八一四〕董逌陸羽點茶圖有跋　方案：董逌，兩宋之際著名學者、藏書家、目録學家、書畫鑑賞家。董逌，字彦遠，東平人。北宋末，官禮部員外郎、國子祭酒。靖康二年（一一二七）四月，曾率太學生赴南京（治今河南商丘）勸進。建炎二年（一一二八）二月，官宗正少卿，三年五月，爲江東提刑，七月，攝中書舍人，爲徽猷閣待制，後以疾丐外，知信州卒。董逌博學多識，撰有《廣川易學》二十四卷、《廣川詩故》四十卷、《錢譜》十卷等，已佚。今存者僅《廣川書跋》十卷、《廣川畫跋》六卷。其題作廣川，乃言其郡望也。事見《繫年要録》卷四、一三、二五，佚名《靖康要録》卷一一，《三朝北盟會編》卷八三，李正民《大隱集》卷二、三所載制詞等；其著作見《郡齋讀書志》卷三上，《書録解題》卷一、二、三、八、一二、一四及《通考》卷一七九引《中興藝文志》著録。其跋見《廣川畫跋》卷二《書陸羽點茶圖後》。此圖前此一直被誤認爲是《蕭翼賺蘭亭序圖》，至董跋始考定爲《陸羽點茶圖》，其説也成爲茶文化史上爲人津津樂道的故事。參見《續茶經》卷下之三董跋引《紀異録》之文。

〔八一五〕元錢舜舉畫陶學士雪夜煮茶圖　方案：錢選（約一二三九—一二九九），字舜舉，號玉潭、霅川翁、習懶翁。宋元之際畫家。湖州人。南宋景定間鄉貢進士，入元堅卧不出，終於繪事。撰有《習懶齋詩稿》等。工書善畫，擅人物、花鳥蔬果及山水。今有《盧仝烹茶圖》軸等傳世，《陶學士雪夜煮茶圖》亦見《佩文齋書畫譜》卷九九著録。

〔八一六〕史石窗　方案：史文卿，字景賢，號石窗山樵。《煮茶圖》一卷，乃其燕居故事。袁桷《清容居士集》卷七有七言古詩《煮茶圖并序》，其序乃其讀圖心得，稱史氏『泊然宦意，翰墨清灑』，文卿，史浩之曾孫。

〔八一七〕馮璧有東坡海南煮茶圖并詩　馮璧，字叔獻，别字天粹。真定人。弱冠補太學生，金承安二年（一一九七）進士，調莒州軍事判官，歷州縣，召入翰林，再爲曹郎。宣宗朝，屢以使指鞫大獄。雖權貴而屢以法臨之，毫不寬貸。興定（一二一七—一二二二）末，以同知集慶軍節度使致仕，居嵩山龍潭，優遊山水間，卒年七十九。事見《重訂大金國志》卷二八，《金史》卷一一〇《本傳》等。其題畫詩已見《歷代題畫詩類》卷四一及《續茶經》卷下之一。《煮茶圖》似非馮璧之作，其僅題畫詩耳，陸氏有誤解之嫌。

〔八一八〕嚴氏書畫記有杜檉居茶經圖　方案：《嚴氏書畫記》，文嘉（一五〇一—一五八三）撰，嘉字休承，號文水道人。長洲人。文徵明次子，官和州學正。善詩文，工小楷，擅山水。撰有《和州詩》（刊《文氏五家詩集》），《鈐山堂書畫記》等。《六藝之一録》卷三七八載文嘉《嚴氏書畫記・序》云：嘉靖四十四年（一五六五），他應提學何賓崖之檄，往閱官籍没嚴嵩家私藏書畫，閲三月方畢，漫筆以記之」。序於隆慶戊辰（一五六八）冬十二月十七日。杜檉居即杜堇，原姓陸，字懼男，號檉居古狂、青霞亭長。丹徒人。占籍京師。成化（一四六五—一四八七）間，舉進士未第，遂絶意仕進。工詩文，通六書，善繪事，精人物，推爲白描高手，亦擅山水、花卉、鳥獸，界畫嚴整有法。有《七峯圖》、《東坡題竹圖》等傳世。其《茶經圖》亦見《珊瑚網》卷四七及《式古堂書畫匯考》卷三二著録，《珊瑚網》並著録杜堇畫跡凡七十一。

〔八一九〕汪珂玉珊瑚網載盧仝烹茶圖　方案：此圖即劉松年之絹畫《盧仝煮茶圖》，已見前著録，參見本書拙釋〔八一二〕。本條見《珊瑚網》卷三〇。又見《佩文齋書畫譜》卷八四、《式古堂書畫匯考》卷四四著録。《南宋院畫録》卷二則著録李唐亦有此圖。

〔八二〇〕明文徵明有烹茶圖　文徵明（一四七〇—一五五九），初名壁，以字行，更字徵仲，别號衡山、林子。長洲（治今江蘇蘇州）人。學文於吴寬、學書於李應楨，學畫於沈周。正德末，以歲貢生詣都，授翰林院待詔。世宗立，預修《武宗實録》，侍經筵，致仕歸吴。私謚貞獻先生。文徵明詩文書畫皆工，書畫尤勝。與沈周、唐寅、仇英合稱「吴門四家」（或稱「明四家」），又與祝允明、唐寅、徐禎卿結交，人稱「吴中四才子」（或「吴中四杰」）。撰有《甫田集》、《文待詔題跋》等。子侄皆能世其家學，名著於時。傳世書畫作品甚多。其《烹茶圖》及《題畫詩》並見《珊瑚網》卷三九、《式古堂書畫譜》卷一五九等著録。

〔八二一〕沈石田有醉茗圖　沈石田，即沈周。其《醉茗圖》及題畫詩僅見於此。

〔八二二〕沈石田有爲吴匏庵寫虎丘對茶坐雨圖　方案：沈石田乃沈周，吴匏庵爲吴寬。本則出陳鑑《虎丘茶經注補·十之圖》。又，《續茶經》卷下之三有『吴匏庵與沈石田遊虎丘，採茶手煎對啜』一條，亦出陳鑑是書《八之事》，當爲本則之具體寫照。

〔八二三〕淵鑑齋書畫譜　淵鑑齋，康熙皇帝時聽政、讀書、賞鑑文物之所，在清宫後殿。見《日下舊聞考》卷七六及《清通志》卷三三等。《書畫譜》僅見於此，或未收入《四庫全書》歟？陸治（一四九六—一五七六），字叔平，號包山。吴縣人。諸生，隱居支硎山。曾從祝允明、文徵明學詩文、書畫，善工筆寫意，工山水。有《包山遺稿》傳世。事見《姑蘇名賢小紀》卷下，佚名《陸治傳》，刊《國朝獻徵録》卷一一五。《烹茶圖》，見《珊瑚網》卷四一，《式古堂書畫滙考》卷五八著録。又《六藝之一録》卷四〇三録其題畫詩二首及自跋云：此嘉靖壬子（三十一年，一五五二）友人攜琴過訪試雨前茶所作，指作圖之時。自題詩云：『茗碗月團新破，竹爐活火初燃。門外全無酒債，山中惟有茶煙。』萬曆乙亥（三年，一五七五）復與前人同試茶，三月三日重題，時年八十，距作圖時已二十三年矣。又題詩云：『草緑江南興已催，月團今復試新裁。知君再著春山屐，虎阜岡頭帶雨來。』補記此一明代茶事佳話。

〔八二四〕元趙松雪有宫女啜茗圖　方案：趙松雪，即趙孟頫（一二五四—一三二二），字子昂，號松雪道人（老人）等，中年時曾改名孟俯。湖州人。宋宗室，與錢選等並稱『吴興八俊』。宋亡仕元，仁宗（一三一二—一三二〇在位）時，官至翰林學士承旨。卒謚文敏。與夫人管道昇同爲中峯明本和尚（一二六三—一三二三）弟子，信佛教。趙孟頫天資穎異，多才多藝。精通音律，善鑑定古器物。書法超一流，真、草、行、隸、篆無不精絶。繪畫亦稱大師，工墨竹、山水、花鳥、人物，傳世書畫作品甚夥。著有《松雪齋文集》凡十一卷。父與旹（一二一三—一二六四），字中文，號菊坡，富收藏，善書畫。妻管氏，亦以書畫名家。弟孟籲，字子俊，工人物、花鳥，子雍亦擅畫，堪稱藝術世家。趙孟頫文學造詣極高。其《宫女啜茗圖》及劉孔和詩，見王士禎《漁洋詩話》卷中，亦見《居易録》卷三四。又，劉孔和（一六一五—一六四五），字節之，長山人。相國鴻訓子。工詩，好談兵論劍，結納賓客。與王遵坦等相善。崇禎十七年（一六四四）毁家紓難，後因在廣座中侮劉澤清而被其殺害。有《日損堂詩集》。事具《池北偶談》卷五、《居易録》卷一五、《千頃目》卷二八、《帶經堂集》卷四三《劉孔和傳》等。

〔八二五〕茶具十二圖　此所列十二種茶具，見本《全集》上編所收佚名撰《茶具圖贊》。僅據以改正個别誤字，不再一一出校。

〔八二六〕炳其弸中　『弸』，底本及諸校本均譌作『綳』，惟四庫本作『弸』，極是。據改。餘詳上引《茶具圖贊》拙校〔三〕。又，『位高秘閣』，『位』，諸本均譌作『休』，據《茶具圖贊》改。

〔八二七〕竹爐并分封茶具六事　方案：請參閲本《全集》中編所收之王紱等撰《竹爐新詠故事》提要及拙校，此勿再一一出注，以免煩瑣重複。

〔八二八〕陸鴻漸所謂都籃者此其是與　方案：本條《苦節君行省·題記》，『陸鴻漸』之上，陸氏已删七十二字。又,『此其是與』,原書作『此其足與』,形近,必有一誤。又,其下的『茶具六事』:即『建城』、『雲屯』、『烏府』、『水曹』、『器局』、『品司』六種茶具圖的題記,均由號茶仙的盛顒撰寫,陸氏録入《續茶經》時,各條均有删節。有興趣的讀者,仍可參閲顧元慶《茶譜》所附之題記原文。

〔八二九〕羅先登續文房圖贊　方案:羅先登,號雪江,廬陵人,一作秋浦人。南宋嘉定三年(一二一〇)鄉貢進士。事見《江西通志》卷五〇等。《續文房圖贊》一卷,僅見《千頃目》卷九著録。是書今存於《説郛》卷九九,但題作《文房圖贊續》,未審孰是。是書卷首有元統二年(一三三四)范志寬序,稱作者爲秋浦羅雪江,乃繼宋林江《文房圖贊》之作。卷末有明人沈周跋云:『又十八類,各繫以職官名號,圖像爲贊,托之史事。』核之是書,其説是。陸氏當即據《説郛》本録出,並模其圖。其命名作『玉川先生』者,乃南宋中期以前之常用烹茶器具,又雅稱之『葉嘉清友』。如此書確爲羅先登所撰,則爲現存最早的茶具圖,約比撰於咸淳五年(一二六九)的審安老人《茶具圖贊》早半個世紀。又,順便指出,《四庫全書總目》卷一四四云:『元·維先登又爲《文房圖贊續》一卷』,大誤。可能因刊行時作序者爲元人而誤解,又譌『羅』爲『維』。

〔八三〇〕唐書　方案:本則據《新唐書》卷五四《食貨志》摘録。但其中『李珏上疏謂』至『三不可』一段文字,則據同書卷一八二《李珏傳》録文,與《食貨志》文全不同。又,『裴休著條約』下,《新唐書·食貨志》有十二條茶法中之七條内容,陸氏删作『如法論罪』四字。其餘論述中,亦頗有删節。另,又據改二字,補三字,乙正兩處。

〔八三一〕元和十四年　方案：　本則不見於新舊《唐書》，而見於《太平御覽》卷八六七引《唐史》，又見於《册府元龜》卷一〇六及卷四九三。

〔八三二〕裴休領諸道鹽鐵轉運使　本條見《新唐書》卷一八二《裴休傳》，引文爲摘録。

〔八三三〕何易于爲益昌令　方案：　本則據《新唐書》卷一九七《何易于傳》删潤而録文。

〔八三四〕陸贄爲宰相　本則見《新唐書》卷五二《食貨志》删潤而成。原疏見《翰苑集》卷二二《中書奏議六·均節賦税恤百姓第五條》。

〔八三五〕五代史　方案：　本條誤引出處，乃據《新唐書》卷一八八《楊行密傳》。據原書改、補各一字，删二字。

〔八三六〕宋史　方案：　本則出《宋史》卷一八三《食貨志下五》，因太長，據内容酌分三節，但仍爲同一則。又，陸氏引文頗有删節并略有潤色。　本則據原書補六字，改四字，删一字，但仍不及四庫本原書的譌誤衍奪。　請參閲本《全集》補編所收之《宋史·食貨志·茶》拙校本有關各條校注，不再一一重複出校記並校改。

〔八三七〕凡民茶折税外匿不送官及私販鬻者　方案：　原書其上有：『天下茶皆禁，唯川峽、廣南聽民自買賣，禁其出境』云云凡十九字，不當删，應據補。　否則，下述之據茶法論罪就無從説起。

〔八三八〕民造温桑爲茶　方案：　原書此上有『雍熙二年』四字，應據補。　又，自此至『十分論二分之罪』凡二十三字，原書在本則末『二十斤以上棄市』之下，是。　此以時間爲序敍述，不知陸氏何以前置於此，亟應乙至本則之末。又，本則以上三條校記均不涉及《宋史·食貨下五》本身的許多舛誤和衍脱譌文。

〔八三九〕陳恕爲三使司　方案：本則始見於宋·魏泰《東軒筆録》卷一二，又見於《皇宋事實類苑》卷二二、《仕學規範》卷一九、《宋名臣言行録》前集卷三等。陸氏似據《宋史》卷二六七《陳恕傳》删潤而成，諸書文字略同，據補八字，庶幾文意完足。又，『語副使宋太初曰』，諸書皆同，陸氏竟臆改作『具奏太祖曰』，大誤。今考陳恕太宗太平興國（九七六—九八四）中進士，其預議茶法，召茶商問之，在至道二年（九九六）。時爲鹽鐵使而非三司使。上距太祖之卒已有二十年。如果説魏泰之述已不無小誤，陸氏之臆改更是無根之詞。上考據《長編》卷四〇、《宋史》卷一八三《食貨下五》、《宋史·陳恕傳》等。據改。

〔八四〇〕太祖開寶七年　方案：本則見《山堂先生羣書考索》後集卷五七《立法便民》引《寶訓》，據補二字，改一字。不知陸氏録自何書。又，《羣書會元截江網》卷一二亦載此事，竟誤以太祖爲『太宗』。

〔八四一〕熙寧三年　本則出《宋史》卷一九〇《兵志四》。『二百萬』，原作『二萬』，中脱『百』字，據補。又，《蜀中廣記》卷六五及《廣羣芳譜》卷一八亦引此條，正作『二百萬』，是其證。

〔八四二〕神宗熙寧七年　本則見《宋史》卷一八四《食貨下六》。據改、補、删各一字。

〔八四三〕自熙豐以來　本則陸氏據《大學衍義補》卷二九録文。考其史源，則出李心傳《朝野雜記》甲集卷一八《川秦買馬》。

〔八四四〕茶利　方案：本則見沈括《夢溪筆談》卷一二。陸氏引文已大幅删改。原書無『嘉祐間』、『治平間』六字，又據補六字。

〔八四五〕瓊山邱氏曰　本則見明·丘濬《大學衍義補》卷二九。據補二字。

〔八四六〕蘇轍論蜀茶五害狀　本條見《欒城集》卷三六，篇名中據補二字。

〔八四七〕沈括夢溪筆談　方案：本則出《夢溪筆談》卷一二。但陸氏乃據宛本《説郛》卷九三下《本朝茶法》録文，實乃舍本而逐末。今據本《全集》上編所收之拙校本《本朝茶法》校改，僅據補四字，改三字。餘詳《本朝茶法》提要及其校記〔五〕至〔一二〕。

〔八四八〕洪邁容齋隨筆　本則見《容齋隨筆·三筆》卷一四《蜀茶法》。文字略有删潤，據補二字，改四字。

〔八四九〕熊蕃宣和北苑貢茶録　方案：本則録熊蕃書之全部，僅删原注。後又有四庫館臣增注及汪繼壕校注本，本《全集》已據以收入上編，且有筆者補出校釋一二七條，併書前之提要，均可參閲。今據拙校本改、補數十處。

〔八五〇〕以白茶自爲一種　方案：自此至『但品格不及』，凡六十八字，皆非熊書原文。竄入此六十八字，尤令人費解。考『今上』（方案：熊蕃原書指趙佶，宣和中仍在位；陸氏竟改今上為徽宗，誤甚。徽宗，乃其卒後廟號。）親製《茶論》二十篇』之下，熊書原文爲：『以白茶與常茶不同，偶然生出，非人力可致。此十七字，陸氏不引原文，卻改録宋徽宗趙佶《大觀茶論·白茶》中之文作：『白茶自爲一種，與（他）〔常〕茶不同，其條敷闡，其葉瑩薄。崖林之間偶然生出，非人力可致。正焙之有者不過四五家，家不過四五株，所造止於二三銙而已。淺焙亦有之，但品格不及。』令人匪夷所思，殊非引書之體。亟應删此六十七字，而回改作上引十七字。今僅用圓括號標明應作上引文删文，而勿再補上引十七字。

〔八五一〕熊克跋　方案：　三字原無。陸氏『先人作茶録』之上，原爲『《北苑别録》』四字，大誤，其右又有『外焙：　石門、乳吉、香口。右三焙常後北苑五七日興工，每日採茶蒸榨，以其黄悉送北苑併造』云云凡四行、三十五字，皆趙汝礪《北苑别録·外焙》之文，錯簡竄入熊克《宣和北苑貢茶録》跋一之上之右，大誤。又，《北苑别録》書名在後，《外焙》及其三行文字在前，形成雙重錯簡。不知陸氏所據爲何種誤本？　筆者寓目諸本雖有將《北苑别録》誤署作者爲熊克或無名氏者，但均無此雙重錯簡。今據拙校本《北苑别録》乙正。　又熊克二跋之間有各色貢茶圖形之規格，陸氏似據《説郛》本《貢茶録》録入，今亦僅據拙校本《貢茶録》校改而不再出校記。爲清眉目，故擬補『熊克跋』三字，究其實，爲跋一；　其跋二則在貢茶圖形規格尺寸之後，乙正後的《北苑别録·外焙》之前。特此説明。但原書二跋均在書末，此已錯簡。陸氏之録文及其子紹良之『校字』，真令人不敢恭維！

〔八五二〕貢新銙　方案：　自本條起，下注尺寸均譌作大字正文，今據原書拙校本皆改爲小字注文。又，各條中圈、模、尺寸之異同，文字之譌脱，均請參見《宣和貢茶録》拙校〔六七〕至〔九八〕。又，『貢新銙』至『大鳳』各條圈、模規格尺寸均爲對圖的説明，其規格、尺寸以拙校本附圖爲準，陸氏所引多誤，不再一一校改。原書在熊克二跋之前，今陸氏引文卻將其置於二跋之間，非是。亟應乙正至熊蕃所云『以待時而已』之下。

〔八五三〕北苑貢茶最盛　方案：自此起至『熊克謹記』爲克跋其父之書第二首。前跋述其校補乃父之書，此跋則云淳熙九年（一一八二）附刻乃父之書於福建轉運司所刊《茶録》之後以行。二跋原書均在卷末，今被陸氏分隔在貢茶圖尺寸規格之前後兩處，殊失倫序，今姑仍其舊而不再據原書乙正。

〔八五四〕北苑別録外焙　方案：本則四行文字，原錯簡於熊克跋一之上。今乙正於此，以書名、篇名的形式並列。説詳本書拙校〔八五二〕。陸氏《續茶經》引趙汝礪《北苑別録》兩則，其一爲《北苑貢茶綱次》，其二則《外焙》，按原書順序，《北苑別録》凡十二『類目』，其中，《綱次》爲第十，《外焙》次《開畬》後，爲第十二，次卷末，僅在趙汝礪跋之前。但因《外焙》已錯簡至上書《宣和貢茶録》中，不得已而爲之，今僅乙至《綱次》之前。嚴格而言，陸氏乃多重錯簡，應置於《綱次》之後，下則《金史》之前才是。此乃權宜處置之。

〔八五五〕北苑貢茶綱次　方案：趙汝礪原書篇目爲《綱次》，上四字乃陸氏所補。此已是南宋淳熙年間貢茶綱次，下又分十二子目，爲細色五綱，粗色七綱。僅據本《全集》上編所收之拙校本《北苑別録·綱次》校改。請閲是書拙校〔五四〕至〔一〇三〕各條，不再一一出校記。又，從文字而論，陸氏引自《説郛》本無疑。

〔八五六〕寸金　方案：其上奪『玉華，小芽，十二水，七宿火。正貢一百片』一條凡十五字。應據原書補。

〔八五七〕金史　方案：本則據《金史》卷四九《食貨四·茶》删潤而成。據以補四字，改二字。

〔八五八〕元史　本則陸氏似摘引自《元史》卷九四《食貨二·茶法》。但文字頗有異同，人名果然由於清人臆改而不同，如『桑哥』，《元史》作『僧格』；『忽魯丁』，原書作『法和爾丹』之類。令人費解的是，年代亦有異同。如『至元六年』，《元史》作『五年』；『十三年』，《元史》作『十二年』等。此外，還有官名之類，殊不可解。也有明顯的陸氏以己意改寫之處。『至元十七年』，竟謁作『泰定十七年』，此大誤。據以補六字，删、改各三字，或可無誤。

〔八五九〕武夷山志　方案：陸氏所據似爲明·衷仲孺或清·王梓《武夷山志》。本則亦見清·董天工撰《武夷山志》卷九下《四曲·御茶園》。

陽羨名陶録

〔清〕吴　騫

〔提要〕

《陽羨名陶録》，清代茶書。二卷，《續録》一卷，吴騫撰。吴騫（一七三三—一八一三），字槎客，號兔牀、愚谷，别號漫叟、葵里、海槎、月樹、桃溪客、滓江漁父、揆禮、千元十駕、滄江緡叟、墨陽小隱、齊雲採藥叟等。室名拜經樓、富春軒、雙聲館、桃溪墨陽樓、耕煙山館、夜明竹軒主人、小桐溪上人家、百卷人家、西施亡國人家等。海寧人。歲貢生。嗜書苦讀，遇善本必傾囊購入，尤酷愛宋元善本，必細加校勘而藏之。拜經樓藏書達五萬卷，享譽海内。兼好金石，藏有商鳥善戈、吴季子劍等名品。擅詩文，能治印善畫。喜交遊，士大夫過往，必觴詠數日，盡地主之誼。撰有《拜經樓詩集》十二卷、《續編》四卷，《愚谷文存》十四卷，《粤東懷古》、《毛詩考異》、《蠡塘漁乃》各二卷，《萬花漁唱》、《哀蘭絶句》、《典裘購書歌》、《國山碑考》、《蘇祠從祀議》各一卷，《桃溪客語》五卷，《小桐溪吴氏家乘》八卷，《拜經樓詩話》四卷等。輯有《拜經樓叢書》。事見《清史列傳》卷七二、《杭州府志》卷一四六等。清康、雍間另有一同名者吴騫，字益存，號樂園，當塗人。康熙三十年（一六九一）進士，五十九年知惠州，雍正中知韶州、廣州，終官山東按察使。事見《四庫總目》卷七六、《江南通志》卷一三七、《廣東通志》卷二九、《山東通志》卷二五之二。時代先後相及之二吴騫，一入仕，一未仕，不能混爲一談。

《陽羨名陶録》自序署撰於乾隆丙午（五十一年，一七八六），則已完成於是年之前，是否即刻入叢書之年尚待考。因是『自費出版』，其叢書乃陸續刊行於乾嘉年間。其版本有：（一）拜經樓叢書本，此有二本行世。其一，清乾、嘉間海昌吴氏刊本；其二，民國十一年（一九二二）上海博古齋據吴氏刊本增輯景印。（二）清陳慶鏞鈔本，今藏上海圖書館。以上爲二卷、續一卷本。（三）重校拜經樓叢書十種本，光緒二十年（一八九四）吴縣朱氏校經堂刊本。（四）榆園叢刻·附娱園叢刻本，許增輯，叢刻爲同、光間刊刻，是書光緒十五年（一八八九）刊。（五）美術叢書（初集第三輯）本。以上無《續録》一卷。（六）昭代叢書道光本（己集·廣編）本正、續各一卷本。今以拜經樓本爲底本，參校《美術叢書》等本加以點校整理。

是書卷上大抵轉引周高起《陽羡茗壺系》各條，略加詮釋，補證。卷下及續編則雜引明清人著作中有關宜陶的論述，以及涉及宜壺的詩詞、文賦、銘贊等。其書所收之吴梅鼎《陽羡茗壺賦》，幾乎囊括並盡述明代之名壺，不失爲以形象思維方式抒寫的明代宜壺簡史，有較高史料價值。又如張燕昌《陽羡陶説》僅見於是書引述，保存了宜陶不可多得的第一手資料。引周澍《臺陽百詠》，述臺灣人煮茗一條，表明烏龍茶藝及供春名壺至遲在明清之際已傳入臺灣。充分顯示，即使以生活方式、文化傳承而論，兩岸自古以來，即爲同宗一體，密不可分。

作者引前人之書，多忠於原文，絶少錯訛，即對原書之誤，亦能出注説明，最爲得體。充分反映了乾嘉學者治學謹嚴務實的態度，較之明代茶書作者的率意操觚，敷衍塞責，錯謬百出，適成鮮明對照。

陽羨名陶録自序

上古器用，陶匏尚其質也。《傳》稱虞舜陶於河濱，器皆不苦窳。苦，讀如盬。苦者，何薄劣麤厲之謂也；窳者，何污窬𤺺呲之等也〔一〕。然則苦窳之陶，宜爲重瞳之所弗顧者。厥後閼父作周陶正，武王賴其利器用也。以大姬妻其子，而封之陳。《春秋》述之，三代以降，官失其職。象犀珠玉，金碧焜耀，而陶之道益微。今陶穴所在皆有，不過以爲瓴甋罌缶之須，其去苦窳者幾何！惟義興之陶，製度精而取法古，迄乎勝國。諸名流出凡一壺一卣，幾與商彝周鼎並，爲賞鑒家所珍，斯尤善於復古者與。予竭來荆南，雅慕諸人之名，欲訪求數器，破數十年之功〔二〕，而所得蓋寥寥焉。慮歲月滋久，并作者姓氏且弗章，擬綴輯所聞，以傳好事。暨陽周伯高氏嘗著《茗壺系》述之，間多漏略〔三〕，茲復稍加增潤，釐爲二卷，曰《陽羨名陶録》。超覽君子，更有以匡予不逮，實厚願焉。

乾隆丙午春仲月吉，兔牀吴騫書於桃溪墨陽樓。

題辭

博物胸儲七録豪，閑窗餘事付名陶。開函紙墨生香處，篆入熏爐波律膏。

瓷壺小様最宜茶，甘飲濃浮碧乳花。三大一時傳舊系，長教管領小心芽。

聞説陶形祀季疵，玉川風腋手煎時。何當唤取松陵客，補賦荆南茶具時。

陽羨新鎸地志譌，延陵詩老費搜羅。他年采入《圖經》內，須識桃溪客語多。

松靄周春〔四〕

陽羨名陶録卷上

原始

相傳壺土所出，有異僧經行村落。日呼曰：『賣富貴』。土人羣嗤之，僧曰：『貴不欲買，買富何如？』因引邨叟指山中産土之穴，及去，發之，果備五色，爛若披錦。

陶穴環蜀山，山原名獨。東坡先生乞居陽羨時，以似蜀中風景，改名此山也。祠祀先生于山椒，陶煙飛染祠宇，盡墨。按《爾雅·釋山》云：獨者，蜀。則先生之鋭改厥名，不徒桑梓殷懷，抑亦玫古自喜云爾。

吴騫曰：明王升《宜興縣志》引陸希聲《頤山録》云〔五〕：頤山，東連洞靈諸峯，屬於蜀山。蜀山之麓有東坡書院，然則蜀山蓋頤山之支脉也。又，徐一夔《蜀山草堂記》〔六〕：東坡築書堂其址，入于金陵保寧之官寺久矣，遂爲寺之別墅。今東坡書院前有石坊，宋牧仲中丞題曰〔七〕：『東坡先生買田處』。

選材

嫩黄泥，出趙莊山。以和一切色土，乃黏埴可築，蓋陶壺之丞弼也。

石黄泥，出趙莊山。即未觸風日之石骨也。陶之，乃變硃砂色。

天青泥，出蠡墅。陶之，變黯肝色。又其夾支有：梨皮泥，陶現凍梨色；澹紅泥，陶現松花色；淺黄泥，陶現豆碧色；　密口泥，陶現輕赭色；　梨皮和白砂，陶現淡墨色。　山靈腠絡，陶冶變化，尚露種種光怪云。

老泥，出團山。陶則白砂星星，宛若珠琲。　以天青、石黄和之，成淺深古色。

白泥，出大潮山。　陶瓶、盎、缸、缶用之。　此山未經發用，載自江陰白石山。即江陰秦望山東北支峯。

吴騫曰：　按大潮山，一名南山，在宜興縣東南〔八〕，距丁、蜀二山甚近，故陶家取土便之。　山有洞，可容數十人，又張公、善權二洞石乳下垂，五色陸離，陶家作釉悉于是采之。

出土諸山，其穴往往善徙。　有素產于此，忽又他穴得之者，實山靈有以司之，然皆深入數十丈乃得。

本藝

造壺之家，各穴門外一方地，取色土篩擣，部署訖，弇窨其中，名曰『養土』。　取用配合，各有心法，秘不相授。　壺成幽之，以候極燥，乃以陶甕俗謂之缸掇。　庋五六器，封閉不隙，始鮮欠、裂、射、油之患。　過火則老，老不美觀；　欠火則稚，稚沙土氣。　若窯有變相，匪夷所思，傾湯貯茶，雲霞綺閃，直是神之所爲，億千或一見耳。

規仿名壺曰『臨』，比於書畫家入門時。

壺供真茶，正在新泉活火，旋瀹旋啜，以盡色聲香味之藴。　故壺宜小不宜大，宜淺不宜深，壺蓋宜盎不宜砥。　湯力茗香，俾得團結氤氲。　宜傾竭即滌去渟滓。　乃俗夫强作解事，謂時壺質地堅結，注茶越宿，暑月不餿，不知越數刻而茶敗矣，安俟越宿哉！　况真茶如蓴脂，採即宜羹；　如筍味，觸風隨劣。　悠悠之論，俗不可醫。

壺宿雜氣，滿貯沸湯，傾即没冷水中。亦急出冷水瀉之，元氣復矣。

品茶，用甌白瓷爲良。所謂『素瓷傳静夜，芳氣滿閑軒』也。製宜弇口邃腹，色澤浮浮而香味不散。

茶洗，式如扁壺，中加一項鬲，而細竅其底，便過水漉沙；茶藏，以閉洗過茶者。仲美、君用，各有奇製，皆壺使之從事也。水杓、湯銚，亦有製之盡美者，要以椰匏、錫器爲用之恒。

壺之土色，自供春而下及時大初年，皆細土淡墨色，上有銀沙閃點。迨硇砂和製，縠縐周身，珠粒隱隱，更自奪目。

壺經用久，滌拭日加，自發闇然之光，入手可鑒，此爲文房雅供。若膩滓爛斑，油光爍爍，是曰『和尚光』，最爲賤相。每見好事家藏列頗多名製，而愛護垢染，舒袖摩娑，惟恐拭去，曰『吾以寶其舊色爾』。不知西子蒙不潔，堪充下陳否耶？以注真茶，是藐姑射山之神人，安置煙瘴地面矣？豈不舛哉！

周高起曰：『或問以聲論茶，是有説乎？』答曰：『竹爐幽討，松火怒飛，蟹眼徐窺，鯨波乍起，耳根園通，爲不遠矣。然爐頭風雨聲，銅缾易作，不免湯腥，沙銚亦嫌土氣。惟純錫爲五金之母，以製茶銚，能益水德，沸亦聲清，白金尤妙，第非山林所辦爾。』

家溯

金沙寺僧，久而逸其名矣。聞之陶家云：僧閑静有致，習與陶缸甕者處，摶其細土加以澂練，捏築爲胎，規而圓之，刳使中空，踵傳口柄蓋的，附陶穴燒成，人遂傳用。

吴骞曰：金沙寺在宜興縣東南四十里，唐相陸希聲之山房也。宋孫覿詩云〔九〕：『説是鴻磐讀書處，試尋幽伴挂孤藤。』建炎間，岳武穆曾提兵過此，留題〔一〇〕。

供春，學憲吴頤山家僮也。頤山讀書金沙寺中，〔供〕春給使之暇，竊仿老僧心匠，亦淘細土摶坯。茶匙穴中，指掠内外，指螺文隱起可按，胎必累按，故腹半尚現節腠，視以辨真。今傳世者，栗色闇闇，如古金鐵，敦龐周正，允稱神明，垂則矣。世以其係龔姓，亦書爲龔春。

周高起曰：供春，人皆證爲龔春。予於吴冏卿家見大彬所仿，則刻「供春」二字，足折聚訟云。

吴騫曰：頤山，名仕，字克學。宜興人。正德甲戌進士，以提學副使擢四川參政。供春，實頤山家僮。而周系曰青衣，或以爲婢，并誤。今不從之。

董翰，號後谿，始造菱花式，已殫工巧。

趙梁多提梁式。梁亦作良。

玄暢《茗壺系》作玄錫，《秋園雜佩》作袁錫，《茗壺譜》作玄暢。

時朋，一作鵬，亦作朋，時大彬之父。與董、趙、玄是爲四名家。並萬曆間人。乃供春之后勁也。董文巧，而三家多古拙。

李茂林，行四，名養心。製小圓式，妍在樸緻中，允屬名玩。案：茂林，《茗壺系》作『正始』。

周高起曰：自此以往，壺乃另作瓦缶，囊閉入陶穴。故前此名壺，不免沾缸罈油淚。

時大彬，號少山。或陶土，或雜砂礀土，諸款具足，諸土色亦具足。不務妍媚而樸雅堅栗，妙不可思。初自仿供春得手，喜作大壺。後游婁東，聞陳眉公與瑯琊、太原諸公品茶、試茶之論，乃作小壺。几案有一具，生人閑遠之思。前後諸名家，並不能及。遂于陶人標大雅之遺，擅空羣之目矣。案：大彬，《茗壺系》作大家。

周高起曰陶肆謡云：『壺家妙手稱三大』，蓋謂時大彬及李大仲芳、徐大友泉也。予爲轉一語曰：『明代良陶讓一時』，獨尊少山，故自匪佞。

李仲芳，茂林子。及大彬之門，爲高足第一。制漸趨文巧，其父督以敦古。仲芳嘗手一壺，視其父曰：『老兄者個何如？』俗因呼其所作爲『老兄壺』。後入金壇，卒以文巧相競。今世所傳大彬壺，亦有仲芳作之。大彬見賞而自署款識者。時人語曰：『李大瓶，時大名。』

徐友泉，名士衡。故非陶人也。其父好時大彬壺，延致家塾，一日强大彬作泥牛爲戲，不即從。友泉奪其壺土出門而去，適見樹下眠牛將起，尚屈一足，注視捏塑，曲盡厥（形）狀。攜以視大彬，一見驚歎曰：『如子智能，異日必出吾上！』因學爲壺，變化式土，仿古尊罍諸器，配合土色所宜，畢智窮工，移人心目。厥製有：漢方、扁觶、小雲雷、提梁卣、蕉葉、蓮芳、菱花、鵝蛋、分襠、索耳、美人、垂蓮、大頂蓮、一回角、六子諸款。泥色有：海棠紅、硃砂紫、定窯白、冷金黄、澹墨、沉香、水碧、榴皮、葵黄、閃色、梨皮諸名。種種變異，妙出心裁。然晚年恒自歎曰：『吾之精，終不及時之粗。』友泉有子，亦工，是技人。至今有大徐、小徐之目，未詳其名。案：仲芳、友泉二人，《茗壺系》作名家。

歐正春，多規花卉果物，式度精妍。

邵文金，仿時大漢方，獨絶。

邵文銀。

蔣伯荂，名時英。此四人，並大彬弟子。蔣後客于吴，陳眉公爲改其字之『敷』爲『荂』，因附高流，諱言本業。然其所作，堅緻不俗也。

陳用卿，與時英同工而年、技俱後。負力尚氣，嘗以事在縲絏中，俗名陳三騃子。式尚工緻，如蓮子、湯婆、鉢盂、圓珠諸製，不規而圓，已極妍。飾款仿鍾太傅筆意，落墨拙，用刀工〔一一〕。

陳信卿，仿時、李諸傳器具，有優孟叔敖處，故非用卿族。品其所手作，雖豐美遜之，而堅瘦工整、雅自不羣。貌寢意率，自誇洪飲。逐貴游間，不務壹志盡技〔一二〕。間多伺弟子造成，修削署款而已。所謂心計轉麄，不復唱渭城時也。

閔魯生，名賢，規仿諸家，漸入佳境。人頗醇謹，見傳器則虛心企擬，不憚改。爲技也，進乎道矣。

陳光甫仿供春、時大爲入室。天奪其能，蚤眚一目，相視口的，不極端緻。然經其手摹，亦具體而微矣。

案：正春至光甫，《茗壺系》作雅流。

陳仲美，婺源人。初造瓷于景德鎮，以業之者多，不足成其名，棄之而來。好配壺土，意造諸玩，如香盒、花盃、狻猊鑪、辟邪、鎮紙，重鏤疊刻，細極鬼工。壺象花果，綴以草蟲；或龍戲海濤，伸爪出目。至塑大士象，莊嚴慈憫，神采欲生。瓔珞花鬘，不可思議。智兼龍眠、道子，心思殫竭，以夭天年。

沈君用，名士良。踵仲美之智，而妍巧悉敵。壺式上接歐正春一派，至尚象諸物，製爲器用。不尚正方圓，而筍縫不苟絲髮。配土之妙，色象天錯，金石同堅。自幼知名，人呼之曰『沈多梳』。宜興垂髫之稱。巧殫厥心，亦以甲申四月夭。案：仲美、君用，《茗壺系》作神品。

邵蓋、周後谿、邵二孫皆萬歷間人。

吴騫曰：按周嘉胄《陽羨茗壺譜》〔一三〕，以董翰、趙梁、玄暢、時朋、時大彬、李茂林、李仲芳、徐友泉、歐正春、邵文金、蔣伯荂，皆萬歷時人。

陳俊卿，亦時大彬弟子。

周季山、陳和之、陳挺生、承雲從、沈君盛，善仿友泉、君用。以上並天啓、崇禎間人。

陳辰，字共之。工鐫壺款，近人多假手焉，亦陶〔家〕之中書君也。

周高起曰：自邵蓋至陳辰，俱見汪大心《葉語附記》中。大心，字體茲，號古靈。休寧人。鐫壺款識，即時大彬初倩能書者落墨，用竹刀畫之，或以印記，後竟運刀成字。書法閑雅，在黃庭、樂毅帖間，人不能仿。賞鑒家用以爲別。次則，李仲芳亦合書法。若李茂林，硃書號記而已。仲芳亦時代大彬刻款，手法自遜。案：邵蓋至陳辰，《茗壺系》入別派。

徐令音〔一四〕，未詳其字，見《宜興縣志》。豈即世所稱小徐者耶？

項不損，名真〔一五〕。檇李人。襄毅公之裔也。以諸生貢入國子監。

吴騫曰：不損，故非陶人也。嘗見吾友陳君仲魚藏茗壺一，底有『硯北齋』三字，旁署『項不損』款，此殆文人偶爾寄興所在。然壺制樸而雅，字法晉唐，雖時、李諸家，何多讓焉！不損詩文深爲李檀園、聞子將所賞，頗以門才自豪，人目爲狂。後入修門，坐事死於獄。《靜志居詩話》載其《題閨人梳奩銘》云：『人之有髮，旦旦思理。有身有心，奚不如是。」此銘雖出于前人，然不損亦非一手狂者。銘云『人之有發』云云，乃唐盧仝所作《鏡奩銘》。

沈子澈，崇禎朝人。

吴騫曰：仁和魏叔子禹新爲余購得蔆花壺一。底有銘曰：『石根泉，蒙頂葉。漱齒鮮，滌塵熱。』後署名子澈爲密先兄製。桐鄉金雲莊比部舊藏一壺，摹其式，寄余。底有銘云：『崇禎癸未，沈子澈製。』二壺款製，極古雅渾朴，蓋子澈實明季一名手也。

陳子畦，仿徐最佳，爲時所珍，或云即鳴遠父。

陳鳴遠，名遠，號鶴峯，亦號壺隱。詳見《宜興縣志》。

吴騫曰：鳴遠一技之能，間世特出。自百餘年來，諸家傳器日少，故其名尤噪。足跡所至，文人學士爭相延攬。嘗至海鹽館張氏之涉園，桐鄉則汪柯庭家，海寧則陳氏、曹氏、馬氏，多有其手作，而與楊中允晚研交尤厚。予嘗得鳴遠天鷄壺一，細砂，作紫棠色。上鋟庾子山詩，爲曹廉讓先生手書。製作精雅，真可與三代古器並列。竊謂就使與大彬諸子周旋，恐未甘退就邾莒之列耳。

徐次京、惠孟臣、葭軒、鄭寧侯皆不詳何時人，並善摹仿古器，書法亦工。

張燕昌曰：王汋山長子翼之燕書齋一壺，底有八分書『雪庵珍賞』四字，又楷書『徐氏次京』四字在蓋之外口，啓蓋方見，筆法古雅。惟蓋之合口處，揔不若大彬之元妙也。余不及見供春手製，見大彬壺，歎觀止矣。宜周伯高有『明代良陶讓一時』之論耳。又，余少年得一壺，底有真書『文杏館孟臣製』六字，筆法亦不俗，而製作遠不逮大彬。等之，自檜以下可也。

吴騫曰：海寧安國寺，每歲六月廿九日香市最盛，俗稱齊豐宿山。于時百貨駢集，余得一壺，底有唐詩『雲入西津一片明』句〔一六〕，旁署『孟臣製』，十字皆行書，制渾樸而筆法絶類褚河南。知孟臣亦大彬後一名手也。葭軒工作瓷，章詳《談叢》：又聞湖汊質庫中有一壺，款署鄭寧侯制，式極精雅，惜未寓目。

陽羨名陶録卷下

叢談

蜀山黄黑二土皆可陶。陶者穴火負山而居，纍纍如兔窟。以黄土爲胚，黑土傅之，作沽瓴、藥鑪、釜鬲、盤盂、敦缶之屬，粥于四方，利最博〔一七〕。近復出一種似均州者，獲直稍高，故土價踊貴，每踰三十千。高原峻坂，半鑿爲坡，可種魚，山木皆童然矣。陶者，甬東人，非土著也。王穉登《荆溪疏》〔一八〕

往時龔春茶壺，近日時大彬所製，大爲時人寶。惜蓋皆以麄砂製之，正取砂無土氣耳。許次紓《茶疏》

茶壺，陶器爲上，錫次之。馮可賓《茶牋》

茶壺，以小爲貴。每一客，壺一把，任其自斟自飲，方爲得趣。何也？壺小則香不涣散，味不耽閣。同上

茶壺，以砂者爲上。蓋既不奪香，又無熟湯氣。供春最貴，第形不雅，亦無差小者。時大彬所製又太小。若得受水半升而形製古潔者，取以注茶，更爲適用。其提梁、卧瓜、雙桃、扇面、八稜、細花、夾錫、茶替、青花、

白地諸俗式者，俱不可用。文震亨《長物志》〔一九〕

宜興罐，以龔春爲上，時大彬次之，陳用卿又次之。錫注以黄元吉爲上，歸懋德次之。夫砂罐，砂也；錫注，錫也。器方脱手，而一罐一注價五六金。則是砂與錫之價，其輕重正相等焉，豈非怪事？然一砂罐一錫注，直躋之商彝周鼎之列，而毫無慚色，則是其品地也。張岱《夢憶》〔二〇〕

茗注，莫妙于砂壺之精者，又莫過于陽羨，是人而知之矣。然寶之過情，使與金玉比直，毋乃仲尼不爲已甚乎？置物但取其適，何必幽渺其説，必至殫精竭慮而後止哉！凡製砂壺，其嘴務直，購者亦然。一曲便可憂，再曲則稱棄物矣。蓋貯茶之物與貯酒不同：酒無渣滓，一斟即出，其嘴之曲直可以不論；茶則有體之物也，星星之葉入水，即成大片，斟瀉時纖毫入嘴，則塞而不流。啜茗快事，斟之不出，大覺悶人，直則保無是患矣。李漁《雜説》〔二一〕

時壺，名遠甚。即遐陬絶域猶知之。其製始于供春，壺式古樸風雅，茗具中得幽野之趣者。後則如陳壺、徐壺，皆不能髣髴大彬萬一矣。一云，供春之後四家：董翰、趙良、袁錫疑即玄暢。其一即大彬父時鵬也。彬弟子李仲芳，芳父小圓壺李四老官，號養心，在大彬之上，爲供春勁敵，今罕有見者。或淪鼠菌，或重鷄彝壺，亦有幸不幸哉！陳貞慧《秋園雜佩》

宜興時大彬，製砂壺名手也。嘗挾其術以游公卿之門，其子後補諸生。或爲四書文以獻嘲，破題云：『時子之入學，以一貫得也』。蓋俗稱壺爲罐也。《先進録》

均州窯器，凡猪肝色、火裏紅、青緑錯雜若垂涎，皆上。三色之燒不足者，非别有此樣。此窯惟種菖蒲盆底佳甚，其它坐墩、墩罏、合方餅、罐子俱黄砂泥坯，故器質不足。近年新燒皆宜興砂土爲骨，釉水微似，製有佳者，但不耐用。《博物要覽》〔二二〕

宜興砂壺，剏于吴氏之僕，曰供春。及久而有名，人稱龔春。其弟子所製更工，聲聞益廣，京口談長益爲之作傳。《五石瓠》

近日一技之長，如雕竹則濮仲謙，螺甸則姜千里，嘉興銅器則張鳴岐，宜興茶壺則時大彬，浮梁流霞琖則吴十九，皆知名海内。王士禛《池北偶談》〔二三〕

供春製茶壺，款式不一，雖屬瓷器，海内珍之，用以盛茶，不失元味。故名公巨卿，高人墨士，恒不惜重價購之。繼如時大彬益加精巧，價愈騰。若徐友泉、陳用卿、沈君用、徐令音，皆制壺之名手也。徐喈鳳《重修宜興縣志》

陳遠工製壺、杯、瓶、盒，手法在徐、沈之間，而所製款識書法，雅健勝於徐、沈。故其年雖未老而特爲表之。同上

毘陵器用之屬，如筆箋、扇箸、梳枕及竹木器皿之類，皆與他郡無異。惟燈則武進有料絲燈，壺則宜興有茶壺。澄泥爲之，始於供春，而時大彬、陳仲美、陳用卿、徐友泉輩，踵事增華，并制爲花罇、菊合、香盤、十錦杯子等物，精美絶倫，四方皆爭購之。于琨《重修常州府志》

明時，宜興有歐姓者造瓷器，曰歐窯。有仿哥窯紋片者，有仿官、均窯色者，采色甚多，皆花盆、奩架諸器具，頗佳。朱炎《陶説》〔二四〕

供春壺式，茗具中逸品。其後復有四家，董翰、趙良、袁錫，其一則時鵬，大彬父也。大彬益擅長。其後有彭君寶、龔春、陳用卿、徐氏，壺皆不及大彬。彬弟子李仲芳，小圓壺製精絶，又在大彬之右，今不可得。近時宜興沙壺復加饒州之鎏，光彩射人，卻失本來面目。陳其年詩云：『宜興作者稱供春，同時高手時大彬。碧山銀槎濮謙竹，世間一藝皆通神。』高江村詩云：『規製古朴復細膩，輕便可入筠籠攜。山家雅供稱第一，清泉好瀹三春荑。』昔杜茶村稱：澄江周伯高著茶、茗二系，淵源支派甚悉。阮葵生《茶餘客話》

臺灣郡人，茗皆自煮。必先以手嗅其香，最重供春小壺。供春者，吴頤山婢名，製宜興茶壺者，或作龔春者誤。一具用之數十年，則值金一笏。周澍《臺陽百詠注》

昔在松陵王汋山楠話雨樓，出示宜興蔣伯荂手製壺，相傳項墨林所定式，呼爲天籟閣壺。墨林以貴介公子，不樂仕進，肆其力于法書、名畫及一切文房雅玩。所見流傳器具無不精美，如張鳴岐之交梅手鑪、閻望雲之香几及小盒等製，皆有墨林字。則一名物之賴天籟以傳，莫非子京精意所萃也。張燕昌《陽羨陶説》

先府君性嗜茶，所購茶具皆極精，嘗得時大彬小壺，如菱花八角，側有款字。府君云：壺製之妙，即一蓋可驗試。隨手合上，舉之能吸起全壺。所見黄元吉、沈鷺雝錫壺亦如是。陳鳴遠便不能到此。既以贈一方外，事在小子未生以前，迄今五十餘年，猶珍藏無恙也。余以先人手澤所存，每欲繪圖勒石紀其事，未果也。同上

往梧桐鄉汪次遷安曾贈余陳鳴遠所製研屏一，高六寸弱、闊四寸一分强，一面臨米元章《垂虹亭詩》，一面柯庭雙鉤蘭，惜乎久作碎玉聲矣。柯庭名文柏，次遷之曾大父，鳴遠曾主其家。同上

汪小淮海藏宜興瓷花尊一，若蓮子而平底，上作數孔，周束以銅，如提梁卣，質樸渾，氣尤静雅。余每見必

詢及。無款，不知爲誰氏作，然非供春、少山後作者所能措手也。同上

余于禾中骨董肆得一瓷印盤，螭鈕文曰：『太平之世多長壽人』。白文，切玉法，側有款曰『葭軒製』。葭軒不知何許人。此必百年來精于刻印。昔時少山陳共之工鎸款字，特真書耳。若刻印，則有篆法、刀法，摹印之學，非有數十年功者不能到也〔二五〕。吴兔牀著《陽羨名陶録》，鑒别精審，遂以爲贈。時丙夏午日。同上

陳鳴遠手製茶具雅玩，余所見不下數十種。如梅根筆架之類，亦不免纖巧。然余獨賞其款字有晉唐風格。蓋鳴遠游蹤所至，多主名公巨族。在吾鄉，與楊晚研太史最契。嘗于吾師樊桐山房見一壺，款題『丁卯上元爲耑木先生製』。書法似晚研，殆太史爲之捉刀耳。又于王汋山家見一壺，底有銘曰：『汲甘泉，瀹芳茗，孔顔之樂在瓢飲』。閲此，則鳴遠吐屬亦不俗，豈隱於壺者與！同上

吾友沙上九人龍藏時大彬一壺，款題『甲辰秋八月，時大彬手製』。近于王汋山季子齋頭見一壺，冷金紫製，朴而小，所謂游婁東見弇州諸公後作也。底有楷書款云『時大彬製』，内有紋一綫，殆未曾陶鑄以前所裂，然不足爲此壺病。同上

余少年得一壺，失其蓋，色紫而形扁，底有真書『友泉』二字，殆徐友泉也。筆法類大彬，雖小道，洵有師承矣。同上

客耕武原，見茗壺一于倪氏六十四研齋。底有銘曰：『一杯清茗，可沁詩脾。大彬。』凡十字，其製朴而雅，砂質温潤，色如猪肝，其蓋雖不能吸起全壺，然以手撥之則不能動。始知名下無虚士也。既手摹其圖，復系以詩云。陳鱣《松研齋隨筆》〔二六〕

記

宜興瓷壺記　周容[二七]

今吳中較茶者，壺必宜興瓷云。始萬歷間大朝山寺僧當作金沙寺僧。傳供春。供春者，吳氏小史也。至時大彬，以寺僧始止削竹如刃，刳山土爲之，供春更斲木爲模。時悟其法，則又棄模而所謂削竹如刃者。器類增至今日，不啻數十事。用木，重首作椎，椎唯鍊土作掌，厚一薄一分，聽土力。土稺不耐指，用木作月阜，其背虚緣，易運代土，左右是意與。終始用鑐，長視筆，闊視薤，次減者二。廉首齊尾，廉用割，用薤，用剔；齊用抑，用趁，用撫，用推。凡接文深淺，位置高下，齊廉並用。壺事此獨勤用角，闊寸，長倍五，或圭或笏，俱前薄後勁，可以服我。屈伸爲輕重，用竹木如貝竅，其中納柄，凡轉而藏暗者，藉是至于中豐兩殺者，則有木如腎，補規萬所困[二八]。外用竹，若釵之股；用石如碓，爲荔核形；用金作蝎尾，意至器生。因窮得變，不能爲名。土色五，膩密，不招客土，招則火知之。時乃故入以砂，鍊土克諧，審其燥濕，展之名曰土氈。割而登，諸月有序，先腹兩端相見，廉用媒土，土濕曰媒。次面與足，足面先後，以制之豐約，定足約則先面，足豐則先足。初渾然虚含，爲壺先天，次開頸，次冒次耳，次觜，觜後著戒也。體成於是，侵者薤之，驕者抑之，順者撫之，限者趁之，避者剔之，闇者推之，肥者割之，内外等。時後起，數家有徐友泉、李茂林，有沈君用。甲午春[二九]，余寓陽羨，主人致工于園，見且悉。工曰：僧草創，供春得華于土，發聲光尚已。時爲入敦雅古穆，壺如之，波瀾安閑，令人喜敬。其下，俱因瑕就瑜矣。今器用日煩，巧不自恥，嗟乎！似亦感運升降焉。二旬成壺凡十，聚就窯火。予搆文，祝窯文略曰：『器爲水而成，火先明德，功繇土以立，木亦見材』。又曰：『氣必足夫陰陽，候乃持夫晝夜，欲全體以致用，庶含光似守時』云云。是日，主人出時壺二，一提梁卣，一漢觶，俱不失工所言。衛懶仙云：良工雖巧[三〇]，不能徒手而就，必先器具修而後製度精。瓷壺以大彬傳，幾使旅人攦指。此則詳言本末，曲盡物情，文更峭健，可補《考工》之逸篇

銘

茗壺銘　沈子澈

石根泉，蒙頂葉。漱齒鮮，滌塵熱。

陶硯銘　朱彝尊

陶之始，渾渾爾。

茶壺銘　汪森

茶山之英，含土之精。飲其德者，心恬神寧。

酌中泠，汲蒙頂；誰其貯之古彝鼎，資之汲古得修綆。

贊

陳遠天雞酒壺銘　吳騫

媧兮煉色。春也審攷。宛爾和風，弄是天雞。月明花開，左挈右提。浮生杯酒，函谷丸泥。

賦

陽羨茗壺賦有序　吴梅鼎〔三二〕

六尊有壺，或方或圓，或大或小，方者腹圓，圓者腹方。莖金琢玉，彌甚其侈。獨陽羨以陶爲之，有虞之遺意也。然麄而不精，與窳等。余從祖拳石公讀書南山，攜一童子名供春，見土人以泥爲缶，即澄其泥以爲壺，極古秀可愛，世所稱供春壺是也。嗣是，時子大彬師之，曲盡厥妙。數十年中，仲美、仲卿之倫，用芳、君用之屬，接踵騁伎，而友泉徐子集大成焉。一瓷罌耳，價埒金玉，不幾異乎？顧其壺，爲四方好事者收藏殆盡。先子以蕃公嗜之，所藏頗夥，乃以甲乙兵燹，盡歸瓦礫。精者不堅，良足歎也。有客過陽羨，詢壺之所自來，因溯其源流，狀其體製，臚其名目，并使後之爲之者考而師之。是爲賦。

惟宏陶之肇造，實運巧于姚虞。爰前民以利用，能製器而無窳。在漢秦而爲甎甓，厥美曰康瓠。類瓦缶之太朴，肖鼎鼐以成區。雜瓷瓵與瓿甊，同鍛煉以無殊。然而藝匪匠心，制不師古。聊抱甕以團砂，欲挈缾而莖土。形每儕乎敧器，用豈侔夫周簠！名山未鑿，陶甀無五采之文；巧匠不生，鏤畫昧百工之譜。爰有供春，侍我從祖，在髫齡而穎異，寓目成能；借小伎以娛閑，因心挈矩。過土人之陶穴，變瓦瓿以爲壺，信異僧而琢山，屬陰凝以求土。時有異僧繞白碭、青龍、黄龍諸山，指示土人曰：『賣富貴』。土人異之，鑿山得五色土，因以爲壺。於是，砠白碭、鑿黄龍，宛掘井兮千尋；攻岩有骨，若入淵兮百仞。采玉成峯，春風花浪之濆，地有畫溪花浪之勝。分畦茹濾；秋月玉潭之上，地近玉女潭。並杵椎舂。合以丹青之色，圖尊規矩之宗。停椅梓之槌，酌翦裁于成片；握文犀之刮，施刓掠以爲容。稽三代以博古，考秦漢以程功。圓者如丸，體稍縱爲龍蛋；壺名龍釜。方兮若印，壺名印方，皆供春式。角偶刻以秦琮。又有刻角印方。脱手則光能照面，出冶則資比凝銅。彼新奇兮萬變，師造化兮元功。信陶壺之鼻祖，亦天下之良工。過此則有大彬之典重，時大彬。價擬璆琳；仲美之琱鎪，陳仲美。巧窮毫髮。仲芳骨勝，而秀出刀鎸；李仲芳。正春肉好，而工疑刻畫。歐正春。求其美麗，爭稱君用離奇；沈君用。尚彼渾成，僉曰用卿醇飭。陳用卿。若夫綜古今而合度，極變化以從心，技而進乎道者，其友泉徐子乎！緬稽先子，與彼同時，爰開尊而設館，令效技以呈奇。每窮年而累月，期竭智以殫思。潤果符乎球璧，巧實媲乎班倕。盈什百以韞櫝，時閲玩以遐思。若夫燃彼竹鑪，汲夫春潮，浥此茗盌，爛于瓊瑶。對煒煌而意駴，瞻詭麗以魂銷。方匪一名，圓不一相，文豈傳形，賦難爲狀。爾其爲制也，象雲罍兮作鼎，壺名雲罍。陳螭觶兮揚杯。螭觶名。仿漢室之瓶，漢瓶。則丹砂沁采；刻桑門之帽，僧帽。則蓮葉擎臺。卣號提梁，提梁卣。膩于雕漆；君名苦節，苦節君。蓋已霞堆。裁扇面之形，扇面方。觚稜峭厲；卷蓆方之角，蘆蓆方。宛轉瀠洄。誥寶臨函，誥寶。恍紫庭之寶現；圓珠在掌，圓珠。如合浦之珠回。至于摹形象體，殫精畢異，韻敵美人，美人肩。格高西子。西施乳。腰洵約素，照青鏡之菱花；束腰菱花。肩果削成，采金塘之蓮蒂。平肩蓮子。菊入手而凝芳，合菊。荷無心而出水。荷花。芝蘭之秀，芝蘭。秀色可餐；竹節之清，竹節。清貞莫比。鋭欖核兮幽芳，橄欖六方。實瓜瓠兮渾麗。冬瓜麗。或盈尺兮豐隆，或徑寸而平砥，或分蕉而蟬翼，或柄雲而索耳，或番象與鯊皮，或天雞與篆珥。分蕉、蟬翼、柄雲、索耳、番象鼻、鯊魚皮、天雞、篆珥，皆壺款式。匪先朝之法物，皆刀尺所不儗。若夫泥色之變，乍陰乍陽，忽葡萄而紺紫，倏橘柚而蒼黄。摇嫩緑于新桐，曉滴琅玕之翠。積流黄于葵露，暗飄金粟之香。或黄白堆沙，結哀梨兮可啖；或青堅在骨，塗髹汁兮生光。彼瑰琦之窯變，匪一色之可名。如鐵，如石，胡玉，胡金。備五文于一器，具百美于三停。遠而望之，黝若鐘鼎。陳明廷迫而察之，燦若琬琰浮精英。豈隨珠之與趙璧，可比異而稱珍者哉！乃有廣厥，器類出乎新裁。花蕊婀娜，雕作海棠之盒；沈君用海棠香盒。翎毛璀璨，鏤爲鸚鵡之杯。陳仲美製鸚鵡杯。捧香奩而刻鳳，沈君用香奩。翻茶洗以傾葵。徐友泉葵花茶洗。瓶織回文之錦，陳六如仿古花尊。鑪横古幹之梅。沈君用梅花鑪。巵分十錦，陳六如十錦杯。菊合三臺。沈君用菊合。凡皆用寫生之筆墨，工切琢于刀圭。倘季倫見之，必且珊瑚粉碎；使棠谿觀此，定教白玉塵灰。用濡毫而染翰，誌所見而徘徊。

詩

坐懷蘇亭焚北鑄鑪以陳壺徐壺烹洞山岕片歌　熊飛

顯皇垂拱昇平季，文盛兵銷偏恬喜。是時朝士多韻人，競仿吴儂作清事。書齋蘊藉快沈燎，湯社精微重茶器。景陵銅鼎半百沽，荆溪瓦注十千餘。宣工衣鉢有施叟，時大後勁樵陳徐。凝神昵古得古意，寧與秦漢官哥殊。余生有癖嘗涎覬，竊恐尤物難兼圖。昔年挾策上公車，長安米價貴如珠。輟食典衣酬夙好，鑄得大小兩施鑪。今年陽羨理蓿架，懷蘇亭畔樂名壺。蘇公僻生予梓里，此地買田貽手書。焉知我癖非公癖，臭味豈必分賢愚？閑煮惠泉燒柏子，梧風習習引輕裾。吁嗟洞山岕片不多得，任教茗戰難相克。亭中長日三摩挲，猶如瓣香茶話隨公側。顧智跋：偶檢殘編，得熊公懷蘇亭歌詞。想見往時風流暇逸，今亭既湮沒，故附梓于誌。以志學宫昔有此亭，亦見陽羨茗壺固甲天下也。騫按：飛又作滙，四川人，崇禎中官宜興教諭。

陶寶肖象歌爲馮本卿金吾作　林古度茂之〔三二〕

昔賢製器巧含樸，規仿尊壺從古博。我明供春時大彬，量齊水火摶埴作。作者已往嗟濫觴，不循月令仲冬良。荊溪陶司正陶復，泥砂貴重如珩璜。世間茶具稱爲首，玩賞楷模在人手。粉錫型模莫與爭，素瓷斟酌長相偶。義取炎涼無變更，能使茶湯氣永清。動則禁持慎捧執，久且色澤生光明。近聞復有友泉子，雅式精工仍繼美。常教春茗注山泉，不比瓶罍罄時恥。以兹珍賞向東吴，勝卻方平衆玉壺。癖好收藏阮光禄，割愛舉贈馮金吾。金吾得之喜絶倒，寫圖錫名曰陶寶。一時詠贊如勒銘，直似千年鼎彝好。

贈馮本卿都護陶寶肖像歌　俞彦仲茅〔三三〕

何人霾向陶家側，千年化作土赭色。堨來擣冶水火齊，去聲義興好手誇埏埴。春濤沸後春旗濡，彭亨豕腹正所須。吴兒寶若金服匿，賁緣先入步兵厨。于今東海小馮君，清賞風流天下聞。主人會意卻投贈，媵以長句縹湘文。陳君雅欲酣茗戰，得此摩挲日千徧。尺幅鵝溪綴剡藤，更教摩詰開生面。圖爲王宏卿所爲。一時佳話傾璠璵，堪備他年班管書。月筍馮園名。即今書畫舫，研山同伴玉蟾蜍。

過吴迪美朱萼堂看壺歌兼呈貳公　周高起伯高

新夏新晴新緑煥，茶室初開花信亂。羈愁共語賴吴郎，曲巷通人每相唤。伊余真氣合寄懷，閑中今古資評斷。荊南土俗雅尚陶，茗壺奔走天下半。吴郎鑒器有淵心，曾聽壺工能事判。源流裁别字字矜，收貯將同彝鼎玩。再三請出豁雙眸，今朝乃許花前看。高槃捧列朱萼堂，匣未開時先置贊。捲袖摩挲笑向人，次第標題陳几案。每壺署以古茶星，科使前賢參静觀。指摇蓋作金石聲，款識稱堪法書按。某爲壺祖某雲礽，形製敦龐古光燦。長橋陶肆紛新奇，心眼欷歔多暗換。寂寞無言意共深，人知俗手真風散。始信黃金瓦價高，作者展也天工竄。技道曾何彼此分，空堂日晚滋三歎。

供春大彬諸名壺，價高不易辨，予但別其真，而旁蒐殘缺于好事家，用自怡悦，詩以解嘲。

陽羨名壺集，周郎不棄瑕。尚陶延古意，排悶仰真茶。燕市曾酬駿，齊師亦載車。也知無用用，攜對欲殘花。吴迪美曰：用涓人買駿骨、孫臏刖足事以喻殘壺之好，伯高乃真賞鑑家，風雅又不必言矣

贈高侍讀澹人以宜壺二器并系以詩　陳維崧其年〔三四〕

宜壺作者推龔春，同時高手時大彬。碧山銀槎濮謙竹，世間一藝俱通神。彬也沈鬱并老健，沙麤質古肌理勻。有如香盦乍脱蘚，其上刻畫蜼皃蹲。又如北宋没骨畫，幅幅硬作麻皮皴。百餘年來迭兵燹，萬寶告竭珠犀貧。皇天劫運有波及，此物亦復遭荆榛。清狂録事偶弃得，一具尚值三千緡。後來佳者或間出，巉削怪巧徒紛綸。臘茶褐色好規製，軟媚詎入山齋珍。我家舊住國山下，穀雨已過芽茶新。一壺滿貯碧山岕，摩挲便覺勝飲醇。邇來都下鮮好事，椀嵌瑪瑙車渠銀。時壺市縱有人賣，往往贋物非其真。高家供奉最澹宕，羊腔詎屑膏吾唇。每年官焙打急遞，第一分賜書堂臣。頭綱八餅那足道，葵花玉銙寧等倫。定煩雅器瀹精茗，忍使茅屋埋佳人。家山此種不難致，卓犖只怕車轔轔。未經處仲口已缺，豈亦龍性愁難馴。昨搜敗簏賸二器，函走長鬣踰城闉。是其姿首僅中駟，敢冀拂拭充綦巾。家書已發定續致，會見茘子衝埃塵。

宜壺歌答陳其年檢討　高士奇澹人〔三五〕

荆南山下罨畫溪，溪光瀲灩澄沙泥。土人取沙作茶器，大彬名與龔春齊。規製古樸復細膩，輕便堪入筠

籠攜。山家雅供稱第一，清泉好瀹三春荑。未經穀雨焙嫩綠，養花天氣黄鶯啼。旗鎗初試瀉蟹眼，年年韵事宜幽棲。柴瓷漢玉價高貴，商彝周鼎難考稽。長安人家尚奢靡，鏤鎪工巧矜象犀。詞曹官冷性澹泊，叨恩賜住蓬池西。朝朝傫直趨殿陛，夜衝街鼓晨聽雞。日間幼子面不見，糟妻守分甘鹹虀。縱有小軒列圖史，那能退食閑品題。近向漁陽歷邊徼，春夏時扈八駿蹏，秋來獨坐北窗下，玉川興發思山谿。致札元龍乞佳器，遂煩持贈走小奚。兩壺圓方各異狀，隔城鄭重裹錦綈。長篇更題數百字，敘述歷落同遠齎。拂拭經時不釋手，童心愛玩仍孩提。湘簾夜捲銀漢直，竹牀醉卧寒蟾低。紙窗木几本精粲，翻憎瑪瑙兼玻璃。瓦瓶插花香爇缶，小物自可同琰圭。龍井新茶虎跑水，惠泉廟岕爭鼓鼙。他年揚帆得恩請，我將攜之歸故畦。

以陳鳴遠舊製蓮蕊水盛梅根筆格爲借山和尚七十壽口占二絶句　查慎行悔餘[三六]

梅根已老發孤芳，蓮蕊中含滴水香。合作案頭清供具，不歸田舍歸禪房。

偶然小技亦成名，何物非從假合成。道是摶沙沙不散，與翻新句祝長生。

希文以時少山砂壺易吾方氏核桃墨　馬思贊仲韓[三七]

漢武袖中核，去今三千年。其半爲酒池，半化爲墨船。磨休斮骨髓，流出成元鉛。曾落盆池中，數歲膏愈堅。質勝大還丹，舐者能昇天。贈我良友生，如與我周旋。豈敢計施報，報亦非戔戔。譬彼十五城，難易趙璧然。有明時山人，搦砂成方圓。彼視祖李輩，意欲相後先。我謂韓齊王，羞與噲等肩。青娥易贏馬，文枕換玉鞭。投贈古有之，何必論媸妍。以多量取寡，差覺勝前賢。

陶器行贈陳鳴遠　汪文柏季青〔三八〕

荆溪陶器古所無，問誰作者時與徐。時大彬、徐友泉。泥沙入手經摶埴，光色便與尋常殊。後來多衆工，摹倣皆雷同。陳生一出發巧思，遠與二子相爭雄。茶具方圓新製作，石泉槐火鏖松風。我初不識生，阿髯尺素來相通。謂陳君其年也。贈我雙卮頗殊狀，宛似紅梅嶺頭放。平生嗜酒兼好奇，以此飲之神益王。傾銀注玉徒紛紛，斷木豈意青黄文。廠盒宣鑪留款識，香奩藥盌生氤氲。數物悉見工巧。吁嗟乎，人間珠玉安足取，豈如陽羨溪頭一丸土。君不見，輪扁當年老斲輪，又不見，梓慶削鐻如有神。古來技巧能幾人，陳生陳生今絶倫。

蜀岡瓦暖硯歌　胡天游稚威〔三九〕

蒼青截鐵堅不阿，琭珞敲玉鏗而瑳。太一之船卻斤斧，帝鴻之紐掀穴窠。貝堂伏卵抱沂鄂，瓠肉削澤無瘢瘥。露清紺淺葉幽漉，日冷赭濇岡夔屹。琅琅一片抗歷落，仡仡四面平傾頗。瑩陳天智比珍縠，巧斲山骨殊砮碆。祝融相土刑德合，方軫員蓋經營多。炎烹燼化出摶造，域分宇立開婆娑。東有日山西有月，包之郛郭環之涯。水輪無風自然舉，氣母襲地歸于和。乾坤大腹吞樂浪，荆吴懸胃藏蠡鄱。陂謡鴻隙兩黄鵠，敵樹角國雙元蝸。静如辰樞執魁柄，動如牡鑰張機牙。線連羅浮走複折，氣通艮兑無壅譌。嚴冬牛目畏積雪，終旬狸骨僵偃波。封翰熒毳失皴鹿，凍蜯作噩銜刀戈。一丸未脱手旋磨，寸裂快逐紋生韡。似同天池敗蚩霧，比困秦法遭斯苛。分明落紙困倚馬，絆拘行步偕孱羸。爾看利器喜人用，初如得寶良可歌。火山有軍罷圍燎，熱坂近我勝嘘呵。渻湯初顧五熟釜，灌壘等拔千囊沙。劍門一道塞井絡，春候三月暄江沱。共工雖怒霸無所，温洛自潤揚其華。東宫香膠銘絳客，湘妾紫鯉浮晴渦。沈沈鴉色暈餘渲，靄靄雨族披圓羅。咸池勃張浴黑帝，神鼇斫掣隨皇媧。山馳岳走事俄頃，霆翻電薄酣滂沱。虹窗焰流玉抱肚，月骴水轉金蝦蟇。時時正見黝鏡底，北斗熛耀垂天河。蜀岡工良近莫過，擣泥濾水相挼挱。爲罌爲皿爲飲榼，壺如嬰武杯如羸。千窯萬埴列門户，堆器不盡十馬馱。智搜技徹更復爾，誰與作者黠則那。温姿勁骨奪端歙，輕膚細理欺杪欏。馬肝或訝瓜削面，鳳味兼狀鷺食荷。燔燒顔色出美好，端正不待切與磋。華元皤然抱坦拓，周顗空洞非媕娿。早從仲將試點漆，峽檣懸溜駿注坡。我初見此貪不覺，衆中奇畜擬橐駝。詩篇送似因賺得，若彼取鳥致以囮。温泉火井佐沐邑，華陽黑水環梁嶓。豹囊乾煤吐柏麝，古玉笏笏徐研摩。青霜倒開漾海色，烏虯尾掉重雲拖。端州太守輕萬石，宫凌秦羽磯羞鼉。比于中國豈無士，今者祇悦哀臺佗。時煩拭濯安且固，捧盈恒恐遭跌蹉。裝書未取押玳瑁，格筆遲斫珊瑚柯。畫螭蟠鳳圍一尺，錦官爲汝城初蓑。啓之刀劍快出匣，止爲熊虎嚴蟄窩，蕭行孔草雖嬾擅。須記甲乙親吟哦，《國風》好色陳姣嫽，《離騷》荒忽追沅灑。凝鋪潭影滑幽璞，秋生龍尾涼侵霞。夜遥燈語風撼碧，縈者爲蚓簇者蛾。行斜次雜共綣蜿，手無停度劇弄梭。宏農客卿座上客。雄鳴藉掃幺與麽。欲銘功德向四壁，顧此堅凜誰能劘。硯乎與汝好相結，分等石友亦已加。闌干垂手鮮琢玉，捧侍未許宫釵娥。他年塗竄堯典字，伴我作籀書歸禾。

臺陽百詠　周澍静瀾

寒榕垂蔭日初晴，自瀉供春蟹眠生。疑是閉門風雨候，竹梢露重瓦溝鳴。

諭瓷絶句　吴省欽冲之〔四〇〕

宜興妙手數龔春，後輩返推時大彬。一種贚砂無土氣，竹鑪饞煞鬥茶人。

周梅圃送宜壺

春彬好手嗟難見，質古砂麤法尚傳。攜個竹鑪蕭寺底，紅囊須瀹惠山泉。

觀六十四研齋所藏時壺率成一絶　陳鱣仲魚

陶家雖欲數供春，能事終推時大彬。安得攜來偕硯北，注將勺水活波臣。予嘗自號東海波臣

無錫買宜興茶具二首　馮念祖爾修〔四一〕

陶出瑞瓏盌，供春舊擅長。團圓雙日月，刻畫五文章。直並摶砂妙，還誇肖物良。清閑供茗事，珍重比流黄。

敢云一器小，利用仰前賢。陶正由三古，《茶經》第二泉。卻聽魚眼沸，移就竹鑪邊。妙製思良手，官哥應並傳。

陶山明府仿古製茗壺以詒好事五首　吴騫槎客

洞靈巖口庀精材，百徧臨橅倚釣臺。傳出河濱千古意，大家低首莫驚猜。

金沙泉畔金沙寺，白足禪僧去不還。此日蜀岡千萬穴，別傳薪火祀眉山。

百和丹砂百煉陶，印牀深鎖篆煙銷。奇觚不數《宣和譜》，石鼎聯吟任尉繚。明府曾夢見『尉繚子事』四字，因以自號茗壺并署之。

倏倏琴鶴志清虚，金注何能瓦注如。玉鑑亭前人吏散，一甌春露一牀書。

陶泓已拜竹鴻臚，玉女釵頭日未晡。多謝東坡老居士，如今調水要新符。東坡調水符事，在鳳翔。玉女洞，舊

宜興縣志移于玉女潭，辨詳《桃溪客語》。

芑堂明經以尊甫瓜圃翁舊藏時少山茗壺見眎製作醇雅形類僧帽爲賦詩而返之

蜀岡陶復蘇祠鄰，天生時大神通神。千奇萬狀信手出，巧奪坡詩百態新。清河眎我千金寶，云有當年手澤好。想見碙砂百煉精，傳衣夜半金沙老。一行銘字昆吾刻，歲紀丙申明萬曆。彈指流光二百秋，真人久化蓮曇錫。吴梅鼎《茗壺賦》云：『刻桑門之帽，則蓮葉擎臺。』昨暫留之三歸亭，篋中常作笙磬聲。跛然起視了無覩，惟見竹鑪湯沸海。月松風清乃知神物多靈閃，不獨君家雙寶劍。願今且作合浦歸，免使龍光斗牛占。噫嘻公子慎勿嗟，世間萬事猶摶沙，他日來尋丙舍帖，春風還啜趙州茶。

詩餘

滿庭芳　吾邑茶具俱出蜀山。暮春泊舟山下，漫賦此詞。　陳維崧

白甄生涯，紅泥作活，亂煙細裊孤邨。春山腳下，流水浴柴門。紫筍碧鑪時候，溪橋上，市販爭喧。推篷望，高吟杜句，旭日散雞豚。田園，淳樸處，牽車粥畚，壘石支垣。看鴟彝撲滿，磊磊邱樊。而我偏憐茗器，温而栗，溼翠難捫。掀髯笑，盈崖緑雪，茶事正堪論。

陽羨名陶續録

家溯

明時江南常州府宜興縣歐姓者造瓷器曰歐窯。有仿哥窯紋片者，有仿官、均窯色者，采色甚多，皆花盤匳架諸器，舊者頗佳。朱炎《陶説》

吴騫曰：歐窯，疑即歐正春。今丁、蜀二山尚多規之者，器作淡緑色，如蘋婆果，然精巧遠不逮矣。

槜李文後山鼎工詩，善畫〔四二〕，收藏名蹟古器甚多，有宜磁茗壺三具，皆極精雅。其署款曰『壬戌秋日陳正明製』；曰『龍文』；曰『山中一杯水，可清天地心』亮彩。三人名，皆未見於前載，亦未詳何地人。陳敬璋《餐霞軒雜録》〔四三〕

本藝

香雪居在十三房，所粥皆宜興土産砂壺。茶壺始於碧山冶金，吕愛冶銀，泉駛茗膩，非扃以金銀，必破器染味。砂壺創於金砂寺僧，團紫砂泥作壺具，以指羅紋爲標識。有吴學使者讀書寺中，侍童供春見之，遂習其技成名工，以無指羅紋爲標識。宋尚書時彦裔孫名大彬，得供春之傳，毁甓以杵舂之，使還爲土，范爲壺燀，以熠火審候以出。雅自矜重，遇不愜意碎之。至碎十留一，皆不愜意，即一弗留。彬技指以柄上拇痕爲標識。

大彬之後則陳仲美、李仲芳、徐友泉、沈君用、陳用卿、蔣志雯諸人。友泉有雲罍、蟬觶、漢瓶、僧帽、提梁卣、苦節君、扇面、美人肩、西施乳、束腰菱花、平肩、蓮子、合菊、荷花、竹節、橄欖、六方、冬瓜段、分蕉、蟬翼、柄雲、索耳、番象鼻、沙魚皮、天雞、篆耳諸式；仲美另製鸚鵡杯。吴天篆《磁壺賦》云『翎毛璀璨，鏤爲鸚鵡之杯。』謂此。後吴人趙璧變彬之所爲而易以錫，近時則歸復所制錫壺爲貴。　李斗《揚州畫舫録》

吴騫曰〔四四〕：長洲陸貫夫紹曾，博古士也〔四五〕。嘗爲予言，大彬壺有分四旁底、蓋爲一壺者，合之注茶，滲屑無漏，名六合一家壺。離之，仍爲六。其藝之神妙如是。然此壺予實未見，姑識於此，以廣異聞。

談叢

前卷言一藝之工足以成名，而歎士人有不能及。偶觀《袁中郎集·時尚》一篇，與予説略同。并録之云：『古來薄技小器皆可成名。鑄銅如王吉、姜娘子，琢琴如雷文、張越，磁器如哥窯、董窯，漆器如張成、楊茂、彭君寶。士大夫寶玩欣賞，與詩疑作書。畫竝重。當時文人墨士、名公鉅卿，不知湮没多少，而諸匠之名顧得不朽。所謂五穀不熟，不如稊稗者也。近日小技著名者尤多，皆吴人。瓦壺如龔春、時大彬，價至二三千錢。銅鑪稱胡四，扇面稱何得之，錫器稱趙良璧，好事家爭購之。然其器實精良非他工所及，其得名不虛也。』予又曾見《顧東江集》：弘正間，舊京製扇骨最貴李昭。《七脩類稿》稱，天順間有楊塤，妙於倭漆，其漂霞山水人物，神氣飛動，圖畫不如。嘗上疏明李賢、袁彬者也。　王士禛《居易録》〔四六〕

韓奕字仙李，揚州人。買園湖上，名曰韓園。工詩，善鼓板，蓄砂壺爲徐氏客。　《揚州畫舫録》〔四七〕

閑得板橋道人小幀梅花一枝，傍列時壺一器，題云：峒山秋片茶，烹以惠泉，貯沙壺中，色香乃勝。光福梅花盛開，折得一枝，歸啜數杯，便覺眼耳鼻舌身意直入清涼世界，非煙火人所能夢見也。係一絶云：『因尋陸羽幽棲處，傾倒山中煙雨春。幸有梅花同點綴，一枝和露帶清芬。』此幀詩畫皆有清致，要不在元章文長之亞。魏鉽蜩《寄生隨筆》

藝文

銘

張季勤藏石林中人茗壺屬銘以鋟之匣　吴騫

渾渾者陶之始舍，則藏吾與。爾石林人傳季勤，得子孫寶之，永無忒！

樂府

少山壺　任安上李唐〔四八〕

洞山茶，少山壺，玉骨冰膚。雖欲不傳，其可得乎！壺一把，千金價，我筆我墨空有神，誰來投我以一緡？袁枚曰：可慨亦復可恨，然自古如斯，何見之晚也。

詩

荆溪雜曲　王叔承承父〔四九〕

蜀山山下火開窯，青竹生煙翠石銷。笑問山娃燒酒杓，沙坏可得似椰瓢。詩見《明詩綜》

雙溪竹枝詞　陳維崧

蜀山舊有東坡院，一帶居民淺瀨邊。白甄家家哀玉響，青窯處處畫溪煙。

葦村以時大彬所製梅花沙壺見贈漫賦兹篇誌謝雅貺　汪士慎近人〔五〇〕

陽羡茶壺紫雲色，渾然製作梅花式。寒沙出冶百年餘，妙手時郎誰得如。感君持贈白頭客，知我平生清苦癖。清愛梅花苦愛茶，好逢花候貯靈芽。他年倘得南帆便，隨我名山佐茶讌。

味諫壺　陳夢星伍喬

天門唐南軒館丈齋中多砂壺，有形如橄欖者，或憎其拙。予獨謂拙乃近古，遂枉贈焉，名曰味諫。

義興誇名手，巧製妙圓整。兹壺獨臃腫，贅若木之癭。呂甫公有《木癭壺》詩。一琖回餘甘，清味託山茗。

得時少山方壺於隱泉王氏乃國初進士幼扶先生舊物率賦四律　張廷濟汝霖〔五一〕

添得蕭齋一茗壺，少山佳製果精殊。從來器樸原團土，且喜形方未破觚。生面别開宜入畫，兄子又超爲繪圖。詩腸借潤漫愁枯。金沙僧寂供春杳，此是荆南舊範模。

削竹鎸留廿字銘，居然楷法本黄庭。周高起曰：大彬款，用竹刀，書法逼真《换鵝經》。雲痕斷處筆三折，雪點披來砂幾星。便道千金輸瓦注，從教七椀補《茶經》。延陵著録徵君説，好寄郵筒問大寧。海寧吴丈兔牀，著《陽羡名陶録》；海鹽家文漁兄撰《陽羡陶説》。二君皆博稽此壺，大寧堂款，必有考也。

瑯琊世族溯蟬聯，老物傳來二百年。過眼風燈增舊感，丁巳歲，孟中觀攜是壺留余齋旬日，未久孟化去。知心膠黍話新緑。王心耕爲予作緣得此壺。未妨會飲過詩屋，西隣葛見嵒闢溪陽詩屋，藏有陳用卿壺。大好重攜品隱泉。隱

泉，在北市劉家浜，李元龍先生御舊居於此。聞説休文曾有句，可能載筆賦新篇。姊壻沈竹岑廣文嘗賦此壺貽王君安期

活火新泉逸興賒，年年愛鬥雨前茶。從欽法物齊三代，張岱謂：龔時瓦罐，直躋商彝周鼎之列而無愧。子家藏三代彝鼎十數種，殿以此壺，彌增古澤。便載都籃總一家。吾弟季勤藏石林中人壺，兄子又超藏陳隺峯壺。竹里水清雲起液，祇園軒古雪飛花。居東太平禪院，舊有沸雪軒，詳舊《嘉興縣志》。與君到處堪煎啜，珍重寒窗伴歲華。

時大彬方壺澂一家王氏藏之百數十年矣辛酉秋日過隱泉訪安期表弟出此瀹茗并示沈竹岑詩即席次韻　葛澂見巖〔五二〕

隱泉故事話高人，況有名陶舊絶倫。酒渴肯辭甘草癖，詩清底買玉壺春。賓朋聚散空多感，書卷飄零此重珍。王氏舊富藏書。記取年年來一呷，未妨桑苧目茶神。

叔未解元得時大彬方壺於隱泉王氏賦四詩見示即疊辛酉舊作韻

移向墻東舊主人，竹田位置更超倫。瓦全果勝千金注，時好平分滿座春。石乳石林真繼美，石乳石林，叔未弟季勤所藏二壺銘。寶尊寶敦合同珍。叔未藏商尊周敦，皆精品。從今聲價應逾重，試誦新詩句有神。

觀叔未時大彬壺　徐熊飛渭揚〔五三〕

少山方茗壺，其□强半升。名陶出天秀，止水涵春永。良工舉手見，圭角那能便。學蘇摸稜凛，然若對端正。士性情温克，神堅凝風塵。淪落復見此，真書廿字銘。厥厎削竹槷，刻妙入神不。信蘆乃(？)能刻，髓王濛故物。藤篋封歲久，竟歸張長公。八甎精舍水雲靜，我來正值梅花風。攜壺對客不釋手，形模大似提梁卣。春雷行空蜀岡破，亂點磠砂燦星斗。幾經兵火完不缺，臨危應有神靈守。薄技真堪一□師，姓名獨冠陶

人首。吾聞美壺如美人，氣韵幽潔肌理勻。珍珠結網得西子，便應掃卻蛾眉羣。又聞相壺如相馬，風骨權奇勢矜雅。孫揚一顧獲龍媒，十萬驪黄皆在下。多君好古鑑别精，搜羅彝器陳縱横。紙窗啜茗志金石，煙篁繞舍泉清泠。東南風急片帆直，我今遥指防風國。他日重攜顧渚茶，提壺相封同煎喫。

叔未叔出示時壺命作圖并賦　張上林又超〔五四〕

曾閲滄桑二百年，一時千載姓名鐫。從今位置清儀閣，活火新泉話夙緣。吴兔牀作隸題圖，册首曰『千載一時』。

時壺歌爲叔未解元賦　沈銘彝竹岑〔五五〕

少山作器器不窳，罨畫溪邊劚輕土。後來作者十數輩，遂此形模更奇古。此壺本自瑯琊藏，鬱林之石青浦裝。情親童稚摩挱慣，賦詩共酌春茗香。蓺林勝事洵非偶，一朝恰落茂先手。清儀閣下槜李亭，羃䍥茶煙浮竹牖。廬陵妙句清通神，壺底鋟『黄金碾畔綠塵飛，碧玉甌中素濤起』二句，歐公詩也。細書深刻藏顔筋。我今對之感舊雨，君方得以張新軍。商周吉金案頭列，殿以瓦注光璘彬。壺兮壺兮爲君賀，曲終正要雅樂佐。

和叔未時壺原韻　周汝珍東杠〔五六〕

入室芝蘭臭味聯，松風竹火自年年。尋盟研北虚前諾，得寶墻東憶昔賢。鬥處元知茗是玉，傾來不數酒如泉。徐陵雪廬孝廉。沈約竹岑學博。俱名士，寫遍張爲主客篇。

叔未解元得時大彬漢方壺詩來屬和　吴騫

春雷蜀山尖，飛棟煤煙緑。燭龍繞蜂穴，日夜鏖百谷。開荒藉瞿曇，煉石補天□。中流抱千金，孰若一壺逐。繼美邦美孫，李斗謂大彬乃宋尚書時彥之裔。智燈遞相續。兩儀始胚胎，萬象供搏掬。視以火齊良，寧棄薛與暴。名貴走公卿，價重埒金玉。商周寶尊彝，秦漢古卮盉。丹碧固焜燿，好尚殊華樸。迄今二百禩，瞥若鳥過目。遺器君有之，喜甚獲郢璞。折柬招朋儕，剖符規玉局。松風一以瀉，素濤翻雪瀑。恍疑大寧堂，移置八甎屋。摹形更流詠，牋冊裝金粟。顧謂牛馬走，名陶盍補録。嗟君負奇嗜，探索窮崖隩。求壺不求官，干水甚千禄。三時我未饜，一夔君已足。予藏大彬壺三，皆不刻銘。君雖一壺，底有歐公詩二句〔五七〕，爲光勝。譬如壺九華，氣可吞五岳。何嘗爲烏篷，共泛罨溪渌。廟前之廟後，遍聽茶娘曲。勇喚邵文金，渠師在吾握。大彬漢方，惟邵文金能仿之，見《茗壺系》。

〔校證〕

〔一〕苦者何薄劣粗厲之謂也窳者何污窬瘷敗等也　底本原作『苦窳者，何蓋髻墾薜暴之等也！』今從美術本。

〔二〕破數十年之功　『功』，美術本作『勞』。

〔三〕間多漏略　上二字美術本作『頗詳』，當上讀。文意完全不同。

〔四〕松靄周春　周春（一七二九—一八一五），字芚兮，號松靄，别號黍谷居士、内樂村農，晚號虛谷，室名曇花館、著書齋、禮陶齋、寶陶齋、夢陶齋等。從其室名就知其對宜陶痴迷已極。乾隆十九年（一七五四）進士，除官廣西岑溪知縣。丁憂去，服闋，不再赴選。時年不到五十。三十餘年讀書著述不倦，藏書萬卷，曾遍閲《大藏經》六百餘函。撰有《十三經音略》十二卷、《孝經外傳》一卷、《爾雅補注》四卷、《小學餘論》二卷，《代北姓譜》二卷、《遼金元姓譜》一卷，《海潮説》三卷、《佛爾雅》八卷、《選材録》一卷，《杜詩雙聲疊韻譜括略》八卷、《遼詩話》一卷、《耆餘詩話》十卷、《松靄詩鈔》、《松靄遺書》及《海昌勝覽》。其關於遼、金、西夏的著作見重於世。事見《兩浙輶軒續録》卷七、《清史列傳》卷六八《丁傑傳·附傳》、《清史稿》卷四八四《邵遠平傳·附傳》等。

〔五〕明王升宜興縣志引陸希聲頣山録云　王升，字世新，號孚齋，别號金鵝山人。由歲貢官國子學録。張正柄國，欲令典制，力辭不就；通判成都，擢提舉鹽課。謝歸。撰有《四書輯略》、《讀左贅言》等。事見《江南通志》卷一六三、《千頃目》卷二等。陸希聲，蘇州吴縣人。景融四世孫。初爲嶺南從事，又被商州刺史鄭愚表爲僚屬。後隱居於義興（治今江蘇宜興），自號『君陽遁叟』。乾符初，召爲右拾遺、内供奉，累擢歙州刺史。大順初，召爲給事中。乾寧二年（八九五），拜户部侍郎、同中書門下平章事。旋以太子少師罷。李茂貞兵犯京師，病輿避難，卒。贈尚書左僕射，謚文。希聲博學善屬文，精通《易》、《春秋》、《老子》等，論著頗夥，惜多已佚。工正書，得古法。事見《新唐書》卷一一六《陸之方傳·附傳》、《吴郡志》卷二一、《唐詩紀事》卷四八、《宣和書譜》卷四等。其著作見《崇文總目》卷一、二、五，《郡齋讀書志》卷一上、卷四上，《遂初堂書目》、《直齋書録解題》卷一、卷一六著録。《頣山録》一卷，見《宋史》卷二〇六著録，當爲其隱居義興時所撰。他還有《陽羡雜詠》十九首，乃其七絶名作。

〔六〕徐一夔蜀山草堂記　徐一夔，字大章。天台人，僑寓嘉興。元末嘗官建寧府學教授。洪武初，徵修禮書。王暐薦修元史，辭不赴。後起爲杭州教授，召修《大明日歷》，特授以翰林院官，以病足辭歸。撰有《始豐稿》十五卷（四庫作十四卷）、《杭州府志》（九册）、《宋行官考》一卷等。事見《曝書亭集》卷六四、《明史》卷二八五、《千頃目》卷七、八、一七等。《草堂記》，見其《始豐稿》卷四，引文頗有出入。『徐一夔』至『别墅』，凡三十二字，底本原無，據美術本補。

〔七〕宋牧仲中丞題曰　『宋牧仲』，即宋犖（一六三四—一七一三），字牧仲，號漫堂，又號西陂，縣津山人。河南商丘人。大學士權之子。順治四年（一六四七），以大臣子應詔侍衛禁廷。逾年考試，名列第一，受職。因年少，其父請辭，願讀書應舉。旋隨父返里，與侯方域等結社論學，歷數年，窮究古今之學。丁艱，服闋謁選。康熙三年（一六六四），授黄州通判。累擢刑部郎中，出爲通永道，陞山東司臬，遷江蘇總藩，擢江西巡撫，調江蘇，久任巡撫達十四年。晉吏部尚書，加太子少師致仕。宋犖博學喜交遊，往來多名士，淹貫掌故，詩文見重於當世。尤崇蘇東坡，自稱與其『彌覺神契』。曾重金購得《施注蘇詩》殘本，校刊行世。撰有《西陂類稿》五十卷，《漫堂説詩》一卷，《筠廊偶筆》、《二筆》各二卷；編有《江左十五子詩選》十五卷等。事見犖手編《漫堂年譜》（刊《類稿》卷四七），湯右曾撰《宋公犖墓誌銘》、顧棟高《宋漫堂傳》等。

〔八〕在宜興縣東南　『東南』，底本作『南』，今從美術本。

〔九〕孫覿詩云　引詩見《鴻慶居士集》卷五《遊金沙寺有陸希聲侍郎讀書堂在頣山上》。『説是』，孫詩原作『説似』；『孤藤』，原作『烏藤』。

〔一〇〕岳武穆曾提兵過此留題　岳武穆，即岳飛（一一〇三—一一四一），抗金名將。南宋淳熙六年（一一七九），追謚武穆。檢四庫本明·徐階編《岳武穆遺文》，有《題廣德軍金沙寺壁》云：『余駐大兵宜興，沿幹王事過此。陪僧僚謁金沙，徘徊暫憩，遂擁鐵騎千餘，長驅而往。俟立奇功，復三關，迎二聖，使宋朝再振，中國安強。他時過此，得勒金石，不勝快哉！建炎四年四月十二日河朔岳飛題。』方案：題已明言此乃廣德軍（治今安徽廣德）金沙寺，疑吴騫僅據『駐大兵宜興』，而誤會成宜興金沙寺。但廣德地與宜興鄰接，寺名相同而混爲一談尚情有可原。問題在於，宋人不可能題『使宋朝再振』云云，如『宋朝』二字非明人所改，則必非岳飛手跡也。因他只可能用『大宋』、『皇宋』或『聖宋』之類詞（方案：『宋』可用『皇朝』置换）。這成爲判斷是否真跡的一大標識。

〔一一〕用刀工　『用』，底本及周氏《茗壺系》（下簡作周系）均作『落』，似涉上而譌，據美術本改。

〔一二〕不務壹志盡技　『務』，美術本作『復』。

〔一三〕按周嘉胄陽羨茗壺譜　周嘉胄，字江左。揚州人。似未仕。與李維楨（一五四七—一六二六）相交遊，崇禎末仍在世。撰有《香譜》二十八卷，已收入《四庫全書》。其書自序云：『好睡嗜香，性習成癖』，『循世之情彌篤』。可見其人一斑。其又撰有《陽羨茗壺譜》，僅見於吴氏《名陶録》。

〔一四〕徐令音　方案：是條及其下數條『項不損』等，乃吴騫《名陶録》所補，其上均周高起《茗壺系》已著録之陶人。

〔一五〕項不損名真　今考項真，字不損，號甓園，嘉興秀水人。儒學生，貢入國子監。兼通今古文，深爲李長蘅、聞子將所激賞。入清，嘗官景陵知縣。後坐事瘐死於獄。撰有《西湖草》、《無事編》二卷等。事見《明詩綜》卷七四小傳引《靜志居詩話》，又見《四庫總目》卷一三三、《千頃目》等二八等。吴氏稱其『檇李人』，爲嘉興之古稱，不無小誤。又稱其爲襄毅公之裔，乃指項忠（一四二一—一五〇二）之裔，未審何據？。項忠，字藎臣。嘉興人。累官兵部尚書。卒贈太子太保，謚襄毅。事見《懷麓堂文後稿》卷一九《項公墓誌銘》。

〔一六〕底有唐詩雲入西津一片明　方案：檢唐詩無此句，此乃見王士禛（一六三四—一七一一）《精華録》卷五《潤州懷古二首》之二。『明』，原作『陰』。故吴騫所得之壺，最早也只能是康熙時所製。

〔一七〕粥於四方利最博　『粥』，通『鬻』；『博』，美術本作『溥』。

〔一八〕王穉登荆溪疏　王穉登（一五三六—一六一二），字百穀，一字伯固，號竹墅、玉遮山人，又號松壇道人、半偈主人、青羊君等。長洲（治今江蘇蘇州）人。十歲能詩，嘉靖末，遊京師，客大學士袁煒家，爲其激賞而延譽。萬曆中，徵修國史，未上而史局罷。嘉、萬間同時布衣山人以詩鳴者十數，以穉登爲最。擅詞翰之席者三十餘年，風雅上接文徵明，名滿吴郡。撰有《吴郡丹青志》、《奕史》、《吴社編》、《虎苑》、《雨航紀》各一卷；又有《延令纂》、《采真編》、《梅花什》、《荆溪疏》、《竹箭編》、《廣長庵疏》、《苦言》各一卷，《燕市集》、《金閶集》、《青雀集》、《晉陵集》、《客越志》各二卷，併《松壇集》合編爲《王百穀全集》，又有《王穉登詩集》十二卷。其事見《大泌山房集》卷八八《王百穀先生墓誌銘》、《賜閑堂集》卷二二《王徵君百穀先生墓表》、《來禽館集》卷二〇《王百穀〈謀野乙集〉序》及《明史》卷二八八

《文苑四》等。其著作則見《四庫總目》卷一一四、一四三,《千頃目》卷一二、二四,《明史》卷九九著録。又,《荆溪疏》一卷,已佚,僅存數條,爲明清之書援引,本條僅見於此,似已非原文。

〔一九〕文震亨長物志　文震亨,已見《續茶經》卷中拙釋。本條見《長物志》卷一二《茶壺》。

〔二〇〕張岱夢憶　張岱(一五九七—約一六八九),字宗子,號石公、陶庵、蝶庵居士等。山陰(治今浙江紹興)人。年青時,曾遊歷蘇、浙、魯、皖諸名勝。工駢、散文,擅遊記及小品文。嗜音樂,能彈琴製曲。明亡,避亂剡溪山中,杜門隱居數十年。撰有《石匱書》及《後集》、《快園道古》、《西湖夢尋》、《三不朽圖贊》、《溪囊十集》、《嫏嬛文集》等,編有《冰雪文》等。《夢憶》爲《陶庵夢憶》的簡稱。其事略見《浙江通志》卷一八〇引《紹興府志》等。

〔二一〕李漁雜説　李漁(一六一〇—一六八〇)清初戲曲、小説家。初名仙侶,後改名漁。字謫凡、笠鴻,號笠翁,又自號天徒、笠道人、李十郎、隨庵主人、新亭樵客等。浙江蘭谿人。幼有神童之譽。崇禎十年(一六三七),入府學,屢試不第,客居金華同知許豸署。清兵入金華,避居深山。順治八年(一六五一),徙居杭州,賣文爲生。約在十六年,移居南京,名居所爲『芥子園』,開書鋪,刊行書籍爲業。又率家優遍歷江湖賣藝,足跡半天下。廣泛結交達官貴顯,宿儒名流。在戲曲理論、創作及小説創作研究方面卓然名家。撰有《笠翁傳奇十種》、《無聲戲合集》、《笠翁一家言》等,另有長篇小説《合錦四文傳》十六卷,《肉蒲團》六卷二十回等。編有《資治新書》、《尺牘初徵》、《古笑史》、《四六初徵》、《列朝文選》、《芥子園畫譜》等。是有卓越成就的文學家。事見朱傳等編《李漁研究資料》(傳記部分)、肖榮撰《李漁評傳》、單錦珩《李漁傳》等。其《雜説》及本條僅見於此。

〔二二〕博物要覽　是書谷泰撰於明天啓中。谷泰，字寧宇，官蜀王府長史。本則見是書卷五。見《四庫總目》卷一三〇。

〔二三〕王士禛池北偶談　本條摘引自是書卷一七《一技》，『茶壺』原書作『宜興泥壺』。『昊十九』下，原有雙行小注『號壺隱道人』五字，下有删節文字。

〔二四〕朱炎陶説　朱琰（一作炎），字桐川，號笠亭、樊桐山人，齋室名楓江湖樓、樊桐山房、泊櫓山房、友石居、書畫船等。海鹽人。乾隆三十一年（一七六六）進士，館於江西巡撫吴紹詩憲署。嘗官阜平知縣，以文術飾吏治。爲嘉禾七子之一，博雅工詩。精鑑賞，能書畫，工篆刻。著述甚夥。有《笠亭詩集》二卷、《湖樓集》一卷，又有《金華詩録》、《楓江》、《瀛洲》諸集。未刊者尚有《説文録》、《異韻學》、《琴學》、《古文清英》等。編有《明人詩抄》十四卷、《唐詩律箋》、《詞林合璧》、《律賦夏課》、《學詩津逮》等。其著作匯刊於《古學匯刊》，又見於《武林掌故叢編》。事見《國朝詩人徵略》初編卷四〇、《清畫家詩史》丁卷下等。《陶説》六卷，是一部最早的陶瓷簡史及其工藝美術史。其採遮甚廣，遍及四部。僅筆記、雜説類就援引五十餘種之多。且注重考察清代窯器成品，訪問陶瓷藝人，頗重實踐。其書卷一爲《説今》，述清代景瓷的生産工藝流程，卷二《説古》，論陶瓷起源，並追溯唐至元朝名窯、名品。卷三《説明》專述明代歷朝官窯器具及其生産技術。卷四至六詳述遠古至明各類窯器。此書版本甚夥，主要有：（一）乾隆三十九年（一七七四）鮑廷博初刻本；（二）馬俊良乾隆五十九年《龍威秘書》

本；（三）《翠琅玕館叢書》本；（四）《藝術叢書》本；（五）《芋園叢書》本；（六）《美術叢書》本；（七）《説薈》本；（八）文友堂鉛字排印本；（九）《萬有文庫》本；（十）傅振倫《陶説譯注本》等。此書還有十九世紀英、法文譯本或節譯本。以上參據傅振倫《清朱琰〈陶説〉簡介》（刊《景德鎮陶瓷》一九八一年創刊號）。

〔二五〕非有數十年功者不能到也　『數十』，美術本作『十數』。

〔二六〕陳鱣松研齋隨筆　陳鱣（一七五三—一八一七），字仲魚，號簡莊、河莊，又自號東海波臣，齋名果園、松硯齋、士鄉堂、向山閣、中吴別業、滄海吟舍、紫薇講舍等。海寧人。嘉慶元年（一七九六），舉賢良方正；三年，中舉人。六年，赴京會試，與錢大昕、翁方綱、段玉裁等論學，析疑問難。阮元譽爲『浙中經學最深者』。後客吴門，與黄丕烈、吴騫等過從甚密。於紫薇山麓營築向山閣，藏書十萬卷，與吴氏互相鈔藏交流。精於校勘，學宗許、鄭。竭數十年心力，成《説文正義》一書。著作頗多，有《孝經鄭注解輯》、《六藝論》、《聲類拾存》、《埤蒼拾存》、《經籍跋文》、《鄭康成年譜》各一卷，《詩人考》三卷，《對策》、《石經説》、《恆言廣證》、《簡莊綴文》各六卷，《論語古訓》、《詩集》各十卷，《續唐書》七十卷等。事見《清史稿》卷四八四、《清史列傳》卷六九、錢泰吉《陳鱣傳》等。其《松研齋隨筆》當爲其筆記雜説，卷數不詳。

〔二七〕周容　周容（一六一九—一六七九），字茂三，一字茂山，號鄮山，自號躄瓮，別署齋室名躄堂、春酒堂、春涵堂等。鄞縣（治今浙江寧波）人。明諸生，幼穎異。入清，棄諸生，浪跡江湖間，狂放縱飲，嗜酒，每飲必醉，人比之以徐渭。後至京師，大臣爭薦其應博學鴻詞科，力辭不受。其詩文深得錢謙益、全祖望、閻若璩贊賞。足跡、交游遍天下，皆時之俊彦。工書擅畫，高才多藝。撰有《春酒堂文存》四卷、《詩存》十卷、《詩話》一卷。事見全祖望撰《墓幢》、徐文駒撰《詩人周鄮山墓表》及《清史列傳》卷七〇《文苑一·李鄴嗣傳·附傳》等。此記文寫來汪洋恣肆，曲盡宜興瓷壺之妙，又不失爲一篇壺人、壺藝簡史，堪稱大手筆，是陶瓷史上不可多得的佳作。

〔二八〕補規萬所困　『規萬』，底本同美術本等，疑當作『規範』。

〔二九〕甲午春　據其生卒年，當指清順治十一年（一六五四）。

〔三〇〕良工雖巧　『良工』，美術本作『建工』。

〔三一〕吴梅鼎　吴梅鼎，原名雯，號天篆、醉墨，齋名鳴鶴室。清代宜興人。其賦亦膾炙人口之力作。

〔三二〕林古度茂之　林古度，字茂之，一字那子，别署江東父老，乳山道士。明代福建福清人。崇禎中移居江寧，八十五歲仍在世，貧甚。事見《揚州畫舫録》卷一〇等。其詩亦見周高起《陽羡茗壺系》。

〔三三〕俞彦仲茅　俞彦，字仲茅，號容自，别署爰園。上元（治今江蘇南京）人。一作太倉人。萬曆二十九年（一六〇一）進士。歷宦兵部主事、兵部員外郎、累官光禄少卿。撰有《夷陵州志》、《擬詩和頌》一卷、《擬古樂府》二卷等，事見《明詩綜》卷六四、《江南通志》卷一二三、《千頃目》卷七、一六、二六等。

〔三四〕陳維崧其年　陳維崧（一六二五—一六八二），字其年，號迦陵，别稱『陳髯』，齋名佳山堂、湖海樓、天藜閣等。宜興人。貞慧子。維崧於康熙十八年（一六七九）舉博學鴻儒，授翰林院檢討，預修《明史》。

越四年而卒於官。維崧天賦異常，幼承庭訓，作文瑰偉。擅詩文，尤工倚聲度曲，嘗與朱彝尊合刻《朱陳邨詞》，享譽海内。又與吴兆騫、彭師度有『江左三鳳凰』之美譽。其駢文又與吴綺、章藻功齊名，合稱『駢體三家』。陳氏乃陽羨詞派領袖，風格以豪放爲主，作詞凡四百一十六調，一千六百二十九闋，爲歷代詞家創作數量之最。不失爲清初詞壇巨擘。撰有《湖海樓詩集》八卷、《迦陵文集》十六卷、《湖海樓詞》三十卷、《兩晉南北史集珍》六卷，又與潘眉（字原白，號蕁眉，宜興人）合輯《今詞選》。其弟陳維岳（一六三六—？），字緯雲，亦工詞善文，事見徐乾學撰《陳檢討維崧墓誌銘》、蔣永修撰《陳檢討迦陵先生傳》、蔣景祁《迦陵先生外傳》，又見《清史列傳》卷七一、《清史稿》卷四八四、《國朝耆獻類徵》卷一一七等。

〔三五〕高士奇澹人　高士奇（一六四三—一七〇二），字澹人，號竹窗，又號江村，别署正公、菊澗、瓶盧、抱甕翁、藏用老人、松亭、蔬香等，齋室名爲簡靜齋、朗潤堂、清吟堂、江村草堂、靜寄齋、蕭兀齋、信天巢、花源艸堂等。錢塘（治今浙江杭州）人。自少好學能文，初補杭州府學生員，年十九赴京闈試，未第，窮困落魄，賣文自給。偶爲皇帝所知，以監生充書寫序班，供奉内廷。康熙十五年（一六七六），入值南書房，書寫密諭。十九年，特授翰林院額外侍講。二十六年，累擢少詹事。二十八年，相繼被左都御史郭琇疏劾及副都御史許三禮復劾，論其與王鴻緒、徐乾學結黨營私，受賄賣官，侵吞官物，贓私數百萬，詔休致歸籍。三十三年，復召回京，仍入值南書房。後卒於家。撰有《清吟堂全集》七十七卷，又有《經進文稿》、《天禄識餘》、《扈從日録》等。事見鄭方坤撰《國朝名家詩鈔小傳》、鄧之誠《清詩紀事初編·小傳》等。

〔三六〕查慎行（一六五〇—一七二七），原名嗣璉，字夏重，號他山。後改今名，更字悔餘，號初白，又號查田。浙江海寧人。查慎行秉性穎異，三十歲前一直在鄉里侍親讀書。少學文於黄宗羲，得詩法於錢秉鐙，又與朱彝尊爲中表兄弟，得其延譽，聲名漸起。康熙十八年（一六七九），他從軍入幕，追隨邑人、貴州巡撫楊雍建遠征雲貴，討伐吴三桂殘部。在三年的從軍生涯中，足跡遍天下，豐富了閲歷，大爲創作之助。四十二年，第進士，授編修。十年後，乞休歸。雍正五年（一七二七），因二弟嗣庭所謂的『誹謗』而構陷成獄，連累他坐『家長失教罪』，被褫系入京拘獄。後因二弟被迫害致死，雍正念其端謹而放歸田里，旋卒。查慎行深沉好古，於書無不讀，厚積薄發，作詩上萬首，存詩六千餘首，詩風直逼蘇軾、陸游。趙翼將其列入古代十大詩人之列，對其推崇備至。撰有《周易玩辭集解》十卷、《易説》一卷，《經史正編》、《黔中風土記》、《人海記》二卷，《得樹樓雜鈔》十五卷、《陰陽判傳奇》二卷，《蘇詩補注》五十卷（稿本）、《他山詩鈔》（即《慎旃初集》）、《慎旃二集》、《敬業堂集》五十卷、《續集》六卷、《詩鈔》二卷，《初白庵詩評》三卷等。其生平事蹟見方苞《查君墓誌銘》、全祖望《初白查先生墓表》、沈廷芳《查先生慎行行狀》、陳敬章《查他山先生年譜》，鄭方坤《國朝名家詩鈔小傳》、《清史列傳卷》七一，聶世美《查慎行選集·前言》（上海古籍出版社一九九八年版）等。

〔三七〕馬思贊仲韓　馬思贊，字仲韓，一字寒中，别署迂鐵老人、花山、漁邨，齋室名曰南樓、道古樓、衎齋、皆山堂、寅賓堂、紅藥山房、小胡蘆山書屋等。見楊廷福等《清人室名别稱字號索引》下册頁四八八。

〔三八〕汪文柏季青　汪文柏，字季青，號柯亭，又號柯庭、筤谿，别署古香樓、載德堂、抱月窗、容忍居、擁書樓、雙桂軒、巽隱齋等。浙江桐鄉人。監生，康熙中，嘗官北城兵馬司指揮。工詩詞，著有《古香樓詞稿》等。事見《全清詞鈔》卷六、《清詩紀事·康熙朝卷》。

〔三九〕胡天游稚威　胡天游（一六九六—一七五八），榜姓方，一名騤，字稚威，一字雲持，號石笥山房。山陰（治今浙江紹興）人。雍正七年（一七二九），中浙闈副榜，乾隆元年（一七三六），任蘭枝薦舉博學鴻儒，因丁艱未赴試。次年補考，又因病報罷。少即好學，於書無不覯，擅屬文，工詩詞。撰有《石笥山房文集》六卷、《補遺》一卷，《詩集》十一卷、《詩餘》一卷、《補遺》、《續補遺》各二卷，有咸豐二年（一八五二）重刊本。事見《清史稿》卷四八五、《清史列傳》卷七一，又見袁枚《胡稚威哀詞》、朱仕琇《方天游傳》、胡元琢《先考稚威府君年譜紀略》。

〔四〇〕吴省欽沖之　吴省欽（一七二九—一八〇三），字沖之，一字充之，號白華。江蘇南匯（治今上海南匯）人。乾隆二十二年（一七五七），賜舉人，二十八年，第進士。歷宦翰林院侍讀，四川、湖北、順天學政，光禄寺卿，順天府尹，工部侍郎等，累官都察院左都御史。嘉慶四年（一七九九），因事奪職。少時與張少華、趙損之等同學於王士禛、朱彝尊，又與王昶、錢大昕等同學於蘇州紫陽書院，師從常熟王峻。工詩文，撰有《白華前稿》六十卷、《後稿》四十卷，《白華入蜀詩鈔》十三卷、《文鈔》五卷等。事見王昶《吴君墓誌銘》、吴敬樞《吴白華年譜》及《清史列傳》卷二八等。

〔四一〕馮念祖爾修　馮念祖，字文子，一字爾修，號快雪堂。錢塘人，夢禎曾孫。康熙二十九年（一六九〇）

舉人，曾官泰州知州。曾與朱彝尊、顧嗣立、陳琰、毛奇齡等相交遊。事見《居易録》卷三二、《曝書亭集》卷六八《靈隱寺題名》、《浙江通志》卷一四四等。

〔四二〕檇李文後山鼎工詩善畫　文鼎，字學匡，號後山、俊翁，別署齋名曰三鋗齋、停雲舊築、五字不損本室等。清嘉興秀水人。

〔四三〕陳敬璋餐霞軒雜録　陳敬璋，字奉莪，號半圭，別署惺葊、餐霞軒、四勿居等。清海寧人。

〔四四〕李斗揚州畫舫録　李斗（？—一八一七），字北有，一字艾塘（堂），號畫舫中人，別署所居曰防風館，室名永報堂等。儀徵人。上舍生。幼失學，疏於經史。勵志勤學，工詩文，兼通算學、音律，好遊覽。嘗三至粵西，七遊閩浙，一往豫楚，兩上京師。與阮元、焦循、袁枚、汪中、凌廷堪、黃景仁、金兆燕等相交遊。撰有《永報堂詩集》八卷、《艾堂樂府》一卷、《奇酸記傳奇》四卷、《歲星記傳奇》二卷，以上與《揚州畫舫録》十八卷合編爲《永報堂集》三十三卷。此外還有《艾塘曲録》一卷、《防風館詩》二卷及《鹽法志》等。其事見道光《重修儀徵縣志》卷三七、點校本《揚州畫舫録》卷首《説明》及自序，見中華書局一九六〇年版汪北平等點校本。《揚州畫舫録》十八卷，所載内容較廣泛，不僅是揚州社會經濟文化狀況的實録，也是我國清代中期社會的縮影。因鹽商的崛起和康熙乾隆的相繼多次南巡，促成了揚州的畸形繁榮。李斗竭三十餘年的心力，用其筆記載了揚州『萬象隆富』、『風尚華麗』之一斑（袁枚序中語）。是書有乾隆六十年（一七九五）自然盦初刻本和同治十一年（一八七二）方濬頤重刊本等，今以中華書局本爲通行。本條紀事，見是書卷四。又，『冶銀』，原誤作『治銀』；『鸚鵡』，原作

『嬰武』，據李斗書改。

〔四五〕長洲陸貫夫紹曾博古士也　陸紹曾，字貫夫，號癸父、白叢，别署齋名曰白齋。清代長洲（治今江蘇蘇州）人。

〔四六〕王士禛居易録　本則見《居易録》卷二四，引文全同。『詩』下，吴氏注云：『疑作書』三字，極是。

〔四七〕揚州畫舫録　本則見李斗書卷一四，引文全同。

〔四八〕任安上李唐　任安上，字李唐，又字里唐、理堂、禮堂，號二癡、蠡塘，别署醴堂、澧堂，齋室名曰我齋、分徑軒、借舫居、菊花廳、賓鶯館等。清代宜興人。

〔四九〕王叔承承父　王叔承，初名光胤，以字行。更字承父，晚又更字子幻，復名靈嶽，自號崑崙山人。吴江人，客大學士李春芳（一五一〇—一五八四）所。性嗜酒，春芳有所撰述，常醉弗應。久之，謝歸。縱遊吴越山水。太倉王錫爵（一五三四—一六一〇），乃其布衣之交。工詩曲，極爲王世貞兄弟所重。卒年六十五。撰有《吴越遊編》、《楚遊編》、《嶽遊編》、《荔子編》等。事見《賜閑堂集》卷二二《王山人子幻墓表》、《弇州山人續稿》卷七四《崑崙山人傳》、《明史》卷二八八等。其詩見《明詩綜》卷五五，原題二首，所録乃二首之二。

〔五〇〕汪士慎近人　汪士慎（一六八六—約一七六二），字近人，號巢林，别號溪東外史、晚春聖人、天都寄客、左盲生、心觀道人、茶仙等。安徽歙縣人，一作休寧人。長期流寓揚州，爲『揚州八怪』之一。一生貧困，以賣書畫爲生。擅詩、書、畫，精篆刻及治印，工花卉，尤善畫梅。性格孤傲，安貧樂道，嗜茶如命。與金農、華嵒、高翔、馬曰琯、陳撰等相友善。撰有《巢林集》七卷等。傳世書畫作品尚多，印作則傳世頗少，多見於其作自用之印。事見竇鎮《國朝書畫家筆録》卷一、馮金伯等《國朝畫識》卷一二、震鈞《國朝書人輯略》卷四、李濬之《清畫家詩史》丙上等。

〔五一〕張廷濟汝霖　張廷濟，初名汝霖，字叔未，一字作田，號未亭、竹田，别署順安，説舟，竹里，眉壽老人等，齋室名曰蘭心閣、清儀閣、桂馨堂、稻香樓等。清中期嘉興（今屬浙江）人。嘗從杜俞學，自稱其門下弟子，以富收藏、精鑒賞見稱於時。此四首七律及其詩注，實抒寫宜興壺史中之典實，殊具史料價值。

〔五二〕葛澂見巖　葛澂，字見巖，室名溪陽書屋，清中葉嘉興人。又設溪陽詩屋結詩社，與張廷讓比鄰而居，且相友善。

〔五三〕徐熊飛渭揚　徐熊飛（一七六二—一八三五），字子宣，一字渭揚，號雪廬，别號白鵠山人，自署齋室名曰春雪亭、雪舫齋、修竹廬等。浙江武康人。嘉慶九年（一八〇四）舉人，署翰林院典籍。阮元聘其爲詁經精舍講席，中年時與楊芳燦、王豫等流連詩酒，名盛當時。晚因病家居，以著述自娱。能詩文，工駢體。撰有《白鵠山房詩初集》三卷、《詩選》四卷、《桂笙吟》、《風鷗集》、《前溪風土詞》、《六花詞》各一卷，《駢體文鈔》二卷、《續鈔》一卷、《前溪碑碣》二卷、《武康伽藍記》二卷、《上相志》四卷。事見《清史列傳》卷七二，潘衍桐《兩浙輶軒録·續録》卷二二，《晚清簃詩匯》卷一一七等。

〔五四〕張上林又超　張上林，字心石，號又超、古村，别署銅篆書屋。張廷濟侄，浙江嘉興人。

〔五五〕沈銘彝竹岑　沈銘彝，字靈泉，號竹岑，又號中黄、紀鴻，别署齋名曰孟廬，金鵝山館。浙江嘉興人。

〔五六〕周汝珍東杠　周汝珍，字東杠，别號舞草，浙江嘉興人。方案：詩中注稱『歐公詩也』，大誤；此乃范仲淹名作《和章岷從事鬭茶歌》中一聯，早已膾炙人口。

〔五七〕君雖一壺底有歐公詩二句　方案：此范仲淹詩，非歐陽修詩。參見拙校〔五五〕。

洗研烹茶圖序

〔清〕鄭錦聲

〔提要〕

《洗研烹茶圖序》，清代茶書。一卷，鄭錦聲撰。鄭錦聲，號稼軒，福建人。本書由《洗研烹茶圖》和《振衣濯足圖》各兩幅及鄭氏序、記各一首組成。今以其圖、序所成的時間先後爲次進行編排。據其藏書章，可知此卷原爲鄭振鐸先生藏品。鄭先生爲福建長樂人，不知與是書作者鄭錦聲是否有某種親緣關係？振鐸先生乃海内外知名的大收藏家，抑或這僅是一般藏品而已。今此卷藏國家圖書館，被影印編入《中國古代茶道秘本五十種》（全國圖書館文獻縮微複製中心二〇〇三年版）而得以流傳，今據以點校，並圖一併收入本書，以廣其傳。

本書卷首《振衣濯足圖序》之末鈐有二方印章，一爲『稼軒翰墨』，一爲『鄭錦聲』名章。由此可知序作者爲鄭錦聲，其自署云『閩中稼軒氏未定稿』，則可知其號及籍貫。其生平則序中已述之甚詳。鄭錦聲（一七九〇—？）原爲富家子弟，二十歲後，家道中落，乃至家徒四壁。其父勉以讀書，母則勤儉持家。嘉慶十八年（一八一三）鄉試中舉。二十年，遊幕莆田；次年，『托缽南靖』；二十二年，教授仙游；道光元年（一八二一），又移尤溪。前此之嘉慶二十五年間，曾『客臨城，駐河間』，有『登泰岱，涉淮泗』的壯遊經歷。『四上公車，兩留京邸』，未獲一官半職。直至道光六年（一八二六），才署知雲和，又染瘴幾死。八年，權知上虞；九年，補署仙居；十二年，調知蕭山。同年，曾充浙闈同考官。道光十三年，海潮爲患，被命主持修繕捍海塘工程。其後又調知平湖。此《振衣濯足圖》乃『命工』所繪，成於工程告成之際。寄托其『崛起維艱』，嚮往『急流勇退』之情愫。序則成於稍後之道光十四年，時寓居杭州雄鎮樓旅次。其十五年所繪之《洗研烹茶圖》，則取意於『池中洗研魚吞墨，松下烹茶鶴避煙』之名句。而記文則抒發作者身勞心逸的勞逸觀。此兩幅圖和序、記各一首，合刊於道光十五年（一八三五）。

考慮到此《烹茶圖》尚頗別具一格，序記的作者經歷坎坷曲折，文筆也工，故收入本書，以補清代中後期罕有茶書之缺憾。本書僅見『茶道本』。

振衣濯足圖序

辛卯，余任仙居，邑有讞獄，留郡浹旬。感時撫事，遂以『振衣千仞岡，濯足萬里流』命意繪圖〔一〕。原取其氣象高闊，涵蓋萬千。孰知即調蕭山，復辦海塘，因而再調平湖，其亦機之先見者乎。事有無心作於前，有時驗於後者，莫非數也。兹在工次無聊，故歷敍半生，文以紀之。

余小子無良，遭家不造，溯自弱冠以前，亦富人子耳。未幾而生産中落，遂致立錐無地。先君子處之怡然，惟日勉余以讀書爲事。無如食指如林，家徒四壁，賴先母嚴太宜人、庶母郭孺人勤儉操持，日則女紅，夜則課讀，余獲以辛未游庠，癸酉連膺鄉薦。方冀長奉椿萱，少承菽水，何期乙亥秋，母氏竟以積勞成疾，棄養終天。庶母亦於辛巳謝世，先父簡軒公年屆古稀，無疾遽背，傷哉痛哉！不孝之罪，可勝言哉！

曩者，飢驅四方，無歲不客。乙亥遊幕莆田，丙子托鉢南靖，丁丑安研仙游，辛巳櫜游尤溪，己卯、庚辰客臨城，駐河間，登泰岱，涉淮泗。足跡所經，游亦壯哉。乃四上公車，兩留京邸，風塵僕僕，屢薦不售，命也。亦余之學業就荒也。丙戌大挑，簽掣浙江，是年冬，署篆雲和。入其疆，縣無署，邑無城，户鮮知書，巷無居人。余初登仕版，不敢以其小而易之也。如書院、社倉、水利數大端，皆次第舉而行之。幾於案無留牘，囹圄空虛。不料爲山瘴所侵，邑無善醫，瀕危者屢，其得以不死者，幸也。戊子秋，權紹屬上虞。己丑冬，補台郡仙居，但地處萬山，民刁俗悍，撫字催科，兩者俱拙。余兩載中悉心區畫，振靡懲頑，誠所謂險阻艱難，備嘗之矣。乃蒙上游矜恤，壬辰春，調補蕭山。復值連年水旱，議賑勸捐，加以臺匪不靖，軍書旁午，蕭邑爲寧、紹、台三郡之衝，一切兵糈支應，皆於是乎給。余不惟不敢言乏，並亦未敢告勞也。猶幸者，公事倥偬之際，得以優游乎文章之府，偃息乎翰墨之場。壬辰科，充浙闈同考官，所得士翱翔雲路者有之，勷贊戎行者亦有之，是科得人之盛，未有過於吾門者，則余之所心喜而不寐者也。

詎意波臣肆虐，海若爲災，癸巳之秋，冲激塘隄不下千數百丈。司馬楊公，憂危暴卒。大府檄余代爲補苴，是役也，鳩工庀材，度地營基，厮卒爲伍，木石與居，工興于苦寒之候，功竣于盛夏之時。或則嚴霜凍雪，墮指裂膚；或則驕陽酷暑，揮汗成珠。沾體塗足，早作夜思，櫛風沐雨，來往奔馳，慘澹經營，凡六閱月而蕆事。然而以愚公移山之心，作精衛填海之計，吾知其末如之何也已！况乎潮之來也，一綫初生，瞬息千里，聲若轟雷，勢如奔馬，遠若閃電鞭空，近如鼓鼙震地，傾江飜海，滚浪掀天，蛟龍奮怒，山嶽移形，浩浩瀚瀚，虢虢瀊瀊，其勢誠不可當也。所恃東西兩塘，綿亘數百里，爲下游七府保障，倘有踈虞，皆成澤國。一綫危塘，其能與水爭乎？竊恐各大憲之勞心，正未有艾也。

余少也賤，匪事不爲，草草勞人，未有休息。命工繪圖，聊以自惕。亦以見少時所歷其世途險巇也如此，壯時所經其波濤洶湧也又如此。嗟乎！陟彼高岡，僕殆馬瘏；臨彼深淵，風狂浪惡。沙鷗何逸，海燕何忙，倖無屢邀，機不可失。此中之消息盈虛，解人當自索也。今行年四十有五耳，距知非之時不遠，所貴哲士知機，達人安命。望帝鄉而不見，舉頭紅日正中；緬故里其依然，回首白雲何處？披荆斬棘，想當年崛起維艱；砥柱安瀾，願此日中流自在。擺脱名繮利鎖，嗤彼爲馬爲牛，唤醒蕉葉槐柯，任我不衫不履。耕山釣水，箇中之趣味無窮；茅舍草籬，靜裡之春秋最富。桃花流水，天外有天，楊柳春風，吾行吾素。堪歎浮雲逝水，於我何加；惟望源遠流長，自他有耀。當急流而勇退，因倦飛而知還，是則余之志也夫！因名之曰《振衣濯足圖》。

時閼逢敦牂臯月長至前一日，書於武林雄鎮樓寓次。閩中稼軒氏未定藁。

洗研烹茶第二圖紀

余勞人也，勞則思逸，恒情也。乃於極勞之時，而顧處至逸之境，此亦必不可得之勢矣！雖然，勞者身也，而所以勞其身者，心也。身固不可不勞，而心則不可不逸。昔人有句云：『池中洗硯魚吞墨，松下烹茶鶴避煙。』[二]細味二語，境靜神恬，天機活濃。恍然有魚躍鳶飛之象，而其中則勞逸之理寓焉矣！

試思魚至逸也，爲吞墨則勞矣。鶴至逸也，爲避煙則勞矣！爲吞墨而勞，勞於有所趨也；爲避煙而勞，勞於有所避也。嗟乎！世之人其爲趨避而勞者，不知凡幾矣！魚也，鶴也，猶其小焉者也！

道光乙未菊秋，稼軒氏再筆。

〔校證〕

〔一〕遂以振衣千仞岡濯足萬里流命意繪圖　方案：此乃晉·左思《詠史》詩中一聯名句，詩見《藝文類聚》卷五五等。

〔二〕池中洗硯魚吞墨松下烹茶鶴避煙　方案：此當從宋初隱士詩人魏野（九六〇—一〇一九）一聯詩句中化出。全詩見《東觀集》卷六《書逸人俞太中屋壁》。其句爲：『洗硯魚吞墨，烹茶鶴避煙。』遂成隱士林泉生涯的真實寫照，千百年來膾炙人口。方案：原序、記後，各附圖兩幅，今併附於後。

振衣濯足圖

洗研烹茶圖

竹爐圖詠

〔清〕吴鉞　劉繼增輯録

〔提要〕

《竹爐圖詠》，清代茶書。五卷，清知無錫縣事吴鉞集録，劉繼增增補重録。本書主要以形象思維的方式，演繹了我國茶文化史上頗具魅力的佳話。時間跨度自明初起，至清乾隆四十九年（一七八四），長達四百餘年。本書原由竹爐圖四幅及明初至清康熙三十六年（一六九七）期間的『名賢高逸』六十七人，留下序記題跋文十三篇，詩九十二首，由江蘇巡撫宋犖（一六三四—一七一三）裝池成四卷。後乾隆六次南巡，均在惠山『駐蹕』，留下題詠近四十首，從行諸臣又有和詩凡數十首。上既奉若病狂，下必甚焉。然從詩文創作水平衡量，乾隆及其侍臣，較之其前賢所作（即宋犖裝池的四卷），可謂狗尾續貂。但這四百餘年來，竹茶爐及此四卷圖和題詠卻幾經湮滅，又幾度復出，得失聚散，如有神助。中間發生的故事，卻引人入勝，亦堪稱中國茶文化苑囿中之奇葩也。

由於吴鉞、邱漣、劉氏所録之本次序顛倒，先後錯雜，故有必要先略述其事梗概，以清眉目。其實，録自圖卷的詩詠題跋記文，如非均有落款年月，很難一一釐定其次序，故不必苛求前人。

出無錫城西約里許，惠山稍往北，有菴名聽松。明初主僧真公性海上人命竹工仿古製爲竹茶爐。上圓，中空，下方，中貫以鐵柵。製作古樸，簡便實用。時約在洪武二十八年（一三九五）或稍前。建文四年（一四〇二）春，以書畫知名的王紱（一三六二—一四一六）因病目而寓慧山聽松菴。目愈，作廬山圖於菴中濤軒之壁，其友潘克誠往觀。王紱又作《竹爐烹茶圖》，稍後，王達、朱逢吉等題詩其上。永樂初，性海赴蘇州虎邱爲住持，遂以竹爐留贈潘克誠。在其家六十餘年後，成化間，楊謨（？—一四七三）見而愛之，潘氏孫遂轉贈楊孟賢（謨字）。

成化十二年（一四七六），武昌守秦夔，在赴京途中回無錫省親，居菴作《求竹爐疏》。城中楊孟敬（謨之兄，時謨已卒三年）出其亡弟之所藏，歸菴。時名賢迭相唱酬成詩詠一卷，秦夔、劉弘相繼作記、序記其盛事。七年後，即成化十九年，無錫人盛虞倣製二爐，攜至京師，一獻其伯父盛顒，一贈吴寬。京中時賢又紛紛題詠，復成一卷。

清初，有竊王紱圖至都城出售者，旋被無錫人顧貞觀（一六三七—？）購得。康熙三十一年（一六九二），宋犖巡撫江南，從寺僧及顧氏處訪得竹爐圖卷及其題詠，裝池爲四卷，其跋文署康熙三十六年，或即成於是年。此四卷《竹爐圖詠》當時雖未刊行，但無疑已有鈔本流傳。據雍正四年（一七二六）王澍跋，他在汪潭舊雨書堂就見過這一鈔本，其圖所見詩文及作主人數，全同宋犖裝池之本，是其明證。

乾隆十五年（一七五〇）秋，裘曰修出使江南，聽松菴主石泉上人曾向其出示此卷，裘氏有長歌詠其事云：『上人鄭重誇向儂，卷如束筍披重重。詩篇畫筆一一工，就中七十餘鉅公。』則宋犖裝池後半個世紀來，又有補題者多人。

乾隆二十七年，知無錫縣事吴鉞始編刊成書，這是王紱畫成以來三百六十年後的首次公開出版。吴跋云：臨畫者秦文錦，書簡者吴心榮，校字者則錢紹成。深藏菴中人未識的文物，由於刊印成書，《竹爐圖詠》開始撩開其神秘的面紗，漸爲人所知。此書四卷，卷各有圖，凡四幅，依次爲王紱、履齋、吴珵，其四已佚，乾隆遂命張宗蒼補繪。

乾隆四十五年（一七八〇），因寺僧保管不善，圖卷裝潢損壞，時知無錫縣事邱漣攜至縣署欲重加裝池，孰料鄰居民宅失火殃及，圖卷化爲灰燼。自江南巡撫起一應官員自劾請罪，並欲追究；因事出偶然，乾隆命從寬處理，僅罰銀了事。又命發宫中之所藏，御筆臨摹圖之首卷，又命皇六子永瑢及弘旿、董誥分畫二三四圖，並令分録原有之四卷題詠。此複製品仍歸聽松菴收藏，而邱漣遂將此補録之卷刊刻，是爲《竹爐圖詠》卷之再版刷印。邱刻較之吴刻已有所增益。二書之不同，較明顯者有三：其一，吴刻并署作者字號及地望，邱刻則僅署作者姓名。其二，此仿作之四圖，卷首縮摹乾隆手筆題款。其三，將乾隆之歷次題詠和侍臣和作輯爲第五卷，即補集。是本流傳亦未廣。

光緒十九年（一八九三），無錫縣民劉繼增合吴、邱二刻爲一本，剔除其重複，合刊爲一書。民國十一年（一九二二），是書又被編入《錫山先哲叢刊》第一輯之四，由中華書局用聚珍仿宋字排印，遂爲通行本。是本當時印數不多，迄今又已八十餘年，傳本漸稀。今據上海辭書出版社圖書館所藏此排印本點校整理。因爲這是一部流傳有序又有獨特魅力的書，載述一段頗爲曲折又鮮爲人知的典實，在中國茶文化史上是一部積澱深厚的奇書。遺憾的是從王紱的《竹爐新詠故事》起迄今已六百餘年，甚至從未見茶學界、茶史界有人提到過此書。

竹茶爐並不始於明初，早在宋代就已有之。如羅大經《鶴林玉露》丙編卷三《茶瓶湯候》即載其詩云：『松風檜雨到來初，急引銅瓶離竹爐。』元倪瓚（一三〇六？——一三七四）自製的竹爐實物，至明代仍藏於蘇州的寺院之中，但在當時卻未引起反響。至錢椿年《製茶新譜》出，尤其是顧元慶《茶譜》、高濂《遵生八牋》對包括竹爐在内的竹茶具一再揄揚，遂風行海内，乃至傳往海外。而《竹爐圖詠》作爲精品，就在這樣的文化氛圍中應運而生，這是茶文化史發展到明代的必然産物。

如果説，陸羽《茶經》的産生標誌著茶飲從『昔日王謝堂前燕』，已『飛入尋常百姓家』，成爲『開門七件事』之一的生活必需品的話；聽松菴竹茶爐的創製則意味著，宋代龍團鳳餅等茶的精緻化，動輒用金銀器茶具的豪奢之風向崇尚儉素簡樸，自然清新茶道的回歸。明初朱元璋出身微賤，即位未久，即下令取消極品貢茶，只進芽茶，倡導以葉茶沖泡的茶飲方式。上有所好，下必甚矣。於是茶文化中吹進了返璞歸真的徐徐清風，竹茶爐的創製並漸被推廣就成題中之義。

竹茶爐之創製於無錫惠山，也絕非偶然。在茶文化史上，這是得天獨厚的『聖地』。毗鄰的宜興，唐代的陽羡茶就因充貢而名聞遐邇，千百年來長盛不衰。儘管地志缺載，但無錫歷産名茶則毋庸置疑，今之極品名茶無錫毫茶在全國名茶評比中多次奪魁即爲明證。惠泉，自陸羽品爲天下第二泉後即聲譽鵲起。晚唐名相李德裕（七八七—八五〇）的『水遞』，更使其身價百倍。一千二百餘年來，騷人墨客留下了無數烹茶品泉的佳作而膾炙人口。宜興又有『竹海』之譽，歷來茶竹相得益彰，爲竹茶具的製作提供了取之不竭的原料。紫砂壺的創製，與竹茶具自然簡樸的風格亦堪稱一脈相承。

《竹爐圖詠》明代已成四卷，順治、康熙、雍正皇帝雖均曾南巡到過惠泉，卻未對竹茶爐有過題詠。惟獨乾隆，六下江南，駐蹕惠山，卻對竹爐情有獨鍾，如醉似痴，屢屢題詠，多達四十來首。這位『不可一日無茶』之君，與其説在發思古之幽情，不如説是其酷嗜茶飲的自我獨白。乃至在清宫中甚至也有仿製的竹爐，又愛屋及烏，對王紱的《溪山漁隱圖》也是欣賞備至。

《竹爐圖詠》中的作品，其作主多爲名公顯宦、文士墨客，其詩文往往又被收入本人文集，收入時或已有修改，故與《圖詠》所載頗有文字異同，爲免繁瑣，不再一一出異同校，僅改正明顯有誤之字。對與此《圖詠》流傳相關的聞人則考其生平，酌出校記，以提供更多可資參考的資料。可考者凡七十餘人。但如盛顒、盛虞等已於顧元慶《茶譜》中出校者，則不再一一贅注，讀者可自行參考。第五卷補集所載乾隆之詩，偶亦重出於前四卷，爲保持本書的完整性，不再删除重複之詩。另外，本書的次序顛倒，前後失次，亦因原卷已然，自不必苛責於原書編者。

關於本書的内容及體例，請詳編者劉繼增序及吴鉞跋，此勿贅及。本書的編排亦未劃一，未稱允洽，詩題、詩序、詩跋、作者自署等格式相當混亂；今稍作技術性處理，亦爲以清眉目。似亦未必允洽，識者諒之。其詩有不少缺標題，無從擬補，姑仍闕之。詩之序跋，既有在詩前，亦有在詩後者，亦姑仍其舊。作主之姓名、字號、地望，原多署於詩末並提行，今改爲或標詩題下，或署於詩末，不再提行。其記、序、跋等文，均不過數十百言，也不再一一分段，儘管據其内容有些應提行分段。本《全集》所收茶書中的詩題均不作標點，但因本卷《圖詠》的特殊性，其詩題過長，多已相當於詩之序跋，今變通爲皆作標點，其與詩及序跋的不同，僅在於末字的是否點斷。清高宗詩之署名，姑仍其舊作『御筆』或『御題』。又，本書僅有《錫山先哲叢刊》（第一輯之四）本，故無從作版本校，僅酌校相關資料而已。

序

《竹罏圖詠》，前後刻有兩本。一爲乾隆二十七年知無錫縣事吴鉞刻，以第一至第四四圖，謹依原軸分爲元亨利貞四集，而以駐蹕惠山諸詠原軸所未登者，冠於前。一爲乾隆四十七年知無錫縣事邱漣所刻，因原軸被燬，奉到頒賜補圖四軸及王紱《溪山漁隱圖》，亦謹依式樣照刊，不標第集，惟於每軸首縮摹御題四字。自咸豐庚申被兵後，前版盡失，軸亦無存。今從弆藏家借得吴、邱兩刻原本，影寫合訂成帙。吴刻首闕四葉，餘悉照寫。邱刻凡遇補書題詠已具在吴刻中者，但注明，不復照寫，省手也。光緒癸巳冬十月十七日，無錫鮮民劉繼增敬記。

吴　鉞　集録　劉繼增　重録

介如峯

一峯卓立殊昂藏，恰有古檜森其旁。視之頗具丈夫氣，誰與號以巾幗行。設云妙喻方子美，徒觀更匪修竹倚。亭亭戍削則不無，姍姍閻易非所擬。率與易名曰介如，長言不足因成圖。正言辨物得竭攬，惠麓梁溪永静娱。

寄暢園中一峯，介然獨立，舊名美人石。以其弗稱，因易之曰介如峯，而系以詩，且爲之圖。即書其上，丁丑二月御筆。劉注：『戍』字上原缺，此從縣志補足。

駐蹕惠山　乾隆壬午　御　筆

第二泉

惠泉惠麓東，冰洞噴乳竇。江南稱第二，盛名實能副。流爲方圓池，一例石欄甃。圓甘而方劣，此理殊難究。對泉三間屋，樸斵稱雅搆。竹爐就近烹，空諸六根囿。想像肥遯人，流枕而石漱。乃宜此嚴阿，寧知外物誘。亭臺今頗多，綴景如錯繡。信美樂不存，去去庶續懋。

二泉亭

一脈流來疏兩池，圓甘方劣志傳奇。人情圓喜方斯惡，泉自淙淙自不知。

漪瀾堂

四圍清泚繞書堂，檐梠光飜漾鏡光。乍可觀瀾知有術，因之點筆遂成章。春陰瓊島雖數典，冰洞松菴詎易方。緬溯東坡題額意，崇情泉石託偏長。

若冰洞

石甃方圓引側注，攀躋更上小雲巒。討源直到真源處，冰洞飜花萬古寒。

寄暢園

畫舫權教艤玉灣，秦園寄暢暫偷閒。徑從古樹陰中度，泉向奇峯罅處潺。隨喜禪心依佛寺，已看芳意動春山。過牆便是青蓮宇，可得敲吟忘此間。

泛梁溪遊寄暢園

溪泛梁鴻破曉氛，秦園蹟勝久名聞。愛他書史傳家學，況有煙霞護聖文。瀟灑聊尋三徑曲，就瞻那禁萬民紛。問予寄暢緣何事，情以爲田此所勤。

欣懷。

雨中遊惠山寄暢園

春雨雨人意，惠山山色佳。輕舟溯源進，別墅與清皆。古木溼全體，時花香到荄。問予安寄暢，觀麥實欣懷。

恭和御製第二泉原韻

知州、借補無錫縣知縣臣吴鉞

山泉何自來，涓滴伏岩竇。衆水遜香冽，中泠此其副。萬斛恣井井，汲綆齧石甃。水旱無盈虧，斋淪孰探究。翼翼漪瀾堂，老坡小結構。舊貫聊爾仍，嵐光悉可囿。西南有冰洞，噴瀑自激漱。步武稍崇岡，崖徑若勸誘。山靈解覲光，雲霞媚綺繡。峩峩石壁立，莫罄功德懋。

恭和御題登惠山寺作元韻并序

惠山寺臣僧成瑩

乾隆十六年春，皇上巡幸三吴，偶憩惠泉。臣僧成瑩跪迎聖駕，天語垂詢臣僧宗門支派。臣僧回奏：雍正十三年，曾奉世宗憲皇帝恩旨，與名覺生寺參禪，瞻仰佛天，敷揚義諦。皇上霽顔嘉歎，御題《登惠山寺》詩，親紀臣僧參禪舊事於《竹爐圖卷》。臣僧枯朽之質，何能窺測傳燈，乃荷睿藻留連，光垂草木。臣僧何幸，獲此隆遇。敬依御韻，勉和兩章，用誌慶忭之忱云爾。

冰洞連蜷結石螺，六時課誦但波羅。欣逢問俗鸞旂至，重憶傳衣鷲嶺多。七寶光中瞻日月，四天下際舞婆娑。品泉瀹茗留高詠，寶樹圖成拔汗那。

淨域當年振法螺，大千穩住爍迦羅。一辭北極天光遠，但愛南中佛寺多。翠輦卿雲歌縵縵，紫衣春晝影娑娑。拈花莫印如來偈，愧學聲聞等跋那。

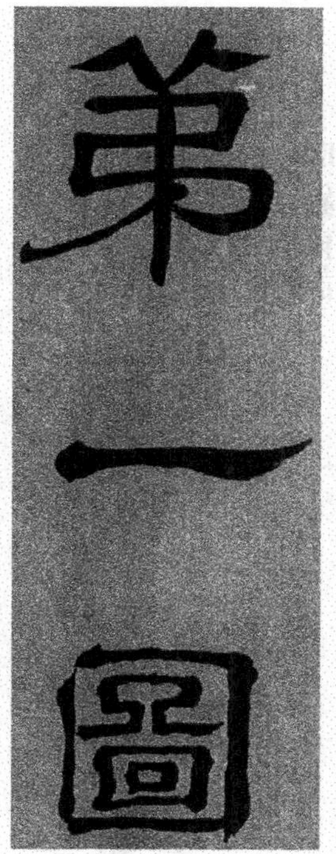

九龍山人王紱為
真性海上人製

竹爐圖詠元集

知無錫縣事吴鉞　集録

無錫劉繼增　重録

己亥之春，予過無錫。遊惠山，入聽松庵，觀竹罏，酌第二泉煮茶，嘗賦詩紀其事。今刑部侍郎盛公無錫人也，謂爐出於王舍人孟端〔一〕，制古而雅，乃倣而爲之，且自銘其上。其姪虞，字舜臣者，性尤好古。來省其伯父，不遠數千里，攜以與俱。予獲觀焉，因取前詩，次韻賞之　長洲吴寬〔二〕

附録前詩

聽松庵裏試名泉，舊物曾將活火煎。載讀銘文何更古，偶觀規制宛如前。細筠信爾呈工巧，暗浪從渠攪醉眠。絶勝田家盛酒具，百年長共子孫全。

與客來嘗第二泉，山僧休怪急相煎。結庵正在松風裏，裹茗還從穀雨前。玉盌酒香揮且去，石牀苔厚醒猶眠。席間重對筠爐火，古杓爭看更瓦全。

舜臣以余嘗愛賞，既歸江南，特製其一見贈，規制益精，輒復次韻爲謝　長洲吴寬

曉汲荒園冷澮泉，入廚不付爨奴煎。重編細竹形如許，小試新茶味莫前。製出秋亭舜臣號。承雅意，詩聯

寒榻罷高眠。更聞瓦杓兼精妙，乞與齋居欲兩全。

惠山聽松庵有王舍人孟端竹茶爐，既亡而復得。秦太守廷韶〔三〕，嘗求余詩。後余過惠山庵僧，因出此爐，吟賞竟日，蓋十年餘矣。觀吴同寅原博及盛舜臣倡和卷，慨然興懷，輒繼聲其後，得二章云

新茶曾試惠山泉，拂拭筠爐手自煎。擬置水符千里外，忽驚詩案十年前。野僧暫挽孤帆住，詞客遥分半榻眠。回首舊遊如昨日，山中清樂羡君全。

細結湘雲煮石泉，虚心寧復畏相煎。巧形自出今人上，清供曾當古佛前。可配瓦盆篘玉注，絶勝金鼎護砂眠。長安詩社如相續，得似軒轅句渾全。

新安程敏政〔四〕

宿火長留甕有泉，不妨寒夜客來煎。名佳合附《茶經》後，制古元居竹譜前。司馬酒罏須卻避，玉川吟榻稱幽眠。金爐寶鼎多銷歇，眼底憐渠獨久全。

錢唐倪岳

吾鄉王友石先生，詩畫珍於朝野。嘗居惠山聽松庵，與僧真性海製竹爐，煮茶倡詩，傳誦迄今。吾姪虞奇其製而倣爲之，請予銘其上。成化癸卯，來省京邸，出爐煮茗，清我塵思。適吴匏菴先生見而賦詩示

及，余遂續貂三首，虞亦續之。併書以紀勝云

冰壑道人盛顒

唐相何勞遞惠泉，攜來隨處可茶煎。三湘漫捲瓷餅裹，一竅初分太極前。吟苦詩瓢和月飲，夢醒書榻帶雲眠。何當再讀盧仙賦，千古清風道味全。

一片龍團一勺泉，石分新火趁爐煎。緑雲擘破先春後，玉杵敲殘午夜前。仙液嘗來欲飛越，寒濤聽處不成眠。這回喚醒閒風月，可卜歸田樂事全。

我愛鄉山入品泉，持歸禪榻和雲煎。湘臯捲雪來窗外，蒙頂驚雷落檻前。澆破詩愁初得句，洗清塵思竟忘眠。人間肉食紛如雨，爭識吾家此味全。劉注：後刻本於題名不加別號，並不加籍貫，如上行逕題盛顒二字。

餘姚謝遷

茗碗清風竹下泉，汲泉仍付竹爐煎。夜瓶春瓮輕煙裹，嶰谷荆溪舊榻前。穀雨未乾湘女泣，火珠深擁籜龍眠。盧仝故業王猷宅，憑仗山人爲保全。

竹爲清物，取而爲罏。爐惟汲惠泉煮茗，所謂太清而不俗也。況昉自王舍人，清士置之聽松庵，處之又得至清之地。舜臣倣其製爲二，一獻其諸父冰壑翁，一以奉匏庵先生海月庵中。此見舜臣志趣不凡，又能處是物得地，而匏庵題之又題，諸名公和之又和。洋洋乎使士林喜聞而樂觀之，其名遂顯，豈止聽松庵而已哉！蓋將變士風，去豪奢，就清素，使知名教中自有樂事，又豈但竹爐視之而已哉！敬題卷

尾，歸舜臣藏之。併録次韻二首於後

陳湖陳璚識〔五〕

惠山人愛惠山泉，截竹爲爐瀹茗煎。老阮高懷仍李後，阿咸巧思在王前。秋風亭上心偏苦，海月庵中喜不眠。我亦頗知滋味者，舫齋須此趣方全。

幾年林下煮名泉，攜向詞垣試一煎。古樸肯容銅鼎並，雅宜應置筆牀前。席間有物供吟料，橋上無人復醉眠。海月菴前有醉眠橋。頓使士林傳盛事，儒家風味此中全。

題秋亭篆史新製竹爐詩卷後，并奉懷其世父冰壑都憲先生及雪溪居士，用匏菴韻

秋懷亭上澹於泉，不受塵凡刼火煎。家學想從良冶後，幻身疑出永師前。爐出國初惠山詩僧真〔公〕性海所製，王舍人輩但賦詠之耳。今或以爲舍人手物，蓋誤也。寒冰絶壑真難仰，白雪深溪任醉眠。莫羨蓬萊是仙處，一家清節幾人全。都憲謝事歸，有司題其里曰全節坊。

弘治庚戌春二月既望，郡人、碣東陸簡廉伯書於都城寓邸之物華軒。

竹爐新詠引

無錫盛舜臣氏，奇而好古，慕其鄉聞人倪雲林所爲畫，輒效之。攻其《秋亭圖》一幅，遂以自標，則其他可

知也。用是予遊錫，獨與之契最深。見其所製竹茶爐而愛之，因諗曰：是必有如端友齋爲學士大夫所奇賞者。舜臣并呈是卷，皆極一時有聲於詩家者所作也。大要奇古爲詩家共癖，爐爲火牀，昔之煮茶者嘗以竹稱而不得其遺規。若舜臣者，亦慕其鄉聞人王中舍所製，倣之而攻其技者也。中舍以詩畫名一時，而舜臣繼之興，則夫諸詩家之作豈爲無從也哉。嵇鍛阮屐，曷攸取義而彼適之，而世傳之存乎其人焉耳。矧錫以泉顯，緣茶得，第近古佳士惟茶是珍，而竹之取重於世，宜無古今賢否之間者也。夫人珍是物與味，必重其所籍而飾之者，則夫舜臣之製，是以暨諸詩家之作又豈爲無從也哉！予奇而好古，與諸詩家共癖而又不能詩也。嘗其爐所煮，讀諸作，不能無概於衷，乃爲之引。若詩之所自起，倡於吾院長匏菴吴吏侍公，而和於其伯父冰壑都憲公，次第可攷，無俟予言。而舜臣所以見重於大方家者，亦不爲無從也。

弘治丁巳歲長至日，翰林脩撰華亭錢福試焦葉研〔六〕。

明洪武朝，高僧性海住惠山之聽松菴，嘗命工編竹爲茶爐，體製精雅。王學士達善〔七〕、朱少卿逢吉〔八〕、王舍人孟端各有詩文紀其事，而舍人復爲之圖，洵佳話也。永樂中，性海示寂，爐亦淪失。其徒韶石復以道行繼師席，藏弆諸公翰墨惟謹。成化中，邑人秦太守廷韶撰《訪爐疏》，付韶石弟子戒宏。於城中楊氏求得之，仍貯庵内，一時以詩文贊美者甚夥。邑人盛舜臣復倣製二爐，攜至京師，一獻其伯冰壑侍郎，一奉吴匏菴宗伯，題詠益富，卷軸比牛腰矣。國初有竊舍人圖及李文正篆書題字鬻輦下者，旋爲邑人顧舍人梁汾購得〔九〕，曾出以示余。康熙壬申秋，余移節吴閶，道經泉上，取竹爐煮茗，慨然念高僧往哲之風流，從寺僧收拾斷紙殘墨，並求梁汾所藏王李遺跡，裝池爲四卷，付寺僧永寶之。計文十三篇，詩九十二首，名賢高逸見卷中者六十有七人。麄官如余，得附姓名以不朽，亦何幸也。　丁丑六月七日，滄浪寓公商邱宋犖題〔一〇〕。

爲愛清流訪惠泉，聽松庵裏竹爐煎。無多澄水源從遠，且喜名僧製自前。陸羽當年留勝賞，盧仝此日解高眠。畫圖重見延津合，應有山靈守護全。

雍正戊申中秋後十有二日，舟次晉陵，登惠山之東峯，憩聽松蘭若，見所製竹爐，極奇古，把玩移時，住僧復出王舍人畫圖相示，前輩名賢，題詠甚夥。余不揣固陋，聊步韻，以誌美云耳

纔酌中泠第一泉，惠山聊復事烹煎。品題頓置休惭昔，歌詠羶薌亦賴前。開士幽居如虎跑，舍人文筆擬龍眠。裝池更喜商邱犖，法寶僧庵慎弆全。

回回山下出名泉，火候筠爐文武煎。成佛漫嗤靈運後，題詩多過玉川前。試擕學士來明汲，高謝山僧守晏眠。我願靈源常勿幕，飲教病渴盡安全。　漢陽張坦麟題。劉注：此詩并題，後刻未列。

乾隆御題用卷中原韻

惠山泉名重天下，而聽松庵竹爐爲明初高僧性海所製，一時名流傳詠甚盛。中間失去，好事者倣爲之，已而復得，其倣其復，胥見諸題詠，聯爲横卷者四。我朝巡撫宋犖爲之裝池，識以官印，俾寺僧世藏之。自是而竹爐與第二泉並千古矣。乾隆辛未春二月，南巡過錫山，念惠泉爲東南名勝，皇祖、聖祖、仁皇帝數臨其地，有

『品泉』二字賜額。爰命舟瞻仰，坐山房，煨爐酌泉，啜茗小憩，並用前人原韻成二律，題王紱畫卷，仍歸寺僧，永垂世寶，而紀其緣起如此。

布惠行時擬漏泉，未蘇元氣我心煎。老扶幼挈雖如昔，室飽家温究遜前。長吏勖哉其善體，山僧饒爾鎮高眠。閒庵小試筠爐火，消渴安能澤被全。

第一吾曾品玉泉，篋編鼎每就泉煎。到斯那得忘數典，於此何妨偶討前。從諗茶存誰解喫，宗蒼圖補竟長眠。了知一切有爲法，泡影空花若久全。

丁丑南巡疊前韻再題

御筆

三試惠山陸子泉，吾知味以未曾煎。不妨煮鼎欣因暇，那便吟詩罷和前。麗日和風方蕩漾，輕荑嫩草已芊眠。吴中春色真佳矣，可得吴民温飽全。

依然冰洞下流泉，誰解三篇如法煎。爐篆裊飛祇樹杪，鉼笙響答磬房前。范陽見説風生腋，彭澤那關醉欲眠。我自心殷飢溺者，讓他清福享教全。

壬午仲春南巡再疊舊韻題卷中

御筆

爲仰奎章重品泉，汲泉來就竹爐煎。輕濤正發龍團細，活火曾聽蟹眼前。瘦竹淨依苔磴合，古梅横壓石根眠。不教更讓中泠水，風雅中含至味全。

茲山空腹乳流泉，瓦銚筠爐試一煎。雅製尚傳洪武日，上供不數政和前。松成鱗甲如龍攫，花藉坡陀任鶴眠。聖蹟長垂宸藻繼，千秋勝賞一時全。

臣汪由敦恭和〔一一〕

陸羽曾評第二泉，竹爐舊取雪芽煎。畫圖自得南宗正，詩律分參北宋前。煮月歸瓶常共飲，聽松入夢不成眠。一從睿藻親題後，元氣包含四序全。

名山駐蹕試名泉，活水相宜活火煎。珍惜器存開士舊，紛披卷置聖人前。浮浮雲透青簾入，謖謖濤驚白鶴眠。天語欲蘇天下渴，一言道味自天全。

臣沈德潛恭和〔一二〕

半生契闊惠林泉，猶記山齋手自煎。數片清風生腋下，一旗春雨鬥花前。最憐月色聞宵曲，不用碁聲醒晝眠。四百年來舊圖畫，錦囊什襲尚完全。

竹裹琴聲聽石泉，石泉宜稱竹爐煎。清詩舊賞名吴下，活火新烹到御前。鐺響若來山雨驟，煙霏欲共白雲眠。何須採藥勤丹竈，體製乾坤識性全。

臣鄒一桂恭和〔一三〕

敬觀御題竹爐圖詠恭和

法乳涓涓逗石泉，泉邊清供取茶煎。香通御氣鸞旂外，味在吴中虎阜前。古德竹爐存十笏，春熙人柳恰三眠。乘時行令留題處，惠被蒼生樂利全。

知州借補無錫縣知縣臣吴鉞

敬觀御題竹爐圖詠恭和

愷澤同春湧法泉，時巡重汲石泉煎。久依江眼名天下，正摘茶星在雨前。霞護好山紅爛熳，風披偃草緑芊眠。竹爐補畫留餘事，亦使祇林本行全。

金匱縣知縣臣韓錫胙

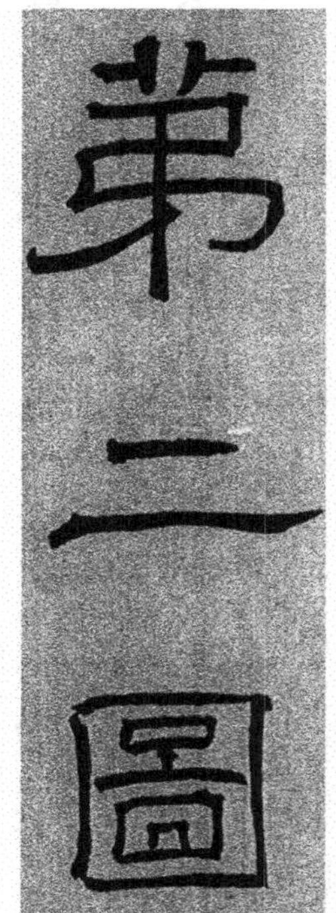

履齋寫

知無錫縣事吴鉞 集録 無錫劉繼增 重録

竹爐記

性海禪師卓錫於惠山之陽，山之泉甘美聞天下，日汲泉試茗以自怡。有竹工進曰：師嗜茗飲，請以竹爲茗具，可乎？實爐云。罏形不可狀，圓上方下，法乾坤之覆載也。周實以土，火炎弗燬，爛虹光之貫穴也。織紋外飾，蒼然玉潤，鋪湘雲而蔚淇水也。視其中空，無所有。冶鐵如栅者，横其半。勺清泠於器，拾墮樵而烹之，松風細鳴，儼與竹君晤語，信奇玩也。禪師走書東吴，介予友石菴師以記請。夫物之難齊甚矣，尊罍以酒，鼎鼐以烹，此蓋適於國家之用，尤可貴者。若斸鼎以石製，爐以竹，亦奚足稱豔於詩人之口哉。雖然，尊罍鼎鼐世移物古，見者有感慨無窮之悲；竹爐石鼎，品高質素，玩者有清絶無窮之趣，貴賤弗論也。且竹無地無之，淩霜傲雪，延漫於荒蹊空谷之間，不幸伐而爲筥箕筐筰之屬，過者弗睨也。今工製爲爐焉，汲泉試茗，爲高人逸士之供，置之几格，播諸詩詠，比貴重於尊罍鼎鼐，無足怪矣。初，禪師未學也，材豈異於人，人及脩持刻勵，道隆德峻，迥出塵表，爲江左禪林之選，亦竹罏之謂也。是爲記。歲乙亥秋仲既望日。

織翠環壚代瓦陶，香烹山茗或溪毛。鵑啼湘浦聽春雨，龍起鼎湖翻夜濤。文武火然心轉勁，炎涼時異節還高。松根有客聯詩就，掃葉歸燒莫憚勞。

浪花生潤分，翠色和煙織。香掬金芽貯，火烹留向禪。（房）清作供梅梢，吟轉月三更。　謝　常〔一四〕

不教周鼎與齊名，別翦湘筠細織成。冶氏詎能知款識，山人端要事煎烹。白灰撥火虹光見，青玉鐫紋翠浪縈。寒夜儻逢佳客至，定應聯句壓彌明。　釋坦菴守道

僧館高閒事事幽，竹編茶具瀹清流。氣蒸陽羨三春雨，聲帶湘江兩岸秋。玉臼夜敲蒼雪冷，翠甌晴引碧雲稠。禪翁託此重開社，若箇知心是趙州。　王　芾〔一五〕

僕以省畊過惠山，訪韶石禪師於松軒，師出此卷求題，遂口占五十六字。識者勿誚嫫，毋乃所幸云

誰把篔簹細翦裁，織成茶具亦幽哉。火然初訝溪煙合，湯沸忽疑湘雨來。料得虛心寧戀土，從教勁節久存灰。賓筵託此供清玩，不羨豪門白玉罍。　芝山老樵朱逢吉謹題〔一六〕

竹爐清詠序

夫物不自貴，因人而貴；　名不自彰，因志而彰。遠公栽蓮，此細事也，而蓮社之名，遂傳於永代。詎非遠公之道，足以動後世蒼生之念耶？支遁好鶴，細玩也，而鶴舟之名，遂著於無窮。詎非支遁之德，足以歆後世黎獻之心耶？使遠公爲常人，則種蓮而已，爾何能動於人哉！使支遁爲庸士，則好鶴而已，爾何能感於人哉！然則物不自貴，因人而貴；　名不自彰，因志而彰。信矣。性海禪師，結廬二泉之上，清淨自怡，澹泊自艾，裁凌秋之碉竹，製煮雪之茶爐，遠追桑苧之風，近葺香山之社，因事顯理，必欲續慧命以傳鐙，託物寓真，無

非引羣賢而入道。清風一榻，掃開萬刼之塵埃；紫筍三甌，滌盡平生之肺腑。論其事業，誠不讓於遠公；勘彼規模，實無慚於支遁。名於永世，其勢灼然；道播諸方，此心廣矣。不然，何諸公入詠而成章，獲一時趨風而向德。故爲短引，式弁羣言。　里友耐軒王達合十

竹爐絶勝煮茶鐺，新翦淇園玉一莖。團鳳乍驚風籟起，籜龍應喜老衲眈。清事裁筠製茗爐，鳳團千古潔兔魄。一輪孤□春磵分，苔色秋濤落座隅。烹煎成雅會，歷歷寫成圖。　萍閭廣益

湘竹編成勝冶成，紫芝詩裏見佳名。炭明尚訝篩金影，湯沸還疑戛玉聲。澗底屢烹塵可敵，徑中一啜思俱清。吴興紫筍今爲伴，好約松梅結素盟。　姑蘇陸質

迥疑寶鼎飾琅玕，陸羽知時定喜看。淨碧舊經靈鳳宿，初紅方試火龍蟠。客來湯沸雲蒸濕，灰撥窗明雪壓寒。幾椀中宵閑獨坐，自無愁結有平安。劉注：前詩後刻未列。　釋至寶

霜筠織就煮茶罏，便覺清風起座隅。濤洶秋聲翻雪乳，煙蒸春雨滌雲腴。鉼笙尚作龍吟細，汗簡猶疑鳥跡殊。擬□不須參玉版，願分一滴洗塵污。　錦樹山人錢仲益〔一六〕

翦得三湘影數竿，製成茶具事清歡。笙竽韻發銅瓶古，鸞鳳聲沉石鼎寒。雪煮夜窗臨竹几，泉分春院對蒲團。感師幾度相留處，香逐清風拂鼻端。　顧協〔一七〕

織具時聞紫筍馨，此君衹合置禪扃。心灰未死還瞻緑，刼火方然異殺青。煙引翠陰秋繞榻，水喧清籟夜翻瓶。上人好就平安日，徧刻《茶經》當勒銘。　右次蒙菴先生韻　梁用行〔一八〕

竹爐新置小窗西，煮雪烹茶也自宜。渭水波濤翻湧處，湘江風雨到來時。留連木葉山中火，勾引梅花席

上詩。燒殺歲寒心不改，通身清汗下淋漓。

惠山亭上老僧伽，斫竹編罏意自嘉。淇雨沸殘燒落葉，湘煙吹起捲飛花。山人借煮雲□藥，學士求烹雪水茶。聞道萬松禪榻畔，清風長日動袈裟。

翦裁蒼雪出淇園，菌蠢龍頭製作偏。紫筍香浮陽羨雨，玉笙聲沸惠山泉。肯藏太乙燒丹火，不落天隨釣雪船。只好巖花苔石上，煮茶供給趙州禪。　余讀茶爐詩，有懷錫山諸老製作，令人歆羨，不覺清興飛動，因滴梅梢露，磨龍香劑，蘸紫霜毫，寫詩三首，寄呈聽松軒主叟一笑，且求諸公教正云。潯陽陶振，醉裏書於雪灘梅竹邊之西小軒，時洪武歲丁丑二月廿有四日也。

刳竹爲罏製作堅，金芽雪乳任烹煎。沸湯白雨翻淇水，籠火青琅聚楚煙。吟際每留詩客會，定餘頓悟衲僧禪。山房得爾供清啜，不負巖頭第二泉。　怡菴

鼎制新煩織翠筠，冶金陶埴未須論。湘紋蹙浪湯初沸，翠節凝煙火倍温。篆隸無文銘歲月，圓方有象表乾坤。一甌茶罷歸禪定，風在松梢月在軒。　雲間錢驥〔一九〕

湘竹編爐石作鐺，禪房待客不勝清。細斟玉液和雲煮，新擷金芽帶露烹。白雪浮花甌面潤，清風拂座腋邊生。他年同試惠山水，飛錫丹霞訪赤城。　中吳如律

火篝蟠屈化龍材，煮茗禪房日幾迴。鳳髓淪醒淇緑夢，烏薪然作汗青菑。不隨冷煖移貞操，已報平安度刼灰。一夜秋聲聞沸鼎，清風還是此君來。　卞孟符

截玉編爐置茗鐺，試泉長向石邊烹。燒煙未信湘雲起，煮雪俄看楚水生。鳳髓凝香疑曉色，蟹湯沸響似

秋聲。何由林下然松火，一啜先令肺腑清。　沈　中

傚顰賦竹爐詩

一罏周繞護琅玕，圓上方中量自寬。水火相煎僧事少，槍旗無擾睡魔安。暖紅炙汗枯霜節，沸白澆花逗月團。留共梅牕清啜罷，雪樓誰道酒杯寒。

右竹茶爐詩，爲惠山住持祖公韶石禪師賦。祖乃前惠山真公性海之高足弟子也。真往以空學有聲叢林間，當時緇衣之衆仰尚其德，遂合詞進陞虎邱。聞其講道雨花臺上，庶幾有聚石點頭氣象。不勝多利，益方便焉。今既化去，祖亦踐席惠山，復能振起宗風，遠近嚮慕，而徒侶雲集第二泉。幸不落寞，方將導源揚流，湔汙潤朽，成其深遠於不已矣。竹茶爐爲真公舊物，詩卷尤真所愛，宜韶石之不忘其師，需其有述，蓋善繼其志者然耳。吁，弟子之於師，物非所愛也，以師之所愛在此，因物以致其愛，則不可舍物而他求也。予是以既賦之詩，并書識其後。永樂七年，歲次己丑月正元日，吴興莫士安識〔二〇〕。

緑玉裁成偃月形，偏宜煮雪向巖扃。虚心未許如灰冷，古色爭看似汗青。偶免樵柯供土銼，尚疑清籟和陶瓶。達人曾擬同天地，上有秋蟲爲篆銘。　韓　奕〔二一〕

製作精深亦可觀，日供高士試龍團。輕分淇雨苔猶緑，細翦湘雲粉未乾。紫筍滿甌吟骨健，清風一榻鬢絲寒。啜來坐盡梅花月，正是凌秋第幾竿。　耐軒王達

第二之泉泉上亭，道人茶具竹爐成。龜蒙散跡尚從事，鴻漸作經宜著名。火升龍氣若丹鼎，瓶合鳳聲如

玉笙。西園老客動高興，急裹月團來會盟。　西園郟庚老

少年離垢住名山，派衍真公伯仲間。泉與竹爐增勝概，裹茶來試扣松關。　龔　泰〔一二〕

□□遥渡大江東，白業精□□苦空。萬壑煙霞今有□，□□□力闡宗風。劉注：前二首，後刻未列。　吴　潛

此卷久脱落，正德丁丑春，予以菴僧重裝之時〔一三〕，助貲者泰伯鄒氏，督工從事者初泉楊正甫也。收卷僧名惠登，而能諷詠之者曰圓金，曰方益。越明年，戊寅三月十日，二泉山人寶書於容春精舍〔一四〕。憶甲戌小春，有事於吴淞，道經梁溪，登九龍，眺震澤，已而坐寄暢園。耳牆外松風與泉聲互答，泠然結天際想。今年至毘陵，晤漫堂中丞舟次，承出此卷，見示於毒熱中，頓覺心地眼境清涼無礙。夫竹爐特一微物耳，經諸前輩品題，便成佳事。數百年後，復有漫堂中丞爲之纂集、藏弆，遂爲山中最勝因緣。而余既曾親履其地，又獲展是卷，恍置身湖山罨畫中，覺水石煙雲猶繚繞左右也。時康熙丁丑初秋，瀋陽范承勳眉山氏題於金陵使署之清暇堂〔一五〕。

清溪曲抱煙中寺，秋雨軒開見題字。竹爐製自僧真公，四百年來重遺器。琅玕色染湘波深，翡翠香流雲葉膩。火候常教文武調，象形直使陰陽備。上人鄭重誇向儂，卷如束筍披重重。詩篇畫筆一一工，就中七十餘鉅公。九龍山人作圖始，螭蟠小印尤猩紅。淋漓幀首蝌斗篆，迺是相國西涯翁。獅子林與清閟閣，此地詞人矜述作。其間彝鼎聞最多，一瞥雲煙難似昨。恒河沙數只刹那，人間小刼嗟如何。禪房清供長在眼，豈有神物勞護呵。我來對此重太息，片時不惜千摩挲。惠山泉水流清泚，綆汲寒香煩佛子。魚眼蟹眼勿細論，謖謖風生到吾耳。不須真汞燒丹砂，不須大藥煎黄芽，松毛拾得緩騰焰，瀹甌自點山中茶。

使舟過惠山，石泉上人出竹爐見示，爲作歌書於卷尾。時乾隆十有五年秋九月之廿又七日，漫士裘曰修〔二六〕。

黄埠墩前偶泊舟，泉嘗第二快兹遊。竹爐况有高僧蹟，今古才人八卷收。

乾隆十五年十月杪，爲石泉上人書，于湖陶鏞〔二七〕。劉注：前詩，後刻未列。

寄暢園中眺翠螺，入雲撫樹濕多羅。了知到處佛無住，信是名山僧占多。暗竇明亭相掩映，天花澗草自婆娑。闍梨公案重拈舊，十六春秋一刹那。

春日，登惠山寺作。寺僧有雍正十三年在覺生寺參禪者，因併紀之，書竹爐第二卷中，留兹山佳話。乾隆辛未春二月，御題。

峯峯晴色濯新螺，紺宇珠宫借巘羅。希有祕珍永寶四，率成佳話實堪多。春泉石罅淙聲細，新竹風前弄影娑。文字禪雖非本分，要因淨業悦陀那。　御筆

丁丑重登惠山寺疊前韻并書

鹿宛虔瞻佛髻螺，莊嚴七寶實駢羅。若於本分云相應，祇是無言已覺多。水去粱溪惟澮澮，艸生衹窟鎮娑娑。松菴偶試禪家茗，漫擬周王詠有那。　御筆

壬午仲春，惠山寺疊舊韻，卷中無可續題處，因書引首前

御　筆　方案：此詩原闕。

一徑沿緣上碧螺，濕雲彌谷布兜羅。恰乘兩勢新泉壯，善助山容老樹多。長史樓臺成寂靜，耆英林壑樂婆娑。亭前歷歷宸遊處，長仰天光頌有那。

臣汪由敦恭和

坌入齋堂九疊螺，此間曾雨曼陀羅。已知淨域與塵遠，況是名泉供客多。茶具挈瓶常保守，詩篇束筍漫摩娑。楚弓楚得傳佳話，四百年華等刹那。

臣沈德潛恭和

敬觀御題春日登惠山寺作恭和

選勝何須振法螺，花香一似兩陀羅。相傳佛寺南中遍，聊試名泉吴地多。月鏡風琴憑點綴，藤鳩竹馬共婆娑。九重未舉時巡典，秋穫春耕我則那。劉注：前詩，後刻未列。知州、借補無錫縣知縣臣吴鉞

第三圖

成化丁酉
冬吳瑾寫

竹爐圖詠利集

知無錫縣事吴鉞　集録　無錫劉繼增　重録

聽松庵訪求竹茶罏疏

秦夔

伏以織竹爲爐，自是山房舊物；　燒松煮雪，久爲衲子珍藏。移來消洒數竿秋，製就玲瓏一團玉。不鎔不琢，非石非金，解煮山中第二泉，慣烹天上小團月。可愛清奇，手段相傳，澹泊家風。冰雪清姿，豈受緇塵點污；　歲寒貞節，何妨刼火焚燒。已分党將軍之擯棄，曾遭蘇内翰之賞憐。蘿屋無人，伴我同行木上座；　蘭閨專寵，笑他無語竹夫人。鐺鳴尤帶鷓鴣聲，汗滴尚疑湘女淚。正擬生涯永託，豈堪塵障未除。提攜竟落於豪門，消滅略同於幻泡。閑我山中風月，添渠席上詩情。大士悲哀，諸天煩惱。恭惟某人，貲雄今代，善種前世。煮鳳烹麟，自有千金翠釜；　櫛風沐雨，何消一個筠爐。恐羞帳底金縷衣，難侶筵中碧玉碗。伏冀早發慈悲，惠然肯賜；　豈但空門有幸，實爲我佛增光。報忱愧乏乎璚瑶，懺禮冀資於冥福。恭陳短語，俯聽慈宣。謹疏。

復竹茶爐詩卷序

物之成敗得失，莫不有時。若聽松菴茶爐，亦其一驗。洪武間，性海真上人，道行爲時輩推重，嘗編竹爲爐，體製甚精。僅圍尺地許，天地動靜陰陽橐籥之妙，歷歷可觀。侍讀學士王公達善，少卿朱公逢吉，中書王公孟端，文字與上人往來其間，至則汲惠泉，烹春茗，累夕後返山，亦因此增重。人才嘉會之一初如此。既而，上人物故，諸公亦凋謝，竹爐遂爲好事者得茶煙寂寞於殘霞之頃。至此極矣。成化丙申冬，秦公廷韶以武昌守如京師，道經故里，公邱壑之趣，洒洒不與俗吏俱。一日，偕金陵郁景章先生宿菴中。菴之主僧戒宏出學士諸公竹爐所詠，太守誦之，掀髯歎曰：『山中壯觀，莫此若也。物去卷留，豈衣缽之遺意乎。』乃呼筆墨，爲疏以求之。太守公天下之心，亦於此可見。未幾，楊孟敬慨然出之不少滯，其亦賢矣。老眼摩挲，矍然感歎。帶春蘚之斑，含湘雨之潤，猶昨日也。非元氣呵護克爾哉！太守爲文記其實，復作近體，率諸公和而成卷。山之光輝，於是增焉。人才嘉會之一初，又如此。雖然，竹爐一微物耳，出處若關乎大節。蓋不盛於他人，而獨盛於學士賡吟之秋；不復於曩時，而必復於太守歸遊之日。太守之緣，殆與之夙契，而神明有以相之歟！古所謂身之前後，不能無疑。他日，尚當攜詩老宿菴中，汲泉瀹茗，聽松雨而吟白雪，不謂殘霞之頃寂莫無人也。人才嘉會之一初，又當在於斯詩若干首。成化丙申臘月既望，奉議大夫致仕劉弘超遠序〔二八〕。

憶自山中別老禪，松關寂寞已多年。寒驚春雨懷鴻漸，夢落秋風泣麗娟。忽逐檐頭歸舊隱，旋烹魚眼敍新緣。玉堂學士遺編在，贏得時人一樣傳。　竹石老人書

方外曾參玉版禪，草玄亭上住多年。山房有意親靈徹，金屋何心伴麗娟。詩卷畫圖新趣味，熏爐茗碗舊因緣。湘筠骨格依然好，留與真公弟子傳。　弘又和

聽松菴竹茶爐，真公手製也。淪落人間已五十年餘，尋訪不可得。適兒夔自湖湘歸，假榻庵中，因覩諸鄉

老所詠，慨然有收復之念乃述疏語。俾公徒孫宏上人訪求於城中好事之家，乃得於秋林楊公所。封泥編竹，宛然若新發硎者。上人懽喜，以手加額曰：『不圖今日復覩先師之手澤也，山中風月從此不孤矣。』夔忘其固陋，僭作《復茶爐記》并詩。社中諸公不鄙，倚歌和之。余亦勉次一律，裝潢成卷，亦一勝事也。上人當置之山房，汲泉煮茗，薦之祠下，以慰真公在天之靈。俾知後人能光復舊物云。脩敬秦旭識〔二九〕。

竹爐還復聽松禪，老眼摩挲認往年。潤帶茶煙香細細，冷含羅雨翠娟娟。已醒萬刼塵中夢，重結三生石上緣。五馬使君題品後，一燈相伴永流傳。　高　直〔三〇〕

憶隨蘇晉學逃禪，往事傷心莫問年。到處凝塵甘落莫，幾番烹雪伴嬋娟。黄金用世徒高價，清物還山續舊緣。不有武昌秦太守，香名埋没竟誰傳。　直再次

煮茶留客喜談禪，編竹爲爐記昔年。一去人間成杳杳，重來塵外淨娟娟。文園司馬曾消渴，雪水陶公擬結緣，淮海先生爲題詠，價增十倍永流傳。　陳　澤

復向山中伴老禪，沉淪莫問幾何年。湘筠拂拭仍無恙，趙璧歸來尚自娟。風月已清今夕夢，林泉應結再生緣。畫圖詩卷長爲侶，留作空門百世傳。　張　泰〔三一〕

湘竹爐頭細問禪，出山何事更何年。渴心幾度生塵夢，舊態常時守淨娟。刺史能留存物意，老僧還結煮茶緣。題詩再續中書筆，千古清風一樣傳。　成　性〔三二〕

一團清氣許從禪，流落風塵幾十年。陽羨不烹春杳杳，湘江有夢冷娟娟。玉堂内翰曾爲伴，白髮高僧又結緣。莫怪老夫多致囑，要將衣鉢永同傳。　雪菴厲昇〔三三〕

乘舟無事檢黄庭，寫罷烏絲思不羣。取汲惠山龍窟水，山僧齊喝藥師經。

嘉靖辛酉初秋，舟次錫山，身體違和。命取第二泉，煮陽羨、虎邱茶，并觀竹爐，不勝神思復常，非好而樂，不與言也。新安吴野道人羅南斗書〔三四〕

竹爐元供定中禪，久落紅塵復此年。雪乳漫烹香細細，湘紋重拂翠娟娟。遠公衣鉢還爲侣，老守文章最有緣。猶愛風流王内翰，舊題佳句至今傳。陸　勉〔三五〕

浮生已付祖師禪，張宛邱。一墮西岩又隔年。許渾。幾疊翠微深杳杳，張伯雨。半鈎涼月夜娟娟。王中。久知世路皆虚幻，張喬。終了無生一大緣。蘇東坡。寄語山靈勤守護，朱晦菴。清風留與後人傳。吴全節。陳賓集古

謝卻湘靈伴老禪，山房棲跡已多年。烹茶只合依鴻漸，薰麝何堪附李娟。流落似知前日誤，重來如結再生緣。世間萬物誰無主，獻璧懷金莫浪傳。

煮茗曾參玉版禪，迢迢相失幾經年。客來寒夜愁岑寂，風度疏林憶淨娟。白壁本非秦氏物，青氊只結晉人緣。從今莫著華陰土，留伴《茶經》世世傳。陳　賓〔三六〕

清風只合近孤禪，華屋徒留五十年。竹格總如前度好，瓷甌那得舊時娟。鬢絲吟榻全真趣，松火清流斷俗緣。物理往還雖不定，芳名須藉後人傳。倪　祚〔三七〕

聽松菴復竹茶爐記

爐以竹爲之，崇儉素也，於山房爲宜。合罏之具，其數有六。爲瓶之似彌明石鼎者一，爲茗碗者四，皆陶器也；

方而爲茶格者一，截斑竹管爲之。乃洪武間惠山聽松菴真公舊物。爐之制，（員）〔圓〕上而方下。織竹爲郛，築土爲質，土甚堅密，爪之鏗然作金石聲，而其中歉焉，以虚類謙有德者。鎔鐵爲柵，横截上下，以節宣氣候。制度絶巧，相傳以爲真公手跡，余獨疑此非良工師不能爲。鄉先達、中書舍人王公嘗有詩詠之，學士耐軒王公復作引，弁其首。以是，爐之名益傳於人人。永樂中，真公示寂，爐亦淪落人間。獨諸公翰墨粲然尚存，落落與松雲蘿月爲伍。成化丙申冬，余歸自鄂渚，暇日假宿菴中。真公嗣孫曰戒宏者，出以示余。因誦王舍人所作『氣蒸陽羨三春雨，聲帶湘江兩岸秋』之句，嘆其佳絶，且惜其空言無徵，圖欲復之。乃因釋氏教述疏語一通，畀戒宏使遍訪焉。已而，果得於城中右族，爐尚無恙，特茗碗失去不存。或疑爐細物也，復不復，不足爲世輕重。殊不知，物不自顯，必因人而後顯。使爐不經諸名公品題，雖復之累百何補，況諸公之作，亦將藉是以傳。爐可泯，諸公之言可縱之使泯乎！爐之亡，不知其的於何年，姑記其概。收罏者，故詩人楊孟賢；復而歸之者，其仲孟敬云。是歲嘉平月望日，邑人秦夔識。

烹茶只合伴枯禪，誤落人間五十年。華屋夢醒塵冉冉，湘江魂冷月娟娟。歸來白壁元無玷，老去青山最有緣。從此遠公須愛惜，願同衣鉢永相傳。

夔又題

序竹茶爐遺事〔三八〕

洪武壬午春，友石公以病目寓慧山之聽松菴。目愈，圖廬山於秋濤軒壁，其友潘克誠氏往觀之〔三九〕。於是有竹工自湖州至，主菴僧性海與二子者，以古制命爲茶爐。友石有詩詠之，一時諸名公繼作成卷。永樂初，性海之虎邱，留以爲克誠别，蓋在潘氏者六十餘年。成化間，楊謨孟賢見而愛之，撫玩不已，潘之孫某者慨然曰：『此豈珍於昌黎之畫，而吾獨不能歸〔諸〕好者哉！』乃以畀孟賢。孟賢卒之三年，中齋秦公以知府報政，還自武昌，遂爲僧撰疏語，白諸孟賢之兄孟敬，取而歸焉。吾聞諸吾母姨之夫東耕翁云〔四〇〕。正德戊寅三月望後四日，二泉山人〔邵〕寶書於容春精舍。

甲申元夕之日，惠山金、益二僧，以余久不到山中也，訪冉徑草堂，詩以答之，用唐人韻

上方稀聽擊魚聲，僧入城中遞刺名。老去有心非石轉，春來何事不山行。北枝梅似南枝白，今雨泉如舊雨清。爲問竹爐無恙否，好煎佳茗待先生。

二泉在松風閣，爲月西書，正月廿四日也

竹爐歡喜復歸禪，一別山房五十年。聲繞羊腸還簌簌，夢回湘月共娟娟。松堂宿火無塵刼，石檻清泉有淨緣。莫怪真公招不返，已將詩卷萬人傳。

予欲見此卷，寤寐非一日矣。頃過松菴，月西上人出示請題，遂次韻如右。前輩風致，或可想像也。嘉靖庚寅夏四月既望，鳳山秦金書〔四一〕

碧社相鄰寺裏禪，手編溪竹已多年。堅貞未可隨狂絮，憑據□□愛麗娟。衣鉢偶然無地着，盃茗從此更相緣。焚脩且説生公法，莫道寒爐未解傳。

惠山氿泉天下聞，陸羽品後伯仲分。中泠江眼固應讓，其餘有冽誰能羣。高僧竹爐添韻事，隱使裴公慙後塵。莊嚴金碧禮月相，三間茗室清而文。梅華天竺間紅白，濛濛沐雨(舍)〔含〕奇芬。平方木几一無有，但有竹爐妥帖陳。篾編密緻擬周筐，體製古樸規虞敦。玉乳寒渫早汲綆，明松乾烈旋傳薪。武火已過文火繼，蟹眼初泛魚眼紛。盧仝七椀慢習習，趙州三甌休云云。政和入貢勞致遠，衛公置遞嫌逞權。巡蹕偶然作清供，聽松庵圖真蹟存。名流傳詠四百載，墨華硃彩猶鮮新。山僧藏弆奉世寶，視比衣鉢猶堪珍。視比衣鉢猶堪珍，後進君子先野人。

王其勤〔四二〕

乾隆辛未春二月廿日，南巡登惠山，至聽松庵，汲惠泉，烹竹爐，因成長歌，書竹爐第三卷，援筆灑然有清風兩腋之致。御筆并紀

法雲初地悦聲聞，有學無學誰爲分。調御丈夫獨出類，天上天下莫與羣。天龍現泉供澡浴，淨洗萬刼空根塵。苓香石髓鎮福地，離垢入淨傳經文。我與如來宛相識，瓣香頂禮栴檀芬。相好豈有今昔異，俛仰亦不稱跡陳。苾芻却慣舉公案，未忘者箇情猶敦。聽松軒分明熟路，松枝落地堪爲薪。竹鼎燃火戒過烈，淨物受寂不受紛。須臾顧渚沸可瀹，乃悟速不如遲云。玉泉山房頗倣效，以彼近恒此遠權。乃今此主彼更客，有爲如幻真誰存。入畫九龍山亘古，當春第二泉淙新。漪瀾舊堂懸睿藻，千秋聖蹟傳奇珍。千秋聖蹟傳奇珍，繼

述勗哉予一人。御筆

丁丑南巡，重至惠泉，疊舊作韻，并書卷中

御筆

有耳誰能免厥聞，要當於聞清濁分。泉之響在聞清矣，惠泉之清更莫羣。縈林絡石所弗免，色塵雖泯餘空塵。古德刱爲淘洗法，土爐護竹堅而文。松枝取攜那費力，燃火弗炊煙生芬。菴外老松莞爾笑，誰爲新者誰爲陳。如此好山不試茗，更當何處佳期敦。名流詩畫卷在案，山僧寶弆擬傳薪。圓池溶溶用不竭，缾罄罍恥休議紛。火候既臻衆響奏，聽泉有耳休更云。聞中入流忘所寂，大士方便爲巧權。録杯小啜便當去，壁間舊作居然存。長歌險韻一再疊，春花春鳥從頭新。觀民課吏吾正務，禪房靜賞寧宜珍。禪房靜賞寧宜珍，溪邊待久迎鑾人。

壬午仲春南巡，復坐山房，再疊長歌韻，圖中素地無餘，就引首舊紙書之

御筆

從來一見勝百聞，勝趣豈以今古分。山泉得名溯鴻漸，甲乙雖判皆空羣。坡翁過此數留詠，肺腑冰玉絶點塵。後來性公敦雅尚，製爐以竹參質文。泉味香冽詩味永，沁人齒頰餘清芬。罏傳以人亦以地，此詩此畫非空陳。裁筠範土易易耳，曷以重若珠槃敦。煨罏想見啜茗致，缾笙不藉松枝薪。坐令好事強標置，煙雲滿眼尤紛紛。山靈呵護四百載，得失聚散何足云。延津劍合識官印，保守欲藉開府權。寧知清蹕此臨駐，披圖汲泉喜爐存。就罏煮泉發高唱，泉流飛湧詩境新。濡毫一一寫橫卷，至寶豈獨山房珍。至寶豈獨山房珍，幸

哉附名卷中人。

恭和御製長歌元韻，奉命即書卷末

臣汪由敦

中泠名泉夙飽聞，江心探取波流分。泉在江心，月夜起沫。以銅瓶沉下汲之，然已雜入江水幾分矣。不如慧山人共汲，虎邱第三泉。以下難同羣。其性甘美復澂澈，千秋不著一點塵。煮茶風罏編以竹，高僧手製傳清文。九龍山人作畫卷，筆墨長帶幽蘭芬。後人題詠逼辭客，䚀䚀卷軸縱横陳。生徒珍擬三代物，鼎鼐尊卣罍盤敦。叶煮之法用文武火，不須山客樵蒸薪。初疑松風瀉謖謖，旋見魚眼堆紛紛。耽茶詩人句清冽，王濛水厄何復云。我皇省方適經此，澤敷庶物持化權。叶。緇流烹泉作清供，茶具詩畫依然存。天章揮灑麗日月，終古常見光彌新。百千年後傳韻事，小物直與圖球珍。小物直與圖球珍，後來誰是賡歌人。

九龍名山昔所聞，兩峯崒嵂龍角分。有菴枕松著老衲，幅巾高士曾招羣。編篾爲爐供茶具，後來好事隨芳塵。下方上圓水火濟，辮韏堅緻密有文。太常典籍各更製，馱載都下傳孤芬。記兹顛末彙長卷，題詩往往皆宿陳。彝尊朱氏更嗜古，方之盉鬲及鬳敦。洌泉汲取受升許，松枝小折炊作薪。不知人世有軒冕，肯令俗物來糾紛。篁墩西涯有同癖，集中散見皆稱云。時平巡幸博咨訪，闡幽攬勝握大權。焦山之鼎甘露石，掎摭長愛古意存。即今活火茶正熟，貢芽一試頭綱新。歌成竹韻戛寒玉，山僧奉之奕世珍。復展横卷重拂試，盂端許作烹茶人。

臣沈德潛恭和

右乾隆十六年奉勑恭和。方案：指上列汪沈兩詩。

竹罏古式輦下聞，新舊異製中微分。密編細擘肌理湊，往往超出都籃羣。珠還合浦有宿分，香泉一洗京華塵。當年蘭若曾小憩，題載天筆光奎文。重來復訪尋韻事，取爐烹茗傳餘芬。微生蟹眼候火候，長廊松逕紆勾陳。睿情眷舊寄高致，即此已欽古處敦。軼足老驥伏峻坂，清材孤桐炊勞薪，乾坤淑氣半幽寄。肉眼不識徒紛紛。風流顯晦有時命，安知不異古所云。扶輪大雅示激勸，輕重隨手方稱權。從來名刹多嚴器，孰者散去孰者存。此爐幸遇今日賞，泉流山翠同鮮新。石皷有時舂作臼，靈物擁護爲國珍。歌成點頭有餘羨，羨彼當年展卷題詩人。謂王紱、吴寬諸人。

右乾隆二十二年奉勅恭和。臣錢陳羣敬書〔四三〕，時乾隆二十三年八月之吉。

惠山敬觀御題竹爐卷長歌恭和

乳泉地脈誰聽聞，滃然雙并方圓分。圓者不食方用汲，盈尺之區涣其羣。初疑眼界均色界，徐從舌根辨舌塵。鉼綆往來日萬斛，不增不減波羅文。幽人題次中泠後，以之瀹茗尤清芬。茗政古多好事侶，編筠作鼎非因陳。上圓下方老衲創，三甌七椀閒情敦。南能衣鉢歸泯滅，此物寧足同傳薪。失弓得弓定神護，左圖右詩觀者紛。四百餘年若有待，欲問其故誰能云。鑾旂省方行慶惠，頻周閭井施化權。泉亭小憩閱清供，茶爐畫卷依然存。揮洒天章再三疊，河聲岳色回回新。霞氣燭天光暎日，名山至寶懸球珍。名山至寶懸球珍，韻事何幸此邦人。

知州、借補無錫縣知縣臣吴鉞

聽松菴敬觀御題竹爐卷長歌恭和

錫山惠泉世所聞，評衡澗谷幽人分。江南客棹頻來去，但見青山青莫羣。補官金匱錫分邑，爽氣日送明窗塵。秋水一方隱梵宇，霞光兩度輝天文。趨循勝地瞻聖藻，慈雲法雨曇花芬。山僧捧出金玉匣，異寶直在几案陳。就中竹爐茶具樸，古德禪供聊自敦。名流歌詠紀梗概，畫成三軸如傳薪。清蹕流連石泉靜，謂此頗可除煩紛。爰命畫士補其一，如天之有四時云。天下佳泉聚吴會，中泠虎阜斯中權。湛恩潤物名乃稱，《茶經》枯槁烏足存？鑾輅三臨歲在午，鄉雲復旦歌彌新。敬宣德意語人士，光華寧獨名山珍。光華寧獨名山珍，一遊一豫無飢人。劉注：前詩，後刻未列。

金匱縣知縣臣韓錫胙

第四圖

小臣張宗蒼恭畫

竹爐圖詠貞集

知無錫縣事吴鉞　集録　無錫劉繼增　重録

復竹茶爐記

出錫城西里許，惠山稍折北，菴曰聽松。洪武（初）〔末〕，（詩）〔寺〕僧真〔公〕性海嘗織竹爲爐，高不盈尺，圓上方下，類今學仙家流稱乾坤之象者。規製絶精巧可玩，邑先達、耐軒王學士諸名家率賦詩賞之。真公没，爐淪落於城中右族，亦已兩易主。成化丙申冬，武昌太守秦廷韶閒得歸，過菴中，誦諸先達詩，嘆曰：『物各有主，茲爐固惠泉之物也，而他人何有？』慨然許爲物色歸之，復爲詩飭其徒俾世守焉。和者自京師諸名碩下得數十家，竹爐之名，不獨傳一方，而遂以聞天下。爐之所遇亦奇矣哉！夫惠泉之名，由陸鴻漸一言而著後世。置罏之意，實欲匹泉之爲用也。廢棄之餘，孰謂遇如武昌者，得以衍其名哉！鴻漸嗜茶，飾及爐鼎，至範銅爲之，當不如竹之不凡。但竹力朽弱，難久存，存者若倪元鎮茶具，今尚爲蘇萬壽寺僧所收存矣。而寂寂爾無所稱，視竹爐之遇，不遇何居？然爐居惠泉之上，是所處得其地也。前遇耐軒，後遇武昌，所遇得其人也。岐陽之石鼓，孔壁之遺經，假所處與遇非邪，後之存者幾希。物固有然者矣，而况於人之所以圖其存者乎！吾固於爐有感矣。武昌學行、政事皦皦重當世，而博雅好古乃其餘云。成化丁酉歲春閏二月晦，翰林侍講平原陸簡記〔四四〕。

和復竹茶爐詩

陸簡

渭川風骨瘦於禪，爨下相逢戹閏年。仙客未須防變幻，酪奴長許伴嬋娟。已看石鼎成奇遇，欲負詩瓢結此緣。寂寞天隨湖海上，釣槎安得並流傳。

碧山曾與助談禪，兩腋清風日似年。茶瀹團龍品奇絶，煙籠歸鶴影便娟。敢將直道醫庸俗，已分灰心斷劫緣。獨謝昌黎文字好，畫圖千載事猶傳。

解脱因參玉版禪，不隨丹竈學長年。社無香火收陶令，市有風塵涴李娟。鑑賞已非前度客，歸來真是後生緣。誰將陸羽遺經續，勝事於今更可傳。

靈機隨處可栖禪，寒暑驚心又百年。簾約濤聲春洶湧，鼎涵山色暮聯娟。行逢惡客人何毁，舍向名泉事有緣。珍重山門留帶客，高風消得後來傳。

虚心曾侍覺林禪，花下清談媿少年。不願爲罌兼二美，且須乘月號三娟。僧疑山廟由來聖，人予樵青未了緣。絶似柯亭衰颯久，餘生猶附蔡邕傳。

長身今破野狐禪，衛武知非向耄年。鶴返令威成倏忽，鏡還元穎尚清娟。夜堂一盌澆孤悶，曉殿殘燈照宿緣。窗外月明梅正發，小山詩句卻堪傳。

魂墮空山一味禪，狂游誰復永熙年。松間夜聽風聲細，籠裏春焙月影娟。夢斷紅塵歸舊隱，淚消青骨悔前緣。□□欲就菴中宿，尤恐蓬萊是浪傳。

高標林下澹宜禪，改物誰曾與卜年。鼎俎呈身無少貶，琅玕披腹有餘娟。乾坤象出僊家巧，水火交成幻境緣。從此平安日須報，範金何必獨能傳。

蒼顔非俗亦非禪，投老空山憶往年。葉掃夕陽三逕遠，瓢分秋月一痕娟。聱纓自信名難假，蕉鹿誰知夢可緣。偃蹇平生餘萬卷，枯腸遲待滌來傳。

湘水雲深作浪禪，獨醒今是乞骸年。菴中臘在蒼髯短，雲外泉流玉乳娟。結願寧無舊香火，相煎真有惡因緣。君侯分得寒灰芋，功業何時與世傳。

簡三辱武昌復竹爐之作，亦嘗三用韻酬答之。凡得十首外，諸家和者又數十首。武昌彙次成卷，畀簡一言記顛末，簡既僭述所聞於武昌者爲記之，遂以鄙言附於後。然此不過一時戲於押韻而已，觀者無以詩求之也。簡又識。

此君忘卻趙州禪，半世來歸似隔年。泉上故人應絶倒，眼中奇節尚連娟。不妨遺日分僧供，有幸逢辰離俗緣。活火自今知未滅，聯詩留伴一燈傳。

物故詩參性海禪，摩挲故物數歸年。久爭水火疑蒼朽，乍脱風塵喜淨娟。老宿漸忘新世味，美人重結舊經緣。鄂州太守真能事，好比蘇公玉帶傳。

不隨蓮社愛逃禪，對客煎茶記往年。歲晚松風猶瑟瑟，夜寒梅月故娟娟。弓亡已分歸無定，劍合由來宿有緣。入手未應憐去住，漢家汾鼎亦誰傳。

新安程敏政

松窗瀹茗助談禪，猶記山僧手製年。甘作楚囚嗟汨没，誰期漢使贖嬋娟。歸蹤不染浮塵污，淨社重尋隔

世緣。郜鼎魯弓今孰在，漫憑筆札爲流傳。海虞李傑〔四五〕

秋濤萬壑坐依禪，笑指茶爐説往年。去日煙泉長寂寞，歸來人月共嬋娟。山靈自合持僧寶，仙具那能混世緣。千載真公遺事在，卻因文字與流傳。三山許天錫〔四六〕

此君元自愛逃禪，禪榻相依幾許年。甘瀹清泉供唄梵，誤投塵俗伴嬋娟。倪迂仙具更新主，秦觀高情續舊緣。對此不須增感慨，楚珩趙璧是誰傳。

是日席上所和，稿在公署，記不能全，想像足成，必有異同，尚祈訂正。東海居士張弼〔四七〕

殺青編後日參禪，煮茗供僧度歲年。流落未應成寂滅，吹噓無奈混嬋娟。喜逢天上重遊客，爲結山中未了緣。名重玉堂諸史筆，從今都下亦相傳。劉注：此上二首，後刻未列。泰和李穆〔四八〕

無心到處只安禪，何物頻勞問百年。得失未能忘楚越，畫圖終是惜嬋娟。從來湘女江邊恨，乍結真僧石上緣。周鼎商盤千載上，祇今淪落與誰傳。桃溪謝鐸〔四九〕

梵王宫裏伴枯禪，閲歷從來幾百年。渭曲帶煙春不散，曹溪貯水月同娟。誰家拾得渾無恙，故主重歸夙有緣。珍重賢侯題品後，名稱千古爲渠傳。吴江汝訥〔五〇〕

幾欲題書問老禪，失來應是問牛年。絶憐吴楚成抛擲，試汲湘江瀹淨娟。郢下忽來新製作，空門未了舊因緣。性公應有蘇公帶，千載清風合並傳。

向來懷土竟離禪，一住人間七十年。茗碗詩瓢情脈脈，松風水月夢娟娟。風塵澒洞誰曾識，湖海歸來信有緣。珍重武昌秦太守，大篇珠玉爲渠傳。

東華夢醒又依禪，感慨憑誰質往年。白社舊遊俱寂寞，黃陵春恨泣嬋娟。蓬萊想像知何處，檀越分明悟夙緣。弓在楚人何得失，卻勞詩句萬人傳。

超凡又赴覺林禪，喜及張滂罷稅年。睡起清風生兩腋，坐看明月動聯娟。草堂從此增顏色，華屋他生少分緣。聞道建溪春信早，月團三百倩誰傳。

此君只合對臞禪，淪沒重經甲子年。滄海夜濤醒獨夢，秋風林屋伴三娟。渴思已慰清羸疾，超脱全消俗世緣。若遣彌明當日見，未應石鼎得詩傳。

白髮跏趺默照禪，不知流落是何年。窮陰有復占應驗，清節難污介且娟。自負乾坤遺小像，卻於泉石着深緣。湖州紫筍潭州鐵，我欲因風次第傳。

不用頻參五味禪，僧家清供亦窮年。玉泉雲乳馳芳約，白社秋蓮愧靜娟。樸素且堅將利用，去來無定是隨緣。風霜標格元無恙，欲起湖州老可傳。

憶從參侍小乘禪，夢遠湖湘又百年。黃葉燃秋聲颯爽，翠濤飛雪舞回娟。文章搜索三千卷，水火煎磨十二緣。莫詫相如還趙璧，山中清事更堪傳。

山中雅製只宜禪，飄泊何知厄九年。江漢有懷紓偃蹇，風塵無地着便娟。淵明淨社今持戒，陸羽遺經舊托緣。陰默定勞神物護，商彝周鼎未能傳。

厭隨流俗再歸禪，不見青松化石年。千刼寒灰成幻化，三湘遺族尚連娟。蘇蘭薪桂林間約，風壑雲泉物外緣。爲語曹溪諸弟子，珍藏好伴法燈傳。

東曹隱者邵珪〔五二〕

此君曾了大乘禪，流落人間已百年。榾柮煙銷春寂寂，木犀香冷月娟娟。老僧元會三生意，太守終酬萬刼緣。尺璧歸來真舊物，相如高誼至今傳。　松陵吴珵〔五二〕

聽松磨松煙，看竹煮竹爐。雖違植物性，巧與造化俱。韓稱浮屠多技能，此爐水火登上乘。舍人鑑賞太守復，傳謌乃爲他人憑。憶我遊，不記遭醉醲，恐受茶爐嘲。今朝清風得一吸，願向轆轤供曉汲。緬前賢，欲廢煎。　華亭後學錢福贅

曾向林泉伴老禪，聽松瀹茗自年年。遠公身後成淪落，陶穀情高愛淨娟。暫賞未厭豪客興，重來還結惠山緣。品題況是諸名筆，留得清聲與世傳。劉注：前詩，後刻未列。　山海蕭顯次韻〔五三〕

多情常自愛逃禪，塵劫今逢解脱年。價重玉堂并粉署，生憎華屋共嬋娟。休論一物原無定，自信三生卻有緣。從此諸天漫訶護，千秋留伴佛燈傳。

真性由來不離禪，空門歸去又經年。常懷楚水兼湘月，厭伴吴姬與趙娟。物外風塵無舊夢，山中泉石有新緣。春來光照瀛洲筆，得似彌明石鼎傳。

生平只供文字禪，歸來松屋度餘年。貞姿寧受俗塵污，舊態尚含湘水娟。舒州短杓本非侶，温石小鐺知有緣。況復仙郎歌白雪，高風留與士林傳。

塵容脱卻喜歸禪，況復諸公爲表年。白雪數篇詞袞袞，麥光三尺淨娟娟。烹茶陶穀應同調，解帶蘇公儗結緣。陸羽泉頭惠山下，清風千古漫流傳。

竹爐之復，余既爲詩，具諸别卷。頃來京師，偶與考功郎中鄉友陳公誦之，辱不鄙，首賜和章。既而，朝之

縉紳若翰林侍講同郡陸公，新安程公，夏官副郎華亭張公輩聞之，皆相繼賜和。旬日間，凡得詩餘四十首，亦富矣哉！何物竹爐，遭此奇遇。余以諸公之意不可虚辱，彙次成卷，既求侍講陸公雄文記之，不揣復用韻勉製四律，一以賀此罏之遭，一以答諸公勤懇之意。南歸有日，併付聽松主僧收藏，用傳爲山中它日故事云。時成化丁酉歲春二月吉，邑人秦夔書於金臺寓館。

往在京師，同年繆文子太史〔五四〕，屢爲余言聽松菴《竹爐圖詠》卷，爲錫山勝觀，以未得見爲恨。今年四月，余請假南還，獲觀於汪氏舊雨書堂，爲卷有四，圖畫三，名賢六十有七，文十三，詩九十有二，諷詠周環，如不欲盡於時。同觀者，同里蔣湘颿衡〔五五〕，丹陽湯南箴鏐，仁和湯良耜學基，舊雨主人歙汪青渠潭〔五六〕。青渠云：聞尚有唐六如畫卷暨文祝諸先正題詠，在吴門收藏家，他日當細意訪得之，歸還聽松庵，亦一段勝事也。雍正四年四月廿有四日，良常王澍書後〔五七〕。

竹爐佳製，因九龍山人詩畫而傳，又得名人唱和，遂以不朽。丙午夏，同吾鄉先生王虚舟暢觀於山中。時余有拙存堂臨古帖廿八卷，闕元明人書，意欲攜孟端詩臨入帖内。及開卷又錯，意興亦闌，誌此情懷，俟他日卜鄰山中，當更藉以娱老也。函潭老布衣蔣衡，雍正五年三月十日，同虚舟、湘帆、雲川、青渠觀於鍊石閣太倉問紅漁老扆。

是歲六月四日，錢塘緘菴陳學士恂〔五八〕，唐渭師兆熊，汪青渠潭，金壇王虚舟澍，蔣拙存衡，山僧松泉同觀於雨秋軒。松泉磨墨，青渠披卷，虚舟執筆。

雍正五年八月廿又四日，寶應喬崇修觀〔五九〕。

《竹爐圖詠》，余耳其名熟矣。曩在京師，雖爲虚舟先生言之，實未見也。今年秋九月，至錫山，過聽松菴，索觀此卷，未如所請，遂悵然而歸。連日苦寒，擁被偃卧，岑寂特甚，忽有山僧叩門，出示此卷，飽玩竟日，宿願頓償。聊誌數語，以慶吾遭。乾隆庚申冬至後十日，繆曰藻。

一棹清流入慧山，縱觀性海趙州禪。竹爐新詠傳詩畫，四卷常存第二泉。　乾隆丁卯九月廿七日，高斌題〔六〇〕。

又溯梁溪問惠泉，春光到比客舟先。竹爐小試仍松下，龍井新攜正雨前。此日真成四美具，當年漫説八禪詮。補圖直繼諸賢躅，便道同堂豈不然。　御筆又題。

補圖曾寫惠山泉，輝暎王吴合後先。孰謂斯人亦長逝，空嗟絶藝此當前。花香鳥語春如繪，流水行雲静裏詮。洗滌塵根泯能所，偷閒題句亦欣然。

丁丑春二月，重至惠山，展閲張宗蒼補圖卷，再疊前韻題之　御筆

夙契清機在惠泉，寺僧作疏熟聞先。竹爐且喜還山久，畫卷重看補闕前。緑竹紅梅猶假色，行雲流水是真詮。呼之欲出宗蒼儼，對此怡然漫惘然。　壬午仲春南巡，再疊前韻書卷中，御筆。

惠山聽松菴敬覲御題竹爐圖四卷恭述

九龍蜿蜒震澤滸，腹滿湖波噀雲乳。品茶始自桑苧翁，挈瓶日覘飛泉縷。寺僧達者號曰真，山人盂端共游處。汲綆親煎倣李生，塼爐石銚嫌呰窳。山中剏意新硎發，手剖蒼筤工織組。厥形麃眼類編籬，四角籊龍相支拄。就中實泥通火道，上圓入規下應矩。鐵柵風穿獸炭明，銅鐺煙羃鯨濤鼓。不須藥臼儷繩牀，況有墨妙輝廊廡。後來接踵張吴輩，松膠潑汁同媚嫵。其間離合有因緣，披圖按記差可覩。合浦還珠秦武昌，山門留帶宋宣撫。佳詠能生兩腋風，長幀未被六丁取。當時老衲亦偶然，韻事詞人競稱許。析爲四卷僅存三，其一無處落榛莽。兹物何心達九閽，島瘦郊寒未足數。去年鳳舸泊梁溪，瀹泉爲截圓玉煮。就爐候湯魚蟹分，展卷題字龍鸞舞。天花亂落入丈室，石靈撝呵等岣嶁。爰命宗蒼補作圖，娟妙果繼前人武。淋漓宸翰照溪光，重同琬琰珍千古。小臣水厄頗不廉，夢結銅官與顧渚。南來乍酌中泠甘，蓬窗日檢君謨譜。遵塗曉訪聽松菴，捫爐讀句過亭午。名家空復七十餘，御筆永爲壇坫主。從兹不用更作疏，竹爐還山帝判與。安能重起唐六如，也應咋舌自慚沮。哦詩舌本殊清涼，夕陽啞軋歸柔櫓。

乾隆壬申歲四月臣李因培〔六一〕

君不見，李相手栽兩温樹，濃陰消落歸何處。又不見，雲林清閟富彝鼎，滅没俄隨煙草冷。豈如聽松之庵竹茶爐，歷四百載全形模。誰歟巧翦湘筠裹，上規下方安置妥。兑口仰頓清泠泉，離腹虚藏文武火。都籃茶具乃有斯，惜不令桑苧見之。一時名流盛篇詠，寶玩奚啻連城姿。況邀睿賞摩挲久，宸藻留題事非偶。爲語山僧謹護持，莫輕飲客缸面酒。

乾隆壬申六月臣王鎬〔六二〕

敬觀御題命張宗蒼補圖作恭和〔六三〕

性海曾棲陸羽泉，略同江眼住焦先。茶爐編竹自方外，法寶傳衣歸佛前。山迓六飛逢藻鑑，畫完四美靜言詮。儒臣但解天章倬，若領真機更豁然。知州借補無錫縣知縣臣吴鉞

劉注：以上二作後刻未列。

竹爐圖詠補集

邱漣 集録　劉繼增 重録

御製續題竹罏圖卷詩

何處名山弗有泉，惠山傳以竹罏煎。四圍本擬蹟貽後，一火頓令業淨前。分卷補交集狐腋，撫牋奚足貌鷗眠。笑他瀟灑幽閒事，可稱若而人寫全。

方泉云不及圓泉，遂汲圓泉活火煎。六度吟應絶筆後，一時想到見圖前。試看弆笥新更舊，豈異交蘆起與眠。雖是片時駐清蹕，却欣册韻重賡全。甲辰暮春，五疊舊作韻，仍書卷中。御筆。

頓還舊觀

原跋

竹爐圖詩，前人序之詳矣。聖天子三幸惠泉，揮灑宸翰，霞燦雲飛。鉞用廓填法摹勒上石，裝潢兩册，恭陳於竹爐山房，曾邀御鑑至畫卷，爲山僧世寶。汲古家無從摩挲，鉞省耕憩山寺，與山僧成瑩商権，擬壽諸石，而需費不貲。謹奉御題元亨利貞四卷，列爲四册，付之梨棗。首録天章以冠篇首，其古今名賢，依原卷款識，以次相附。智水仁山，開卷如晤，而惠山盡在目前矣。臨畫者秦文錦，書簡者吴心榮，校字者錢紹成，各具精心，例得附名。知州、攝無錫縣事全椒吴鉞恭跋，時乾隆壬午閏五之吉。

補寫惠山寺聽松菴竹罏圖並成是什紀事

古寺竹罏四卷圖，惜哉重潢遇傖夫。竹罏圖四卷，其一爲王紱，一爲履齋，一爲吴珵，又一則早失之，命張宗蒼補圖者。前人題跋頗多，予每次南巡，必賦詠疊韻，向貯惠山寺聽松菴。昨寺僧收藏弗慎，致錦贉蔫舊，玉籤損折。無錫縣知縣邱漣攜至署中，欲重裝。值署西民居失火，延燒四圖，竟燬於火，實可惜也。祝融尤物妬誠有，六甲神威護則無。降謫權教寛吏議，圖既被燬，巡撫楊魁〔六四〕、布政使吴壇等自請交部議處，並參知縣。因奏報情節未明，隨令吴壇往無錫縣署，履勘失火情形，並查訊被焚屬實，因盡寛其議處。然此事雖緣寺僧收弆不慎，該縣重裝，究亦失於防護，衹命罰銀二百兩，給寺僧以償之。施檀應得償去聲僧雛。惠山佳話寧容闕，首卷應先補寫吾。竹罏圖原卷雖燬，而名流韻事未可闕如。因先補寫首卷，命皇六子及弘旿、董誥分畫二三四卷〔六五〕，并皆補書前人題詠，仍付聽松菴收弆、流傳，永爲山寺佳話云

惠山寺三疊舊作韻

惠山依舊矗青螺，層疊禪林護呿羅。一片赤心忘今到，幾莖白髮較前多。慧枝演法高還下，忍草當春婆復娑。禮佛而非佞佛者，留詩最是好檀那。

聽松菴竹罏煎茶四疊舊作韻

十六春秋别惠泉，重來可不試烹煎。閒情本擬泯一切，結習無端憶已前。覆院仍看松半偃，隔墻還見柳三眠。澆書恰喜供軟飽，勝酒何妨也得全。出竇從來本體泉，謂多事矣瀹和煎。底須僧偈頻提舊，惟愛民情越愬前。解阜關予宵與旰，鑿耕由彼食而眠。偷閒尋勝饒何者，四疊還賡八韻全。做九龍山人筆意，補寫聽松菴竹罏第一圖，並書近詠。其自辛未以後詩，則命梁國治補書附於卷中。庚子暮春望後，御筆并識。

惠山寺　辛未

寄暢園中眺翠螺，入雲撫樹濕多羅。了知到處佛無住，信是名山僧占多。暗竇明亭相掩映，天花澗草自婆娑。闍黎公案休拈舊，十六春秋一刹那。寺僧，有雍正年間在圓明園内參禪者。

惠山聽松菴用竹罏煎茶，因和明人題者韻，即書王紱畫卷中

纔酌中泠第一泉，惠山聊復事烹煎。品題頓置休慚昔，歌詠躔薌亦賴前。開士幽居如虎跑，舍人文筆擬龍眠。裝池更喜商邱犖，法寶僧菴慎弆全。

回回山下出名泉，火候筠罏文武煎。成佛漫嗤靈運後，題詩多過玉川前。試擕學士來明汲，是日命汪由敦扈遊。高謝山僧守晏眠。我願靈源常勿羃，飲教病渴盡安全。

汲惠泉烹竹罏歌

惠山氿泉天下聞，陸羽品後伯仲分。中泠江眼固應讓，其餘有冽誰能羣。高僧竹罏增韻事，隱使裴公慚後塵。莊嚴金碧禮月相，三間茗室清而文。梅華天竺間紅白，濛濛沐雨含奇芬。平方木几一無有，恰見竹罏妥帖陳。篾編密緻擬周簠，體製古樸規虞敦。叶玉乳寒渫早汲綆，明松乾烈旋傳薪。武火已過文火繼，蟹眼初泛魚眼紛。盧仝七椀慢習習，趙州三甌休云云。政和入貢勞致遠，衛公置遞嫌逞權。叶巡蹕偶然作清供，聽松菴圖真蹟存。名流傳詠四百載，墨華硃彩猶鮮新。山僧藏弆奉世寶，視比衣鉢猶堪珍。視比衣鉢猶堪珍，後進君子先野人。

詠惠泉

石甃淙雲乳，何從問來脈。摩挲幾千載，滌蕩含光澤。澄澈不受塵，豈雜溪毛碧。鴻漸真識味，高風緬疇昔。

再題聽松菴書張宗蒼補圖上

又溯梁溪問惠泉，春光到比客舟先。竹罏小試仍松下，龍井攜來正雨前。此日真成四美具，當年漫説八禪詮。補圖直繼諸賢躅，便道同堂豈不然。

惠山寺 丁丑

九隴重尋惠山寺，梁溪遐憶大同年。可知色相非常住，惟有林泉鎮自然。所喜青春方入畫，底勞白足試參禪。聽松菴靜竹罏潔，便與烹雲池吸圓。《府志》：惠山寺第二泉上，有方圓二池，圓者最佳。

題惠泉山房

昔來遊惠泉，聽松試竹罏。八角石欄杆，明汲轉轆轤。茶香滌塵慮，泉脈即此夫。重臨探靈源，乃知別一區。石梯拾級登，高下置精廬。瀟灑緑琅玕，峭蒨青芙蕖。山茶及水仙，放香妍且都。西北有空洞，洞前方塘虛。淙淙出甘源，苓芬石髓腴。對之坐逾時，笑我前遭徒。境亦不可窮，奇亦難悉臚。名泉自千古，豈藉璮薌吾。

詠惠泉

冰洞不可測，發源惠麓東。精藍據左側，德水揚宗風。鑿爲方圓池，雖二實相通。方劣圓者甘，其理殊難窮。池上漪瀾堂，舊蹟傳坡翁。境屯心則泰，高風想像中。

聽松菴竹罏煎茶疊舊作韻

布惠行時擬漏泉，未蘇元氣我心煎。老扶幼挈雖如昔，室飽家温究遜前。長吏勖哉其善體，山僧饒爾鎮高眠。閒菴小試筠罏火，消渴安能澤被全。

第一吾曾品玉泉，箯編鼎每就泉煎。到斯那得忘數典，於此何妨偶討前。從諗茶存誰解喫，宗蒼圖補竟長眠。了知一切有爲法，泡影空花若久全。

惠泉上作

向余拊石欄，遥企雲中脈。今來探乳穴，牝湫注靈澤。春繪萬物昌，月印千秋碧。得源趣益佳，摛藻聊補昔。

汲惠泉烹竹罏疊舊作韻

法雲初地悦聲聞，有學無學誰爲分。調御丈夫獨出類，天上天下莫與羣。天龍現泉供澡浴，淨洗萬刧空根塵。苓香石髓鎮福地，離垢入淨傳經文。我與如來宛相識，瓣香頂禮旃檀芬。相好豈有今昔異，俛仰亦不稱跡陳。苾芻卻慣舉公案，未忘者箇情猶敦。聽松軒分明熟路，松枝落地堪爲薪。竹鼎燃火戒過烈，淨物受寂不受紛。須臾顧渚沸可瀹，乃悟速不如遲云。玉泉山房頗倣效，以彼近恒此遠權。叶乃今此主彼更客，有爲如幻真誰存。入畫九龍山亘古，當春第二泉淙新。漪瀾舊堂懸睿藻，千秋聖蹟傳奇珍。千秋聖蹟傳奇珍，繼述勗哉予一人。

惠山寺疊舊作韻

峯峯晴色濯新螺，紺宇珠宫借巘羅。希有祕珍永寶四，率成佳話實堪多。春泉石罅淙聲細，新竹風前弄影娑。文字禪雖非本分，要因淨業悦陀那。

題張宗蒼補惠泉圖疊舊作韻

補圖曾寫惠山泉，輝映王吴合後先。孰謂斯人亦長逝，空嗟絶藝此當前。花香鳥語春如繪，流水行雲静裏詮。洗滌塵根泯能所，偷閒題句亦欣然。

惠山寺疊舊作韻　壬午

鹿苑虔瞻佛髻螺，莊嚴七寶實駢羅。若於本分云相應，衹是無言已覺多。水去梁溪惟澮澮，草生衹窟鎮娑娑。松菴偶試禪家茗，漫擬周王詠有那。

惠泉山房作

惠泉惠麓東，冰洞噴乳竇。江南稱第二，盛名實能副。流爲方圓池，一例石欄甃。圓甘而方劣，此理殊難究。對泉三間屋，樸斵稱雅構。竹鑪就近烹，空諸六根囿。想像肥遯人，流枕而石漱。乃宜此巖阿，寧知外物誘。叶亭臺今頗多，綴景如錯繡。信美樂不存，去去庶績懋。

聽松菴竹罏煎茶再疊舊韻

三試惠山陸子泉，吾知味以未曾煎。不妨煮鼎欣因暇，那便吟詩罷和前。麗日和風方蕩漾，輕荑嫩草已芊眠。吳中春色真佳矣，可得吴民温飽全。

依然冰洞下流泉，誰解三篇如法煎。罏篆裊飛衹樹杪，缾笙響答磬房前。范陽見説風生腋，彭澤那關醉欲眠。我自心殷饑溺者，讓他清福享教全。

竹罏山房作

竹罏是處有山房，茗椀偏欣滋味長。梅韻松蕤重清晤，春風數典那能忘。

題張宗蒼補惠泉圖再疊舊韻

夙契清機在惠泉，寺僧作疏熟聞先。竹罏且喜還山久，畫卷重看補闕前。綠竹紅梅猶假色，行雲流水是真詮。呼之欲出宗蒼儼，對此怡然漫惘然。

汲惠泉烹竹罏歌再疊舊作韻

有耳誰能免厥聞，要當於聞清濁分。泉之響在聞清矣，惠泉之清更莫羣。縈河絡石所弗免，色塵雖泯餘空塵。古德創爲淘洗法，土罏護竹堅而文。松枝取攜那費力，燃火弗炆煙生芬。菴外老松莞爾笑，誰爲新者誰爲陳。如此好山不試茗，更當何處佳期敦。名流詩畫卷在案，山僧寶弆擬傳薪。圓池溶溶用不竭，缾罄罍恥徒議紛。火候既臻衆響奏，聽泉有耳休更云。聞中入流忘所寂，大士方便信巧權。叶綠杯小酌便當去，壁間舊作居然存。長歌險韻一再疊，春花春鳥從頭新。覩民課吏吾正務，禪房靜賞寧宜珍。禪房靜賞寧宜珍，溪邊待久迎鑾人。

惠山寺疊前韻

每逢佳景喜題句，率以鐫崖紀歲年。是曰有爲之法耳，遠哉無我祇如然。愛聽春鳥閒彈梵，嬾與山僧坐講禪。一語何妨聊顧問，即今悟處可曾圓。

惠山寺再疊舊作韻乙酉

春氣濛濛潤岫螺，花宫兼有古松羅。青衣童子誰曾見，白足僧人此處多。畫卷重教神晤會，竹罏一爲手摩娑。底須今昔頻量檢，七識田中幻末那。

聽松菴竹罏烹茶戲成

初來猶憶翰臣偕，火候曾傳文武皆。習熟中涓經手慣，可憐竹鼎也聽差。

汲惠泉烹竹罏歌三疊舊作韻

一韻屢疊有前聞，其中亦頗伯仲分。試問誰應稱臣壁，要數玉局迥出羣。聚星孤山特傑作，手把造化超凡塵。往來無錫此必至，何缺押險長篇文。遊山望湖纔數首，字字妥貼餘清芬。我來四度歌四度，弗自竿量翻案陳。漪瀾堂中小團月，恍如髯老來相敦。篋編古鼎依舊在，拾松枝豈煩樵薪。至期自熟寧用亟，中涓伺候忙已紛。乃悟高閒非我事，山僧後言那免云。忽忽一啜命返轡，回顧曰此偷閒權。叶夾岸蒼赤數無萬，各各都塵予心存。安得人足家遍給，風俗還古禮樂新。名山得讓閣黎占，法寶何礙招提珍。法寶何礙招提珍，千秋聊付好事人。

聽松菴竹罏煎茶三疊舊韻

若爲石洞若爲泉，早已知津豈待煎。靜對山川原自古，何披圖畫乃稱前。無逾一晌煙雲過，那得恒斯風月眠。禪德忽然來跽訊，是云提半抑提全。

諰諰松濤活活泉，笑予多事箧罏煎。半升鐺内都包盡，四箇匣中莫並前。茶把僧參還當偈，煙憐鶴避不成眠。可教緩棹言歸矣，今度賡吟興又全。

題張宗蒼補惠泉圖三疊舊韻

依舊淙淙山下泉，諸餘都置展圖先。誰知補者宜居後，忽訝觀斯乃緬前。真是要惟以韻勝，由來不可着言詮。漫訾屢舉蘇髯體，此日拈吟屬偶然。

聽松菴竹罏烹茶作

香臺右轉僻蹊循，知有茶菴幽絶塵。松籟已欣清滿耳，竹罏何礙潤沾脣。四巡來往皆曾到，幾卷圖書各有神。衹恐諸人或致誚，吾原不是箇中人。

聽松菴竹罏烹茶戲成效白居易體 庚子

竹罏烹苦茗，本是山僧事。性海爲清供，不涉人間世。侵尋成畫圖，展轉成文字。濫觴一至此，大乖其本意。豪敓與復還，益覺其辭費。我自辛未年，製匣因精弆。叶。爲之補圖全，爲之賡吟繼。茲閱十六載，復詣精藍地。聽松菴好在，竹罏亦妥置。獨惜四圖燬，斯則因俗吏。熟境率難忘，可不茶一試。我既不解烹，僧亦難近廁。旋顧左右間，尚茶惟内侍。茗椀捧以獻，原來早預備。誰論文武候，那識魚蟹沸。是謂當官差，非所論逸致。屈哉菴與罏，孰謂逢此輩。囅然亦自笑，松下排衙類。

詠惠山竹罏

碩果居然棐几陳，豈無餘憾憶前賓。偶因竹鼎參生滅，便拾松枝續火薪。爲爾四圖饒舌幻，輸伊一槪泯心真。知然而復拈吟者，應是未忘者箇人。

惜張宗蒼補惠泉圖亦被燬因四疊舊韻

宗蒼曾寫惠山泉，五韻從教四疊先。弗泥準繩繼其後，真教氣韻逼乎前。同遭回禄誠奇事，直示無常是正詮。不忍名藍絶佳話，補之復補合應然。

汲惠泉烹竹鑪歌四疊舊作韻

屢疊舊韻衆所聞，可因難易作輟分。即今竹鑪凡五詠，然何曾契詩之羣。黄墩遠望境如畫，梁溪溯泛川絶塵。精藍雖演梵其梵，惠山實具文而文。禪枝護徑益古貌，慧草繞砌饒淨芬。熾然人固有來往，泊如佛豈論新陳。西廂聽松菴夙悉，默無語乃情如敦。竹鑪不任受烈火，乾枝細劈爲精薪。陸羽祕訣縱未學，要當以靜不以紛。惠泉咫尺可用汲，馳符調水詎足云。漪瀾堂近聚星遠，歌體卻效聚星權。叶。撫箋得句便言返，勝處詎宜戀意存。溪路煙隄俱識舊，老瞻幼仰如懷新。人情爲田吾所篤，林林者固懷中珍。林林者固懷中珍，訶避慢亟緹騎人。劉注：以下接録當時諸臣恭和詩，并前刻第一圖。吴寬諸人題詠，已具前編，兹不再録。

臣梁國治奉敕敬書〔六六〕

生面重開

畫禪山院參空色，茶吹松寮聽有無。留賜翰香輝鷲宇，分編筠翠劚鸞雛。作繪煙雲補昔圖，休嫌舊卷付壬夫。秋清上塞恭摹繪，遺妙前賢已導吾。（子臣永瑢恭和）劉注：以下原本接録朱逢吉諸人題詠，已具前編第二圖中，兹不再録。末題乾隆四十有五年秋八月上澣，子臣永瑢奉敕敬書。

味圖寄興

茶話詩禪藉畫圖，林泉清況屬潛夫。久蒙睿賞真詮定，肯使名巖雅照無。三卷補摹徒學步，五衣傳貯好將雛。上既以御題王紱《溪山漁隱圖》卷賜寺僧，復親灑仙毫，補寫竹罏第一卷，而以二三四圖命皇六子及臣等補作，同弆惠山，以償名蹟。伏惟宸翰輝騰，永爲龍象，呵護已遠勝九龍倍萬；而山僧珍藏法寶，當與衣鉢同傳。從此名山佳話，又何啻向時倍萬。臣自愧技疎筆薾，幸得附綴於後，實深榮幸慚悚之至云。更看漁隱梁溪月，尺幅新吾印故吾。

臣弘旿敬和

劉注：以下原本接録聽松菴訪求竹茶罏疏，并劉弘諸人題詠，已具前編第三圖，兹不再録。末題乾隆四十五年六月，臣弘旿奉敕補書。

都籃驚喜補成圖，寒具重休設野夫。試茗芳辰欣似昔，聽松韻事可能無。常依榆夾教龍護，一任茶煙避鶴雛。美具漫云難恰并，綴容塵墨愧紛吾。（臣董誥恭和）

劉注：以下原本接録陸簡諸人題詠，已具前編第四圖，兹不再録。末題乾隆四十五年歲次庚子春三月，臣董誥奉敕敬書。

清風再挹

頓還舊觀

臣董誥奉
敕敬繪

御題王紱《溪山漁隱圖》卷

四圖回禄雖分補，氣韻終嫌似舊難。爰命石渠出真蹟，俾藏僧舍作奇觀。幸兼跋語存原博，一例長圖寫孟端。試問惠山白足者，可猶飲恨有司官。　以王紱《溪山漁隱圖》卷賜惠山寺，弆珍以償竹罏四圖回禄之失。詩以誌事，即書卷中。庚子暮春中澣御筆。

新圖舊蹟雖相似，肖不經心處更難。天上重頒漁隱卷，山中卻勝竹罏觀。閒來曬網依巖足，宛爾鳴榔出樹端。鄭重僧徒好持護，莫將韻事語麤官。　臣嵇璜恭和〔六七〕

顧廚蹟已雲煙過，賜卷披應伯仲難。捧出御題宣命和，郵從天上得傳觀。更欣跋語仍圖裏，未有纖塵到筆端。漁隱高情竹罏似，山人何必定非官。　臣梁國治恭和

一味煙霞千古嬗，流傳卷軸到今難。鏡花水月原無住，山色溪聲得靜觀。續見九龍開祕笈，染來三素妙毫端。不緣神聖工陶鑄，守櫝還應責曠官。　臣彭啓豐恭和〔六八〕

仙毫超過九龍妙，蹇步慚追八駿難。寶笈重頒欣合撰，香臺同弆焕殊觀。緑蓑青笠儼溪上，活火清泉憶卷端。乾闥護持傳韻事，千秋披拂聽蒼官。　臣董誥恭和

寶笈分來輝法藏，失其具美竟并難。大都物有成虧故，如是佛無人我觀。蟹眼微風想空際，魚鱗活水潑毫端。賜教八部天龍守，不懼賁渾火繖官。　臣彭元瑞恭和〔六九〕

憶昔與君皆少年，山窗曾爲寫蒼煙。而今相見頭俱白，看畫題詩一愴然。

向僕寓京師，爲仲淵寫此幅，今幾廿年矣，白首無成，盛年難再〔七〇〕，撫卷長慨，復題小詩於上云。永樂壬寅秋七月下澣，九龍山人王紱記。

峽裏江山多絶奇，推篷不厭去帆遲。重來恐忘經行處，一處經行一處詩。

生平野性愛林泉，别卻林泉已十年。肯信而今圖畫裏，有林泉處即欣然。

十二月一日孟端寫寄仲淵宗兄一笑〔七一〕

潮痕日日到門前，供具時時喜研鮮。記得尋君秋色裏，隣家多是捕魚船。

王紱，字孟端，號友石生，又爲九龍山人。高介絶俗，有詩集行於世。作畫深得石室居士、梅〔花〕道人遺法〔七二〕，而精標似覺過之。月夜聞隣笛，乘興畫幅竹，過訪遺之。其人乃大賈，喜甚，具絨綺各二，更求配幅。孟端卻其幣，手裂其畫，今此卷爲王仲淵所作。長二丈有奇，遇隙處，隨賦一詩。詩與畫並臻妙境，苟非其人，豈足以發孟端之筆哉。予友李世賢藏此久矣〔七三〕，一日出示，索跋爲識數語，并述其遺事，以歸之。時弘治癸丑七月二日，吴寬書。

乾隆壬寅秋七月，無錫縣知縣臣邱漣敬謹恭刊。

後跋

乾隆壬寅春正月，欽頒到《竹罏圖》四卷。天章近捧寶繪遥傳，挾帝釋以來觀，共山靈而忭舞懿夫。竹罏肇於性海，圖詠昉於孟端，厥後名流，咸留妙蹟。我皇上觀民九有，駐蹕二泉，訪蕭寺之遺風，試烹團月；飛葛天之浩唱，並麗叢雲。言寫豫遊，永光巖岫。前於己亥之臘，皇上五度巡幸，爰將圖卷，敬謹裝池。豈期什襲之有渝，適蹈邑人於不誡。蘭亭舊本，究脱殘編；石鼓遺文，尚存散帙。隨得前令臣吴鉞舊刻，撫臣陳奏。以下殘闕

劉注：此跋爲後來添刻，初印本所無。其下半殘闕，無從補全。歲月亦不可考。要當在乾隆甲辰以後，與首葉補刻御製詩同時。故流傳之本，凡有此跋及前補刻御製一葉者，於卷末所題乾隆壬寅兩行，皆剗去。

竹爐圖詠後跋

《竹爐圖詠》，原係前清應制體式。頌揚處，概用擡格。此次重鈔付排，改去擡格，均作平行。社中諸君以校勘事囑余任之。余檢閲書中稱臣處，仍小字旁列。此與擡格爲對舉，似不應去彼而存此。又原刻元亨利貞四集，均先列清高宗御題暨當時諸臣和作，而以明朝以來題詠另頁列後。此在當時，尊王之下，不得不爾。今改制後，重付印行，無取於此。自以依時代之先後次第爲宜。余以所見質諸社中諸君，承囑照爲改訂，並令附識數語，俾後人得知原書體式以及此次改訂之理由，以免來蔑古之譏。又按：元集冰壑道人題後，劉注云：邱刻於題名不加别號，並不加籍貫，如此行逕題『盛顒』二字云云，據此，則吴刻自較妥善，邱改之非也。蓋此書本非著作體裁，但照卷中題識依次録下，稱名稱號，附加籍貫與否，一仍原式爲宜。間有并不存名號者，如亨集之《竹爐記》，是若照邱刻一律改用姓名，則於此處窮矣。蓋若使此卷留諸今日，必有好事者以寫

真印法存其真相，以供考古者之雅好。惜乎物之成毁有數，而時之不及待耳。

中華民國十一年歲次壬戌雙十節後二日，俞復跋。

〔校證〕

〔一〕謂圖出於王舍人孟端　『王舍人』，即王紱（一三六二—一四一六）。紱，一作芾，字孟端，號友石、鰲叟，晚又號九龍山人。無錫（今屬江蘇）人。洪武時生員，嘗北遊江淮，浮黄河，走太行，出雁門。因事謫戍山西，凡十餘年。永樂初，以能書被薦，供事文淵閣，十年（一四一二），除中書舍人，後歸隱無錫九龍山。工詩，擅書畫，尤善竹木山石。師承王蒙，時人比之元倪瓚。好古博雅，兼通釋老。撰有《友石山房稿》五卷（一云六卷），又名《王舍人詩集》。事見詩集附録王洪撰《王孟端小傳》、章昞如撰《王公行狀》、翰林學士胡廣撰《王孟端墓表》及卷首曾棨、王璡二序，又見王士禎《居易録》卷二六、《萬姓統譜》卷四五、《千頃目》卷一八、《明史》卷二八六、《國朝獻徵録》卷八一等。

〔二〕長洲吴寬　吴寬（一四三五—一五〇四），字原博，號匏菴、玉延亭主。蘇州長洲人。成化八年（一四七二），會試、廷試皆第一。授修撰，侍孝宗於東宫。孝宗即位，遷左庶子，預修《孝宗實録》，擢侍讀學士。累遷詹事府，入東閣，專掌敕誥，典雅有體。弘治八年（一四九五），進吏部右侍郎，十六年，擢禮部尚書，卒於任。贈太子太保，謚文定。寬自守其正，行履高潔。於書無不讀，學宗蘇軾，詩文有典則。工書，擅行書，書法亦學蘇。撰有《匏菴家藏集》七十七卷。事見《王文恪公集》卷二二《吴公神道碑》、同書卷一三《匏菴家藏集序》、《殿閣詞林記》卷五，《皇明獻實》卷三一，《狀元圖考》卷二，《姑蘇名賢小紀》卷上，《明史列傳》卷五四，《明史》卷一八四；《四庫總目》卷一七一，《千頃目》卷二〇等。

〔三〕秦太守廷韶 「秦太守」，即秦夔（一四三三—一四九六），字廷韶、一字中孚，號五峯、中齋。無錫人。旭子。天順四年（一四六〇）進士，授南京兵部主事。成化中，歷知武昌府、建昌府，頗有善政。累擢江西右布政使。父歿，哀毀感疾，乞休致，卒。有詩名，詩清麗，具唐人之風。撰有《五峯遺稿》二十卷、《中齋集》等。事見《篁墩程先生集》卷四八《秦公神道碑》、《青溪漫稿》卷二三《秦公墓誌銘》、《容春堂集・續集》卷一二《五峰遺稿序》、《毘陵人品記》卷七、《萬姓統譜》、《別號録》、《明詩綜》卷二六，《江南通志》卷一四二、《湖廣通志》卷四三、《千頃目》卷一九等。

〔四〕新安程敏政 程敏政（一四四五—一四九九），字克勤，號篁墩。休寧人。信子。十歲以神童薦，詔讀書翰林院。成化二年（一四六六）進士。歷左諭德，直講東宫。孝宗即位，擢少詹事，侍經筵。弘治元年（一四八八），爲人所構，勒令休致。五年後復官，尋改太常卿兼侍讀學士，掌翰林院事。終官禮部右侍郎。卒贈吏部尚書。敏政學問賅博，著作宏富。嘗預修《元史》，有史才。撰有《宋遺民録》十五卷、《宋紀受終考》三卷、《心經附注》四卷、《道一編》六卷、《經筵講義》、《東宫講義》各四卷、弘治《休寧縣志》三十八卷、《篁墩集》九十三卷、《外集》十二卷、《別集》二卷、《行素稿》、《拾遺》各一卷、《雜著》十卷，編有《瀛賢奏對録》十卷、《新安程氏統宗世譜》三十卷、《程氏遺範集》四十卷、《詠史詩選》十五卷、《詠史集解》七卷、《明文衡》九十八卷、《新安文獻志》一百卷、《唐氏三先生集》二十八卷、附録三卷等，分見《四庫總目》卷六一、八九、九五、一七一、一八九、一九一及《千頃目》卷二、三、六、八、一〇、二〇、三〇、三一、三二，《天禄琳瑯書目》卷八〇等著録。其生平事略見《彭文思公文集》卷四《篁墩記》，佚名《程學士傳》，刊《國朝獻徵録》卷三五，《殿閣詞林記》卷六、《吾學編》卷三八、《明史》卷二八六等。詩兩首後，又有一詩，今考乃錢塘人倪岳撰，詩題原缺僅補署作主。

〔五〕陳湖陳璚識　陳璚（一四四〇——一五〇六），字玉汝，號公美、成齋。長洲人。成化十四年（一四七八）進士，授翰林院庶吉士，歷户科給事中，大理寺丞，累官南京左副都御史。爲古文詞，工詩。撰有《成齋集》。事見《懷麓堂文稿》卷一〇《成齋記》、同書《後稿》卷二〇《陳君玉汝神道碑銘》、《王文恪公集》卷二八《陳公墓誌銘》、《無夢園遺集·家乘·先中丞成齋公集跋》、《震澤集》卷一八《諭祭陳璚文》，《翰林記》卷一八、《家藏集》卷七一《沈教授墓表》，《明史》卷三〇四《蔣琮傳》、《明詩綜》卷二九、《江南通志》卷一二二、《千頃目》卷二〇等。

〔六〕翰林修撰華亭錢福試焦葉研　錢福（一四六一——一五〇四），字與謙，號鶴灘。松江華亭（治今上海松江）人。弘治三年（一四九〇），進士第一，授翰林修撰。性明敏，詩文藻麗，爲時所重。有《鶴灘集》六卷。事見《喬莊簡公集》卷一〇《錢與謙墓誌銘》，李東陽撰《錢君墓表》、佚名《錢鶴灘先生遺事》，均刊《國朝獻徵録》卷二一；《寶日堂初集》卷二二《先進舊聞》，《狀元圖考》卷二，《明詩綜》卷三一，《翰林記》卷三、五、一四、一七，《四庫總目》卷一七六等。

〔七〕王學士達善　王達，字達善，號耐軒。無錫（今屬江蘇）人。洪武中，以明經舉，爲本縣訓導。薦官國子助教。永樂初累官侍讀學士，嘗預修《永樂大典》，爲總裁之一。性簡澹，博通文史，與解縉、王璲等號爲『東南五才子』。年六十五卒。撰有《筆疇》二卷、《景仰撮書》、《椒官舊事》各一卷、《尚論編》二卷、《易經選注》、《梅花詩》、《耐軒集》及《天遊集》二十二卷等。事見《吾學編》卷五八、《殿閣詞林記》卷四、《毘陵人品記》卷六，《國朝獻徵録》卷二〇黄佐撰《傳》，《明詩綜》卷一九，《千頃目》卷一、五、一〇，《明史》卷九九，《文淵閣書目》卷二、《四庫總目》卷一二四、一三一、一三七等。

〔八〕朱少卿逢吉　朱逢吉，字以貞，號芝山老樵。嘉興崇德人。洪武初，以應詔上用賢等五事除知寧津縣。擢湖廣按察司僉事，入爲大理寺左寺丞。建文二年（一四〇〇），以右拾遺爲同考官。永樂初，累官大理少卿。撰有《童子習》一卷、《牧民心鑑》三卷、《朱以貞文集》四卷等。事見《王舍人詩集》卷四《酬朱逢吉先生》（詩注），朱睦㮮《革除逸史》卷一，廖道南《殿閣詞林記》卷六、一七，《浙江通志》卷二一九、二二七、二三六、二四九，《湖廣通志》卷二八，《明詩綜》卷一三，《萬姓統譜》卷九，《明史》卷九六、《千頃目》卷三、一〇、一七等。

〔九〕旋爲邑人顧舍人梁汾購得　顧舍人，即顧貞觀（一六三七—？），初名華文，字平遠，一字華峯，號梁汾。無錫（今屬江蘇）人。康熙十一年（一六七二）舉人。官至中書舍人。文備諸體，能詩，尤擅作詞，與陳維崧、朱彝尊並稱『詞家三絶』。其詞出入於南北宋。撰有《纑塘集》、《積書巖集》、《彈指詞》三卷、《補遺》一卷等。事見《清史稿》卷八四八、《清史列傳》卷七〇、《國朝耆獻類徵》卷一四二等。

〔一〇〕滄浪寓公商邱宋犖題　宋犖（一六三四—一七一三），字牧仲，號漫堂，又號西陂、緜津山人。河南商邱人。大學士宋權子。門蔭出身。服闋，應選，康熙三年（一六六四），授黄州通判，累遷刑部郎中；尋出爲通永道，擢山東司臬，進江蘇總藩。二十七年，晉江西巡撫，後調撫江蘇。四十四年，召陞吏部尚書。加太子少師致仕。宋犖淹通學問，詩文有名於時，生平瓣香東坡，曾刊行《施注蘇詩》。嗜交遊，與王士禛等爲友好。撰有《西陂類稿》五十卷，《筠廊偶筆》、《二筆》、《滄浪小志》各二卷，《漫堂説詩》一卷；編有《江左十五子詩選》十五卷等。事見湯右曾撰《宋公犖墓誌銘》、顧楝高《宋漫堂傳》、《西陂類稿》卷四七《自訂漫堂年譜》等。

〔一一〕臣汪由敦恭和　汪由敦（一六九二—一七五八），初名良金，字師茗，號謹堂，又號松泉居士。錢塘籍，休寧人。雍正二年（一七二四）進士，選庶吉士，授編修。乾隆元年（一七三六），入值上書房。歷兵部侍郎、户部尚書等，十一年，授軍機大臣、協辦大學士，充《平定準噶爾方略》正總裁。累官吏部尚書，卒贈太子太師，謚文端。長於文學，博聞强記，文章典雅，詔諭多出其手。能詩擅書，其書法被高宗集爲《時晴齋法帖》十卷。撰有《松泉詩集》二十六卷、《文集》二十二卷。事見錢維城撰《文端汪由敦傳》、錢陳羣撰《汪公墓誌銘》，李元度《國朝先正事略》卷一六，《清史稿》卷三〇二、《清史列傳》卷一九，葉恭綽《清代學者像傳》卷二等。

〔一二〕臣沈德潛恭和　沈德潛（一六七三—一七六九），字確士，號歸愚。長洲人。乾隆四年（一七三九）進士，授翰林院編修，有『老名士』之譽。十二年被命入值上書房，擢禮部侍郎。十四年以原品致仕。高宗南巡，加尚書銜。卒贈太子太師，謚文愨。少時詩學葉燮，以詩名世，爲臺閣體代表詩人。生前受寵於乾隆，屢獲賜詩，且親爲其《歸愚集》作序。沈氏選編《古詩源》十四卷、《唐詩别裁集》二十卷、《明詩别裁集》十二卷、《國朝詩别裁集》三十六卷，撰有《竹嘯軒詩鈔》十八卷、《歸愚詩文鈔》五十八卷、《説詩晬語》二卷等。事見錢陳羣撰《沈公德潛神道碑》、沈氏《自訂年譜》，《清史稿》卷三〇五、《清史列傳》卷一九等。

〔一三〕臣鄒一桂恭和　鄒一桂（一六八六—一七七二），字元褒，號小山，晚號二知老人。無錫人。雍正五年（一七二七）進士，選庶吉士。入諫垣，曾視學貴州六年。官至禮部左侍郎，兼内閣學士，加贈禮部尚書。工畫，尤善山水花鳥，法宗宋人，惲壽平以來所僅見。其畫頗受乾隆賞識，所進《百花卷》，高宗賜額『黄花知己』外，有詩寵之。退休後，曾主東林書院講席。撰有《賡和集》、《小山詩鈔》、《四書文稿》、《小山畫譜》等。事見《國朝耆獻類徵》卷七八、《碑傳集》卷三三、《國朝先正事略》卷四一，《清史稿》卷三一一、《清史列傳》卷二〇等。

〔一四〕謝常　謝常，字彦銘，號東溪、桂軒。吴江人。洪武十五年（一三八二）舉秀才，召試《丹鳳朝陽賦》，稱旨，授官縣令，辭以養親，時其母一〇六歲。歸隱震澤東溪。曾從學於楊維禎（一二九六—一三七〇）。撰有《桂軒稿》、《東溪稿》等。事見《明詩綜》卷一七，《江南通志》卷一八六小傳，《千頃目》卷一七等。

〔一五〕朱逢吉謹題　本詩題作『僕人……所幸云』，凡三十七字。題下原署『朱逢吉謹題』，但『五十六字』詩下，又署『牧雲子德瑀』，疑錯簡。此詩必為朱作，疑『德瑀』云云，或為衍文，姑删之。

〔一六〕錦樹山人錢仲益　錢仲益，名允昇，以字行，改字舜舉，自號錦樹山人，又號折肱老人，室名錦樹齋。無錫人。洪武中，舉明經，爲本縣訓導，擢太常博士。永樂初，預修《太祖實録》，書成，進翰林修撰，後爲周王府長史。雅好棋，待詔禁垣，成祖呼爲『棋仙』。工詩，與王紱、王達等交遊。有《錦樹集》八卷，《千頃目》卷一七則著録爲《錦樹齋詩》六卷。事見魏驥撰《錦樹集序》，刊《三華集》卷一一，又見《翰林記》卷三、十二、十三、十七，《萬姓統譜》卷二七、《明詩綜》卷一九、《江南通志》卷一六六小傳。

〔一七〕顧協　顧協，字允迪，號秋碧，室名鳴志齋。無錫（今屬江蘇）人。明初，以諸生貢入太學。其《孟夏書事》詩有『脱卻朝衣換布衣』句，則亦通籍者也。有《鳴志集》。事見《明詩綜》卷一七，《千頃目》一七等。

〔一八〕梁用行　即梁時，字用行。籍吴江，遷長洲。洪武中，用薦授岷府紀室，擢翰林典籍。永樂初，預修《永樂大典》，充副總裁。博學工文，尤擅詩，亦善筆札。有《噫餘集》。事見《東里集·續集》卷四六《祭梁用行典籍文》、《姑蘇志》卷五四、《萬姓統譜》卷五〇、《江南通志》卷一六五小傳等。方案：下録三詩，據詩後之跋，乃潯陽陶振之作。

〔一九〕雲間錢驥　錢驥，字子良，號砥齋。松江華亭（治今上海松江）人。與王紱、錢仲益等交遊。

〔二〇〕吴興莫士安識　莫士安，名伋，以字行，更字維恭，號柏林居士、是菴。湖州歸安人，晚以治水江南而僑居無錫。洪武中，爲府學教授。永樂初，預修《太祖實録》。遷知黄岡縣事，入爲國子助教。與錢仲益等交遊。有集，已佚。事見《翰林記》卷一二、一三，《明詩綜》卷一三等。

〔二一〕韓奕　韓奕，字公望，號蒙齋。元明之際吴縣人。韓琦裔孫，父凝，工醫。少目眚，遂絶意仕進。好事遊覽，常褐衣芒屨，徜徉於山水間，博學工詩，與王賓相善。撰有《易牙遺意》二卷、《韓山人集》不分卷。事見《姑蘇志》卷五五、《四庫總目》卷一一六、一七四等。

〔二二〕龔泰　龔泰（？—一四〇二），字叔安，號端果。義烏人。洪武二十九年（一三九六）以鄉薦入太學，授户科給事中。建文三年（一四〇一），陞禮科都給事中。次年，燕王靖難之役入南京時，被兵執縛，燕王以非奸黨而釋之，遂自投城下死。後謚忠節，又改謚忠愍。子永吉仕至禮、兵二侍郎，轉南大理寺卿。起忠愍祠祀之。事見《温恭毅集》卷三《乞大慰忠靈疏》、藍鼎元《鹿洲初集》卷一五《壬午忠節略》、邵寶《容春堂集·後集》卷二《報德堂記》，《浙江通志》卷一三四、一六五、二二三、朱睦㮮《革除逸史》卷二、《明史》卷一四二《廖昇傳·附龔泰傳》等。

〔二三〕予以菴僧重裝之時　句下疑有脱文，與下文不相連屬。

〔二四〕二泉山人邵寶書於容春精舍　邵寶（一四六〇—一五二七），字國賢，號二泉。無錫（今屬江蘇）人。成化二十年（一四八四）進士，累官江西提學副使。正德四年（一五〇九），遷右副都御史，總督漕運，忤權宦劉瑾，勒休致。瑾誅，擢户部侍郎，拜南京禮部尚書，辭。卒贈太子太保，謚文莊。撰有《左觿》一卷、《學史》十三卷、《簡端集》十二卷、《漕政舉要録》十八卷，《容春堂集》凡四集六十一卷；編有程朱《大儒奏議》六卷，《慧山集》（永樂以前詩總集）六卷等。見《四庫總目》卷三〇、五六、八八、一七一，《千頃目》卷三、八、九著録。事具楊一清撰《邵公神道碑銘》，刊《國朝獻徵録》卷三六，邵魯等撰

《邵文莊公年譜》，《毘陵人品記》卷八，《吾學編》卷三九，《明史》卷二八二等。

〔二五〕瀋陽范承勳眉山氏題於金陵使署之清暇堂　范承勳（一四六一—一七一四），字蘇公，一字銘公，號九松、眉山。從字號即可知其瓣香東坡。漢軍鑲黄旗（瀋陽）人。大學士文程三子。康熙三年（一六六四），官工部員外郎。二十四年擢廣西巡撫，次年陞雲貴總督。二十七年，尋甸及昆明守軍嘩變，統兵平息。三十三年，調兩江總督。三十八年，召拜兵部尚書，明年，督修河工。後休致。有《雞足山志》十卷等。事見《居易録》卷二三、二七、三一、三三等，《西陂類稿》卷三四《水災請蠲諸疏》，《漁堂文集·外集》附録柯崇樸撰《陸先生行狀》，《廣西通志》卷四四、《雲南通志》卷一六下，《四庫總目》卷七六等。

〔二六〕漫士裘曰修　裘曰修（一七一二—一七七三），字叔度，號漫士、諾臯，别署灌亭等。江西新建人。乾隆四年（一七三九）進士，選庶吉士，授翰林編修。歷宦侍讀學士、詹事府詹事、内閣學士，兵、吏、户三部侍郎。擢刑部尚書。累官工部尚書兼管順天府尹，加太子少傅，充《四庫全書》總裁官。卒謚文達。以文學受知於高宗，侍内廷三十餘年。工詩文，撰有《文集》六卷、《詩集》十二卷、《奏議》一卷等。事見戴震撰《裘文達公墓誌銘》、于敏中撰《裘公曰修墓誌銘》、《清史列傳》卷二三、《清史稿》卷三二一。

〔二七〕于湖陶鏞　陶鏞，字序東，號西圃、于湖，蕪湖人。雍正十三年（一七三五）舉人，乾隆四年（一七三九）進士。見張廷玉等《詞林典故》卷八、《江南通志》卷一三四等。

〔二八〕奉議大夫致仕劉弘超遠序　劉弘，字超遠，號梅堂。無錫（今屬江蘇）人。正統九年（一四四四）舉人。

歷長垣知縣，順天推官，擢東平知州。致仕歸。政尚嚴明，文亦高古。撰有《農事機要》、《蘇詩摘律》六卷等。事見《毘陵人品記》卷七、《千頃目》卷一二、三二等。

〔二九〕修敬秦旭識　秦旭（一三九八—一四八二？），字景暘，號修敬，又號謙翁。無錫（今屬江蘇）人。夔父，處士。究心問學，工詩，宗陸游詩格。有《修敬先生集》，因子貴而贈中憲大夫。卒後，友人私謚曰貞靖，入尊賢祠祀之。《石倉歷代詩選》卷四三一存其詩數十首。成化十八年（一四八二），旭結碧山吟社於慧山南麓，與者凡十人：李庶舜明（八十六）、秦旭景暘（八十五）、陳履天澤（八十三）、陸勉懋成（八十二）、高直惟清（七十九）、黄禄公福（七十三）、楊理叔理（七十二）、陳公懋行之（六十九）、施廉彦清（六十一），僅潘緒繼芳年未五十，被強之入社，其後亦享年八十餘。上列皆處士之名、字，括注爲年齡。時傳爲東南佳話，常熟馬紹榮宗勉榜其門，長洲李應禎貞伯扁其堂，盱江左贊時翊名其亭，同邑邵寶國賢爲之記，沈周啓南爲之圖。秦旭事見《萬姓統譜》卷一九，《千頃目》卷一八，《江南通志》卷三二、三九、一六八，《明詩綜》卷二三等。

〔三〇〕高直　高直（一四〇四—？），字惟清，號梅庵，無錫（今屬江蘇）人。處士，參上校釋。事見《明詩綜》卷二三引《詩話》。

〔三一〕張泰　張泰，字亨父，號滄州。太倉（今屬江蘇）人。天順八年（一四六四）進士，選庶吉士，授檢討，遷修撰。性恬淡自守，早有詩名，亞李東陽。與昆山陸釴、同邑陸客號『婁東三鳳』。有《滄州集》十卷（《千頃目》卷一九（著録爲八卷）、《續集》二卷，不幸早卒。事見《明史》卷二八六《文苑二·張泰傳》、《明詩綜》卷二六、《四庫總目》卷一七五等。

〔三二〕成性　成性，字大章，號草亭，無錫（今屬江蘇）人。成化、正德間人。

〔三三〕雪菴厲昇　厲昇，字文振，號雪菴。無錫（今屬江蘇）人。以歲貢入太學，授青田知縣。性狷介，秉公持廉，孜孜愛民。事見《萬姓統譜》卷九六、《浙江通志》卷一五七引《獻徵録》。

〔三四〕新安吴野道人羅南斗書　羅南斗，字伯壓，一字延年，號吴野道人、青羊生。後避禍改名羅王常。明嘉靖間歙縣人，編有《秦漢印統》八卷。事見《天禄琳瑯書目》卷八及乾隆《御製詩集》五集卷三〇《詠古銅章》詩注等。《四庫總目》卷一一四著録是書爲《印藪》六卷，稱編者爲顧從德，實誤。乃誤以校字者爲編者，又不審羅王常即羅南斗也。

〔三五〕陸勉　陸勉（一四〇一—？），字懋成，號竹石，無錫人。善書。處士，曾入秦旭碧吟詩社。參見本書校證〔二九〕。

〔三六〕陳賓集古　陳賓，字朝用，號晉庵居士，别署蓉湖。無錫人。天順六年（一四六二）舉人，弘治間，官福建布政司左參政。事見《江南通志》卷一二六、《福建通志》卷二一。此詩爲集句，下二首七律則其創作。

〔三七〕倪祚　倪祚，字仲淵，號默庵。明無錫人。工詩，善真行書。事見《佩文齋書畫譜》引秦梁《無錫志》。

〔三八〕序竹茶爐遺事　本序又見邵寶《容春堂集》續集卷九《敍竹茶爐》，文略有異同。如『性海與二子者』，集本作『與友石』；『二子』，指性海二徒衲子，『友石』，則王紱之號。又，『獨不能歸好者哉』，『好』

上，脱一『諸』字，據集本補。

〔三九〕其友潘克誠氏往觀之　潘克誠，號蒲石、實庵，明初無錫名醫。曾與王達同遊尚書張公之門。永樂中，以名醫徵召，曾從成祖北巡，授醫正，不受，辭歸。與王紱、王達、錢仲益等交遊。事見《王舍人詩集》卷四《題贈潘克誠菖蒲卷》、《寄潘克誠》，錢仲益《錦樹集》卷三《寄潘克誠》，刊《三華集》卷一二，邵寶《容春堂前集》卷一四《跋韓知縣贈潘克誠文》等。

〔四〇〕吾聞之吾母姨之夫東耕翁云『東耕翁』，即楊旻，字日初，號東耕。無錫人，一作長洲人。永樂元年（一四〇三）進士。事見《江南通志》卷一二一等。又，序後之詩亦邵寶撰。

〔四一〕鳳山秦金書　秦金（一四六七—一五四四），字國聲，號鳳山。無錫（今屬江蘇）人。弘治六年（一四九三）進士，授户部主事，歷郎中。正德初，擢河南提學副使，改右參政。歷山東左、右布政使，九年（一五一四），擢右副都御史，巡撫湖廣，攻破桂陽瑶。召爲户部右侍郎，世宗即位，改吏部。嘉靖二年（一五二三），陞南京禮部尚書，六年致仕。以薦，十一年，起復南京户部尚書，尋召爲工部尚書，加太子太保，累官南京兵部尚書。致仕歸，卒贈少保，謚端敏。居官廉正自持，耿介敢言。撰有《安楚録》十卷、《通惠河志》二卷、《鳳山詩集》十卷。事見《陽峯家藏集》卷三三《秦公墓表》、《鈐山堂集》卷二八《秦公神道碑銘》、《昆陵人品記》卷八、《明史列傳》卷六五、《明史》卷一九四，《四庫總目》卷五三、《千頃目》卷八、卷二一等。

〔四二〕王其勤　王其勤（一五三五—?），字時敏，湖廣松滋人。嘉靖三十一年（一五五二）舉人。三十二年，知無錫縣事。時屢有倭患，至則檄修城。數月得完，城周四十八里，凡四門，建樓於上；西南北水關分跨運河、東帶河，上亦各有樓。三十四年四月，倭寇大至，其勤率士民登城樓抗守，城完，錫民賴以保全。又履畝丈量土地，釐正税額，民立生祠祀之慧山。後官至兵部郎中。事見鄭若曾《江南經略》卷五上《無錫縣城池考》、《無錫縣倭患事蹟》，《弇州四部稿·續稿》卷一一三《九華顧公墓誌銘》，《江南通志》卷二〇、三九、卷一一四引《無錫縣志》，《湖廣通志》卷三五、卷四九引《舊通志》。此詩爲王其勤唯一存世之作品。又，後二首均乾隆詩，題作《汲惠泉烹竹爐歌》，後詩題又有《疊舊作韻》四字。分别收《御製詩集》卷二四、二六（四庫本）。前詩據校改一字。前詩後有跋，二詩乃先後之作。

〔四三〕臣錢陳羣敬書　錢陳羣（一六八六—一七七四），字主敬，號香樹、集齋，又號拓南居士。嘉興人。康熙六十年（一七二一）進士，選庶吉士，授翰林編修。雍正間，遷右通政，督順天府學。乾隆時，擢内閣學士，遷刑部侍郎。十七年（一七五二），因病辭官。加尚書、太子太傅銜，卒贈太傅，謚文端。以文學侍乾隆。撰有《香樹齋詩集》十八卷、《續集》三十六卷、《文集》二十八卷、《續集》五卷。事見于敏中撰《錢公陳羣墓誌銘》、袁枚撰《錢文端公神道碑》，《清史列傳》卷一九、《清史稿》卷三〇五等。

〔四四〕翰林侍講平原陸簡記　陸簡（一四四二—一四九五），字廉伯，一字敬行，號治齋、龍皐。武進人。成化二年（一四六六）進士。官至少詹事兼侍講學士。曾兩典試事，志行清峻，學問賅博。卒於官，贈禮部右侍郎。撰有《龍皐文稿》十九卷。事見《篁墩文集》卷四一《陸公行狀》、《懷麓堂文後稿》卷二二《陸公墓誌銘》，《毘陵人品記》卷七、《殿閣詞林記》卷六、《萬姓統譜》卷一一一，《明史》卷九九等。

〔四五〕海虞李傑　李傑（一四四三—一五一七），字世賢，號石城、雪樵。常熟人，海虞乃其别稱。成化二年（一四六六）進士，授編修。累擢侍讀學士，歷南監祭酒，累官禮部尚書。以忤劉瑾致仕。卒贈太子太保，謚文安。撰有《石城山房稿》等。事見《五龍山人集》卷八《李公墓誌銘》、《殿閣詞林記》卷五、《常熟先賢事略》卷四、《國朝獻徵録》卷三三佚名撰《傳》，又見《江南通志》卷一二二、一四〇，《明詩綜》卷二八等。

〔四六〕三山許天錫　許天錫（一四六一—一五〇八），字啓衷，號洞江、黄門。福州閩縣人。弘治六年（一四九三）進士，改庶吉士，思親成疾，乞假。還朝，授吏科給事中，與言官何天衢、倪天明並負時望，都人有『臺省三天』之譽。武宗即位，遷工科給事中。欲尸諫發劉瑾罪，遂自經死，一説劉瑾派人殺其滅口。世宗初，瑾誅，復官賜祭，恤其家，贈光禄少卿。撰有《黄門集》三卷、《交南詩》一卷、《中庸析義》等。事見林瀚撰《許公墓誌銘》，刊《國朝獻徵録》卷八〇、《明史列傳》卷五八、《明史》卷一八八，《别號録》卷二、《千頃目》卷二、卷二一。

〔四七〕東海居士張弼　張弼（一四二五—一四八七），字汝弼，號東海居士。松江華亭（治今上海）人。成化二年（一四六六）進士，授兵部主事，進員外郎，官至南安知府。善詩文，工草書。與李東陽、謝鐸友善。嘗自言：平生書不如詩，詩不如文。撰有《東海文集》五卷、《東海詩集》四卷。事見《明史》卷二八六《文苑二》、《國朝獻徵録》卷八七、《四庫總目》卷七五、《千頃目》卷二〇等。

〔四八〕泰和李穆　李穆，廬陵泰和人。天順三年（一四五九）舉人，嘗官訓導。正德二年（一五〇七），知河陰縣（治今河南滎陽東北）。事見《江西通志》卷五三、《河南通志》卷九、卷三三等。

〔四九〕桃溪謝鐸　謝鐸（一四三五—一五一〇），字鳴治，號方山、桃溪、方石。浙江太平人，一作天台人。天順八年（一四六四）進士。選庶吉士，授編修，預修《英宗實録》。進侍講，值經筵。連遭親喪，服除不起。弘治初，言者交薦，以原官召修《憲宗實録》。三年，擢南京國子監祭酒，明年謝病歸。居家近十年，薦者益衆，特授禮部右侍郎，掌祭酒事。屢辭不許，居五年，引疾歸。鐸學問賅洽，經術湛深，文章有體要。兩爲國子師，嚴課程，杜請謁，增號舍。卒贈禮部尚書，謚文肅。撰有《赤城論諫録》十卷、《伊洛淵源續録》六卷、《赤城新志》二十三卷、《尊鄉録》四十一卷、《桃溪淨稿》八十四卷，《國志監續志》十一卷、《祭禮儀注》二卷、《名臣事略》二十卷，《元史本末》、《宰輔沿革》、《四書擇言》、《續西山讀書記》等，與李東陽唱酬集《同聲集》二卷、《後集》一卷、《續集》卷佚；又編有南宋至明詩總集《赤城詩集》六卷、《補遺》五卷、《續編》八卷。分見《四庫總目》卷五六、六一、七三、一七五，《明史》卷九七、九九，《千頃目》卷四、九、一一、三一著録。其事略見《石龍集》卷二三《謝文肅公行狀》、《懷麓堂文後稿》卷二一《謝公神道碑》、《王氏家藏集》卷三一《方石先生墓誌銘》，《明史列傳》卷五四、《明史》卷一六三《本傳》，《别號録》卷九、《明詩綜》卷二六等。

〔五〇〕吴江汝訥　汝訥，字行敏。吴江人。景泰元年（一四五〇）舉人。擅書。弘治初，因修《英宗實録》而被選入史館，授中書舍人。擢兵部員外郎，再遷郎中。四年（一四九一），出知南安府。事見《未軒文集》卷三《上猶縣新造磚城記》、《西村集》卷五《上王三原太保》、《佩文齋書畫譜》卷四一引《匏翁家藏集》、《懷麓堂集》，《江南通志》卷一二六、《萬姓統譜》卷七六等。

〔五一〕東曹隱者邵珪　邵珪，字文敬，號半江、東曹隱者。宜興人。成化五年（一四六九）進士，授户部主事，歷郎中。弘治間，出爲嚴州知府，遷思南。工草書小楷，善棋，詩有藻思。撰有《半江集》六卷。事見《懷麓堂文稿》卷六《送邵文敬知思南序》、《毘陵人品記》卷七、《明史》卷九九、《千頃目》卷二〇、《江南通志》卷一六六、《浙江通志》卷一一九，《明詩綜》卷二八，《佩文齋書畫譜》卷四一引《書史會要》，《常州志》等。

〔五二〕松陵吴珵　吴珵，字元玉，號石居、青龍山人。吴江人。方案：諸書多云上元人，似因其父改葬南京上元縣而誤，其自署一作梅堰，此作松陵，皆吴江縣地；且倪謙爲其父吴達改葬所撰《墓誌銘》稱吴江人，尤爲顯證。珵成化五年（一四六九）進士，授南京工部主事，遷員外郎、郎中，性好學，詩文不屬草，落筆即成，又善書，法夏珪。有《石居遺稿》。能畫，《竹爐圖》第三卷之畫，即其作品。事見《倪文僖集》卷二九《吴公改葬墓誌銘》、《行水金鑑》卷一一一引《明憲宗實録》，《畫史會要》卷四、《珊瑚網》卷三八、郁逢慶《續書畫題跋記》卷一二、《佩文齋書畫譜》卷五六引《吴江志》，《金陵瑣事》、《江南通史》卷一二二，《千頃目》卷二〇等。

〔五三〕山海蕭顯次韻　蕭顯（一四三一—一五〇六），字文明，號履庵，更號海釣。成化八年（一四七二）進士，授兵科給事中。成化末，陞鎮寧同知。弘治元年（一四八八），量移衢州同知。累官福建按察司僉事。工詩善書，撰有《海釣遺風》四卷、《鎮寧行稿》、《歸田録》。事見《懷麓堂文後稿》卷二七《蕭公墓誌銘》、《石倉歷代詩選》卷四二〇小傳、《明史》卷二三五、《浙江通志》卷一五五引《分省人物考》、《千頃目》卷二〇等。

〔五四〕同年繆文子太史　繆文子，即繆曰藻，字文子，號南有居士。蘇州吴縣人。康熙五十四年（一七一五）第三名進士及第，授編修。雍正四年（一七二六），擢修起居注。故云『太史』。事見《詞林典故》卷五、七、八，《江南通志》卷一二四。

〔五五〕同里蔣湘驅衡　蔣衡，字湘颿，一字湘繁，號新函、拙存、涵潭、江南老布衣等。金壇人。工書，乾隆二十五年（一七六〇），曾手書十三經進獻，時已年逾八十，清高宗命刻石於太學。事見《石渠寶集》卷三、清高宗《御製文集》三集卷九《石刻蔣衡書十三經於辟雍序》。

〔五六〕舊雨主人歙汪青渠潭　汪潭，字青渠，號舊雨主人，室名舊雨書堂。歙縣人。與王澍、厲鶚等交遊。事見《樊榭山房集》續集卷二《二哀詩・汪青渠》等。

〔五七〕良常王澍書後　王澍（一六六八——一七三九），字若霖、篛林，號竹雲、二泉、虛舟、恭壽、良常，室名隨園，積書巖、雙藤書屋、九龍山齋。金壇人，後居無錫。康熙五十一年（一七一二）進士，選庶吉士，授編修。充《三朝國史》等三館纂修官。六十年，爲户科給事中。又以善書，充《五經》篆文館總裁。累遷吏部員外郎，給事中。以親葬乞假歸。乾隆元年（一七三六），詔起，以疾不赴。宗宋儒經學，尤心儀程朱之學，書法學唐歐陽詢，享有盛名。預修《治河方略》、《御纂春秋》。撰有《禹貢譜》二卷、《禹貢解》八卷、《大學本文》、《大學古本》、《中庸古文》、《大學困學録》、《中庸困學録》、《集程朱格法》、

《集朱子讀書法》各一卷，《白鹿洞條規》二十卷，《淳化閣帖考正》十二卷，《竹雲題跋》四卷及《古今法帖考》、《論書賸語》、《虚舟題跋》等。著作分見《四庫總目》卷一四、三七、九八、《清通考》卷二一一、二二二四等著録。事具《清史列傳》卷七一、《清史稿》卷五〇二、李桓《國朝耆獻類徵》初編卷一三五、震鈞《國朝書人輯略》卷三、竇鎮《國朝書畫家筆録》卷一等。

〔五八〕錢塘緘菴陳學士　陳學士，即陳恂，字相宜，號緘菴，室名清照堂。錢塘（治今浙江杭州）人。康熙三十三年（一六九四）進士，歷官右春坊、右中允等。康熙五十一年，提督山東學政。五十五年，以侍讀學士充日講起居注官。事見《詞林典故》卷七、八，《山東通志》卷二五之二、《浙江通志》卷一四二等。

〔五九〕寶應喬崇修觀　喬崇修，字介夫，號固翁、坦菴，别署陶園、念堂，室名玩樂齋。寶應人。喬萊（一六四二—一六九四）子，崇烈弟，似未仕。與查慎行、湯右曾等爲世交。事見《敬業堂詩集》卷四二《泊寶應喬介夫枉過舟中餉家釀》詩注及《懷清堂集》卷八《題介夫小照》、《淮陰舟中别喬介夫》等。

〔六〇〕高斌題　高斌（一六八三—一七五五），字右文，號東軒。漢軍鑲黄旗人。雍正元年（一七二三），由内務府主事遷員外郎、郎中。先後出任廣東、浙江、江蘇、河南布政司使。歷官蘇州、江寧織造，兩淮鹽政使，擢江南河道總督，治河有方。乾隆中，調直隸總督，加太子太保。十年（一七四五），以協辦大學士、吏部尚書充經筵講官，充軍機處行走，累官文淵閣大學士。卒謚文定。學有淵源，能詩文。撰有《固哉草堂文集》二卷、《詩集》四卷。事具《清史列傳》卷一六、《清史稿》卷三一〇、張維屏《國朝詩人徵略》、《詞林典故》卷七等。

〔六一〕乾隆壬申歲四月臣李因培　李因培（一七一七—一七六七），字其才，一作其材，號鶴峯。雲南晉寧人。乾隆十年（一七四五）進士，改庶吉士，授編修。十三年，官侍講；次年，擢内閣學士。十八年署刑部侍郎，兼順天府尹。因事坐奪職，甫三月，起光禄寺卿，出督學山東，移江蘇、浙江。二十四年，又遷内閣學士。二十八年，授禮部侍郎；明年，出爲湖南巡撫；三十一年徙福建。未行，因常德水災救賑不力，降授四川按察使。又因隱匿下屬虧庫銀二萬兩事發而賜自盡。能詩，有《鶴峯詩鈔》二卷、《重訂趙秋谷聲調譜近體》一卷，編有《唐詩觀瀾集》二十四卷，附《唐詩人小傳》一卷等。事見《清史稿》卷三三八、錢仲聯主編《清詩紀事·乾隆朝卷》，《詞林典故》卷八，《清通考》卷二四、二〇八，《八旗通志》卷一五三等。

〔六二〕乾隆壬申六月臣王鎬　王鎬，清康、雍、乾時，有多人名王鎬，不知是否即字京奏、江西金谿人者？令人費解的是：作爲乾隆的文學侍臣，竟在《四庫全書》中難覓其蹤跡。其生平待考。

〔六三〕敬觀御題命張宗蒼補圖作恭和　張宗蒼（一六八六—一七五六），字默存，一字默岑、又作墨岑，號篁村、鹿山，晚號瘦作，别署太湖漁人、雪樵。蘇州吴縣人。師黄鼎（一六六〇—一七三〇），工山水。乾隆十六年（一七五一），高宗南巡至蘇州，張氏進呈吴中十六景畫册。命隨侍入京，供奉内廷。十九年，授户部主事；次年，告老歸。卒於家。其畫跡，僅《石渠寶笈》著録即達一一六件之多。明無錫聽松菴竹爐圖四幅，至清已佚其第四幅，高宗命張氏補畫，有題畫詩，此即張宗蒼和作。

〔六四〕巡撫楊魁　楊魁（？—一七八二），漢軍正黄旗人。由監生捐通判，補泉州通判。乾隆十九年（一七五四），借補昭文知縣，調江寧縣。二十四年，擢江寧府借糧同知；三十年，擢鎮江知府，尋調揚州；三十三年，又移知常州。未幾，遷松太道。三十六年，擢安徽按察使；次年，陞布政使。四十年調江西，明年，擢江蘇巡撫。四十五年二月，高宗南巡，賞戴花翎，並賜詩以寵之。是年十月丁憂。四十六年，署工部侍郎，命往浙江辦海塘工事。四十七年以病解任回京，五月道卒。邱漣在無錫縣署失火燒燬《竹爐圖》四卷，即爲四十五年之事。楊魁生平事略見《八旗通志》卷一九五、三四〇。

〔六五〕命皇六子及弘旿董誥分畫二三四卷　『皇六子』，即永瑢（一七四三—一七九〇），號九思主人。高宗第六子。乾隆二十四年（一七五九），封貝勒；三十七年，進封質郡王。卒後謚『莊』，故又稱莊親王。工書畫，擅山水，能詩。撰有《九思堂詩鈔》等。事見《清史稿》卷二二〇、《晚晴簃詩匯》卷六《詩話》等。　弘旿（？—一八一一），字仲昇，號卓亭、恕齋、醉迂，別署杏村農、一如居士、瑤華道人、醉墨軒主等。清宗室，聖祖二十四子誠恪親王允祕次子。乾隆二十八年（一七六三），封二等鎮國將軍；三十九年封固山貝子。乾嘉間，兩度緣事革退。嘉慶十四年（一八〇九），賞封奉恩將軍。工書畫，能詩，號稱『三絕』。乾隆五十七年（一七九二），曾與阮元、鐵保等七人遊京郊萬壽寺，寫七松圖扇，迺其代表作品。撰有《恕齋集》、《瑤華道人詩鈔》、《醉墨軒存稿》等。事見《清史稿》卷二二〇、李濬元《清畫家詩史》等。　董誥（一七四〇—一八一八），字雅倫，號庶林。富陽人。邦達子。乾隆二十八年（一七六三）進士。工書畫，受知於高宗。乾隆三十六年（一七七一），入值内書房，累遷内閣學士，歷工、户部侍郎，充《四庫全書》副總裁，接辦《四庫薈要》，編《滿洲源流考》等。四十四年，擢軍機大臣。

五十二年，加太子少保，官户部尚書。後受權臣和珅（一七五〇—一七九九）排擠，充國史館副總裁，監修清《實録》。和珅敗滅，仍入軍機處，嘉慶元年（一七九六），超除東閣大學士。十四年（一八〇九），晉上書房總師傅。加太保。後致仕，病卒。贈太傅，謚文恭。董誥父子歷事三朝，未增置一畝之田，一椽之屋；又襄贊仁宗翦除和珅，尤爲時稱。事見《清史稿》卷三四〇《董誥傳》等。

〔六六〕臣梁國治奉敕敬書　梁國治（一七二三—一七八六），字階平，號瑤峯、豐山。會稽（治今浙江紹興）人。乾隆十三年（一七四八）狀元，授修撰。後遍歷中外，曾任湖南按察使、江寧布政使等。三十四年，擢湖北巡撫，署湖廣總督。三十六年，移湖南巡撫。歷官禮、户部侍郎。三十八年，召爲軍機大臣，旋入值内書房。累官東閣大學士兼户部尚書。曾主持編纂《日下舊聞考》等，充《四庫全書》館副總裁。卒贈太子太保，謚文定。工書法，善詩文，撰有《敬思堂詩集》、《文集》各六卷，《自訂年譜》一卷等。其事見《自訂年譜》（子梁子雲等補編，有清抄本），朱珪撰《梁公國治墓誌銘》，《清史列傳》卷二一、《清史稿》卷三二〇。方案：《補集》以上詩，皆清高宗乾隆之作。偶有前四集已收者，今仍其舊，既不剔除，亦不出異同校。

〔六七〕臣嵇璜等恭和　嵇璜（一七一一—一七九四），字尚佐，號黼庭、拙修。無錫人。嵇曾筠（一六七〇—一七三八）子。雍正八年（一七三〇）進士，改庶吉士，授編修。乾隆元年（一七三六），命南書房行走。十二年，授大理寺卿。歷左副都御史，累遷工、户、吏部侍郎。二十年，以母病乞歸養侍親。三十二年，授河東河道總督。累官工、禮、兵、吏部尚書。四十七年，加太子太保、在上書房總師傅上行走，終官文淵閣大學士。卒贈太子太傅，謚文恭。曾充四庫全書館、三通館、國史館正總裁。嵇璜遍歷中外，宦海沉浮六十餘年，雖資深望重，晚年因和珅當權而無大建樹，尚得善終。能詩，撰有《錫慶堂詩集》等。事見袁枚《嵇文恭公墓誌銘》、錢儀吉《記嵇文恭公逸事》、秦瀛《書嵇文恭遺事》及《清史列傳》卷二一、《清史稿》卷三一〇等。

〔六八〕臣彭啓豐恭和　彭啓豐（一七〇一—一七八四），字翰文，號芝庭、香山老人。長洲（治今江蘇蘇州）人。雍正五年（一七二七），狀元及第。授修撰，入值南書房，三遷中庶子。乾隆七年（一七四二），擢通政使；歷官吏部侍郎、左都御史，二十年，累遷兵部尚書。致仕歸鄉，後主講蘇州紫陽書院，名列香山九老。卒謚文勤。工詩文、書畫；少與沈德潛同學，合編《古詩源》。結北郭詩社，與徐夔、盛錦諸人唱和。撰有《芝庭文稿》八卷、《詩稿》十四卷。事見王芑孫撰《彭公啓豐神道碑銘》、《清史列傳》卷一九、《清史稿》卷三〇四等。

〔六九〕臣彭元瑞恭和　彭元瑞（一七三一—一八〇三），字掌仍，又字輯五，號雲楣、潛源、身雲居士，室名恩餘堂、知聖道齋。江西南昌人。乾隆二十二年（一七五七）進士，選庶吉士，授編修，直懋勤殿。三十六年，入值南書房。歷官工、户、兵、吏部侍郎，擢禮部尚書，轉工、兵、吏部尚書。加太子少保，累官協辦大學士。嘉慶初，命修《高宗實録》，加太子太保。卒謚文勤。元瑞以文學受知高、仁兩朝，供奉内廷近四十年，以才思勤捷見稱。工詩文，勤學博洽。撰有《恩餘堂稿》十二卷、《續稿》二十二卷、《三稿》十一卷、《策問》二卷、《知聖道齋讀書跋尾》二卷，輯有《宋四六選》二十四卷，又撰《宋四六話》十二卷，爲時所重。事見《清史稿》卷三二〇、《清史列傳》卷二六等。

〔七〇〕向僕寓京師爲仲淵寫此幅今幾廿年矣白首無成盛年難再　『向僕寓京師』，《王舍人詩集》卷五《題畫》詩題作『僕向居龍山』，『龍山』，乃無錫惠山九龍山之簡稱。『仲淵』，詩題作『朱希顔』。今考朱希顔，號瓢泉，元明之際人。江都籍，蘇州人，洪武時曾官登州同知。有《瓢泉吟稿》四卷，與李孝光、王跋等交遊。事見《山東通志》卷二五，李孝光《五峯集》卷八、卷一〇，《三華集》卷一四，錢仲益《錦樹集》卷四，《千頃目》卷二九，《石倉歷代詩選》卷二七八録朱希顔《鯨背吟·序》等。『難再』，原形譌作『雖再』，據上引詩題改。方案：此所録者，乃王紱跋，題於畫。或收入詩首時改作詩題，故略有異同，唯此云畫作於京師，而《詩集》則改爲『九龍山』，實誤。又，此畫實乃爲『宗兄王仲淵』所作，《詩集》妄改作『朱希顔』，誤之甚矣。參見下釋。《詩集》乃後人所編，臆改。此或即王跋名作《溪山漁隱圖》歟？

〔七一〕十二月一日孟端寫寄仲淵宗兄一笑　方案：下吴寬之跋稱此卷乃『爲王仲淵所作』，是。詩題『寫寄仲淵宗兄』可證。惜仍未能考得其名。但《王舍人詩集》卷五卻又題作《爲江陰趙以清題捕魚圖》，疑亦有誤。又，詩中『研鮮』，《詩集》作『斫鮮』。又，此詩及上二詩，乃王紱作無疑。

〔七二〕作畫深得石室居士梅花道人遺法　『梅花』之『花』，原脱，據王世貞《弇州四部稿》卷一三八《畫跋·題王孟端竹》補。『石室居士』，疑即石室先生文同。文同（一〇一八—一〇七九），字與可，自號笑笑先生、錦江道人，世稱石室先生。梓州永泰（治今四川鹽亭東）人。皇祐元年（一〇四九）進士，授邛州軍事判官，攝蒲江、大邑縣令。至和二年（一〇五五），調靜難軍節度判官。嘉祐四年（一〇五九），召試館職，編校史館書籍。出通判邛州。治平二年（一〇六五），通判漢州。遷太常博士、知普州。熙寧三年（一〇七〇），召知太常禮院。出知陵州，徙知興元府。擢度支、司封員外郎，移知洋州，代還，判登聞鼓院。元豐元年（一〇七八），除知湖州，赴任途中，道卒於陳州。故人稱『文湖州』。文同工詩文，善書畫，尤擅墨竹，主張必先『胸有成竹』，開創中國畫中之湖州竹派。後人畫竹多師宗之，元人吴鎮集宋元學文同的畫家二十五人小傳，編成《文湖州竹派》一書，確立其文人畫竹宗師地位。撰有《丹淵集》四十卷等。事見范百禄《文公墓誌銘》（見《丹淵集》附録）、家誠之撰《石室先生年譜》及《宋史》卷四四三《本傳》等。『梅花道人』，即吴鎮（一二八〇—一三五四），字仲圭，號梅花道人。嘉興人。長期隱居鄉間，曾教書於村塾，赴錢塘（治今浙江杭州）等地賣卜。一生清貧，傳世畫跡絶少，生前未甚爲人所知，故後卻聲譽鵲起。後世將其與黄公望、倪瓚、王蒙合稱『元四家』。傳世代表作品有《秋江漁隱圖》、《漁父圖》等。參考邵洛羊主編《中國美術大辭典》頁八九（上海辭書出版社二〇〇二年版）。因王孟端之畫風格與文同、吴鎮相近，故吴寬、王世貞之跋云然。

〔七三〕予友李世賢藏此久矣　李世賢，即李傑，世賢其字。見本書拙釋〔四五〕。

整飭皖茶文牘

〔清〕程雨亭

〔提要〕

《整飭皖茶文牘》，清代茶書。不分卷，程雨亭撰。程雨亭，浙江山陰（治今浙江紹興）人。曾與徐樹蘭、汪康年（一八六〇—一九一一）、羅振玉（一八六六—一九四〇）等交遊。生平事蹟不詳，待考。是書乃其於光緒二十三年（一八九七）出長皖南茶釐局時的禀牘公文匯編，由羅振玉於次年作序並編定，刊於光緒二十六年（一九〇〇）《農學叢書》石印本。羅振玉，曾於光緒二十二年與上述徐、汪等人在滬創辦農學社，於次年刊行《農學報》，獎勸農桑絲茶。程雨亭是書被收入農學社主編的《農學叢書》絶非偶然。

本書選録程雨亭任職後近一年間的禀牘文告凡十篇，卷末最後一篇乃附録徽商洪廷俊關於購置製茶機器的考察報告，屬於轉呈公文。其餘九篇乃出自程雨亭手筆，大致有對上司的工作匯報及請示，對振興茶業和推動外銷茶發展的建議，整頓皖茶的措施；對園户、茶商頒論的告示，轉發海關、税務司有關規定及美國關於進口茶葉的新例等。

皖南茶區，自古以來就是我國主要産茶地區之一，也是優質紅、緑茶的主産區之一。不僅有敬亭緑雪、黄山毛峯等頂級名茶，祁門紅茶曾經有過外銷茶中獨佔鰲頭的輝煌。但曾幾何時，無可奈何花落去，在印、錫茶的競爭下，很快失去外銷歐美的市場份額，一落千丈，慘淡經營。至清末已是茶業極弊、稅利流失殆盡。究其原因，主要是：一爲假茶泛濫，如程氏揭示的摻入滑石粉緜茶出口，不僅有害茶之色香味，且飲後易致病；二是製作工藝不能適應外銷市場的需求；三是貿易壁壘和關稅保護政策；四是各地産茶區競相壓價的惡性競爭。程雨亭臨危受命，欲振興茶葉，改變外銷茶出口一落千丈的頹局，曾作出了積極的努力，時值戊戌變法之前，當時涌動著一股改革時局的潮流，農業（包括茶業）即是其重要的一環。程雨亭的這些稟牘文告就從一個側面反映了這一歷史真相。儘管這種改革試驗以失敗告終，程雨亭及其僚屬畢竟回天無力，但這種探索改革之路的勇氣尚值得肯定。歷史有驚人的相似之處，清末外銷茶的種種弊端，今又沉渣泛起，儘管今天茶的現代化生産、測試、化驗、監控等『硬件』早已與國際接軌，毫不遜色，但『軟件』即管理的落後，假冒僞劣茶的泛濫，國際市場份額的進一步喪失（其中有代茶飲品不斷拓展市場的因素），已是不爭的事實。時隔一個多世紀，振興華茶仍是一個嚴峻的課題。一葉知秋，温故知新，重讀程雨亭的這些文牘仍會給我們留下一些有益的謀謨或冷静的思考。

本書僅有《農學叢書》石印本，校刊欠精，不乏手民誤刊，尤其斷句頗爲粗率隨意。今據是本重新點校整理，酌加分段並出校記。

整飭皖茶文牘

東南財賦，甲於他行省，而茶絲實爲出産大宗。顧近年以來，印、錫産茶日旺，中茶滯銷；日本蠶絲，又駸駸駕中國而上之。利源日涸，憂世者慨焉。程雨亭觀察，久官江南，勵精政治，去歲總理皖省茶釐，慨茶務日衰，力圖整頓，冀復利源，茶利轉機，將在於是。爰〔撮〕録其稟牘文告〔一〕，洌爲一卷，以諷有位。他産茶各省諸大吏，有能踵觀察而起者乎？企予望之矣。光緒戊戌，上虞羅振玉。

程雨亭觀察請南洋大臣示諭徽屬茶商整飭牌稟

敬稟者，竊職道上年春初，奉前督憲張奏派榷事，皖茶亦在其中。本年二月，又奉憲臺疏請專辦。是皖南茶事之興衰，職道與有責焉。春杪抵皖，即將疇曩各分卡擾累茶商之蠹毒，鋭意廓清，尚恐陽奉陰違，爲之勒石永禁，以垂久遠。又訪得西皖各釐局，向有需索經過茶船之弊，分晰開摺，稟請鈞示嚴禁。而皖南所轄，向設驗票之分卡，名爲稽查偷漏，徒索驗費，而於公無甚裨益者。如婺源運浙之茶，道出屯溪，向有休甯分局查驗，及㘰厦巡檢衙門挂號之舉，屯溪各號之茶，向章經過歙縣所轄之深渡分卡秤驗，行經迤東五十里之街口，又復過秤，似稍重復。職道釐定章程，凡婺源屯溪各號之茶，通歸街口分卡查驗，此外一概豁免，以歸簡易。業經分别示諭，并呈報憲鑒在案。皖南茶章，向由各分局派司事巡勇，至各商號秤箱點驗，不免零星小費，本年札飭各分局，勒石示禁。而屯溪深渡附近各號，職道遴派司巡秤茶，每次司事給洋一角，巡勇給洋五分，道路稍遠者，酌給舟車之資。申儆再三，不準向商號毫釐私索，及紛擾酒食等事。既優給其薪餼，復示諭乎通衢。凡來局挂號請引之行夥錢儈，職道皆切實面諭，惟恐或有朦蔽。所以略盡此心者，竊冀弊去則利或漸興，故斷斷而爲此也。

徽屬茶號，以屯溪爲巨擘。本年開設五十九家，其世業殷實者，不過五分之一，餘多無本之牙販，或以重息稱貸，滬上茶棧作本，或十人八人，醵借數千金，合做一幫。有每年偶做一幫，而二三幫均停做，或易夥接替者，奸儈往往以劣茶冒老商牌名，欺誑洋商，攪亂大局，莫此爲甚。皖南歙休婺三縣，及江西之德興，向做緑茶，花色繁多，不能用機器焙製。徽之祁門、饒之浮梁，向做紅茶，比來各省紅茶，間用機器。祁門萬山錯雜，購運頗不容易。浮梁山徑雖稍平衍，亦尚無人購辦。蓋試用茶機，必須延聘外洋茶師，華人未諳製法，有機驟難適用。本年浮祁紅茶，均大虧折，幸俄商破格放價，多購高莊緑茶，茶質之最佳者，每擔可獲利十五六金，低茶亦每擔五六金，爲同光以來三十年所僅見。職道擬因勢利導，飭令仿照淮鹺章程，請領憲臺印照，方準運茶，無照即以私論。印照分正副號，歙休業茶之老商正號照一紙，報効五百金，副號報効三百金。高茶用正號，次茶用副號。其向未業茶，而願領照者，爲新商。正照則報効八百金，副照五百金。以倭防加捐等事，新商向未派及，照費酌加，以昭平允。歙休二邑，茶號約百家；婺德二邑，約二百家。號多而本極小，老商請領正照，酌議四百金，副照二百五十金；新商則正照六百金，副照四百金。擬詳請憲台奏明。此舉係爲茶務起見。每號領照以後，准其永遠專利，公家一切捐項，十年以内，均不科派。領照各號，無論盈虧，每年必須辦運，不准停歇。或本號實無力運茶，准其呈明茶釐局，轉報憲臺，租與他人承辦。報効銀兩，准其援照新海防例，請奬本身子弟實官，不准移奬他姓。商號牌名，憲署立案，各歸各號。加意揀選，不准假冒他號，以欺洋商。如此明定章程，各自修飭，或者退盤割磅、遲兑諸弊，亦可漸向洋商理論。此先治己而後治人之意也。竊思各省牙行，尚須以數百金請領部帖。茶事雖受制於洋人，而資本較牙行爲重，酌令報効濟餉，似非意外掊克。若歙休、婺德緑茶各號，先辦領照，約可得八萬金，再推辦浮、祁紅茶，似與公家不無小補。乃事不從心，其願領照者，祇寥寥老商數家，而無本之牙販，聞職道創建此議，恐不便其攙雜作僞之私，蜚語煩言，互相騰謗。有議來年移徙浙境者，有議買通洋僧，挂洋旗者，有欲與通曉茶務之老商爲難者。人心險詭，一至於此，可爲太息。

本年自春徂夏，霪霖滂霈，山茶彈傷，産數較上年約减十分之二。夏初，又聞美國加征進口茶税，衆商益觀望趦趄，未敢辦運。職道扶病遠來，其時目擊情形，方恐本年税餉，驟形减色，尸居素食，悚悶良深。夏杪，遡聞高莊緑茶，暢銷得價，實邀天幸。職道檮昧，竊見夫茶事之壞，此攘彼攫，欺人而適以自欺，非整飭牌號，執爲世業，不足以維江河日下之勢。因與屯溪茶業董事、四川補用知縣朱令鼎起，再四籌商，朱令亦以爲然，正思一面諭商，一面條陳禀辦。而刁販之浮議朋興，職道硜執性成，久爲江左寅僚所詬病。桑孔心計，本非所工；憂讒畏譏，茶然不振。是以前議迄未上陳。

十月十六日未刻，接奉憲台札准譯署咨准和使克大臣照會中外茶務一案，飭令飛飭産茶各屬，及通曉茶務之商，實力籌辦等因。除照會皖南、江西産茶各縣遵照，并示諭各茶商山户，實力講求培植採製之法，以固利源外，曾將遵辦情形具文呈復，并將示稿繕呈鈞鑒。伏思皖南茶税，歙縣、休寧、婺〔源〕、德〔興〕、緑茶約三分之二，祁門、浮梁、建德紅茶約三分之一。職道前議徽屬緑茶各號，飭領憲台印照，分别報効銀兩，各整牌號，執爲世業，無照即以私論。每届成箱請引之時，由局派員秉公抽查，如茶箱内外，牌號不符，由茶業公所公議示罰。華茶行銷泰西，銷市之暢滯，非中國官商所能遥制，此次祇擬飭領印照，不限引數，以卹商艱。報効銀兩，擬請援照新海防例，准奬本身子弟實官，不准移奬他姓。亦因華商力薄業疲，既令整飭牌號各領印照，分别報効，似應破格施恩，以奬勵爲維持之計。徽屬緑茶各號領照一事，倘或辦妥，將來祁門、浮梁、建德紅茶，亦可次第舉辦，推之皖北及江西之義甯州，并浙江湖廣等省，似可就産地情形，酌量辦理。芻蕘之見，伏希憲臺鑒核，審慎紓籌，可否先將職道稟陳各情，分別核定，剴切示諭徽屬，向做緑茶之歙縣、休甯、婺源，及江西之德興等縣，各茶商遵辦。以二十四年爲始，各領印照，各整牌號。建德、祁門、浮梁各縣紅茶，諭飭次第舉行，并另委老成公正熟悉茶務之道府等員，來皖督辦。職道肇端建議，商情既未悉洽，自應稟請銷差，以示并無戀棧之意。狂瞽瀆陳，不勝悚切待命之至。

再整飭茶業，似首在各茶商各整牌號，講求焙制，不再以僞亂真，外洋自必暢銷。銷路既暢，商號放價購茶，各山户亦必加意培護炒焙，不再以柴炭猛熏，或惜工費，日下攤曬，致失真色香味。似整飭山號牌名爲第一義，山户其次也。至茶質高下，各有不同，徽産緑茶以婺源爲最，婺源又以北鄉爲最，休甯較婺源次之，歙縣不及休甯北鄉，黄山差勝，水南各鄉又次之。大抵山峯高則土愈沃，茶質亦厚，此系乎地利；雨暘凍雪，又系乎天時。山户窮民，鮮能講求培護炒製者，緑茶以鍋炒爲上，火候又須恰好。荒山男婦粗笨，似難家喻户曉。惟銷暢則價增，日久必當考究。本年皖南春茶，既傷淫雨，夏次商號又聞美國加税之説，不敢放膽購辦，山户子茶，半多委棄，其明徵也。

南洋大臣批：　查該道自接辦皖南茶釐局務以來，遇事盡心整頓，所有積弊，均次第革除，深爲嘉賴。現在中國運銷外洋之物，茶爲一大宗，該道正辦理得力之時，應仍由該道妥爲經理，並查照雷税司所陳事宜，督董勸導各山户，妥爲籌辦，以期茶業暢旺，而裕利源，是爲厚望，毋庸稟請卸差。至所議仿照淮鹺章程，令茶商領照運茶一節，自係維持茶務之計。惟事屬創興，須由該道督董，先與各商妥爲議定後，再行詳請奏咨辦理，方爲妥洽。仰即遵照。繳清摺及公啓二紙均存。

請裁汰茶釐局卡冗費稟

敬稟者，竊職道本年春間，奉榷皖茶。到差以來，隨時訪諏，剗除各分局卡需索留難之蠹毒，勒石永禁，冀垂久遠。又裁節總局解餉冗費，每歲節省二千五百金。又稔知軍餉萬緊，批解不可稍延，酌定寶善源錢莊，每月之望，匯兑茶税，日期不得挨宕。所有節省解費銀兩，分别解撥金陵支應局及休甯中西學堂，先後呈報在案。茶税，每月掃數清解，該錢莊承匯四、五、六、七、八、九共六個月税銀，均係遵限匯解金陵支應局、江南鹽巡道衙門上兑，從無逾限至三日以外者，均有檔案及回照可稽。本年職道經徵茶税，共匯解金陵支應局銀十四萬二千兩，又節省解費銀一千五百兩。又江南鹽巡道銀十一萬兩；又金陵督捕營經費銀一千二百兩；又皖南道春夏兩季請奬經費，及婺源紫陽書院膏火、休甯中西學堂、大通義渡、屯溪公濟保嬰各經費，㙇厦司招募巡勇口糧，通共銀二千四百二十兩，均於九月以前悉數解訖。徽屬緑茶，比已運竣，冬間，零星茶樸副兩出運，約計徵税，不過數百金。所有本年冬季來年春季總局局用及各分局卡委員薪費，每月約支八百金，應截存銀五千兩，按月備用。九月，分局用報銷册内呈明，亦在案。

本年自春阻夏，霪霖滂沛，山茶彈傷，産數較昔歲約少十分之二。祁門、浮梁紅茶，商本折閲，夏初，又聞美國加征進口茶税，衆商益觀望趦趄，蟄伏荒山，切深焦悶。會徽天幸，夏杪，俄商放價儘購，徽屬高莊緑茶茶質之最佳者，每擔可獲利十五六金，低茶亦每擔五六金，爲同光以來三十年所僅見。商情歡躍，釐收亦遂可觀。計本年皖南各局，約共徵茶税十二萬二千餘引，較去年不相上下，實爲始念所不及。否則，職道扶病遠來，徵税短絀，問心抑何以自安，即寅僚申申詬詈，亦無以自解也。本届徽屬緑茶，得利至厚，明歲業茶者多，税課必當增旺。惟祈隆冬無甚冰雪，來年春夏雨暘，時若洋銷仍暢，斯萬幸已。茶事每歲六個月，均已完竣。局用項下，月支文案、差遣、書識、帳目、稽核、監秤等名目，計共銀一百九十二兩，似稍冗濫。職道春杪逮差之際，正值茶市起季，遴用員友，人數稍寬，額支姑仍其舊。職道通盤籌策，茶事清簡，局用月報册開，文案、差遣、書識各名目，應酌量芟裁，略節經費。所有文案三名，月支湘平銀陸拾陸兩，擬改爲貳名，每月裁節銀肆拾貳兩，月支出湘平銀貳拾肆兩。差遣三名，月支湘平銀肆拾捌兩，擬改爲一名，每月裁節銀叁拾陸兩，月支湘平銀拾貳兩。書識三名，月支湘平銀拾捌兩，擬改爲貳名，每月節銀陸兩，月支湘平銀拾貳兩。其帳目、稽核、監秤等名目，均擬循舊，以資辦公。文案、書識、差遣三項，均自本年十月爲始，每月裁節銀捌拾肆兩，每年十二個月，共裁節銀壹千零捌兩。冗款少支千金，正税即可多解千金，方今國步如此艱難，夷款如此紛糾，似亦爲人臣子，所當各發天良，而憂恝不容自已者也。此次請裁之後，局用項下，除職道月支薪水湘平銀壹百兩外，委員司事，每月衹共支湘平銀壹百零捌兩，實屬極意節省。員友、丁勇、火食，及每年深渡秤驗卡費，與夫一切酬應，均在歙黟休公費項下動用，並不列册支銷。職道山陬蜷局，竊不自揆，慨念時艱，未能興利以開源，愧只裁贏而剬冗，區區撙節三四千金，勺水蹄涔，何補涓埃於國計！第所處之地在此，所略盡之心，亦止此焉而已。是否有當，伏候憲台批示衹遵。

再本年委員出差川資，均係實用實銷，按月開報，計三月起至九月止，共支銀壹百肆拾兩，冬季即有支發，總不至逾二百金之數。職道亦未公出巡閲各卡，所有年終總報向支巡閲各分局卡，及委員出差費用銀叁百數十兩，不再開支。又年終總報向支歲修局屋銀九十餘兩，本年尚未修葺，即檢拾滲漏，修整門窗工料，不過數金，届時亦不濫支，以昭核實。皖南茶事，現均完竣，税銀亦悉數解清。職道擬請假一個月，回浙江山陰縣本籍省墓，假滿由浙至甯，叩謁崇轅，面禀公事。擬於十月初八日由屯啓行，諭飭提調泠令駐局照料，合併呈明。

請禁緑茶陰光詳稿

爲據情轉詳事，本年十一月二十七日，奉憲台札准總理各國事務衙門咨，准出使美日祕國伍大臣函，稱美國議院，以近來各國入口之茶，揀擇不精，食者致疾，因設新例，茶船到口，茶師驗明如式，方准進口，否則駁回。札局遵照咨内事理，飛飭産茶各屬，出示曉諭，並剴勸商户，如何妥仿西法焙製，力圖整頓，挽回茶務。仍令將籌辦情形禀復，核奪計抄單等因。奉此，遵即剴切示諭，并照會産茶各府縣，諄勸園户、茶商，各圖整頓。一面諭飭屯溪茶業董事、四川補用知縣朱令鼎起，傳知各商，實力籌辦。去後，兹據徽屬茶商李祥記、廣生、永達、晉大昌、朱新記、永昌福、永華豐、馥馨祥等禀，爲奉諭實復求鑒轉詳事。

竊奉憲諭，朱董遵照督憲札飭事理，傳知各商，妥議章程，實力整頓，仍將籌辦情形，詳細具復，并鈔粘美國禁止粗劣各茶進口新例十二條等因。奉此，經董事遵即傳知，惟目下各商號，早已工竣人散，無從遍傳，僅就商等數號，偕董事悉心籌議，敢獻芻蕘，以備採擇。查屯溪爲徽屬緑茶薈萃之區，歷來不制紅茶，其紅茶應如何整頓，毋庸議及。第以緑茶而論，婺源、休甯所産爲上，歙次之。洋商謂中華茶味冠於諸國，洵非虚譽。乃近來作僞紛紛，致洋人購食受病。何也？緑茶青翠之色，出自天然，無俟矯揉造作，以掩其真。故同治以前，商號採製，惟取本色，洋人購食，亦惟取本色，其時並未聞有食之受病者。迨同治以後，茶利日薄，而作僞之風漸起，不知創自何人，始於何地，製茶時攙和滑石粉等，令其色黝然而幽，其光烱然而凝，名之曰『陰光』。稱謂新奇，竟獲邀洋商鑒賞，出高價以相購，而本色之茶，售價反居其下。於是轉相效尤，變本加厲，年甚一年，縱有持正商號，始終恪守前模，方且笑爲愚而譏爲拙。狂瀾莫挽，言之寒心。夫陰光之茶，胥由粉飾，藏之隔年，色無不退，味無不變，香無不散，食之何怪乎受病！本色之茶，未經渲染，藏之數年，色仍不退，味仍不變，香仍不散，食之何致於受病。此涇渭之攸分也。洋商知華茶之作僞，而未知陰光即作僞之大端，不舍陰光而取本色，雖嚴進口之防，猶治其末而未探其本，能保作僞者不僥幸於萬一哉。然則去僞返真，只在洋商一轉移間耳！嗣后滬上各行於購茶時，誠相戒不買陰光，專尚本色，則陰光之茶，别無銷路，誰肯輕棄成本，不思變計，將見攙和混雜諸弊，不待禁而自無不禁矣。商等仰體整頓茶務之藎懷，用敢不避嫌怨，據實具復，是否有當，伏乞轉詳等情。

前來，竊惟中國出口土貨，茶爲一大宗，商務餉源，關繫至重，若任牙販攙雜渲染，作僞售欺，洋商受愚致疾，至謂華茶皆不可食，勢必茶務益疲，釐税將不可問。職道訪詢業茶之老商，同治以前，焙製緑茶，不過略用洋靛著色，洋人嗜購，無礙銷路。光緒初年，始有陰光名目，靛色以外，又加滑石、白蠟等粉，矯揉奢成，茶色光澤，觔兩益贏。當時外洋茶師，考驗未精，誤爲上品。華販得計，彼此效尤，日甚一日，變本加厲。本年休甯縣茶五十九號，祇向來著名之老商李祥記、廣生、永達等數號，誠實可信。歙縣三十餘號，不做陰光者益寥寥，難可指數。聞滑石、白蠟等粉飾之茶，不特色香味本真全失，未能耐久，即開水泡驗，水面亦滉漾油光，飲之宜其受病。該董朱令，與該商李祥記等，公同議復，擬請嗣后滬上各洋行，購運緑茶，不買陰光，專尚本色，洵屬去僞返真，抉透弊根之論。理合據情詳，請憲台鑒核。尅日飛咨總理各國事務衙門，轉咨駐京各公使，并札總稅務司，分別電達外洋，自光緒二十四年爲始，凡各國洋商，來滬購運緑茶，秉公抽提，各該號茶商，均以化學試驗，如再驗有滑石、白蠟等粉，渲染欺僞各弊，即將該號箱茶，全數充公嚴罰。一面劄飭江海關道，函致該關稅務司，傳知上海向買華茶之怡和、公信、祥泰、同孚、協和等洋行，遵照辦理。方今軍需奇絀，時事多艱，茶業爲華稅所關，不敢不切實維持，爲釜底抽薪之計。否則，文告嚴迫勸導諄拳，雖筆秃口瘏，究未必湔除其痼疾。美國新例，查驗於已經購買之後。職道與該董等籌議，審慎於未經購買之先，二者似並行而不悖。如蒙鈞批，一切准行，當於來歲春初，録批剴切示諭徽屬各商販知照，破其沉錮罔利之私，俾免受大虧而詒後悔。是否有當，伏候訓示祇遵。

再奉發和使克大臣照會中外茶務情形，及雷稅司稟陳廣購碾壓機器，仿製紅茶二案。職道先後録印告示各五百張，分別發遞産茶各府縣，張貼曉諭，謹將示式附呈盡覽。該稅司所陳六百兩之茶機，奉札後，遵與茶董朱令，候選同知洪商廷俊，再四籌商，已由該商派夥往滬，訪查酌購，俟查復到日，另案稟辦。職道前擬整飭徽屬緑茶牌號，飭領印照，報効銀兩，執爲世業，稟請憲轅出示剴諭各情，奉批督董與各商妥爲議定等因，此案本年夏秋之交，該董朱令，集議公所數次，商情慳鄙，迄未就緒，是以擬仗德威，示諭飭遵。現既未蒙頒發鈞示，又復詳請禁革緑茶陰光錮弊，無本牙僧觖望，恐報効領照，驟難允治，祇可緩議。又浙江平水緑茶，洋銷頗廣，近年陰光渲染，聞較徽茶尤甚，擬請隨案匯咨，一律嚴禁，合並附陳。

兩江督憲劉批：據詳已悉，查茶葉爲土貨出口大宗，關繫商務税課，至爲緊要。祇因各商蹈常習故，既不肯講求種植採製，又復任意作僞，致茶務疲敝日甚，雖迭經諄切誥誡，而各商祇顧一己之私，終未能力圖整頓。今既經該道察知緑茶中名陰光者，即係矯揉造作，不獨色香味本真全失，且食之亦易受病。積弊一日不去，茶務斷難望有起色。惟痼疾已深，既非文告所能禁革。仰候札行上海道嚴諭滬上茶業董事，並函致税司，告知上海業茶各西商，自明年爲始，凡在滬購辦緑茶，由董事會同秉公抽提試驗，如再驗有滑石、白蠟等粉渲染欺僞各弊，即由道將該號茶箱，全數充公罰辦，以示懲儆。該局應先剴切示諭，俾各商販事前知所儆畏，不敢作僞，以免後悔。仍候咨請總理衙門，核明照會飭知，并候分咨兩廣、閩浙、湖廣。督部堂，廣東、江西、浙江、湖南撫部院，一體飭令産茶各屬，先期示諭。至滬税司先次條陳碾壓各節，係指紅茶而言，即該道此詳，亦僅專去紅茶造作之弊，其緑茶應如何焙製，較爲精美之處，並候札飭上海道，轉托税司，向業茶老西商，切實考究，稟候分飭參訪，以期弊去製精，茶務得以漸圖挽回。繳告示存。

復陳購機器製茶辦法禀

本年十一月十六日，奉憲臺札。據江海關雷税司稟陳，中國商户，以手足搓製紅茶之失，擬請通飭試辦碾壓機器，仿行新法，以興茶務各情。抄摺札局，遵照批示，體察情形，分別妥籌呈報等因。奉此，查職局所轄皖南產茶處所，歙黟、休甯、銅陵、石埭、涇縣、太平、宣城、婺源及江西之德興各縣，均係綠茶，花色繁多，約十分之九製銷洋莊，十分之一行銷內地，不能用機器焙製。徽州府屬之祁門、池州府屬之建德、江西饒州府屬之浮梁，向做紅茶。本年祁門茶號五十餘家，建德十家，浮梁六十餘家，共征茶稅七萬一千七百四十餘兩。較紅綠稅銀，約衹四分之一。祁門萬山叢襍，民情强悍，山户與商號爭論茶價，屢啓釁端。浮梁各號畸散，北鄉山徑崎嶇，資本微薄；建德數號略同。此皖南所轄紅茶產地之大略也。

本年，祁、浮、建德紅〔茶〕商本折閱〔二〕，職道夙聞比年機器製茶，頗合洋銷，正思示諭勸導。適友人候選徐道樹蘭、汪進士康年等，夏初在滬上創立農學會，鋟刷報章，分布海內，惓惓於蠶桑絲茶各事，以冀維持中國之利源。徐道與職道友誼最深，由浙中寓書屯溪，略言振興茶務，宜撥鉅款，派商出洋，學習泰西製焙之法，一面速購機器，翻然更新等語，與雷稅司現陳各節相同。職道竊壯其言，即面商屯溪茶董朱令鼎起。據稱徽屬茶商家世殷實者，不過十分之一，各自株守，罕與外事，無人肯肩此鉅任。而無本牙販，又難可深信。該令所稱，均係實情。職道購買《農學報》十份，送給各商閱看，以冀漸擴見聞。皖南茶業，以綠茶爲大宗，歲征正稅約二十萬兩左右，僉稱碍難改用機器，亦屬實情，衹可將祁門、浮梁紅茶，紆籌勸辦。祁門距屯較近，夏秋之交，曾與徽商候選同知洪廷俊籌議〔三〕，擬由職局發款，先在祁門仿行官商合辦之法，集股創設機器製茶公司。因山阿風氣未開，祁民蠻悍，恐滋事端，而訪雇茶師，急切又難就緒，是以迄無定議。秋杪，又札委建德分局洪令恩培〔四〕，專往浮梁，諏訪各商，茶機能否試辦，切實查復。去後十一月初旬，據洪令稟復，諸多窒礙等情前來，謹抄原稟，恭呈鈞鑒。兹奉前因，遵即鋟刻告示，分別發遞產茶各縣局卡，張貼曉諭，並專勇分賚祁浮、建德各茶號，每號給予示諭一張，冀其開悟。一面復與朱令洪商諄切籌商，仍擬仿行官商合辦之法。職局發款，酌購茶機，諭集股分，由洪商派夥，專往上海、祁門，分別查購。去後，茲據該商董等復稱，查得温州本年試辦碾壓茶機，僅製成茶數十斤。滬上洋商云，做工尚稱得宜，惟香味甚不及舊法。又查據公信洋行云，伊等洋商，原欲糾集公司購全副機器在湖南安化興辦，嗣湖廣督憲張，以此利益，不便爲西人佔攬，迄未照准。雷稅司所陳，機器每架需價九百金，滬上無現成者，須電錫蘭購辦，約在兩月可運到滬，外加水腳保險各費，合計每架總須一千有奇。前項機器，每次僅能出茶七八十斤，核計紅茶上市時，日僅能製造三百箱。徽茶改用機器，勢必收辦茶草。祁門南鄉一帶，每擔計錢十數千〔文〕〔五〕，茶草三斤，製成干茶一斤，剪頭除尾，不過六七折之譜，以及各項費用，成本過昂，且無洋商包裝，萬一不得其宜，耗折大非淺鮮。若延聘西人，據需薪資每月二百金，且要包定三年，薪水太鉅，萬難延請。若就滬延聘華人，亦不過口傳指授，創辦之難，殊無把握。又查得祁門茶商汪克安康齡，復稱創用機器，收草碾壓，機器出茶有定，草少則曠工，草多則壅滯，必久攤，久攤遂變壞。是茶草須在三五里內，按部就班，纔可合用。祁門深山僻塢，紛歧拗折，並無一片平疇，茶草自開摘至收山，不過十餘日，用機之人，務要真正熟手，早日雇來祁地，細談底裏，免得臨事張皇。祁浮茶號，星羅棋布，每號做茶不過三五六百箱，亦由地利使然，設碾草之號，與收熟茶之號，實相背而不相得。然非就出草較廣之區，不足以爲力。各等語〔六〕，抄呈原函。

前來伏查祁浮紅茶試辦茶機，未奉憲札以前，職道先以疊次與商董等紆策經營，因風氣未開，創辦爲難。而其中窒碍多端，實不能不慎始圖終，通盤籌畫，敢爲憲台縷晰陳之。公信洋行函復雷稅司，碾壓機器，祇需銀六百兩，即可購辦，今由徽商面詢該洋行，則云每架需九百金，又加保險水脚等費，合計總需一千有奇，前言不符，啓人疑沮，一也。紅茶三月中旬，向皆征税，其採製均在暮春之初，明春即多閏月，亦不過展遲旬日。今滬市既無前項機器，電購外洋，兩月之期，能否踐言，均未可定；即如期運滬，已在二月下旬。由滬運潯，再由鄱湖饒河，展轉運祁，即未能應來春碾壓之用。萬一發價而運貨逾期，轉多饒舌，甚或糾葛涉訟，二也。《農學報》本年第六七册載：台惟生廠製造萎揉焙裝各項茶機，共約需銀一千鎊左右，似較公信洋行衹能碾壓者，更爲得勁。第祁、浮山嶺巇仄，恐台惟生廠各項茶機，實無安放之所，而衹購碾機，果否適用，香味能否軼出舊制，亦無把握。延聘外洋茶師，商力實有未逮，不延則又恐未合洋銷，三也。皖南業茶，家世殷實者，寥寥無幾，無本牙販，鳩集股份，新茶上市，結隊而來，茶事將畢，一閧而散。職道接奉鈞札，已在十一月中旬，祁浮二邑，並無公所茶董，衹得遴派妥勇，分赴各邑，賫送前項告示，每號發給一張，以歆動之。比據該勇等回屯，稟稱浮梁茶號，均在北鄉五里、十里之間，岡嶺重復，村落畸零，每村各有茶號二三家不等。祁門茶號，均在西南鄉，疊巘層巒，約同浮北。號門多半關鎖，告示張貼門外，鄉人聚觀，或號夥之看守房屋者，均言地勢如此，改用機器，及聘雇熟諳茶機之洋工，良非易事。而現届歲闌，即集股購機，亦須展至亥年，或有端緒等語。與職道訪查各情，大致相同。浮、祁茶機，驟難仿辦，建德商號無多，更無庸議，四也。

方今軍需奇絀，時事多艱，職道若博官爲倡辦之美名，不顧事之果否必成，請款購機，以鋪張爲浮冒，計亦良得，而硜執之性，實不忍浪縻公款，致有初而鮮終。屯溪茶董朱令及洪商廷俊，籌議仿行西法，總以滬上有現成茶機可購，俾該商等，自行察看，較爲穩妥。電購外洋，究多瞻顧，試用茶機，延雇洋工，不特無此力量，且山民蠻横，與他族恐不相能，惟有寬以時日，訪雇福甌内地之茶師，言語性情，彼此易於浹洽。至創辦機器，尤必通力合作。如祁門其若干號，每號各出股份一二百金，茶厘局酌撥三五千金，官商合辦，盈虧一律公攤，各商號始無嫉忌畛域之見。該商董等所議，均係持重審固，平實可行，惜奉札稍遲，祇可俟明春紅茶上市之時，集商妥議章程，禀請鈞批立案。己亥春間，再行開辦。憲台總攬茶綱，振興茶務，登高提倡，中外喁風。雷稅司所陳每架六百兩之茶機，可否札飭江海關蔡道，轉飭公信洋行，電購四架運滬，機價及水脚保險等費，核實開支。如蒙恩准照行，茶機均已運來，商情不致疑慮，一面訪詢福甌内地之茶師，官商合股，從容酌籌，亥春當可集事。機價裸費，擬請江海關庫暫墊，仍由茶厘項下，如數撥還。是否有當，伏乞憲台鑒核批示祗遵。

再，職道訪聞江西義甯州山勢，較浮祁二邑平坦，焙製紅茶，似可仿行機器。惟該處民風，亦頗强横，商情願否興辦，應由江西司局查議。合並呈明。

整飭茶務第一示　光緒二十三年十一月

爲愷切曉諭事，本年十月十六日，奉南洋大臣兩江督憲劉札開，本年九月十二日准兵部火票遞到總理各國事務衙門咨，本年八月二十四日，准和國使臣克羅伯照稱，現接本國京城茶商來函，據云刻下按新法所製之茶樣，惜未甚佳；若以舊法所製之茶，其品高於各處。若按新法製之，即與各處之茶無異，且將是茶原本之益處盡失。在爪哇、印度、錫蘭三處〔七〕，雖皆精心植茶，然與中國之茶比之，則不及中國所産之物也。緣現在歐洲欲購中國上品佳茶，無處可覓，疑係中國産茶處所，不知歐洲等處，均欲購買。按新製茶，無非較印度稍佳，實與中國所産者遜多矣。在英和銷去上品茶之價值，比新製茶價昂三倍，且新製茶運往外國售賣，英國印度茶亦運往他國售賣，彼此相爭。然喜吃中國茶者，不喜吃英國印度茶。查此情形，未有勝於中國茶之佳美者也。并有俄英和等國茶商，亦云如是。特求於通曉茶務者，代白此意。等因本大臣憶及製茶一節，久在洞鑒之中，想貴大臣視該商所言，定必嘉悦等因。前來查出口貨物，以茶爲大宗。中國茶質之美，原爲外國所必需，祇以焙製漸不如法，致印度等茶得以競利銷行，於商業餉源，虧損實鉅。現據和使克羅伯照稱前因，是中國茶務雖敝，尚可設法挽回。相應咨行貴大臣查照，轉飭各該地方官，曉諭産茶處所，及通曉茶務之商户人等，嗣后於製茶一事，勿論舊法新法，總宜加意講求，但能製造精良，行銷自易，在茶務可資經久，而利權亦不至外溢。仍將如何辦理情形，隨時見復爲要等因。

到本大臣承准此查近來中國茶務之敝，固由外洋産茶日多，銷路漸分，華商力薄，自紊行規，實則由於採制之不精，商情之作僞，致使洋商有所藉口，退盤割價，種種刁難；過磅破箱，層層剥削。商本多遭虧折，茶務因而日壞。是以迭次通行整頓，首講採製，力戒攙雜。蓋華茶色香味均遠勝洋産，爲西人所喜嗜，産地苟能採摘因時，炒製合法，販商貨色整齊，行規嚴肅，於茶務利源，未嘗不可挽回。今閲和國克大臣照會，益足信而有徵，自應由産茶各屬，諄切董戒，力勸講求，以暢銷路，以固利源。兹準前因，除分行外，合行札局遵照，飛飭産茶各屬，及通曉茶務之商，實力籌辦。仍令將勸辦情形，詳細禀復，核咨毋違，等因到局。奉此除照會産茶各縣一體示諭，實力籌辦外，合亟出示曉諭，爲此示仰各茶商山户人等知悉。自示之後，該山户務將茶樹加意灌溉培護，慎防冰雪之僵凍。尤當採摘之因時，不得聽其自生自長，因偷惰而致窳萎。擷采以后，亦不得以柴炭薰焙，并惜工費，日下攤曬，務當用鍋焙炒，以葆真色香味。至各茶商，近來成規日壞，弊竇叢生，以僞亂真，貪小失大之錮習，幾至牢不可破。本年春間，曾經上海茶業會館，刊布公啓，歷述弊端，雖經本道諄切示禁，而本届徽茶運滬，各弊尚未盡剗除，自壞藩籬，攪亂大局，莫此爲甚。現奉南洋大臣劉札飭前因，知中國茶事自可振興，嗣後各商務須各整牌號，各愛聲名。一切焙製之法，實力講求，嚴肅市規，不准攙雜作僞，以歸銷路，以固利源，倘有奸商小販，不顧顔面，再以劣茶冒充老商著名之字號，欺騙洋商，擾亂茶政者，一經查出，定當照例嚴辦，決不徇容。其各懔遵毋違，特示。

整飭茶務第二示　光緒二十三年十二月

爲剴切示諭事，本年十一月十六日，奉南洋大臣、兩江督憲劉劄開，據江海關稅務司雷樂石禀稱，竊查近年中國絲茶兩項，幾有江河日下之勢。其致衰之故，憲台洞悉，本無待贅言。而茶業一種，論者頗有其人。甚至登諸報章，記之載籍，無非欲望中國振興，祛其弊而求其利，頓改昔時景象。在憲台蓋謀遠慮，果於國計民生有裨，度無不竭力興辦。且亦深知各口業茶之西商，於茶務一道，多所講究。今欲改復舊觀，得憲台在上提倡，不獨西商鼓舞歡躍，即凡業茶之華商，亦無不翹盼其成。(色)然以喜，則一應製茶新法，西人亦必樂與指授也。本年夏間，接老於茶務之公信洋行主一函，内詳言華茶致敗之由，非改從新法不爲功，特將現在温州試行新法，碾成之茶，已見明效者一種，并舊法一種，分別見示。稅務司悉心考察，即知新法之善，當將情形申呈總稅務司。而總稅務司意在保商裕課，凡有諮陳之件，靡不悉心籌畫，總期有利必興，無弊不去。飭將公信行主來函，照譯繕呈各憲，并將茶樣一併遞呈等因。是以不揣冒昧，將來函譯成漢文，原樣兩種，敬呈察核，必能俯賜通行，尅期舉辦。伏思憲台通今達古，貫澈中西，一切自必燭照無遺。

查西人現行之法，以碾壓成。考之中華古時，似已行之。《明史·食貨志》八十卷終所載，舊皆採而碾之，壓以銀板爲大小龍團一語，此固班班可考。故西人現行之新法，即係中國舊時製茶之法，不過分上用與民已耳。惜年遠代湮，無人指授，以致失傳。近年以來，種茶、業茶之人，焙製一道，並不悉心考究，茶務因之日衰。但目下業此生意者，受虧不淺，亦已漸知其故，頗有改弦易轍之意。若憲台登高倡導，當無有不樂從者等情，並清摺到本大臣據此。除批閱來牘並摺，具見留心商務，食禄忠謀之誼，深堪佩慰。中國茶務，年不如年，至今日疲敝極矣。在局外之論，總謂由於外洋産茶日盛，産多銷分，事勢則爾。第細察商情，實由採製焙壓，蹈常習故，未能翻然變計，講求制勝之方。蓋西商食用事事力求精美，茶葉尤爲人所必需之物，西人考究，更爲認真。中國茶質，本屬遠過西産，苟能採製得宜，自無不爭相購致。本大臣屢執此意，通飭整頓，以地異勢殊，未克驟變舊法。今據呈送新法舊法所製茶樣，同一茶質，收壓稍異，而新法所製者，色香味皆遠勝之，即此益見製法之亟宜更新，以冀茶務之日漸挽回。且該公信行籌製之法，亦尚簡而易行，需本不多，自應由産茶各處，體察情形，因勢利導，於皖中設有茶釐局，或先由局購備碾壓機器，如法試製，以爲之創。一面廣諭茶商集股，各自創辦。在園户力薄，不能仿辦，茶商與園户，同一利害相關，苟茶商能仿行之，園户當無不樂從。是在各處有茶務之責者，善事設籌提倡，力圖整頓，以期推行，盡利歷久不敝，本大臣有厚望焉。

仰江海關蔡道轉復税務司知照，繳印發外，抄摺扎局，遵照批示，體察情形，妥爲分別籌勸辦理。仍將籌辦情形，呈報查考等因到局。奉此，查前奉南洋大臣劉札准總理各國事務衙門咨准和使克大臣照會，以中國舊法，精製上品佳茶，運往歐洲，比新製茶價昂三倍等因，係指中國緑茶而言。雷税司所陳各條，專言中國商户以手足搓製紅茶之失，急宜另籌新法，各集股份，廣購碾壓機器，試行仿製，講求制勝之方，合亟出示曉諭。爲此示仰商户人等，知悉查照，後開各條，互相勸辦，悉心考究，翻然變計，各圖振興。痛改從前手足搓製紅茶之舊習，以暢銷路，而固利源，本道有厚望焉。其各懔遵毋違，特示。

摘開雷税司原摺

中國紅茶搓製之法，不如印度遠甚，其致敗之故，實由於此。蓋所徵之課税，雖覺繁重，在華商核算成本，以爲獲利似無把握，苟能得其新法，以冀西人漸皆喜用，則衰弱之象，度不至如斯矣。

温州茶，華曆四月初八日，運樣到滬，即今所呈驗之兩種。一則仍用舊法，以手足揉搓，一則用新法碾壓者，互爲比較，即知新法之合銷西人。本視温茶爲中國出茶最次之區，英人之所以不喜用華茶，喜購錫蘭茶者，以用碾壓故也。英人愛用印茶，並非以印度、錫蘭爲英屬土，因錫蘭之茶，色香味較勝華茶，其質性亦較華茶可以用水多泡。印度係用機器碾成，質力較華製爲佳。現在美國，已皆較前增購，俄國亦然。

錫蘭、印度之茶，甫採下時，收在屋内，鋪於棉布之上，層層架起，如梯級然。直至茶葉棉軟如硝淨之細毛皮時，將茶落機碾壓，約三刻之久，盛在鐵絲蘿内，約堆二英寸厚，層疊於上，必變至匀淨，如紅銅色，然後焙炒，裝箱下船。錫蘭、印度之茶樹，皆屬公司。公司資本殷厚，不肯零星沽售。採茶焙炒，以至裝箱起運，皆公司人自爲之。有大棧房存儲，所安機器甚多，碾茶、炒茶、裝茶，無一不用機器。蒙意欲使中國茶務振興，當另籌新法，如碾壓茶變紅銅色之後，應上羅焙炒之際，可無須仿用機器，仍按舊法，衹用竹蘿盛茶，加以炭火烘焙，似比機器尚佳。倘辦茶之人，亦如印度、錫蘭之法，獲益必大，其佳處，即遇陰雨之天，亦無要緊。摘茶之後，即送與棧房，將茶層鋪於綿布之上，用架叠起，不慮霉變。應購機器，若仿錫蘭所用之式，未免價鉅，莫如用一次能出茶七八十斤之碾壓機器，只需銀六百兩，即可購辦，且耐久不壞，費既不巨，茶商辦此，當無難色。蒙意華商，若用機器，不用手足，則前次所失之十分中，必能補償幾分，貿易自有轉機，所望亟行整頓，愈速愈妙。再能遴派明白曉事之員，前往錫蘭察訪製茶之法，並僱業茶者數人，來至中國，教以各種烘焙善法。一朝變計，必能令各國樂購。中國頭春茶，天下諸國，無有媲美者。二茶三茶之現無人過問，實因製法不佳，倘用新法，則二茶三茶，當可與錫蘭、印茶，並駕齊驅也。

整飭茶務第三示　光緒二十三年十二月

爲剴切示諭事中，本年十一月二十七日，奉南洋大臣、兩江督憲劉札准，總理各國事務衙門咨准出使美日秘國伍大臣函稱：　美議院以近來各國入口之茶，揀擇不精，食者致疾，因設新例：　茶船到口，須由茶師驗明如式，方准進口，否則駁回。從前中國無識華商，往往希圖小利，攙和雜質，或多加渲染，以售其欺。洋商偶受其愚，遂謂中國之茶皆不可食，而銷路因之阻滯。比來華商販茶，折閱者多，獲利者少。職此之由，現新例既行，茶稍不佳，到關輒被扣阻。金山等埠，華商屢來禀訴，因擇其不甚違章者，爲之駁詰，准其入口。惟新例所開茶式未齊，已將中國販運之茶，詳列名目種數，照會外部轉知税關，俾茶師詣驗時，有所依據，不致以與原定之式不符，過於挑剔。仍將新例譯録，飭領事等傳諭衆商，嗣後不可希圖小利，致受大虧。併鈔譯一分，寄呈備覽。此例初行，似多不便，然理相倚伏，實於茶務，有益無虧。蓋以前茶質不淨，人多食，加非以代茶〔八〕。今入口既經復驗，茶葉共信其佳，則嗜之者多。將來銷路，可期更廣。中國各商，如能將茶葉焙製諸法，精益求精，知作僞無益，不復攙雜，則中華茶味，實冠出於諸國，必能流通。未始非振興茶務之一大轉機也等因。前來本衙門查中國土貨出口，以茶爲一大宗，從前因茶商焙製不精，兼有攙和雜質等弊，以致洋商營運受虧，銷路因而阻滯。今美國改行新例，如果焙製益求精美，實爲中國茶務振興之機，相應將該大臣鈔寄新例十二款，刷印黏單，咨行貴大臣查照，轉飭各産茶處所。凡園户、茶莊製茶，務須焙製如法，精益求精。並飭各海關，出示曉諭，華商運茶出口，勿得攙和雜質，致阻銷路。倘或攙和雜質，或將茶渣重製運售，致損華茶實在利益，一經查出，定行嚴罰。此固爲華民謀生計，亦中國整頓商務之一端也。等因並抄單到本大臣。承准此，除分行外，抄單札局，遵照咨内事理，飛飭産茶各屬，出示曉諭。並剴勸園户茶商，應如何妥仿西法焙製，力圖整頓，以期挽回茶務，廣開利源。仍令將籌辦情形，稟復核奪等因到局。

奉此，除照會産茶各縣一體示諭外，合行出示曉諭。爲此示仰商户人等知悉，現在美國新例，茶師考驗極嚴。嗣後焙製各茶，務須盡心講求，力圖精美，不准攙和雜質，或多加渲染，欺誑洋商，以暢銷路，以固利源。其各懔遵毋違。特示。

粘抄美國新例

一、美國上下議院會議妥定，光緒二十三年三月三十日起，凡各國商人運來美國之茶，其品比此例第三款所載，官定茶瓣較下者，概行禁止進口。

二、此例一定之後，户部派熟悉茶務人員七名，妥定茶瓣，呈送查驗。嗣後每年西曆二月十五號以前，均照此例妥定茶瓣，呈驗備用。

三、合准進口之各種茶類，户部妥定樣式，並當照樣多備茶瓣，分發紐約、金山、施家谷以及各口税關收存〔九〕，以資對驗。至若茶商欲取官定茶瓣，可照原價給領，所有茶類，其品比官定茶較下者，均在第一款禁例之内。

四、凡商人裝運茶類來美，入口報關時，須要呈具保據，交該口税務司收存，言明該貨於未經驗放之前，不得擅移出棧，當由茶商將貨單所載各茶樣呈驗，另立誓辭，聲明單貨確實相符，方爲妥協。或任茶師自取樣式，逐一與官定茶瓣比較，其入境各口未派茶師者，商人當備各茶樣式，並立誓辭，呈送該口抽税之員查收，復由該員另取各茶樣式，一併送交附近海口茶師收驗。

五、所有茶類，經茶師驗過，其品確係與官定瓣相等，税務司亦無異言，立即放行。若其品比官定茶瓣較下者，立刻通知茶商，除覆驗批駁茶師有錯外，不准放行。若運到之茶，品類不齊，可將好茶放行，次等者扣留。

六、茶師驗明之後，茶商或税務司有異言，可請户部派總估價委員三名復驗。若查得茶品果係與官定茶瓣相等，自當給照放行。如茶品比官定茶瓣較下，令茶商具結，限六個月内，由驗明之日起，計運出美國，設使過期不出口，税務司設法焚毁。

七、所有進口茶類，派定各茶師親驗。倘入境之口，並無派定茶師，由該口税務司取齊各茶樣式，遞送最近海口茶師收驗。驗茶之法，照茶行定規辦理。其内有用滚水泡之法，與化學試煉之法，均當照辦。

八、所有茶類，凡請美國總估價委員復驗，應由茶師將各茶樣式，與茶商面同封固。與茶師批辭，以及茶商駁語，一併送交總估價委員復驗。一經驗明妥定，即當繕寫斷詞，由各該委員簽名，將全案文牘茶式，三日内一齊發回。該税務司另抄兩份，一份轉達茶師，一份轉交茶商，遵照辦理。

九、所有茶類，已經不准入口，遵例出口之後，如復進口，將貨充公。

十、此例各款，户部妥定章程，一律頒行。

洪商查復購辦碾茶機器節略

一、查製茶碾壓機器，福州舊前年有人倡辦，想因不能著有成效，迄未盛行。温州今年試辦者，係乾豐棧朱六琴兄，向公信洋行購得碾壓機器，如法試行，僅製成茶數十斤，寄樣來申驗看。據洋商云：做工尚稱得宜，惟香味甚不及舊法所製。蓋因甫經採下茶草，未及烘曬，即以機器碾壓，不免真精原汁走漏，本質耗損，故香味較遜，葉底不甚鮮明，未得合銷，爲此中止。以上乃温、福州之未見顯著成效情形。

一、據公信洋行云：伊等洋商，原欲鳩集公司購辦全副機器，在湖南安化地方興辦。該處産茶頗多，轉運捷便，嗣張香帥以此利益不便爲西人佔攬，未曾照准。刻下中國官商若欲在祁門、浮梁試辦，祇須碾壓機器，便可合用，其餘烘篩揀扇等法，原以舊章較善。該機器價銀，每架據需九百金。刻下申地，無有現成者可售，須由伊代電托錫蘭友人購辦，約在兩月内可運到申，外加水脚、保險使用等費，合計每機器總需一千有奇。以上乃據公信洋人所説，如事必行，該機即托公信洋行代辦。

一、徽屬山深水淺，局面狹小，若以全副機器，非但價資太鉅，且轉運一切，非比外洋，水有輪舟，陸有鐵路之靈便，勢難載運，姑不置議，惟碾壓機器，每次僅能出茶七八十斤，核計紅茶上市時，日僅能製造三百箱而已。

一、徽茶改用碾壓機器，勢必收辦茶草。然祁門南鄉一帶，茶草每擔計錢十數千文，以茶草三斤，製成乾茶一斤，兼之剪頭除尾，不過六七折之譜，以及車用等項合而計之，已屬匪輕，且無洋商包莊，萬一不得其宜，則耗折大非淺鮮，核計成本過昂，不得不慮及此也。

一、據公信洋行云：機器用法，與復雷税司之函，大譜相同，揣其情形，似尚不難。但詳細情形及所製之茶，果否合銷，則非身經目歷，不能盡悉。若延聘西人，據需薪資每月二百金，且要包定三年，不免薪水太鉅，萬難延請。西人姑不置議，如若就申延聘華人，亦不過口傳指授而已。此創辦之難，殊無把握。

一、初辦碾壓機器，若由紳商邀集股本，究非善策。因恐成本昂貴，一經大折，勢難復振。惟有厚集資本，初年不利，則更加考究精益求精，再接再厲，庶幾能盡機器之利用。此創辦必須厚集股本，以備不虞。

一、集股之法，似宜仿公司成例，每股百金。竊以祁門、浮梁兩邑計之，茶號不下百家，若得每號集股百金，爲數亦頗可觀。此外，如有另願附股者亦可兼收。集資既厚，經理得人，庶可圖效。茶商衆心散漫，惟有商請憲裁，一面給資籌辦機器，一面出示勸導，然此事原爲振興商務起見，成則衆商漸可推廣盛行，不成則官商兩無所損。想衆商一經提倡，自必樂從。

一、局憲如必購辦此機，望請將價銀即速匯下，以便繳交前途，代爲電致錫蘭購辦。俟辦到申後，即由饒河運祁〔一〇〕，惟沿途釐卡，尚乞局憲咨會江海關，給照護行。以免沿途釐卡留難，實爲捷便。

以上各節，謹就所見盡陳。因無把握，故機器尚未定購，望詳加商酌，奉覆局憲核奪，即希示覆。二十三年十二月

〔校證〕

〔一〕爰撮録其稟牘文告　『撮録』，原作『最録』，據上下文意改。

〔二〕本年祁浮建德紅茶商本折閲　『紅茶』，原作『紅本』，涉上、下之『本』而譌，據上下文義改。

〔三〕曾與徽商候選同知洪廷俊籌議　『洪』，原譌作『供』，據上牘《請禁緑茶陰光詳稿》作『洪商廷俊』改。又，本書末附《洪商查復購辦碾茶機器節略》中之『洪商』，即此人，亦其證。

〔四〕秋杪又札委建德分局洪令恩培　『札』，原涉上而譌作『杪』，據上下文意改。

〔五〕每擔計錢十數千文　『文』，原脱，據同上校〔三〕《洪商節略》第四條作『茶草每擔計十錢千文』補。

〔六〕各等語 『各』上疑脱『以上』或『上云』二字，否則文意不完，似當據補。

〔七〕在爪哇印度錫蘭三處 『爪哇』即今印度尼西亞，簡稱印尼；『錫蘭』，即今斯里蘭卡。下同，不再出校。

〔八〕加非以代茶 疑有誤，即使疑『加』乃『皆』之譌，仍與上下文未允。

〔九〕分發紐約金山施家谷以及各口稅關收存 『金山』上，當脱一『舊』字，應據補。『施家谷』，即芝加哥之舊譯音。這是晚清時美國三大進出口口岸城市。

〔一〇〕即由饒河運祁 『饒』原作『繞』，據本書上牘《復陳購機器製茶辦法稟》作『再由鄱湖、饒河展轉運祁』云云改。鄱湖，即鄱陽湖，自滬運祁必由之水路。

種茶法

〔近代〕江志伊

〔提要〕

《種茶法》，近代茶書。不分卷，江志伊輯。江志伊，字莘農，安徽旌德人。生平事蹟不詳，待考。其書乃輯集諸書而成，所述也遠非種茶方面之内容。其書即有總論、栽培、採茶、焙製、貯藏、烹煎、計利等目，各目之下又分若干子目。如茶之栽培下分辨土、選種、播種、日本蒔茶法、施肥、培養、藝茶、日本培養茶樹法、培養濃茶園與薄茶園、去害（防治病蟲害）、誘蛾燈式等十一子目。其内容多爲抄輯唐宋至明的茶書，間有己見。當時，坊間已流傳《日本製茶書》及《日本製茶篇》之類的書，也成爲本書採輯的内容。江氏就明言有引自《日本製茶篇》中關於茶產量的内容（見本書《計利》末條）。因此，本書中關於日本茶的採、製、藏、焙，幾佔近一半的篇幅，絶非偶然。也許作者意在進行中日茶事的比較研究。其介紹的西歐（英國）的製茶機及機製茶應用技術，更是當時製茶科技的前沿或『尖端』。

其書中所論僞茶盛行、製茶法的落後，及不能適應外銷市場的需求等，乃導致華茶外銷日益衰落的原因，頗有見地。其所論述之選種、播種、施肥、除害等茶樹栽培技術及採製茶方法，在總結古代茶書精華的基礎上，已體現了不囿陳説、『與時俱進』的時代精神。甚至還引用了茶的化學分析、『茶單寧』等現代茶學的新名詞，也體現了過渡時期茶書的追求科學取向的新特點。其認爲飲茶不能過多過濃，不宜摻混牛奶等同飲的觀念，亦不乏時尚、合理。總之，較之明清大量轉相抄襲及錯譌百出的茶書，這不失爲一部更值得整理並刊行的茶書。在融入當時科學理念的同時，其敍述也要言不煩、頗有條理。

但本書存在的不足或缺陷同樣也不容忽視。首先，在其論及採製和貯藏、烹飲茶時，大量照抄《茶經》以來的唐宋及明代茶書，完全不顧古茶書中反映的主要是團餅茶的狀況，而作者書中所論乃近代芽茶、葉茶的生產及飲用，兩者實有天壤之别，作者照抄，未免會有削足適履、泥古不化之嫌。其次，引文不注出處，亦未必原文，往往多以己意改寫，儘管遠勝明清茶書抄襲之光怪陸離，但畢竟不合『學術規範』，這也許是苛求作者。但全書不分卷，目與子目的設置太隨意，眉目不清，亦難以提綱挈領。最後，書中所用之英語對譯音，與今流行的英語譯文有極大差别，有些日語漢字及專門詞語，亦非今之通用者。還有不少茶事專用術語，雖爲當時所流行之語，但今已不再通用或亟待規範，這些是時代的局限，亦不能苛求於作者。好在已有各種工具書，聊可彌補此類缺憾。

本書僅有『茶道本』，原藏國家圖書館，未見《中國叢書綜録》及《中國農業古籍目録》等書目著録。今據『茶道本』點校整理，其所引之資料，多給人以『似曾相識』之感，已見於《茶經》等書，本書多已收入。鑒於以上所述的原因，不再一一校核，僅在必要時，酌出校記。

種茶法

旌德江志伊莘農輯

總論

茶，南方嘉木也。樹如瓜蘆，葉如梔子，花如白薔薇而黃心，清香隱然，實如栟櫚，蒂如丁香，根如胡桃。采葉在四月，早采者曰茶，次曰檟，又次曰蔎，晚曰茗，老葉曰荈。上者生爛石，中者生礫壤，下者生黃土。野者上，園者次，陽巖陰林紫者上，緑者次；筍者上，芽者次；葉卷上，葉舒次；陰山坡谷者性凝滯，結癖疾，不堪採掇。

茶釋滯去垢，破睡除煩，飲之則神清，種之則利溥。然或采製藏貯之無法，碾焙煎試之失宜，則雖建芽浙茗，祇爲常品。故採之宜早，率以清明、穀雨前者爲佳，過此則不及。古人稱茶芽爲雀舌、麥顆，言其嫩也。今茶之美者，質良而植茂，新芽一發，便長寸餘，其細如鍼，斯爲上品，雀舌、麥顆特次材耳。

茶爲中國獨擅之利，西人用茶年多一年。每人用茶中數每年約三四磅，用最多者爲英、荷、俄三國。中國所産，幾不敷用。故西人於印度新舊金山等處廣加種植，而茶利遂爲所奪。印度、錫蘭之製茶也，將生葉柔而有潛氣者揉而丸之，其汁自出，毫不失去。再揉而含之，所以單甯質多於葉茶，適英人之特嗜而驅逐華茶也。近年華茶出口之數年減一年，非中國土性氣候之不如，乃種植、采製之法未能盡善。加以奸商漁利，有將茶灰、塵末以濁水粘連成粒者，有將楊柳等葉炒以當茶者，有將已泡之葉炒乾以售者。即如緑茶一種，有用藍料和石膏染成者。每茶十四磅，有色料一磅，豈知以上等真茶燒之，每百分祇得灰五六分。此等僞茶，每百分可得灰二十分至五十分，真僞不難立辨。西醫每稱印茶味劣，多飲致疾，不及華茶。茶葉原質中之茶素，含滋養質，爽快心氣，緩動心經。單甯則反之，苦澀而惱亂心經。印茶之單甯質多於華茶，故於衛生有害。然則中國亦何憚而不改良，致利權之外溢耶！

中國産茶之地，略在赤道北緯二十五度至三十一度；佳者産二十七度至三十一度之間。此種茶，多運往西洋。茶之味與色，大半靠炒茶之工。有炒成緑色者曰緑茶，炒成黑色者曰黑茶，炒成紅色者曰紅茶。每生葉三磅，約可炒成茶一磅。華茶運售西洋者，色味與中國自用者不同，故炒工甚大。

茶之功用

夫人知之，近以化學化分茶質。知其中所含者：一曰易散油質。將茶葉和水蒸之，此油即化出少許。此油於炒時始變，成茶之香味，全藉此油。每茶百分，約含油一分。油愈多，則茶愈美，其性能令人醉。凡新茶，收貯年餘，此油散去幾分，則性和平矣。二曰替以尼質。將茶葉磨成細粉，盛於玻璃表面，置熱鐵板上，以圓紙套罩之，則發白霧，凝於紙内面，或無色之細顆粒，即替以尼也。若將茶泡極濃，澄其水，熬成膏，將膏之表面加熱，則得顆粒更多。此爲茶之精質，無臭而味稍苦，大能益人。每茶百分，以含此質二分爲中數，間有更多者。緑茶每百分，至多者含六分。其所以益人者，以此質含淡氣之數，每百分中有二十八分八三。較各種物爲多，性能行氣補神。人若每日食替以尼三四釐，可令身内所耗之料漸少，人身内之料，或由肺藏（臟？）呼出，或由内腎便出，時有耗散，全賴飲食以補之。

而食物亦漸省，且能暢體清神。老弱之人，胃難消化食物，則養身之料不敵所耗之多，而體漸羸瘠，飲以茶則所耗者少，而食者及於補助矣。惟過度，則亦有弊。每日用茶三四錢，此質不過三四釐，原屬無害。若用茶至半兩、一兩，食此質必八釐，則脈數身震，恒欲溲溺，且心思昏亂，久則醉而酣眠，故濃茶不可多飲也。三曰樹皮酸質。將茶泡開，傾於皂礬水内，則變黑如墨。或傾於牛皮、魚肚等膠水内，則變濁而有灰色質結沈。因茶内有此澀性質故也。此質具有收斂之性能，令大便秘結。每乾茶百分含此十三分至十八分，凡茶泡愈久，則化出此質愈多。四曰哥路登質，此質居乾茶四分之一，養人之功與豆略同。豆百分，含哥路登二十四分；茶百分，含哥路登二十分至二十五分。常人泡茶後，恒棄其葉。如飲茶而兼食葉，大能益人。或於泡茶時，以淨鹻少許化出此質，飲之最爲有益。蒙古人將茶磨粉，入水沸之而加鹻類少許，再添鹽與羊油等，少頃傾去澄水，另加牛乳、乳油、炒麪等調和之，日飲二十盃至四十盃。如不用炒麪，而代以乳，可連食數十日而不必食他物也。以上四質之外，又含有小粉與蛋白質及鐵與錳。將茶燒灰而化分之，每灰百分中含鐵養三分二九，錳養二分七一。皆泡時化出以養身者，惟各茶優劣不同，泡出所含之質亦有十五分至四十五分不等。

辨土

植茶，宜山中帶坡坂南向者爲佳，向陰者遂劣。茶性喜暖畏寒，故宜南而不宜北，而尤以東西無障空氣流通西北，有層巒茂林以防烈風者爲最善。蓋山南則冬無寒風，多陽氣而和暖，得春氣而先發，故芽嫩而氣全味厚。山北則受風雪多而陰寒，至春深始萌芽，葉厚而拳跼，氣味不全。故一山之中，美惡大相懸殊。若平地，宜於兩畔深開溝壠洩水，蓋水浸根則茶萎也。植茶之地，崖必陽，圃必陰。蓋石之性寒，其葉抑以瘠，其味疎以薄，必資陽和以發之。土之性敷，其葉疎以暴，其味強以肆，必資陰蔭以節之。陰陽相濟，則茶之滋長得宜矣。

茶圃不宜雜以惡木，惟桂梅、辛夷、玉蘭、玫瑰、蒼松、翠竹與之間植，足以蔽覆霜雪，掩映秋陽。其下可植芳蘭、幽菊清芬之物，最忌菜畦逼近，不免滲漉污穢，滓厥清真。茶圃植樹，宜少宜疏。如梧桐易長之樹，茶根與樹根交錯，不得吸收地氣，樹大則愈奪土膏。葉上之雨，墜擊茶芽，夜中又不得吸收露氣，致茶樹多葉枯蟲蝕之患。

凡分嶺不甚高之地，其土成斜坡形，低處又爲多水之區者最合種茶之用。蓋地勢成斜坡，則空氣能向低處流，與低處之空氣相併，即減其熱度而成霧；其低處又爲多水之區，則空氣含水氣更足，而所成之霧多。印度之錫蘭山，山不甚高而四面環海，涼熱相激，四時皆成微霧，故其地產茶最佳。茶樹適否，關於雨量之豐約。降雨多處，則生育自盛。臺灣多霧雨，茶得其養，不須肥料，歲採葉七次，由雨量多也。

種茶以日力爲最要。凡深山廣漠，氣候温暖有日光而不卑濕者，皆可植。然日光太甚，又易化散水氣，有礙茶樹之呼吸，惟西向能得斜照之日光者爲上。蓋茶性畏寒，周年宜得熱至六十一度；又畏旱，故夏令必多得濕氣滋潤，乃爲合宜。茶樹尤適高燥陂陁、氣候温和處風強而土鬆者，不宜低地蒸熱及海濱多暖風處，生長雖盛而茶味多苦，乏芳香。惟供輸出之品，又以熱地產者爲宜，以西人固嗜苦也。

茶質内含鐵養、錳養二質，產地以紅質土又有小石塊磊者爲佳。蓋有小石則土輕鬆，雨水易於流潤。紅色泥土恒含鐵錳二質，錳養之化合，又多含於土石中也。茶地凡分三等：土赤而中雜砂石者爲上，土紫黑無砂石者次之，土黄白雜真土者爲下。植茶於下等地，敷榮最速，肥料費輕，然不得良品。植茶於上等地，肥料費重，發育甚遲，然長成後卻爲佳品。山腹小丘陵瘠土，善其培植，獲利自倍。特卑濕赤土，則不宜耳。

選種

六月之交，茶樹生第二番新芽之候，有花蕾生葉際，狀如粟粒。至八月，蕾狀漸小如豆。九月，狀如青豆，時寒暑表至七十度，則花蕾漸放矣。蕾有雌雄，雄多而雌少。香氣清美，花瓣有三葩、四五葩者，開時多向側面、下面，不敢正受日光也。開三日許，即漸結實。遇雨一日則腐敗，故雨多之歲，則結實者少。晚秋茶子成熟，周圍多皺紋，子帶黑色者未熟。殼中結核一二顆或三四顆，以三顆者爲正實。一二顆者播之不生；即生，發育亦遲。采而種之，茶實熟則外皮分裂，子即迸落，名曰『零子』。宜及未迸落時采之。然實有雌雄，極難辨别。唯發芽後小芽二本並出者爲雌，小芽一本而疏者爲雄。宜揠其雄苗，免爲雌苗之害。若欲貯藏者，於地上蓋棚，以防雨露。地下鑿窟窟，四周置鋸屑、藁屑，混沙土於茶實中而埋藏之。又用藁包收藏，可以致遠，惟日久則蒸熱實敗，須時出之以觸空氣耳。

播種

白露後，茶子熟時宜即采即種。不宜日曬貯藏。至次年春季，茶苗自生。一法，於冬令掩茶子於濕土中，至三月間種之。一法，以濕沙土拌茶子盛筐籠中，蓋以穰草，否則凍損而苗不生；至二月中，出種於桑下竹陰背日之地。以茶畏日故也。種時，於地面掘坑，深二寸，一法深一尺許。相去二尺，不宜密，密則枝葉相逼，難於發生。亦不宜疏，疏則多受日光，土易枯燥也。熟劚，著糞，和土以糠與焦土，拌茶子，每坑種六七顆，種畢覆土厚寸餘。不可踐踏，踏則萌蘖不生。苗出，見草即耡，留心灌溉。俟苗長十二寸至六十寸〔一〕，即移植於茶林。一云：茶宜種不宜栽，蓋茶樹命根太長，深入土中，一經移植，則強半枯槁。世傳婚儀贈茶，即取其移則不生之義。每株相距三四尺，長則折其樹頭，使高不過三四尺，俾其下多生叢條。

日本蒔茶實法

積三十坪爲一區，内設五畦。畦長七間六尺爲間。三尺，幅四間，畦各種十六株。五畦計八十株。株相距三尺，畦相距四尺八寸。蒔時，掘方一尺五寸許之孔，於畦上入以堆積肥。積前年落葉及藁，使腐熟。至二月二日取堆肥十擔，和入糞十擔，使再熟。三月十四日，更加米糠三俵，攪和，待十七日熱散而後用之。每一區，其量在十八貫目以上。入土，攪而踏之，使堅平，爲一尺平方、深二寸許之低地。其四隅，各播四五粒之茶實，上覆以一寸五分許之土，爲平狀，周圍置籾糠於其上，以固之。

又有用輪蒔、作蒔、條蒔三法者。輪蒔法：爲區長七八步，每區畫縱二尺餘、横五尺，内鑿十字叉之溝，即可容四圓徑，每圓徑一尺二三寸深。耕其地，務鑿下層，排水，碎土塊，平之。約二尺五寸至三尺強，去淨草根、瓦礫，灌升餘尿類肥料於溝中。歷一二日，土地乾燥，始可下種。茶實於前數日以水浸之，則發芽早而齊一。既種，覆細土寸許於其上，輕□之旱，則灌水。每區播種之數，大抵上品者一合弱，中品者一合五六勺，下品準之。蓋茶實一合，必有二分虛者。謂未熟者。亦有播種後，在土中受濕蒸而腐敗者。計上品茶種，一合約百二十粒，生者不過七八十粒；中下者可類推矣。作蒔法，亦名叢種法：於一區中畫五尺爲一〔畦〕〔二〕，間隔二尺餘，分布種子，如下麥子法。或爲廣畦，幅八九尺至一丈，畦間隙地，初二三年可種麥、豆、茄子、陸稻、雜穀，惟須年減一年。如第一年畦三行，次年則二行，三年則一行也。條蒔法：畦廣四五尺，沿畦二條下種子。但條種用植粗茶，立畦宜南北，受日光均，則發芽齊一。不宜東西，若地傾斜者宜設横畦。播種時期，以十二月爲上，早春温暖時亦可，然早播之則早生。茶雖畏寒，冬日播種，設法防護，使不爲霜雪所傷，至春，根芽生長，其發育有盛于春種者。

施肥

茶樹未出芽前，每一畝施人糞十八貫，並堆積肥十六貫。發芽後，其根少吸收力，宜耕茶樹東西兩側，施以液肥。五月中旬，爲原肥，施堆積肥十八貫。發芽未及二年，宜少用，洗肥料桶汁或滷汁灌之，切不可用尿汁。至次年，以尿桶盛水一擔，混入尿水一升灌之。第三年冬日，始糞溉之。第四年，始摘葉。

四年以後，於發芽前施人糞十擔，和以油滓六七貫，名曰春肥。摘葉前之四五日，施稀薄人糞，葉自光澤，名曰著色肥。冬日以人糞溉之，名曰寒肥，施之則茶味甘美，故亦名味肥。用寒肥要在摘葉五閱月後，或用廚庖所留滷汁，以代肥料。每隔月，灌溉數次，是名月肥。有用油糠和人糞者，其法用糠糞各半或糠七糞三，宜隨土地性質加減之。肥料，有助茶樹之生育者曰原肥，如堆積肥、骨粉、人糞等，于摘一番芽後剪枝，即施之。有促茶芽之生育者曰春肥，如人糞、糠、種粕等，于采摘前五十餘日施之。有助夏季生育者曰夏肥，于七月中旬梅雨後刈青草，施之。有助秋季生育者曰秋肥。于十月中旬深掘根際，粘土堆積肥施之。要之，茶樹宜施深耕之法。大概以木桿穿根際，使肥料流入其中。穿時宜隔寸許，不可穿及根側。令其鬚根分配有定準，以便吸收養分，否則肥料之功力減。一云：三月春分前七日，爲一鍬耕，施芽出肥。以腐熟人糞和糠或油粕，置五六日間，使釀酵，用之。六月初旬，一番茶摘後，爲一鍬耕，施原肥。灌人糞于落葉、稻稈等，使腐熟，用之。八月初旬施液肥，和水于人糞用之。十一月中至十二月初，施于深掘溝内，曰寒肥。一年三次。

肥料之關係茶樹者，曰收穫，曰品質。農家以馬褥藁及牛糞、腐草，或混和肥料、油糟餘物於塵灰埋之畝間，上灌屎汁，是爲常法。關東人用人糞和水一倍，油糟和水二倍，放置十日，俟其腐敗，又加以溝中泥水灌溉之。其爲害致葉縮而不披，幹獨伸而瘦長，性質不堅固乾觮。一名鰛。肥料效如油糟，能使葉生光澤，然一經焙製，則色黑而氣臭。刈藤葛雜草使腐爛，名曰刈草肥料，價雖廉而效極微。總之，肥料種類不一，如種粕、油糟、糠粕、淘米汁、堆積肥、骨粉、庖廚滷汁等苟施用之，則各應其分量而生效驗，而要以人糞爲最適於茶樹。但因樹根狀態、施肥時期、土壤燥濕、土質優劣，各著等差耳。

培養

茶初生，不宜遽采其葉。至第二年生機已暢，清明後，每株略采其嫩心葉，如燕尾者留餘葉，以蓄其精華。所摘處葉復萌芽，樹茂者中秋後又可採嫩心葉一次。至第三年春季，必發嫩葉，此時不論横枝正榦，遇嫩葉即可采取。至第四年，則春夏秋每逢時雨，遇有嫩葉發生，隨時可采。錫蘭采茶，每年約三十餘次。五六年後，樹高數尺，清明後宜用鐮刈去老枝。斬去老枝之嫩莖，入鍋以火製熟，取出暴乾，曰茶骨。餘枝用草蓋札，每日以水澆灌，四十日後，除去其草，則全樹俱發嫩葉，采葉既多，製茶尤美。

凡藝茶，於去莠、通風二事最宜注意。新種之苗，勤加培養。苗長後，以小便、稀糞、蠶沙澆壅之。然不宜太多，恐根嫩受傷也。及其長大，移植成行，行間蔓草，隨長隨除。每年須鋤鬆其土，鋤後用乾泥密覆其上，免生草萊。溝渠積潦，時引出之，以免鬱積。灌溉、茶質含淡輕養外，多含淡氣，培養之料，以多得淡養爲佳。修剪，其枝須不時修剪，使生葉之枝，受日通風。皆有定時。植至十年至十二年，樹憊葉稀，即拔去之而補植新者，蓋茶以新樹所産者爲佳也。今藝茶者既不添植新株，復不培養舊本，茶日老則産葉日粗，遠不如前之香嫩。采葉後，又復摧殘狼藉，漠不關心，茶之元氣日損。直待老朽葉盡，始更種之，漫無次序，不成行列。繁枝不知修剪，蔓草聽其滋生，以致氣塞不通，茶林不茂。此中國茶利，所以日微歟？

附　日本培養茶樹法

播種後，閲二月，至四月中旬後，寒暑表七十度内外。茶漸萌芽。茶性畏寒，芽發生時，宜加意培護。此時地若乾燥，宜灌水，以免苗涸。惟不宜多灌，過濕則腐根芽。初年，尤宜注意除草，至少五六次。初次，四月下旬，以鐮耘除。二次，五月下旬，以鍬耘除埋其草于施肥溝内。三次，六月下旬，以鐮耕除。四次，七月中旬。五次，八月上旬。六次，八月下旬至九月上旬，法同。苗太密，則除其孱弱者，不足則補種之。六月酷暑，則設藁草於下，以護其根。十月至十一月中旬，宜深耕埋藁，以充肥料。至嚴冬，防禦霜雪，須先敷籾穅一二升或稻葉、麥稈於根株，以薄土覆被其上，以護之，名曰『土寄』。再用樹藁、黎幹或竹篠，以蔽烈風，次年春分後撤之。每歲用此法保護，可免枯死。自播種三年，施工如此；至第四年，始摘葉。生長速者三年亦可。初次摘葉後，經三四旬又摘第二次。摘後，直剪梢頭成半圓形，爲防寒具。五年後，加工如第四年，但須稍加肥料。自五年後，宜每歲行剪枝法。剪枝之意，在使樹之勢力均一。其法：剪梢頭一寸五分許，樹高限三四尺，歲歲剪梢，經四五年，幹之下部叢生。可自下刈之。茶樹上根多，故多發芽，而幹之際土處爲雨水所洗，輒露上根，故每三年必培覆一次。不須屢耕，但須削地，使不生雜草。摘葉時，根土喜堅，摘葉後始鋤鬆之，然不可傷其根。

又培養濃茶園與薄茶園即覆下園法

濃茶，以老株製成。擇舊茶園，以經百年之久者尤貴。于五月摘茶芽後，以平面法刈其株枝，柔和園中之土，以肥灌之。法：于冬春時近，穿其根旁，夏則遠隔根旁，穿土灌之。肥料，每一町十步曰段，十段曰町。約用混和油糟百個，人糞百擔溉畢，覆土如舊。其末溉以前，宜除雜草，六七兩月，仍芟除之，此時，即止灌溉。自八月至翌年三月，每月灌肥。一歲以十次爲度。十二月，周鋤園中，遇雪務掃除之。

培養薄茶，與濃茶異。一歲凡灌肥五六次足矣。其法：于每年採芽後，例芟其伸長枝葉，是謂『跡刈』。四月末，鬆起根旁土，灌以肥料，是謂『本除』。本除畢，即耕耡園中土塊，是謂『中掘』。其蔓草遺根，宜悉掘去，是謂『蔓掘』。其時期，在五六七三個月，每月一次。八月中，掘地深四五寸，灌溉覆土，是謂秋肥。小寒節，灌肥兩次，每灌肥，掘土必深尺許。至翌年正月末及春分前，又以肥灌之，爲避霜計也。若欲採二次茶，其前日又宜灌肥一次，是一歲灌五六次也。其肥料用人糞、油滓，亦有用草肥者。

去害

害茶之蟲，約十二三種。就中發生多而被害烈者：一曰蛄蟖，爲地蠶之一種，生于春秋兩季。第一次在四五月間，由去年蟲卵化爲幼蟲。長七分許，頭現黄褐色，身生灰白之長毛。漸次生長，脱皮四次，一二齡間羣集，蝕于葉裏，行動不靈。觸之，刺傷不甚。三齡後，分爲數團，新花葉皆蝕，其行甚速。觸之，則刺傷頗甚。六月長成。於枯葉或土際陰處，作茶褐色之繭而爲蛹。約紡錘狀三四枚一叢，蛹黄褐色形橢圓而長。至六七月間，羽化而成蟲。雄者體長二分五，色暗褐，翅開約七八分，色同，複眼大而黑，觸角爲羽狀，新月形，黄土色而□廣。雌者體長三分許，尾端粗刺，毛叢生，翅開一寸強，軀角俱黄褐色。産卵於葉裏，七八月間，又孵化而爲第二次發生。九月中結繭化蛹，十月初又羽化而産卵。二次：雄者體長三分五，翅開八分六，現黄土色。雌者體同，翅開一寸二分。至來年四五月，又爲第一次發生。蛄蟖善害茶樹，人觸之，皮膚生癢，如中漆毒。故驅除不易，須及幼蟲一二齡時，整列成行，以毛筆醮煤油抹殺之。至三四齡時期，則爲害甚夥，行動甚速，觸之易受刺傷。驅除時，須身着外套，上服筒袖，農衣戴巾，於頭僅露兩目，方可。被傷者以石鹼水塗之良。宜用石鹼二十錢，菜油十錢，清水四百五十錢，洗濯，斃之。成蛹時期，須於耡草時注意搜捕，斃一蛹，勝斃數百幼蟲。産卵每于葉裏，一卵堆約二百粒左右。由卵發生之幼蟲，分四五團，須細心搜覓，除去之。蛾爲産卵生蟲之源，殺蛾宜設蟲網，或用誘蛾燈。製燈法詳後。二曰避債蟲，凡三種。一纏茶葉，作三角形，每株多者至四五十頭。大半懸垂于枝條與榦，害葉最甚。二纏葉片及嫩枝，作細長之圓箭形，每株不過十頭，大概懸垂于葉與枝條。三纏嫩枝，作圓箭形，其數更少，大概懸于枝條。驅除之法，惟有加意搜捕，燒殺之。以殺蟲藥液失於劇烈，恐損茶樹也。三曰捲葉蟲，有大小數種。大者長一寸二分許，小者五分或六七分。此蟲年生二次，自春至秋不絕，被害甚者，在五六月中旬、九月上旬。幼蟲，經冬至春羽化而産卵。如遇天時不正，有一種害菌寄生茶樹，生白黴，蟲遇之自斃，此亦天然驅除法也。否則，搜捕壓殺之。或云：灑以鯨油亦效。四曰尺蠖，生于六月初旬者二種。一頭有二角，狀突起，體爲茶褐色，七月下旬，長三寸許而化蛹。一灰褐色，頭無突起。又一種生於九月上旬，體爲濃栗褐色，頭無突起。皆發生甚夥，蝕害茶葉，須及時搜捕之。五曰髓蟲，體赤色，甚豔麗。春初，自嫩枝侵入而蝕幹之髓部；至七月中旬，下于根部，遂使茶樹枯死。宜乘春初棲息枝尖時，剪截其枝，殺之。六曰蠟蟲，以白色分泌物覆其體，爲半球形，牢粘於茶樹外皮，吸收樹液。六月中下二旬間，其成蟲産幼蟲數百，色淡紅，年止一次，而發生過多，使茶樹衰弱，無發芽力。宜于十月至翌年二三月間，以竹篦自樹皮剥脱之。七曰白蟻，初蝕害時，茶小枯朽，漸致全樹凋萎，性好羣□[三]。雌者一頭，生卵至八萬。白蟻之敵爲小形黑蟻，若無此黑蟻，則白蟻之害益烈，茶樹幾不能生。梅雨末至夏季，其害尤劇。宜以石油少量，澆茶樹之周圍，煙草水亦可，或以石油塗抹樹身，又振動茶樹，令白蟻盡落，以石油環注榦圍，以殺之。

誘蛾燈式

誘蛾燈，即鐵葉板製成之六角燈也。燈之下部乃六角形，爲深一寸七分，徑一尺四寸許(之)。盥其中央，裝一曲器，以置洋燈。曲器徑四寸四分，深二寸二分許，形圓，以鐵葉板製成。盥之各隅，建高一尺一寸許之柱，葺其上爲六角，下垂之屋面形。屋面之上，中央矗出二寸五分之煙突，煙突下端，延而至于燈之火屋端。其曲器之邊緣，因支持玻璃板，設深四分許之細溝六條，又柱之上下兩端，輔之以鐵，使支玻璃板。玻璃板外邊高一尺五寸六分，内邊高九寸九分，幅四寸八分，凡六枚。此板一邊，以六隅柱折釘支持之；其一邊，向燈中央下部以曲器邊緣之細溝支持之。置燈於三尺之臺上，其光普照茶園，且於屋面及各部塗以白油漆，以助光之反射。又於盥盛水約六分，滴入煤油少許，蛾迎燈光而來，衝突於玻璃板上，終墜水而斃。

采擷

采茶時期，清明太早，嫩芽初萌，其味未足。立夏太遲，葉已青老，其味欠嫩。穀雨前後，其時適中。或云茶之佳者造在社前，其次火前，謂寒食前也。其下則雨前，謂穀雨前也。覔成梗蒂葉微緑色而團且厚者採之，若再遲一二日，待其氣力完足，香烈尤倍，易於收藏。雖稍長大，故是嫩枝柔葉也。采茶須以清晨〔四〕，不可見日。清晨則夜露未晞，茶芽肥潤，見日則陽氣所薄，膏腴内耗，色不鮮明。故每日當以五更撾鼓，集羣夫於山，人給一牌。入山，辰刻則鳴鑼以聚之，恐其踰時，而貪多務得也。斷芽以甲不以指，甲則速斷不揉，指則多温易損，且慮氣汙薰漬，茶不鮮潔。故茶工宜以新汲水自隨，得芽則投諸水。凡芽如雀舌、穀粒者爲門品，一鎗一旗爲揀芽，世謂茶始生而嫩者爲一鎗，大而開者爲一旗。一鎗二旗〔爲〕次之〔五〕，餘斯爲下。茶始芽，則有白合，既擷則有烏蒂，白合不去，害茶味；烏蒂不去，害茶色。

凡采茶〔六〕，在二三四月間。茶之筍者生爛石沃土〔七〕，長四五寸，若薇蕨始抽，凌露采焉。茶之芽者，發於叢薄之上，有三枝、四枝、五枝者，選其中枝穎拔者采焉。其日有雨不采，有雲不采，晴則采之。蒸之擣之，拍之，焙之，穿之，封之而茶成矣。茶有千〔類〕萬狀〔八〕，鹵莽而言，如胡人鞾者蹙縮然，犎牛臆者廉襜然，浮雲出山者輪菌然，輕飈拂水者涵澹然。有如陶家之子，羅膏土以水澄泚之；又如新治地者，遇暴雨流潦之所經，此皆茶之精腴。有如竹籜者，枝榦堅實，艱於蒸擣，故其形〔籭〕簁然〔九〕。有如霜荷者，莖葉凋沮，易其狀貌，故厥狀萎瘁然。此皆茶之瘠老者也。自采至於封，七經〔目〕〔一〇〕，自胡鞾至於霜荷，八等。或以光黑平正言嘉者，鑑之下也；以皺黄坳垤言嘉者，鑑之次也；皆言嘉及皆言不嘉者，鑑之上也。何者，出膏者光，含膏者皺，宿製則黑，日成則黄，蒸壓則平正，縱之則坳垤。此茶與草木葉一也。茶之否臧，存於口訣〔一一〕。

中國采茶者，必俟葉皆長足，不分老嫩，悉數采之。烘製不及，堆積鬱蒸，葉輒霉爛而色香味俱失矣。即不霉爛，而數日之間，須將所采之葉悉數製成，亦必潦草從事。印度於采茶時，祇擇嫩葉而留其老者，每閲八日，即有新葉可采，勻分數次，以次發烘，可無潦草霉爛之弊。倘改從西法，則中國之茶可生葉至五月之久。自四月以至八月，依次采摘發烘，則色香味三者均美矣。

附　日本采茶法

茶樹植至第四年，於四五月之交，視枝上生新芽五葉，形細而尖如筆頭，長一寸五分許，葉厚而嫩軟，飽含香味，是爲摘取好期，遲則葉健而香減。採茶期，各隨地方氣候、天時寒暖而異。大抵以穀雨前後爲最當，及時采取，則葉色深綠，光澤流溢。不及時而采之，則液未流通，葉無光澤。過時而取之，則葉之上部光澤，下部反是，蓋精腴之氣已過葉尖也。此茶一經焙製，則上部葉深綠，下部葉青黃，宜淨選之，分爲上下兩品。是時，采三葉曰『三葉掛』，五葉曰『五葉掛』。欲製良品，宜行三葉掛。惟採之不宜太早，恐喪新芽。五葉掛製品不良，且害茶樹。采茶之法，先挾茶芽於拇指與食指中節，即速取之，勿傷摘口。凡新芽，初次摘曰『一番摘』。先采其尖突而出者，次平面刈晚出之芽。初摘時，有芽尚小者，須俟數日後再摘之。歷三十日，二番芽生後再摘取之，曰『二番摘』。若第四年初摘葉者，不宜行二番摘。摘後，須以次翦去直枝，勿令過高，則頂平而繁茂。至六七月有摘葉者，曰『三番摘』，一名『土旺芽』，土旺與土用同，即三伏節。非上品也。摘此茶，其利甚少。冬日摘口枯凋，礙次年新芽之發育，茶樹非極茂者，不宜。凡采茶，每人日采一貫至二貫五十目不等。其法，攜小籃入園中，以貯摘葉，盛滿則移貯大籃。大籃須置背日光處。移貯時，勿壓生葉。大抵自朝至午後三點鐘前所摘者，即日可製畢。以後所摘，須翌朝製之。其葉多貯籠中，易化粗惡。遇晴夜，須移出屋外，薄薄散布蓆上，使沾露氣，方免凋萎。若雨夜則勻布蓆上，厚四寸許，擇空氣流通處置之。貯生葉法，或以聽造藏穴，深七尺，底及側面悉以磚疊成。上部爲藏穴之屋頂，於其一側面中央製一梯，梯左右及前面建竹架，以插貯生葉之太平籠。籠長三尺二寸，闊二尺五寸，深五寸，鬆盛生葉于籠而藏之。一籠貯葉一貫目，方二間之室，可貯葉六十貫目。如室内氣温止十二度，濕度在飽和點，無水分蒸發，則貯藏十二時至廿時間，其葉與摘時一致。又有以厚板造長方形之框，長四尺八寸，幅二尺九寸，深三寸八分，其底用竹三本，闊尺許，宜之于縱。使底不下垂，鋪以藁蓆，框之上面比底宜傾斜五分許，以使併積數層。框之四隅，加把手，長六寸許，以便攜取。一框盛葉一貫八百目，于製茶塲土間藏之。其土間以常覺濕冷而空氣流通者爲宜，此法構造簡便，獲效極良。

又采濃茶法

欲摘濃茶者，先一日，倩熟練茶師入園中，裁紅、白、青數色紙，分別結茶枝上。如第一日採者結紅紙，次日採者則結白紙，第三日采者則結青紙。有因芽之大小，一枝一株而結數色紙者，有因天時寒暖、晴雨一日半日而改結紙片者，用心宜細，摘時方免紊亂。以定摘茶之先後，結定采然後采取。其期，以立夏後五日，微暖暢晴，新葉滿含膏澤時爲最宜。如南風送潮，大氣帶濕；西風時起，空氣乾燥及多雨之日，皆不宜也。采茶，須視葉之老嫩，亦不能因天氣而誤期。

采薄茶即覆下園法

春時，嫩芽初生未放時，於園中架竹爲棚，覆以葦簀，是謂『下骨』。又蔽其四周，使僅透日光。十日後，更以藁薦，敷簀上，全蔽日光，令黑暗，如遇雨一二次藁薦濕透，點滴茶芽，茶愈光澤，然雨多亦有損。如斯十日。嫩芽大展，莖葉均柔嫩，見其殆將下垂時，乃摘之。采茶期雖視天氣，要以立夏節爲宜。采後，除去覆薦，是謂『取藁』。此茶所製名曰『玉露』，爲茶品之最上者。其葉不受日光，無化合之作用，而呼吸獨盛，故葉中之茶素獨多。然覆下園雖四五年不生，良品必十年至二十年，效乃大顯，嗜茶者一飲，即能識別其風味也。

烘製

茶工作於驚蟄，尤以得天時爲急。時值輕寒，英華漸長，條達不迫，茶工從容致力，色味兩全。若或時暘鬱燠，芽甲奮發，促工暴力，晷刻所迫，有蒸而未及壓，壓而未及研，研而未及製，茶黄留積，色味半失。故茶工以得茶天爲慶，然必度日晷之長短，均工力之衆寡，會采摘之多少。務使一日造成，過宿則損色味也。

生茶初摘，香氣未透，必借火力，以發其香。然性不耐勞，炒不宜久，多取入鐺，則手不匀；久於鐺中，過熟則香散，甚且焦枯而味愈劣，茶初摘時，須揀去枝梗老葉，惟取嫩葉。又須去尖與柄，恐其易焦也。何堪烹點！炒茶之器，最忌新鐵。鐵腥一入，不復有香。尤忌脂膩，害甚於鐵。須預取一鐺，專用炊〔飯〕〔一二〕，無作他用。炒茶之薪，僅可樹枝，不可榦葉。榦則火力猛熾，葉則易焱易滅。鐺必磨瑩，旋摘旋〔炒〕〔一三〕。一鐺之内，僅容四兩。先用文火，次用武火，催之。手加木指，急急抄轉，以半熟爲度，微俟香發，是其候矣。炒時，須一人從旁扇之，以祛熱氣。否則，黄而色香味俱減。炒起出鐺時，置大磁盤中，仍須急扇，令熱氣稍退，以手重揉之，再散入鐺，文火炒乾入焙。蓋揉則其精上浮，點時香味易出。一法，采茶訖，以甑微蒸，生熟得所。生則味硬，熟則味減。蒸已，用筐箔薄攤，乘濕略揉之。〔焙〕匀布火〔一四〕，烘令乾，勿使焦。編竹爲焙，裹箬覆之，以收火氣。

茶之美惡，尤係於蒸芽、壓黄。蒸太生，則芽滑，故色清而味烈；過熟，則芽爛，故色赤而不膠。壓久，則氣竭味漓；不及，則色暗味澀。蒸芽，欲及熟而香；壓黄，欲膏盡亟止。如此，則製造之功十得七八矣。蒸茶視葉之老嫩，定蒸之遲速，以皮梗碎而色帶赤爲度。太熟則失鮮，鍋内須頻換水，蓋熟湯能奪茶味也。茶之團者、片者，皆出於碾磑之末，既損真味，復加油垢，即非佳品。總不若今之芽茶，蓋天然者自勝耳。芽茶，以火作者爲次，生曬者爲上。以更近自然，且斷煙火氣耳。況人工手器不潔，火候失宜，皆能損其香色。生曬茶，瀹之瓶中，則旗鎗舒暢，清翠鮮明，尤爲可愛。芽擇肥乳則甘香，而粥面著盞而不散；土瘠而芽短，則雲腳渙亂，去盞而易散。葉梗半，則受水鮮白；葉梗短，則色黄而泛。梗謂芽身除去白合處，凡茶之色味，俱在梗中。烏蒂、白合，茶之大病。不去烏蒂，則色黄黑；不去白合，則味苦澀。蒸芽必熟，去膏必盡。蒸芽未熟，則草木氣存，去膏未盡，則色濁味重。受煙則香奪，壓黄則味失，此皆茶之病也。

茶焙，須每年一修。修時雜以濕土，便有土氣。須將乾柴隔宿薰燒，令焙之内外乾透。先用粗茶入焙，次日始焙上品者。焙上之簾不宜新竹，恐惹竹氣。又須匀攤，不可厚薄。焙中炭火有煙者，急去之。更宜輕摇大扇，使火氣旋轉，竹簾上下更换，若火太烈，則恐黏焦氣。太暖則害色澤，不易簾則乾濕不匀。須看茶葉梗骨俱已乾透，方可併作一簾，或兩簾同置焙中高處一夜，留焙中炭數莖于灰燼中，微烘之，至明早可收藏矣。

製拌花茶法

任採梅花、木樨、茉莉、玫瑰、薔薇、蕙蘭、蓮菊、梔子、木香諸花之半含蕊香氣全者，約三停茶一停花，入磁罐中，一層茶、一層花相間至滿。紙箬紮固，入鍋中重湯煮之，取出候冷，用紙封裹，焙乾收藏。

製蓮花茶法

於日未出時，將半含蓮蕊撥開，放細茶一撮，納滿蕊中，以麻皮略縶，令其經宿。次早摘花傾出茶葉，用建紙包茶焙乾。再如前法，又將茶葉入别蕊中，如此數次製之，不勝香美。

附　西洋機器製茶法

發茶之香，以烘爲要，烘不如法，即有未透、太過二弊。未透則濕蘊於内，太過則油發於外，雖上品亦變爲至劣。中國以筐置茶，下烘以木炭火，不特費工，且常須人以手翻葉，易沾污穢。印度制茶，全用機器。其法有五：一曰斂，二曰滚，三曰發，四曰烘，五曰揀選、裝箱。有此五種機器，一切無需人工，惟需人以筐盛茶，由此機送往彼機耳。

焙茶機器，以英國貝爾法司脱阿爾蘭地名。之臺非特廠所造者爲最善。烘機名昔洛哥德臘耶，西人名意大利燥熱之風曰昔洛哥，機中熱氣近似，故以名之。德臘耶，即烘機之謂。有二種：一名阿潑得拉夫脱，熱風在上，其式較舊。一名大吴恩得拉夫脱，熱風在下，其式新而改良，出茶倍蓰。用法雖異，而其理則同，蓋皆用鑪一座，内有多管，風經鑪管而熱，即以之烘茶。其風之熱度，可隨意增減，所烘之茶，分鋪于盤，遞嬗逆風而移，由熱而至熱度漸減之處，及至取出，則茶已乾矣。其法：先將葉置斗中，機器運動，則中藏之風扇與斗循環而轉，於是熱氣全注葉中。蓋用熱則空氣乾燥，燥則葉中濕氣自向外透出。經過風扇與斗運行不止，則葉中濕氣自乾。且此種濕、熱二氣，隨機相和而行而，茶之香氣留存不散。另有一煙管，所有煙灰之類，皆從此管而出，絶不傷及茶之香味。其機器用法有六：一、置茶葉處之上，即瀛機。另有運動之機數個。二、茶葉出口處在瀛機之邊門，並不由軋軸而下。三、茶葉留存處，即是瀛機。此機之動力係借他機而行，不特存茶處可以運動，即出茶處亦自然而行，可省人力。四、茶葉焙乾，由内門漏出，此門在瀛機上，所以出茶甚便，茶更潔淨。五、存茶筐開於機器之頂，壓力不能阻擱，經存茶筐之内，名潑洛夫斯。並歷摇盤之中心會聚而動，使茶陸續流行，由中心而升至上頂，俟焙烘畢，葉自外出而至下底。六、凡茶葉與茶汁即有漏洩，均聚於茶筐下邊摇台上面，且自能洗刷至摇台口，俾易畚取，並易送至茶筐，不致遺棄茶片。此機器工料精緻，凡近茶葉處皆以銅爲之。

臺非特廠所製斂葉機，每十小時可斂葉二十四五擔。價值約英金三百三十磅，此就上海交貨而言。由斂葉機送至滚葉機，此機需英金百四十磅。最大之恩特來斯衛勃昔洛哥，每日可烘葉二十四五擔。需英金五百二十磅。此機與滚機同需瀛機一具，亦需英金五百二十磅。汽機約需四百匹馬力。阿潑得拉夫脱昔洛哥一具，價需英金百七十磅。每日約可烘茶八擔。此外，尚有檢茶修葉機器，大者約英金七十磅。檢葉之不齊者，齊之比手檢者遠勝。又有裝箱打包機器，價需英金五十鎊。用此則碎葉較少。購全副機器，需款甚鉅。可先購第一號昔洛哥及滚機各一具試用，費既大減，而用之已可收效。有此二機，每日作工八小時，可出茶三百擔。其滚機且可不用瀛機而用人力，或用一牛機驅之，此機可與滚機同購也。

附　日本製緑茶法

先於製茶場内築竈，竈式以宇都宫式改良竈爲最良。其式：焚口，幅五寸三分，長八寸三分；風口，幅四寸八分，長七寸七分。洛司脱爾，長一尺二寸五分，幅九寸三分，其數九條。每條長一尺二寸二分，幅六分五。焚口以内，進深二尺三寸。自洛司脱爾至釜底，一尺零四分，此處最大直徑一尺三寸九分。竈腹匀計直徑二尺二寸六分，自中段至竈之上口一尺二寸。中段之煙孔方四寸六分，煙筒之口徑縱五寸二分，横五寸四分。此竈用磚造成，令煙觸釜底，不直出煙筒，而使釜底與壁密接，且穿孔于壁之一部，令火燄沿釜腹一周，而後自其孔漸出煙筒。竈上架以鶺鴒釜，其式：口徑一尺八寸，深一尺六寸五分，自釜口至鍔三寸三分，自釜底至鍔之中央一尺三寸二分。釜質厚四分，重量八貫十錢，水量四斗二升，總水量五斗五升。盛水五六分，水量以半釜爲適當，滚沸既久，宜注意增湯。爇令沸。自華氏寒暑表一百八十度至二百十二度爲極點。俟蒸氣勃發，即置蒸籠于上。蒸籠常式：口徑一尺二寸，深二寸五分，蓋一尺三寸，厚八分。然以適用于釜爲度。布竹籭籠中，納生葉約六十目，以蓋掩之，約三十秒時去蓋，用長箸撈和籠中葉，再掩之。如此二次，以生葉柔軟，附著于箸爲度，籠底温度，爲攝氏八十五至九十五，無過百度者。此時湯氣充滿，潤透葉莖，故拌時帶有粘（？）氣，所以蒸而凋之者使之柔軟，且存緑色也。蒸時始則青臭，次則甘臭，終則芬芳，芬芳來則蒸凋適度矣。始可離火，取出。蒸葉散布茶臺器名，盤類。上以扇扇之，俟已冷，冷之，以驅蒸氣，以避酸酵，且令速乾燥，以省火力。取葉一貫目，散布焙茶箱中。焙茶箱，以厚紙三層糊成。其糊以米粉或麥粉一合，和水五合煮成，爲適當。箱成，仍刷糊其上，使光滑堅緻，如板擊（？）之，鏗然有聲。箱之框，以乾杉板爲之。上端厚八分，下端厚一寸二分，幅三寸五分，上下差四分，取向内部有傾斜之勢。箱之長及幅較焙爐框以次縮五分，以便外取。其深自三寸五分至四寸五分，箱底〔緣〕〔一五〕，安三角形細長之駒緣，幅一寸二分，使緩框與底之傾斜。箱内四隅之駒下幅二寸五分，高三寸，其底紙于箱之緣深三寸五分，于中央三寸八分，使其中心有自然下垂之狀。箱之中央宜比框闊五分許，框中央宜厚其壁四寸許，以防燒焦。框之上緣置杉板一寸五分，厚六分，以爲焙爐框之受。取置焙爐上，爐大小高低不一，大者縱五尺六寸四分，横三尺。小者縱四尺五寸，横二尺四寸。高者二尺八寸，低者二尺。因塗壁土爲鼓形，與但作長方形者故異。其平常構造法：施厚板于爐緣，其板以八分至一寸强者爲佳，闊五寸，于框板四隅横二寸之角柱于此。鉗貫板，板闊一寸八分許，以爲爐骨。後以竹片附壁骨，塗粗壁土以粘力强者爲良，厚至不見竹骨爲率。待粗壁稍乾，再爲中塗。此次用土，和以砂土五六分至上。塗用純粘土三分，細砂七分，乃爲適度。焚炭爐中，其量約一貫二百錢。木炭有二：一堅炭，即白炭。

出竈後，以灰泥消其熾熱，故帶白色或褐色灰粉，其質堅栗。二土釜炭，即黑炭。密閉竈之風口、煙口，而滅熄之，故表面黑而粗，且有煙痕。大抵木炭之良否，一關于樹質，樹堅者炭亦堅。二關于産樹之地質、地形，産于山陽及粘土夾石者良。三關于樹之年月，樹經十五六年，適于燒炭，經風霜久者，則炭質軟而不耐燒。四關于時節，宜於落葉，不宜於發芽。如木未燒透，焚之有煙，製茶尤忌。如火力太強，則燒葉四五把，積灰于上，以柔火力。鑪上預架四五分之角形鐵棒六條，尚以銅鐵製之網，焙箱即置其上。俟箱中之葉濕氣稍散，集其葉，以兩手捻揉，復散布之，如是者數次。以手不感濕氣，且茶葉生黑色時，出之箱中，名曰『萎揚』。亦名中揚。移之他鑪，及葉未冷帶粘氣時，輕捻揉之；次，稍強力捻揉之；及其全乾燥，爲緑黑色。製緑茶，必揉捻與乾燥同時行焉者，在發出葉中香氣與壓出葉中汁液使潤葉面，如無揉捻之工，徒乾燥之，則香氣極微，而葉中汁液亦不易浸出。以箕簸去葉屑，仍入焙箱，移之煉焙鑪，更乾燥之，爐中火力宜弱，約華氏表百三十度。若至百四十度以上，即不宜久煉，須移往他爐上。而製法乃畢。如此一日間，可製成上製茶四貫五百錢，中製五貫五百錢，下製七貫目内外。凡生葉，一貫目得製茶二百二三十錢。

附　製茶手工次序及其時間

一曰『露切』。以兩手指尖爲熊手器名，形如熊掌。形，取出焙箱中葉，距箱高二尺許，自箱右沿左轉振落之，不可停手。一停手，則葉停滯箱内下部，所蒸發之水分，觸于上部温度低之葉，凝而爲露，葉色即變黄褐，香味損失。故手法必須輕捷，以令空氣流通。又拾集所落葉，以巨指押葉揃之上，四指開如鷹張爪，合兩掌掬葉，其形如臼中盛物，名曰葉揃。其巨指在掬葉之上，故曰押。伸食指，以中指、無名指、小指三枚爲熊手形。前後長，左右短，爲葉揃。入指于葉塊，自右向左散亂之，復拾葉如前振落者三次。如此十五分時，葉面之露可徐乾。二曰『葉打』。如前法，振落及半之時，盛葉于右手，投于左手，即開左手指尖，此時，左五指全張爲曲形，以求葉之易散易萎。切勿誤投掌上，致葉成團塊。將重併之葉，分離而振落之。如有聚集于一二處者，須注意散布于空處。行此法十五分時，則葉露已乾，捲葉、重葉可少，且免害于香味色澤。初行『葉打』，手法不宜猛速，俟葉中水分乾燥，則葉打宜漸驟且用力。惟時限最宜留意，不可過度。若不足，則成功多需時刻，形狀不佳，且水色易濁，香味受損。若葉間稍成青黑色，容積減而葉莖皺，正葉打已畢時矣。三曰『回轉揉』。行此法，其始宜緩，繼漸加力，終乃用五倍之力。且轉之之法，最宜平等，否則不便于成；功，揉也。故初十分時，將焙箱中央之葉回轉之爲十字形，焙箱前面所集之葉回轉之爲一字形。此時，最宜注意。倘用力過激，則葉出水而葉折，害于香味、色澤，須視水分稍乾，葉莖共生黏力，宜令葉不散亂，緩緩用力回轉之。如是十五分時，葉之粘力長足，宜集箱中之葉子一塊於其中央，回轉之爲十字形。此法押葉塊于左右手，欲使回轉於左，則伸右足於後，以左手横當葉塊之先，而右手縱當葉塊之前部。欲使回轉于右，則伸左足於後，以右手横當葉塊之先，而左手縱當葉塊之前部。如是三十五分時，共計六十分時，則葉帶鐵色，莖與葉各生皺，且柔軟如握緜。四曰『散中切揉』。行前法，葉已成團，若再猛揉，則必中折，宜緩緩一手理散其團，輕轉左右，解其強塊。一手整齊其葉，然後用力揉之。法當集葉于一處，一手持之。當右腕于爐緣前，右足後，左足其相距一尺三四寸，極全身之力曲體向前，猛加揉散。如此十分時，善其揉法，以左右中指交互入于指股，右手力大，宜使用之。然不可令入風，以解其塊。否則，上葉乾燥，內部含濕，製成後，多減黏力，外形劣觀。則葉塊解而形狀適觀。五曰『中揚』。法當出葉于籠，及未冷時，速解其團，後齊其葉，整其形，且輕揉之。如是者十分時，不但速成形式，且乾濕均一，易于振揉，故香味、色澤俱良。六曰『振揉』。法當再入葉于焙箱中，其時葉尚含水分，一遇熱度，則生粘力而成塊，殆不能揉。故宜用振揉法，于箱中分解之，或散或揉落，及漸乾燥，葉尖或折或曲，有礙形式。須爲葉揃，徐徐揉落，使粘力以減，乃漸用強力而爲中切揉。其法：張臂合雙手立，拇（？）指〔加〕力于食指與小指之根〔一六〕，而中指及無名指更不加力，則掌之中央自成凹形，其中二指根自生力，使指爲揉切，則葉脱出於手之上下，故葉自緊細。行此法，合計五分時。七曰『含揉』。行前法時，乾濕不同，葉尖多折、多曲，不便于揉。此時，宜整齊之，爲葉揃。初以三指揉落掌中之葉約三分之一，餘葉落于箱内，作龜甲形。又拾集其葉，整理如前，如是者三次。至第四次，愈加揉落，然後乾燥，可均一。葉漸柔軟，不但形式大良，且無水色、暗濁之患。行此法亦五分時。八曰『轉繰』。揉箱中〔葉〕火性以中央爲烈，葉中温度以中央最高。行此法三十分時，如初時手法稍緩，則葉揃發熱度而生粘力，必粘于手間，多成堅塊，而茶變色。故轉繰之名，宜分三種。初，六分時，曰『散轉繰』。急以兩手迴繰之，用力約以十分中之二分五爲率。次，十二分時，曰『尋常轉繰』。動手稍緩，用力之量，始自六分五，徐至十分爲率。後，十二分時，曰『成功轉繰』。其動手宜緩，凡三指中，須以二指拾葉，餘一指爲尋常轉繰。用力以三分五爲率，若自初至終，不論手法之遲速，用力之多寡，而漫行之，製茶必不得良品。九曰『成功揉』。此時鑪火愈熱，手法尤貴迅速而用力。先分葉爲甲乙二份，盛乙於別器，入甲於焙箱中揉之；揉畢，再入乙於箱揉之如甲。共約二十分時。其揉法，以右手張指如熊手形，當於齊葉之上，將持向箱之前側三四寸處時，以左手持齊葉左側，稍上舉，向焙箱對面之側後，乃當雙手於齊葉兩側推之出。於焙箱中央所遺葉屑，以右手聚於齊葉之左，即横當雙手少上舉，向左，以右手當於齊葉之末端三分，左手當其七分，且押之。又分取其七分齊葉，載之三分齊葉之上，直以雙手持向前側中央，以左手取前所聚屑葉，集於齊葉之末端，此時，齊葉爲蒲鉾形，長方形，其中央高。分爲二。合二者，固持於掌中，左手當鑪端，極力横揉之。其法：握茶掌中，合雙指尖，凡推進、引退，各三次，横揉之，令摩擦。又以右拇指根極力推進，以左指端引退之，各三次，爲摩擦横揉。後於焙箱中再理齊，爲横揉，但其終，齊葉已堅，宜少緩力。否則，摩擦過度，損形式、色澤而帶白色，須注意也。行此九法，合計二時〔間〕五十分時〔一七〕，而手工畢。

若製二番茶者，行葉打時，宜注意。蓋二番茶比一番茶之葉尖、葉元軟硬顯異，且減黏力。過久，則太乾燥，葉打過度，則水氣急發，損葉尖而現白毫，害於香味、色澤。故甯減其揉力，以無過、不及爲佳。若行回轉揉時，以稍速且強爲良。然揉之之初，又不宜以強力驟爲回轉。蓋二番茶水分多而粘力少，恐亟出液汁，茶葉忽滑，故宜注意也。自中切揉以至成功揉，宜使輕手，不但能使空氣流通，而仔細整齊其葉，次第以用強力至成功揉時，宜求葉揃，不至於掌中成小塊，使能互相摩擦而揉之，則形式既良，且發光澤，而香味亦勝。三番茶較二番水分又減，葉尖、葉元共乏黏力，葉打以適度爲要。回轉繰時，葉稍粗硬，乾濕均一，易於用揉。至成功揉之際，水乾稍速，故宜注意於含揉。能依次適度用力，則較二番茶色澤、香味均良。

製紅茶法

先采嫩茶葉，置蓆上，曝日光中，以凋萎之。約二小時，以茶葉失彈力，折之不發微音，葉葉曲而不折爲適度。萎凋不及度，則折破。然後以手或器械揉之，不可令折。手工過度，則形似佳而味劣。揉之蓆上，則失汁液而損外觀。故宜用有條溝之揉葉臺，或他種揉葉器。嗣投葉於猛火釜中，急拌數次，宛如曝太陽。又移置器内，以兩手揉之，令柔軟。俟其汁液流出，盛於桶或箱内密封，以禦香氣脱漏。置日光中曝一小時，送致屋内，以薦包之。歷十小時，啓其薦，則蒸熟而成紅色。紅茶所以得紅色者，由其發酵單甯或他酸性物化去葉中緑素。故品之良否，關發酵之巧拙。不及，則不紅不緑，過度，則茶發酸味。再移於薦面，碎其黏塊，曝日中又一小時，意在蒸發其水分，而制其發酵作用。若猶存微緑色，曝之，則全變暗褐色。入焙箱中。其量約三四貫目，架箱於焙爐上，攪而乾之及燥，仍登焙鑪烘以文火，盛於箱内，附以記號。逐序重登焙爐用文火烘透，先以一號篩篩去莖葉，次用箕簸颺，擇其葉之良否，復分别登之文火焙爐。漸次篩過，然後貯之箱内，封固，就無濕氣處藏之。

選葉法

先盛茶於竹篩中摺之，以掌篩而分葉與謂『蔓切』。蔓切畢，以箕颺之，去惡葉與塵埃，是曰『荒選』。若惡葉有難去者，宜排布板面，分等選之，又用細目篩篩之，凡三四次或五六次，葉形歸一，大小自别。竹篩，因選葉之精粗而爲等差，宜備十號。一號用於下品粗茶之大葉者，二號、三號、四號用於下品之次者，篩二次或三次。中品茶，宜四號、五號篩，篩二次。上品茶，第一次用三號、四號、五號，第二次用六號，若小葉茶，則用七八九十等號。凡茶篩選後入箱，每箱重量，以二貫目爲常。

貯藏

茶味最清，而性易移。藏法，喜温燥而惡冷濕，喜清涼而惡鬱蒸，喜清潔而惡香臭，喜火烘而惡日曬。入磁瓶，毋令受濕，密封口，勿令洩氣。安頓，須在板房透風近人坐卧處，則常温不寒。茶性忌紙，紙成於水中，受水氣多也。紙裹一夕，隨紙作氣，茶味盡矣。雖火中焙出，少頃即潤。世人多用竹器貯茶，雖復多用箬護，然箬性峭勁，不甚伏帖，風濕易侵。須用新淨磁罈，週迴用乾箬密砌，將茶漸裝搖實，不可手揞。上覆乾箬數層，又以火炙乾炭鋪罈口，紮固。若茶多者，宜用極新極燥大磁甕可容一二十觔者貯之。專供貯茶之用，久乃愈佳，不可歲易。茶須築實，仍用厚箬填緊甕中，加以箬與真皮紙包之，苧蔴緊紮，壓以新磚，勿令空氣得入。其閣皮之處，置磚底數層，四圍磚砌，形若火爐，愈大愈善。頓甕其上，勿近土墻，隨時取竈下火灰，候冷，簇於甕旁。半尺以外，仍隨時取火灰簇之。令裏灰常燥，以避風濕。卻忌火氣，火氣入甕，則茶黄。或云：實茶大甕須倒放，有蓋，缸内〔茶〕則過夏不黄〔一八〕，以氣不外泄故也。缸宜砂底，則不生水而常燥。宜封固，不見日，見日則生翳而損茶色。新茶不宜驟用，藏過黄梅，則茶味始足。近人多用夾口錫器貯茶，蓋磁罈猶有微隙透風，不如錫器之堅固而燥密也。日本貯茶法〔一九〕：於茶經煉火後，先納之錫器，別造桐箱盛粗茶其中，乃置錫器於内，以粗茶圍錫器四面，香味得久而不減。

烹煎

世人情性、嗜好各殊，而茶事則十人而九。竹鑪火候，茗椀清緣，煮引風之碧雲，傾浮花之雪乳，欲昭茶德，必藉湯動。略而言之，其法有五：一曰擇水。水泉不美，茶味頓失。山泉爲上，山水，以乳泉石池漫流者上。瀑湧湍瀨，食久令人頸疾。飲陰地冷水，則作瘧疾。其別流山谷澄浸不洩者，自火天至霜郊以前，或潛龍蓄毒其中，須決流其惡，使新泉涓涓，然後酌之。或曰：山頂泉輕而清，山下泉清而重，石中泉清而甘，沙中泉清而冽，土中泉清而厚。流動者良於安靜，負陰者勝於向陽。山削者泉寡，山秀者有神，真水無香，真源無味也。江水次之，須取去人遠者。井水爲下。須取多汲者，如混濁鹹苦，切忌勿用。或曰：烹茶，水之功居六，最宜甘泉。無泉，則用天水。秋雨冽而白，梅雨醇而白，雪水，五穀之精也，色不能白。梅雨如膏，滋養萬物，其味獨甘，有異他水，梅後便不堪飲。梅雨時，置大缸收水，煎茶甚美，經宿不變色易味，貯瓶中可以經久。二曰簡器。砂銚煮水，磁壺注湯，白甌供酌，咸爲上品。器具精潔，茶爲生色。今姑蘇之錫注，時大彬之沙壺，汴梁之湯銚，湘妃竹之茶竈，宣成窯之茶盞，高人詞客、賢士大夫，莫不珍重。計唐宋以來茶具之精，未有如斯雅致也。茶壺以小爲貴，每一客一壺，自斟自飲，方爲得趣。蓋壺小則香不渙散，味不躭擱。況茶中香味，不先不後，只有一時，太早則未足，太遲則已過。見得恰好一瀉而盡，化而裁之，存乎其人。然須點簡淨潔，若近腥羶油膩等物，則茶之真味失矣。三曰忌混。茶性最嬌，易惹諸味。若以一切香辣鹹甜之物點茶，則茶味概被混擾。四曰慎烹茶。須緩火炙，活火煎。活火謂炭之有焰者，當使湯無妄沸，庶可養茶。始則魚目散布，微微有聲；中則四邊泉湧，纍纍連珠；終則騰波鼓浪，水氣全消，謂之老湯。取起，待其沸止湯清，用以點茶，沖美清快，茶味始全。湯者，茶之司命。未熟，則茶浮於上，謂之嬰兒湯而香不出。過熟，則茶沉於下，謂之百壽湯而味多滯。善候湯者，必活火急扇，水面若乳珠，其聲若松濤，此正湯候也。三沸之法，非活火不可。若柴薪濃煙，最損茶味。火以用炭爲上，勁薪次之，若炭曾經燔炙，爲羶膩所及，及膏木敗器均不可用。古人有勞薪之味，信哉。五曰辨色。未點之先，須以溫湯洗茶，去其塵土、冷氣。茶潔者勿洗。壺甌亦宜泡淨、拭乾，然後酌茶，則碧綠清香，色味俱勝。凡茗煎者，擇嫩芽，先以湯泡去熏氣，以湯煎飲之。今南方多效此，然末子茶尤妙。先焙芽令燥，入磨細碾，以供點試。凡點：湯多茶少，則雲腳散；湯少茶多，則粥面聚。鈔茶一錢匕，注湯調〔令〕極勻，又添注入，迴環擊拂，視其色鮮白，着盞無水痕爲度。其茶既甘而滑，南方雖産茶，而解此者甚少。《博物志》云：飲真茶，令人少眠。但茶佳乃效，又須末茶飲之，但葉烹者不效也。

西人飲茶，概加他物，紅茶固不待言，即綠茶，亦加糖及牛乳、乳油。然美人柏夕羅氏云：吾人未知煎茶之道，良茶決不可觸金屬。欲煎茶，先盛茶少許於陶器而注湯，以蓋覆三分時間，而後飲之。用糖宜少，又不宜加牛乳，以滅香氣。且二者相配，害於肺肝。茶加牛乳，其所生之色，成於單寧、酸素之化合，自化學觀之，純然皮革性也。又勿沸騰其茶，使熱，敗厥芳香，且浸出單甯太濃厚。若于鐵瓶沸騰之，則單甯侵蝕金屬，使水色暗黑，似稀薄墨汁。若食後，若大渴時，宜加檸檬汁。夏時，欲得清爽，於熱茶加檸檬細皮或橙皮少許飲之。冬時苦寒，欲汗則加以椰子酒一杯，熱飲之。此可知西人亦密于飲茶之道也。

日本點茶法，因茶類而異。濃茶、薄茶製法不揉捻，衹乾燥，其汁液不出，故于上品之玉露，則用溫浸法。其法：注攝氏五十度至六十度之微溫湯，經三四分時飲之。不如此，則浸液過濃，損芳香也。碾茶則注沸湯一分時飲之，曰沸浸法。若煎茶，揉捻乾燥交至，汁液浸潤於葉面，以沸湯點之，則液澀而味酷，不可飲矣。然欲究茶之特性，必先考其水質。大抵煎茶宜軟水，不宜硬水。軟水者，泉水爲上，河水次之，井水又次之。蓋軟水不含石灰、苦土等質，即含之，其量亦微，比之硬水，富於溶解諸物質之力，點茶則液易出而香味冽。若不得軟水，則將硬水煎一夜而後用之，蓋煎久，則諸質化爲不溶解物而沉澱也。

計利

語云：十年之計樹木[二〇]，樹茶之利，則不待十年。蓋四五年後，枝榦繁密，每株至少可采生葉一觔。以每株佔地三尺計之，每畝可植四百株。生葉製成，以三得一，每畝所獲乾茶百觔以上。況加意培植，五年以後，其得茶尚不止此耶。《日本製茶篇》云：采生葉，一年二次，每一段步當三貫。經五六年，樹勢均整，可得十貫。八年則三十貫，九年則八九十貫，十年則二百貫。其後，歲歲可獲二百五十貫許，以爲常。日本畝法：六尺爲步，三十步爲畝，十畝爲段。權衡法：百兩爲貫。

〔校證〕

〔一〕俟苗長十二寸至六十寸　『六十』，疑爲『十六』之譌倒。下文既云茶樹『高不過三四尺』，則樹苗不應高六十寸（六尺），應據乙正爲『十六寸』。

〔二〕於一區中畫五尺爲一畦　『畦』，原脱，據下文『或爲廣畦』云云補。

〔三〕性好羣□　『羣』下一字，原漫漶，疑是『居』，不能遽定，姑作方圍。

〔四〕采茶須以清晨　以下至『得芽則投諸水』云云，此據宋代茶書趙汝礪《北苑别録》、宋徽宗《大觀茶論》等撮述，與作者所處之時代，已有八百年之久，所云之采茶法完全不同。引此未免泥古。

〔五〕一鎗二旗爲次之　『一鎗』，原作『二鎗』，似沿《廣羣芳譜》卷二一之譌，據同右引二書改。又，『爲』原脱，亦據補。

〔六〕凡采茶　以下至『存於口訣』云云，録自《茶經》，此亦述唐代茶餅之采製，與作者所論尤不同。且頗有脱誤，擇要而校補之，以例其餘。

〔七〕茶之筍者生爛石沃土　『者生』，原譌倒作『生者』，據《茶經》乙。

〔八〕茶有千類萬狀　『類』，原脱，據拙校本《茶經》補。

〔九〕故其形籭簁然　『籭簁』，原作『簁簁』，據《茶經》改。

〔一〇〕七經目　『目』，原形譌作『日』，據同右引改。

〔一一〕茶之否臧存於口訣　『否臧』，原作『臧否』，據同右引乙。

〔一二〕專用炊飯　『飯』，原作『飲』，據許次紓《茶疏》改。

〔一三〕旋摘旋炒　『炒』，原作『炊』，據同右引書及宋·朱翌《猗覺寮雜記》卷上改。

〔一四〕焙勻布火　『焙』，原作『培』，殆沿《農政全書》卷三九之譌，據王禎《農書》改。

〔一五〕箱底緣　『緣』，原譌作『緑』，據下文『細長之駒緣』云云改。

〔一六〕拇指加力於食指與小指之根　『拇』，原字漫漶，據上下文意補。『加』，原形譌作『如』，據下文『更不加力』云云改。

〔一七〕合計二時間五十分時　『間』原脱，日語中『二時間』，即表示中文『二小時』之意。故補『間』字。

〔一八〕缸内茶則過夏不黄　『茶』，原脱，據上下文意補。

〔一九〕日本貯茶法　方案：這種以粗茶養名茶之法，我國宋代早已廣泛行用。如歐陽修《文忠集》卷九《雙井茶》詩云：『白毛囊以紅碧紗，十斤茶養一兩芽。』上句云雙井茶包裝之華盛，下句則云以十斤常茶養一兩雙井極品茶，以保持其色香味。即爲顯證。早在八百餘年前，宋人就有明確記載，實在不必數典忘祖。

〔二〇〕語云十年之計樹木　方案：此乃春秋齊相管仲之言。見唐·房玄齡注本《管子》卷一，原文爲『十年之計，莫如樹木。』參見宋祁《景文集》卷三八《福嚴院種杉述》。